HISTORY OF M
PHYSICS THOUGHT

近代物理学思想史

申先甲　杨建邺　著

上海科学技术文献出版社
Shanghai Scientific and Technological Literature Press

图书在版编目（CIP）数据

近代物理学思想史 / 申先甲，杨建邺著 . —上海：上海科学技术文献出版社，2021

ISBN 978-7-5439-8320-5

Ⅰ . ①近… Ⅱ . ①申…②杨… Ⅲ . ①物理学史—思想史—世界—近代 Ⅳ . ① O4-091

中国版本图书馆 CIP 数据核字 (2021) 第 076065 号

选题策划：张　树
责任编辑：姜　曼
封面设计：留白文化

近代物理学思想史
JINDAI WULIXUE SIXIANGSHI
申先甲　杨建邺　著
出版发行：上海科学技术文献出版社
地　　址：上海市长乐路 746 号
邮政编码：200040
经　　销：全国新华书店
印　　刷：常熟市人民印刷有限公司
开　　本：720mm×1000mm　1/16
印　　张：34
字　　数：480 000
版　　次：2021 年 7 月第 1 版　2021 年 7 月第 1 次印刷
书　　号：ISBN 978-7-5439-8320-5
定　　价：138.00 元
http://www.sstlp.com

目录

第 1 章

中世纪物理思想

在以欧洲为中心的世界史分期中,有所谓中世纪时期。它是指 5—15 世纪这一时期。这样划分,是认为希腊和罗马的文化是古典文化,而 15 世纪以后是近代文化,中间夹有一个将近千年的文化衰落时期,故称为中世纪。如果从生产关系、社会经济结构来划分,则认为中世纪是从奴隶制灭亡,封建制开始到资产阶级革命的一段时期,它比前一种划分的中世纪稍长,延续到 17 世纪。

物理学的发展也有自己的时期划分,如果分为古代、近代和现代,那么一般都是将伽利略的工作视为近代物理学的诞生。古代则从古希腊一直延续到文艺复兴时期。

物理学思想史如何分期,至今尚无定论,但我们觉得物理学思想,它是人的思想,而且应当是多数人的代表性思想。而多数人的思想是和整个社会的思想潮流分不开的。因此分出中世纪物理学思想来单独介绍,也是可以的。

对于整个中世纪情况,有各种评价,有人说它是虚度的时代,有人说它是信仰的时代。由于历史的复杂性,不管如何概括地形容这个时期,都很难一言以蔽之。

如果把地理范围只限于西欧,那么可以说中世纪它在科学技术方面,确实是毫无长进的时代。

中世纪还可以细分为:

黑暗时代(5—8世纪)——从476年西罗马帝国灭亡到800年查理大帝即位这300多年间。当时战争频繁、社会动乱。529年雅典的柏拉图学园被封闭;641年,最著名的亚历山大城被陷,藏书40万册的亚历山大图书馆被焚,那是世界文化史的一大浩劫。这可视为古希腊学术的终结。可这还不是黑暗时代所指,所谓黑暗,是指当时人们心灵被阴影笼罩。

由于早在罗马时代即已存在的宗教势力日益发展,到4世纪基督教已成为罗马的国教,它在精神上对世俗学问采取敌视的态度,将哲学变成神学的"婢女"。人们以无知为美德,愚昧反而受到恭维,还有什么科学精神可言。丹皮尔在《科学史》中就说:"虚心地探究自然的愿望与力量渐渐地消失了。自然科学在希腊人那里消融在形而上学里,在罗马的斯多噶派那里,变成支持人类衰老的道德所必需的条件。同样在早期基督教的气氛里,自然知识也只是在它是一种启发的工具,可以证明教会的教义与圣经的章节的时候,才被重视。批判的能力不复存在,凡是与神父们所解释的圣经不违背的,人们都相信。"

阿拉伯文化时代(8—11世纪)——前面已经提到,就整个世界的科学来说,那是"西方不亮东方亮,暗了北方有南方。"在某一地域,总是波浪式前进。从以西欧甚至整个欧洲为中心来讲,确实有过黑暗时期,可是与之同时,东方的中国,正值科学的向上时期。地处近东的阿拉伯文化,由于战争之故,随着弓箭长矛,一起进入了欧洲,并对之产生了巨大影响。欧洲学者在翻译了希腊的书籍,尤其是柏拉图和亚里士多德的著作,使希腊文化与阿拉伯文化得到了交流,有人形容这对古希腊文化是起了"冷藏"作用。这只是其功劳的一方面,原有的阿拉伯科学知识也不可低估。它给希腊文化也注入了新鲜血液。

经院哲学时代(11—12世纪)——经院哲学是指附属于修道院的各个学校中所传授的知识,这些知识当然是完全脱离生产实践的,它是用来论证和辩护宗教信仰如何合乎道理的。为了找到依据,这些经院里的僧侣和学者们把大部分精力用在从阿拉伯文翻译成拉丁文的希腊古典著作。几经转译,就难免走样;再加上注释时所加的注释者的观点,因而对希腊的学术成果进行了大量歪曲。在结合这些古典著作来讲解教义时,就更是随意"发挥"。为了将是说成非,就必然要通过烦琐的论证。

经院哲学始于 9 世纪,到 13 世纪达到了高潮,以后在它自己培养的掘墓人的批判下,才逐渐随着宗教权力的削弱而退出思想舞台。

中世纪物理思想受到黑暗时代的禁锢,又受到经院哲学的曲解,总体来说,失去了古希腊时期的活泼,也不如那时深刻。更主要的是没有新的物理知识作为基础,因而不进则退。

第一节　万物本原为"上帝"

古希腊的哲学家就万物本原做过各种设想,虽然也都缺乏实验证据,但总还是坚持了用物质来解释物质的原则。亚里士多德又对此做了严格的论证,问题似乎暂时解决了。可是到了基督教传至罗马以后,这一问题的解答,非但没有更进一步,反而倒退至连神话故事都不如的上帝万能论。这固然是由于当时科学的水平所限,但也应看到宗教的祸害。科学与迷信是势不两立的。早在希腊化时代,巫术和迷信兴起之时,科学思想就开始受到排挤。

早期教会神父们的工作,就是要把希腊哲学融于基督教教义。最先从事这一工作的是沃里根(Origen, 185—254),他公开宣布古代学术,特别是亚历山大里亚的科学,与基督教信仰是一致的。只因当时教义尚未固定,所以在他的著作中,还允许二者和平共处。

另一位拉丁神父圣·奥古斯丁(St.Augustine, 354—430),他是教义哲学的代表人物。他的主要著作有《忏悔录》和《上帝之城》。在《忏悔录》中,他写道:"哦,天主,你怎样创造了天地? 当然,你创造天地,并不是在天上,也不在地上,既不在空中,也不在水中,因为这些都在六合之中;你也不在宇宙之中创造宇宙,因为在造成宇宙之前,还没有创造宇宙的场所。你也不是手中拿着什么工具来创造天地,因为这种不由你创造而你借以创造的其他工具又从哪里得来的呢?

哪一样存在的东西,不是凭借你的实在而存在。因此你一言而万物资始,你是用你的'道'——言语——创造万有。""上帝创造了大地,并使之充实,就因为使天地充实上帝才创造了天地。"他那时,还没有宗教裁判所和火刑场,因而还要利用已有的哲学,主要是新柏拉图派的哲学来武装教义,使之貌似真理。比起黑暗时期的宗教活动,奥古斯丁的某些论述,还有一定的思想深度,当然这样也就更容易迷惑人。

第二节　时间与空间

在宗教思想的束缚下,一般人理解的时间,只不过是用来计数末日来临的早晚,空间就是耶稣牧羊的场所。至于作为物理思想,对于时间与空间的认识,中世纪的哲学家(他们都披上了宗教的外衣)也进行了讨论,目的却是为了给教义增添学术色彩。

关于时间,新柏拉图主义者普罗提诺(Plotinus, 204—270)曾说:"有一次从一个有学问的人那儿我听说太阳、地球和星星的运动构成了时间,而我却不赞同这种说法。为什么所有的物体运动不能构成时间呢? 或者说,如果天体停止发光,但一个陶工的轮子还在转动,那么就没有我能测量轮子转动的时间吗?……或者说,正当我们叙述这件事的时候,我们不就是在时间中吗?"(《论时间和永恒》)。

这表明在 3 世纪,还有人关心这个重要问题。到了中世纪,奥古斯丁作为早期基督教著名思想家则对时间从另一角度提出了看法。他说:"呈现过去了的事情是记忆,呈现目前的事情为视觉,呈现将来的事情为期待。我看到了三种时间,我就承认有三种时间。以我们不准确的方法也可以说,有三种时间(过去、现在和将来)。"

在《忏悔录》中,奥古斯丁还写道:"我们量度时间时,时间从哪里来,经过哪里,向哪里去呢? 从哪里来,来自将来。经过哪里? 经过现在。向哪里去,只能走向过去。从尚未存在的将来出现,通过没有体积的现在,进入不再存在的过去。"

"应在一定的空间中度量时间吗?我们说一倍、两倍、相等,或做类似的比例,都是指时间的长度。我们在哪一种空间中度量目前经过的时间呢?是否在它所来自的将来中?但将来尚未存在,无从量度。是否在它经过的现在?现在没有长度,亦无从度量。是否在它所趋向的过去,过去已不存在,也无从度量。"他把时间度量看得很重要,是因为他认为"我知道我们不测量时间的话,就不能测量那些现时不存在的事物,那么过去和将来的事情也就不可能存在了"。他接着说:"时间是在过去的时间被测量的,但是当其要过去的时候,它还没有被测量,因为那时没有可以测量的。"他就时间测量还提出一些疑问,有的已经接近测量的同时性问题。他问道:"但是,如果空间中没有时间,我们去测量什么呢?""在什么样的空间中我们测量通过的时间呢?""我的确能测量物体的运动,它运动了多少时间,它从此地到彼地运动要走多长的空间,我能在不测量物体在其中运动的时间的条件下进行上述测量吗?而我又如何测量这个相同的时间呢?"

被这一系列问题困扰的奥古斯丁只好说:"主啊,我向你承认,我依旧不明了时间是什么。但同时我承认我知道是在时间中说这些话,并且花了很长时间讨论时间,而这'很长时间',如果不是经过一段时间,不能名为'很长'。既然我不知道时间是什么,怎么能知道以上几点呢?是否我不知道怎样表达我所知道的东西?我真愚蠢,甚至不知道我究竟不知道什么东西!"他在《上帝之城》中,就明确提出"既然如此,上帝必定是时间的创造者和制定者了"。

由于早期基督教思想家们,对于运动,至少是对于亚里士多德的关于位置变化的运动不感兴趣,因此他们谈宇宙比谈空间多,因为从那里能够引证出上帝的存在。

奥古斯丁在《忏悔录》中曾说:"如果你(天主)充塞天地,天地能包容你吗?是否你充塞天地后,还有不能被天地包容的部分?你充塞天地后,余下的部分安插在哪里?是否你充塞一切,而不须被任何东西所包容。"他还说:"你创造天空和大地,但并非从你本体中产生天地,因为如果生自你的本体,则和你的'独子'

相等,从而也和你相等……因此,你只能从空无所有之中创造天地,一大一小的天地;由于你的全能和全善,你创造了一切美好;庞大的人和渺小的地;除你存在之外,别无一物,供你创造天空(天外之天)和大地,一个近乎你的天,一个近乎空虚的地,一个上面只有你,另一个下面什么也没有。"

历史上宗教和科学的斗争就是这样,科学每前进一步,宗教就补一次漏洞。在中世纪的前期,只要接触过古希腊的学说,用其所需就足够修补教义之不足。

第三节　阿拉伯文化的影响

由于在欧洲中世纪,曾经出现过伊斯兰帝国,版图所至,包括欧、亚、非三洲的繁荣昌盛之地。大军所到之处,伊斯兰教亦即随行。教义中规定,《古兰经》必须用阿拉伯语诵读,因而阿拉伯语也同时传播。

8世纪,是阿拔斯王朝极盛的时代,在巴格达创立了"智慧馆"——一个规模宏大的学术机构,既是图书馆、大学又是翻译中心。伊斯兰的学者,研究并综合了希腊、罗马、波斯以及印度的学术传统。伊斯兰借鉴于他人的,无不加以融会贯通,凡是取自他人的文明,必然改变它的形质,才为自己所用。

9、10两个世纪在政治发生分裂的同时,一个传播文化的活动正在整个阿拉伯世界进行。哲学家钻研探索柏拉图及亚里士多德的著作(最初连对应的阿拉伯文术语都要创造)。天文学家则依据托勒密的地心体系,算出行星运行图。在数学方面既从希腊学到几何与三角学,又从印度学习并发展了代数。物理学则出现过对后来几个世纪都有影响的阿勒·哈增(Al Hazen, 965—1038)的《光学全书》和阿勒·哈兹尼(Al Khazini,鼎盛于1137年前后)的《智愚秤的故事》(讲的是力学知识)。

阿拉伯文化对欧洲的影响是巨大的,但科学方面影响如何,不好评估。因为事实上当把亚里士多德等人的自然哲学著作由阿拉伯文再译回去,还给欧洲人的时候,他们还是更习惯于那样思考问题。等于绕了一圈又回到比起点稍高之处。如果说文艺复兴是由于希腊精神的再发现,那么整个中世纪的停顿的根源在欧洲人自己。阿拉伯人只是将送来的"礼物"又送了回去。

真正带有阿拉伯特色的,而且是对后来欧洲有影响的物理思想(恐怕还含有中国古代物理思想的成分),有以下几方面。

1. 避虚就实

像物质本原、时间、空间、运动这一类物理学最根本的问题,吸引着古代许多学者进行过思考;但是,就像亚里士多德那样伟大的思想家,又是如何解决的呢?在古希腊,由于它的学术风气是重思辨,轻实践,对于世俗知识不屑一顾,因而几个世纪里一直在那里转圈子,偶尔出现个阿基米德那样的物理学家,他的研究方法也不能成为时代的主流。

在阿拉伯世界,则比较重视实践,他能在中世纪,以海上之舟和陆地之舟征服诸多国家,建成伊斯兰帝国,就说明他在技术领域是先进的。

在物理学方面,虽然阿拉伯人在中世纪时的贡献也只是光学和力学的成就。可是这时欧洲人在干什么呢? 他们正"沉陷于有限概念的无穷运动里",正呼唤着"必须用理性去维护我们的信仰,以反对不信上帝的人",在那里讨论一个针尖山能站立多少个天使。

阿勒·哈增的《光学全书》在 1572 年译成拉丁文出版后,在欧洲直到 17 世纪还作为教材,足以表明阿拉伯科学对欧洲的影响。

2. 丰富了原子学说

古希腊的原子学说,以卢克莱修的《物性论》为总结,就再也没有新的内容。而在阿拉伯人那里,"由伊壁鸠鲁的原子体系和芝诺的悖论所引起的时空问题,刺激了穆斯林人的思想,而印度佛教的原子论对他们也不无影响"。[①] 他们认为宇宙是由完全相同的原子构成的,空间也有原子的结构。时间由不可分的无数"此时"(时间原子)所组成。由于文字障碍和后来阿拉伯世界的衰落。有关阿拉

---

① 丹皮尔,《科学史》第 122 页。

伯人的原子学说的进一步详细内容,后世知道的不多。但是它把时间、空间,也想象成由无数不可分的"原子"所组成是古希腊原子论者所未论及的。

3. 代数西传

阿拉伯人将印度的代数学(我国古代也是重视代数甚于几何学)传向欧洲,以及所谓阿拉伯数字的西传,看起来是数学史问题,实际上它所起的作用,也是物理思想史问题。因为古希腊的物理学只有静力学和运动学,所以采用的数学工具为几何学。而物理学的进一步发展表明,代数学是更有用的工具。这样一种思想转变,意义是重大的,正是阿拉伯人起了促进作用。到中世纪后期,再处理运动学问题,欧洲人也采用了代数方法。

我们在亚里士多德的运动学说中,已经看到他用了符号语言,用字母来简化冗长的文字叙述。因为他没有涉及具体的计算,所以还看不出叙述的烦琐,一旦遇到具体的演算,采用罗马数字就会使算式非常难以看懂,使物理思想表述困难;采用阿拉伯数字的代数式来表达物理规律,则给人以清晰明快的美感,这正是物理学的特色之一。

第四节 "经院物理学"

在本章起始处,我们曾提到中世纪还可以分作三个时期,11—12世纪称为经院哲学时期,经院哲学是西欧中世纪的主要哲学思想的总称,因为它是在附属于修道院的各个学院("schola"译为经院)中传授的哲学知识。这种哲学的主要内容是论证和辩护宗教信仰的如何合理,主张理性服从信仰。

为了给自己的哲学找到依托,经院哲学也从古希腊哲学中摘其所需,使之服务于神学。在研究论证中,只能用烦琐的文字或晦涩的语言进行,将水搅浑,才能浑水摸鱼。

在那个时期,经院是人们获得知识的重要场所,因而经院哲学的主张就代表了社会的思潮。当然,也有人最初可能是想认真地对待这种哲学,可是经过钻研之后,发现它的荒谬之处,起而进行批判,最后成为经院哲学的掘墓人。

经院哲学,从它诞生之地和内容来看,一开始就不是以研究自然为目的的哲学,因而不可能从中找出像古希腊自然哲学那样多关于自然的论述。同时,我们知道,就是 12 世纪开始创办的大学,讲授的内容也多是人文科学。一般只讲授天文学、几何学、数学、音乐、文法、修辞学以及逻辑学。此外有的再讲一两门高深的学科,如神学、法学及医学,根本就没有物理学课程(还没有足够的物理知识)。我们所以用"经院物理学"做这一节的标题,一是想表明,将要介绍的内容,只是经院哲学中和自然哲学有关的一部分,二是觉得这些经院哲学家们的一些主张,虽然对物理学发展是有害的,但确是存在过的一个时期的代表思想。物理学思想史不介绍曾有过的错误和有害的思想,就无从了解正确思想是从哪里来的。

我们应当坚持二分法看待经院哲学家,他们为了维护宗教,煞费苦心地在那里论证,须知那些著作的读者也不是轻易就能被说服的。他们还是把理性作为认识自然的钥匙,只不过让理性服从于信仰,他们还是肯定理性在其自身范围内的独立地位,同信仰并不矛盾。

经院哲学也有其代表人物和代表著作,下面我们就按此进行介绍。

1. 安瑟伦(Auselmus,1033—1109)

安瑟伦是中世纪基督教思想家,实在论的主要代表之一,后人称他是"最后一个教父和第一个经院哲学家"。他出身于意大利贵族,晚年任英国坎特伯雷大主教。他主张"不是理解而后信仰,而是信仰而后理解"这可以和教义哲学家德尔图良(Tertullian)那句"正因其荒谬而信仰"相比。

安瑟伦要其信徒们理解,可是他们却无法理解,因为"信仰是通过经验在对世界的事物理解过程中才能建立"。

安瑟伦当然不是单纯给出结论,他为上帝做了若干论证,在他的《上帝为何降世为人》的重要论述中,对化身与赎罪学说,作了严谨的推理分析。由于他的作用,西方基督教世界终于在一百多年后重新达到 4 世纪拉丁神学家时期的知识水平。

2.“共相”

这是中世纪经院哲学常用术语,拉丁文"Universalia"的意译,意为一般。共相是否存在,是唯实论与唯名论的争论点之一。

在柏拉图派与亚里士多德派之间,存在过有关共相的争论。在柏拉图派看来,像“猫”或“狗”这类名词,不仅指特定的动物,也是有事物实体的语言标志——个体的“猫”是“典型猫”、“共相猫”的不完善的“摹本”;同样对于圆形、方形或三角形,如果我们用仪器(哪怕是最精密的仪器)去测量这些形状中单一的一个,就可以发现,它们在某一方面或其他方面会是不完善的。世界上没有绝对的圆形,它们只是完整“理念”中的大致近似。而完整的圆形只存在于“上天”,是我们头脑中的几何概念。“上天”的圆形不仅是完整的,而且是真实的实体,物质世界的圆形则不很真实,不很重要,因而也是不值得给予重视的。共相的猫、圆形是独立于物质世界上无数个体猫或圆形而存在,人们只应从共相的探讨中求取知识,而不能只研究世间所反映的不完善的现象。

在中世纪时期,凡是追随柏拉图,相信共相乃实体的人,就被称为唯实论者。

亚里士多德派对共相有另外看法,认为共相存在于个体事物之中,只有在研究世界特定事物现象中,才能认识共相,人类思想通过抽象过程先观察特定事物,然后才能对共相有所理解。他们也认为共相是个实体,但和柏拉图的论点相比,其真实性较差——至少独立的真实性较差。有了这一点让步,这派被称为温和的唯实论者。

还有另一些中世纪哲学家宣称共相并不存在,“猫”、“圆”仅是字义名称,共相不是实体,离开事物名称就无所谓共相。因此,这派被称为唯名论者。

用以上两派观点看待宗教,则唯实论者更受到欢迎,因为教会应是共相组织,是实体。唯名论在 12—13 世纪,则被宗教界认为是危险学说。

3. 阿伯拉尔(Abailardus,1079—1142)

阿伯拉尔是中世纪法国的经院哲学家,最富有创新精神的哲学家,一位著名的教师。

阿伯拉尔是 12 世纪知名的逻辑学家,他和温和的唯实论者相近,主张对共相的认识是通过对特定事物的抽象过程取得的。在他的名著《是与否》中,列举了许多互相矛盾的教文言论。他已经有摆脱中世纪思想那种习以为常的教条框框的倾向,说过一些富有意义的话,如"怀疑是研究的道路","研究才能达细真理"。针对安瑟伦的"信仰而后理解",他提出应当"理解而后信仰",认为信仰不是盲从,而应建立在理性的基础上。

阿伯拉尔的一些主张是符合物理学精神的,虽然他不是物理学家,却是在一片反科学的经院哲学喧嚣声中唱反调的人。

他的个人生活遭遇是令人同情的。年轻时与海洛埃丝热恋,她盛怒的叔父雇用暴徒,将阿伯拉尔阉割,这对情侣发誓隐修,虽然分开,但两人仍有书信往来。已经担任女修道院长的海洛埃丝表露出她永恒的爱情,他只能还她以精神慰藉。据说他们的信件及他的《我的灾难史》一直保存至今,向人们展示出一幅中世纪充满浪漫色彩、令人同情、亲切而温柔的画面。在阿伯拉尔于 1142 年去世后,一位修道院长给海洛埃丝写了一封热情洋溢的信,向她保证一旦天主降临"上帝的恩泽,他必将属于你"。

4. 阿尔伯特(Albertus,1206—1280)

阿尔伯特是德意志经院哲学家,在世时被一些人称为大阿尔伯特,以示对其的尊敬。

1225 年,巴黎大学已经正式将亚里士多德的著作列入必读的书目中,阿尔伯特是这一时期解释亚里士多德著作的最主要学者,他是中世纪最富有科学思想的人。他熟悉天文、地理、植物学、动物学和医学等知识(大学中尚无物理课)。

他本人在生物学(胚胎学)方面有重大贡献,是那时期研究亚里士多德的专家。

5. 托马斯·阿奎那(Thomas Aguinus,1226—1274)

托马斯是出身于意大利贵族的中世纪经院哲学家,在巴黎大学时是阿尔伯特的学生。他的一生虽然只有短暂的 48 年,但经院哲学在他手里,却达到了最高水平。他的哲学和神学已经形成体系,后来被称作托马斯主义。

托马斯·阿奎那将亚里士多德哲学中一些唯心主义成分与神学结合起来,在中世纪,这无异于拉大旗作虎皮,是很能迷惑人的。他的巨著《神学大全》曾作为教材产生影响。可是到晚年他宣布全部著述毫无价值,而将余下的光阴倾注在对神秘主义的研究。1274 年,他死于赴会途中。

他的工作是想给基督教神学增加些理性色彩,以此来掩盖那种信仰的荒唐,因此就连亚里士多德学说的细节,也要让它与当时的神学符合。但是对于世界是永恒的说法,因为这同上帝在时间中创造世界的教义不调合而被阿奎那放弃。

《神学大全》探索了所有与哲学、神学、政治学及伦理学有关的重大问题。使用了逻辑推理的方法,但得出的结论却是要符合基督教的信仰。更由于《神学大全》采用了近似于《几何学原本》的结构来写,给人以貌似严谨的印象,而且他还先是不加掩饰地列出相反论点(实际上却是有所选择),然后再给出自己的结论。让我们看一下他是如何证明上帝是存在的。在《大全》的第一部分:

问题(是讨论上帝存在问题)

　　专题(1)"上帝存在之说是否不言自明?"

　　　　(他的结论是"不是这样")

　　(2)"是否可以阐明上帝的存在?"

　　　　(他说"可以阐明")

　　(3)"究竟上帝是否存在?"

　　　　(他提出了 5 点依据证明上帝存在)

对于每个专题,他又引出一系列相反意见,然后他常用"相反的"这个短语引出从《圣经》或早期基督教领导人著作中摘取的有利于自己的语句。最后常以"我认为"表明自己的观点。我们仍用专题(3)来举例:

　　专题(3)"究竟上帝是否存在?"

　　　　"反对意见 1:上帝似乎不存在……

……

　　相反地,上帝本人曾说过'我是自有

　　永存的'(见《圣经·出埃及记》3:14)。

　　我认为可以从五方面证明上帝存在

……

　　对反对意见 1 的解答:……"

他从五方面证明上帝存在。第一条证明,在我们看来,完全是借用亚里士多德的论述。所不同的(但最关键的)是,在结尾处,他加上"所以,最后我们必然会追溯到一个不受其他事物推动的第一推动者。而每个人都明白,这个第一推动者就是上帝。"

托马斯·阿奎那曾断言"几乎所有的哲学思维都是为了认识上帝",完全道出了经院哲学的特点。可是在经院哲学家的群体里,也存派系之争,就是他的同代人,对他的哲学也有全部或部分抵制的。

6. 经院哲学的掘墓人

堡垒是容易从内部攻破的,对于经院哲学的摧毁性攻击是来自它的阵营之内,攻击始于 13 世纪末期,酝酿却早就开始。唯名论与唯实论的争论一直就没有停止过,最后以唯名论者的胜利而宣告经院哲学独霸中世纪的局面结束。

邓斯·司各脱(Duns Scotus,1265—1308)是中世纪苏格兰的经院哲学家,唯名论者。他把主要的基督教义都建立在神的独断意志的基础之上,将托马斯·阿奎那极力主张的哲学与神学融合加以分开。他认为宗教的范围是信仰,哲学的范围是理性。他主张世界的本原是无所不在而又统一的物质。

威廉·奥卡姆(William of Occam,1300—1350)是中世纪英国的经院哲学家,唯名论者,主张哲学的对象只能是经验和根据经验而做出的推论。他举出许多教义是不合理的,他甚至攻击教皇至高无上是一种极端的理论,为此曾受过监禁。他认为唯实论派为了从普遍中导出个别,总是在一个个抽象观念中绕圈子,对这种把问题人为复杂化的做法(这是经院哲学的特征之一,以至于后来经院哲学成为烦琐哲学的同义语),奥卡姆用他有名的警句——所谓"奥卡姆剃刀"加以批判:"不要增加超过需要的实体。"这个警句对后来科学的发展是极为有用的,是反对不必要的假设先声。他的"剃刀"把所有无现实根据的"共相"一剃而尽,认为神学只能在信仰领域占统治地位而不应干预知识领域。当科学壮大成长以后,宗教为了保存已有的地盘,也用这种类似主张来保护自己,提出科学和信仰应当互不干预。

奥卡姆曾与反对教皇的德皇巴伐利亚的路易(Louis of Bavaria, 1287—1347)偕同作战,他说"你用剑来护卫我,我用笔来护卫你"。他著有《皇帝权力与教皇权力》等名篇。

经院哲学的影响,犹如百足之虫,死而不僵。司各脱、奥卡姆的几发重炮,使经院哲学产生了动摇,开始走向衰落。真正要使人们抛弃这种哲学,还是需要科学显示其力量。为科学在中世纪精神重压下诞生鸣锣开道的是下面要介绍的一位。

7. 罗吉尔·培根(Roger Bacon,约 1214—约 1292)

培根是英国的思想家,是实验科学的提倡者和先驱者,也是较早的一位科学殉道者。由于他难能可贵地在经院哲学流行的时期,提出应重视实验,应当说,他是物理学思想史上一位里程碑式的人物。

思想统治,从来就不可能是铁板一块。就在经院哲学和宗教势力盛行的时候,在俯首听命的人群中,总有人在头脑里带着教皇和神父看不着的问号在怀疑"难道事情真是这样吗"。

罗吉尔·培根在 1214 年左右生于英国的中等家庭,后来进入牛津大学学习。他受过两个人的深刻影响。一位是数学家亚当·马什(Adam March),一位是牛津大学校长,后来任林肯郡主教的罗伯特·格罗塞特(Robert Grosseteste, 1175—1253)。培根曾说:"只有一个人知道科学,那就是林肯郡的主教。"他还说过:"在我们那时代,前任林肯郡主教罗伯特爵士和修士亚当·马什可以说是无所不知。"

格罗塞特在他担任牛津大学讲师的时候,对柏拉图及新柏拉图主义的哲学、亚里士多德的物理学以及伊斯兰科学遗产有深入的研究。他任校长的期间,曾请希腊人来教希腊古文,为的是让学生真正了解希腊哲学思想。他对亚里士多德的科学著作,写过许多重要评论文章,能够吸收柏拉图和亚里士多德的传统。他发扬了柏拉图重视数学的主张和从亚里士多德那里理解到抽象知识的重要性。格罗塞特融数学与实验为一体,从而奠定了现代科学的基础。他尤其注意到伊斯兰学者的研究方法,在教学中提出过一套观察、设想及实验的完整方法。

格罗塞特的得意门生罗吉尔·培根受到老师的影响,也非常重视希腊的学术。他常说当代博士不懂原文是他们在神学与哲学上失败的原因,他指出神父们怎样改动他们的译文,以符合当时的偏见,又怎样因为粗疏无知和篡改原作,以致使原著变质。

培根博览群书,包括阿拉伯著作的译本,但从来不是"生吞活剥",他曾说:"证明前人说法的唯一方法只有观察与实验。""只有实验科学才能决定自然可以造成什么效果,人工可以造成什么效果,欺骗可以造成什么效果。"

培根的远见在于他同时认识到数学的重要性。这在今天看来已是常识,可是在当时,常有把数学用在占星术上的事例,而且研究者又大半是伊斯兰教徒和犹太人,因此数学常被人同"巫术"联系起来,名声不太好。培根在当时能反潮流,站出来呼吁重视实验和数学,是需要勇气的。

他本人对光学实验特别感兴趣,对一些机械发明也特别喜欢,他曾写过一本书,里面谈到魔镜、取火镜、哲人石、点金石等,显然是既有科学思想,也有胡言乱语。

培根提醒人们产生错误的原因有四个:

> 对权威的过分崇拜;
>
> 习惯势力的影响;
>
> 个人偏见;
>
> 对知识的自负。

他曾做出这样预言:"实验科学左右着其他一切科学的最后结论,它能揭示用一般原则永不能发现的真理,它最终将指引我们走向创造奇迹之路,从而改变世界面貌。"

第五节　冲　力　说

亚里士多德系统地提出了他的运动学说,但由于他所说的运动是将性质变化、数量变化都包括在内,因而讨论得并不具体深入。他尤其将目光集中于圆运动上面,在《物理学》第八章第十节,也就是全书的最后部分,他提出了所谓的抛体运动问题,他说:"那么有些事物,如被抛扔的事物,在它们的推动者和它们脱离接触之后是凭什么继续运动的呢?"

他的回答是:"那么,当第一推动者和它们脱离了接触不再推动它们时,空气也同样不能运动了。空气和那个被推动者必然同时运动,并且在第一推动者停止推动时同时停止运动。"他认为,"空气之类的事物并不在停止运动的同时停止推动,而是,当第一推动者停止推动时它只停止运动并不停止推动,因此它仍然在推动着顺联的事物运动。"

这里他的"运动"和"推动"是两个不同术语,意即空气在停止运动时却仍然能推动。

一个事物停止运动,却仍能推动别的事物,这很难设想,他甚至设想空气有一种弹性,像弹簧似的,可以自己不动,但能伸缩。

他还用自然界没有虚空(这是他论证过的)这一论断来解释,认为被抛物体,最初它挤压空气,一些空气被排开,另一些空气就力求填补前者形成的虚空,这样就可产生推力。

可见,亚里士多德是将速度与外力相联系的,外力为零时,速度应当也为零。但这在说明抛体运动时,就出现了解释上的困难,他才想出上述的补充解释。本来不受实验检验的解释可以有各种,因此权威者如此解释,也没人深究,就这样讲授这样接受了几百年。

到了 6 世纪,亚历山大里亚的一位学者约翰·斐劳波诺斯(John Philoponos)在否认天体是由神在推动时,提出上帝一开始就赋予天体一种冲力(Impetus),

它是一种不随时间消逝的动力,由它维持物体永远运动下去。有了冲力,运动物体就不需要经常有推动者推动了。抛出的物体就可以在自身获得的冲力作用下运动了。

到了 14 世纪,随着火药和火炮在欧洲出现,抛体的运动又引起人们的重视,先后在巴黎大学和牛津大学两个著名学府掀起了关于冲力说的争论。

牛津大学的奥卡姆,认为冲力说是有道理的,从磁现象中,他想到超距作用,一个运动的物体不一定需要另一个物体持续地接触推动。

巴黎大学校长布里丹(Jcan Buridan,鼎盛于 1330—1358)从批评亚里士多德的说法入手,支持了冲力说。他提出两条有力的论证:第一,陀螺在旋转时,并不改变位置,故而并没有持续不断的形成虚空,但是它仍然能在外力取消时转动。第二,一根尾端切平的标枪(被空气推动的面积大了)并不比一根尾端也是尖的标枪飞行的更快。他认为应该是冲力在起作用,而且冲力的大小和物体的密度、体积以及开始时的速度成正比。这已有动量概念的雏形。

冲力说的支持者多数是主张地动说的,认为地球和其他天体一样,在创世之初就得到的冲力作用下是可长期运动下去的。

冲力说在 14 世纪为很多经院学者所欣赏,这个学说的各种变形说法一直持续到近代力学建立的前夜。它较亚里士多德的说法更接近于后来的惯性观念。

15 世纪以后,冲力说也逐渐受到冷遇,因为它是一种动力学的学说,而当时人们连运动学问题还未搞清楚,更关心的是抛体如何动,而不是它为什么动。

第六节　新运动观

亚里士多德的运动观在欧洲中世纪一直被作为正统的学说来讲授,但也不是一花独放的景象,总有人在教与学中,对之提出异议,前面提到的斐劳波诺斯就是一位。

亚里士多德主张速度正比于力、反比于阻力,或与力与阻力之比成比例,即

$$v_0 \propto F, \text{ 或 } v_0 \propto \frac{F}{r_m}, \ r_m \text{ 为阻力}。$$

斐劳波诺斯认为(让我们用现代方式表述)可以把亚里士多德那种与介质无关的运动速度称为自然速度 v_0,以自然速度走过的时间为"原始时间"t_0;在有介质时,物体的运动速度变成 v_m,介质的阻力为 r_m,这时可走过的时间应加上附加时间 Δt。于是得到

$$v_0 = \frac{s}{t_0} \tag{1}$$

$$v_m = \frac{s}{t_0 + \Delta t} \tag{2}$$

其中 $\dfrac{\Delta t}{r_m} = k$,$k$ 为常数 $\tag{3}$

因此,对于任意两种介质,若 $r_m > r_n$,则 $\Delta t_m > \Delta t_n$ 显然 $(t_0 + \Delta t_m) > (t_0 + \Delta t_n)$。根据(2),可得 $v_n > v_m$。即在阻力小的介质中运动速度大,结论和亚里士多德的相同。不过斐劳波诺斯引入了"原始时间"的说法,而且认为在虚空里也应以自然速度运动。

14 世纪的托马斯·乌拉德沃丁(Thomas Wradwardine)也对亚里士多德的运动学说做了重新解释。原来亚里士多德的意思是

$$v = \frac{F}{r} k$$

现在,既然在虚空中物体的速度正比于它们固有的自然运动时的力,所以从在介质中运动的总时间里减去在该介质中运动所需的附加时间,就得到原始时间 t_0 了,即

$$t_m = t_0 + \Delta t, \qquad t_m - \Delta t = t_0$$

这样,原来亚里士多德的

$$v = \frac{F}{r} k \quad \text{对应于 } t_0 \tag{4}$$

就应写成

$$v=(F-r) \text{对应于} t_m-\Delta t, \tag{5}$$

从(5)可以看出当 $F=r$ 时 $v=0$，物体是不动的。

而若根据(4)，则当 $F=r$ 时 $v=k\neq0$，这意味着当阻力等于动力时，物体仍会运动，这当然是荒谬的。

以后，人们把研究的目光放在落体运动上，因为虽然依亚里士多德的说法圆运动是基本的第一位移，但它不如落体简单；可是落体运动又有个加速问题令人烦恼（当时认识到是"相继加快"）。

有一种观点认为，离地面较高的物体比起较低的物体来，其下方有更厚一层的空气，随着物体的下落，空气层变薄，阻力减少，故在恒力作用下物体的速度就增加。从直观看速度是与下落距离成比例地增加。另外还有细心的人观察到从房上流下的雨水，最初是连续的，落到下面就不连续了。因而得出"雨水更迅速地经过每段后继的空间"，或是说雨水"以最短的时间完成其流程的最后一个阶段"。这样就逼迫人们应从定量和几何方面进行分析，而不能像亚里士多德那样定性地用"更快"来解释落体问题。

这标志着物理思想的一个大转变，也是一种新的运动观的诞生。

一开始还有人设想当物体下落时，它与自己的速度成正比地加热空气，空气被加热后变得稀薄，阻力就减小；阻力减小则速度又相应增加，形成非线性关系。可是有人反驳说，那么在夏天物体应比冬天时下落更快些。总之，并不是一帆风顺地转变着物理思想。

在进入用几何方法来分析运动时，人们是用一条直线表示时间，另一条与之垂直的表示速度（图1-1）。在中世纪人们的思想中，认为这样就可以表示出"质的量"，

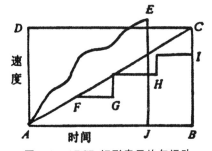

图 1-1　*ABCD* 矩形表示均匀运动

ABIHGFA 表示不连续的不规则运动
ABC 表示均匀的不规则运动
AEJA 表示不规则的不规则运动

不过那时是测不出速度(质)的单位值的,只能大致看出速度(质)的多少(快慢)来。他们甚至可以让纵坐标(笛卡儿时才有这个术语)表示愤怒、愉快或仁慈等。

然后,对于匀速运动就用一个矩形表示,距离就是矩形的面积("一种质的各种量")。有了这关键的一步,对于描写运动就方便多了。他们认为均匀运动(速度恒定)和不规则运动(速度变化的),均匀的不规则运动(匀变速运动)都可用时间和速度构成的矩形和三角形来描述。不规则的不规则运动,就原则上用一个斜边为非直线的图形表示,他们根本就没法设想这后一种运动。

14世纪已经有默顿平均速度定理,也叫默顿法则。

该法则如下:

"关于…以从(速度的)零度开始,终止于(速度的)某一有限的度的匀加速运动所经过的距离……整个运动,或者说它的全部所获(得的距离)将对应于它的(速度的)平均值。如果运动的(图上垂直线的)高度是从排他意义上的(速度的)某个度而均匀地获得的并且终止于(速度的)某一有限的度,那么上述结论同样成立。"

上述的图形表示,是巴黎的纳瓦拉学院院长,冲力说的代表人物之一奥雷斯姆(Oresme)为了对默顿定理做几何证明时做出的。

当时海特布里(Heytesbury,14世纪牛津默顿学院的一位数学物理学革新家)还得出推论(图1-2):

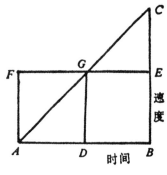

图 1-2　匀加速运动

"据前所述,对于这种匀加速或匀减速(运动),我们便完全能够确定出当其他条件相同时,在头一半时间里将经过多大距离,在后一半时间里又将经过多少距离。因为当运动的加速度从(速度的)零度到(速度的)某个度均匀的发生时,它在头一半时间里所经过的距离将精确地等于在后一半时间里所经过的距离的三分之一。"

这种运动概念几何化,既澄清了也精简了还纠正了亚里士多德的运动学说。使我们感到了一种新的运动观念在形成,也是严格的加速度概念的胎动。

中世纪的介绍即将结束,回顾起来,我们看到,说它是虚度的世纪、停滞的世纪,甚至像欧洲人说它是黑暗世纪,那都是从整个社会来讲的。从物理学思想来讲,一千多年后,还是比希腊时期有进步,虽然中间经过了曲折的,甚至是痛苦的历程。因为人的思想不同于形体,是关不住锁不牢的。我们这是从留下来的文献考察而得出的结论,一定还有不少被焚毁的、被禁止发表的,以及私下交流的、被扼杀的走在时代前面的思想,都没有流传下来。一旦偶像倒毁之后,蕴藏在人们心中的热情迸发出来,奇迹就会出现。即将到来的文艺复兴时期就是这样。因为我们深信,这一千年,人的脑容量虽然不会明显增多,总不至于减少吧。

第 2 章

新世界观的确立

第一节　哥白尼体系及其世界观意义

1. 哥白尼的新体系

使科学从神学中摆脱出来,在自然观上完全和中世纪的世界观相决裂而发生根本性的转变,这是从哥白尼日心说提出开始的。哥白尼代表着从中世纪物理学到近代物理学的过渡。

尼古拉·哥白尼(Nikolaus Copernicus, 1473—1543)幼年时丧父而由他做主教的舅父抚养,在大学时就广泛阅读了天文学和数学著作。1496 年到意大利学习法律和医学,同时花了大量时间研究理论和实用天文学。在此期间他受到了文艺复兴气氛的熏陶,并结识了知名的天文学教授迪·诺瓦拉(Domenico di Novara, 1454—1504),受到了诺瓦拉在自然哲学中复兴毕达哥拉斯思想的深刻影响。他们还一起讨论了托勒密《至大论》(*Almagest*)的错误以及改进托勒密体系的可能性,这都激励了哥白尼立志投身于改革天文学的研究。

大约到了 1512 年,哥白尼的宇宙日心说(美国学者 G.杜布斯认为应把哥白尼的学说称为"日静说",因为他并没有把太阳放到宇宙的正中心)的概念已完全形成了,但由于害怕受到教会的谴责,直到 1543 年,他的《天体运行论》(*on the Revolutions of the Heavenly spheres*)才印刷出版。据说第一本样书送到哥白尼手里几小时以后,他就逝世了。

哥白尼并不是一个想要推翻全部传统天文学观念的革新派,而是一个抱有纯真无瑕的正统信仰的人,他的著作充溢着毕达哥拉斯哲学的气氛。他完全为自己的审美动机所左右,依然把一切天体必然做匀速圆周运动看作不容置疑的公理,只希望能够比托勒密体系更好地去体现古希腊天文学家提出的原则,即用尽可能少的匀速圆周运动组合起来,更合理地结构出一个最简单、和谐的宇宙图像。所以"他的理论当中,没有丝毫东西是希腊的天文学家所不可能想到的"。[①]

托勒密的地心说理论,用本轮、均轮、偏心轮和等距偏心点等概念,出色地表现了各行星在天球上的运行情况。但从经院哲学的立场来看,这个极复杂的体系显然背离了符合亚里士多德物理学体系的古代同心球宇宙体系。哥白尼希望能用新的方法解决这个矛盾。

在哥白尼之前,虽然已有人做出了比托勒密更为精确的天文观测,但哥白尼并不是以这些观测资料作为结构新的宇宙体系的基本依据的。他自己也只进行过次数不多的天文观测,而且其精确度也没有超过前人的观测结果。哥白尼主要是抱着真诚的正统信仰,从对旧理论不能始终遵循确定的原则,因而无法推断宇宙的形状及其各部分永恒的对称性的质疑与批判开始他的探索的。他认为可观察的世界,只是上帝意志活动的象征;从表观上错综混乱的现象背后找到对称和秩序,便是对上帝意志的一个证明,是对上帝的尊敬。在《天体运行论》的序言中他写道:

> "我对传统数学在研究各个天体运动中的可疑之处思索了很长时间之后,对于哲学家们不能对造物主为我们造成的美好而有秩序的宇宙机构提出正确的理论而感到气愤……"[②]

为了找到解决这一矛盾的途径,哥白尼重读了他所能得到的古代哲学著作,希望能够找到关于天体运动的其他假说。回过头去研究古代的资料,这是近代科学革命最初阶段的一种普遍做法。哥白尼发现,一些早期思想家曾经提出过地球

---

① 罗素,《西方哲学史》(下册),商务印书馆(1982),第45页。
② 哥白尼,《天体运行论》,科学出版社(1973),第4页。

沿某种轨道运转以及绕自己的轴旋转的运动。哥白尼写道:

> "这就启发了我也开始考虑地球的运动,虽然这种看法似乎很荒唐,但前人既可随意想象圆周运动来解释星空现象,那么我更可以尝试一下,是否假定地球有某种运动能比假定天球旋转得到更好的解释。"①

地球运动的概念不仅与人们的直觉经验相矛盾,而且由于教会把地心说视为宗教教义的一个组成部分,更极大地束缚了人们的思想。因此,提出地球和其他行星一样也在运动的这一思想,在哥白尼的学说中是一个最不寻常、最易遭到反对和最具有革命性的部分。哥白尼深刻理解到了这一点。他说:

> "我深深地意识到,由于人们因袭许多世纪来的传统观念,对于地球居于宇宙中心静止不动的见解深信不疑,因此我把运动归之于地球的想法肯定会被他们看成是荒唐的举动。"②

因此在《天体运行论》包含了哥白尼体系的全部基本概念的第一卷中,哥白尼花了非常多的笔墨反复地论证了地球的运动。

关于各个天体运动表观上的种种不均匀性,哥白尼指出这是由于地球不处于它们运转的圆心,而是离宇宙中心有一段距离所致。因此"必须首先仔细地研究地球在天空中的地位,以免舍近求远,本末倒置,错误地把地球运动造成的现象当成天体运动的结果。"③比如对于地球之外全部天体的"周日运动",他指出,"如果不是假定天穹,而是地球从西向东转,那么所有严肃思考的人都会发现,我们的结论是正确的。天穹包容万物,为什么要把运动归于包容者而不归之于被包容的东西呢?"④他还根据"天比地大,其大无比"而说道:"实际上,如果庞大无比的宇宙二十四小时转一圈,而不是它的小小的部分——地球——在转,那就太奇怪了。"⑤他引用维尔吉尔(Virgil)史诗中的名句"我们离港向前航行,陆地和

————————

① 哥白尼,《天体运行论》,第 5 页。
② 哥白尼,《天体运行论》,第 1 页。
③ 哥白尼,《天体运行论》,第 14 页。
④ 哥白尼,《天体运行论》,第 15 页。
⑤ 哥白尼,《天体运行论》,第 18 页。

城市后退了"做比喻而诘问道:"为什么不能承认地球的完全自然的、并同自己的形状相适应的运动,而需要假定是整个宇宙(它的极限是不知道的,也是不可能知道的)在转动呢? 为什么不承认天穹的周日旋转只是一种视运动,实际上是地球运动的反映呢?"①他由此断言:"地球肯定不是行星轨道的中心。并且可以说,地球除了周日旋转外还有另一种运动。"②

在《天体运行论》第一卷的第十一章中,哥白尼具体说明了地球的三种运动。第一种是"地球自西向东绕轴昼夜自转",由于这种运动,整个宇宙看起来都做沿"回归圈"的反向运动;第二种是"地心同地球上一切的周年旋转,在金星与火星轨道间的黄道上从西向东运行",由于这种运动,太阳看起来好像在黄道上做相似的运动;第三种是"倾斜面的运动",即赤道面或自转轴相对于日-地连线的运动,它同第二种运动合成的结果,使自转轴相对于恒星天球的方向不变,这个合成运动即现在所说的地球公转。哥白尼认为,古人为了建立一种地球静止于宇宙中心的体系而把地球的三种运动加给了每一个天体,这使他们的宇宙体系不必要地复杂化了。哥白尼根据地球的三种运动与各个天体固有的自身运动,简单而统一地解释了从地面上观察到的天体的周日运动,太阳、月亮运动的快慢变化,行星运动中的逆行、驻留和偏南偏北的运动,二分点的岁差现象等。在序言中他表达了对自己新体系的信心:

> "于是,从地球运动的假定出发,经过长期的、反复的观测,我终于发现:如果其他行星的运动同地球运动联系起来考虑,并按每一行星的轨道比例来做计算,那么,不仅会得出各种观测现象,而且一切星体轨道和天球之大小与顺序以及天穹本身,就全部有机地联系在一起了,以至不能变动任何一部分而不在众星和宇宙中引起混乱。"③

这样,哥白尼就提出了他的太阳系结构的总排列:最远的不动的恒星天球,

---

① 哥白尼,《天体运行论》,第 22 页。
② 哥白尼,《天体运行论》,第 16 页。
③ 哥白尼,《天体运行论》,第 5 页。

构成了其他天体的位置和运动的参考背景;然后由远而近依次为土星、木星、火星、地球、金星和水星,它们都画出以太阳为圆心的同心轨道;"中央就是太阳。在这华美的殿堂里,为了能同时照亮一切,我们还能把这个发光体放到更好的位置上吗?太阳被称为宇宙之灯,宇宙之心,宇宙的主宰……太阳好像是坐在王位上统率着围绕它转的行星家族"。①虽然哥白尼的体系所依据的那些基本思想并不是他自己首创的,但哥白尼无疑把这些思想精心地结构成一个一致的行星理论,使那些零散的古代思想具有了严整的科学形式。

对于充满新毕达哥拉斯主义思想的哥白尼来说,这个体系无疑因具有更大的整体上的对称性与谐和性而对他富有魅力。毕达哥拉斯主义认为宇宙应该用美妙的数学关系来描述;两个几何上等价的行星理论,其中更为和谐更为对称的那个理论必然更为正确,"我们的理性总是要求任何东西都处于最完美的秩序之中"。②在他所构造出的新体系中,由于把最显著的中心位置给予了太阳这个最大、最亮的,光、热和生命的赐予者,并把各个行星关联起来形成一个有序的整体,从而"显出宇宙具有令人赞叹的对称性和轨道的运动与大小的和谐,而这是其他方法办不到的"。③他自己都惊叹这幅"神圣的造物主的庄严作品是何等的伟大啊!"④

哥白尼体系虽然也保留了托勒密的一些复杂成分,但终归是在一定程度上简化了托勒密体系。他实际上提供了一个用匀速圆周运动的组合来解释天体视运动的最简单的方案;而且根据地球的自身运动对每个行星视运动的种种特殊情况做出简单直接的解释,在理论和实用天文学上,这无疑是简单性上的一大进步。这个后来被广泛接受来作为对科学理论进行评价和选择的重要的美学原则之一的简单性原则,是哥白尼正统的神学信仰的一个自觉成分。他说:"我们应该仿效造物主,造物主不造出累赘无用的东西,而有一种将多种现象归于同一原

---

① ③　哥白尼,《天体运行论》,第33页。
②　　哥白尼,《天体运行论》,第14页。
④　　哥白尼,《天体运行论》,第34页。

因的能力。"①

但是,哥白尼体系本身还是不完善的。哥白尼仍然坚持天体必须做匀速圆周运动的观念,所以他仍然接受了托勒密的本轮和均轮概念,仅仅抛弃了等距偏心点的观念,同时他还认为天体是附着在水晶球壳天层上运转的。所以,他未能使旧天文学彻底地被改造和简化。英国哲学家罗素说:"如果没有开普勒对它的纠正,就会使牛顿的概括成为不可能。"②但是无论如何,哥白尼的体系在世界观的变革和物理学的发展上,都具有深远的革命意义。

2. 哥白尼体系在世界观变革和物理学发展上的意义

虽然哥白尼本人抱有完全纯真的神学信仰,坚决否定他的学说与圣经相抵触的看法,但是他著作的出版,却使神学受到了致命的打击。由于他把地球从几何学上独尊的"宇宙中心"的宝座上撵了下来,神学赋予人类的"天之骄子"的地位也同时消失了,圣经、创世说、"天界神圣"的观念以及上帝和天上神灵的存在等,也同时受到了怀疑。因此,哥白尼学说受到来自宗教神学的反对是可以预料的事。负责出版《天体运行论》的教士奥席安德(Andreas Osiander)在书前伪造的一个不署名的前言中说,这个学说只是一种说明天体运动的方便的数学方法和假设,人们不应该由此而动摇自古以来的信仰。甚至路德也把哥白尼斥为"想要把天文学这门科学全部颠倒过来"的"蠢材";加尔文也叫嚷不得"把哥白尼的威信凌驾于圣灵的威信之上"。1616 年,罗马教皇宣布哥白尼学说是"荒谬和完全违背圣经的",并把《天体运行论》列为禁书。

日心说导致了世界的物质统一性的结论,引起了宇宙形象的革新,促进了人类宇宙观的深刻转变;同时也激起了人类进一步探索宇宙奥秘的巨大热情,它必然会推动整个自然科学走向革命化。

自古以来一直是地动说的一个最大的困难是看不到恒星的视差。这个困难

---

① 哥白尼,《天体运行论》,第 32 页。
② 罗素,《宗教与科学》,商务印书馆(1982),第 9 页。

仍然困扰着 16 世纪的天文学家。如果地球确实是围绕着太阳公转,那么经过半年时间当地球从轨道上的一点走到另一点,相差轨道直径这么大的空间距离时,有限宇宙内恒星的表观位置理应产生看得出的变动。为了说明实际上未能观察到恒星的视差,哥白尼做出了一个正确的推断:恒星距地球太远了,以致地球的轨道距离与之相比可以忽略不计,因此地球的周年运动不会引起恒星视方位的可觉察的变化。哥白尼这个观点的推广,为宇宙无限的理论开辟了道路。地动说的热烈拥护者乔尔丹诺·布鲁诺(Giordano Bruno, 1548—1600)就把这个思想加以发展,积极主张宇宙是无限的、无中心的;他把恒星看作散布在无限空间中的一个个太阳,是无数个像我们一样的行星系的中心。布鲁诺以此来"赞美上帝的卓越以及他所显现的王国的伟大。上帝的荣耀不仅在于一个,而在于无数个太阳;不仅在于一个,而在于成千个的地球;我要说,在于无限个世界"。[1]哥白尼的学说由于把地球和天体同等看待,也就把宇宙中所有的空间点同等看待,这就促进了统一的宇宙构造理论的诞生。

地动说的另一个古老诘难,是由亚里士多德提出来的。如果地球自西向东转动,从高处一点掉落下来的物体不应当落到该点的正下方,而是稍稍偏西,因为在物体下落的时间内,地球已朝东转过了一段距离,但事实上物体落到了正下方的地点。他还说,如果地球转动,即使只有周日转动,那么由于转动离心力的作用,地球表面上的物体都会被抛出地面。托勒密进一步说,地球也会由于快速转动而转散,云和空气中的物体也都要不断向西飘去。对于这个诘难,哥白尼只能给出一个带有中世纪思想色彩的含混答案。他说地球的运动是一种自然运动而非受迫运动,受迫运动的物体才会分崩离析,而自然过程总是平稳的。他反问托勒密"为什么不替比地球大得多而又运动快得多的宇宙担心呢? 在快速运动的离心力作用下,天穹不就变得无比广阔以至瓦解了吗?"[2]至于云和空气中浮悬物的升降运动,哥白尼认为这是因为近地面的空气中含有土和水的混合物,它

---

① 埃伦·G.杜布斯,《文艺复兴时期的人与自然》,浙江人民出版社(1988),第 116 页。
② 哥白尼,《天体运行论》,第 21 页。

们遵循和地球一样的自然法则,从而使近地面的空气中的浮悬物稳定地随地球一起运动。

这个问题的正确答案是伽利略后来利用惯性定律而做出的。伽利略把惯性原理、运动叠加原理和相对性原理结合起来,不仅解决了这个千古疑难,而且奠定了地动说的物理基础。

哥白尼在创建他的体系时,为了把大体的视运动归因于地球的运动,充分阐发了一切运动都是相对的这一原理。他说:

> "无论观测对象运动,还是观测者运动,或者两者同时运动但不一致,都
> 会使观测对象的视位置发生变化(等速平行运动是不能互相觉察的)。要知
> 道,我们是在地球上看天穹的旋转;如果假定是地球在运动,也会显得地外
> 物体做方向相反的运动。"①

他正是根据视运动的对易性,解释了天体的周日运动。

哥白尼还据此阐述了感性认识的作用,并揭示了狭隘经验论的局限性。他指出,必须区别真正的运动和表观的视运动;地心说者的错误,就在于把假象误认为真相。所以,必须用批判的态度来分析我们感官得到的直接认识,直观的明晰性不一定能够提供完善的真理。科学的信念或假设并不是以直观作依据,而是建立在理性和证据的基础上。哥白尼的著作中所透露出来的这些思想,从方法论上促进了科学认识论的制定。

通过上面的分析可以看出,哥白尼的理论虽然没有解决天体运动的机制问题,但是他的工作确实是一个转折点,它为理解行星的运动开辟了一条通向新的动力学的途径,即揭示自然界中机械运动一般规律的途径,为自然科学中机械论自然观的诞生奠定了基础。英国科学史家沃尔夫评论说:"对于哥白尼来说,日心观点仅仅代表行星最对称的排列,以及用以解释观察到的行星运动的最简单的方式。但是对于开普勒来说,它是他发现行星运动定律的必要前提;而对于牛

---

① 哥白尼,《天体运行论》,第 15 页。

顿来说,它打开了一条合理解释这些定律的道路。最后,从拉普拉斯到金斯等天体演化学家认识到太阳中央有一个母体,原先就是在离心力或潮汐力的作用下而从中抛射出行星物质。他们由此而赋予日心观点以一种新的发生的意义。"[1]

3. 科学革命的"原型"

哥白尼日心说的提出,是从根本上改变自古以来科学从属于神学的这种状况的一个革命性步骤,他的意义远远超出了天文学一门科学的范围。"至少对于西方文明而言,再没有其他任何一项科学的进步能够同它在思想方式上的影响相匹敌。"[2]所以,科学史上通常把它称为"哥白尼革命",而且把它看作一切科学革命的"原型"。

这场革命并不是一夜之间发生的,它的根源可以追溯到两千年前,毕达哥拉斯学派的地动思想和一千八百年前阿里斯塔克(Aristarchus,约前315—约前230)的日心说。哥白尼借以提出他的学说的"谐和性原则",更是毕达哥拉斯以来科学解释的最高原则。所以,哥白尼的理论一开始并不是以轰轰烈烈的形式出现的;在关于行星运动的预言上,也没有提供比托勒密理论更多的事实和更精确的结果。他的学说最显著的成功乃是由于把地球降为一颗普通的行星而大大减少了他的体系中所需要的组成元素(圆运动)的数目。但是,正是这一改变,哥白尼却为人们描绘了一幅新的世界图景:"太阳在这庄严殿堂的中央,把它灿烂的光辉撒向宇宙每一个角落。"整个宇宙一下子展现出一种震撼人心的和谐、对称和秩序。传统的世界图式受到了严重的挑战,并进而引发了人类宇宙观的深刻变革,酝酿了一场精神革命。它使人类从以自我为中心的沉湎中摆脱出来,醒悟到现实世界并不是为人类而特定创造的,世界万物并不必然接受人类的支配;人类必须抛弃那种盲目的自信,奋力去探索自然奥秘,认识上帝所创造的一切事物的性质和变化,以便增强我们对上帝的爱戴和我们利己利人的能力。显然,不撇弃旧宇宙观所带给人们的盲目自信思想,不破除天尊地卑的观念,不把人类的

---

① 亚·沃尔夫,《十六、十七世纪科学、技术和哲学史》,商务印书馆(1985),第30页。

② N.Spielberg, B.D.Anderson, Seven Ideas That Shook the Universe, Printed in U.S.A., 1985, p.49.

视野从不敢窥视神圣天界的束缚中解放出来并扩大开去,发展自然科学认识的热情和信心是难以被激发出来的。

哥白尼革命把理性精神引入科学研究,为人们提供了一种新的思维准则。对上帝及其创造物尽善尽美的坚定信念,导致哥白尼对教会所推崇的托勒密宇宙体系的怀疑;把毕达哥拉斯学派的理性精神所推崇的简单、和谐原则贯彻到底,又把哥白尼引向创立新的宇宙学说的入口。理性的眼光还使哥白尼洞察到狭隘经验论的局限性,否定了只有直接的明晰性才能提供完善的真理的看法,强调必须区分假象与真相,把天体表观上的排列与变化同真实的结构与运动区分开来,只简单地用地球自身的运动一举消除了许多天体复杂繁纷的运动假象。而且,既然地球和其他行星处于同等的地位,也就不存在把运动分为天上的"完善的"运动和地上的"不完善"运动的根据,天体的运动与地球的运动也没有任何原则的差别。所以哥白尼学说包含了统一的力学原则支配着一切运动的思想。

理性精神在创建哥白尼学说中的胜利,使人们懂得了"科学"应具备的这些特点:概念和假定的经济性,表述的简洁性,理论体系的谐和性以及在解释广泛的经验事实上的适应性。把这种理性精神贯彻到底,必然会导致对科学本性的这种认识:科学有其自身存在的客观依据和不断获得自我完善的思维准则;它不应当依附于宗教教义去附会上帝的存在,而应当在揭示世界的客观真相中展示上帝的全部智慧和光荣;宗教的经典,古代的权威和公众的常识,都可以被怀疑并接受理性的检验。哥白尼学说所体现的进行科学探索的这种全新的思考方式,是一种观念上的根本性的革命,促进了新的科学认识论的制定。

这样,哥白尼的《天体运行论》不仅严重冲击了自古以来教会关于宇宙结构的传统观念,动摇了上帝为人类"有目的地"创造了世界万物的神学传统;也不可阻挡地导致了整个自然科学的革命化,使它从神学的奴役下解放出来。哥白尼的不朽著作《天体运行论》的出版,就像"路德焚烧教谕的革命行为"那样向教会的权威提出了挑战。所以,"哥白尼革命"通常被用于说明"科学与宗教的冲突",虽然哥白尼本人仍然是一个虔诚的教徒。

第二节 开普勒的"天空立法"和"宇宙的和谐"

1. 探索宇宙奥秘的"导言"

在哥白尼划时代的伟大著作出版 28 年之后,他新理论最杰出的继承者约翰·开普勒(Johannes Kepler, 1571—1630)诞生。他自幼体弱多病,先天近视,一只手半残,经常受着高烧的煎熬,但他聪明好学,有着很高的数学洞察力。后来作为奖学金生进入杜宾根(Tübingin)大学学习神学,通过天文学教授马斯特林(M.Maestlin)的介绍了解了哥白尼的学说。由于深受毕达哥拉斯学派和新柏拉图学派数学神秘主义的影响,耽迷于数学的优美和简洁,因而他深信"上帝是依照完美的数的原则创造世界的,根本性的数学谐和,即所谓天体的音乐,乃是行星运动的真实的可以发现的原因"。[①]因而他立即为哥白尼宇宙体系的简洁和优美所震撼,他说:"我从灵魂最深处确信它是真实的,我以令人难以相信的喜悦心情去欣赏它的美。"[②]他甚至比哥白尼更加相信,表现在简美的日心体系中的几何秩序和数字关系反映着上帝创造世界的智慧和计划。因而他决心尽全力为它辩护,他的终生愿望就是要使日心体系达到完善的境地。1595 年,他在给马斯特林的一封信中说:"长期以来我无休止地工作,我要做一个神学家,无论如何,我想通过我的努力看到上帝是怎样在天文学中受到赞美的。"[③]可见,对根本性的数学谐和的信念或阐明"上帝创造宇宙的谐和"的决心,是鼓舞着开普勒把一生的主要精力投入到天体运动规律探索的真实动机。

开普勒对于为什么只有六颗行星而不是其他数目、为什么它们以这样特定的轨道和速度而不是以别的样子绕日运转感到惊奇。由哥白尼模型可以得出,六颗行星轨道半径的相对比例为 8∶15∶20∶30∶115∶195。为了找到一个几何学的解释,他从数学谐和的思想出发,试图从这种比例关系中猜出这个奥秘。

---

① W.C.丹皮尔,《科学史》,商务印书馆(1975),第 193 页。

② E.A.Burtt, In Metaphysical Foundations of Modern Science, London and New York(1925), p.47.

③ C.C.Gillispie(ed.), Dictionary of Scientific Biography, Vol.Ⅶ, p.291.

他曾经想到可用这种方式得到各个轨道的几何关系:画一个圆,内接一个等边三角形,再在三角形里作内切圆,此圆内又内接一个等边三角形,如此得出相邻的各个圆轨道。但他发现,这些相邻的圆的直径之比恒为 2∶1;于是又想到,如果分别用内接正方形、内接正六边形等代替那些三角形,或许可能得到符合上述半径比的那些圆来。但他始终未能得到理想的结果。不过这些探索终于把他引向"空间轨道"即立体图形的思想。他回想到希腊数学家们曾经证明除球形外,只存在五种"完美的"正多面体,即"毕达哥拉斯"或"柏拉图"形体。每一个正多面体不仅各个面都全同,而且每个面自身也是一个完美的正多边形:一个正立方体有六个正方形表面,一个正四面体有四个正三角形表面,一个正八面体的每个面都是正三角形,一个正十二面体的每个面都是正五边形,一个正二十面体则有二十个正三角形表面。如果能用这仅有的五种正多面体的特定排列间隔出六个特定的圆轨道来,岂不是行星只有六颗的奇妙理由吗?

开普勒被这个想法激励,根据六个行星之间五个间隙的尺寸要求,精心选择了柏拉图正多面体的排列顺序:最大的土星轨道天球,内表面镶嵌(内接)一个正立方体,其大小恰能使木星的轨道天球内切于它的各个表面的中点;木星球内接一个正四面体,其内则是火星天球;然后是正十二面体,其内是地球轨道的天球;接下去是正二十面体,金星的轨道天球,正八面体和水星的轨道天球。

这个排列次序使各个天球的直径比十分接近于各个行星距太阳的平均距离之比。误差是由于各个行星的轨道并不是以太阳为中心的同心圆。哥白尼已经发现在他的计算中需要引入偏心轮和本轮,因此开普勒就为每个行星规定了一个有限厚度的球壳,其厚度恰能使行星完美的圆形轨道相对太阳出现远日点和近日点的偏离(图2-1)。

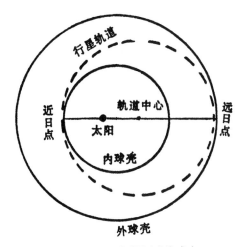

图 2-1 行星有"厚度"的球壳

对行星轨道的这种美妙的几何关系的发现,使开普勒欣喜异常。他说:"我从这个发现中得到的高度愉快是无法用言辞表达的。我不再懊悔时间浪费,也不厌倦工作。我不避开计算的劳苦,在我能见到或者我的假说与哥白尼体系的轨道符合或者我的高兴化为乌有之前,我的日日夜夜都消磨于推演计算之中。"[①]在1596年出版的《宇宙的奥秘》(*Mysterium Cosmographicum*)中,开普勒公布了上述结果。在序言中他说明了他的意图。他说:"在这本小册子里,我的意图就是要证明全能的、无限仁慈的上帝在创造我们运动着的宇宙和确定天体的次序时,是以五个正多面体为根据的。这五个正多面体从毕达哥拉斯和柏拉图时代起为世人所周知,上帝正是按照这些形体安排了天体的数目、比例和它们运动变化的关系。"[②]可见,开普勒把上帝看作精通几何学和谐和原理的主宰者,他以为他已经窥视到了上帝创造世界的计划和上帝心目中的数学谐和。

现在看来,开普勒的这一工作只能算作是一个数学巧合,而且其结果也并不完全与观测数据相符。但是,《宇宙的奥秘》在开普勒的思想发展中却具有很重要的地位,它包含了开普勒后来一系列伟大发现的种芽;开普勒也把这本书看作他关于宇宙探索的"导言"。这个初步的"成功",把他推向了更进一步的探求。

2. 火星运动的数学分析

《宇宙的奥秘》所表现出的开普勒高超的数学才能和推理能力,引起了丹麦天文学家第谷·布拉赫(Tycho Brahe, 1546—1601)的赏识。第谷出生于丹麦一个贵族家庭,他长于巧思和实验技能,在皇家资助下,制造和安装了一些大型、精密的仪器,先后21年进行了近代早期最精密的天文观测。开普勒认为,任何理论都必须与观测数据达到定量的符合,他也知道在欧洲所有的天文学家中,第谷所获得的数据是最精确的,这些数据可以验证他在《宇宙的奥秘》中提出的设

---

① E.M.Rogers,《天文学理论的发展》,科学出版社(1989),第119页。

② Alexandre Koyré, The Astronomical Revolution, Trans. by R. E. W. Maddison, Great Britain: Methuen(1980), p.128.

想,为"宇宙的谐和"提供根据。1600 年,开普勒成为第谷的助手,这是近代科学史上的一件大事,它意味着经验观测与数学概括在天文学上最有成效的结合。1601 年第谷死后,他的全部观测资料都留给了开普勒。

对火星轨道的计算,是开普勒重新研究天体运动的起点。这不仅因为在第谷的数据中火星的观测资料较多(包括十个以上火星周期的资料),而且他发现火星的运动与哥白尼理论的偏离也较明显。他希望能够按照哥白尼的学说用数学方法再现第谷所观测到的火星运动。

开始时开普勒仍囿于传统观念而假定火星是沿圆形轨道运动的,并同样把偏心点和等距偏心点的概念引入他的计算中,试图用偏心轮与等距偏心轮的组合去符合火星运动的数据。如图 2-2,他让太阳 S 处在一个偏离圆心 C 的位置,而让火星 M 相对于另一侧的偏心点 A 做匀角速运动。不过他不认为 CS 与 CA 必然相等,而是根据第谷的观测资料调整拱线 SCA 的空间方位以及 CS 与 CA 的比例,以便能够精确地符合火星运动的情

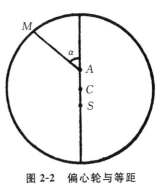

图 2-2　偏心轮与等距偏心轮的组合

况。每一次试探都包含冗长繁重的计算,开普勒约经过 70 次尝试才得到一个最佳的方向和比值,这个结果与 12 次火星运动周期的观测数据在黄经上符合得相当好,但在黄纬上出现了明显的偏差。他尝试着改变偏心距以减小这个偏差,但所能得到的最好结果在与拱线成 45°和 135°的方向上,仍然存在 8′的误差。这点误差在当时看来虽然不算大,但开普勒却坚信第谷的观测数据是如此精确,一个完善的理论应该在 2′的误差范围内与之相符;8′误差的出现只能表明,用传统的匀速圆周运动组合的方法,是永远得不到正确结果的。他写道:

　　"仁慈的上天赐给我们第谷·布拉赫这位勤奋的观测者,由于他的观测暴露了存在于这种托勒密式的计算中的 8′误差。我们应当感谢和赞美神的恩赐,并充分地利用它来完成天体运动真实本性的发现。……所以,正是

这 8' 的误差,为革新天文学开辟了道路。"①

追求精密结果的严谨治学精神,迫使开普勒不得不放弃了"圆周运动组合"的传统观念。他说如果上帝并不想去创造圆形轨道,那么就不能固守于这种轨道。他说他的任务就是直接利用第谷的数据去确定轨道的真实形状。但是,第谷的数据是以地球为立足点所测得的火星运动的视角度,要确定火星相对于太阳的运动情况,就必须首先确定地球相对于太阳的运动轨道。为了确定地球的轨道,需要有两个不动的参照点,太阳是一个,另一个开普勒选定为火星。因为每经过一个火星年(687 天)火星在太阳系中都回到同一位置,而地球则处于不同位置。开普勒选择三个火星年的观测数据确定了地球的三个轨道点 E_1、E_2、E_3。由于这三个点到太阳的距离 SE_1、SE_2 和 SE_3 并不相等,可以肯定太阳不在圆心上,并可求出它偏离圆心的位置,于是地球相对于太阳的真实运动图形就显示出来了。

地球在空间的运动图形显示出地球沿其轨道的运动是不均匀的,在远日点慢一些,在近日点快一些。他根据自己早期的关于来自太阳的某种推动力像"辐条"一样推动行星运转的含糊思想,得出了行星运动的速度与到太阳的距离成反比的结论,并进而用粗糙的近似得出了"面积定律":行星在其轨道上运动时,由太阳到行星的矢径扫过的面积与经过的时间成正比;即在相等的时间内扫过相等的面积。这就是"开普勒第二定律"。

他的"第一定律"是在此后不久发现的。在地球的轨道、运动状态和它在不同时间的位置被确定之后,就可以运用在地球上所得到的观测数据来描绘火星的轨道。利用相隔一个火星年的两次观测数据,即可确定出火星的一个位置;每三个相邻的位置点就可确定一段弧线的偏心率。开普勒从艰苦计算出的大约 40 个位置所得到的若干段弧线发现,它们的偏心率并不一致。因而他不得不打破自柏拉图以来一直束缚着人们头脑的天体必须做圆形轨道运动的根深蒂固的信条,得出了火星的轨道不可能是正圆形的结论;他发现,火星的

---

① A.Koyré, The Astronomical Revolution, p.178.

轨道是一个卵形线,它在拱线上与外切圆相交,而在其他地方则陷于外切圆之内。经过反复的探索,尝试了多种卵形线,最后发现,真实轨道处在一个较宽的偏心圆轨道和一个较窄的内接辅助椭圆之间(图 2-3)。在 45°、135°角等处,偏心圆轨道和辅助椭圆轨道分别存在 +8′ 与 −8′ 的误差。这使开普勒立即想到,应该对二者取中,于是终于发现,火星

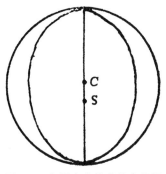

图 2-3　火星真实轨道的内外限

的椭圆,太阳位于其一个焦点上。这一规则对地球和其他行星都成立,这就是"开普勒第一定律"。

1609 年,开普勒在《新天文学》(*Astronomianova*)中,公布了他的这两个定律。

开普勒第一、第二定律的发现,大大发展了哥白尼学说。他放弃了天体必须做圆形运动的传统观念,仅仅用六个椭圆轨道运动就代替了哥白尼的 34 个圆轨道运动,从而使日心说真正的美和简单性在与观测数据精确符合的情况下被保留下来并更加充分地展现出来。椭圆的焦点不在中心位置的这个事实,完全满足了行星轨道偏心性的要求;而"面积定律"又起到了与偏心轮同样的作用,即行星在其轨道上的运动速度是不断变化着的。当然,"匀速运动"曾被古代思想家确立为"神的意志"和"数学美"的体现,因此抛弃这个观念对于深受毕达哥拉斯学派传统美学思想影响的开普勒来说,是深感不安的。但是,开普勒第二定律却表明,可以用"面积速度的均匀性"去代替线速度或角速度的均匀性,从而"挽救了"自然数学谐和性的这个美学原则,这使开普勒感到了安慰,所以第二定律的发现,是他特别喜悦的。

3. "宇宙谐和"的整体表征

开普勒始终念念不忘对世界谐和性的追求。在《宇宙的奥秘》中他以五个正多面体为基础构造的宇宙模型,虽然能满意地说明当时所知的行星的数目和他们的空间排列,但在行星的轨道距离上不能与第谷的精确数据相一致。而开普

勒谐和思想的一个鲜明特点,是要求世界的谐和与实际的观测数据之间必须有定量的吻合。因为他认为,上帝在创造世界时是根据量的规范来进行的,并赋予人以灵魂以便能够理解这些规范;因此,上帝是以数学语言把世界的秩序与和谐透露出来的,"谐和"必须是定量的,只有通过数学关系的统一性来条理大量现象,并得到与实际观测一致的结果,才能真正展现出世界本质上的谐和性。因此,开普勒认为,正多面体模型的缺陷正表明"上帝"并不是仅仅依赖于这五种正多面体之间纯粹的几何关系来构造世界的。在开普勒第一、第二定律被发现之后,就完全暴露出这个纯粹的几何模型是过于简单了,它没有给出行星运动轨道的偏心率,也没有反映出行星运动速率的变化;这个模型是静态的,它忽略了时间这一重要因素,因此它既不能揭示出正确的宇宙结构,也不能更本质地显示出毕达哥拉斯学派所追求的行星运动的音乐谐和;而上帝不仅是一个几何学家,同时也是一个音乐家,人的灵魂中内在的对音乐共鸣的直觉,提供了认识这种"星空音乐"的线索。

在 1619 年出版的《世界的谐和》(*De Harmonicas Mundi*)中,开普勒以展示"天球的音乐"为目标,通过对行星运动的"和音"的"谐和比率"的探求,进入到对行星运动的"律音"变化与"音程"的关系的探讨,最终达到对行星运转周期与轨道半径之间关系的揭示,即发现了行星运动的"周期定律",以一些令人惊异的精密计算,为"世界的谐和"提供了证明。

开普勒首先尝试着把某一"律音"与行星绕太阳运动的角速度联系起来,以角秒为单位表示的角速度的数值,被认为表示某一律音的频率。一个行星在绕太阳的周期运动中,其角速度要变化,因而对应的律音也随之变化,其音程的大小取决于行星轨道的偏心率;当行星回到其出发点时,律音也恢复到它的初始频率。开普勒不仅证明了每个行星在其远日点的最慢速度和近日点的最快速度的比率,与音乐理论的"谐和比率"很协调,而且还用 2^n(n 为一待定整数)去除各个行星的"最低音调"(远日点)和"最高音调"(近日点),使其商值与土星远日点角速度的比值小于 2,n 值就确定下了相应行星音调所属的八度音区,从而为每个行星自身的运动谱出了它们的"独奏曲"(用现代记谱法表示于图 2-4)。

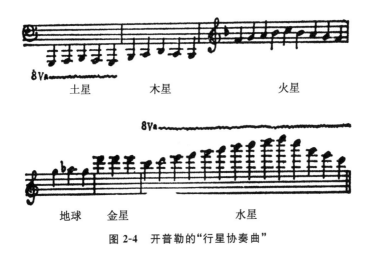

图 2-4　开普勒的"行星协奏曲"

　　为了确定六个行星的整体运动能否奏出一阕调和的"行星协奏曲",开普勒又计算了各相邻行星的极限角速度之间的比率,证明它们基本上也与音乐谐音理论相一致,表明相邻行星之间的谐和是经常存在的。但如果考虑到六个行星的共同谐和,那就不仅要包括每个行星的谐和,还要包括六个行星相互交响的谐和。开普勒通过适当调整各个行星在远日点和近日点角速度的比率,得到了一组角速度的"调和比率",使六个行星的整体运动达到了谐和。

　　对行星运动角速度的比率的研究,把开普勒引导到行星离太阳的距离与角速度或周期的关系的研究,并最终发现了行星运动的第三定律。开普勒没有具体说明他是如何得到这个定律的,从《宇宙的谐和》中可以大体看出他的思考线索。他在完成了"星空音乐"的讨论之后,就转而由远日点和近日点角速度之比,确定行星椭圆轨道的半短轴与半长轴的比值。但为了确定它们的具体数值,还必须知道它们的平均距离。那么,是否存在把行星的平均运动(或转动周期)与轨道的平均距离联系起来的某种规律呢?《新天文学》中总结出来的第一、第二定律虽然给出了各个行星的运行轨道以及它们与太阳的连线与其线速度的关系,但还没有揭示出适合所有行星运动的总体关系,而这个总体模式才能把所有的行星运动结合在一个统一的谐和框架内,实现他早在《宇宙的奥秘》中就确立了的关于揭示宇宙的谐和的目标。因此开普勒就对周期和平均距离的各种幂次的比率进行试探性的计算。

一般地说,行星运动的周期与行星轨道的长度成正比,与运动的速度成反比,而前者正比于轨道的距离,后者反比于轨道的距离,所以周期正比于轨道距离的平方。这个判断可以用观测数据进行检验,当然同时还可以用观测数据对最简单的周期正比于轨道距离的线性假设进行检验。不难发现,这两个比例关系都不正确,一个偏大,一个偏小;因此,正确的幂次关系很可能介于这两者之间,即3/2次幂。对于有高深数学素养的开普勒来说,通过有限次的试探而得出这个判断是绝不困难的,前后只经历了一个多月的时间。在《世界的谐和》中他写道:

"经过长期艰苦的工作,利用第谷·布拉赫的观测结果,我确定了真实的轨道,最后终于找到了周期和距离的真正关系。得出这一发现的精确时间是这样的:我于1618年4月8日产生了这一想法,但由于计算结果不很成功,我以为错了而放弃了它,直到5月15日我再次想到了它。十七年来我对第谷的观测数据所做的刻苦研究以及要把它结合到一个谐和框架里的冥想同目前研究结果的完全一致,顿然消除了我心中的巨大阴影。它形式之新颖,以至于起初我以为是在做梦,然而它是绝对确定的:任意两个行星的运动周期的比精确地等于平均距离即它们的半径比值的3/2次幂。"[1]

开普勒第三定律确定了运动周期与轨道平均距离的关系,由平均角速度可求出周期,由周期就可计算出平均距离。这样,开普勒就建立了一套全新的理论体系来计算行星椭圆轨道的半长轴、半短轴和偏心率。在太阳中心说的整个创建过程中,开普勒所发现的行星运动三定律,起着核心作用;由这三个定律所表达的太阳系模型,才是最为简单、和谐、正确的太阳中心体系的图景。它的发现,使哥白尼及其之前的一切烦琐错误的模型成为历史的陈迹。但开普勒三大定律表述形式上的简单性,也很容易掩盖了开普勒为探索它们所付出的巨大艰辛。实际上在此期间,开普勒经受了前妻死亡、母亲因被控犯有巫术罪而被拘禁,三

---

① J.Kepler, The Harmonies of the World, trans. by Charles G.Wallis, Gread Books of Western World, Vol.16, Chicago(1952), p.1020.

个孩子染上天花和最宠爱的一个儿子、一个女儿先后天亡,宗教迫害和生活贫困等种种折磨;而且极端繁重复杂的计算弄得他到了"几乎要发疯了"的地步。但这一切困难都未能阻止他坚韧的探索步伐,鼓舞他工作的真正动力是对"宇宙谐和"的追求。"他并非乏味地去寻求后来由牛顿给以合理解释的经验规则;他所追求的是最终的动因,即造物主心中的数学的和谐。"①

或许可以说,开普勒是在最适宜的时候发现了行星运动规律的最适宜的人。他对毕达哥拉斯学派数学神秘主义的坚定信仰,他所具有的高超的数学能力,对宇宙的神秘秩序的执着追求以及他对事物美好的审美直觉,成为他获得动力、鼓舞与灵感的源泉;他"从来没有在他探索的直接目的上迷失过一次方向,他的想象力无约束地沉湎于各种假说的创造和发明中"。②这种追求的最终实现,一下子把一切艰辛与不幸冲刷净尽,使这位"天体的立法者"获得了震撼心魄的极大喜悦。在《宇宙的谐和》中他写道:

"……谐和! 22年前当我一发现天体轨道与五个(正)多面体具有相同的数目,就曾预言过;远在我看到托勒密有关这方面的论著以前,我就充分相信过;在16岁以前我就以本书这一命名的名义,向我的朋友们许诺过;我坚持要把它作为探索的一个目标。为了它,我曾同第谷·布拉赫相会;为了它,我曾在布拉格定居;为了它,我已把我的一生用于天文计算事业——终于我发现了光辉,而且看出,那是超出我最天真向往的真理。从我看到第一线光辉迄今不足18个月,从突然降临到我身上的那无云蔽日的光辉景象迄今不足3个月。让一切都不要约束我吧,我要纵情享受我的神圣的狂喜……总之书是写成了,骰子是掷下去了,让现在的人还是子孙后代去读吧,我都不在乎……"③

爱因斯坦深为开普勒追求宇宙谐和的激情所感动,把开普勒的成就看作人

---

① W.丹皮尔,《科学史》,第193页。

② Sir David Brewsier, Martyrs of Scionco, 1948;转引自 E.M.Rogers,《天文学理论的发展》,第134页。

③ G.Holton,《物理科学的概念和理论导论》(上册),人民教育出版社(1983),第259页。

们获得真理的"一个特别美妙的例子";他很有见识地指出:"我们在赞赏这位卓越人物的同时,又带着另一种赞赏和敬仰的感情,但这种感情的对象不是人,而是我们身在其中的自然界神秘的和谐。"①

第三节　天体运动动力机制的探讨

1."天然运动"观点的延续

关于天体运动的原因,自古就引起了人们的思考。在公元前六世纪毕达哥拉斯学派创立时,地球为圆形的见解已逐渐形成。毕达哥拉斯学派从"数的谐和"的神秘主义出发,来建立他们的宇宙体系时,就自然地把球形看作最完善的几何形体,因而认为一切天体都必然是球形的,太阳、月亮和行星也只能做均匀的圆周运动,因为这种运动才符合神圣和永恒的天体的本性。

毕达哥拉斯学派的数的神秘主义为柏拉图所发展,他把天文学与几何学结合起来,认为宇宙是按照上帝制定的"理性方案"由混沌中变得秩序井然的。由于圆球是最对称的,所以整个宇宙是一个圆球,天体的运动必然是不需要任何推动的最完善的圆周运动。在《蒂迈欧篇》(*Timaieos*)中他写道:

"他(造物主)给出了一种世界景象,这种景象既恰当,又自然……因此,他把这个世界造成了一个球形……其在各个方向上的端点与中心的距离是相等的,这种形状在所有形状之中是最完美、其本身最同一的形状;因为他认为同一远比不同一完善得多……而为它指定的运动与它的球形的形态十分相配……它被推动起来,以同样的方式,在同样的场合在它自己的范围内,旋转于圆形的轨道上……由于这种圆形的运动不需要脚,所以这个宇宙被创造出来既没有腿也没有脚。"②

从柏拉图起,球体是最"完美"的形状,均匀稳定的圆轨道旋转则是球体的最"完美"的运动,就成为探讨天体结构与运动的最简单的基本原理。

---

① 《爱因斯坦文集》(第一卷),商务印书馆(1976),第277页。
② 《西方思想宝库》,吉林人民出版社(1988),第1479页。

　　亚里士多德设想天体和地球上的物体是由不同的材料构成的。由纯洁神圣的元素"以太"构成的天体有不变更的秩序和各种均匀圆周运动,在《论天》(*Peri ouranou*)中写道:

　　　　"上帝的活动是不朽的,也就是说,是永恒的。因此,具有神性的运动也必然是永恒的。天空就是这样,它是一种具有神性的实体,为此,它被赋予了一种圆形的躯体,其本质就是永远在圆形的轨道上运动……"①

在《形而上学》(*Tameta ta physika*)中他还写道:

　　　　"太阳、星辰和宇宙是永恒地运动着的,我们无须像那些自然哲学家那样,担忧它们有朝一日会停止运动。它们也不会倦于这类活动;它们的运动与可灭坏的事物的运动并不一样:可灭坏的事物所由引起活动的物质与潜能包含有相对立的因素,故其运动是费力的;而永不灭坏的事物的运动出于实现,不出于潜能,因而是不费力的。"②

这就是说,天体是由于其神性的本质而在"实现"着永恒的自然运动——圆轨道运转;而且既然这种运动是"自然的",它也就是"不费力的",当然也就无须作进一步的解释或追索它的原因了。但"月层以下"或地面上物体的"自然运动"则不如此。亚里士多德指出,上帝创造万物时就为各种物体规定了其活动的自然领域或特定空间,这就是所谓"自然位置";物体回归其自然位置的运动即自然运动。由于"重的东西在中心,地球是在中心",③所以地球上重物的竖直下落和轻物的竖直上升即这种自然运动。在这里,亚里士多德已经提到了重力及其作用方向的问题;但也不难看出,他所说的"重力"还不是物质聚集或"吸引"的性质,而只是"位置"的一种性质,是物体自然趋向"宇宙中心"的性质,这是古代和中世纪一直被接受的一种观念。

　　以亚里士多德为代表的这种古代"重力"观念,给哥白尼学说带来不少困难。因为把地球看作宇宙中心的观念是与哥白尼的世界体系相矛盾的,重物虽然落

---

①②　《西方思想宝库》,第 1479 页。

③　亚里士多德,《物理学》,商务印书馆(1982),第 83 页。

向地球,但沿周年轨道绕太阳运转的地球却不可能是处于宇宙中心的。因此,哥白尼就把"重力"看作物质向着各自的星球中心聚集的一种倾向,是一切大体的自身属性,不一定非有一个宇宙中心不可,任何天体都会由于重力而会聚成圆球的形状。他写道:

> "重力并不是别的,而是造物主赋予物体使之联合为球形状的一种自然倾向。我们可以相信,太阳、月亮和行星可能也有这种性质,也是由这种性质而成为球形,尽管途径有所不同。"①

可见,在哥白尼的思想里,每个天体都有自己的一个引力系统,而太阳系内各个天体之间,并不存在一套相互发生作用的引力系统;宇宙的结构和天体的运动并非由引力或其他力学原因决定的。哥白尼仍然没有摆脱中世纪的传统观念,在他的体系里,行星本身呈球形就自然地说明了它们的圆周运动;各个天体也不是独立地游荡在宇宙太空中,而是镶嵌在坚硬透明的球壳上以其"固有的性质"做着绕日圆周运动。

可以看出,古代的、中世纪的乃至哥白尼的宇宙体系,都是运动学性质的,宇宙的结构和天体的运动,都被看作神意的表征,是无须追索其"物理原因"的。

2. 力学宇宙形象的探讨

哥白尼的观点被伽利略继承和发展。在伽利略看来,天体的均匀圆周运动是天然的和自行维持的,因为他所确定的惯性原理规定了天然运动都是匀速的和圆周形的。伽利略同样认为,引力是各个天体自身各个部分向中心合并的一种趋向。他说:"我们看出地球是个圆球,因此我们肯定它有个中心,并且看到地球的各个部分都趋向这个中心。"②但伽利略却隐隐约约地猜测到万物落向地球的原因,与地球的运动、天体的运动的原因的一致性。他写道:"如果他能肯定地告诉我,这些运动着的天体的推动力是什么,我就能肯定地告诉他使地球运动的原因是什么。此外,如果他能够对我讲明使地上万物下落的原因,我就可以告诉

---

① 哥白尼,《天体运行论》,第 26 页。

② Galileo Galilei, Dialogue Concerning the Two chief World System—Ptolematic and Copernican, trans. by S.Drake, California University, (1953), p.41.

他使地球运动的原因。"①实际上,在《两门新科学》这部著作里,伽利略已经初步认识到"产生重物体天然运动加速度的原因"是"朝向中心的吸引"。遗憾的是,他没有从这些认识中明确地发展出"万有引力"的思想。

在伽利略之前,F.培根在《新工具》(1620)中已经提出"重物体之所以趋向地心必定不外乎两个原因:或者是由于它自己因其固有的结构之故而具有这种性质;或者是被地球这个块体所吸引有如被相近质体的集团所吸引,借交感作用而向它动去。如果后者是真的原因,那么势必是重物体愈近于地球,其朝向地球的运动就愈急愈猛,距离地球愈远其朝向地球的运动就愈弱愈缓。"②培根已经把物体加速下落运动的原因归于地球的"吸引",这个思想是相当杰出的。

F.培根和伽利略的思想,已开始走向了以力学观点认识宇宙形象和天体运动的道路。

笛卡儿不是一个动力论者,他认为所谓物体内在的"引力"是一个典型的经院哲学概念,应该把这种能隔开空间而起作用的神秘的力从自然观中清除出去;物体之间只有通过接触和碰撞才能产生相互作用。所以他认为空虚的空间是不存在的,物质和广延是同一的,整个物质世界是充实的和连续的,充满着一种看不见的物质"以太"。由于运动着的以太区域不能扩展到无限,所以它唯一可能的运动只能被安置在闭合的回路里即做涡旋运动。当上帝把运动赋予物质时,各种大小、形状不一的物质涡旋便以各种速度开始运动。天体周围都存在着自己的涡旋,行星被太阳的以太涡旋携带着打乱了其惯性的直线运动而在各自的轨道上做圆周运动;而地球和其他行星一样,本身则带着一个较小的涡旋,在它的卷吸作用下使地球上的物体向地面"下落",就像飘浮在水面上的稻草旋向涡流中心一样,并不是物体真正在"地球引力"作用下的"自由降落"。所以,在笛卡儿看来,重量是"依靠各种物体的相对运动关系和位置关系的一种性质",③而不

---

①　Galileo Galilei, Dialogue Concerning the Two Chief World System—Ptolematic and Copernican, p.303.

②　F.培根,《新工具》,商务印书馆(1986),第 205 页。

③　笛卡儿,《哲学原理》,商务印书馆(1960),第 58 页。

是单独的物体本身所具有的性质。

笛卡儿这种用介质的运动来说明重力的学说也受到了并不真正拥护笛卡儿主义的惠更斯的支持，他在一个直径为 20—25 cm 的圆筒形容器中注满水，里面放进几片火漆碎片，然后把它放在旋转平台上，在它高速旋转起来后突然使平台停止转动，这时就可以看到容器中继续旋转着的水使火漆碎片集中到容器的中心。这个实验似乎证实了笛卡儿的学说，在 1696 年发表的论文《重量的原因》中，他认为引力不过是包围着地球的以太环绕地球转动的结果。他说，流体粒子由于快速的圆周运动所产生的离心力的作用而试图远离地球中心，从而把没有受到离心力作用的物体相反地推向地球中心方向，这就是"重力"产生的原因。

今天看起来，这种涡旋套着涡旋的宇宙图式，当然带有很大的臆测性质；特别是由于它不能给出引力现象的定量说明，缺乏天文观测的支持，后来受到了牛顿学派的系统批判。但是，笛卡儿的学说在当时却是很有影响的，因为他是从接触作用观点对引力现象提出说明的，这比超距作用说更容易被理解和接受；这个学说是一次想用力学机制对宇宙体系提出直观解释的尝试。因此，这个学说虽然在天文学上比开普勒的体系所包含的信息少得多，但在一段时期里却浓浓地障碍了开普勒引力观念的传播和发展。

3. 开普勒的"运动力"思想

在沿着以力学观点认识宇宙形象的途径最终达到牛顿的天体力学的进程中，开普勒的工作具有最直接的转折性意义。

与以往各种宇宙体系的理论不同，开普勒科学思想的一个鲜明特点，是一开始就明确追究天体运动的"物理原因"。他在以数学的谐和思想结构他的宇宙体系的同时，就试图阐明上帝这个艺术大师是如何使宇宙运动的。所以他始终把寻找物理机制来支持其数学描述作为一个基本的指导思想。

前面谈到，哥白尼仍然相信各个天体都是镶嵌在坚硬透明的球壳上的。但第谷·布拉赫却从彗星轨道可以穿越其他行星的轨道以及未发现星体的光线被透明固体折射的事实中做出了否定固体球壳存在的结论。他说："我现在看得很清楚,坚硬的天层是没有的,而那些被作者们设计来装饰门面的天层,只在想象中存在,其目的是容许人们的头脑能够领会天体所描绘的运动。"①第谷的这个结论,加强了开普勒探索行星运动物理机制的意图。因为既然固体球壳并不存在,那就要为行星实体自己的运动做出别的解释;特别是,如果坚硬的天层不存在的话,各个天体是各行其是地独自分散运行的呢,还是会形成一个有共同中心的体系做有规则的运行呢? 当时的科学家们觉得太阳、月亮和行星是由一个单一的原理联系起来的统一体系,那么实际上推动天体运动并把它们联系为一个体系的作用是什么呢? 开普勒认为,行星的轨道是真实的,而真实的运动一定是由真实的物理作用产生的。实际上,早在《宇宙的奥秘》中,开普勒已经不满足于对"世界的谐和"的纯几何学说明了,他已开始进入到行星运动物理原因的探讨。他曾经设想,所有行星球壳的中心即太阳具有某种"精灵",或发出某种"有机力"驱使行星运动。

明确的"实体"的物理思想,使开普勒认识到只能从物质实体太阳,而不是从一个空无一物的几何中心发出的力使行星发生运动,太阳的物理作用是使行星运动的原因。所以,在利用第谷的数据转而探讨火星的真实运动轨道时,开普勒做了抉择。在哥白尼那里,为了结构他的宇宙体系,仍然采用了托勒密的"本轮"而抛弃了"等距偏心轮"。开普勒却一开始就抛弃了"本轮",因为他认为本轮是"非物理的"东西,它的中心既然是空虚的空间,就不可能对行星施加任何作用。所以他尝试着用偏心轮和等距偏心轮的组合来寻找火星的轨道;当最后在确定了可代替偏心轮的椭圆轨道后,连"等距偏心轮"也抛弃了。1616 年他写道:"我之所以放弃优美的偏心圆和本轮,是因为它们是纯粹的几何假设,在天空中没有一个相应的物体在那里存在。"②

开普勒关于存在"精灵"的设想不久就被放弃了。在《宇宙的奥秘》第二版(1621)中,开普勒讲了自己看法的转变:"我一度坚信驱动一颗行星的力是一个

---

①　梅森,《自然科学史》,上海人民出版社(1977),第 178 页。

②　Gerald Holton, *Thematic Origins of Scientific Thought—Kepler to Einstein*. Harvard University (1974), p.78.

精灵……然而当我想到这个动力随距离的增大而不断减小,正如太阳光随着与太阳的距离增大而不断减弱的时候,我得出了下面的结论:这种力必定是实在的——我说实在的并不是按字面的意义,而是……像我们说光是实在的某种东西一样,意思是说,那是从一实体发出的一种非实在的存在。"①

1600年,英国的吉尔伯特(William Gilbert, 1540—1603)从他的磁球实验想到,磁力可能是维系太阳系结构和运动的基本作用,太阳系的所有天体通过磁力作用而相互影响。他的实验表明,磁力的大小视磁石的大小而定,磁的吸引也是一种相互作用。这些结果为近代引力观念提供了一个模型。开普勒从吉尔伯特关于地球是个大磁球的结论中受到启发,也认为行星的运动是一种类似于磁力的东西作用的结果。他设想,太阳也是个大磁体,它不断地向外发射一种"磁素"(magnetic species),形成一个随着太阳转动的"涡旋",而对同样是一些磁体或准磁体的行星产生驱动作用;就像来自太阳上的火的"素"以光的形式照亮地球上的所有物体一样。这些"素"虽然是"非物质的",但它们发源于实体(太阳),也作用于实体(行星),因而其作用就是物质的实体作用。

开普勒从光向四面八方以球面形式传播得出光的强度与离光源的距离的平方成反比之后认为,太阳发出的"磁素"由于只在黄道平面上传播,其密度则与传播的距离成反比,因而这种力的强度也与距离的一次方成反比。根据当时流行的亚里士多德物理学,运动速度与力的强度成正比,所以很容易得出行星的运动速度与离太阳的距离成反比的结论。在寻找行星运动的第二定律时,开普勒正是这样做出"物理"解释的。

在《哥白尼天文学概要》(*Epitome Astronomiae Copernicanae*)(1618—1621)中,开普勒甚至还试图用这一"运动力"模型对椭圆轨道的形成做出"物理的"说明:如图2-5所示,太阳被看作一个磁体球,其一个磁极(比如"+"极)位于中心,另一个磁极(比如"-"极)分布于球体表面;行星则被看作一个磁棒,由于某种"有机力"的作用在运动中始终保持着同一空间方向。在A、E处,行星既

---

① J.Kepler. Mysterium Cosmographicum, Second edition;转引自 G.Holton,《物理科学的概念和理论导论》(上册),第67页。

不被吸引也不被排斥,只在太阳旋转着的"磁素"的切向拖曳作用下由 A 运动到 B 和由 E 运动到 F;在从 A 到 E 的过程中由于受到太阳的吸引而向太阳接近,使 E 成为近日点;而在从 E 到 A 的过程中则受到排斥作用而逐渐远离太阳,使 A 成为远日点。正是这种吸引和排斥作用的结果,形成了行星的椭圆轨道运动。

在同一本书中,开普勒还根据宇宙的物质结构(天体的质量、体积、路径和距离)以及各个天体对太阳磁力的接收情况,"物理"地"推导"或"解释"了第三定律。这样,开普勒就统一地结构了一个"物理的"天文学,宇宙总体和单个行星的运动规律都用"运动力"的概念做出了解释。在这本书里他明确写道:

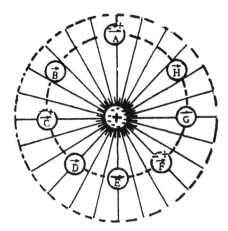

图 2-5 对椭圆轨道成因的解释

"就运动而言,太阳是行星运动的第一原因,甚至由于它本身的原因而成为宇宙的第一推动者。那些可运动物体即行星天体,被安排在中间的空间。固定的恒星所在的区域,为那些可运动的物体提供了一个场所和一个基础,似乎可以说,那些可运动的物体就是由它们来支承的;而运动的发生则被理解为是相对于这个区域的绝对静止而言的。"

我们看到,托勒密的地心学说,是与亚里士多德的物理体系联系在一起的;而哥白尼的学说虽然是一个全新的体系,却是一个不考虑物理原因的纯粹的几何学说,它既不同亚里士多德的物理体系相联系,又不能自动地导向新的动力学说。开普勒是第一个试图用力学和物理学观点探索行星运动原因的人。没有这种新的态度和思考方式,就不会有新的力学。所以,尽管在开普勒的学说中含有不少混乱与错误的东西,但正是由于他的工作,才为从哥白尼的几何学向牛顿的动力学的过渡架起了桥梁。所以可以说,开普勒关于"运动力"的研究,是对中世纪思想具有转折意义的一个重大突破。

开普勒学说的支持者，著名的法国人文学家布里阿德（Ismaelis Bulliaduo，1605—1694）在1645年发表的一本小册子里，虽然赞扬了开普勒的天文学成就，但认为他没有找出行星运动的真正原因。他指出了开普勒通过与光的传播的类比而提出的太阳对行星的"运动力"与距离成反比的结论的错误。他认为太阳的运动力"像光的亮度与距离的关系那样，应当与距离的平方成反比"。[1]这是科学史上第一次明确提出引力与距离的平方成反比的思想。布里阿德还从铁块在磁力作用下不会发生旋转的事实否定了开普勒以磁力说明太阳对行星的运动力的模型，因为太阳力的作用可以使行星做绕转运动。因而布里阿德认为，还需要为天体的运动建立新的理论。

伽利略的学生，意大利科学家玻列利（Alphonse Borelli，1608—1676）于1666年重新提出了开普勒的学说。为了说明行星为什么不落向太阳而做椭圆轨道运动，他提出了运动着的行星的动力平衡的思想。他从冲力说思想出发，认为物体的天然倾向是走直线，因此只有在来自太阳的引力的作用下，才能把行星约束在闭合的轨道上运行；行星的椭圆轨道运动是两种彼此相反的力相互平衡的结果，一个是把行星吸向太阳的引力，一个是由于行星的圆周运动而产生的离开太阳的离心力，它们的相互平衡使行星持续绕着太阳转动，就像用绳子拴着的石头旋转起来所受到的力一样。玻列利也和开普勒一样，认为太阳会像发光一样放射出某种力，像轮辐一样随太阳转动，从而推动着行星运转。不过玻列利并没有用数学公式对这种思想做出定量的表达，也没有找出这种引力的大小；他只是提出引力是距离的某种幂函数。所以，他的行星运动的学说，只是一种揣测。

4. 英国皇家学会的研究进展

引力问题显得如此重要，并由于许多人的工作已接近于解决，所以它引起了

---

[1] I.Bulliadus, Astronomia Philolaica, (1645), p.24；见 C.A.Wilson, Archive for History of Exact Science, Vol.6, No.2, (1970), p.107.

当时科学界的普遍关注,以至于刚刚建立的英国皇家学会在 1661 年专门成立了一个委员会,去研究重力问题。胡克(R. Hooke, 1635—1703)、雷恩(C. Wren, 1632—1723)以及后来年轻的哈雷(E. Halley, 1656—1742),在引力问题的研究上都做出了贡献。

由于开普勒的学说逐渐为人们所了解,物体无须外力的推动就可以做惯性运动的思想也为科学界所接受;而开普勒的"轮辐"也逐渐被科学家们否定了,于是用力学解释天体的运动就必须回答这样的问题:把天体天然的直线运动弯曲为圆形或椭圆形运动所需要的向心力应当遵从什么样的规律? 如果这种向心力是由太阳与行星间的引力提供的,就需要导出引力随物体之间距离变化的规律。

胡克已经领悟到引力和地球上物体的重力有同样的本质,他从吉尔伯特关于二磁体之间的引力随距离远近而变化的实验事实受到启发,想到引力也会如此。1662 年和 1666 年,他分别在很深的矿井里和高山顶上测量物体的重量,试图发现物体的重量随离地心距离变化的关系,他"什么都没有落实"。1664 年,他从靠近太阳时彗星的轨道呈现很大弯曲的现象中认识到,这种弯曲是太阳引力作用的结果;他试图通过研究弧形摆的运动,发现支配物体保持圆周运动的力的规律,同样没有得到结果。在 1671 年向皇家学会宣读而于 1674 年发表的《证明地球周年运动的尝试》中,他提出了以下三个假设,在一致的力学原则的基础上建立了一个宇宙学说:

"第一,据我们在地球上的观察可知,一切天体都具有倾向其中心的吸引力,它不仅吸引其本身各部分,并且还吸引其作用范围内的其他天体。因此,不仅太阳和月亮对地球的形状和运动发生影响,而且地球对太阳和月亮同样也有影响,连水星、金星、火星和木星对地球的运动都有影响。"

"第二,凡是正在做简单直线运动的天体,在没有受到其他作用力使其倾斜,并使其沿着椭圆轨道、圆周或复杂的曲线运动之前,它将继续保持直线运动不变。"

"第三,受到吸引力作用的物体,越靠近吸引中心,其吸引力也越大。至于此力在什么程度上依赖于距离的问题,在实验中我还未解决。一旦知道了这一关系,天文学家就很容易解决天体运动的规律。"[1]

几年以后,胡克在1678年所写的《彗星》中又说道:"我假定太阳在我们天空的中心发出的重力,是一种吸引一切绕它运行的行星和地球的吸引力……"可以看出,胡克已很明确地达到了"万有引力"的思想,他所提出的三条假设,实际上已包括了有关万有引力的一切问题,所缺乏的只是严格的定量论证和表述。这是由于他还没有认识到所有关于行星运动的观测资料都已包含在开普勒的三个定律之中了,所以当时更需要的是数学推理而不是实验测量。不过,在1680年1月6日和1月17日写给牛顿的两封信中,胡克都提出了中心引力与离中心的距离的平方成反比的猜测。总之,在1680年前后,引力与距离的平方成反比的关系已为许多人所认识;哈雷、雷恩等人甚至对圆形轨道运动的引力遵从平方反比关系已做出了定量的证明。

但是,这种力的精确的数学形式是什么?它如何恰恰会产生出适合于开普勒第一、第二定律的轨道运动?这个问题对当时的其他人来说都是太困难了,这需要建立清晰的运动定律和具有高超的数学才能,这个任务历史地落到了牛顿的身上。

5. 牛顿的引力理论和关于引力本质问题的讨论

5.1 牛顿万有引力定律的提出

牛顿是如何发现万有引力定律的,长期以来一直是困惑着科学史家们的一个问题。近年来,通过对牛顿大量手稿及有关资料的研究,逐渐对这一问题取得了较一致的看法。[2]

大致说来,牛顿可能早已从布里阿德的著作里了解到了平方反比关系的思想;1665—1666年,他可能从类似"苹果落地"等一些现象出发深入思考地球上物体的重力与月球轨道运转的关系;他还从伽利略的工作中受到启发,从小球在

---

① *Dictionary of Scientific Biography*,Vol.Ⅵ. p.485.

② 阎康年,《牛顿的科学发现与科学思想》,湖南教育出版社(1989),第五章。

圆的内接正多边形上运转时所有"反射的力"与"物体运动的力"的比较中得到了"牛顿式离心力定律";他把这个定律与开普勒第三定律结合起来,推导出使月球进行圆轨道运动的力遵从平方反比关系。但在进行著名的"月-地检验"时,由于所用的地球半径的有关数据不准确,出现了过大的误差,再加上数学上的一些困难,牛顿把这项研究搁置了近 20 年之久。直到 1684 年 8 月哈雷为解决椭圆轨道运动的引力平方反比关系问题专门到剑桥拜访牛顿之后,牛顿才重新回到这个问题上。牛顿在 1684 年 8 月到 10 月《论运动》的演讲中,才明确叙述了向心力定律,证明了椭圆轨道运动的平方反比关系;不久他又定义了质量概念,这才引向完善的万有引力定律的发现。在 1687 年出版的《原理》中,终于有了关于这一定律的完整的叙述。

从牛顿的《原理》和其他一些有关资料中我们看到,他首先是从直觉和猜测开始他关于引力的思考的。牛顿晚年的朋友潘伯顿(H.Pemberton)在《艾萨克·牛顿爵士的哲学观点》一书的序言里写了牛顿向他谈起的这段思考:

"……他独自坐在花园里,沉思着重力问题:在我们所能登上去的最高建筑物顶和高山顶上,都没有感觉到重力的明显减弱;因而他想到这个力必能延伸到比通常可想象的远得多的地方,他自问道,这个力为什么不可能达到月球上呢? 如果可能这样,月球的运动就会受到它的影响,或许月球就是由于这个作用而保持在它的轨道上的。 不过,虽然我们在离地心如此小的距离上没有发现重力的明显减小,但在月球这样的高度上,这个力的强度与我们这里会很不相同的。"[1]

在《原理》的第一部分关于向心力的定义 5 的说明中,他写道:

"……一个抛射体,如果不是由于重力的作用,就不会回到地面,而会沿着直线飞出去……如果从山顶用弹药以一定的速度把一个铅球平射出去,那么它将沿着一条曲线射到 3.2 千米以外才落到地面;如果能消除掉空气

---

① J.Herivel, The Background to Newton's Principia, Oxford(1965), p.65.

阻力，而且发射速度增加到两倍或十倍，那么铅球的射程也会增加到两倍或十倍。而且用增加发射速度的办法，我们可以随意增加其射程，并同时减少它所画的曲线的曲率，使它终于在十倍、三十倍或九十倍远的距离处落到地面，甚至可以使它在落地以前绕地球一圈；或者最后，也可以把它发射到空中去，在那里继续运动以至无穷远而永远不落到地面。"①

接着他指出，月球也可以由于重力或其他力的作用，使它偏离直线运动而形成绕地球的运转，"如果没有这样一种力的作用，月球就不能保持在它的轨道上运行"。

但是，迫使月球做轨道运动的向心力与地面上物体所受的重力到底是否具有同一本质呢？在《原理》第三编命题 4 的注释中，牛顿提出了一个思想实验：设想有一个小月球很靠近地球，以至几乎触及最高的山顶，那么使它保持轨道运动的向心力当然就等于它在山顶处所受的重力。这时如果小月球突然失去了运动，它就如同山顶处的物体一样以相同的速度下落。如果小月球所受的向心力并不是重力，那么它就将在这两种力的共同作用下以更大的速度下落，这是与我们的经验不符的。所以既然这两种力，即"重物的重力和月球的向心力，都是指向地球中心而且彼此之间又相似，那么它们就必然……是出于同一个原因。因此使月球保持在它轨道上的力就是我们通常称为'重力'的那个力"。②

在《原理》的第一编第二章"论向心力的求法"中，牛顿严格证明了开普勒三定律与引力的平方反比的关系：

"§14. 定理。在任一曲线上运动的物体，如果它的半径指向一静止的或匀速直线运动的点，且绕此点扫过与时间成正比的面积，则此物体必受指向该点的向心力的作用。"③

"§17. 附注。由面积速度均匀，可以判断有一中心存在，对物体作用

---

① H.S.塞耶编，《牛顿自然哲学著作选》，上海人民出版社(1974)，第 15—16 页。
② H.S.塞耶编，《牛顿自然哲学著作选》，上海人民出版社(1974)，第 128 页。
③ 牛顿，《自然哲学之数学原理》，商务印书馆(1958)，第 68 页。

最强的力即指向此中心。所以可以说每个环绕运动都有一个环绕中心,由于这个中心力的作用,物体才偏离直线而沿弯曲的轨道运动。"①

在§18 的定理中,牛顿引出了惠更斯所发现的向心力公式:"在圆周上做匀速率运动的物体所受的向心力,其方向指向圆心,其大小与速率的平方成正比,与半径成反比。"②作为一个推论,牛顿由向心力公式与开普勒第三定律得出了引力的平方反比关系:

"如果环绕运动周期的平方与半径之立方成正比,则所受向心力与半径的平方成反比,但速率则与半径之平方根成反比。"③

在第三章"论圆锥曲线上物体的运动"中,牛顿把前述结论推广到椭圆、双曲线和抛物线运动上,在§29、§30、§33 中,证明了物体在此类运动中指向焦点的向心力,都遵从平方反比关系。他由此得出结论:"如果一个物体由任一点以任意速度开始运动,只要受到一个与物体到力心的距离的平方成反比的向心力的作用,则该物体必做圆锥曲线运动,其焦点即为力心。"④在§34 和§35 中,牛顿证明了由力的平方反比关系可以导出开普勒第三定律。显然,牛顿在这里已远远超出了开普勒、布里阿德和胡克等人的视野,不仅由天体运动的现象,精确地导出了引力的平方反比关系,而且还把引力的平方反比关系与广义的圆锥曲线运动联系起来。

在第十一章"论球形物体之运动"的§110 中,牛顿把"质量"概念引进引力作用中,论证了物体的吸引力与"物体本身"(即"质量")成正比。他还与磁力做类比说:"正如我们在关于磁力的实验中所看到的那样,我们有理由设想,这些指向物体的力应与这些物体的性质和量有关。"⑤

在第十二章"论球形物体之吸引力"中,牛顿严格证明了球壳对其内部各点

---

① 牛顿,《自然哲学之数学原理》,商务印书馆(1958),第 71 页。
② 牛顿,《自然哲学之数学原理》,商务印书馆(1958),第 72 页。
③ 牛顿,《自然哲学之数学原理》,商务印书馆(1958),第 73 页。
④ 牛顿,《自然哲学之数学原理》,商务印书馆(1958),第 101—102 页。
⑤ 牛顿,《自然哲学之数学原理》,商务印书馆(1958),第 320—322 页。

的引力之和为零,而对球壳外的质点的作用,就像它的质量全部集中在球心一样;[1]他还同样精确证明了一个球体对球外质点的作用,与该质点到球心距离的平方成反比,所以每个球的作用"就像此力出于该球中心处的质点的作用一样",[2]因此两个球体之间的吸引力"与二球中心之距离的平方成反比"。[3]

以这些论证为基础,在《原理》的第三编第一章"论宇宙系统的原因"中,牛顿把前述结果应用于天体的运动。在§6中说明了各个行星与太阳之间,各个卫星与相应的行星之间,都存在着引力作用,因为它们是"同类的现象",必然有"同类的原因",其引力也必然与"地球的重力"一样"服从相同的比例和定律"。在系1中写道:

> "一切行星和卫星都受到重力的作用。这是因为金星、水星和其他行星与木星和土星都是同类的天体。既然一切吸引都遵从运动第三定律是相互的,所以木星对于它的卫星,土星对于它的卫星,地球对于月亮,太阳对于一切行星,都以重力相吸引。"[4]

这就利用了作用与反作用相等的牛顿第三定律说明了引力作用的相互性质;结合§9中所说"一切物体的引力都与其所包含的物质之量成正比"[5]的结论,牛顿实际上就论证了二物体之间的引力与二物体的质量的乘积成正比。这样,万有引力定律就得到了完整的表述。

牛顿以万有引力定律为基础,建立了天体力学的严密数学理论,把天体的运动与地面上物体在重力作用下的运动归结为统一的力学作用,对长期以来使人们迷惑不解的支配天体运动的原因做出了精确的定量解答;把自古以来相继出现的"自然圆形运动"、"水晶球天层"、"磁力旋转轮辐"以及"以太涡旋"等关于"动因"的臆测统统清除掉了,这是人类科学认识的一个极其伟大的飞跃。

---

[1]　牛顿,《自然哲学之数学原理》,商务印书馆(1958),第324—325页。

[2][3]　牛顿,《自然哲学之数学原理》,商务印书馆(1958),第333页。

[4]　牛顿,《自然哲学之数学原理》,商务印书馆(1958),第712页。

[5]　牛顿,《自然哲学之数学原理》,商务印书馆(1958),第719页。

5.2　关于引力本质的牛顿立场

引力的本质或引力产生的原因这一问题,是自然哲学家们很早就关注的问题。古希腊自然哲学家们简单地把重力看作物体的属性;笛卡儿学派则把重力理解为天体周围以太涡旋离心运动的卷吸作用。牛顿在 1674 年以后也曾经试图用以太说对重力产生的原因做出说明。在 1675 年底给奥尔登堡(Oldenburg)的一封信中甚至提出"一切源于以太"的思想,说"地球的引力吸引也会由像以太精这样的某种东西的连续凝聚所引起"。[①]而在 1679 年 2 月 28 日给玻意耳的信中,更具体地说明了他关于以太产生重力的猜测。他写道:"我也想在这里提出一个猜测,这是我在写此信时想到的,是关于重力的原因的问题。为了解释它,我假设以太是由许多精细程度方面差别极其微小的部分组成的;在物体的孔隙中,较精细的以太比较粗大的以太要多得多,而后者比空旷空间里较粗大的以太又要少得多……以太就是按这种方式从空气顶端到地面、再从地面到地球中心,不知不觉地变得越来越细。试设想一个物体悬浮在空气中,或者放在地上,根据假设,物体上部孔隙中的以太比下部孔隙中的要粗大,这种粗大的以太和下面精细的以太相比,不太会留在这些孔隙之中,它宁愿逸出而让位于下面精细的以太,而如果没有上面物体的下降,以及在上面留出空位,下面的以太也就不能跑进去。"[②]这说明牛顿当时曾以由上而下以太由粗变细的排列以及物体中粗大的以太总要被精细的以太所代替,来说明物体的下降或重力的原因。

但牛顿同时也反复表示这只是一种猜测,而且他"对这种性质的东西很少有兴趣"。不久之后,即 1684 年底之后,他就不再持有这种以太观点了。在《原理》第二编的第七章中,从行星和彗星的运动没有受到媒质阻力的影响而明显改变的现象,否定了天空中以太流质的存在;在第九章中又通过证明笛卡儿的涡旋运动与开普勒第三定律不相符合而得出结论说:"涡旋假说与天文现象完全矛盾,

①　H.W.Turnbull, The Correspondence of Isaac Newton, Vol.I, Cambridge(1959), p.365.

②　H.W.Turnbull, The Correspondence of Isaac Newton, Vol.II, (1960), p.295.

故不能对说明天体运动现象有所帮助。"

这样,牛顿就完全转变了自己的观点,在1713年为《原理》第二版写的总释中,明确表示了他对重力的本质这一问题的看法。他写道:

"迄今为止,我们已经用重力解释了天体以及海洋的种种现象,但是还没有把这种力归之于什么原因。……直到现在,我还未能从现象中发现重力所以有这些性质的原因,我也不做任何假设;因为凡不是从现象中推导出来的任何说法都应称为假设,而这种假设不论是形而上学的还是物理学的,不论是隐蔽性质的还是力学性质的,在实验哲学中都是没有地位的……只要知道重力确实存在,并且按照我们所已阐明的定律起着作用,而且可以广泛地用来说明天体和海洋的一切运动,这就足够了。"①

在《原理》开头所提出的几个定义之后,牛顿也强调过他的这一立场,他说:

"我把力称为吸引的和排斥的,像在同样意义下称为加速的和运动的一样;我随便而无区别地替换使用了'吸引''排斥'或任何一种趋向中心的'倾向'这些字眼;因为我不是从物理上而是从数学上来考虑这种力的。因此读者不要以为我使用这些字眼,是想为任何一种作用的种类或形式,及其原因或物理根源做什么定义。"②

这些话表明,牛顿对引力的本质和产生原因一直持谨慎的态度,这是科学的。事实上,重力的原因即使是需要探明的,那也是以后的事情,在当时是根本不可能解决的。

5.3 关于引力传递机制的争论

在引力传递机制的问题上,从17世纪末到18世纪初围绕着"超距作用"观点展开了一场争论。

从科学方面来说,在牛顿的《原理》出版以后,围绕引力问题,主要有两种基本观点。欧洲大陆上流行的是笛卡儿学派和莱布尼茨学派的以太说。笛卡儿

---

① 牛顿,《自然哲学之数学原理》,商务印书馆(1958),第956—957页。
② H.S.塞耶编,《牛顿自然哲学著作选》,上海人民出版社(1974),第19页。

学派用以太涡旋的作用替代了"引力"概念,他们认为牛顿引力理论的基础是纯数学的随意假设,所谓物体内在的引力是典型的类似于经院哲学的"隐秘的质"的那种怪诞概念,是应该从自然哲学中排除出去的东西。莱布尼茨学派则承认引力的存在,但认为引力是通过以太介质传递的。牛顿学派则是以原子和虚空的存在为前提的。这样,在引力的传递机制上,就出现了以太说与原子论的分歧。

正如前面所说,牛顿在发现万有引力定律前后,也曾思考过重力或引力的产生根源问题,但他没有得出任何结果。于是便产生了这样的困难:万有引力确实是普遍存在着的,但同时还要承认虚空的存在,因而引力就必然是通过虚空而并不需要中间介质传递的。笛卡儿学派和莱布尼茨学派正是根据这种论证指责牛顿学派主张"超距作用"观点。这场争论因 1713 年牛顿的信徒罗杰·科茨(Roger Cotes, 1682—1716)为《原理》第二版的出版所写的序言而趋向激化。

科茨的序言机智辛辣,一开始就摆出了辩论的姿态,把矛头指向笛卡儿和莱布尼茨(虽然没有直接提出莱布尼茨的名字)学派。他把论述自然哲学的人分为三类。一类是随心所欲地"把一些特殊而隐蔽的性质归属于不同种类的物体"的经院学者。另一类是放肆地想象一些未知的图像、量度、运动和流质的笛卡儿主义者,这些"把假说看作他们思辨的第一原则"的人只能写出一些传奇而已。最后一类就是掌握了实验哲学、正确地运用综合法和分析法"轻而易举地用重力理论把宇宙体系推了出来"的人,这就是牛顿。科茨指出:"凡是其存在是隐蔽的、幻想的、未被证实的那些原因,才是真正隐蔽的原因,而绝不是那些其存在已为观察所清楚证明了的原因。所以重力根本不能称为天体运动的隐蔽的原因。"[①]那些人捏造的"物质涡旋"才是虚构的"隐蔽的原因"。但是,科茨的两段稍嫌过火的话却引起了误解。这两段话是:

----

① H.S.塞耶编,《牛顿自然哲学著作选》,第 150 页。

"因此,我们可以从最简单和最接近我们的事物开始,来进行我们的推理。让我们首先略为考虑一下地球上物体中重力的性质,因为这样做了以后,在进而考虑离我们非常遥远的天体的重力时,我们就可以更加可靠地前进。"①

"……我们当然必须承认,重力普遍存在于一切物体之中。正像我们不应当设想一个物体不是广延的,不是能运动的,不是不可入的那样,我们也不应当认为物体可以是不重的。我们只能用实验来获悉物体的广延性、运动性和不可入性,也只能以同样的方法来获悉它们的重力……总而言之,在一切物体的基本性质中,或者是重力应该占有一个地位,或者是广延性、运动性、不可入性都必然不应占有什么地位。如果事物的性质不能用物体的重力来正确予以解释,那么要用它们的广延性、运动性和不可入性来给以正确解释也是不可能的了。"②

科茨关于"地球上物体中重力的性质""重力普遍存在于一切物体之中"以及在一切物体的基本性质中"重力应该占有一个地位"的说法,被说成是他主张重力是物质不可或失的固有的本质属性;同时由于科茨还着力攻击了那些如此"喜欢物质,以致根本不愿意承认有一个空无一物的空间"的人,即他承认"空无一物的空间"的存在,那么物体之间的重力的作用只能是一种超越虚空的"超距作用"了。

从 1715 年 11 月到 1716 年 8 月通过通信形式进行的莱布尼茨和牛顿的支持者克拉克(Samuel Clarke, 1675—1729)之间的论战,进一步展开了这一问题的深入争论。在 1716 年 2 月 25 日写的第三封信中,莱布尼茨同样把引力是物质固有的本质属性这一观点看作牛顿的主张,而批评说如此理解的"所谓物体的引力乃是奇迹性的东西,是不能用它们的自然本性来解释的"。③在 1716 年 5 月

---

① H.S.塞耶编,《牛顿自然哲学著作选》,第 141—142 页。
② H.S.塞耶编,《牛顿自然哲学著作选》,第 149—150 页。
③ 莱布尼茨、克拉克,《莱布尼茨与克拉克论战书信集》,武汉大学出版社(1983),第 32 页。

12 日写的第四封信中,莱布尼茨进一步指出:"诸物体从远处互相吸引而无任何中介,以及一个物体循圆周运行而不照切线方向离去,虽然没有任何东西阻止它这样离去,这也是超自然的。因为这些结果都是不能用事物的自然本性来解释的。"①因此,他明确地否定了原子和虚空的观点,认为完全空的空间是不存在的,空间是全部充满的;即使那些被认为是证明了虚空存在的实验,如托里拆利的水银玻璃管实验和格里凯的唧筒实验,都无非是排除了粗大的物质而已,而某种精细的物质还是存在着的。

克拉克在第四封回信中辩解说:"说一个物体竟能无任何中介而吸引另一物体,这其实不是一种奇迹而是一种矛盾,因为这是设想某种东西在它所不在的地方活动。但两个物体借以彼此吸引的中介可以是不可见和不可触的,是属于和机械作用不同的本性的。"②克拉克的这个答复立即为莱布尼茨抓住,在 1716 年 8 月 18 日的第五封信中尖锐地抨击说:

"我曾反驳说,一种确切地说的引力,或照经院哲学所说的引力,是一种远距离的、无中介的作用。有人在这里回答说,一种没有中介的引力将是一个矛盾。但是那样一来,则当有人想要太阳通过一个空的空间吸引地球时,又当如何理解呢?是上帝用了中介吗?而这将是一个奇迹,如果有过这样的事,那是超过了被创造物的力量的。"③

"这种沟通的中介(据说)是不可见的,不可触摸的,非机械的。有人也可以有同样的权利加上说,是不可解释的,不可理解的,捉摸不定的,没有根据的,没有例证的。"④

莱布尼茨指出,克拉克所说的造成真正的引力的这种中介,只能"是一种怪诞的东西,是一种经院哲学的隐秘的质"。

克拉克在莱布尼茨死后写出他的第五个"答复"中,说把引力叫作一种奇迹

①　莱布尼茨、克拉克,《莱布尼茨与克拉克论战书信集》,武汉大学出版社(1983),第 45 页。
②　莱布尼茨、克拉克,《莱布尼茨与克拉克论战书信集》,武汉大学出版社(1983),第 61 页。
③　莱布尼茨、克拉克,《莱布尼茨与克拉克论战书信集》,武汉大学出版社(1983),第 101 页。
④　莱布尼茨、克拉克,《莱布尼茨与克拉克论战书信集》,武汉大学出版社(1983),第 102 页。

是不合理的,因为"用引力这个名词,我们的意思不是表示互相趋向的物体的原因,而光只是那由经验所发现的结果,或现象本身……"①他指出,引力运伴以及"太阳通过中介空的空间吸引着地球",这都是"现实的事实,是由经验发现的";克拉克肯定说,莱布尼茨认为这个现象不能是"无中介"即不是"没有某种能产生如此结果的原因而产生的",这无疑是对的;但是,如果还未能发现那个原因,难道就该把它称为"隐秘的质"或把这个现象说成是假的吗?

这场争论由于莱布尼茨的逝世而中断了,但莱布尼茨对"超距作用"的批判无疑是有意义的。而克拉克的答复也是中肯的,因为他既坚持原子和虚空的观点,又坚持了引力现象和引力定律的真实性,虽然它的原因还尚未发现。这和牛顿的申明几乎是相同的。

实际上,把"超距作用"说成是牛顿的观点,这是一个很大的误解。前面已经讲过,牛顿对引力的本质和产生的原因一直是持谨慎态度的,他也没有把重力看作物体的内在本质属性。早在 1693 年 1 月 17 日写给牧师本特利(Richard Bentley)的信中,牛顿就郑重告诫说不要把"重力是物质的一种根本而固有的属性"算作是他的见解。在同年 2 月 25 日给本特利的信中,又申明了他对超距作用的看法,他写道:

"……至于重力是物质所内在的、固有的和根本的,因而一个物体可以穿过真空超距地作用于另一个物体,无须有任何一种东西中间参与,用以把它们的作用和力从一个物体传递到另一个物体,这种说法对我来说,尤其荒谬,我相信凡在哲学方面有思考才能的人绝不会陷入这种谬论之中。"②

至于 1713 年科茨为《原理》写的那篇序言,牛顿虽看过提纲,但可能没有看过序言;而且认真地说,科茨写的那些话本身也很难被确切地说成是主张"超距作用"的观点。在科茨于 1713 年 6 月 25 日写给克拉克的信中,他说明:"我的计划不是要说

---

① 莱布尼茨、克拉克,《莱布尼茨与克拉克论战书信集》,武汉大学出版社(1983),第 124 页。
② H.S.塞耶编,《牛顿自然哲学著作选》,第 64 页。

重力是物质的根本属性,而是想说我们对物质的根本属性是一无所知的……"①紧接于莱布尼茨与克拉克的论战之后,在 1717 年为《光学》(*Opticks*)第二版所写的"声明"中,牛顿还特意说明"为了表明我不认为重力是物体的一个根本属性,我加进了一个疑问来讨论它的原因"。②这是指"疑问 21",牛顿思考着是否可以用媒质(精细的以太)粒子的富有弹性、彼此分离、自身力图膨胀而挤压粗大物体的作用来说明重力。而在 1721 年为《光学》第三版补充的"疑问 31"中,牛顿又提出"物体的微小粒子是否具有某种能力、效能或力量,凭借这些,它们能在一定距离上,不仅能作用于光线而反射、折射和拐折光线,而且也能作用于彼此之间而引起为数众多的自然现象"。③这些"疑问"都表明,牛顿晚年也一直为重力的本质以及引力的传递机制问题所困扰,也深为人们把他看成力的超距作用论者而感到不安。所以他多次努力试图为力的传递机制找到一个答案,甚至考虑能不能用以太的某种性质把超距作用归结为接触作用。虽然他没有成功,但他从未提出被人们算作是他的观点的那些结论。

科学史家丹皮尔(W.C.Dampier,1867—1952)评论这个事情说:"牛顿似乎注定要被人误解。超距作用,他本以为是不合理的,却被人当作他的基本观念,而确立这个观念也就成了他的最大功绩。"④历史的确常常如此捉弄这些科学伟人,直到 19 世纪中叶以前,物理学家们一直在牛顿这个大旗下心安理得地坚持着"超距作用"的观点,并把它向力学之外的科学门类推广开去。

①②　H.S.塞耶编,《牛顿自然哲学著作选》,上海人民出版社(1974),第 243 页。
③　I.牛顿,《光学》,科学普及出版社(1988),第 209 页。
④　W.C.丹皮尔,《科学史》,商务印书馆(1975),第 253 页。

第 3 章

新科学观和方法论的确立

第一节　文艺复兴精神的代表——达·芬奇

1. 文艺复兴运动与科学的起飞

近代自然科学是相对于古代人直觉的自然哲学和中世纪零散的发现而言的;它是从 15 世纪开始的,随着地中海沿岸一些国家资本主义生产的发展以及资产阶级反对以教会为代表的封建制度的政治、文化运动而发展起来的。以恢复古典文化的面目出现的"文艺复兴运动"是人类理性对自然和自身的觉醒,它复活了一些反对中世纪观点的古代倾向。新兴资产阶级从古典文化中发掘出可以反对封建文化的因素,即古典文化中所包含的自由探讨的精神,明快的自由思想以及"古典学问"所带来的进行各种各样研究的动力。他们所宣扬的"人文主义"(humanism)提倡人权,贬抑神权,宣扬以人为中心,要求重视现实生活和个人的幸福,重视人与自然的统一。资产阶级由于关注生产力的发展,也就十分关注加强人对自然的支配能力,因而表现出对自然现象和自然科学的浓厚兴趣。思想的解放,对现实事物和实践经验的重视,成了当时科学起飞的思想基础和认识基础。

"文艺复兴运动"创造了一种新的气氛,批判经院哲学,崇尚科学真理,重视实践经验,提倡科学实验,为科学研究提供正确的思维方式和有效的研究方法,越来越成为先进思想家和自然科学家们所关注的热点。这是一次从来没有经历过的最伟大的、进步的变革,它使个人的天赋在自由状态下得到充分的发挥,从而使可与古希腊相媲美的伟大成就的出现成为可能;而同时也造就了一批在思维能力、思想见解、学识素养、学术成就等方面出类拔萃的时代巨人。他们所反复阐明的关于近代科学的性质、地位、方法和认识论基础的基本观点,构成了新科学观和方法论的基本内容。

2. 站在时代前面的巨人——达·芬奇

列奥那多·达·芬奇(Leonardo da Vinci, 1452—1519)是意大利文艺复兴时期在多才多艺、知识渊博方面最杰出的艺术家之一。他 14 岁就进入佛罗伦萨的画坊学习绘画,在这里结识了一批艺术家和学者,受到了人文主义思想熏陶,这使他积极投身到新文化运动中去。

达·芬奇把绘画艺术和科学研究结合起来,通过绘画,深入研究了人体解剖、动植物以及力学、光学、数学、地质学等多方面的知识,使他对自然有了更深刻和更具体的了解。在《论绘画》中他写道:

"画家的任务是研究对自然的各项工作的一切形式的真正理解,并且力求对这些形式了解得越多越深越好。因为这是了解这么多的令人羡慕的事物的创造者的方法,而且也是爱这个伟大的发明家的方法。事实上,伟大的爱是从对被爱事物的伟大的知识中来的。"①

"绘画令画家的心灵转变为大自然的心灵,而画家本人就要成为大自然和艺术之间的翻译。"②

这表明,达·芬奇把绘画和对自然的研究看作统一的任务,而且不仅仅要去了解大自然的外在表现,还要通过对大自然内在规律的揭示去追索这些外在表现的原因,并把扩大对自然事物知识的了解作为增加对造物主的了解和爱的手段。

达·芬奇不仅有许多对于那个时代而言是光彩夺目的科学发现和技术设计(包括飞行器、坦克、水力和热力动力机的设计等),他还深刻地认识到为了使科学和技术得到顺利发展所需要的认识论和方法论的基础。正是由于他在这个方

---

①② Dictionary of Scientific Biography, Vol.8, p.195.

面所提出的促进新科学的进步原则，他被公正地看作近代自然科学的先驱者。

同一般的人文主义者一样，达·芬奇对教会的腐朽表示不满，非常敌视占星术、炼金术和降灵术等愚蠢行为，把这些看作对人类毫无用处的伪科学。他赞赏通过劳动和研究发明为人类提供实际的好处，而鄙视那些只会引经据典、醉心于对古代文献进行注释的"蠢材"，批评他们"趾高气扬，扬扬得意，而不用自己的劳动来争光，却拿别人的劳动成果给自己装点门面"。①他讽刺说："有所发明的人，沟通自然和人类的人，好像镜子前面的实物；一味背诵、吹嘘别人著作的人，则好像镜子里面的物影。前者有自己的分量；后者什么都没有，他们对不起自然，看来只不过偶然披上了人形，因而也可以列入万物之长罢了。"②他倡导说："好人的自然愿望是求知。"③根据这种思想，达·芬奇反对经院哲学根据解说对象把神学看作最有价值的科学而把数学看作没有价值的科学的观点。他指出，真理之所以是美好的，就因为即使它所解说的是简单而低级的事物，也不可比拟地优越于涉及"高尚"事物的谎言。

达·芬奇否定只凭"心灵"就能产生和完成知识的说法，把经验看作科学知识的真理性的依据。他说，人们的一切知识，全都来自人们的感觉能力，"智慧是经验的产儿"，④"经验是一切可靠知识的母亲，那些不是从经验里产生也不受经验检定的学问，那些无论在开头、中间或末尾都不通过任何感官的学问，是虚妄无实、充满谬误的。如果我们怀疑一切通过五官的东西，以为不可靠，那就应当加倍地怀疑那些背离五官的东西……"⑤他认为，经验是没有错误的，犯错误的只是我们的判断；许多问题之所以会争论不休，就是因为缺少确凿的经验根据，离开了经验是没有什么可靠性的。"真理只有一个结论"，那是只有通过感觉和

---

①② 北京大学哲学系外国哲学史教研室编译，《西方哲学原著选读》(上卷)，商务印书馆(1983)，第307页。

③ 北京大学哲学系外国哲学史教研室编译，《西方哲学原著选读》(上卷)，商务印书馆(1983)，第308页。

④⑤ 北京大学哲学系外国哲学史教研室编译，《西方哲学原著选读》(上卷)，商务印书馆(1983)，第309页。

经验的正确步骤才可以弄清的。

　　达·芬奇没有只片面地强调经验对于研究自然的重要性,他同样重视数学和理性的作用。他认识到科学必须是经验和理性相结合的结果。他说:"热衷于实践而不要理论的人好像一个水手上了一只没有舵和罗盘的船,拿不准该往哪里航行。实践永远应当建立在正确的理论上……"[①]而为了运用理性去说明和概括经验,就需要数学。他说:"人类的任何探讨,如果不是通过数学的证明进行的,就不能说是真正的科学。"[②]"凡是不能运用数学的地方,便没有任何确定性可言。"[③]这些论述表明,达·芬奇已经认识到了实验与数学方法对自然科学的重要意义。

　　作为一个多才多艺的技师,达·芬奇把大自然本身也看作一架大机器。所以他特别重视力学,"力学是数理科学的天堂,因为在这里可以得到数学果实"。[④]他作为伽利略的先驱,做出了惯性原理的初步表述,对材料强度做了实验研究,用虚速度概念对杠杆原理进行了证明,考察了斜面落体运动的规律,得出了"永动机"不可能的结论。但更为重要的是,他通过力学研究而达到了因果决定论原则,并以这一原则与经院哲学的目的论原则相对抗。他宣称,有灵性之物的所有活动"都是按照力学规律进行的";他还明确断言"同样的结果总是产生自同样的原因。如果原因消除了,结果也就不可能产生"。[⑤]达·芬奇已经认识到自然界的一切过程都是按照受数量关系支配的必然规律进行的,并且把客观规律性问题放到纯物理学的基础上来认识。他说经过反复观察,反复实验,并有计划地改变实验,人们就可以从定量的数据中概括出各种"规律","正是这些规律使你从谬误中找到真实的原因"。[⑥]达·芬奇的这个认识,开启了机械决定论思想的先导,得到了后世物理学家们的进一步发展。

---

　　①② 北京大学哲学系外国哲学史教研室编译,《西方哲学原著选读》(上卷),商务印书馆(1983),第311 页。

　　③④⑥　*Dictionary of Scientific Biography*, Vol.8, p.199.

　　⑤　苏联《哲学问题》杂志,1956 年第 4 期,第 67 页。

第二节　弗兰西斯·培根经验论的归纳法

1. 功利主义的科学观——"知识就是力量"

弗兰西斯·培根(Francis Bacon, 1561—1626)是 17 世纪英国杰出的唯物主义哲学家和现代实验科学的真正始祖。他父亲是伊丽莎白女王的掌玺大臣。1576 年,培根以随员身份出使法国,1579 年因父亲去世而返回英国,后当选国会议员,曾任掌玺大臣、大法官。后因在一场党派斗争中被控受贿而逐出朝廷,以撰写著作度过余年。1626 年因在一次冷冻防腐实验中受风寒而病死。

培根主要的理论著述活动是在 17 世纪的头 20 年。他在 1605 年出版的《学术的进展》(*De Augmentis Scientiarum*)中,论证了知识的巨大作用。后来他制订了一个总题目叫《伟大的复兴》的写作计划,试图振兴科学技术,对人类知识整个重新加以改造,为人类造福。这个计划未能全部实现,1620 年出版的《新工具》(*Novum Organum*),是计划的第二部分,侧重于科学方法的研究,起这个名字是为了区别于亚里士多德的逻辑学著作《工具论》,并且有对亚里士多德的方法论挑战的性质。他企图通过分析和确定科学的一般方法给予新科学运动以发展的动力和方向。他把自己的这一工作看作哥伦布式的创造;他期待着运用他所倡导的认识方法能在知识的海洋里获得划时代的新发现,以"到达自然界那些更遥远、更隐蔽的部分"。[①]在 1623 年他又写了《新大西岛》(*New Atlantis*)(1627 年发表),以文艺形式描绘了一个他理想中的科学主宰一切的社会。在书中他叙述了科学研究组织化的梦想。他从人们的协作中看到了技术发展的动力,所以希望借助皇家的力量建立起包括大型图书馆、动植物园和实验室等的研究机构和设施,这实际上是为后来出现的各种学术组织所描绘的蓝图。

培根坚定地相信人类理智的能力,认为在人与自然的关系上人并非无所作

---

① 北京大学哲学系外国哲学史教研室编译,《西方哲学原著选读》(上卷),商务印书馆(1983),第 345 页。

为;人可以征服自然,驾驭自然。人类的这种力量的源泉,就是人对自然规律的知识。他提出了"知识就是力量"的著名口号,指出:"人的知识和人的力量合而为一,因为只要不知道原因,就不能产生结果。要命令自然就必须服从自然。在思考中作为原因的,就是在行动中当作规则的。"①

培根之所以珍视科学知识,就是因为它是可以产生发明来为全人类谋取福利的强有力工具,它可以"给人类生活提供新的发现和力量"。②他深信,正是由于对自然的深入研究,才带来了人类生活进步的最大动力。他把印刷术、火药和指南针看作"改变了全世界的整个面貌和事物状况"的三大发明,说"任何帝国、学派、星宿都不可能对人类产生像三大发明那样大的力量和影响"。培根的这一功利主义的科学观,是对中世纪蒙昧主义的批判,激发了人们心中的希望,奋发有为地去探求知识。

2. 清除知识发展的障碍——"四幻相说"

为了获得真正的知识,促进科学的发展,就必须破除阻碍知识发展的主要障碍,清除人们心中根深蒂固的各种错误观念和假象。培根认为妨碍人们的正确认识,造成事物失真的假象有四种,即"种族假象"、"洞穴假象"、"市场假象"和"剧场假象"。

"种族假象"是人性和人种所固有的,指人类在认识过程中总以人自身的感觉为事物的尺度,而不是以宇宙的尺度为根据,因而把人类的本性混杂到事物的本性中去,歪曲事物的本来面貌。

"洞穴假象"是指个人由于所特有的天性,所受的教育,所处的环境,所崇拜的人物以及其他种种类似的原因所造成的成见和偏爱,就好像都从自己的"洞穴"小世界来看待事物一样,使事物的真相受到歪曲。

"市场假象"是指人们在言谈交际中由于所使用的语言含义的混乱和不确定所造成的错误。在这里培根严厉批判了经院哲学咬文嚼字,玩弄概念游戏,使人

---

① 《西方哲学原著选读》(上卷),第345页。
② 北京大学哲学系外国哲学史教研室编译,《十六至十八世纪西欧各国哲学》,商务印书馆,第30页。

们陷入无数空洞的争辩和无聊的幻想,使科学和哲学流于诡辩的做法。

"剧场假象"是指盲目信服各种传统的或当时流行的各种哲学体系及权威而形成的错误。培根把这些哲学体系比喻为用"不真实的布景方式来表现它们自己所创造的世界"的舞台戏剧。他指出,亚里士多德学派、狭隘经验派和迷信哲学等都属此例。

培根的"四幻相说"对经院哲学的权威主义、烦琐主义、教条主义、脱离实际、崇尚空谈和伪科学等给予了沉重的打击。

培根严厉批判了经院哲学隔绝人与自然的关系,堵塞了认识自然的道路。所以他大声疾呼科学家必须从自己的心灵中清除掉这四种"假象",冲破经院哲学对人们思想的禁锢,使理智得到完全的解放和刷新。他强调指出,要想获得知识,就必须面对自然,面对事实,要考察研究事物的属性。他说科学之树只有"始终依附在自然的子宫上面,继续从它吸收营养"[①],才能茂盛地生长;一旦脱离了自然,它就像连根拔掉的树一样凋谢干枯。

培根把真理看成是一个发展的过程,提出了"真理是时间的女儿,不是权威的女儿"这个口号,认为不能把各种科学看作最后达到了它们的完备程度。培根以此否定权威崇拜,指出盲信权威只能满足于已有的发现,就不可能再去发现更好的东西了。事实上,人们所知者甚少,技术发明也非常贫乏。随着时代的进展,科学技术发展的前景是无限广阔的。

3. 经验论的认识阶梯——给理智挂上重物

在反对经院哲学的斗争中,培根建立了自己的唯物主义经验论。他把知识起源于感性经验作为他的认识论的基本原则。他说:"人,既然是自然的仆役和解释者,他所能做的和了解的,就是他在事实上或思想上对自然过程所观察到的那么多,也只有那么多;除此以外,他什么都不知道,也什么都不能做。"[②]真理只能在自然和经验的指导下来寻求,一切知识都要有"经验的根据"。这样,培根

---

① 北京大学哲学系外国哲学史教研室编译,《十六至十八世纪西欧各国哲学》,商务印书馆,第27页。
② 《西方哲学原著选读》(上卷),第345页。

就把经验提高为一种科学原则,一种考察方法。但他认为,那种简单的、自流的经验是不行的,真正的经验方法是从经过适当安排和消化的经验开始,由此导出公理来,进而又从公理导出新的实验。他指出,必须利用一定的工具和装备,按照确定的程序,有规则地进行的实验,才能成为科学知识的可贵源泉,因为这种实验是通过有目的、有计划的活动,在技术的干预下进行的,对自然事物有主动作用的性质,它能使自然事物发生变化,从而暴露出它自身隐蔽的方面,引起人们的注意,并引导到确切的结论。培根把这类实验称为"光明的实验",认为它不管结果如何,都会使自然事物的因果关系得到某些肯定或否定的澄清。

培根在重视感性经验的同时,也提倡了感性认识与理性认识的结合。他形象地比喻说,狭隘的经验论者就好像蚂蚁,他们只会把经验材料收集起来现成地加以利用;而独断论的理性主义者就像蜘蛛,他们只会由自身吐丝结网,主观地编织出他的体系。在他看来,真正的哲学家应该像蜜蜂一样,既从花园里和田野里采集花粉,又用自己的力量来改变和消化这种材料;哲学和科学的认识,既不只是靠心智的力量,也不只是照原样把经验材料保存下来,而是"把这种材料加以改变和消化而保存在理智中的"。[①]不过,培根终因对理性思维缺乏真正的理解,他并没有使感性和理性达到正确的结合。比如,他虽然主张感性要上升到理性,却不懂得这种上升是认识过程中的飞跃,所以他说:"不能够允许理智从特殊的事例一下跳到和飞到遥远的公理和几乎是最高的普遍原则上去……我们只有根据一种正当的上升阶梯和连续不断的步骤,从特殊的事例上升到较低的公理,然后上升到一个比一个高的中间公理,最后上升到最普遍的公理。"[②]他说:"绝不能给理智加上翅膀,而毋宁给它挂上重的东西,使它不会跳跃和飞翔。"[③]培根把认识的深入与更新,看作只是一个平静而细微的变化过程,实际上也抹杀了感性认识与理性认识的质的区别。

---

① 《西方哲学原著选读》(上卷),第 359 页。
②③ 《西方哲学原著选读》(上卷),第 360 页。

4. 科学发现的程序准则——"三表"归纳法

在《新工具》的第二卷中,培根在批判经院哲学歪曲使用三段论演绎法和简单枚举归纳法的基础上,建立了他的归纳法。他指出三段论演绎法并不能帮助人们发现新的科学,因为它不能用于发现科学的第一原理;科学的第一原理是最普遍、最抽象的东西,它不能由逻辑演绎获得,只能由对大量经验例证的归纳得到。对于中间公理也是如此。三段论推理只是把已经包含在大前提中的结论明确地发挥出来而已,它不能给人类增加什么新的知识。另外,三段论的基础也是不稳固的,因为它是由命题组成的,命题是由语词组成的,而语词是概念的符号。培根认为我们使用的许多概念都是不健全和没有明确意义的,不可能靠这样的概念构成的命题推论出正确的科学结论来。至于简单枚举归纳法,由于它只是根据少数的和手边现成的事实作根据,因而是幼稚的和不可靠的。因此培根认为,人类认识自然并进而命令自然的唯一希望,只能寄托在真正的归纳法上。

培根提出他的归纳法的基本原则,即在观察、实验的基础上,从经过适当安排和消化的经验开始,通过分析、比较、拒绝、排斥引申出普遍性有限的公理,然后通过缓渐的逐次归纳,上升到最普遍的公理。

培根指出,观察必须系统地、广泛地进行,收集的材料不仅数量要多,而且要有准确性,类型要齐全,因为"这是一切的基础"。为了合理地整理有关事实材料,培根提出了著名的"三表法",即要求系统地列出存在表、差异表和程度表,以便对例证进行分析比较。首先是"肯定事例表",即列举出存在某种所要研究的性质的现象。如研究"热的形式"就应枚举诸如太阳光线、雷电、火焰、温泉、经摩擦的物体、潮湿的生石灰等事例。其次是"否定事例表",即缺乏所研究的本质的事例。例如关于热的否定事例包括月光、星光、空气和水等处于自然状态的流体,干的生石灰等。最后还需要一个"程度表"或"比较表",其中的事例"在大小不同的程度上具有所探索的本质"。如由于运动、酒、发烧等引起的动物热的增加,太阳热的强度随太阳位置的变化,以及由于风的大小、离燃烧体距离的远近和火的持续时间不同而造成的热的差别。

在具备全面系统的事实材料的基础上,就可以进行真正的归纳。这里关键的是必须采取排除法,即在分析比较的基础上,把那些给定性质存在时它们就不存在,给定性质不存在时它们就存在,给定性质增加时它们就减少,给定性质减少时它们就增加的那些性质一一排除掉。"这样,在拒绝和排斥的工作适当完成后,一切轻浮的意见便烟消云散了,而最后余留下来的便是一个肯定的、坚固的、真实的和定义明确的形式"。①他所说的"形式"是指"绝对现实的规律和规定性"。例如,培根根据这种方法得出结论说:"热是一种膨胀的、被约束的而在其斗争中作用于物体的较小分子之上的运动。"②

培根所希望的是为人们提供出这样的"工具",即制定出科学发现程序的准则,它可以使任何具有常识而又勤奋的人都能做出科学发现,即可以使普通人都能成为科学发现者。在这里,培根大大低估了创造性思维和洞察力在科学发现中的重要作用,他的这一愿望也当然是不可能实现的。后来的人们越来越深刻地指出了单纯的经验归纳法的原则缺陷,它只能算作是一种不严密的、或然性的推理方法;这个方法主要被用于 19 世纪的生物学和地质学中,在物理学上它的作用并不很大。但是,培根的工作毕竟是科学方法论研究上的一个重要成就,他对经验和实验的极端重要性的推崇以及对否定的、关键的和特别的事例的重要意义的强调,都是对科学方法论的重要贡献。怀特海(A.N.Whitehead,1861—1947)说:"培根依然是构成现代世界思想的一个伟大的奠基人。"③

第三节　勒奈·笛卡儿唯理论的演绎法

1. 理性主义的"怀疑原则"

勒奈·笛卡儿(René Descartes, 1596—1650)是 17 世纪法国卓越的自然科

---

① 北京大学哲学系外国哲学史教研室编译,《十六至十八世纪西欧各国哲学》,商务印书馆,第 55 页。
② 北京大学哲学系外国哲学史教研室编译,《十六至十八世纪西欧各国哲学》,商务印书馆,第 58 页。
③ A.N.怀特海,《科学与近代世界》,商务印书馆(1989),第 42 页。

学家,近代欧洲资产阶级哲学的奠基人之一。他知识渊博,喜欢沉思,为躲避法国教会的迫害而于1628年移居当时先进的资本主义国家荷兰,从事哲学、数学、光学、物理学和天文学的研究与著述。1649年应瑞典女王的邀请迁居瑞典。由于每天清早4点钟就要起床进宫给女王讲课,不耐北欧严寒的笛卡儿由于受寒而于1650年2月11日病逝。

继培根之后,笛卡儿强调了科学和理性,展开了同经院哲学的斗争。他反对信仰先于知识的宗教教义,认为必须创立为实践服务的世俗科学来代替经院哲学。他指出借助这种科学,我们才能"充分利用一切可利用的力量,才能成为自然的主人和统治者";他说经院哲学只能提供沽名钓誉的材料,懂得经院哲学的人往往比不懂得经院哲学的人更缺少理性。

笛卡儿是唯理论的创始人,在研究自然的方法上,与培根的经验归纳法不同,他强调的是站在分析的理性立场上的泛理性主义,认为经验是靠不住的;在认识真理的过程中,起主要作用的不是经验,而是理论思维,即理性。理性不仅和感性知觉相比是认识世界的最高阶段,而且也是感官所不能直接感受到的那一切知识的独立的、不依赖于感性知觉的源泉。他认为,理性永远不会犯错误,它是真理的最后的和最正确的评判员。因而笛卡儿用了毕生的心思,来探索利用自然的理性之光,来获得真正的知识的正确方法。

笛卡儿提出了"怀疑原则"作为反对那些被信以为真而实际上是毫无根据的原理,创立真正的科学的可靠的出发点。他说:"我在好多年以前就已经觉察到,我从早年以来,曾经把大量错误的意见当作真的加以接受,而我以后建立在一些这样不可靠的原则上的东西,也只能是极其可疑、极不确实的。从那时起,我就已经断定,如果我想要在科学上建立一些牢固的、经久的东西,就必须在我的一生中有一次严肃地把我从前接收到心中的一切意见一齐去掉,重新开始从根本做起。"[①]他特别指出,"因为基础一毁整个建筑物的其余部分就必然跟着垮台,

---

① 《西方哲学原著选读》(上卷),第365—366页。

所以我将首先打击我的一切旧意见所依据的那些原则。"①

笛卡儿把经院哲学、传统信仰、公认的观念、甚至直接观察的证据和材料都看作怀疑的对象，主张怀疑一切，一切从头开始，从最基本的东西开始。他指出，这种怀疑不是目的本身，而只是一种手段，其任务是扫除一切偏见和谬误，保证认识的基础绝对可靠和没有错误；他说怀疑和怀疑的被克服，就是辨别真伪、发现理性、认识真理的过程。因此他指出，怀疑一切"并不是模仿那些为怀疑而怀疑、并且装作永远犹豫不决的怀疑派，因为正好相反，我的整个计划只是为自己寻求确信的理由，把浮土和沙子排除，以便找到岩石和黏土来"。②

通过对一切的普遍怀疑，笛卡儿最后发现了无可置疑的东西即怀疑者本身。他说，当人们在怀疑每一件事物的真实性时，"这个在想这件事的'我'必然应当是某种东西"；"我们在怀疑这些事物的真实性时，却不能假设我们是不存在的"。③由此笛卡儿提出了"我思想，所以我存在"的著名命题，把它当作他的哲学的第一条原理。"于是，这个无可怀疑的确实性被用作为他的逻辑杠杆的支点，以升起真正自然知识的体系"。④笛卡儿的这个命题，强调了认识过程中必须有认识的主体，这对推动近代认识论的发展有重要意义。

2. 理性主义的演绎法

在笛卡儿看来，数学是唯一使他真正感到满意的学科，因为它的证明具有确实性。所以他认为应当把数学作为其他学科的楷模，特别是应当把数学的方法推广到其他学科中。他说，科学的本质是数学，他"既不承认也不希望物理学中有任何原理不同于几何学和抽象数学中的原理，因为后者能解释一切自然现象，并且能对其中一些现象给出证明"。⑤笛卡儿深入地研究了数学体系所具有的严密性的根源，他发现，数学的独特的严密性在于从最简单的观念开始，以仔细选

---

①　《西方哲学原著选读》(上卷)，第366页。

②　北京大学哲学系外国哲学史教研室编译，《十六～十八世纪西方各国哲学》，商务印书馆，第146页。

③　笛卡儿，《哲学原理》，商务印书馆(1959)，第33页。

④　亚·沃尔夫，《十六、十七世纪科学、技术和哲学史》，商务印书馆(1985)，第722页。

⑤　M.克莱因，《古今数学思想》II，上海科学技术出版社(1979)，第28—29页。

择的基本定义和公理为前提,运用严格的数学演绎方法进行谨慎合理的推论。这样,笛卡儿就在1637年出版的《方法论》(*Discours de la méthode*)中提出了他的唯理论的演绎方法。

笛卡儿认为,真理或确实性的不可或缺的标志是思维的清晰性和明确性,是由理性直觉到的没有任何可疑之处的观念的自明性,这种自明性是不需要经验和逻辑的证据的。所以,作为科学认识的第一步,是要发现最简单和最可靠的观念或原理,即"只把那些十分清楚明白地呈现在我的心智之前,使我根本无法怀疑的东西放进我的判断之中"。①他断言:"凡是我们十分明白、十分清楚地设想到的东西,都是真的。"②在得到这种不容怀疑的和明晰确切的观念或原理之后,一步步地通过逻辑的途径和运用类似数学特色的方法进行论证,就可以把比较简单的观念综合起来,得到比较复杂的观念,把自然界的一切显著的特征推演出来,得出科学的结论。笛卡儿认为,经验是从高度复杂的对象开始的,因此从它们进行推理很容易产生错误;而只要以普通的智力进行演绎,就不会发生错误,因为它的每一步都是清晰明确的。

笛卡儿这种唯理论的演绎方法,对物理学中理论思维的发展有很大的影响,它在后来物理学的研究中被广泛采用,其作用远远超过了培根的归纳方法。

怀特海在谈到"现代科学的起源"时说,对于科学来说,必须有一种坚定不移的信念,"它认为每一细微的事物都可以用完全肯定的方式和它的前提联系起来,并且联系的方式也体现了一般原则。没有这个信念,科学家的惊人的工作就完全没有希望了"。③这就是关于自然秩序或自然规律的信念,而这种信念不可能产生于经验归纳法,"自然的秩序不能单凭对自然的观察来确定。因为目前事物中,并没有固有的东西可以联系到过去和未来"。④这种信念,只能产生于理性主义。所以,培根,甚至伽利略都没有能明确地、自觉地形成"自然规律"这一观

① 《西方哲学原著选读》(上卷),第364页。
② 《西方哲学原著选读》(上卷),第369页。
③ 怀特海,《科学与近代世界》,第12—13页。
④ 怀特海,《科学与近代世界》,第50页。

念;正是理性主义者笛卡儿,才清楚地确定了"规律"这个概念,认为宇宙中存在和发生的一切都遵循着严格的规律,科学的首要任务就是努力去发现自然的根本规律。在笛卡儿关于自然规律的普遍性的思想基础上,斯宾诺莎(Benedictus de Spinoza,1632—1677)提出了因果决定论思想,认为世界上的万物都保持着"永恒的、牢固不变的秩序",都可以做出因果解释;人的活动也完全是由普遍联系的全部总和预先决定的,这些联系构成了牢固不变的规律。所以,认识事物的本性的方法,就是根据自然界的普遍规律和规则来认识。笛卡儿和斯宾诺莎关于"自然规律"的观念,很快就在科学中确立起来。

第四节　伽利略的实验—数学方法

1. "经验科学之父"

在古典学术复兴"舞台"的意大利,伽利略(Galileo Galilei,1564—1642)和他的追随者,"接过意大利艺术的荣耀"①,为近代科学的诞生奠定了基础。伽利略把物理学与天文学和数学结合起来,掀起了一场影响深远的科学革命,是一位为建立在实验基础上的近代科学的诞生揭开序幕的一代宗师。他晚年出版的两部著名的科学巨著——《关于托勒密和哥白尼两大世界体系的对话》(*Dialogue concerning the two chief Systems of the World*, *the Ptolemaic and Coperni-can*,1632,简称《对话》)和《关于力学和局部运动两门新科学的谈话和数学证明》(*Discourses and Mathematical Demonstrations concerning two New Sciences Pertaining to Mechanics and Local Motion*,1638,简称《两门新科学》)——概括了他一生主要的科学研究成果,特别是对自然物体的运动做出了系统而精辟的数学描述,使物理学摆脱了从属于经院哲学的地位而成为一门独立的近代科学。他所倡导的把数学和实验结合起来研究物理现象的方法以及他

---

① 亚·沃尔夫,《十六、十七世纪科学、技术和哲学史》,第33页。

对假说演绎法和理想实验方法的纯熟利用,成为后世整个自然科学研究方法的先导,带动了整个近代自然科学的发展。所以他理所当然地被看作近代物理学乃至近代自然科学的奠基人。

伽利略不崇尚书本和权威,反对经院哲学家们以校勘古代权威的著作来获得真理。他非常蔑视那些盲目崇拜古代权威而不愿根据经验对自然现象进行独立研究的经院哲学家,称他们为"奴才"、"书呆子博士"。当然,伽利略还不可能持有彻底的无神论立场,他认为世界上有"两本书":自然之书和救世之书,它们都出自上帝的思想,"圣经和大自然的作用是同样的"。宗教的对象是"笃信教义",而科学的对象是自然;因而他认为宗教在科学问题上是毫无意义的,在科学论战中,圣经应居于次要地位;自然界在神的第一次推动之后,就按照自身的规律生存着,因而科学所揭示的"万物的天然秩序",就是对上帝存在的证明。伽利略以这种"双重真理论"来争取科学认识的自由。

"培根和笛卡儿的影响都不持久,他们所坚持的方法论,从近代科学家的立场上看,都有严重的缺陷。所需要的是归纳和演绎过程之间的更实在的联系。这后一种探讨方式在伽利略的工作中得到充分体现"。①伽利略被称为"经验科学之父",他不仅强调了经验在认识自然中的重大作用,而且特别强调了有目的、有计划地获得经验的方法——"实验"在发展科学认识上的巨大的决定性作用。他认为实验是对自然的积极提问,还会进一步从自然中获得对这些问题的回答;他完全相信从关键性的实验中应该能够产生出正确的基本原理。伽利略指出,在科学研究中,感觉经验高于理性和证明,是认识的最高出发点。这是因为,"自然科学的结论必须是正确的,必然的,不以人们意志为转移的……任何一个平凡的人,只要他碰巧找到了真理,那么一个个德摩斯梯尼*和一个个亚里士多德都要陷于困境。"②所以,他在早期写的论文《论运动》中就宣称,只要他的观点同经

---

① 埃伦·G.杜布斯,《文艺复兴时期的人与自然》,浙江人民出版社(1988),第144页。
* Demosthenes,前384—前322,雅典时期雄辩的演说家。
② 伽利略,《关于托勒密和哥白尼两大世界体系的对话》,上海人民出版社(1974),第67页。

验和理性相符合,他一点也不在乎它是否同别人的观点相一致。

不过,伽利略所说的"经验"并不是对自然现象的简单观察和消极感受。他确实领悟到,人们可能从经验中得出不正确的结论。所以,他要求批判地对待感觉,要运用理性来排除虚假的经验。他说:"我们要学会更慎重些,不要对感官传给我们的第一个印象过分相信,因为我们很容易上感官的当。"①有许多经验都表明,简单的感觉是错的,"如果没有理智插进来,很显然是会使感觉受到蒙蔽的"。②所以,伽利略在强调实验方法时,并不排斥理性,而且十分推崇理性,赞赏理性的力量,他所主张的是实验和理性的恰当结合。爱因斯坦正确地指出:"把经验的态度同演绎的态度截然对立起来,那是错误的,而且也不代表伽利略的思想。……伽利略只是在他认为亚里士多德及其门徒的前提是任意的,或者是站不住脚的时候,才反对他们的演绎法……另一方面,伽利略自己也使用了不少的逻辑演绎。"③

2. 自然之书是"用数学语言写出的"

伽利略重视理性的一个重要表现,是他最早自觉地提出了数学和实验结合的科学方法论,并具体地把它运用到开创"经验科学"的实践中,为新科学的建立奠定了基础。伽利略相信自然界是依照数学设计的,所以他非常重视在研究自然现象时进行数量分析和建立数量关系的重大意义。他说:"哲学(自然)是写在那本永远在我们眼前的伟大书本里的——我指的是宇宙——但是,我们如果不先学会书里所用的语言,掌握书里的符号,就不能了解它。这书是用数学语言写出的,符号是三角形、圆形和别的几何图像。没有它们的帮助,是连一个字也不会认识的;没有它们,人就在一个黑暗的迷宫里劳而无功地游荡着。"④所以伽利略一反亚里士多德用"天然位置"、"自然运动"、"强迫运动"和"隐蔽的质"等概念来描写运动的做法,选择了一组全新的可以测量前概念,如距离、时间、速度、加

①　伽利略,《关于托勒密和哥白尼两大世界体系的对话》,第331页。
②　伽利略,《关于托勒密和哥白尼两大世界体系的对话》,第332页。
③　《爱因斯坦文集》(第一卷),商务印书馆(1976),第585页。
④　M.克莱因,《古今数学思想》II,第33页。

速度、力和重量等,使得它们的测度可以用定量的公式联系起来。

伽利略的基本方法论思想就是,在进行自然科学研究时,一方面要用实验对物理现象进行精密的观测,另一方面要对实验结果进行确切的数学分析和表达;二者的有机结合,才能导致问题的正确解决。伽利略关于落体定律、摆和抛射体运动的研究,树立了把定量实验与数学论证相结合的典范。这种方法,为科学的健康发展提供了一个强有力的保证手段,打开了通向整个近代物理学领域的大门,它至今仍然是精密科学的理想方法。

近代物理学的兴起同实验方法的发展是同步偕进的。从培根、伽利略以来,实验成了物理学认识发展的基石。特别是把巧妙的实验同逻辑推理结合起来导出新结果的方法,使物理学摆脱了依靠形而上学的思辨、直觉、猜测、简单的观察和定性的议论的状况,走上坚实的科学的道路,成为对物理世界真正的自然认识。16—17世纪实验方法在物理学研究中的广泛应用,使物理学作为一门"实验科学"的这一特点被固定下来。而17世纪,特别是由于伽利略和笛卡儿的倡导,数学对科学(包括物理学)的关系也有了根本性的变化。一方面,数学为科学家对自然的观察提供了想象力的背景。"大大地扩展了的科学已被伽利略指导去使用量的公理和数学的演绎,所以由科学直接激发的数学的活力就变得占支配地位了"。①另一方面,"造反的十七世纪发现了一个质的世界,它的研究要辅助以数学的描象而遗留下一个数学的量的世界,它把物质世界的具体性统归在它的数学定律之下。"②自然秩序便是用数学表达出来的自然规律,于是数学变成了科学理论的实体。同时,"数学家不仅依靠物理意义去理解他们的概念,而且还因为数学的论点给出正确的物理结论而接受这些论点,这时,数学和科学之间的界限就变得模糊了。"③

---

① ② M.克莱因,《古今数学思想》II,第111页。
③ M.克莱因,《古今数学思想》II,第112页。

第 4 章

经典力学的建立与机械观的兴起

第一节 伽利略的运动学思想及其发展

1. 伽利略早期的运动学思想

1.1 中世纪思想余阴犹在

任何一个伟大的人物,都是时代的人物。伽利略既是近代早期的一位科学家,又是中世纪后期的一位科学家。他的科学思想必然带有这个科学转变时期的特点,也有一个渐变的和发展的过程。任何对伽利略的科学思想做前后一致的解释的企图都是困难的。

在伽利略开始他的科学研究工作的时候,在西欧存在着古代力学的三大主要传统。一是亚里士多德和经院哲学着重于解释运动的原因的传统;二是着重用数学研究静力学的阿基米德传统和以数学研究各种简单机械等工程技术的亚历山大传统;三是中世纪的冲力说传统。当时意大利北部学派的塔塔格里亚(Niccolo Tartaglia, 1500—1557)已发现了炮弹以 45°角发射的射程最远(1537年);卡丹诺(Cardano)已有了运动速度的数学定义;本尼代提(Giovanni Battista Benedetti, 1530—1590)也已提出同质物体在相同的介质中下落速度相同而与重量无关的结论(1553年)。这些传统及有关学派的成果与智慧,都对伽利略产生了影响,他通过对这些学说的吸收、消化、批判和扬弃,逐步开辟了通向近代运动理论的道路。

1586年,伽利略写了一篇关于"比重秤"(The Little Balance)的论文,主要叙述了用阿基米德原理在液体中测定固体的比重,表明他已注意到介质中的重力问题。1589年他被任命为比萨大学教授,次年就写成了《论运动》(*De motu*)的手稿。这部手稿直到1842年伽利略近世二百周年时才发表出来,不过这个小册子中的思想却为他对运动理论的进一步研究奠定了基础。这部手稿表明,伽利略一开始就对亚里士多德的自然哲学产生了怀疑,所以许多篇章的标题都是直接批判亚里士多德的理论结论的;但他实质上还是接受了亚里士多德的基本思想和因果概念,只是希望通过消除亚里士多德哲学中的一些错误而保留其自然哲学的基本框架。所以可以说,这时的伽利略实质上还是一个亚里士多德主义者。

亚里士多德物理学的根本目的,是要追寻自然事物的终极原因,对自然现象做出因果解释。伽利略仍然接受了这一传统,不过不是去追求终极原因,而是寻找更直接的物理原因,把对现象的解释归结于力学,以力的原因解释自然现象。这是很自然的,因为人们普遍认为力和运动有着直接的关系,亚里士多德就假设物体的运动速度与力成正比。伽利略在开始他的运动理论的研究时,也作了同样的思考,他同样把力作为运动的原因,这是他早期思想的一个重要特征,不过他是以阿基米德的力学原理作为基础的。

1.2 以密度概念为基础研究物体的下落

自然界中最常见的运动是物体的下落与上升运动,亚里士多德用物质具有本质的"重"和"轻"以及"自然归宿"的学说对这类运动现象进行解释。但伽利略认为,根本不存在"轻"这种性质,所有的物体都是重的,轻和重是相对而言的;至于物体如何运动,"不仅必须考虑运动物体的重或轻,而且还要考虑运动物体所通过的介质的重或轻"。[①]比如,火不向下运动是因为火的运动必须通过空气,而空气比火重;空气不向下运动,是因为它不得不通过水而运动,而水比空气重。所以火和空气的上升运动不是因为它们没有重量,而是因为它们通过的介质比它们更重。这样,伽利略就把上升运动和下落运动都统一于重力,把重力看作自

---

① Galileo. On Motion and On Mechanics. trans. by I. E. Drabkin and S. Drake. The University of Wisconsin Press(1960). p.17.

然运动的唯一原因。

根据这一思想,伽利略就把比重或密度的概念引入他的理论,对物体的下落运动做了定量的研究。他指出,如果物体的密度大于介质的密度,它就下沉;反之则上浮;而运动的速度则与二者密度之差成正比,即

$$V \propto (d_物 - d_介)$$

可以看出,伽利略这时所采用的仍然是亚里士多德把速度与力直接联系起来的观念。根据上述公式必然会得出,相同材料的物体(d 相同)虽然大小不同,在同一介质中也会以相同的速度下落。在这里,伽利略给出了反对亚里士多德理论的著名的"落体佯谬"的最初提法。他说,如果物体自然下落的快慢与物体的大小成正比,那么,"如果有两个物体,其中一个的自然运动比另一个更快,那么两个物体结合的运动将比原来运动快的那部分慢,而又比运动慢的那部分快。……因此与我们的反对者的断言相反,大的物体将比小的物体运动更慢,这是自相矛盾的。"[1]当然,伽利略在这里所说的是同样材料而不同大小的物体,并非指所有的物体,其前提是错误的,结论也是有局限性的,后来在《两门新科学》中才给出了普遍的结论。根据他当时的公式,如果物体在虚空中自由下落,由于介质的密度为零,所以"物体的重量与虚空的重量之差将等于物体自身的重量",物体下落的速度就正比于其自身的密度。伽利略的这一说法中隐含着不同密度的物体在虚空中将以不同的速度下落的结论。1600 年前后,伽利略发现了这个错误,因为他通过在不同介质中使不同物体下落的实验发现,当介质越来越稀时,不同物体下落速度的差别也越来越小;"如果最终在一极稀薄的介质中,虽然不是真空,我们发现尽管物体的比重差别很大,但速度的差别却非常小,几乎看不出来。……在真空中所有物体将以相同的速度下落"。这一发现使他用力解释运动的企图遭到失败,从而不得不更弦易辙,走上直接寻找自然运动规律的正确道路。

---

[1]　S.Drake, Galileo Studies, The University of Michigan Press(1970). pp.28—29.

1.3 "斜面定理"

《论运动》手稿中的另一个重要内容,是关于物体在斜面上的运动。斜面运动的研究在伽利略的理论中占有很重要的地位,后来他正是在斜面运动的研究中得到自由落体定律的。不过,当时他的研究并不是用实验进行的,而是根据他早期的力学思想通过物体在斜面上受力情况的分析,对速度与斜面斜度的关系做出讨论的。

应该特别指出的是,伽利略当时所说的运动都是指匀速运动,无论物体是竖直下落还是沿斜面下落,速度虽有大小,但都是恒定的速度。那么,为什么物体竖直下落时运动最快,而随着斜面倾斜程度的减小而运动越来越慢呢?其原因在于"一重物向下运动的倾向力必然与提升它的力一样",[①]只要找出了沿不同斜面拉升物体所用的力,就可得知物体沿不同斜面下落力的大小。

伽利略用比例方法得出,把同重量的物体拉上斜面,比垂直上拉用力要小,其大小依垂直上升比倾斜上升路程减少的比例而定,因而同重量的物体垂直下落比沿斜面下落力的大小也依下降路程大小的比例而定。他最后得出:同一物体沿相同高度的各种斜面下落(包括垂直下落),其下降速度与斜面的长度成反比,这就是他的斜面定理。从这部分内容可以看出,伽利略当初就把物体的斜面运动与自由下落运动看作同种类的运动,所以后来他通过斜面实验来确定自由下落运动的规律,是很自然的事情。

1.4 抛体运动的冲力论解释

《论运动》中关于抛体运动的讨论,充分表现出中世纪的"冲力论"对当时伽利略的深刻影响。伽利略虽然批判了亚里士多德关于抛体由于受到周围介质(空气)的推动而持续运动的观点,但却接受了"冲力"理论,设想了一种神秘的注入的"力",把它同敲响钟和加热铁的现象相类比:被敲的钟会得到一种鸣响的质而持续鸣响一段时间;被加热的铁会得到热的质而持续保持热的状态,直到这种质消失为止。与此类似,在上抛运动中,由于抛射者给了大于物体重量的某种注入的力,物体便向上运动,

---

① Galileo, On Motion and On Mechanics. p.64.

同时这种注入力逐渐衰减;当减到与物体的重力相等时,物体就停止上升而转为下降,随着这种力继续减小而重力逐渐转为优势,物体的下降速度就不断增加。当注入力完全耗尽后,物体就以与其重力成正比的速度匀速下降。

在这一讨论中,伽利略注意到了抛体运动速度变化的现象,所以他接着还讨论了加速运动问题。不过,他认为自然加速运动只发生在开始的一段很短的时间内,当注入力被耗尽之后,物体就转入匀速下落,这当然是与真实的下落运动不相符合的。

2. 运动理论的数学研究

前面已经提到,大约在 1600 年,伽利略已经发现不同重量或比重的物体在真空中都以相同的速度下落,似乎重力与下落运动的快慢并无直接的关系。这迫使伽利略不得不放弃了用对运动进行因果解释的企图,不再奢求追寻现象的原因,而转向运动理论的研究,希望用数学方法寻找出关于运动现象的一些基本定理。这时伽利略所研究的还是匀速运动。

他最先研究的问题是两点之间自然下落的最速路径问题。1602 年伽利略发现了"弦定理",即一个物体从竖直圆上任意一点沿弦自然下落到最低点的时间相等。他的证明可说明如下(如图 4-1 所示):

$$AE : AF = AC : AB,$$

但根据他早先得出的"斜面定理"

$$V_{AB} : V_{AC} = AC : AB,$$

所以物体由 A 沿弦下落到 E 和 F 所用的时间相等。据此可以设想,如果在一竖直面上过 A 点做出任意多不同倾斜程度的滑槽(图 4-2),使同样数目的重物同时从 A 点沿不同滑槽下落,那么在任一时刻它们到达的各点(等时点)总形成一个圆。

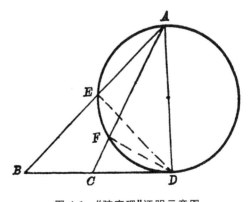

图 4-1　"弦定理"证明示意图

不难理解,这个结论对于从直径下端 D 所画出的各个弦同样适用。

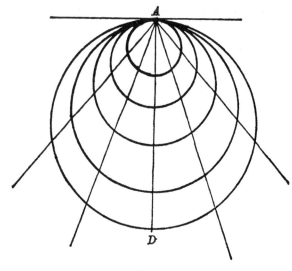

图 4-2　"等时点"示意图

在弦定理被发现之后,伽利略就进一步得出了两点之间沿弧线比沿直线下落更快的结论。这个证明并不是很严谨的,但却把伽利略引导到单摆实验。

在 1602 年 10 月写给吉多波德(Guidobaldo)的信中,伽利略说他正在考虑物体沿圆弧下落的问题。他断言说,从圆环上任一点沿圆环下落到最低点的时间相等,他希望吉多波德对此做出实验验证,吉多波德没有成功。于是在同年 11 月 29 日写给吉多波德的信中,伽利略说明了实验方法(图 4-3):

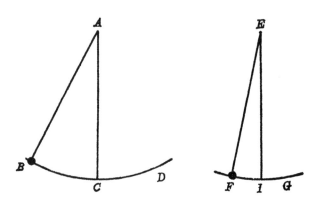

图 4-3　摆的等时性的实验

"取两根等长的细长线 AB 和 EF,每根长二或三码。把 A 和 E 挂在两个钉子上,另一端系上两个相等的铅球(即使它们不相等,其行为也一样),然后把它们从竖直位置拉开,一个偏离很大,如通过 BC 弧;另一个偏离很小,如通过 FI 弧。同时把它们放开,一个将画出一个大弧 BCD,另一个将画出一个小弧 FIG。可以肯定,运动物体 B 通过整个弧 BCD 所用的时间并不比物体 F 通过弧 FIG 所用的时间更长。"①

这个实验实际上是发现了摆的等时性,但伽利略当时并没有清楚地意识到这一点。他是为了研究最速路径问题而通过弦定理引出单摆实验的。因为斜面实验是较复杂的,而摆的实验则容易得多,而且摆球所通过的路径正是最速路径圆弧。所以虽然他还不能对最速路径做出严格的理论证明,却想到了用摆去做出实验证明。

这个情况表明,伽利略已经结合实验进行理论研究了。虽然当时科学研究还被中世纪的方法和传统所笼罩,主要是追求数学的、理性的和形式的完美,而并不重视其结论是否与经验相符,但伽利略却注意到了要使他的推理尽量与一般的经验相符合,把与经验符合得较好的结论作为更基本的定理。这使伽利略的科学研究出现了与中世纪方法不同的近代科学的特点。另外,单摆的研究从此之后在伽利略的运动理论的研究中一直成为帮助进行推理、解释和验证的有效方法。同时还表明,伽利略一开始就把几何圆与圆运动联系在一起,他所得出的定理大多与几何圆有关。这些特点在伽利略的运动理论中都有鲜明的表现。

3. 描述真实的自然运动

3.1 从"匀速运动"假设转入真实加速运动的研究

如前所述,在伽利略早期的科学研究中,他还沿袭着古代的传统,从动力学假设入手,用力的原因解释运动现象。这时他并不相信在理论与实验之间存在有直接的对应关系。但 1602 年单摆实验的成功,表明他所得出的一系列运动学结论似乎与经验符合得很好,这使他相信上帝所创造的自然是存在着秩序和规

---

① S.Drake, Galileo at Work, The University of Chicago Press(1978). p.70.

律的,而数学定理完全能够描述真实的自然运动的规律。这个认识虽然使伽利略感到振奋,但同时却又增加了伽利略对他的数学理论的假设和前提与经验的不符的忧虑,因为他的数学讨论都是根据"匀速运动"的假设进行的,而真实的自然运动却是加速的。所以在1603年前后,伽利略就提出了这样的问题:怎样才能使他的理论建立在更加符合经验的假设之上,而又能得到他已得出的一系列运动定理。于是伽利略就转入了对真实的自然加速运动的研究。

真实的自然加速运动究竟遵循什么关系呢?伽利略为此展开了大量理论的和实验的研究。在1604年写给萨比(Sarpi)的信中,他第一次提出物体从静止开始自由下落的时间平方定律。他写道:"从运动开始,距离随时间的平方增长;并且在相等的时间间隔内所通过的距离,是从1开始的奇数序列。"[①]这个结论是正确的,但他是根据速度与距离成正比变化(即 $\Delta v \propto \Delta s$)的错误假设而得出的。大约在1618年后,伽利略才以时间 t 代替了距离 e,而直到1630年才最终明确了自由下落的速度是与时间成正比而变化的,提出了匀加速运动的明确定义,解决了速度连续变化的数学表述,获得了他的运动理论的统一基础。于是,在1632年的《对话》与1638年的《两门新科学》中,伽利略就把他多年来的研究成果组织起来,完整地提出了关于运动的理论,展露出与中世纪的传统完全不同的一门崭新科学的面貌。

3.2 伽利略同亚里士多德观点的决裂

伽利略之所以最终与亚里士多德的观点彻底决裂,一个重要的原因是他对哥白尼学说的支持。前面已经提到,反对哥白尼学说的人曾经对地球运动的观点提出诘难,说人们并没有感到地球的运动,也没有看到由于地球的运动而把天上的云彩和空中的飞鸟抛到后方去;另外,从塔顶上落下的石头落在正下方的地点,并没有因为塔随地球的东移而落在塔身偏西的地方。对于前一个诘难,伽利略是以运动的相对性做出回答的。在《对话》"第二天"的讨论中,伽利略举出大量的现象,特别是借萨尔维阿蒂之口精彩地描述了在一个稳定直线运动的船舱

---

① R.H.Naylor, Galileo's Theory of Motion. Annals of Science, 34(1977), p.385.

里发生的种种现象,[①]如昆虫的飞翔,水滴的下落,人的前后跳跃和投掷重物以及点香冒烟等,说明在船里所做的任何观察和实验,都不可能判明船究竟是在做匀速直线运动还是静止不动。他说:"我将力求表明地球上能进行的一切实验都不足以证明地球在运动,因为,无论地球在运动或者静止着,这些实验都同样可以适用。"[②]在这里,伽利略实际上提出了一个有巨大原则意义的原理:运动总是相对的,在任何一个做匀速直线运动的参照系里,物体运动的特性都毫无差别地表现出来,或者说,物体的运动遵从相同的力学规律。这就是著名的"伽利略相对性原理"。

对于后一个诘难,伽利略引进了圆运动和落体运动的合成做了深入的论述。他指出,石头既同塔身一起参与了地球的圆周运动,同时还进行着向着地球中心的直线运动;这两种运动并不相互对立,它们的混合从地球之外看是石头呈一斜线轨迹,而从地球上看,则认为石头只有向着地球中心的直线运动,所以它必然落到塔身的正下方。伽利略的解释在今天看来当然是不充分的,但他提出的"运动的合成"的思想,却是违背亚里士多德的理论的。亚里士多德的理论把运动分为自然的和强迫的,二者是互相排斥的,两个以上的强迫运动也不可能同时发生;而伽利略在这里提出的"运动的合成",在近代力学中却是一个具有根本意义的基本原理。

伽利略反对亚里士多德关于自然运动和强迫运动的分类方法,而主张根据运动的基本特征把运动分为匀速运动和变速运动两类,它们都是自然运动;物体的下落运动是自然界中最基本的运动,关于落体运动的经验事实应该是运动理论的基础。所以,重力作用下的落体运动在伽利略的力学中占据着中心位置。对于它的研究,构成《两门新科学》"第三天"和"第四天"对话的中心内容。

在伽利略之前,亚里士多德的落体定律,已经受到不少人的怀疑,他们通过对运动情况的一般观察而得出了基本正确的结论。伽利略在关于落体运动的讨

---

① 伽利略,《关于托勒密和哥白尼两大世界体系的对话》,上海人民出版社(1974),第 242—243 页。
② 伽利略,《关于托勒密和哥白尼两大世界体系的对话》,上海人民出版社(1974),第 2 页。

论中仍然运用了他早先已提出的"落体佯谬",对亚里士多德的落体定律提出诘难,然后逐步展示出他的研究的全部丰富内容。当然,在这个"思想实验"中,他已把早先所说的密度相同而"大小不同"的物体改变为"重量不同"的物体。这段对话是这样进行的:①

"萨:我十分怀疑亚里士多德确实曾经用实验检验过下面这个论断,如果让两块石块(其中之一的重量十倍于另一块的重量)同时从比如说100腕尺(cubit)高处落下,那么这两块石头下落的速率便会不同,那较重的石块落到地上时,另一块石头只不过下落了10腕尺。"

……

"萨:但是,即使没有进一步的实验,也能用简短而决定性的论证清楚地证明,假如有两个物体是同一材料制成的,那么其中较重物体并不比较轻物体运动得快——总之,这同亚里士多德的想法相反。"

伽利略利用亚里士多德自己的逻辑推理方法,从亚里士多德的理论出发,却巧妙地得出了否定他的理论的结论:

"如果我们取天然速率不同的两个物体,显而易见,如果把那两个物体连接在一起,速率较大的那个物体将会因受到速率较慢物体的影响其速率要减慢一些,而速率较小的物体将因受到速率较大物体的影响其速率要加快一些。

"但是,如果这是对的话,并假定一块大石头以(比如说)八的速率运动,而一块较小的石块以四的速率运动,那么把二者联在一起,这两块石头将以小于八的速率运动;但是两块连在一起的石头当然比先前以八的速率运动的要重。可见,较重的物体反而比较轻的物体运动得慢;而这个效应同你的设想是相反的。你由此可以看出,我是如何从你认为较重物体比较轻物体运动得快的假设推出了较重物体运动较慢的结论来。"

这个"佯谬"不仅揭示了亚里士多德理论的破绽和逻辑混乱,同时也表明了,

---

① 以下关于《两门新科学》的引文,主要转引自 G.Holton 的《物理科学的概念和理论导论》(上册),人民教育出版社(1983),第125—133页。

运用思想实验的推理法,比起永远可以被人挑剔指摘的真实实验,会更有说服力地推翻一个包含着错误的理论。所以在伽利略的研究工作中,思想实验是一个常用的方法。

3.3　从假设、推理到实验验证——落体定律的发现

如何得到物体下落运动的真实规律呢? 伽利略卓越地运用了一套理性思维和实验检验相结合的方法。1639 年伽利略在回顾这一基本定律的研究思路时概括说:

> "我只不过假设了我所希望研究的那种运动的定义,并想要证明其种种性质,在这点上我模仿阿基米德在他《螺线》中的做法。他在那本书中解释了他所谓的以螺旋线形式发生的运动,这种运动由两种匀速运动合成——一是直线的,二是圆周的,继而立即证明了它的种种性质。我申明我想要探讨一个物体从静止开始运动,运动速度总是以相同的方式(随着时间)增长的这种运动物体运动的情况。……我证明这样一个物体经过的空间距离是时间的平方比例关系,然后我接着证明了大量其他的性质。……我主张从假定着手讨论以上述方式定义的运动。因此,即使结果可能会不符合重物体下落的自然运动的情况,这对我来说也没有多大关系,正如即使在自然界中没有发现做螺旋运动的物体,无论如何也不能贬低阿基米德的证明。但在此我可以说,我是幸运的,因为重物体的运动以及它的结果逐一符合我定义的运动所得出的结果。"①

我们知道,亚里士多德的主要兴趣在于对"终极原因"的论证,所以他主要是借助于质料、形式、目的、自然位置等模糊概念对运动的原因进行定性的说明。伽利略认为在尚未搞清楚运动是怎样进行的这个问题之前就去探讨运动的原因,这是不可能打通通向真正的科学的道路的。他写道:

> "现在似乎还不是寻求自然加速运动的原因的恰当时机,关于这方面的原因,许多哲学家已经提出了各自不同的看法,有一些用趋向中心的吸引力

---

① S.Drake, Galileo at Work, pp.395—396.

来解释;另一些人则用物体的各细小部分之间的斥力来说明;还有些人把它归之为(物体)周围介质中的某种张力,这种张力在落体尾部闭合而驱使它改变其位置。所有这些以及其他的设想都应该接受检验,但现在并不真正值得这么做。此处,本书作者的目标仅限于探索和论证加速运动的某些性质(不管这种加速的原因可能是什么)⋯⋯"①

这样,伽利略就把自己的研究目标限制在去探索局部运动所固有的基本特性上,即以探索运动定律代替追寻原因的因果研究。这在科学研究的思想上,无疑是一个重大的革命,没有这一变革,新的运动理论就不可能建立起来。

伽利略指出,物体随着下落不断加速这一点是众所周知的,需要确定的是这种加速的进行方式,即必须找到符合自然界中实际发生的这种运动的加速度的定义,以"使我们定义的加速运动显示出这类天然加速运动的基本特征"。为此,伽利略运用了简单性原则。前面已提到,伽利略早已发现了摆的等时性现象,很可能正是这一事实启发了伽利略相信自然本来就是以最简单的方式运动的。他说:

"在研究天然加速运动的过程中,自然界好像亲手带领我们对所有的行动惯例和规则仔细进行观察,在这些行动中自然界总是习惯于运用最简单和最容易的手段。⋯⋯因此,当我们观察一块原来处于静止状态的石头从高处开始下落并不断获得新的速度增量时,为什么我不应该相信这样的增加是以极简单和为人们十分容易理解的方式进行的呢?"

因此,伽利略认为,自由下落物体的加速过程必然是以最简单的可能方式,即均匀加速的过程进行的;或者说,在物体的自由下落运动中,速度 v、路程 s 和时间 t 之间存在着很简单的函数关系。

开始时,伽利略曾经假定落体的速度正比于距离而变化,②但他很快发现,这个假定会导致明显的谬误。他用一个思想实验论证说:"如果走过四码远的一

---

① 埃伦·G.杜布斯,《文艺复兴时期的人与自然》,浙江人民出版社(1988),第144页。

② R.H.Naylor, The Role of Experiment in Galileo's Early Work on the Law of Fall, Annals of Science, 37(1980), p.365.

个物体的速度是它经过前两码时速度的两倍,那么,这两个过程所需要的时间应当相等……然而,我们看到,物体在下落过程中所需要的时间,确实是落下两码比落下四码费时较少。所以那种速度的增加是比例于落下的距离的说法是不正确的。"①

后来,英国哲学家布罗德(C.D.Broad,1887—?)还指出,这个定义还包含另一个逻辑佯谬:从静止开始物体不具有速度,因此也不会有降落距离,而又因没有距离也就不会获得速度。所以这个定义不能反映物体从静止到运动的过渡。

于是伽利略转向第二个假定:速度正比于下落时间均匀增加。他发现这个定义不仅满足简单性的要求,又不存在逻辑矛盾;但是"它是否符合并描述了我们在自然界中遇到的自由落体那类加速运动"呢? 这就需要进行实验的检验。但在伽利略时代,还没有任何测定快速运动的装置,所以不可能对迅速的下落运动进行精确的直接测定。于是伽利略巧妙地回避开这一困难,转向了他的假定的一个较容易检验的结果:"当我们证明出自某一假设的推论对应并严格符合于实验结果时,该假设的真实性便得到了确证。"为此,伽利略借用了中世纪的"倍速规则"("Merton 规则")得到了这样的定理:"一个物体从静止开始做匀加速运动通过某一空间,与相同的物体以匀速运动——速度的大小是最大速度与加速运动开始之前的速度的平均值——通过相同空间,二者所用的时间相等。"②这就利用了"平均速度"的概念找到了用匀速运动去计算匀加速运动路程的方法。在《对话》中,伽利略第一次用以时间与速度为坐标的图解方法,描述了匀加速运动,并模糊地利用了积分思想,得出了从静止开始的匀加速运动所通过的距离与时间的平方成正比的推论。现在只要证明了这个推论的正确性,那么自由落体运动就是他所定义的匀加速运动。所不同的是,现在需要直接测定的量是整段路程 s 和相应的那段时间 t,这就容易得多了。

为了进一步"减缓"下落运动以得出精确的测量(主要是时间的测量)结果,

---

① F.卡约里,《物理学史》,内蒙古人民出版社(1982),第39—40页。
② Galileo, Two New Science, tran. by H.Crew and A. de Salvo, New York, 1914, p.173.

伽利略进行了著名的"斜面实验",因为他早就相信,沿光滑斜面的下落运动与自由落体运动具有同样的性质。他写道:

"我们取长约 12 腕尺,宽约半腕尺,厚约三指的一根小板条,在上端面刻上一条一指多宽的直槽;在直槽里贴上羊皮纸,使之尽量平滑,以便一个由最硬黄铜制成的极圆的光滑球易于在其内滚动。抬高板条的一端使之处于倾斜位置并比另一端高一、二腕尺,让圆球沿槽滚下,用下述方式记录下滚所需的时间。不止一次地重复这个实验,使两次观测的时间偏差准确到不超过一次脉搏的十分之一。经反复实验直到确定其可靠性之后,现在让铜球滚下的距离为全槽长的四分之一,测出下降的时间,这时我们发现它恰好为滚完全程所需时间的一半。接着我们对其他的距离进行实验,用滚下全程所用时间同滚下一半距离、三分之二、四分之三的距离或任何距离所用的时间加以比较。这样的实验重复整整一百次,我们发现,铜球所经过的各种距离总是同所用时间的平方成比例,这对于铜球沿之滚动的各种斜度的槽都成立……

"为了测量时间,我们把一个巨大的水容器放在高处,在容器底部焊上一根口径很小的管子,不管滚动是否全程,每次圆球滚下的期间,从管口流出的水都收集在一个小杯里,如此得到的水在很精密的天平上称量,各次水重之差和比值就给出了时间间隔之差和比值……"

这个实验是伽利略在他的著作中描述得最为详细的一个实验,但长期以来,这个实验的测时方法和实验结果的可重复性,在科学界一直存在着争论和怀疑。因为在伽利略的手稿中由这个实验得出的测量数值都是十分准确和完美的,与理论值的偏差只有 1%～2%,即使今天重做这个实验也很难得出如此精确的实验结果。这表明他的数据是精心选择出来的。这个情况恰恰说明,伽利略并不是从他所描述的实验中直接归纳发现落体定律的,恰恰说明他是通过逻辑途径先得出时间平方定律和"奇数规则",而后才进行实验验证的。他的这一理论是按照"假设—演绎—实验"的程序建立起来的。"斜面实验"只是一个验证性实验,伽利略是为了使他的数学理论能建立在与经验相符的真实的基础上才进行这类实验的。虽然在他的研究工作中越来越重视实验的作用,但他并没有打算用实验直接发现定律,实际上当时也不具备用实验直接总结定律的充分条件。在伽利略的著作中所写出的许多实验,大都具有这种性质,是根据他的理论所设计出的理想实验。

总的说来,伽利略是既重视理性思考和逻辑推理,又依靠实验检验,是通过数学和实验二者的结合和相互补充而推进他的研究工作的。尽管他并没有把实验作为他的理论的唯一支点,但实验还是改变了伽利略科学的性质和方向,并最终赋予了近代物理学以"实验科学"的基本特性。

为了把从斜面实验所得的结果推广到竖直情况以得到自由下落运动的加速度,伽利略改造了他早先得出的"斜面定理",提出了这样的假设:静止物体不论是沿竖直方向自由下落,还是沿不同倾斜度的斜面从同一高度下落,它们到达同一水平面的末端时具有相同的速度,这就是"等末速度假设"。他论证说,物体在下落中其速度将逐渐增加,当它落至最低点时使其速度反转向上,物体将凭借它在下落中得到的速度上升到它开始下落时的高度,但不可能升得更高。由此可以得出结论:物体在下落中得到的速度只由下落的垂直高度决定,与下落路径(斜面长度)无关;如果不是这样,即如果沿不同斜面下落会得到与同一高度竖直下落不同的末速度,那么物体就可凭借不同的末速度反转上升到不同的高度,因而物体也就可以仅靠自身的重量不断地上升,这是同我们熟知的重物的性质相违背的。伽利略的这个假设,实际上揭示了重力场的保守性,是关于重力场中机械能守恒的早期思想。

伽利略利用一个简单的摆的实验证明了上述论证。如图 4-4 所示,把一个单摆的摆球从点 A 放开,它会摆到对面同一水平高度的 B 点。如果在摆线经过的竖直位置的不同点钉上钉子,摆线就会由于

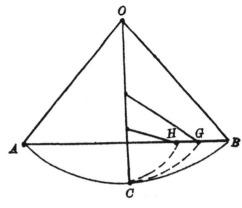

图 4-4　摆球的等高性实验

受阻而使摆球从最低点 C 沿不同圆弧上升。实验表明它仍然会升到同一水平高度上的 G、II 等不同的点。反过来,如果让摆球从 B、G、H 等点下落,它同样会经过同一最低点 C 返回到原来的 A 点。这表明摆球沿不同倾斜度的斜面下落至最低点时其速度相同。

根据"等末速假设",自然就可以得出沿斜面的高度 h 自由下落的加速度 g 与沿斜面的长度 l 下滑的加速度 g' 之比,等于长度 l 与高度 h 之比,即

$$\frac{g}{g'} = \frac{l}{h}$$

由这个结果,就可以由实验得出的 g' 求出 g。不过,伽利略没有得到重力加速度的准确数值,他只是证明了自然界的自由落体运动是完全符合他的匀加速运动定义的运动。这个结果,成为建构运动物理学的重要基础。

4. 伽利略的惯性运动思想

在得到落体定律后,伽利略就把这个定律推广到斜面落下的情况,导出了一些重要结论,包括他的惯性原理的思想。惯性原理可以说是近代力学赖以建立的基础,因为只有在确定了这个原理之后,人们才可能去追索物体运动状态变化的原因,才会把物体和力分离开来并联系起来,最终建立起机械运动的基本方程。

在《两门新科学》"第三天"的对话中,伽利略提出了一个"对接斜面"的理想实验(图 4-5)。沿光滑斜面 AB 落下的物体,用在 B 点得到的速度,将能沿斜面 BC、BD、BE 等上升到与 A 相同的高度;只是随着这些斜面倾斜度的减小,物体运动的时间将更长,运动的距离将更远,其速度的减小过程也将更慢;在水平

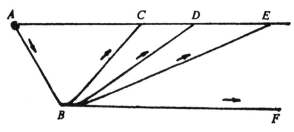

图 4-5 对接斜面理想实验

面 BF 上,物体就会以恒定的速度运动下去。他写道:

　　　　"任何速度一旦施加给一个运动着的物体,只要除去加速或减速的外
　　因,此速度就可保持不变;不过,这是只能在水平面上发生的一种情形……"

事实上,早在《论运动》的手稿中,伽利略在批判亚里士多德关于自然运动与强迫运动的说法时,就认为"水平面上物体的运动,既不是自然的,也不是强迫的;但是,如果这种运动不是强迫的,它就能以一切可能的力中最小的力来进行"。[①]当时伽利略还是以"力"来解释运动的,他所说的"最小的力"意味着"水平面上的运动"的自然性质,这实际上是向惯性运动概念迈进的一步,表明早在 1590 年前后,伽利略已经开始酝酿着惯性运动的思想了。而在 1632 年的《对话》中,为了讨论从行驶的船的桅杆顶端下落的石块仍会落到桅杆根上,伽利略从一个简单的思想实验,明确得出了他的惯性运动的结论。这个思想实验是:"在向下倾斜的平面上,运动着的重物天然地下降并不断加速,需要用力才能使它静止;在向上的斜面上,要推动它甚至要止住它都得用力,并且加于运动体的运动在不断减弱,最后完全消失。……两种情况的差别是由于平面向上或向下的斜度大小而产生的,就是说向下斜度愈大,速度愈快,反过来,在向上的斜面上,以特定的力推动特定的运动体,斜度愈小,就滚得愈远。"那么,"同样的运动体放在一个既不向上也不向下的平面上"会是怎样呢? 结论是,由于不存在加速或减速的原因,所以"平面多长,球体就运动多远";"如果这样一个平面是无限的,那么,这个平面上的运动同样是无限的了,也就是说永恒的了"。[②]

　　这就是伽利略关于惯性运动的思想。由于他把重量看作物体固有的内在原因,因而他所设想的"重力不起作用"的情况只能是物体在"水平面"上的运动,所以他强调说"对一个既不向下也不向上的表面来说,它的各部分一定是和地心等距离的了","水平面就是这样的表面或平面"。[③]另外,在伽利略看来,宇宙是有

①　Galileo, On Motion and On Mechanics, p.66.
②　伽利略,《关于托勒密和哥白尼两大世界体系的对话》,第 193—194 页。
③　伽利略,《关于托勒密和哥白尼两大世界体系的对话》,第 195 页。

限的,所以,物体的无限延长的直线运动也是不存在的。在《对话》"第一天"中他写道:"直线运动在本质上既然是无限的(因为一根直线是无限和不固定的),任何东西在本质上就不可能代表直线运动的原则;或者换一种说法,就不可能向一个它无法到达的地点运动着,因为终点是无限远的。"[1]所以,"如果世界上所有的完整的东西在本质上都是运动的,它们的运动就不可能是直线的,而只能是圆周运动。"[2]因此,伽利略不愿意把他关于"惯性运动"的思想扩展为一个普遍原理,他所说的"惯性运动"只是对于地表附近做短程运动的物体才存在的;如果说自然界中真正存在着匀速而持久的运动的话,那就必然是圆周运动。所以,还不能把伽利略前述的结论看作"惯性原理"的准确表述。

这个例子也正好反映了伽利略科学思想的一个重要特点,即认为科学只是那些可以根据"感觉经验和必要证明"所建立起来的东西。所以他在 1638 年出版的那部重要著作的书名中,就特别标出了"局部运动"的字眼,以表明他的理论的朴素的、与经验相联系的性质。

在得出了落体定律和惯性原理之后,伽利略就把它们推广到抛射体的运动,把这种运动看作水平方向的匀速运动和竖直方向的匀加速运动的合成,确定下了抛射体运动的正确轨迹。

需要指出的是,在说明水平方向和竖直方向这两种运动时,伽利略特别谈到"自然加速运动"(即自由落体运动)是"由重力引起的运动"。所以他是用重力的作用解释下落的加速运动的原因的,这实际上说明了加速度是力的作用的结果,除这一作用外,力对运动再无其他影响了。这样,伽利略就把力的作用同运动状态的变化联系起来,萌发了牛顿第二定律的基本思想。虽然伽利略还未能把这一思想明确概括为一个基本原理,但它毕竟突破了亚里士多德把力与运动速度联系在一起的错误观念,最终把力学的研究引向了正确的方向。

---

① 伽利略,《关于托勒密和哥白尼两大世界体系的对话》,第20页。
② 伽利略,《关于托勒密和哥白尼两大世界体系的对话》,第19页。

第二节 运动守恒思想和惯性原理的确立

1. 笛卡儿的运动理论

1.1 笛卡儿的"运动量守恒原理"

惯性运动的思想早在古希腊时期就已经产生了,但直到伽利略为止,还没有人能对这一原理的基本意义做出明确的概括。"惯性"这一概念则是开普勒首先明确提出的。开普勒认为,惯性是物体反抗运动或"不运动"的一种内在倾向。他说:"一个物体,因为它是物质的,就不可能自然地从一个地方运动到另一个地方,它具有惯性或静止的属性。……要使它从静止状态开始运动,就必须施加一个力,这个力还必须大于物体内在的惯性。"[①]在 1621 年出版的《哥白尼天文学概要》中,开普勒把"质量"定义为物体中含有的物质之量,并把惯性和质量联系起来。他说:"惯性或对运动的反抗是物质的特性,它越强,在既定体积中的物质之量就越大。"[②]可以看出,开普勒虽然还仅仅把惯性看作对改变静止状态(而不包括改变匀速运动状态)的反抗作用,还没有认识到物体在不受外力作用时可以保持匀速直线运动,但他却已经从"物质之量"的角度去理解物体的惯性了,这种认识是相当杰出的。不过,准确的惯性原理,则是笛卡儿在他的运动理论中才确立起来的。

笛卡儿曾详细阅读过伽利略的《两门新科学》,他批评伽利略过多地讨论了一些枝节问题,而没有把最基本的问题说清楚,"因为他不考察自然的第一原因,只是单纯地寻求特殊结果的原因,因此这就好比没有打好地基,就开始建筑了。"[③]的确,正如前面所说,伽利略所关注的是关于"局部运动"的特殊规律,而明确排除了对运动的原因的追索;而笛卡儿却把寻求"自然的第一原因"作为建

---

① Edward Rosen, Kepler's Harmonics and his Concept of Inertia, Am. J. phys., Vol. 34(1966), p.612.

② M. Jammer, Comcepts of Mass in classical and Modern physics, Harvard(1961), pp.55—56.

③ 广重彻,《物理学史》,上海教育出版社(1986),第 64 页。

立他的运动理论的前提,并以此为基础运用数学方法构造囊括整个宇宙的自然哲学的合理体系。

在 1644 年出版的《哲学原理》(*Principiae philosophiae*)的第二部分"论物质事物的各种原理"中,笛卡儿阐述了他关于运动的概念和基本原理。笛卡儿不是一个动力论观念的拥护者,他反对把"力"作为物质之外的第一性的、积极的运动始原。他认为在客观物质世界中存在的只有物质、广延和运动,而物质的根本属性就在于它的广延性,所以广延也就是物质,虚空是不存在的。笛卡儿由此得出了世界统一于物质、而物质是运动着的这一结论。他说:"物质的全部花样,或其形式的多样性,都依靠于运动。"①笛卡儿所说的"运动",只是机械运动,他说:"所谓运动,据其通常意义而言,乃是指一个物体由此地到彼地的动作而言(我此处所谓运动乃是指位置的运动而言,因为我想不到有别种运动,因此,我觉得我们也不应该假设自然中有别的运动)。"②

笛卡儿进而考察了运动产生的原因。他区分了产生自然界运动的普遍原因和引起物质各个部分运动的特殊原因,把产生运动的普遍原因归之于上帝。他说上帝"是永恒全知、全能的,是一切真和善的泉源,是一切事物的创造者。"③上帝的能力是无限的,只有上帝才是一切已经存在和将来存在的事物的真正原因。上帝在创造物质的同时,也创造了运动,并把创世之初所创造的全部运动量保持在整个物质中,笛卡儿由此得出了他的运动论的基本原理,即"运动量守恒原理"。在《哲学原理》第二部分的第 36 节中他写道:

"上帝是运动的终极原因,他凭借其全智全能创造了物质,并一开始就赋予了物质的各个部分以运动和静止;此后就按照他的常例,在物质世界中保持着他最初所创造的那么多运动和静止。……因此,整个宇宙间运动的量是恒定不变的,虽然在任何给定的部分中它可以时有增减。"

---

①② 笛卡儿,《哲学原理》,商务印书馆(1959),第 45 页。
③ 笛卡儿,《哲学原理》,商务印书馆(1959),第 9 页。

接着他具体叙述说:"因此当一部分物质以二倍于另一部分物质的速度运动,而另一部分物质却大于这一部分物质二倍时,这两部分物质则具有相等的运动量;并且当一个部分的运动减少时,另一个部分就增加相应的运动。"可以看出,笛卡儿所说的"运动量"是由"物质"的大小和"速度"之积给出的,这实际上就是近代力学的"动量"概念的粗糙表述。这个概念后来经过惠更斯和牛顿的发展,才得以完善。

1.2　笛卡儿的惯性定律

以动量守恒定律这一宇宙运动的普遍原理为基础,笛卡儿进而给出了作为引起物质各个部分运动的特殊原因的三个次级定律,分别称为自然的第一、第二、第三定律。

"自然的第一定律":任何不可分的、单一的物体,其本身总是处于相同的状态,如果没有外来的原因,绝不会变化。"如果它静止在某处,就永远不会离开,直到其他东西把它推开;如果它正在运动,它就以相等的力稳定地继续运动,直到其他东西使运动停止或减缓下来。"

"自然的第二定律":仅就物质本身而言,所有的物质部分绝不会做曲线运动,而只具有继续做直线运动的倾向。

"自然的第三定律":运动着的物体与另一物体相遇时,如果前者直线前进的力小于后者对它的阻力,前者就向另外的方向弯曲,继续保持自己的运动,只是改变了运动的方向;反之,当前者具有较大的力时,就使另一个物体同它一起运动,它所失去的运动恰恰等于另一个物体所获得的运动。

笛卡儿的第一、第二定律,不仅认为自然运动是沿直线前进的,从而突破了伽利略所设想的"水平面"运动的局限,以其明晰性和完备性给出了近代力学的"惯性定律"的准确表述,而且把惯性定律作为普遍的运动量守恒原理的一种特殊情况,确立了惯性定律在整个自然哲学中、特别是在关于局部事物的机械运动的研究中的基础地位。

1.3　笛卡儿的碰撞研究

在笛卡儿的自然观中,真空是不存在的,空间是充满着物质的,因而他否认能够隔开一定的距离而发生作用的那种力,认为各个部分的物质运动只能通过物体间的挤压碰撞才会发生变化。所以关于碰撞的研究,在他的运动理论中占有重要的地位。因此同惯性定律并列的,不是把力同运动联系起来的运动方程,而是关于碰撞的定律。他的"自然的第三定律"就是作为论述物体碰撞的基础原理而提出的。不过,由于笛卡儿尚未认识到动量的方向性,还没有关于弹性碰撞与非弹性碰撞的清晰概念,而且还含混地认为较小的物体无论速度多么大都不能把运动传给较大的物体,所以他的第三定律是错误的;以它为基本思想随之对物体的具体碰撞所提出的七条碰撞规则也几乎没有什么价值。但尽管如此,把碰撞现象看作在运动量守恒原理的基础上来处理的问题,并力求以确定的形式寻找出碰撞现象的具体规则,这却是笛卡儿的卓越见解和重大功绩。

2. 惠更斯的碰撞理论

在少年时代就阅读过《哲学原理》的惠更斯,虽然在基本的物理学见解上是笛卡儿理论的追随者,但在 1652 年前后,他就确信笛卡儿的碰撞理论是错误的。大约在 1656 年前,完成了他自己关于弹性体对心碰撞的研究,并于 1669 年向英国皇家学会提交了《论碰撞作用下物体的运动》(*Tractatus de motu corporum ex percussioe*)的论文。

2.1 把相对性原理引入碰撞研究

惠更斯关于弹性物体碰撞过程的研究,被认为是最完整的,他的方法也是极有特色的。惠更斯是从公理出发,充分利用相对性原理,通过逻辑推理得出一系列有关结论,从而形成完整的关于弹性碰撞的理论体系。他的论文中,包含了 3 个基本假设(公理),2 个辅助假设和 13 个导出命题。

三个基本假设是:

(1)"运动起来的物体,在未受到阻碍作用时,将以不变的速度沿直线继续运动。"这是明确的惯性定律。

(2)"两个相同的物体以相等的速度相向作对心碰撞后,二者将以原来的速度返回。"惠更斯当时还没有明确的"质量"概念,他这里所说的"相同的物体"实际上即指质量相同的物体。既然两个物体的情况完全相同,就没有理由设想它们碰撞后的运动会有所不同,所以这一个假设是完全可以被作为一条公理接受的。不过,正是由于这一公理,惠更斯的全部讨论就被局限在弹性碰撞的范围内了。

(3)"……当两个物体相碰时,即使它们还同时参与另一匀速运动,从也参与这一运动的观察者看来,这两个物体的相互作用就像这个共同运动并不存在一样。"这就是相对性原理,它明确指出了物体运动速度的相对性。把这个原理贯穿于讨论和推理过程的始终,形成了惠更斯碰撞理论的重要特色和独具匠心的巧妙方法。

图 4-6　惠更斯的"小船实验"插图

在惠更斯的遗著中,画有一个"小船实验"的插图(图 4-6):一个人站在匀速运动的小船上用吊起的两个小球作碰撞实验,另一个人站在岸上观察。现在假定小船以速度 u 相对于岸运动,两个质量相等的小球以相对于船为 $\pm v$ 的同样速度相向碰撞,根据上述假设(2),碰撞后的两个物体将以同样的速度向相反方向运动;而从岸上看来,两个物体的速度则从碰撞前的 $2v$ 和 0 变为 0 和 $2v$。惠更斯由此得出他的命题 I:一个物体以某一速度与质量相同的另一静止物体碰撞后,前者静止下来,后者则以前者原来的速度沿同方向运动。在命题 II 中,惠更斯得出了两个质量相同的物体碰撞后交换速度的结论。这只要假设船相对于岸的速度为 v,二物体相对于船的速度为 $\pm u$,运用上面同样的论证方法,就会得出两个物体的速度从碰撞前的$(v+u)$和$(v-u)$变为碰撞后的$(v-u)$和$(v+u)$,即碰撞后二物体交换速度。

为了处理不同质量的物体相碰撞的情况,惠更斯补充了两个辅助公理,(1)一个较大的物体碰撞一个较小的静止物体时,前者就会给后者以某一速度,同时自己的速度减小;(2)两个物体碰撞后,如果一方速度的绝对值不发生变化,另一方则也不会变化。惠更斯同样运用运动的相对性从第一个辅助公理得出了较小的物体在碰撞静止的较大物体时,也会使后者得到一定的速度。这只要在船上实现第一个辅助公理所说的情况,那么从岸上看来就会得出上述结论。这个结论纠正了笛卡儿在他的"自然的第三定律"中所包含的错误结论。再结合于第二个辅助公理,惠更斯同样根据运动的相对性得出了两个物体的相对速度在碰撞前后只改变符号而不改变其绝对值的重要命题。

2.2 "矢量"和"mv^2"的初步概念

特别值得指出的是,在前述这些命题的基础上,惠更斯还进一步得出了有关机械运动的一些重要原理。其中之一是:"两个物体所具有的运动量在碰撞中都可以增大或减小,但是它们的量值在同一方向上的总和却保持不变,如果减去相反方向的运动量的话。"他说的"运动量"和笛卡儿所说的意义相同,但惠更斯除了注意运动量的数值大小之外,又明确地强调了它的方向性。这不仅表述了动量守恒原理,而且实际上把"矢量"概念引进了物理学,从而为牛顿运动定律的提出和矢量力学的建立做了重要的概念准备,这是物理学研究思想上的一个重大进步。

在另一个命题中,惠更斯还得出了两个物体的质量和速度平方的乘积之和,在碰撞前后保持不变的结论。在这里惠更斯第一次把一个重要的物理量mv^2引进了物理学,做出了弹性碰撞中动能守恒的具体表述,这也是有关机械能守恒定律的一个早期思想。

至此我们看到,在伽利略的运动理论中,已经包含了惯性原理和力的作用原理的初步思想;而笛卡儿和惠更斯不仅进一步完善了惯性定律的表述,而且在他们关于碰撞现象的研究和确立的动量守恒原理中,也蕴涵了牛顿第三定律的基本思想。所以,牛顿后来对机械运动基本规律所做出的概括,是有深厚的科学研究基础和思想渊源的。

第三节　牛顿的综合和机械观的确立

运动的理论,是整个自然科学的基础,更是物理学的基础。如前所述,伽利略研究了地面上局部运动的规律;开普勒提出了太阳与行星之间力的作用问题;笛卡儿试图从动量守恒原理出发建立演绎全部力学现象的理论体系,但在碰撞问题上受到挫折;惠更斯出色地完成了弹性碰撞的研究,弥补了笛卡儿理论的缺陷。但是,他们都没有达到用完整的理论体系统一阐明所有力学现象的地步,这个任务,最终是由牛顿完成的。

从牛顿遗留的手稿中可以看出,大约在 1665—1666 年,牛顿就已对力学的几乎全部重要概念和定律做了初步的研究和表述,[①]以后就转入了关于引力等问题的研究。直到 1684 年末和 1685 年初,才对力学的基本定律做出了明确的表述。1687 年出版的《自然哲学的数学原理》(*Philosophiae Naturalis Principia Mathematica*,以下简称《原理》),总结了牛顿力学研究的全部成果,奠定了近代力学的基础,展示出一个以实际经验为基础,由基本公理出发经逻辑演绎而构成的科学理论体系的宏伟风貌。

《原理》共有两大部分,第一部分仿照欧几里得的方法,首先提出了八个定义和四个注释,然后提出了机械运动的三个基本定律和六个推论,为建立力学的逻辑体系提供了前提。这部分内容文字虽少却极为重要,包含了牛顿力学理论的核心思想,为力学世界观的确立提供了完整的科学基础。

----

① 　阎康年,《牛顿的科学发现与科学思想》,湖南教育出版社(1989),第四章。

1. "力"与运动

1.1 机械运动基本定律的提出

"力"的初步概念早在古代就产生出来了。人们通过由自身的运动、四肢的伸缩和肌肉的紧张而引起的被推拉物体的运动的这种经验,认为物体只有在受到别的物体的推动时才会运动起来,人们把这种推动作用看作"力","力"的实在性可以通过人的肌肉的紧张状态表现出来并被感觉到。进而把这种情况推广到风吹草动、水击砂移等自然现象,得出了各种"自然力"的概念。

但是,由于经常体验到人体肌肉的紧张和肢体的运动都是在自身的意志和欲望的作用下才产生的,因而便逐渐产生了"精神力"或"意志力"的概念,认为动物是由"意志力"的作用自己运动的,而死物则是由于受到外力的强制才运动的,这就赋予了"力"以"精神"的意义。因此,当亚里士多德学派提出"凡是在运动着的东西,总是受别的东西的推动"时,就把"机体论"的因素引进了古代的运动理论。这种做法既是为了满足对运动易于"理解"的需要,也是为了论证"原始致动者"上帝存在的需要。

这种机体论的残余,在伽利略的初期研究工作中还可以看到。伽利略当时的着眼点,仍然是企图以力的原因来解释自然现象。这个思想在很长时间内被认为是自然的,因为似乎只有把"力"与"意志力"相类比,才能为我们提供对运动的"理解"。但是"意志对物体的作用"与"风对船的作用"毕竟是完全不同的现象,更一般地说"精神力"与"物理力"是完全不同的。所以在建立新的运动理论时,必须削弱和清除"机体论"因素的影响。

惯性原理的确立,表明运动着的物体可以继续保持自己的运动,并不需要别的物体的推动。这个原理彻底破坏了亚里士多德运动理论的基础,为新力学的创立、特别是为寻求"力"和运动的真实关系开辟了道路。所以,"惯性"概念成为牛顿《原理》中的一个重要定义:"所谓'vis insita'或物质固有的力,是每个物体按其一定的量而存在于其中的一种抵抗能力,在这种力的作用下物体保持其原来的静止状态或者在一直线上等速运动的状态。"而惯性原理则成为牛顿运动第一定律的内容,牛顿写道:"每个物体继续保持其静止或沿一直线做等速运动的状态,除非有力加于其上迫使它改变这种状态。"①

关于"力"与运动的关系,虽然是很早就提出来的一个古老问题,但直到伽利略以前,都没有得到正确的回答。伽利略虽然已经意识到了力是产生加速度的原因,但也没有从原理的高度上把这个关系概括和定量表达出来,这个概括是牛顿完成的。

牛顿所说的"力"是指"外加的力"。大约在 1668 年,牛顿已经认识到这种力是"产生或破坏"、至少是"在某种范围内改变"物体运动的原因。②到 1684 年底,他已提出"外加于一物体上的力是一力图改变物体运动或静止状态的力"。③在《原理》中,牛顿最终提出了力的明确定义:"外加力是一种为了改变一个物体的静止或匀速直线运动状态而加于其上的作用。"④

与"力"的定义相关联的问题,是要找出力与运动的关系。早在 1665 年前后,牛顿已经注意到惯性运动的改变与作用力的关系这个问题了,但由于当时还没有明确形成惯性质量的概念,所以还不能得出定量的结果。直到 1684 年底,牛顿才明确形成了运动第二定律的表述,随之在《原理》中提出:"运动的改变和所加的动力成正比,并且发生在所加的力的直线方向上。"⑤这就是牛顿关于力与运动的关系的结论,它构成了牛顿力学理论体系的基础。

作为对力的基本特性和前述运动基本定律的重要补充,牛顿在笛卡儿、雷恩(C.Wren, 1632—1723)、瓦利斯(J.Wallis, 1616—1703)和惠更斯等人关于物体的碰撞和反弹研究工作的基础上,分别用钢球、玻璃球、软木球和毛绒球作为摆球进行碰撞实验,并从力的角度对结果进行精密的分析,得出了"当物体直接相碰时,它们就各自在相反方向产生相等的运动变化……所以作用与反作用总是

---

① 　H.S.塞耶编,《牛顿自然哲学著作选》,上海人民出版社(1974),第 28 页。
② 　J.Herivel, The Background to Newton's Principia, Oxford(1965), p.231.
③ 　J.Herivel, The Background to Newton's Principia, Oxford(1965), p.311.
④ 　H.S.塞耶编,《牛顿自然哲学著作选》,上海人民出版社(1974),第 15 页。
⑤ 　H.S.塞耶编,《牛顿自然哲学著作选》,上海人民出版社(1974),第 29 页。

相等的"。①对相隔一定距离的二物体间的相互作用(如吸引),牛顿也用实验证明了它们是相等的;他还论证了地球和各部分之间的重力的相互性。在《原理》中牛顿明确给出了运动的第三定律:"每一个作用总是有一个相反而相等的反作用;或者说,二物体彼此之间的相互作用永远相等,而且各自指向其对方。"②

1.2 力学基本定律表述的完善化

由于种种原因,牛顿关于"力"的定义和他所概括的运动定律,引起了一系列深刻的争论。

首先是牛顿的定义和定律的逻辑基础问题。众所周知,任何关于物体运动的陈述,都包含一个物理的参照系。牛顿的一系列有关陈述中,包含了"静止"、"匀速运动"、"直线"和"运动的改变"等概念,这必须是对某一参照系而言的;只有具体规定了这个参照系,牛顿定律才是有效的。实际上,牛顿定律是只对惯性参照系才成立的。但是,如何确定一个参照系是不是一个惯性系呢? 它又是根据牛顿定律——特别是牛顿第一定律来确定的:惯性定律在其中成立的参照系就是惯性系。这样,牛顿定律和惯性系就成为相互确定的东西,包含了逻辑循环。

与此相关联,还存在着对"力"的概念的理解问题。牛顿并没有从操作意义上明确给出"力"的定义和计量方法,但显然,牛顿第一定律依据于对"力"这个概念的理解。如果没有和不用"力"这个概念,那么牛顿第一定律就会像爱丁顿(A.S.Eddington, 1882—1944)诙谐地表述的那样:"每一物体都继续处于静止或沿一直线匀速运动的状态中,除非它不再继续这样。"③这就成为一句空话。爱丁顿的这一评论指出了牛顿定律的最根本的东西:任何对直线匀速运动的偏离,都被认为隐含着力的存在,没有偏离就没有力,反之亦然。但这样一来,第一定律实际上就成了关于"力"的定义,它意味着"力"是这样的东西,它使物体改变

---

① H.S.塞耶编,《牛顿自然哲学著作选》,上海人民出版社(1974),第38页。
② H.S.塞耶编,《牛顿自然哲学著作选》,上海人民出版社(1974),第29页。
③ A.S.Eddington, The Nature of the Physical World, University of Michigan Press(1958), p.124.

静止或匀速直线运动的状态;每当出现运动的这种变化时,我们就说物体受到了力的作用,而这就是牛顿提出的"力"的定义,同时牛顿第二定律也就被看作关于"力"的量度的定义了。

第二个问题是关于牛顿运动定律的表述。长期以来,科学史家们一直认为牛顿并没有给出现代教科书中所写的那种完全确定的经典力学的形式,特别是牛顿陈述的第二定律并不是 $F=ma$,即作用力等于加速度乘以质量的这个方程式。牛顿的陈述是"运动的改变"和所加的"动力"成正比,而他对"运动"的定义是:"运动的量是用它的速度和质量一起量度的。"这就是动量 mv。所以牛顿所表述的第二定律实际上是

$$F \cdot \Delta t = \Delta(mv)$$

式中 t 为时间。不过,实际上牛顿在定义 8 的说明中的确表述过现在通常写的那个公式。他写道:

　　"加速力和运动力的关系正如速度与运动的关系一样。运动量是由速度与质量的乘积求出来的,运动力则由加速力与质量的乘积求出来。"[1]

牛顿所说的"加速力"即加速度,"运动力"即外力,"运动"和"运动量"即动量。由这段话可以看出,牛顿是知道 $F=ma$ 这个具体表示式的。但是,如此重要的一个基本公式,却只是在一个比较次要的定义的"说明"中引出,而并没有出现在作为基本定律(而且是关于这一公式的表述的定律)的正文里,说明牛顿还未能自觉地认识到这一公式的基本重要性。实际上,牛顿确实没有意识到运动第二定律提供了整个力学的基本方程式。例如在处理流体力学问题时,牛顿就不是根据第二定律,而是提出一些完全独立的假设和推测来展开讨论。

力学理论体系结构上这种不完善状况,一直持续到 18 世纪初叶。1743 年出版的达兰贝尔(J.Le Rond d'Alembert, 1717—1783)的《动力学论》(*Traité de dynamique*),是法国最早概括性地阐述牛顿力学的专著,但它既没有从牛顿三

定律出发,也没有把运动方程式作为整个力学的基础,而是主张把整个力学归结为惯性力、运动的合成和力的平衡这三个原理。惯性力原理就是惯性定律,达兰贝尔把惯性定律分为静止和匀速直线运动两个部分做出陈述,而且还试图对这三个原理进行"证明",因为他并不把这些原理看作经验定律,而把它们看作可以由空间的几何性质和物质的不可入性给予证明的定理,但他的"证明"很难被看作有价值的。例如对于惯性定律的前一部分他是这样"证明"的:没有任何外部原因时,物体没有向哪一个特定方向运动的理由,所以它自身不可能开始运动。达兰贝尔之所以进行这种尝试,是因为他把力学看作数学的一个分支,认为力学应该是由自明性公理出发通过理性的演绎论证而建立起的学科。这种看法在当时是有一定的代表性的。

同样的观点体现在 1736 年欧勒(L.Euler, 1708—1783)出版的著作《力学,或用解析学讲解的运动科学》(*Mechanica, Sive motus scientia analytice exposita*)中,欧勒也把力学看作通过定义和论证的结合,一个接一个地推演出各个命题而构成的"合理的科学",当然他对力学基本定律的"证明"也是无意义的。不过,他所提出的基本概念和定律,却很接近我们今天所说的力学体系。书中明确给出了"力"的定义:力是使物体从静止转向运动、改变物体运动状态的作用,力作用在物体运动状态发生变化的方向上。关于惯性,书中写道:惯性是一切物体内在的、借以保持静止状态或匀速直线运动状态的性能,它与物质的量即质量成正比。书中还引入了质点概念,并说质点的运动服从如下的定律:

设力为 p,在时间元 dt 内,质点速度的增量 dc 与 pdt 成正比;当考虑几个质点时,应该以质量乘以 dc。

这就以解析的形式给出了运动方程式。在以后的工作中,欧勒利用这个公式化的运动方程式讨论了各种具体问题,例如强迫振动和共振现象(1739 年)以及三体问题(1747 年)的研究。特别是由于欧勒首次应用运动方程使三体问题有了确定的表述形式,人们才开始理解到,在把天体运动看作若干部分运动的合成时,各个部分的运动都服从运动定律,这才开始出现建立在牛顿力学基础之上的天体力学,而这时牛顿的《原理》已出版了六十年了。

1750 年,欧勒向柏林科学院提交的一篇题为《力学新原理的发现》(*Découverte d'un nouveau principe de mécanique*)(1752 年发表)的论文,在这篇论文中,欧勒称运动方程式是包括一切力学定律在内的"力学的普遍的和基本的原理"。他说:"我认为所有这些原理能够化成一个简单的原理,这个原理可看作一切力学的和处理任何物体运动的所有其他科学的唯一基础。并且一切其他的原理都应当建立在这个简单原理的基础上。"[①]他认为这个方程式对所有离散的或连续的系统都成立,它也适用于物体的无限小的部分。欧勒把运动方程应用于刚体的各个体积元,用角速度对时间的导数表示加速度,得到了绕重心旋转的刚体的运动方程式。到 1760 年,欧勒得出了刚体运动的一般理论。正是通过欧勒的这一系列工作,才使人们,特别是法国、德国等欧洲大陆国家的学者们普遍认识到牛顿运动方程 $F = ma$ 是整个力学的基础,对后来力学和物理学的发展,产生了深刻的影响。所以在力学发展史上,欧勒是占有重要地位的。

1.3　关于运动量度的争论

在牛顿的《原理》中,还存在着"力"的概念上的严重混乱。正如前面所说,牛顿并未对"力"做出可操作的独立定义,因而与运动定律本身有逻辑上的混乱。同时他还到处混用了"力"的概念,除了把外加的力称为"运动力"之外,还把惯性称为"物质固有的力"、"阻抗的力"或"惰性力",把加速度称为"加速力",并把"运动力"同碰撞、压力、向心力等相提并论。这种概念上的混乱状况普遍存在于牛顿时期前后的有关力学论著中。实际上早在伽利略那里,就把"力"同现代所说的力矩、动量、功、能量等概念的意义混淆起来。这种概念上的混乱,导致了从 17 世纪末到 18 世纪中叶长达半个多世纪的关于运动的"量度"的著名争论。

具体分析伽利略的论述,可以看出他主要是从两种意义上认识力的作用的。一是按力在给定的时间间隔内产生的速度变化来理解的,如在落体的加速运动

---

① L.Euler, Opera Omnia, ed. by J.O.Fleckenstein, Ser.2, Vol, 5 Lausanne(1957), pp.88—89.

中速度随重力的作用时间而增加；另一方面是按物体抵抗给定的阻力而运动的能力来理解力的作用，如关于摆球或沿斜面运动的物体可以回升到原来的高度，或如他所得出的物体的末速度仅依赖于下落的高度的结论。伽利略的这两种认识，在后来关于运动的量度的争论中都反映了出来。

笛卡儿学派拒绝"力"的概念，而只谈物质的运动，认为运动是特定物体所具有的真实的东西，它的大小由物质的大小（当时还没有明确的质量概念）与其速度的乘积来表示，实际上就是动量（mv）的大小。笛卡儿学派把动量守恒原理看作宇宙物质运动的基本原理，因而坚持将动量当作运动的唯一量度。

1686 年，德国的莱布尼茨（G.W.Leibnitz，1646—1716）对笛卡儿学派的观点提出了批评。莱布尼茨同样承认"全部原动力在自然界是守恒的"，它不能消灭，也不能增加。但如何来量度这种原动力呢？他说："力是应该从它所能发生的作用量来估计的，例如，从它提升某一已知其量与质的物体所能达到的高度做估计，而非从它施加于某物的速度做估计的。"[①]他具体论证说，把 1 磅重的物体 A 举高 4 ell* 与把 4 磅重的物体 B 举高 1 ell，二者所需之力相等，因此当二物落下时所获得的力也应相等。但由伽利略的落体定律可知，二物体下落时，A 的速度为 B 的速度的二倍，二者的动量并不相等。因此莱布尼茨主张，应该放弃 mv 而以 mv^2 作为力的量度。1696 年，他又把 mv^2 称为"活力"，认为宇宙间真正守恒的东西正是总的活力，虽然在有些情况下（如在非弹性碰撞中）活力会减少，但它并不是消灭了，而只是被物体内部的微小粒子吸收了。1716 年他重提此话时说：我曾主张活力在宇宙中是保持不变的，"人家反驳我说，两个软的或无弹性的物体，彼此相对同时运动时，就失去了它们的力。我回答说，不。的确，就它们的整体运动说，两个物体是失去了力，但其各个部分接受了这力，受到了那同时运动或冲撞的力在内部的振动。因此这种力的损失只是表面上的。那些力并没有被

---

① 威·弗·马吉编，《物理学原著选读》，商务印书馆（1986），第 16 页。
* ell 为西欧旧长度单位，现已不用。

消灭,只是分散在各细小的部分中了。"①莱布尼茨的这个思想是相当深刻的,而且他所推崇的新的物理量 mv^2 ,其实际意义已超出了机械运动的适用范围。

两种量度的争论,一直持续到18世纪中叶。1743年达兰贝尔在他的《动力学论》的序言里,提出了他对运动的量度的讨论。他指出,"力"这个词的意义是模糊不清的,"物体内在的力"更是一种形而上学的、假想的东西,它只能给本身明确的科学蒙上一层阴影。在物体的运动中,我们能看清的只有两点,一是它通过了某一空间距离,一是它通过该距离需要一定的时间。如果我们只用清楚的观念做思考,那么"力"这个词"只宜用来表示物体为克服障碍或阻止该障碍而产生的那种效果"。②物体能克服或阻止的障碍越大,就表示该物体的力越大。他具体指出,在"具有刚够立即毁灭物体运动所必需的那种阻力的障碍",即平衡的情况下,可以用质量与速度之积或运动的量表示力;而在"一点一点地毁灭物体运动的那种障碍",即减速运动中,被克服的障碍的数量与速度的平方成比例。达兰贝尔由此得出结论说,对于平衡运动与减速运动这两种情况,分别采用不同的量度标准就没有什么不方便了。他清楚地认识到,正是由于我们没有关于"力"这个名词的清晰概念,才产生了这一场毫无价值的字面上的争论。

达兰贝尔的讨论不仅接触到了在减速运动中应从能量的角度对运动(变化)进行量度,在平衡的情况下动量的变化等于阻力与时间间隔的乘积,而且还深刻揭示出了存在于"力"的概念上的严重混乱,这在当时无疑是很有意义的。一百多年后,当能量守恒与转化定律确立之后,人们才从能量转化的角度对两种量度的本质区别获得了进一步的认识。

2. 牛顿的"质量"定义与原子论物质观

2.1　质量概念的历史演化与牛顿的定义

"质量"这个词很早就出现了,但是直到13世纪,阿奎那(T. Aquinas,约

---

① 莱布尼茨、克拉克,《莱布尼茨与克拉克论战书信集》,武汉大学出版社(1983),第95页。
② 威·弗·马吉编,《物理学原著选读》,商务印书馆(1986),第64页。

1225—1274)的学生罗曼努斯(A.Romanus)才把它看作物质数量的量度。16 世纪初质量一词已被用作"技术术语";到 17 世纪初,自然哲学家们已经用它来表示任何物体中的"物质之量"了①。例如我们前面已谈到的,开普勒已把质量看作"物质之量",并把它与"惯性"联系起来;而在谈及"惯性"的量度时,甚至还明确提出"这种阻抗能力是由物体的体积及其密度决定的"。②伽利略在 1632 年的《对话》中驳斥亚里士多德把冷、热、干、湿视为物质的四种基本特性时,批评他忽视了按照包含物质的多少而定物体的密度和质量的观点。F.培根在《新工具》(1620 年)中也提到了"物质之量"的概念。

牛顿继承了前人的这些思想,在 1684 年 10 月—11 月的《论物体的运动》中第一次明确提出了"物质之量是由物质的密度和大小共同产生的"这个定义。在《原理》中,牛顿把"质量"概念视为他的力学理论体系的最基本的概念,列为八个定义中的第一个定义,写道:

> "物质之量是由它的密度和体积一起来量度的。
>
> 所以空气的密度加倍,体积加倍,它的量就增加四倍;体积加三倍,它的量就增加六倍。因压紧或液化而凝聚起来的雪、微尘或粉末,以及由于任何其他原因而凝结起来的物体也都如此。这里我没有考虑那种可以自由渗入物体各部分空隙中去的媒质,如果有这种媒质的话。我在以后不论何处称之为'物体'或'质量'的,就是指这个量而言。从每一个物体的重量也可知道这个量;因为我们以后会看到,它像我从很精确的摆的实验所已得到的那样,是和重量成正比的。"③

这个定义不仅指出了质量等于密度和体积的乘积,而且还指出了质量与重量成正比,因而可由物体的重量求得它的质量。而在关于"惯性"的定义 3 的说明中,他又指出惯性"总是同具有这种力的物质的量成正比的"。所以,牛顿的质量概

---

① 阎康年,《牛顿的科学发现与科学思想》,第 323 页。
② M.Janmer, Concepts of Mass in Classical and Modern Physics, Harvard(1961), p.57.
③ H.S.塞耶编,《牛顿自然哲学著作选》,上海人民出版社(1974),第 13 页。

念实际上既包含着惯性质量、也包含着引力质量的双重内涵。

2.2　马赫对牛顿质量定义的批判

牛顿的质量定义所受到的来自科学上的严厉批判,是两个世纪后奥地利物理学家马赫(E.Mach, 1838—1916)在《力学:其发展的历史的和批判的说明》(1883)中提出的。马赫的这本书在加深人们对运动定律的理解方面具有划时代的意义。在第二章第五节中,他说"我们没有发现'物质之量'表述适于解释和说明质量概念,因为这个表述本身不具有所要求的清晰性"。[①]在同书同章的第三节中,他提出:

> "我们近来注意到牛顿关于质量概念的表述,即由体积和密度确定一物体的物质之量的表述是不成功的,因为我们只能把密度定义为单位体积的质量,这是明显的循环。"[②]

马赫对牛顿在"质量"定义上存在的与"密度"定义的逻辑循环这一缺陷的揭示,在物理学界产生了广泛的影响,促进了人们从其他角度对"质量"进行定义,这无疑是很有益处的。不过,马赫并没有准确地理解牛顿"质量"定义的思想基础,所以这个批判至少对牛顿的定义本身存在一定的误解。

在牛顿《论物体的运动》的手稿中,确实在"质量"的定义之后又把"密度"定义为"物质之量或大小与所占有的空间的量之比"。正如马赫所说这里出现了两个定义的循环。但在《原理》中,他没有对"密度"进行定义,是把它作为一个已有的常识性的、更为简单和基本的概念直接加以应用的。这里反映出牛顿是以原子论的物质观念为基础理解密度概念,而后再由它定义质量的。他在质量定义的说明中,举出由雪、微尘和粉末的压缩凝聚现象理解密度概念,正表明他的密度概念所表示的是单位体积内充满物质的程度,即单位体积中包含的原子数量的多少。因此,单位体积中的粒子数或密度,就被牛顿看作物体的基本特性,是不需要用质量概念对它进行定义的。实际上,由密度和体积来定义质量,这在牛

---

① E.Mach,Mechanik, In Ihrer Entwicklung Historisch-Kritisch Dargestellt, Leipzig(1933), p.211.
② E.Mach,Mechanik, In Ihrer Entwicklung Historisch-Kritisch Dargestellt, Leipzig(1933), p.188.

顿时代是很自然的,至少在科学思想上,并不存在逻辑上的矛盾。

2.3 原子论物质观与质量定义

实际上,从"物质之量"的观点来理解质量是与原子论的物质观念的发展联系在一起的。古希腊原子论者断言,宇宙中存在的只有原子和虚空,所有物质的形体和变化,都是由原子的结合与分离引起的。到了伊壁鸠鲁(Epikouros,约前341—前270)那里,不仅提出了原子具有重量,而且已经把最微小的原子看作物质的基本度量单位。他说:"这些最微小的不可分的点,在我们用思想对这些看不见的物体所进行的思考里面,是作为界标,以它们本身提供了对于原子大小度量的基本单位,不拘是较小的还是较大的原子都一样。"[1]

古希腊思辨的原子论思想,到了亚历山大里亚时期的希罗(Hero,约63—约150)那里,则与关于空气的实验结合起来。希罗在他的《气体力学》(*Pneumatics*)中写了这么一段话:

"很多人认为是空的容器,决非如他们所想象的那样空无一物,而是充满着空气。现在研究物理学的人已经承认,空气是由轻盈的微粒所组成,通常是无法看见的……因此,应把空气视为物质。空气运动而成风(风其实不过是运动的空气而已)。如果将容器底部穿孔翻过来后放入水中,水慢慢浸入容器,这时我们把手放在小孔的口上,会感到有风从容器中吹出。这不是别的什么东西,而是被水排挤出来的空气……那么真空的存在也就会成为自然而然的事,只是真空四散分布为极其细微的部分;物体受到压缩即可填满这种四散分布的真空……"[2]

希罗还用吹气入球的实验,说明了压缩现象,而当空气逸出而压力减小时,留在球内的微粒数目则必然减少,表明这些微粒之间必定存在着虚空。不过,希罗没有提出连续虚空的存在,只是说微粒之间存在着大小不一的孔隙,使气体能够压

---

① 北京大学哲学系外国哲学史教研室编译,《西方哲学原著选读》(上卷),商务印书馆(1983),第166页。

② Hero of Alexandria, A Treatise on Pneumatics, tran. and ed. by Bennet Woodcroft, Tayeor, Walton and Maberly, London(1851), pp.6—7.

缩和膨胀。

希罗的《气体力学》的全译本于 1575 年问世,它对伽利略产生了直接的影响。伽利略不仅猜测到空气可能有重量,他用压缩空气的实验粗略地测定了空气的密度,而且还形成了他的原子论的物质观。伽利略认为,物质是由无性质的、绝对不变的物质粒子(原子)组成的。不过他与中世纪以及文艺复兴时期的一些思想家的原子论思想不同,他的原子论具有更加坚实的科学认识论的基础,这个基础就是数学和力学。伽利略认为,物质不是"存在的可能性",而是可以进行定量分析的真实存在,它的一切属性都是完全可以测量的纯数量的元素。他在《试金者》(Saggiatore)中写道:

> "当我想到物质或物体的时候,我总认为它是有限的或者是具有某种形式的,和其他物质相比,它是大的或者是小的,它在此时此地,或在彼时彼地,它或者是运动或者是静止,它和其他物体或者有关或者无关,它是唯一的,它是多的或者是少的。无论我怎么想象,我都不能使物质离开这些条件。"①

在伽利略看来,认识自然就是认识物体的大小、形状、数量、位置以及它的运动和静止,一切事物及其性质都是可以精确测量和做出数量表示的,除此之外其他一切"隐秘的质"都应该加以抛弃。

不过,伽利略在这一点上不免走得太远了。他把颜色、味道、声音、气味等这些不能用数量表征的物质属性都排除在物质的本质之外,认为它们是些只对主体的感觉才存在的纯粹空洞的名词,这就把这些属性变成了主观的东西。

在恢复原子论观点上,法国科学家伽桑狄(P.Gassendi, 1592—1655)的著作产生了极大的影响。1643 年,伽利略的学生托里拆利(E. Torricelli, 1608—1647)用水银玻璃管实验证明了大气压和真空的存在,伽桑狄接受了这个实验结论,把物质和虚空看作宇宙的两个本原。物质、物体是复杂的东西,它们是由简

① 《伽利略全集》意大利文版(1844)第 4 卷第 333 页;转引自敦尼克等主编的《哲学史》(上册),生活・读书・新知三联书店(1972),第 196 页。

单的东西形成的,简单的东西是物的要素,这些要素的特点是绝对不可分性,因而可称为原子;原子就是原始的、最简单的、不可分割和不可消灭的世界要素。伽桑狄认为,原子不是相同的,它们有大小、形状、重量的区别;原子不是抽象的数学上的点,而是不能看到的极小的体,重量是原子的最重要的特点,它是原子不断运动的刺激力和内在源泉,在虚空中的运动是原子的永恒的属性;运动的原子由于碰撞而结合起来形成物的"种子"——分子,再由它们形成物体。既然把物质看作按照一定形式结合起来的原子的总和,伽桑狄也自然地把质量看作原子的多少。他说:"我应当说某些(复杂物体)的质量,看来是由原子产生的。""一切大小、数量和与实在有关的质量(massa),只能是这种原子大小的总和。"①

在英国,根据机械论的"微粒哲学"(corpuscular philosophy)最早开展气体力学研究的一位伟大的代表人物是玻意耳(R.Boyle,1627—1691)。他设想自然界的物质(如空气)是由一些细小的、用物理方法不可分割的、大小和形状不同的粒子组成的。他从关于空气的弹性的实验中更加坚定了这个信念。1659 年,当他了解到德国的格里凯(O.von Guericke,1602—1686)研制成空气抽机的报告后,就指导他的助手胡克制造出了更精密的抽气机,用它做了一系列关于空气压力和稀薄空气中的现象的实验。在 1660 年出版的《关于空气的弹性及其作用的物理力学新实验》(*New Experiments physico-mechanical*, *touching the spring of the Air*, *and its Effects*)这本文集中,讨论了空气的"弹性"即空气压力问题。当时还没有关于气体分子碰撞器壁的概念,玻意耳提出了其他两个设想,一是把空气的弹性归因于气体粒子本身,把空气粒子比作小弹簧、羊毛毡片或海绵块;一是把空气的弹性归因于笛卡儿所说的宇宙以太的运动,以太的扰动引起悬浮于其中的粒子彼此绕转,使得每一个颗粒力图把进入其绕转范围的其他粒子赶出去。在进一步实验的基础上于 1661 年发表的《怀疑的化学家》(*The*

---

① 阎康年,《牛顿的科学发现与科学思想》,第 321—322 页。

Sceptical Chymist）中他更肯定地说："宇宙中由普遍物质组成的混合物体的最初产物实际上是可以分成大小不同而形状千变万化的微小粒子，这种想法并不荒谬。"①他断言不能指望还有"任何一种比微粒说所提出的更为全面并易于了解的原理了"。

玻意耳通过在短端封口的 U 形玻璃管中灌进水银的方法进行空气弹性的实验，从中发现了气体的压强与密度成正比（即压强与体积成反比）的基本关系，从而在历史上建立起在运动现象之外的第一个定量的自然规律，即玻意耳定律。他认为这个定律可以通过他所假定的气体粒子是小弹簧或气体粒子的无规则运动做出解释。

牛顿一开始就接受了伽利略、伽桑狄、玻意耳等人的"微粒哲学"的观点；虽然后来曾一度在以太问题上有所徘徊，但最终还是批判了笛卡儿的以太涡旋的理论，转回到原子论的立场。他从玻意耳把气体粒子比作小弹簧的思想出发，假设在气体粒子之间存在着与距离成反比的斥力，推导出了玻意耳定律。特别是他根据玻意耳定律所表明的空气的压力与体积成反比的关系，从密度方面达到了质量的概念：既然对于一定量的空气来说，其压力 p（与密度 ρ 成正比）与体积 V 成反比，乘积 pV 则为一常数，它可被用来作为这部分空气的质量的量度。从原子论的观点来说，它就代表着压缩在容积 V 中的粒子的总数，而这正是牛顿质量定义的基本内涵。

牛顿的原子论观点，在他的晚年变得更加明确了。在 1721 年为《光学》第三版所写的"疑问 31"中，概括了他对物质粒子结构的看法。他写道：

"对我说来，似乎可能上帝在开始造物时，就把物质做成实心的、有质量的、坚硬的、不可入的、可运动的粒子，其大小、形状和诸如此类的其他一些性质以及空间上成这样的比例等都最有助于达到他创造它们的目的。这些原始粒子是些固体，比任何由它们组成的多孔的物体都要坚硬得无可比拟，

---

① Boyle, The Sceptical Chymist, London, 1661, p.37.

甚至坚硬得永远不会磨损或破裂成碎块，没有任何普通的力量能把上帝自己在最初创世时造出来的那种物体分割。只要这些粒子继续保持完整，它们可以组成性质和结构在任何时代都是一样的物体；但是如果这些粒子竟然磨损了或者破裂成碎块，那么依赖于它们的物体的性质就会改变。由早已破损的粒子和粒子的碎块组成的水和陆地，现在其性质和结构就不会与开始创世时用完整的粒子组成的水和陆地相同。所以，该性质可能是持久的，各种有形物体的变化只处于这些永久粒子的不同分离以及新的组合和运动之中……"①

可见，在牛顿看来，物体是由无比坚硬、牢固、不可分割、不可改变的粒子或原子组成的，它保证了物体的性质和结构的持续和稳定性；只在这些粒子的分离、重新组合和运动中，才能产生物质性质和结构的变化。

关于离散的粒子是如何结合成为物体，或"惰性物质"如何能形成规则排列、结构不同和性质各异的各种物体的内聚性问题，一直困扰着原子理论。前辈原子论者曾经用原子的特殊形状（如钩、角、环、叉等）、特殊运动或其他神秘的特性（如"爱""恨""宁静"等）来做出回答。牛顿排除了这些假定，说"我却宁愿从它们的凝聚性推断，它们的粒子是靠某种力而互相吸引，这种力在粒子直接接触时极其强大，在短距离处它实现前述化学作用，任何可觉察的效应都达不到远离粒子的地方"。②他试图用引力、电力、磁力和其他可能的吸引作用说明物质结构的层次性。他说：

"……造化是靠强大的吸引力使物体的粒子团聚在一起的，实验哲学的任务就是去发现它们。

现在物质的最小的粒子靠最强的吸引凝聚起来，形成较松散的更大些的粒子；许多这种粒子可以凝聚成更大而更为松散的粒子；如此继续下去直到最后通过化学操作，在这些最大的粒子中，凝聚合成为具有自然的外观的

---

① 牛顿，《光学》，科学普及出版社（1988），第 223 页。
② 牛顿，《光学》，科学普及出版社（1988）第 216 页。

可以观察到的大小的物体。如果这物体是紧密的,弯折或向内挤压时其各部分都没有任何滑动,它便是坚硬的和有弹性的,凭借着其各部分之间的相互吸引产生的力而恢复到其原来的形状。如果其各部分相互滑移,物体则是可延展的或软的;如果它们很容易滑动,在一定规模上被热所扰动,那么当热足够强,使它们处在激扰状态时,物体则呈液态……"①

除吸引之外,牛顿认为粒子之间还存在着排斥作用,就像"在代数中正数变为零时就开始出现负数那样,在力学中当吸引变为零时,接着就应该出现排斥的效能"。②例如光线会由于受到物体的排斥而反射和拐折,物体受热后会抛出粒子产生出空气和蒸气等。所以他说:

　　"这样看来,大自然将是很自适和简单的,天体的一切巨大运动都是在作用于那些物体之间的引力的吸引下进行的,而这些物体的粒子的几乎所有的微小运动,都是作用于这些粒子之间的某些其他的吸引力和排斥力之下进行的。"③

这样,牛顿就以"力"的作用的概念,完善了机械论的"微粒哲学",成为对原子论物质学说的最有意义的发展。在牛顿那里,原子论与他的力学理论非常自然地融合起来,不仅建立了当时最先进的物质理论,而且还使他的力学理论牢固地确立于原子论的基础之上。

3. 牛顿的绝对时空观

时空观是人们对有关时间与空间的物理特性的认识。随着对宇宙物质结构和运动规律认识的发展,人类的时空观也不断地发展变化。

3.1　近代早期学者的时空观念

哥白尼的"日心说"虽然保留了宇宙中有一个特殊和优越的观察点——静止于宇宙中心的太阳——这一传统见解,但却指出了地球的自然运动不会破坏地

---

①　S.R.威尔特、M.裴利普编,《现代物理学进展》,湖南教育出版社(1990),第 19 页。
②　牛顿,《光学》,第 220 页。
③　牛顿,《光学》,第 221 页。

球上的自然秩序,这一见解是揭示空间均匀性的一个重大步骤。因为如果地面上物体自然下落的运动并不是指向空间的一个特殊的不动部分,而是指向一个运动着的物体地球,空间就失去了其绝对的测度的意义,自然运动在本质上也就更接近于相对运动了。

伽利略和笛卡儿的运动理论,对近代时空观的发展以及牛顿绝对时空观的提出有重大的影响。伽利略破除了把力与运动速度联系在一起的传统观念,而把力与物体的加速度联系起来,从而揭示出静止和没有加速度的运动是不需要任何物理动因加以保持的状态。从静止和没有加速度的运动的等同性概念出发,可以得到实质相对性的概念。因为"匀速运动"也可以看作运动似乎并不存在;体系内各个物体之间的距离(运动学特征)和物体间的相互作用(动力学特征),或者更广义地说物理学的规律,对于从静止参照系到匀速运动参照系,以及从一个匀速运动参照系到另一个匀速运动参照系的变换是不变的;而从一个时空域过渡到另一个时空域时,体系中不发生任何物理变化,正意味着空间没有区分不同地点的绝对基础,时间流程中也不会发生节奏和"间隔"的差异,这是一种均匀的时空。伽利略相对性原理或他所描述的"萨尔维阿蒂船舱"现象,说明了时空的变迁不影响物理过程的发生和进行,这至少在匀速运动的范围内否定了绝对运动和绝对时空的概念。

这样,相对运动的概念,在牛顿之前已经普遍地确立起来;但绝对运动的概念,还需要联系于绝对时空概念重新做出思考。

笛卡儿所最终确立的惯性原理,必然联系于时空的平直性和无限性。因为时间的均匀流逝正是在惯性原理描述的匀速运动里表现出来的,即由物体运动的均匀不变表现出时间的均匀流逝;而空间的平直性和无限性,正与惯性运动的直线性和无限持续性相一致,所以,惯性原理的确立为向绝对无限的均匀空间概念的过渡提供了前提。

不过,在与时空观相联系的物质观上,牛顿却与笛卡儿表现出鲜明的对立。前面已经指出,笛卡儿认为物质的真正本性就在于它的广延性:"物体的本性,不在于重量、硬度、颜色等,而只在于广袤",①"长、宽、高三向的广袤不但构成空间,而且也构成物体"。②这就把空间同物质实体等同起来,否定了虚空的存在,提出了物质与空间不可分离的初步思想。他说:"哲学上的所谓虚空,即无实体的空间,则这种东西显然并不存在……那个虚空中既有广袤,则它也必然包含一个实体。"③但牛顿是一个原子论者,他不会接受笛卡儿的充实空间论,而坚持伽桑狄的原子和空虚空间的思想。原子和由原子组合成的物体的存在和运动,必然要有一个场所,一个容器,这就是"无限的""不运动的""不发生变化的"虚空。

关于时间,笛卡儿和伽桑狄的观点对牛顿都产生了影响。笛卡儿认为"绵延"是事物本身固有的,这表明时间自身的独立存在;但作为"运动的尺度"的时间,则是"我们在存想绵延本身时的某种情状","为了在一个共同的尺度之下来了解一切事物的绵延起见,我们就把它们的绵延和能发生年和日的那些最大而最有规则的运动加以比较,而叫它作时间"。④笛卡儿虽然不正确地把关于时间的量度看作人们主观设想出来的某种"情状",但他的论述实际上是提出了关于时间的绝对性与相对性的思想。伽桑狄也把时间看作"物的偶性",它也像虚空或空间一样,"表现并发生在独立存在的事物的联系之中",是事物运动变化过程在人的意识中的反映,是需要用思维或理性来加以把握的。

对牛顿绝对时空观的形成有直接影响的,还有剑桥柏拉图学派的神学家、皇家学会会员亨利·莫尔(Henry More, 1614—1687)和牛顿的老师艾萨克·巴洛(Isaac Barrow, 1630—1677)。莫尔反对笛卡儿把广延与物质等同的观点,认为虽然一切物质都是广延的,但广延并不等同于物质,因为很容易想象离开物质的广延。在莫尔看来,空间作为物质和运动的背景或舞台,是"简单的、不动的、永恒的、完美的、独立的、自我存在的、自我维持的、不腐蚀的、必然的、巨大无垠

---

① 笛卡儿,《哲学原理》,商务印书馆(1960),第 35 页。
② 笛卡儿,《哲学原理》,商务印书馆(1960),第 38 页。
③ 笛卡儿,《哲学原理》,商务印书馆(1960),第 42 页。
④ 笛卡儿,《哲学原理》,商务印书馆(1960),第 22 页。

的、非创造的、不受限制的、不可理解的、无所不在的、无形体的、渗透和包含一切事物的东西,它是必要的存在、现实的存在和纯粹的现实。"①而这些属性通常都是归诸上帝的那些属性,所以空间也是"神性的",因而莫尔就把空间等同于上帝的无所不在。

巴洛也认为,空间不是独立于上帝而存在的,它是上帝的存在和能力;同样,时间也不标示实际的存在,而只标示永久存在的能力或可能性。关于时间和运动的关系,巴洛说:"就时间的绝对的和固有的本性而言,它根本不蕴涵运动,它也不蕴涵静止;时间的数量本质上同运动和静止都无关;不管事物行进还是驻留,不管我们睡觉还是醒着,时间总是按其平稳的进程流逝着……尽管我们分辨时间的数量,并必定借助运动作为我们据以判断时间数量和把它们相互比较的一种量度。"②

3.2 牛顿的绝对时空观及其科学意义

牛顿正是在前人关于时空特性的这些论述的基础上,根据他的原子论物质观和他所建立的力学体系的需要,融合吸收并最终建立了包含着相对时空思想的绝对时空观。

在《原理》中牛顿指出,空间、时间、位置和运动这些概念,都是人所共知的,但多是"从这些量和可感知的事物的联系中来理解它们的。这样就产生了某些偏见;而为了消除这种偏见,最好是把它们区分为绝对的和相对的,真正的和表观的,数学的和通常的。"③这就是说,人们所熟悉的只是相对空间和相对时间,而牛顿在这里提出了确立绝对时空观的任务。他接着便写道:④

"绝对的、真正的和数学的时间自身在流逝着,而且由于其本性而在均匀地、与任何其他外界事物无关地流逝着,它又可以名为'延续性';相对的、表观的和通常的时间是延续性的一种可感觉的、外部的(无论是精确的或是

① 亚·沃尔夫,《十六、十七世纪科学、技术和哲学史》,商务印书馆(1985),第748页。
② 亚·沃尔夫,《十六、十七世纪科学、技术和哲学史》,商务印书馆(1985),第750页。
③ H.S.塞耶编,《牛顿自然哲学著作选》,上海人民出版社(1974),第19页。
④ H.S.塞耶编,《牛顿自然哲学著作选》,上海人民出版社(1974),第19—28页。

不相等的)通过运动来进行的量度,我们通常就用诸如小时、日、月、年等这种量度以代替真正的时间。"

"绝对的空间,就其本性而言,是与外界任何事物无关而永远是相同的和不动的。相对空间是绝对空间的可动部分或者量度。我们的感官通过绝对空间对其他物体的位置而确定了它,并且通常把它当作不动的空间看待。如相对于地球而言的地下、大气、天体等空间就都是这样来确定的。绝对空间和相对空间,在形状上和大小上都相同,但在数字上并不总是保持一样。因为,例如当地球运动时,一个相对于地球总是保持不变的大气空间,将在一个时间是大气所流入的绝对空间的一个部分,而在另一时间将是绝对空间的另一个部分,所以从绝对的意义来了解,它总是在不断变化的。"

"处所是物体所占空间的部分,因而像空间一样,它也有绝对和相对之分。"

"绝对运动是一个物体从某一绝对的处所向另一绝对的处所的移动;相对运动是从某一相对的处所向另一相对的处所的移动。……真正的、绝对的静止,是指这一物体继续保持在不动的空间中的同一个部分而不动……"

牛顿清晰地把具体的、可感知的、联系于具体的事物和运动来量度的相对时间、空间、处所、运动与抽象的、真实的、数学的绝对时间、空间、处所、运动区分开来,并进一步从绝对时间、绝对空间"自身"的意义做出说明:

"与时间各个部分的次序不可改变一样,空间各个部分的次序也是不可改变的。假定这些部分从它们所在的处所移动出去,那么这等于是它们从其自身中(如果可以这样说的话)移了出去。因为时间和空间似乎都是它们自身的处所,同时也是所有其他事物的处所。所有事物时间上都处于一定的连续次序之中,空间上都处于一定的位置次序之中。从事物的本性或性质上说,它们就是处所,所以如果说事物的基本处所是可以移动的,那就是谬论。因而这些处所是绝对的处所,而离开这些处所的移动,只能是绝对的运动。"

牛顿这样说明了时间和空间自身的"次序"和各个部分的"处所"的独立性、自在性和不变性，它们也构成了一切事物的"基本处所"或"绝对的处所"，事物的绝对运动就是对这种处所的变动。

为了消除人们对绝对时空存在的怀疑，也为了使他的绝对时空学说成为逻辑上完整的东西，他指出：

"在天文学中，绝对时间是把表观时间加以等分或校正来同相对时间相区别的。因为，虽然我们通常认为自然的日子是均等的而以之作为时间的量度，但实际上它们是不均等的。天文学家校正这种不均等性，以便能用更准确的时间来测量天体的运动。可能没有这样一种均等运动的东西可以用来准确地测量时间。所有的运动可能都是加速的或减速的，但绝对时间的流逝却不会有所改变。不管其运动是快是慢，或者根本不运动，一切存在的事物的延续性或持久性总是一样的。因此，应该把这种延续性与其只能感知的量度区别开来，并用天文学方程把它从可感知的量度中推导出来。"

"……我们就用相对的处所和运动来代替绝对的处所和运动，这在日常事务中并没有什么不便之处；但是在哲学探讨中，我们应该把它们从我们的感觉中抽出来，考虑事物本身，并把它们同只是对它们进行的可感知的量度区分开来。因为可能没有一个真正静止的物体可以作为其他物体的处所和运动的参考。"

这是说绝对时空是一种哲学的抽象。虽然可能不存在一个真正静止的物体，但还是可以根据其特性、原因和效果来区分绝对与相对。因此，牛顿还是提出了这样的假设："在恒星所在的遥远地方，或者也许在它们之外更遥远的地方，可能有某种绝对静止的物体存在。"如果真的存在着这个绝对静止的物体，它当然就是宇宙的中心或绝对空间参照系的坐标原点了。不过在《原理》第一编的第十一章的开头，牛顿对这个问题又做了进一步的说明："前面所讨论的，都是物体围绕一个静止不动的中心的运动，而在自然界中这种情况可能是不存在的。因为物体都要受到引力的吸引，而根据第三定律，吸引和被吸引的物体的作用总是相互和相等的,所以两个物体都不能静止。如果只有两个物体,它们必按照运动定律的关系绕共同的重心环转。……我们现在是从纯数学的角度来谈的,所以撇开物理上的考虑而采用习惯的说法,以使我的意思更易于从数学上为读者所理解。"①这就说明,根据他的定律,宇宙中不可能存在绝对静止的中心,所以他只是为了便于读者的理解,或者说是为了使他的绝对时空学说有一个完整的结构框架而从数学上、不是从物理上提出宇宙静止中心存在的这一假设的。但是牛顿认为,虽然不可能找到一个绝对静止的物体作为这个时空坐标系的原点,但绝对时空的存在却是不可怀疑的,这可以从有关绝对运动的实验上做出证明。他说,从物体的表观运动中去发现真正的绝对运动虽然是件困难的事,但还是有一些论据可被用来作为我们的指导的。最主要的论据是"力","它们是真正运动的原因和效果",因为"只有当力作用于运动物体之上时,真正的运动才能发生或者有所改变。但是相对运动,则不需要有力作用于这物体上也能发生或者有所改变"。

这样,牛顿就提出了证明绝对运动存在的两个实验。其一是著名的"水桶实验",②即通过旋转的水桶使其中的水面发生凹曲的实验。他写道:"把绝对运动和相对运动区别开来的一些效应,是圆周运动中出现的那些离开转轴的力。因为在纯粹的相对圆周运动中并没有这样的力,而在真正的绝对的圆周运动中则按其运动的量而这种力可大可小。"牛顿具体描述说,使一盛水的水桶从静止开始旋转,当水与桶的相对运动最大时,水面还呈平面;尔后当水也旋转,水与桶的相对运动减小时,水面渐呈曲面;当水桶渐渐停止转动时,水却仍在高速旋转而水面呈曲面。因此,水面的平、凹形状只决定于水本身的运动情况,而与它同桶之间的相对运动情况无关,它可以作为表征绝对运动的"特有而恰当的效应"。

第二个实验是"双球实验",③即使两个用绳连起来的球绕共同重心旋转,于

① 牛顿,《自然哲学之数学原理》,商务印书馆(1958),第 279—280 页。
② H.S.塞耶编,《牛顿自然哲学著作选》,上海人民出版社(1974),第 25—26 页。
③ H.S.塞耶编,《牛顿自然哲学著作选》,上海人民出版社(1974),第 27 页。

是就可以"从绳上的张力发现两球力图从它们的转轴脱离出去,从而算出它们旋转运动的数量"。然后再通过把两个相等的力同时作用于两个小球上以增大或减小它们的旋转运动(从绳上张力的增减可以判断出来),也就测知了二球运动的方向。这样,"即使在一个巨大的真空中,在那里虽然没有任何外部的或者可感知的东西可用以和这两球做比较,我们还是可以测得这旋转运动的数量及其方向。"

牛顿的绝对时空观是由建立他的力学体系的需要而提出的,也是他那个时代所能提出的最为有效的时空观。爱因斯坦在 1955 年 4 月 3 日的一个谈话中回顾了牛顿的全部思想,认为"牛顿的最伟大成就是他认识到精选(参照)系的作用",而且认为"牛顿的解决是天才的,而且在他那个时代也是必然的"。[①]

在为《狭义与广义相对论浅说》英译本第 15 版写的附录五中,爱因斯坦具体指出:"在牛顿力学里,时间和空间起着双重作用。首先,它们起着物理学中所出现的事件的载体或者构架的作用,事件是参照这种载体或构架用空间坐标和时间来描述的。……空间和时间的第二个作用是作为一种'惯性系'。惯性系之所以被认为比一切可想象的参照系都优越,就是因为对它们来说,惯性定律必定是成立的。"[②]

关于爱因斯坦所说的第一个作用,正如前面所说,是与牛顿的原子论物质观相联系着的。起着这种作用的绝对时空是一种被动的容器,是原子和原子组成的物体运动的场所与载体,这种时空与物质是各自独立存在、互不联系的,"用极端的说法,可以表述如下:倘使物质消失了,空间和时间仍旧会单独留下来"。[③]关于第二个作用,是因为在牛顿第一定律中包含着"静止"、"匀速直线运动"的概念,而这些都是与参照系的选择有直接关系的。牛顿第一定律是只对惯性系才成立的。但要判断一个参照系是否为一个惯性系,首先又要解决怎样确定"静

① 《爱因斯坦文集》(第一卷),商务印书馆(1976),第 624 页。
② 《爱因斯坦文集》(第一卷),商务印书馆(1976),第 549 页。
③ 《爱因斯坦文集》(第一卷),商务印书馆(1976),第 550 页。

止"和"匀速直线运动",这就陷入了逻辑循环。当然也可以绕开这个理论上的困难,直接从经验上选择 个实际的参照物体,如地球、太阳等等。但当时已经弄清,所有这些具体的物体或物体系的运动都具有或大或小的非匀速直线性。也许正是由于他无法找到一个这样的绝对参照物,牛顿才认为与实物相联系的参照系都不可能成为惯性定律的基础。因此,为了给惯性定律以一个确切的意义,他只能提出与任何实物都不相联系的绝对时空。爱因斯坦赞美说:"在我看来,完全清楚地理解到这一点,那是牛顿的最伟大成就之一。"①除这个原因外,还因为在牛顿第二定律中出现了"加速度"的概念,而"加速度"只是指"对于空间的加速度"。爱因斯坦指出:"为了使人们能把那个出现在运动定律中的加速度看作一个具有任何意义的量,牛顿的空间因而必须被认为是'静止'的,或者至少是'非加速'的。对于时间也差不多一样,时间当然也同样进入加速度概念里。"②因此牛顿就不得不认为空间和时间像物质一样具有物理实在性,不得不坚持时空与物质的独立,不得不把时间与空间作为物体力学行为的独立因素引进到他的理论之中。"对此,牛顿自己和他同时代的最有批判眼光的人都是感到不安的;但是如果人们要想给力学以清晰的意义,在当时却没有别的办法。"③

　　所以,必须承认,牛顿所提出的绝对时空观,是他所建立的力学体系的需要,也可以说是整个经典物理学的基础。牛顿正是从对机械运动规律的深入研究中,抽象出均匀性、平直性、无限性等时空特性,建立起这个适合于描述机械运动的绝对时空模型的。这是人类历史上第一个在自然科学的基础上建立起来的系统完整的时空观,是人类对时空认识的第一次大飞跃;它的提出对于人类进一步把握时空的本质,推动自然科学的发展,都起到了重大的作用。所以爱因斯坦高度评价说:"牛顿的决定,在科学当时的状况下,是唯一可能的决定,而且特别也是唯一有效的决定。"④

---

①④ 《爱因斯坦文集》(第一卷),商务印书馆(1976),第 589 页。
② 《爱因斯坦文集》(第一卷),商务印书馆(1976),第 543 页。
③ 《爱因斯坦文集》(第一卷),商务印书馆(1976),第 548 页。

3.3 以相对时空观批判绝对时空观

绝对时空学说的提出,既显示了牛顿的智慧,也暴露了他的理论的弱点。由于这种弱点的存在,在牛顿生前和19世纪末期,引起了两场深刻的争论,这两场争论都是以相对时空观批判牛顿的绝对时空观为其基本内容的。

惠更斯是近代科学史上第一个以明确的物理观念提出相对空间观点的人。在1694年与莱布尼茨的通信中就主张只有相对运动,他们二人都反对绝对运动的概念,也不能容忍从普遍的相对运动图景中分出绝对的曲线运动和加速运动的做法。针对牛顿关于证明绝对运动存在的"水桶实验",惠更斯论证了圆周运动的相对性。不过他有关这一论述的四页手稿直到20世纪初才被发现并于1920年发表出来。

一切运动的相对性,是惠更斯的基本思想。他认为空间是无限的、均匀的和相对的,无限的空虚空间既不能说是运动的,也不能说是静止的,各个空间部分之间也不存在确定的界限。因此,说空间的某个地方的"不动性",是无定义的。所以,物体相对于空间的运动和静止,是一些无内涵的概念,运动和静止不可能是相对于空间而言的。"要说一个物体在无限空间中静止是不可能的,或者说它在无限空间中运动是不可能的,所以静止和运动只能是相对的。"[①]在运动的普遍相对性观念的基础上,惠更斯提出:"圆周运动也是相对的:二点沿相互平行的直线而运动,这种直线不断改变方向,但其距离则因有约束而保持不变。"[②]他认为,相对运动不能只看作物体间距离的变化,这种定义只适用于彼此间无约束的物体的运动;而对于有力学约束的物体,则相对运动的定义就应推广到包括运动方向在内。如转动圆盘边缘上位于直径两端的两个点,它们趋于向相反方向运动,正是由于受到刚性约束作用,它们的距离不能改变,才使它们沿圆周运动。所以,一个运动圆的各个部分之间是相对运动的,当发生圆运动时,除了圆的各部分之间的关系改变之外,并没有发生别的事情;而且,确认这种运动并不需要

---

① M.Jammer, The Concept of Space, Harvard(1954), p.13.

② 库兹涅佐夫,《古代物理学、经典物理学和物理学中的相对性原理》,商务印书馆(1964),第53页。

指明外界参照物或什么"绝对空间"。

惠史斯说他长期以来也曾认为转动离心力可作为真实运动(绝对运动)的判据,因为"其他的现象,并不取决于是一个圆盘在我旁边转动还是我在绕着不动的圆盘而走动"。[①]"但是,如果圆盘是转动的,位于盘沿的石头就会被抛出,因此我从前认为圆盘的转动并不是相对于其他物体而言的。但是,这种现象只证明圆盘各部分的相对运动——它们对盘沿的压力。由此可见,转动乃是各部分的相对运动,这些部分趋于沿不同的方向走开,但是它们被绳索或约束物抑制住了。"[②]所以他认为,离心力也只是这种相对运动的标志。这表明,惠更斯为运动引进了一个动力学效应的量度,他所说的运动,并不表现为坐标和相对距离的变化,而是表现出动力学效应;圆盘各个部分沿相反方向运动时所出现的约束力,正是这种运动的量度,这实际上是提出了动力学相对性的思想。

牛顿的绝对时空观实际上包含着这样一个思想:空间对物体发生作用,而物体不能对空间发生作用,作用和反作用定律在空间同物体的关系上失效了。这是因为在牛顿力学中出现了加速度概念,而加速度是相对于绝对空间的加速度,由于物体的惯性抵抗那个相对于空间的加速度,于是空间对物体发生了作用;而因为"绝对空间"什么也没有,物体对空间就毫不发生作用。因此,牛顿的空间的绝对性,似乎使空间变得比物质更本质。而这种观念,却引起了莱布尼茨等人的不安。

在《原理》发表后不久,莱布尼茨就发现了绝对时空在逻辑上的这一矛盾,因而公开提出了对绝对时空观点的批判。他首先是从神学上反对绝对时空观的,因为他认为时间和空间都是上帝的创造物,因而是相对的;而牛顿的绝对时空观却否定了上帝的无限创造力。在他以书信的方式与牛顿学派的克拉克(Samuel Clarke, 1675—1729)展开的一场著名争论中,在他给克拉克的第四封信中写道:"如果空间是一种绝对的实在,远不是一种和实体相对立的性质或偶性,那它

[①②]　库兹涅佐夫,《古代物理学、经典物理学和物理学中的相对性原理》,商务印书馆(1964),第54页。

就比实体更能继续存在了，上帝也不能毁灭它，甚至也丝毫不能改变它。它不仅在全体上是广阔无垠的，而且每一部分也是不变的和永恒的。这样就将在上帝之外还有无限多的永恒的东西了。"①但同时莱布尼茨也从物理学和力学的观点论证了时空的相对性。他认为，牛顿的错误在于把具有广延性的物体从空间抽掉了，从而使空间只成为一个"无广延之物的广延"，即一个"没有主体的属性"，空洞的容器，各个物体在这个容器中占有各自的空间，于是物体的本质似乎就表现为"占有空间性"了。莱布尼茨认为，"占有空间性"是一个想象的概念，它并不构成物体的本质。这样，莱布尼茨就从事物的"序列性"方面发展了他的空间观。他说：

> "我把空间看作某种纯粹相对的东西，就像时间一样；看作一种并存的秩序，正如时间是一种接续的秩序一样。因为以可能性来说，空间标志着同时存在的事物的一种秩序，只要这些事物一起存在，而不必涉及它们特殊的存在方式。"②

但是，莱布尼茨并不是简单地把空间理解为一种单纯的秩序，而是从物体的整体上或从物体的共存关系上考虑的，空间是所有事物的序列，是共存物的序列。在人们具体形成空间概念时，是考虑到"多个事物的同时存在"而从中领悟到某种"共存的秩序"，这种秩序表现为事物之间的关系即位置或距离。虽然每个个别事物的位置可以发生变化，但作为足够数量共存物的整体的内部秩序并未变化，这就叫作空间。可见，莱布尼茨的空间概念既包含了空间与物体相联系的思想，又包含了事物整体上的序列性的思想。

关于时间，莱布尼茨同样反对牛顿的绝对时间的观点。就像把空间与物质联系起来一样，他也把时间与运动联系起来，认为时间也是某种纯粹相对的东西，"时间是一种接续的秩序"。即它也是一种序列，不过不是一种有次序的事物的序列，而是一种事物变化的、不间断的、连贯的序列。

---

① 莱布尼茨、克拉克，《莱布尼茨与克拉克论战书信集》，武汉大学出版社(1983)，第40页。
② 莱布尼茨、克拉克，《莱布尼茨与克拉克论战书信集》，武汉大学出版社(1983)，第27页。

莱布尼茨这种把物质与空间、运动与时间联系起来的相对时空观,无疑是非常卓越的,他说:"空间和物质的区别就像时间和运动的区别一样。可是,这些东西虽有区别,却是不可分离的。"①但他的这些见解,在当时是不可能得到公认的,"因为要把他的观念贯彻到底所必需的经验基础和理论基础,在十七世纪都还是无法得到的。"②只是通过马赫、爱因斯坦的发展,才得到了对时空本质探讨的一些具体成果。

牛顿的观点也受到了贝克莱从宗教和哲学方面的发难。总的说来,贝克莱是从"存在就是被感知"的唯心主义哲学命题来否定时空和运动的客观实在性的。在他 1710 年出版的代表作《人类知识原理》(*Principles of Human Knowledge*)中说:"在我看来,时间之成立是由于在我心中有连续不断的观念以同一速度流动,而且一切事物都是和这一串时间有关的。……离开了心中观念的前后相承,时间是不能存在的。"③"……运动的哲学含义并不含有绝对空间的存在,即是说并没有离开感官知觉而和各种物体绝缘的所谓绝对空间。在人心以外,并无所谓绝对空间。"④"我的身体如果也消灭了,则无所谓运动,也就无所谓空间。"⑤不过,贝克莱从认识上对牛顿绝对时空观的批判,还是有一定价值的。他说,牛顿把空间、时间和运动分为绝对的和相对的、真正的和虚幻的、数学的和粗俗的,似乎是假设"那些数量都是在心外存在的,而且我们平时虽然把它们和可感的事物联系在一起,可是就其本性而论,它们和那些可感物是全无关系的"。⑥他指出:"不过绝对空间的各个部分既是我们的感官所感觉不到的,那么,我们就不得不用它们的可感的尺度,依据一些我们所认为不动的物体来决定场所和运动。"⑦他断言:"运动不论是实在的或假象的,都是相对的。不过牛顿虽

---

①　莱布尼茨、克拉克,《莱布尼茨与克拉克论战书信集》,武汉大学出版社(1983),第 85 页。
②　《爱因斯坦文集》(第一卷),商务印书馆(1976),第 501 页。
③　贝克莱,《人类知识原理》,商务印书馆(1973),第 64 页。
④　贝克莱,《人类知识原理》,商务印书馆(1973),第 73 页。
⑤　贝克莱,《人类知识原理》,商务印书馆(1973),第 74 页。
⑥⑦　贝克莱,《人类知识原理》,商务印书馆(1973),第 70 页。

然如此说,我却看不出能够有任何不是相对的运动。因此,我们要想来设想运动,至少我们应想到有两个物体的距离和位置是有了变化的。因此,如果只有一个物体存在,则它干脆就不能运动。这一点,似乎是分明的,因为我所有的运动观念必然包含着相对的关系。"[1]"在我说纯粹空间时,人们不要以为空间一词表示着一个异于物体和运动并离开它们还能想象的观念。"[2]贝克莱还针对牛顿的"水桶实验"具体指出,如果考虑到地球的周日和周年运动,桶中水的"真实运动"就不是圆周运动。

在由牛顿的绝对时空观通往爱因斯坦的相对论时空观中,马赫于1883年出版的《力学:其发展的历史的和批判的说明》中提出的观点是有重要作用的。在这本书的第二章第六、七节,即"牛顿关于时间、空间和运动的观点"和"牛顿观点的概括性批判"中,对牛顿的绝对时空观及其论证提出了批判,并提出了他的很有影响的相对时空观。

他首先分析了牛顿"绝对时间"思想产生的原因。他说人们是在考察事物的运动如摆的运动中得出时间观念的,但是在实际考察摆的运行时并不一定考虑它同地球位置的相互关系,而是可以把它同任何别的物体做比较,这就很容易产生一种错觉,"认为与之比较的所有的事物都是无关紧要的",甚至在观察摆的运动时"把其他外界事物都忽略掉",而仅仅发现对于摆的每一个位置,我们的想法和感觉都不一样。"因此,时间好像是某种特殊的独立的东西。摆的位置取决于时间的进程,而我们用来做比较的、任意选用的东西,好像只是起完全次要的作用。"这就是把时间看作一种绝对的、独立于物质运动之外的东西的原因。马赫认为:"世界上所有的东西都是相互联系和相互依存的,我们自己和我们的思想也是自然界的一部分。测量事物随时间的变化是完全超出我们的能力的。时间宁可说是我们从事物的变化中所得到的一种抽象。因为一切都是相互联系着的,我们就不必局限于任何一种确定的量度。……同样,我们没有理由说有一个

---

① 贝克莱,《人类知识原理》,商务印书馆(1973),第71页。
② 贝克莱,《人类知识原理》,商务印书馆(1973),第74页。

与变化无关的'绝对时间',它可以不与运动相比较而测度出来。所以,它既无实用价值,也无科学价值。没有一个人会说他对它有什么了解,它是一个无用的形而上学的概念。"①

马赫进一步从心理学、历史和语言学上说明我们正是在事物的最基本、最普遍的联系中得到我们的时间观念的。例如,我们正是从物理事件诸如温度的差异、电(势)的差异、高度的差异都从大到小的变化同我们的时间流逝的感觉的对应中,来获得时间观念的。所以,"如果我们一旦使自己明白了我们所关心的只是查明现象的相互依赖关系,那么一切形而上学的模糊之处都会消失了"。②

牛顿的"绝对空间"观念是同他的"绝对位置"和"绝对运动"的观念紧密联系着的。在批判这些观念时马赫明确指出,我们的一切力学原理都是关于物体的相对位置和相对运动的经验知识;当把这些经验性的原理推广到超出经验的界限之外时,这些原理的正确性就无法得到保证,因而也是无意义的。他认为:"一个物体的运动总是只有在相对于别的物体时,才能加以判断。由于我们总是有一些数目上足够多而彼此相对静止的或者其位置变化得很慢的物体可供使用,所以我们在这里不一定要去指定一个特定的物体,而是能够有时忽略这一物体,有时忽略那一物体。由此也就产生了这样的一种想法:这些物体根本都是一样的。"③这就是说,运动总是相对于其他物体而言的,而选择哪一个物体,根本都是一样的。因而作为"特定"参照物的绝对空间完全是一种虚构。

关于牛顿的"水桶实验",马赫指出,水面的平凹当然跟水和水桶的相对运动无关,但这并不表明在水桶之外有什么绝对空间,而只是因为桶壁的质量太小了,它还不足以引起水面的凹曲。如果设想桶壁变得非常厚,以至于它和天体具有相同的质量,那么水和水桶之间的相对运动对水面的变凹就不可能不起作用

①　E. Mach, Mechanik, in ihrer Entwicklung Historisch-Kritisch Dargestellt, Leipzig (1883), p.217.

②　E.Mach, Mechanik, in ihrer Entwicklung Historisch-Kritisch Dargestellt, p.218.

③　《爱因斯坦文集》(第一卷),商务印书馆(1976),第 88 页。

了。他写道：

> "牛顿用转动的水桶所做的实验,只是告诉我们:水对桶壁的相对转动并不引起显著的离心力,而这离心力是由水对地球的质量和其他天体的相对转动所产生的。如果桶壁愈来愈厚,愈来愈重,最后到达好几里厚时,那就没有人能说这实验会得出什么样的结果……"①

这表明,马赫认为,水桶中水面的变凹,正是由于巨大质量的遥远天体的作用引起的;他甚至设想,当把水桶固定而使恒星天球转动,在这种情形下水也会受到离心力作用的。马赫以此说明,只存在着相对运动和相对空间。马赫针对牛顿"水桶实验"的这些深刻的思考,导致了他把惯性定律看成是整个宇宙物质的质量的效应。这个思想后来被称为"马赫原理",它对后来爱因斯坦创建广义相对论有很大的启发。所以爱因斯坦后来评价说:"对于牛顿的水桶实验的那些看法,表明他的思想同普遍意义的相对性(加速度的相对性)要求多么接近。"②正是在广义相对论建立之后,牛顿的绝对时空观才完全失去了他的自然科学的根据,完成了他在近代自然科学的建立和发展中的重要的历史作用。

4. 机械决定论原则

4.1 牛顿力学的机械决定性内涵

牛顿以其关于机械运动的三个定律和万有引力定律为公理基础,建立了严整的经典力学体系,从中得出了一个严格的、用数值表示的、机械因果性的公式,使人们在原则上有可能用严格的力学规律对物体的运动做出完善的解释和预言。根据微分方程的数学理论,如果对于现在时刻 $t=0$,状态参量的值为已知,那么我们就可能追溯这些参量在过去任意时刻($t<0$)的数值,也可能预测它们在未来任意时刻($t>0$)的数值。作为牛顿力学核心的运动第二定律,是以一个二阶常微分方程的形式出现的,它的解,即运动轨迹,完全由两个初始条件决定。就是说根据体系在某一时刻的运动状态和作用于这一体系的外部的力,就可以

---

①② 《爱因斯坦文集》(第一卷),商务印书馆(1976),第88页。

准确地确定这个体系以往和未来的运动状态。

这样,牛顿就以理性主义的、极为成功的关于"原因"和"结果"的这一机械(力学)决定性的图式,代替了以前只能对运动现象进行描述的方法。按照这一图式,根据物质的相互作用和机械运动的规律,用数学方式解释一切自然现象是完全可能的;宇宙本身就是一部精密的大机器,一切都按照其间的作用力和力学运动方程严格而刻板地做着有规则的运动。这是一个量的世界,一个可以用数学方法根据机械规律性计算的世界。因此,所谓科学研究工作,就是去找出"力",然后运用运动方程求解运动状态。在《原理》的"序"中牛顿写道:

"……哲学的全部任务看来就在于从各种运动现象来研究各种自然之力,而后用这些力去论证其他的现象。"[1]

"……我希望能用同样的推理方法从力学原理中推导出自然界的其他许多现象,因为有许多理由使我猜想,这些现象都是和某些力相联系着的。"[2]

牛顿关于自然现象"都是和某些力相联系着的",都服从力学原理的猜想,实际上就是提出了一个机械决定论(力学决定论)的命题,即认为所有的自然现象和自然过程都只能按照机械的(力学的)必然性发生和进行,原则上都应该可以用力学理论加以论证,从运动的初始条件就可以巨细不遗、完全确定地解出系统的全部运动状态,因而宇宙中的一切现象和过程都是严格的因果链条中的一个个环节。

4.2 近代初期因果性观念的发展

因果律是一条普遍的规律,它要求宇宙中的一切未来事件都是由其过去和现在确切地"决定"了的。凡是一条定律,它允许我们从一个空间和时间领域的知识,推论出另一个空间和时间领域的某种知识,我们就称它为因果性定律。牛顿运动定律正是人们可以用来预测天体轨道和地面上物体运动状态的这种因果

---

① H.S.塞耶编,《牛顿自然哲学著作选》,上海人民出版社(1974),第11页。
② H.S.塞耶编,《牛顿自然哲学著作选》,上海人民出版社(1974),第12页。

性定律。在牛顿时代,机械决定性因果关系是能够表现自然现象的规律性联系的唯一形式。这一决定论的因果观念,是经过近代科学初期的许多启蒙大师们的思考和酝酿而形成起来的。伽利略认为,科学研究不能只是简单地描述现象和罗列事实,还必须阐明现象的因果联系和规律。科学的真正目的就是要找出产生现象的原因,一旦认识了这种因果联系,就能揭示未知现象,因为自然界的一切事物都是服从严格的因果性的。他强调说,了解事物的原因比简单地掌握一些事实知识和重复多次的经验有大得多的意义。当他从物体的水平方向的惯性运动和竖直方向的匀加速运动的合成得出抛体运动的规律之后,很容易地就把以各种仰角发射的物体的射程和高度一一计算出来,从而得出仰角为 45° 时射程最大,任何两个仰角 $\alpha = 45° \pm \beta$ 的射程相等的结论。而在他之前,塔塔格里亚只是从经验中得出仰角为 45° 时射程最大的这个孤立的结论。伽利略对此写道:"通过发现某个单个的事实的原因而得到的有关这种事实的知识,为我们的心灵做好了准备,从而可以在无须求助实验的情况下来理解和确认其他别的事实。"①

F.培根也认为,真正知识的获得,必须通过阐明因果联系的途径,而不是幻想什么"合理的天意"或"超自然的奇迹";正确的认识,就是依靠原因而获得的认识。他说:"认为'真正的知识是根据原因得到的知识',乃是一种正确的看法。"②伽桑狄在反对经院哲学的目的论的斗争中,也发展了机械论的因果性思想,认为整个世界都有严格的因果关系。荷兰哲学家斯宾诺莎(Spinoza,1632—1677)同样以决定论的因果学说同亚里士多德的目的论展开了坚决的斗争。他认为,万物都可以用因果做出解释,他说:"如果有确定的原因,则必定有结果相随,反之,如果无确定的原因,则绝无结果相随。"③他把事物相互之间的

---

① 莫蒂默·艾德勒,查尔斯·范多伦,《西方思想宝库》,吉林人民出版社(1988),第1421页。
② 北京大学哲学系外国哲学史教研室编译,《西方哲学原著选读》(上卷),商务印书馆(1983),第346页。
③ 北京大学哲学系外国哲学史教研室编译,《西方哲学原著选读》(上卷),商务印书馆(1983),第416页。

因果作用同自然界中所观察到的运动和静止联系起来,并且认为这种因果作用就是物体直接撞击的结果,就是原因和动作的完全均衡。他就是以这种带有机械论色彩的因果性原则来解释一切自然现象,而且以任何事件都处在因果的无限链条之中,来坚决否认偶然性的客观性。他认为世界上的一切都像数学所表明的那样是必然的,都保持着"永恒的、牢固不变的秩序";所谓"偶然性"只是我们没有认识到自然界的全部秩序和一切原因的普遍联系时的一种错觉。斯宾诺莎所坚持的正是一套完整的机械决定论思想。他说:"确定性不是别的,不过是一件事物自身的客观本质而已,换言之,我们认识一件事物的形式本质的方式就是确定性本身。"

先辈思想家们关于因果决定性的这些思想,都对牛顿产生了深刻的影响,并最终以牛顿确立的力学理论体系,为这种机械决定论因果律找到了最适宜和确切的表达形式。

4.3　天体力学对机械决定论的辉煌证明

对牛顿理论所表征的力学决定论的最惊人的证实,是由 18 世纪的天体力学所做出的。1705 年,牛顿的挚友、《原理》的出版赞助人哈雷,发表了《彗星天文学纲要》,根据他对 1682 年一颗彗星轨道的观测数据,判定它和 1531 年、1607 年出现的是同一颗彗星。他运用牛顿天体运动的理论,对这颗彗星的轨道进行了计算,预言它将在 1758 年再次出现。1743 年,法国数学家克雷罗(A.C. Clairaut,1713—1765)计算了遥远的木星和土星对这颗彗星的摄动作用,指出它的出现要稍稍推迟,它经过近日点的日期不在 1758 年而在 1759 年 4 月。果然,这颗彗星在 1759 年春末又现于夜空,这就是著名的哈雷彗星。这是人类历史上第一次在 54 年前就准确预言了的一次天体运动现象,而它是根据一套严格的因果理论做出的。这使以牛顿力学原理为表征的因果律的真理性得到了一次辉煌的胜利,它在人类理智上引起了一次巨大的震动,极大地增强了人们对机械决定性因果规律的信心。

牛顿定律的这种精确性实在令人惊异,在此后两个世纪中所有观察到的天体运动的偏离都一一被解决了。其中包括从天王星轨道运动的不规则性所导致的海王星的发现(1846 年)。根据牛顿理论,天文学家们可以对天文现象做出完满的解释和预测。17 世纪末,哈雷从前人的观测数据得出结论说,木星的运动一直在有规则地加速,土星则在减速。牛顿曾因这一偏差以及以极扁的轨道从极遥远的地方走来几乎穿过所有行星的轨道的彗星的干扰作用,担心自然界的运动在不断弥散和衰竭,太阳系的运动也会陷于紊乱。在《光学》的"疑问 31"中写道:

　　　　"既然彗星能在偏心率极大的轨道上以各种不同位置运行,盲目的命运就绝对不可能使所有行星都以同样方式在同心圆的轨道上运转,除非出现一些微不足道的不规则性以外;这些不规则性可能来自彗星与行星之间的相互作用,而且还将倾向于变大,直到这行星系需要重新改组为止。"[①]

在同一个疑问里,他还指出,由于流体的黏性、摩擦以及物体不总是做弹性碰撞等原因,"失掉运动就要远比获得运动容易得多,因而运动总是处于衰减之中",所以,"在看到了我们世界上所发生的各种运动都总是在减小之后,就有必要用一些积极的本原来保持并弥补这些运动。"[②]牛顿所用的"重新改组"和"积极的本原"这些说法,实质上都包含了需要上帝的干预来不断弥补宇宙中运动的弥散,不断修正太阳系中积累起来的运动的不规则性的意思。

　　当时不少人都怀疑,这些现象是否能够用万有引力理论加以说明。巴黎科学院在 1748 年还就木星和土星运动的不规则性问题进行悬赏征文。不过,人们从观测资料的分析中得出了与哈雷相反的结论:土星在加速,木星在减速。欧勒首先指出了这种长期扰动的可能性,兰伯特(J. H. Lambert, 1728—1777)于 1773 年断言木星和土星的扰动是一种周期现象。直到 1784 年,法国天文学家和物理学家拉普拉斯(P.S.M. de Laplcae, 1749—1827)才根据万有引力定律具体得出这是木星和土星的相互作用所产生的一种周期为 930 年的扰动,从而使

---

①　H.S.塞耶编,《牛顿自然哲学著作选》,上海人民出版社(1974),第 210—211 页。
②　H.S.塞耶编,《牛顿自然哲学著作选》,上海人民出版社(1974),第 207、208 页。

牛顿的理论摆脱了一场严重的危机。拉普拉斯同时还证明,太阳系是一个完善的自行调节的机械机构,行星之间的相互影响以及彗星等外来物体所造成的摄动,都只能造成暂时的不规则情况,它们最终都会自行得到改正。他说:"行星和卫星的运动走的都几乎是圆周,而且朝着同一方向,并处在相互倾斜得很少的平面上,单是根据这条理由,这个体系将会围绕一种平衡状态摆动,并且只以极少数量偏离这种平衡状态。"①所以,在拉普拉斯看来,宇宙是一架极为完善的自行调节的机器,它作为整体是稳定的;它已经运行了无限长的时间,它还将无限期地运行下去。因而牛顿的担心是没有根据的,也不需要假设上帝在时时修正着天体运动的种种偏离,一切都是可以用牛顿理论做出解释的。

牛顿本人似乎还没有把他的理论看作一个已经一览无余地概括了整个宇宙历史的决定论哲学,他还谦逊地把自己比作一个在未知真理的大海岸边偶尔捡到几颗美丽的贝壳的孩子,离洞察到宇宙的全部奥秘还有十分渺远的距离。但是,18 世纪天体力学所获得的一个个震撼人心的胜利,再也无法阻止人们通过从科学到哲学的外推,而把牛顿力学视作能够对宇宙中一切现象做出完满解释的最终理论。这种思潮成为促使"理性时代"兴起的最强大的力量之一。法国杰出的数学物理学家拉格朗日(J.L.Lagrange,1736—1813)把《原理》誉为人类心灵的最高产物,把牛顿看作人类历史上最伟大也是最幸运的一位天才,"因为宇宙只有一个,而在世界历史上也只有一个人能做它的定律的解释者"。

对牛顿力学所表征的这种机械决定论的信心,充分体现在 1812 年拉普拉斯在《概率论》一书的引言中关于高超的"精灵"的设想上,他写道:

"让我们想象有个精灵,它知道在一给定时刻作用于自然界的所有的力以及构成世界的一切物体的位置;让我们进一步假定,这个精灵有能力对所有这些数据做出数学分析的处理。那么,它就会得到这样的结果,即把宇宙中最大的物体和最小的原子的运动包括在同一个公式里。对于这个精灵来

---

①　F.梅森,《自然科学史》,上海人民出版社(1977),第 275 页。

说,再没有什么事物是不确定的,过去与未来都会呈现在它的眼前。"①

当然,拉普拉斯并不认为这个精灵会真正实现,他按着写道:"就人的智慧在天文学方面所达到的完备程度看,就可以使我们看到了这个精灵的一个粗略的轮廓……人在追求真理中的一切努力,目的是要愈来愈接近那个精灵,但是人仍然是永远无限地远离着它。"他举出天文学的成就的例子来说明这个高超的"精灵"的基本特征,而当时的天文学正是根据牛顿理论从天体的现在状况去推得它们在任意时刻的状况的。当时牛顿力学最辉煌的胜利正是在解释天体运行机制方面所取得的惊人的成功中得到的。可见,拉普拉斯的这个"精灵",只是一种方便而形象的比喻,或者说是神化了的数学物理学家和天文学家,是用以表明当时人们对以牛顿运动定律作为原则性表征的这种决定论因果性定律的信念,这是 18 世纪后半期以后的普遍观念,特别是法国科学的理论倾向。正如马赫所说:"18 世纪法国百科全书派以为他们离用物理的和机械的原理去给世界以最后解释的日子已经不远了;拉普拉斯甚至以为心灵可以预测自然界的世世代代的进展,只要有了质量和它们的速度就行了。"②

这样,以牛顿的原子论的物质观、绝对时空观和机械决定论因果观为核心内容,经过 17、18 世纪自然科学知识的积累,一个以准确的自然规律、特别是以牛顿运动定律为基础的机械论的世界图景就被完善地描绘出来,并得到了普遍的接受:整个宇宙是物质的,它是由分立的、不可分的、不可入的、具有不变的质量和固有的惯性的最基本的物质单位原子所构成的万物组成的;物体依靠超距的万有引力或直接的碰撞等机械作用,严格地按照牛顿力学原理所确定的力学决定论规律,在绝对的、均匀的、平直的、不受物质运动影响的绝对时空中进行着运动;根据体系在某一时刻的运动状态,既可追溯它的历史,也可预测它的未来。这是一幅完整的数学-力学的世界图景,也是一幅机械论的世界图景。这幅世界

① P.S.Laplace, Thèorie Analytique des Probabilitès, Paris(1886), p.vi.
② W.C.丹皮尔,《科学史》,商务印书馆(1975),第 79 页。

图景为了使自然界成为可以根据最简单的几条力学原理进行精确的描述和计算的对象,就把数学、力学性质之外的东西都从自然对象的本性中清除掉了,除了具有广延性及其派生的形状、大小等几何性质的物体之外,再没有别的什么东西了。于是人的精神也被从物质本性中排除掉了,顶多只能视作为物质的某种机械性的衍生物。E.A.伯特概括和评论说:"牛顿的权威丝毫不差地成为一种宇宙观的后盾。这种宇宙观认为人是一个庞大的数学体系的不相干的渺小旁观者(像一个关闭在暗室中的人那样),而这个体系的符合机械原理的有规则的运动,便构成了这个自然界。……空间与几何学领域变成一个东西了,时间则与数的连续变成一个东西了。从前人们认为他们所居处的世界,是一个富有色、声、香,充满了喜乐、爱、美,到处表现出有目的的和谐与创造性的理想的世界,现在这个世界却被逼到生物大脑的小小角落里去了。而真正重要的外部世界则是一个冷、硬、无色、无声的沉死世界,一个量的世界,一个服从机械规律性、可用数学计算的运动的世界。具有人类直接感知的各种特性的世界,变成仅仅是外面那个无限的机器所造成的奇特而不重要的效果。"①

　　这个机械论的自然观,到了19世纪中叶,更成为统治整个物理学界的普遍信念。1847年,德国物理学家赫姆霍兹(H.Helmholtz, 1821—1894)在《论力的守恒》中写道,物理学的任务,就在于把物理现象都归结为其强度只与距离有关的引力和斥力;一旦完成了这个归结,科学的任务便算终结了。英国物理学家W.汤姆逊(W.Thomson, 1824—1907)也认为"自然哲学最基本的学科是动力学,或力的科学"。他说:"自然界中的各种现象都是力的一种表现形成。在自然界中,不存在独立于力而发生或不能以任何方式受到力的影响的现象,所以动力学可以用于所有自然科学。同时,在自然哲学的研究中得出任何可能的进展以前,必须具有动力学原理的全面认识。正是考虑到这些,动力学被普遍同意放在

---

① E.A.Burtt, The Metaphysical Foundations of Modern Physical Science, New York(1928), p.236.

物理科学的领先地位。"①类似于这样的观点,非常普遍地表现在 19 世纪几乎所有的科学著作里。允分表明,以牛顿力学为表征的机械观,已成为这个理性时代科学思想的支柱。

第四节　机械论在物理学研究中的影响

机械论的中心思想是用描述机械运动的基本原理来解释一切其他的复杂现象。在牛顿的力学体系中,"力"和"质量"是最主要的两个基本概念,与这两个概念相联系着的是关于运动原因和关于自然现象的本体论实质的认识。因而,当随着力学理论的形成和发展而使机械论观点得以广泛流传时,就使物理学在17—19 世纪的发展带上鲜明的机械论的色彩,并表现在企图用机械的"力"和"质"来解释各种完全不同的物理现象上。

牛顿力学认为,具有惯性的物体,只要不受外力的作用,自身是不会发生运动变化的。这就是说,自然界是受力的制约的,运动、变化完全是被动的。因此,18 世纪的科学家们的一种普遍做法,是针对每一种特殊的物理现象,总试图提出相应的某种"力"作为这种现象运动变化的动因。电力、磁力、化学亲和力、光的反射力、光的折射力、毛细力、热的亲和力等等,几乎有多少不同的自然现象,便会造出多少种力。人们相信,用物体之间简单的作用力来解释所有的自然现象是可能的,所以力的观念自然也被推广到那些显然并不具有力学性质的问题上。直到 19 世纪,物理学家们还认为如果还有什么现象尚未弄清楚,那只是因为人们尚未找到与那种现象相对应的"力"的具体形式。

机械论观点在另一方面的表现,是形式主义和经验主义的加强。对于当时所发现的各种运动形态和丰富多彩的物理现象,物理学家们并不把目光放在整体的探究上,并不企图给出一个统一的说明,而只是满足于简单地确定事实,并

---

① S.P.Thomson, The Life of William Thomson, Baron Kelvin of Larges, pp.241—242.

以荷载物的多种形态给予不同物理现象以具体的本体论的解释。一系列的机械性的"质"如燃素、热质、光微粒、光以太、电流质和磁流质等,就为此目的而被引进物理学。尽管这些假说有的把运动看作物质,有的以现象充作本质,并且都不具有机械质体所具有的重量(所以被称为"无重流质"),但却很自然地为物理学家们普遍接受,承担起为各种物理现象提供"本体论"解释的任务,并开辟了定量处理这些现象的道路。17—19 世纪,在关于光、热和电的本性上所展开的几场著名的争论,都带有这种机械本体论的鲜明特色。

1. 关于光的本性的两种学说

光学是和力学几乎同时发展起来的一门物理学科。凑巧的是,近代初期光学的理论体系也是由牛顿所确立起来的,以他在 1704 年出版的《光学》作为标志。

光是一种"作用"还是一种"实体",是很早就出现的不同看法。但直到 17 世纪,通过牛顿与胡克、惠更斯的争论,才逐渐明确形成了关于光的本性的两种学说。

1.1　光的波动论的提出

在天体运动上提出以太涡旋学说的笛卡儿,同样把这一思想运用于光的本性上,用以太中压力的传递来说明光的传播过程,把视觉同盲人借助手杖感知周围物体的过程相比较。在 1637 年出版的《屈光学》(*Dioptrique*)中,他认为光是一种作用或压力,它从发光体经过中间媒质传入眼睛,就像物体的状况或阻抗通过盲人的手杖传到手上一样。笛卡儿把光的颜色归于发光媒质的以太粒子转动速率的不同,最快速的转动引起红色的感觉,较慢的转动对应于黄色,最慢的则是绿色和蓝色。在 1644 年出版的《哲学原理》中,他更完整地阐发了这种思想,认为光源(如太阳和恒星)是炽烈的涡旋核心,它们的外向压力除以光的形式照耀行星外,还以这种压力抵御其他星体的涡旋压力而保持存在。笛卡儿这种光是空间以太传播作用的学说,为光的波动说的创立奠定了基础。

笛卡儿以光的本性是一种推力或运动倾向的学说,对光的折射定律做了力学的说明。他论证说,作为媒质中的运动的光,碰撞在柔软的、松散的空气粒子上比碰撞在坚硬的、紧密的水或玻璃粒子上,更容易受到减弱,正如一个球在松软的地毯上不如在坚硬光滑的桌面上更容易滚动一样。所以笛卡儿假定,光在较密媒质中比在较疏媒质中运动得更迅速,他据此得出了光的折射定律。

光的波动说是由意大利的格里马第(F.Grimaldi,1618—1663)首先明确倡议的。

格里马第观察了在一细束日光照射下的小物体以及光连续通过两个小圆孔后在屏上的影子,发现光并不严格走直线,因为在前一个实验中小物体的阴影比假定光走直线预计的影子要宽一些,而且阴影的边缘外侧出现有平行的色带,较近的带有蓝色,较远的带有红色。如果有足够亮的照明,则在阴影的内侧也显示类似的色带;当障碍物有尖锐的边缘时,它们就变得更为复杂。在后一个实验中,屏上的亮盘也比假定光走直线画出的直径要大。格里马第据此设想,光是一种能够做波浪状运动的精细流体,这种流体能够以极大但有限的速度漫射而通过透明体;阴影边缘的这些色带就如同一块石头抛入水中所形成的圆形波纹。格里马第还认为,颜色是反射光的物体的精细结构所引起的光的变态,这种变态或许同光的运动类型和速度有关,就像空气的不同振动产生不同的音调那样;因此,当眼睛被速度不同的光振动刺激时,就产生不同的色觉。他指出,如果光流体的动作是波浪式的,那么影子的边缘就必然是模糊的和有颜色的,就像水波碰到障碍物时会绕过去一样。

格里马第还做过两个光点的重叠导致亮度减弱的实验,并让日光从一块有精细刻痕的金属板上反射而在屏上产生色带。他的这些实验和思想,对后来光学的发展有重大的意义。

罗伯特·胡克(R.Hooke,1635—1703)是当时光的波动说的重要创建者和捍卫者。他在1665年出版的《显微术》(*Micrographia*)中以异常坚硬的金刚石受到摩擦、打击或加热时在黑暗中会发光的现象为根据论证说,光"必定是一种振动。……因为,如果运动的部分不返回来,那么金刚石几经摩擦后必定要被损耗掉,但是没有理由预期会出现这种情况。"他同样以金刚石的坚硬特性断言这种振动必定是极短而快速的。因而他认为,光是发光体微粒的小振幅的快速振动,它在与发光体毗邻的媒质里引起了扰动,从而使这种"完全流动而又极端致密"的媒质的整体发生了扰动。他写道:"在一种均匀媒质中这一运动在各个方面都以相等的速度传播。所以发光体的每一个脉动或振动都必将形成一个球面。这个球面将不断地扩大,就如同把一石块投入水中后在水面一点周围的环状波膨胀为越来越大的圆圈一样(尽管肯定要快得多)。由此可知,在均匀媒质中扰动起来的这些球面的一切部分都与射线交成直角。"这就是说,光是由发光体的振动在媒质中引起的一系列与射线成直角的球形脉冲的扩散。他已经提出了波前或波面的概念。

胡克认为,光的颜色是由光在折射时波面的倾斜产生的。

胡克对各种透明薄膜(如云母薄片、肥皂泡、珍珠母、水面油膜等)的闪光颜色现象进行了研究。他提出解释说,当一束光倾斜地射向薄膜时,每个脉冲都一部分从前表面反射,一部分从后表面反射。前者较强,后者较弱,从而形成两个彼此平行但隔开一段距离的反射脉冲。"最弱的成分领先而最强的成分随后的斜向光脉冲的混合,在视网膜上引起蓝色的印象;最强的成分领先而最弱的成分随后的斜向光脉冲的混合,在视网膜上引起红色的印象";其他居间的排列混合情况则引起其他的色觉。这种解释既考虑了两个反射面的作用,又模糊地接触到了薄膜干涉的基本要点——前后表面上反射光的叠加以及两束光的位相差的初步概念。胡克认识到在"这一假设中最重要的事情是测定产生这一现象的薄膜的厚度",但他没有取得成功。

荷兰物理学家惠更斯于 1678 年提出、1690 年以《光论》(*Traitè de la Lumière*)为题发表的著作中,根据光的波动说提出了一个理论,以少数几个基本假设为基础,成功地解释了当时已知的大多数光学现象。

惠更斯第一个明确地把"以太"概念引进光学中,认为以太是由富有弹性的坚硬的微粒组成的,光则是由发光体振动着的微粒把脉冲传给邻近弥散状的以太的微粒,每个以太微粒都把它所接受到的脉冲传递给所有与它接触的微粒而一点接一点地传播出去的。因而,虽然每个以太微粒本身并不发生永久性的位移,但作为整体的以太媒质却能够同时传播向四面八方行进的脉冲。他写道:"假如注意到光线向各个方向以极高的速度传播,以及光线从不同的地点甚至是完全相反的地方发出时,光射线在传播中一条光线穿过另一条光线而相互毫不影响,就能完全明白这一点,当我们看到发光的物体时,绝不可能是由于从它所发出的物质,像穿过空气的子弹和箭一样,通过物质迁移所引起的。"惠更斯认为,声波的知识可以比拟光的传播方式,但二者又是不同的:声波是由物体相当大的部分的振动引起的,光波则是由发光体的微小粒子的振动引起的,并且以不规则的间隔发生;声的传播是通过空气进行的,空气被抽走时声就无法传播了,而传播光的以太却不能被抽走,所以光在真空中也可以传播。这样,惠更斯就明确提出了光是一种波动的观点,认为光像声波和水波一样以有限的速度和球面的形式传播。

惠更斯从每个受激微粒都是一个球形子波的中心的假设出发,提出了著名的"惠更斯原理",并立即得出了光束的反射和寻常折射的作图法。在解释光通过透明固体的现象时,设想以太充满于固体微粒的微孔,当光通过这种以太传播时,由于必须绕过固体微粒而比在自由空间传播慢得多,所以自然地得出光在透明媒质中比在真空中行进得慢。至于不透明的物质,它们则包含有阻尼以太振动的软微粒。

对于1669年丹麦科学家巴塞林纳斯(Erasmus Bartholinus, 1625—1698)所发现的光通过方解石时的双折射现象,惠更斯非常有特色地用光波既通过以太微粒、也通过晶体物质微粒传播的假说,做出了圆满的解释。他猜想,晶体规则的几何形状必定与组成晶体的微粒的形状与规则排列有关。通过方解石晶体的寻常光,可以归因于球面波通过晶体的传播;但为了解释非寻常光的行为,就必须设想光的波阵面呈回转椭球形状。他假定这种晶体由椭球状的微粒规则地组成,这些微粒相对于晶体的光轴有确定的取向。这样,当光从方解石晶体中的任何一点向四面八方传播时,其波阵面便呈双表面,一个是球面,一个是椭球面,一道光线也就分裂为两个部分。

但是,惠更斯却进一步发现,当光线相继通过两个随便放置的方解石晶体时,结果产生了四条光线;当两个晶体垂直放置时,第一个晶体和第二个晶体中的寻常光线和非寻常光线相互变换。对于这个现象,惠更斯的双折射理论完全失去解释能力。

在这个问题上的失败以及他无法解释影子边缘和薄膜的彩色,使惠更斯的理论在与牛顿的学说的竞争中终于陷于劣势。

1.2 牛顿关于光的本性思想的发展

牛顿在光的研究中,由于和胡克、惠更斯等人的争论,在关于光的本性的问题上,经历了一个曲折的变化。

从原子论物质观出发,牛顿一开始就倾向于把光看作微粒流。因此,在他 1672 年 2 月 6 日送交皇家学会的论文《关于光和颜色的新理论》(*New Theory about Light and Colours*)中虽然没有明确说光必定是一种"物体",但却隐含了光的微粒思想。因为他从自己的色散实验中得出颜色是一种"原始的、天生的、在不同光线中不同的性质",白光是由各种色光按一定比例混合而呈现的,所以他比喻说,这正像各种颜色的"粉末"或"粒子"的混合一样,但粒子本身并未发生变化。在阐述了从他的实验中得出的 13 个命题之后,他写道:

> "事情既然这样,就没有必要再去争论黑暗地方是否有颜色,颜色是否我们所看到的物体的性质,以及光是否可能是一种物体等问题。因为既然颜色是光的性质,并以光的许多光线作为颜色的全部而直接的主体,那么我们怎么能设想这些光线也是性质呢,除非一种性质可以是其他性质的主体并且可以承载它们,这就实际上应称之为实体。如果不是由于物体的那些可感知的性质,我们就不会知道它们是实体,而当现在由于别的什么东西而发现了这些可感知的性质的主体以后,我们就很有理由认为它也是一种实体。"[1]

---

[1] H.S.塞耶编,《牛顿自然哲学著作选》,上海人民出版社(1974),第 93 页。

可见,牛顿是把光作为一种"主体"或"实体"看待的,或者说光是颜色这种"性质"的承载物,就像"物体"是它们的"可感知的性质"的"主体"一样。

牛顿的这种看法,招致了胡克在同年2月15日给皇家学会的信中提出的尖锐批评。胡克说要承认"光是一种物体,会有这么多颜色或等级,这么多种物体会混合在一起成为白色"是困难的。在6月11日所写的答复胡克的信中,牛顿谈到他确实"主张光的粒子性",但并不绝对确信地把它看作一个"基本假设"。在这封信中,牛顿出现了接受以太说,把微粒说与波动说结合起来解释光的倾向。他说,不管对于哪一种假说,"以太的振动"都是"一样有用和不可缺的",因为"如果假定光线是发光物质向四面八方发出的微小物体,那么当这些微小物体碰撞任何折射和反射表面时,一定像石子抛入水中的情形一样,必然在以太中激发起振动"。[①]

1675年,牛顿进一步发展了他关于弹性以太的思想。在12月9日给皇家学会的信中,他说:"在这假说中必须假定有一种以太媒质,它的结构和空气十分相似,但要稀薄得多,精细得多,而且更有弹性。"[②]"我们假设以太像空气一样是一种能振动的媒质,但它的振动要微小而快速得多……以太的振动虽有大小之分,但无快慢之别。"[③]他还假定以太可以按其精细程度的不同而渗透到晶体、水和其他自然物体的细孔中。但是牛顿把光看作由微粒组成的思想仍然没有改变。他写道:

"我认为光既非以太也不是它的振动,而是从发光物体传播出来的某种与此不同的东西。如果人们愿意这样做,他们可以想象光是逍遥派所说的各种素质的集合体,而另外一些人可以设想光是一群难以想象地微细而运动迅速的大小不同的粒子,这些粒子从远处发光体那里一个接着一个地发射出来,但是在它们相继两个之间我们却感觉不到有什么时间间隔,它们为

---

① H.W.Turnbull, The Correspondence of Isaac Newfon, Cambridge, Vol.I(1959), p.174.

② H.S.塞耶编,《牛顿自然哲学著作选》,上海人民出版社(1974),第100页。

③ H.S.塞耶编,《牛顿自然哲学著作选》,上海人民出版社(1974),第103页。

一个运动本原所不断推向前进,开始时这种本原把它们加速,直到后来以太媒质的阻力和这本原的力量一样大小为止。"①

牛顿只是认为"应该假定光和以太是相互起着作用的",比如光在表面处的反射和折射,牛顿就设想是由于"在光线的不断冲击下,这物理表面经常处于振动状态,而其中的以太则不断轮流扩张和压缩。如果一条光线射来时以太已被压缩得很厉害,那么我认为这时的以太太密太硬,所以不能使光线通过而把它反射回去;但是如果光线射来时,以太正好处在两次振动之间的扩张那个间隔内,或者这时的以太不太压缩和稠密,那么光线就能通过它而被折射。"②而关于光的颜色,那是因为"当光线撞到坚硬的折射表面时,也将在以太中激发起振动",在视网膜上就会引起这种振动;各种光线将按照它们在大小、强度或力量上的差别而引起不同的振动,从而产生不同的颜色,最大的产生最强的红和黄,最小的产生最弱的蓝和紫。

可见,牛顿始终没有接受纯粹的光的波动理论,特别是由于他无法使波动说和光的直线传播相调和,还由于光的偏振现象似乎只有将光看作某种特殊的微粒才能做出解释。所以牛顿越来越倾向于微粒假说,而在 1704 年出版的《光学》中,只把有关以太的思辨放在一些"疑问"中。

首先,牛顿认为光的波动说不能很好地说明光的直线传播这一基本事实。在"疑问 28"中他写道:"……如果光是一种压力或运动,那么无论它是即时传播的还是需要时间的,它都应当弯到阴影中去。因为挤压力或运动不能在流体中超越阻挡部分的障碍物沿直线传播,而将以每种方向弯曲和扩展到障碍物外边的静止媒质中去……但是从来不知道光会沿着弯曲的道路走,或者会弯曲到阴影里去。"③不过,牛顿确实在关于衍射的实验里看到过光线经过物体边缘时会稍有弯曲,对此他补充说,"这种弯曲不是向着阴影而是离开它,并且只有在光线

① H.S.塞耶编,《牛顿自然哲学著作选》,上海人民出版社(1974),第108—109页。
② H.S.塞耶编,《牛顿自然哲学著作选》,上海人民出版社(1974),第114页。
③ 牛顿,《光学》,科学普及出版社(1988),第201—202页。

通过物体旁边,与它相距很近时,才有这种现象。一旦光线经过这物体之后,它就笔直前进。"①

其次,关于惠更斯发现的光线相继通过两个方解石时所发生的奇特现象即"偏振现象",惠更斯明确承认波动说对此无法做出解释。而牛顿在"疑问25"和"疑问26"中指出,只要假定"在光线里有一种原有的差别"或者赋予光线几个不同侧面的特性,就能做出解释。他写道:"同一条光线根据其侧面所具有的对晶体的位置而有时按照正常方式,有时按照反常方式折射。如果光线的侧面位于两个晶体中同样方位,那么它在两晶体中按同样方式折射;但是如果光线的那个对着第一晶体的反常折射方向的侧面与同一光线对着第二晶体的反常折射的方向的那个侧面相差90度……光线应当在各个晶体中按照不同的方式折射。"②"因此,每条光线可以看作有四个侧面或四个方位,其中彼此相对的两个侧面只要其中之一转到面对着反常折射方向,就会使光线按照反常方式折射;而另外两个侧面,有一个转到面对着反常折射方向,就只能使它按照正常方式折射。"③所以牛顿认为"那些属性是原来就存在于光线之中的"。这只有把光看作为微粒而不是看作以太振动才是可能的。

最后,牛顿还进一步从行星和彗星在天空中有规则和很持久的运动,否定了能够产生可觉察的阻力的"流体媒质"以太的存在。他说,既然这种媒质的存在"毫无用处,只能妨碍自然界的行动,并使之衰退下来,那么对于它的存在是没有根据的,因而它应该被抛弃。而如果把它抛弃,那么光是在这样一种媒质中传播的压力或运动的这种假说,也就和它一起被抛弃了"。④

于是,牛顿在"疑问29"中就提出了这样的假设:"光线是从发光物质发射出来的很小的物体吗?因为这样的物体会沿直线穿过均匀媒质而不会弯到阴影里去,这正是光线的束性。"⑤他指出,只有把光线看作物体微粒,才可以用光微粒

① 牛顿,《光学》,科学普及出版社(1988),第202页。
②③ 牛顿,《光学》,科学普及出版社(1988),第200页。
④ 牛顿,《光学》,科学普及出版社(1988),第205页。
⑤ 牛顿,《光学》,科学普及出版社(1988),第206页。

与物体之间的机械作用来解释光的反射、折射和在物体边缘处发生的拐折现象；对于光的不同颜色以及不同的折射率，也可以假设"光线是一些不同大小的物体"而做出解释。

还应特别指出的是，在《光学》第二编为解释薄膜色彩和"牛顿环"现象而提出的"命题12"中，牛顿还根据微粒说提出了著名的"猝发理论"，说明了在光现象中出现的明显的周期性。他设想，光微粒在折射面或反射面处将激起物质和媒质的振动，这种振动的传播速度比光线更快，因而可以赶上和超过光线；每一光线由于受到这种降临到它的每一振动的作用而相继处于一阵容易透射、一阵容易反射的状态。他写道：

> "每条光线在它通过任何折射面时都要进入某种短暂的组态或者状态，这种组态或状态在光线行进中按相等的间隔复原，并且在每次复原时倾向于使光线容易穿过下一个折射面，而在两次复原之间则容易被它所反射。"①

他把"每一次复原和下一次复原之间光线通过的距离"称为"猝发间隔"。可以看出，牛顿所说的"猝发间隔"和后来波动说中所说的"波长"是很相似的。因此，牛顿的学说接触到了光的周期性这一实质。

可以看出，牛顿虽然指出了光的波动说的缺陷，认为把光看作为微粒实体是更为适宜的，但他并不是一贯地坚持光的微粒学说。而且从实质上讲，无论是光的波动说还是光的微粒说，同样都是当时流行的机械论观点的产物，波动说无非是从与声波和水波的类比中引进以太媒质而提出的。但由于牛顿力学体系的严整性和获得的越来越高的声誉，使人们也越来越倾向于认为要对各种各样的物理现象做出解释，就必须采用与各种现象相应的流体概念；光也不例外，被看作一种由微细粒子构成的流体物质。当然，胡克、惠更斯等人的波动说本身的不完善性，使波动说在和牛顿学说的竞争中逐渐处于劣势；而牛顿学说的继承者们也

---

① 牛顿，《光学》，科学普及出版社(1988)，第 155 页。

完全忘掉了牛顿本人所做出的把波动说的有用成分吸收到他的粒子说中的种种努力。这样,在整个 18 世纪,光的微粒说几乎成了关于光的本性的唯一理论。只有欧勒是个例外,他认为可以把光看作和声音一样,是媒质的某种振动;色差和音阶之差一样,是由频率决定的。但是他的这个思想,没有引起什么注意。

1.3　光的波动说的复兴和光以太说

直到 19 世纪初,由于托马斯·杨(T. Young,1773—1829)和菲涅耳(A. Fresnel,1788—1827)等人的工作,才使光的波动说得以复兴。托马斯·杨的工作是以牛顿关于牛顿环现象的精密测量为依据的。他提出了波长、频率、干涉等基本概念,并于 1801 年建立了"干涉原理",以此解释了牛顿环现象,并第一个近似地确定了各色光的波长。1803 年,他又把干涉原理应用于解释衍射现象,把衍射看成是直接通过衍射缝的光和边界波之间的干涉。德国物理学家劳厄(Max von Laue,1879—1960)在评述托马斯·杨的工作时写道:"同微粒组成的光束相反,光波相遇时,不一定加强,有时却可相互减弱直至相互抵消,这种干涉观念从那时以来一直是物理学中最有价值的财富之一。当对辐射的性质有所怀疑时,人们就尝试产生干涉现象,只要这实现了,那么,波动性就被证明了。"[1]

从 1815 年开始,天才的菲涅尔开始了他十分短促的光的波动理论的创造性工作。他以光的干涉概念补充了惠更斯原理,赋予了惠更斯原理以明确的物理意义;特别是在关于双折射现象的研究中,他以相互垂直的偏振光不相干涉的实验事实,论证了光的横向振动性质。由他的理论所得出的"泊松亮斑"的结论的实验证实同托马斯·杨的"双缝干涉实验"一起,决定性地使光的粒子说走向了衰败。

托马斯·杨和菲涅耳的研究成果,标志着光学进入了弹性以太光学的新时期。他不仅在牛顿物理学中打开了一个缺口,而且也使光学全面加入了数理科学的行列。波动说的复兴,给以太说带来了新的生机,从此以后,"以太"就不再

---

[1]　M.V.劳厄,《物理学史》,商务印书馆(1978),第 38 页。

被看作一个假设,而被看作光现象的真实载体在物理学中扎下了根。既然光是空间中的波动过程,那么作为"振动物质"的以太的存在,也自然是不言自明的了。所以,光以太说纯粹是为了保存机械论观点的一种努力,它的作用就是为把光看作在类似刚体的媒质中传播的机械波动,提供一种便于理解的物质模型。19世纪的以太说,就是在这个思想的指导下发展起来的。

2. 关于热的本性的两种学说

2.1　近代初期的热动论思想

热是什么? 自古以来就有不同的看法。17世纪以后,热的本质的问题又重新引起了注意。在"粒子哲学"观念的支配下,从亚层次的机制寻求热现象的机械论解释的努力,始终没有停止过。

总的说来,18世纪以前,科学家们普遍地倾向于把热看作物质微粒的激烈运动。F.培根是最早明确提出热是一种运动的观点的人之一。他是运用他在《新工具》中提出的归纳方法,通过对大量与热现象有关的经验事实的归纳而得出这一结论的。他写道:

"当我说运动如果是个属,热便是它的一个种时,我的意思不是说热产生运动或者运动产生热(虽然在有些场合这两者都是真的),我是说,热本身、它的本质和实质(性质)是运动,而不是别的什么⋯⋯热是物体的一种扩张运动,但不是整个物体一起均匀地扩张,而是它的各个较小部分扩张,并且它们同时还被阻止、推斥、击退;结果这物体获得了一种选择的运动,它反复不断地颤动、反抗和被反冲刺激,从而引起火和热的勃发。"①

培根的表述很有一些现代的意味,他的这一观点对17世纪的科学家们产生了普遍的影响。

玻意耳甚至还做了用力学方法产生热的实验,来论证热的本质。他写道:

"为了方便起见,我们一开始先介绍一二个产生热的例子,其中没有任

---

① 亚·沃尔夫,《十六、十七世纪科学、技术和哲学史》,商务印书馆(1985),第316—317页。

何东西介入作为动因或者接受者,而只有局部的运动,以及这运动的自然效应。至于这种实验,只要稍为留意思考一下,就会发现某些习见的现象正适合于我们现在的目的。例如,当一个铁匠快速地锤击一枚钉子或者类似的铁块时,这被锤击的金属变得滚烫。然而,并没有看到什么东西使它变得这样,只有锤子的剧烈运动使铁的各个微小部分发生强烈的、各种强度的骚动……在这个例子中不应当忽视,无论所用的锤子还是一块冷铁放在上面锻打的那个铁砧(任何铁都不需要在锤打前先烧热),都不会在锻打好以后仍旧是冷的;这表明,铁块被锻打时所获得的热并不是锤子和铁砧传给它的,而是由运动在它里面产生的,这热足以使铁块那样的小物体的各个部分发生强烈骚动……我注意观察到的一个情况,它似乎同我们的理论相矛盾,而根本不相一致,这就是:如果用一把铁锤将一枚略微大的钉子打进一块木板或一根木头,那么它在头上被敲了好几下以后才开始热起来;但当钉子已敲到头,再也敲不进去时,只要稍微敲几下,它就变得非常热。因为锤子每打一下,钉子就向木头里面进一点,因此所产生的运动基本上是进行式的,整个钉子都往里进;而当这种运动停止时,打击所产生的冲击既不能使钉子再往里进,也不能破坏其整体,因而必定耗用于使其各部分发生各种激烈的内在骚动,而我们前面已注意到热的本性正在于此。"[①]

这个实验可以说是后来伦福德枪筒镗孔实验的先导。特别绝妙的是,玻意耳已明确认识到钉子整体的"进行式的"运动并不产生热,热只是物体内部各个部分(微粒)的激烈骚动的表现。这种认识,被他的学生胡克所发展。胡克用显微镜观察了火花,并同时把火和火焰同热区分开来。在《显微术》的"观察 8"中得出结论说,热是"物体的一种性质,起因于它各部分的运动或骚动"。他嘲讽了把热看作渗透在物体微孔里的"火原子"的观点,说"我们不必自找麻烦地去探寻燧石和钢铁里哪种微孔包含火原子,以及这些原子怎么会被阻留,而当冲突迫使它们

---

① 亚·沃尔夫,《十六、十七世纪科学、技术和哲学史》,商务印书馆(1985),第 317—318 页。

通过热物体的微孔时没有全部跑出去"。①他断言,热"并不是什么其他的东西,而是一个物体的各部分的非常活跃和极其猛烈的骚动"。由于一切物体的结构都不是绝对致密的,它内部的各个部分总是在振动的,所以"一切物体都包含一定的热","完全冷"的物体是没有的。这样,胡克就否定了把"冷"看作实在的东西的"冷原子"的概念,统一地贯彻了热是运动的观点。牛顿在《光学》的一些"疑问"里,也透露出了"物体的各个部分的振动"或"各部分猛烈运动"产生热的思想。

俄国学者罗蒙诺索夫(М.В.Ломоносов,1711—1765)在 18 世纪 40 年代提出的《关于热和冷的原因》和《试拟建立空气弹力理论》这两篇论文中,提出了如下的见解:物体是由肉眼看不见的微粒构成的;热无非就是这些微粒的运动而已;在极低的温度下这些微粒处于静止状态,随着微粒运动速度的提高,温度就上升;由于运动速度没有上限,因而温度的升高也没有上限;热由高温物体传给低温物体的原因,是由于高温物体中的微粒把运动传给低温物体中的微粒造成的,而且传出的运动量与接受的运动量相等;气体分子的运动呈现一种"混乱交错"的状态,是杂乱无规则的。

这些先驱者的思想中,虽然都包含了许多正确的甚至相当深刻的见解,但大多是一些定性的猜想,缺乏足够的实验基础,所以还不能形成关于热的本质的系统理论。

2.2　18 世纪走向鼎盛的热质说

随着"粒子哲学"更为具体的发展,特别是把一切都归结为物质和力的观点的传播,把热看作某种特殊物质的学说,很自然地在 18 世纪发展起来,并在 18 世纪后期成为热现象研究中起支配作用的见解,并在此基础上建立起热现象的定量理论。

自古以来,人们一直把光焰、火和热这三者含糊地等同看待。直到 17 世纪

---

① 亚·沃尔夫,《十六、十七世纪科学、技术和哲学史》,商务印书馆(1985),第 319 页。

中叶,这种状况仍然没有改变。在笛卡儿的以太学说里,可以看到光、火和热都是物质实体的见解。因为他认为宇宙中最精微的物质是可以渗透一切的"火的要素",它们趋于各个涡旋的中心而形成发热发光的太阳和恒星。原子论的倡导者伽桑狄认为,热和冷都是由特殊的"热原子"和"冷原子"引起的;它们非常细致,呈球的形状,非常活泼,它们和烟味、灰烬等原子一起原来就渗透在一切有机物质(如木头)中,燃烧时热原子就以火焰的形式表现出来。玻意耳在论述"热看来基本上是物质的称为运动的机械性质"的观点的同时,也常常谈到"火原子"。特别是他通过实验发现,放置于真空容器中的一块灼热的铁,同样会使器壁受热,他认为这只能用"热"自己的传播做出解释。在金属焙烧实验中,他还发现了焙烧后的金属重量增加了。由于当时对空气的组成一无所知,也使他把这一现象归因于加热时金属吸收了"火粒子"。这个"火粒子"的假设同样适用于解释真空中的传热现象。伽桑狄等人的这些观念,在18世纪后通过化学燃素说的提出而导向热质说。

在对火的观察中,很明显的现象就是燃烧物上有火焰进出,最后只留下较轻的灰烬。因而人们很容易想到燃烧时有某种易燃元素逃逸出去了。燃素说就是在有关这种现象的探讨中最后由斯塔尔(Georg Ernst Stahl, 1660—1734)于1703年提出的。斯塔尔承认原子的存在,但认为原子不仅具有机械性质,而且还有某些本来就有的特性。元素物质的微粒靠牛顿引力互相吸引,由此生成当时称为"结合物"的各种化合物。他的老师贝歇尔(Johann Joachim Becher, 1635—1682)在1669年提出,化合物都是由空气、水和三种"土"组成的,这三种"土"即分别表征化合物的可溶性、挥发性和可燃性的"玻璃状土"、"流质土"和"油状土",它们和古代炼金术士们所说的盐、水银和硫黄相对应。斯塔尔把"油状土"称为"燃素",创立了称为"燃素说"的燃烧理论。他认为,燃素是一种物质,它是"火质和火素而非火本身",它包含在所有可燃物体内,也包含在可以烧成烧渣的金属里面;它从物体中快速转动而逸出,就是燃烧。燃素可由一种物体转移到另一种物体;燃烧过的产物只要从其他含燃素的物质(如油、蜡、木炭等)中获得燃素,就可复原为原先的物质。

斯塔尔的学说并没有立即为全体化学家所接受。荷兰著名化学家波尔哈夫(Hermann Boerhaave,1668—1738)在1732年出版的《化学初步》中,就没有提到这个学说,不过却提出了与燃素说类似的思想。他认为火是由细小的微粒构成的物质,它具有高度的可塑性和贯穿性,能穿透其他物质钻进物体的细孔里,同时又弥漫于全宇宙;这种粒子彼此之间具有排斥性,所以可以改变物质内部的结合力。波尔哈夫还把火区分为发热的火和燃烧的火,实际上这已经把火和热做了某种区分。波尔哈夫为主张热是物质实体的观念开辟了道路,从布莱克的潜热学说一直通向拉瓦锡的热质理论。

英国化学家布莱克(J.Black,1728—1799)的工作,使热质说有了更加明确的理论表述。1760年前后,他重复了波尔哈夫在1732年所做的实验,即把等量的水银和水混合,平衡温度的数值不等于二者初始温度的平均值。他从这个结果中得出结论:"就热物质来说,水银的容量(如果我们可以用这名词的话)比水的容量小,它只需要较小的热量就可以将温度提高到同样的度数。"[1]由此布莱克提出了"热容量"的概念,他说:"某些物体所吸收的或保持的热量或热物质,将比其他物体多得很多……任何两个物体所受的热量或许不同,但每一物体都是按照其特定热容量或关于这方面的特殊吸引力,从而吸收和要求它自己的足以使其温度提高20度的特定热量,或削减它自己的与邻近物体保持热平衡或同等热饱和点的特定热量。所以我们必须总结说,不同物体,虽其大小相同,重量相同,但在调整(不管用什么方法调整)到相同温度时,其所容纳的热量可能不同。"[2]

1761年前后,布莱克又从固体变成液体以及由液体变成固体时吸收和释放一些不能用温度计查明的热的实验中发现了"潜热"现象,认为这种现象表明"在液体的组成部分中吸收有或潜伏有大量的热,它是液体流动性最必需的和最直

---

①　威·弗·马吉编,《物理学原著选读》,商务印书馆(1986),第152页。
②　威·弗·马吉编,《物理学原著选读》,商务印书馆(1986),第153—154页。

接的原因"。[1]他发现,在汽化和凝结时也有这种现象,他说:"我认为热在水沸时被水吸收并在化汽时进入于水汽而成为它的组成部分,如同冰在受热溶解时被水吸收并在化水时成为水的组成部分一样。"[2]

布莱克提出的"热容量"概念,使热成为与普通物质相独立的一种实体,而且以热流体在物体之间的移动为热平衡现象提供了一个物理模型的说明。布莱克正是在热质说或热流体说的基础上,才发现了热容和潜热的。不难明白,在能量概念尚未提出的时候,如果不把热看作一种物质,不以热量保持恒定("热质守恒")为前提,就不可能从水和水银的混合实验中得出二者具有不同的热容量这一结论,也不可能从冰吸收热溶化和水吸收热汽化但保持温度不变的现象中得出"潜热"这一概念。

不过,脱胎于燃素说的热质说,毕竟还含糊地把热质看作某种与燃素有密切关系的物质。只有破除了燃素说,才有可能把热现象看作物质本身的表现而独立地进行研究。1783—1786 年,法国化学家拉瓦锡(A. L. Lavoisier, 1743—1794)在发现氧的基础上,创立了现代燃烧理论,用剧烈的氧化说明燃烧的实质,从而否定了燃素说。从 1780 年开始,他与拉普拉斯合作,用冰融化的方法精确测定各种物质的热容量。结合这一实验,他说关于热的本质,有人认为是一种物质,有人认为是物质粒子的微小运动;只要以热量保持恒定为前提,采用哪种说法都是可以的。但拉瓦锡毕竟还是那个时代的人物,还不可能摆脱当时那种把热和光都看作物质实体的思想束缚,还是倾向于把热和光作为物质来处理。在1789 年出版的著名的《化学纲要》一书中,列出了一张"属于自然界各个领域的、可视为物体所含元素的单质一览表",光和热都被作为元素列入表的最前面。他正式把热称为"热质"(Calorique)而论述说,所有的物体都是由相互吸引的分子所组成,通过加热,固体会变成液体,液体会变成气体。从这种现象来看,我们不

---

① 威·弗·马吉编,《物理学原著选读》,商务印书馆(1986),第 155 页。
② 威·弗·马吉编,《物理学原著选读》,商务印书馆(1986),第 160 页。

得不承认存在着一种极易流动的物质实体——热质,它具有充填分子间的细孔、扩大分子间的距离的作用。拉瓦锡还把热质分为"自由"热质和"束缚"热质,前者可以从一个物体移向另一个物体,成为各种热现象的载体;后者则被束缚于物质分子上。由于拉瓦锡所做的这种明确的论述,热质说才成为一个完整的学说。而且比起早先的热的运动学说来,热质说只需用到很少一些当时最时兴的原子论的基本概念,就能很简易地解释了当时所已知的各种热现象。所以这个学说在 18 世纪末到 19 世纪 30 年代,一直处于统治地位。

2.3　热质说受到挑战

应该指出的是,在法国的物理学家和化学家的有关论述里,总是保持着同时存在着热的两种同样有根据的假说的看法,他们总是把两种学说并列在一起,认为它们虽然在表面上存在差异,但并没有根本的矛盾,只是同一根本原因的不同表达形式。在拉瓦锡和拉普拉斯于 1786 年所写的《关于热的论文》(*Memoire on Heat*)中就写道:[1]

　　"我们将不在前述两种假说中做出判决。有些现象似乎支持前者,例如两个固体摩擦产生热,但也有另一些现象可用另一种学说做出简单的解释,或许它们二者同时成立……一般地说,人们可以通过把术语'自由热'、'束缚热'和'热的释放'改变为'活力'、'活力的丢失'和'活力的增加'而把第一个假说改造为第二个。"

可见,他们并没有把两种学说的争论看作真理与谬误的对立。而英国的绝大多数科学家却只接受化学原子论,因而在热的本质问题上也只接受热质的观点。甚至戴维在他觉得方便的时候,也使用"热质"的概念。

在具体实验的基础上恢复热的运动说,使之取代热质说的是伦福德。

伦福德伯爵(Count Rumford, 即 Benjamin Thompson, 1753—1814)在 1778—1781 年研究火药的性能时,已经开始产生了热是运动的思想。因为他发

---

[1]　E.Mendeza,《早期热力学史略》,《现代物理学进展》,湖南教育出版社(1990),第 41 页。

现如果不填入弹丸而使火药爆发,炮身会比填入弹丸爆发热得多,他想这只能用火药的爆发引起炮身的金属微粒的剧烈运动来解释。1785 年,他试图用实验来确定热质的重量,当他发现这是不可能做到的时候,就更坚定了对热质说的否定。事实上,热质是否有重量的问题,始终是热质说的一个巨大困难。因为按照机械论观点的原初含义,任何实体物质都应该有重量,但许多人为此所做的实验结果却得出互相矛盾的结论。有人通过测量物体热和冷时的重量得出热质有重量的结论;有人则发现二者无差别,因而认为热质无重量;还有人得出热质有"负重量"的结论。伦福德却从这些矛盾的结论中看出了热质说的非真实性。1796—1797 年他在慕尼黑利用钻削炮膛的装置所进行的摩擦热实验,使他最终明确提出了热的运动说。

伦福德用一个粗钝的钻机猛烈摩擦金属圆筒,在很短时间内圆筒就变得非常热;而磨下的金属屑只及圆筒的 1/948。他据此断言:"这些实验所产生的热,或者宁可说所激发的热,不是来自金属的潜热或综合热质。"[1]当他把圆筒和钻机全部浸在水中进行摩擦时,他发现只要不停地进行磨削,热就无限制地不断产生出来;用一匹马的力在 2 小时 30 分钟内,可以把 18.77 磅(约 8.51 千克)的冷水从 60 ℉(约 15.6 ℃)升温到 212 ℉(100 ℃)使之沸腾起来。在 1798 年向皇家学会提出的报告中,伦福德写道:

"在推敲这个问题时,我们切不要忘记考虑那个最显著的事实,那就是,在这些实验中,摩擦所生的热显然是无穷无尽的。

无须补充,任何绝热物体或物体系统所能无限提供的东西,不可能是一种物质。据我看来,要想对这些实验中的既能激发又能传布热的东西,形成明确的概念,即使不是绝无可能,也是极其困难的事情,除非那东西就是运动。"[2]

伦福德的报告,仅仅得到戴维(Sir H.Davy, 1778—1829)和托马斯·杨等少数人的支持。戴维在 1799 年做了如下的实验:在保持冰点以下温度(29 ℉)的玻

---

① 威·弗·马吉编,《物理学原著选读》,商务印书馆(1986),第 171 页。
② 威·弗·马吉编,《物理学原著选读》,商务印书馆(1986),第 175 页。

璃容器中,用时钟装置驱动两块冰使之摩擦,结果冰融化成水并升温到冰点以上(35 ℉)。热质说假定,物体受到摩擦后会由于热容减小而使热质溢出,使物体的温度上升。戴维根据他的实验写道:"根据上述的假设,冰的热容量一定要减少。可是明显的事实是,水的热容量比冰的热容量大得多,而冰一定要加上一个绝对量的热才能变成水。所以摩擦并没有减少物体的热容量。"[①]戴维又将上述容器用冰围起来,并将容器抽成真空,然后使两块金属片相互摩擦,产生的热使蜡很快熔解了。从这个实验中他得出了"热质或热的物质是不存在的"结论,而且进一步说:"物体既因摩擦而膨胀,则很明显,它们的微粒一定会运动或相互分离。既然物体微粒的运动或振动是摩擦和撞击必然产生的结果,那么,我们可以做出合理的结论说,该运动或振动就是热,或斥力。"[②]所以他认为,可以把热定义为"一种帮助物体微粒分离的特殊运动,或许振动。说得恰当一点,可以称它为推斥运动"。[③]

托马斯·杨则根据热辐射和光的类似性,而把热和光看作同一性质的东西,并将磷光现象与潜热做了比较。既然他主张光是一种波动过程,因而他强调说,必须把热看作运动。

伦福德和戴维的工作,曾被说成是摧毁了热质说基础的"判决性实验",因为它们揭示出热可以由机械功的消耗而产生。但在事实上,直到 19 世纪 20 年代,傅里叶(J.Fourier,1768—1830)把热看作遍及全宇宙的元素,在"热质(量)守恒"的思想指导下,建立了著名的热传导理论(1822);泊松(S.D.Poisson,1781—1840)从热质说的立场出发,于 1823 年对定量气体绝热变化时的压力和密度(或体积)的关系提出了一个理论,得到了著名的绝热方程

$$pv' = 常数$$

这个公式现在仍然被认为是正确的。卡诺(S.Carnot,1796—1832)根据热质守

①　威·弗·马吉编,《物理学原著选读》,商务印书馆(1986),第 177 页。
②③　威·弗·马吉编,《物理学原著选读》,商务印书馆(1986),第 179 页。

恒思想,把热机与水轮机做类比,认为在热机中是通过热质从高温物体流向低温物体而产生机械功的,从而建立了卡诺定理,推论出了有关热机效率的有效结论(1824)。甚至到了 20 世纪的 50 年代初,当热力学的两个基本定律被确立时,热质说的全部数学成果,依然被接受下来。直到焦耳重复并扩大了伦福德的实验,并用他的桨轮实验精确地测定了热功转换系数之前,热质说一直在热学研究中占据着支配地位。毋宁说,在伦福德和戴维进行了他们的著名实验之后,热质说并没有达到它的发展的最高状态,甚至可以说还刚刚启动了它迈入鼎盛年华的步伐。当时的物理学家们用补充一些细节的方法,就把伦福德和戴维的实验结果看成是对热质说的丰富。

热的运动说要最终代替热质说而被人们普遍接受,还有待于从更广泛的角度解释热和其他运动之间的相互转换的能量守恒定律的建立以及它的数学理论的完善。或许这正表明,在物理学的发展中,从来就没有什么当时就明显起到了"判决"作用的"判决性实验"。

不过,从本质上讲,无论是从亚层次的具有同一热性质的质粒直接说明宏观层次热现象的热质说,还是从亚层次质粒的机械运动的机制来说明宏观层次热现象的热的运动说,都是在机械观的影响下提出和发展起来的,都是机械论的产物。因为这两种学说都认为,热不可能是与具有机械特性的物质粒子以及它们的机械运动根本不同的一种特殊性质的现象。

3. 关于电的本性的两种学说

17 世纪下半叶到 18 世纪中叶,随着摩擦起电装置和蓄电器("莱顿瓶")的发明和应用,静电实验变得更加容易,使它成为一种魔术节目而广泛流行,进一步促进了电学知识的发展。

电的传导性和正负两种电的发现,为电学理论体系的建立奠定了基础。电的传导现象是英国物理学家格雷(Stephen Gray, ?—1736)于 1729 年发现的。他在实验时发现,玻璃管经过摩擦后,它两端的软木塞也获得了吸引轻小物体如羽毛的能力。他想到,"管子一定把某种电力传递给软木塞了"。在进一步的实验中,电力传过了 24 英寸(0.609 6 米)长的枞木杆和 293 英尺(7.442 2 米)长的扎绳。但当扎绳中间用铜丝悬吊时,吸引力就消失了。这使格雷了解到不同的物体传递"电的流出物"的能力是不相同的,后来人们就把具有传递电荷能力的物质称为"非电性体"或"导体"。电传导现象的发现,使人们想到,电荷引力的本原是可以脱离开荷电物体而移向别处的独立的某种东西,所以应把它看作一种"实体"。这样,在机械观的影响下,电现象就被理解为"电荷实体"所显示的现象。

1733 年,法国的杜菲(Charles F. de C. du-Fay, 1692—1739)通过摩擦生电的实验发现电荷实体不止一种,而是有两种,他分别称为"玻璃电"和"树脂电",前者是由玻璃、宝石等与兽毛、绒毛摩擦产生的,后者是由硬树胶、琥珀等与丝、纸等摩擦产生的。"这两种电的特性是,比如说,玻璃电物体推斥一切同电的物体,但是相反,吸引一切树脂电物体"。[①]他认为"可以从这一原理引申出对于许多其他现象的解释"。[②]

在这些工作的基础上,富兰克林(Benjamin Franklin, 1706—1790)为电荷是一种实体的看法提供了一种理论的说明。在当时所进行的标准的电的演示中,包括了格雷所介绍的一个实验:把从慈善学校雇来的男孩子作为电容器,用丝绳悬挂起来,让他接触摩擦过的玻璃而带电,就会从他的鼻子尖上引出电火花来。后来发表在荷兰的一份杂志上的一篇报道中,对这个实验做了改进:原来被吊起的孩子现在是站在一个绝缘沥青支座上,他握紧或被拴在一个链条上,用玻璃管或一个旋转的球使之带电。当任何人接近这个孩子时,在他们之间就会跳过电火花,而且伴随着噼啪声,两个人都会突然感到疼痛。1750 年,富兰克林把这个实验加以改进,使它成为一个新的电学体系的基础,据以提出了他关于电的本性的单流体说。

让两个人 A 和 B 站在火漆垫座上,A 摩擦玻璃管,B 用手指向玻璃管"引出电火"。二者对于站在地上的 C 来说都呈带电状态,即 C 用手指无论接近 A 或

①② 威·弗·马吉编,《物理学原著选读》,商务印书馆(1986),第 419 页。

B,都会引出电火花。如果 A 和 B 在摩擦的同时互相接触,则二人都不显带电状态。如果 A 和 B 先相互接近,然后再分别与 C 接近,则 A、B 接近时的电火花将比他们分别与 C 接近时的更强烈。在强烈的火花出现以后,所有他们的电都将失去。富兰克林以一种电流质实体("电火")的存在为模型对这一实验做出了解释:"电火是一种共有的因素,在开始摩擦管子以前,三人各有该共有因素等量的一份。"摩擦管子的 A 将自己身上的"电火"给予了玻璃管,通常存贮在他身上的"电火"则受到亏损,即带了"负电"或"一电";从玻璃管引得"电火"的 B,则接受了多余的电,即带了"正电"或"+电";而站在地上的 C,则保持其正常状态的那份电,即介于 A 与 B 之间。"所以他在接近电量多的 B 时接受一个火花,而在接近电量少的 A 时送出一个火花。如果 A 与 B 接触,则火花更为强烈,因为两人的电量有更大的差距。经过这样接触以后,A 或 B 与 C 之间不再有火花,因为三人所具有的电火已恢复原有的等量了。如果他们一面生电,一面接触,则该等量始终不变,电火只是循环流动着而已。"[①]

富兰克林的这一分析,提出了这样一种理论:它把电看作一种独立的"实体"而却能呈现出相反的两种电状态。即认为所有物体都包含着一定数量的、没有重量的同一种电流体,它可以在物体之间流动。如果一个物体中的电流体超过或少于某一适当的量,该物体就处于带正电或带负电的状态。

在富兰克林的假设提出之后,许多人对这种电流体应具有什么性质这一问题进行了深入的研究。1759 年,英国物理学家辛默(R.Symmer, ？ —1763)重新恢复了电的双流体说,假定与两种电荷相应,存在着两种电流体;呈正电性的物体,是由于所含的正电流体多于负电流体,呈负电性的物体,则是负电流体多于正电流体;不带电的中性物体,是由于两种电流体的数量相等所致。

随着电流体学说的发展,磁流体的概念也被提了出来。1759 年,爱皮奴斯(F.U.T.Aepinus, 1724—1802)仿照电的单流体说,提出了磁的单流体说。随后

---

① 威·弗·马吉编,《物理学原著选读》,商务印书馆(1986),第421—422页。

布鲁曼(A.Brugmans, 1732—1789)和维尔克(J.C.Wilcke, 1732—1796)提出了磁的双流体说,认为磁流体也分为 N 和 S 两种。

富兰克林根据他的单流体说,从对蓄电器的分析中,把"超距作用论"引进了电学。富兰克林认为,莱顿瓶是靠着在它内表层中积累"电火"而充电的,而这种积累是以外表层为基础而实现的。因为,如果瓶内逐渐显示出正电性,补偿的负电性必然会在外表层建立起来,他用实验证明,内外层电荷的量相等。由于用玻璃隔开的内外表层一直保持着带电的状态,所以他认为电物质绝对不可能穿过玻璃。那么,电物质在内表层的积累如何会产生了外表层的亏损? 内表层的正电又如何产生了外表层的负电呢? 富兰克林假定,电物质的粒子相互排斥,其斥力至少可以在像玻璃的厚度那样大小的距离上发生作用;这一随着电物质在内表层的积累而发生的宏观力,把原来存在于瓶的外表层中的电物质推斥走了。这样,与富兰克林关于电物质不可穿透玻璃的假定相联系,他不可避免地要接受超越宏观距离的作用这个对于牛顿来说也是一个不可理解的怪物的"超距作用论"的命题。

1759 年,爱皮奴斯发展了这一观点,指出电流体不仅不能穿过玻璃,也不能通过空气和一切非导体;而电流体即使不直接接触,隔开一段距离也会直接发生力的作用。这就在重力之外,在电力的领域中也引进了带有机械论色彩的超距作用的概念。1785 年由库仑(C.A.Coulomb, 1736—1806)通过扭秤实验所确立的电力作用的平方反比定律,进一步突出了电力与重力之间的类似性,更被人们看作静电和静磁现象可以归结于力学解释的证据。1813 年,泊松据此提出,万有引力的数学分析方法(势函数理论)也可以用来分析静电现象。通过泊松、格林(G.Green, 1793—1841)和高斯(C.F.Gauss, 1777—1855)等人的工作,建立了静电学的数学分析理论。这一段时期电学发展的历史,也可称为牛顿式电学的历史。库仑、泊松等人的理论似乎表明,超距作用是解释一切电学现象的基础。安培(A.M.Ampère, 1775—1836)等人沿袭这一超距作用观点,在 19 世纪 20 年代,又在动电的研究领域中,建立起了超距论的经典电动力学。

在关于光、热、电、磁等物理现象的本性的探讨中所提出的前述一系列假说，虽然都带着16—18世纪机械论的浓厚特色，但却都是在当时的科学认识的总的水平下的产物。它们的提出，对近代物理学各个基础学科的初期发展，还是具有很大的促进作用的。在这些假设的基础上，物理学取得了一系列重要的进展。只是到了19世纪后半叶，机械观的局限性以及它对物理学的进一步发展的阻碍作用，才比较明显地逐步暴露出来。

4. 太阳系起源的星云假说

寻求对客观自然现象做出始终一致的力学说明的意图，终究要涉及我们的宇宙，特别是我们的太阳系的起源这个带有根本性的问题。因为直到18世纪中叶，经典机械论在这个问题上还存在着两个没能彻底摆脱神学的空白点。一是牛顿力学为了说明太阳系运动的起源，还把"神的第一推动"作为一个必要的前提；二是还受到与天体的摄动、进动有关的天体系统的稳定性问题的困扰，仍然被作为自然界还需要上帝的不断干涉的口实。所以，经典机械观在这个问题上仍需做出改进和发展。

关于第二个问题，前面已经讲到，是通过拉普拉斯等人给予解决的，而第一个问题则涉及太阳系的起源问题。

到18世纪，关于太阳系的运动，已经取得了许多重要的观测资料，揭示出了太阳系运动的一些引人注意的重要特点。一是行星公转轨道的共面性，当时已知的六大行星绕太阳公转的轨道几乎都处于一个平面上，只有水星轨道与这个共同平面有6°左右的倾角；而且这个共同平面以不到6°的偏离与太阳的赤道面相交。二是行星公转方向的同向性，即所有行星都沿太阳的自转方向绕太阳公转。三是行星公转轨道的似圆性，即它们的轨道都极接近于正圆形。法国博物学家布丰（Geoges Louis Leclere de Buffon，1707—1788）从这些事实中推论出，行星的运动一定是由一个共同的原因引起的。他设想我们的太阳系是由彗星与太阳的偶然相遇形成的，彗星从太阳上拉出的一些物质碎片相继形成了六大行星。

在这个时代的思想背景下,德国哲学家康德(Immanuel Kant,1724—1804)提出了太阳系起源的星云假说。1751 年,英国人赖特(Thomas Wright,1711—1786)通过对银河系的观察,认为银河系里的恒星大体分布在同一平面上。这使康德受到启发,想到太阳系和银河系是相似的,银河系作为一个整体也是旋转着的。他由此联想到,当时已发现的许多"云雾状天体"即星云,都是一个个银河系。这样,在 1755 年出版的《自然通史和天体论》(*Allgemeine Naturgeschichte und Theorie des Himmels*,现译为《宇宙发展史概论》)中,提出了他的太阳系是由星云演化而成的学说。

康德试图完全根据原子论和牛顿力学原理对太阳系的形成机制做出说明,他说:"我不需要任意的虚构,只要按照给定的运动规律,就可以看到一个秩序井然的整个系统产生出来。"[1]他豪迈地宣称:"给我物质,我将给你们指出宇宙是怎样形成的。"[2]但与牛顿不同,康德认为物质粒子之间除了吸引之外还有一种排斥作用。他说:"我在把宇宙追溯到最简单的混沌状态以后,没有用别的力,而只是用了引力和斥力这两种力来说明大自然的有秩序的发展。这两种力是同样确实、同样简单而且也同样基本和普遍。"[3]太阳系的形成过程就"表现在排斥和吸引相互斗争中所引起的那种运动,这种运动好像是自然界的永恒生命"。[4]

康德设想,形成太阳系的原始星云是由无数大大小小的物质微粒组成的,这些粒子不均匀地分布在空间中。密度较大的部分凭借万有引力的作用"从它周围的一个天空区域里把密度较小的所有的物质聚集起来;但它们自己又同所聚集的物质一起,聚集到密度更大的质点所在的地方。而所有这一些又以同样的方式聚集到质点密度更为巨大的地方,并如此一直继续下去",[5]终于形成了整个星云的引力中心或中心天体太阳。其他物质微粒在引力作用下向中心天体的降落并不都是沿直线进行的,粒子之间斥力的作用,造成了偏离降落直线的侧向

① 康德,《宇宙发展史概论》,上海人民出版社(1972),第 10 页。
② 康德,《宇宙发展史概论》,上海人民出版社(1972),第 17 页。
③ 康德,《宇宙发展史概论》,上海人民出版社(1972),第 24 页。
④⑤ 康德,《宇宙发展史概论》,上海人民出版社(1972),第 66 页。

偏转;当某一个方向上的偏转运动逐渐占了优势时,就使星云转动起来,并在中心天体周围形成了一个巨大的涡旋;在涡旋中微粒和团块通过碰撞和吸引作用,整个星云逐渐向一个垂直于其转动轴的平面集中,形成一个大致在同一平面上转动的圆盘式结构;圆盘中远近不同的较大的团块吸引其他粒子逐渐形成为各个行星,保持了与中心天体的引力平衡而在不同的轨道上做绕转运动;形成行星的小团块中也通过类似的过程形成行星—卫星系统。这就是康德关于太阳系起源的力学模型,它是当时机械观的产物,虽然包含着宇宙演化的思想。

康德用这个假说很容易地解释了太阳系行星轨道的共面性、近圆性和行星公转的同向性,这是因为行星都是由共同的原始星云形成的旋转圆盘在同向转动中分裂出来的。这个假说还解释了太阳系的密度分布和质量分布,行星轨道的倾角和椭率,以及彗星和土星光环的形成等。但是,这个定性的假说并没有引起人们的注意,直到41年后当拉普拉斯更为定量地独立提出类似的假说时,人们才重新认识了康德假说的意义。

1796年,拉普拉斯在《宇宙体系论》中,批判了布丰的太阳系起源说,指出如果像布丰所说行星是从太阳上扯出的碎片形成的,那就应具有大得多的偏心率。他否定了太阳与彗星碰撞的说法,在该书的附录里,他以"保留的态度"提出了太阳系起源的星云假说。

拉普拉斯认为,我们的太阳系起源于一个巨大的、炽热的而且一开始就在缓慢地转动着的气状原始星云。气体星云大体呈球形,由于不断向外散热而逐渐冷却收缩,根据角动量守恒原理其旋转速度也不断加快。根据旋转体的离心力定律,星云赤道部分物质所受的惯性离心力也最大,于是球形星云的赤道部分将越来越凸出逐渐使星云变成扁平状。当扁平星云外缘部分的物质所受的惯性离心力与星云对它的吸引力相平衡时,这部分物质将不再随星云一起收缩,而与星云分离开来,保持在原来的半径上成为一个围绕星云转动的圆环。继续收缩着的星云主体一次次地重复着上述过程,从而相继形成与行星数目相等的几个气环,星云中心部分则收缩凝聚形成太阳。分离出去的这些气环中的物质,则经过吸引凝聚而形成在各个不同轨道上、然而却在同一平面上并沿同一方向围绕太阳旋转的行星。[①]各个行星的卫星,也是按照同样的过程形成的。

　　拉普拉斯的这个假说,与康德的假说基本上是类似的,并且都能很好地解释太阳系行星运动的力学特征。不过拉普拉斯的假说更为具体地考虑了太阳系的动力学特征,所以更具有理论的严密性。然而它们都还存在着一些重大的弱点,比如,它们都没有说明"星云是怎样开始旋转起来的";特别是它们都不能解释"太阳系角动量分布异常",即占太阳系总质量 99.86% 的太阳,其角动量却小于整个太阳系角动量的 0.6%;而质量只有太阳系总质量的 0.135% 的行星和卫星,却占了太阳系 99% 以上的角动量。

　　康德、拉普拉斯从牛顿力学原理出发所提出的星云假说,虽然具有明显的弱点,20 世纪以来也被新的假说所取代,但这个假说却是第一次把太阳系的形成和运动全面归结于自然界物质本身的内部原因的努力,是从力学角度否定"上帝直接插手"太阳系运动的一个大胆的尝试。它不仅有力地推动了自然科学的进步,也为机械论自然观的完全贯彻扫除了一块最大的绊脚石。这个学说最终完全证明了世界不是一个神,而是一架完整的机器。

① 拉普拉斯,《宇宙体系论》,上海译文出版社(1978),第 478—480 页。

第 5 章

科学、哲学与神学

从 16 世纪到 17 世纪中叶,一些先进思想家对神学和经院哲学的批判,以经验为基础同时又估计到数学的作用的新的认识方法的制定,归纳与演绎等逻辑方法的确立,曾对物理学,特别是力学理论的发展和建立产生了巨大的促进作用,使这个时代成为"近代科学的真正起源","科学精神的形成"或"近代科学革命"的光荣时代。而从 17 世纪末叶到 19 世纪初,伴随着以物理学为首的近代自然科学的全面发展,哲学也获得了强大的生命力。哲学思维从早期关注的热点即打破神学的桎梏,确立外部世界的客观存在的问题,沿着两个线索得到了进一步的深入发展:一条线索是探讨自然科学的认识如何可能和如何发生的问题,亦即科学认识论的问题,这一线索从洛克的经验主义的感觉论通到康德的不可知论;另一条线索是彻底清除 17 世纪唯物论的神学杂质,沿着机械论的路线更彻底地发展唯物论的无神论,这成为法国唯物论的鲜明特色,与这个时代科学和哲学的发展相伴随,表现出了科学与神学之间的复杂关系。

第一节　从洛克的经验论到康德的不可知论

1. 洛克的经验主义的感觉论

约翰·洛克(John Locke, 1632—1704)是 1688 年英国革命的倡导者和 17 世纪英国认识论中经验论的奠基者和杰出代表。他"虽然一生大半时间都在 17

世纪度过,但在精神上却属于后一时期"。①

　　洛克的著作充分反映出他的谨慎、耐心、宽容、温和、热爱自由以及对人类理性力量的坚定信念。在大学时期他用大部分时间攻读经验科学,对气象学、物理学、化学和医学都有浓厚的兴趣。这使他从 17 世纪的自然科学中直接吸收了科学营养。他与玻意耳、牛顿等科学家都有交往,并十分推崇比他小十岁的牛顿,常常引用"盖世无双的牛顿先生的惊人著作"。他从 1671 年到 1690 年用 20 年时间完成的《人类理解论》(*Treatise concerning Human Understanding*),系统地研究了认识的起源、认识的过程、获得知识的途径以及认识的可靠性和范围,集弗兰西斯·培根和霍布斯以来英国经验论发展之大成,最系统地论述了经验主义认识论的主要原理。这部著作在人类认识史上,竖立了一块永远受人景仰的丰碑。

　　洛克首先批判了当时在欧洲普遍流行的柏拉图和笛卡儿等人的"天赋观念论"。这种理论认为在人的"理解中有一些天赋的原则,原始的意念同记号,仿佛就如印在人心上似的",如某些所谓"普遍同意"的思辨的和实践的原则以及上帝、实体、数学公理等"与生俱来的"观念。洛克认为,人的一切观念和知识都是后天才有的,人的心灵中并没有天赋原则。他指出,这种天赋观念论是人们获得知识的最大障碍。

　　与天赋观念论相对立,洛克着重阐述了人类知识的经验起源问题,提出了著名的"人心如白纸"的论断,他说:

　　"我们且设想心灵比如说是白纸,没有一切文字、不带任何观念,它何以装备上了这些东西呢? 人的忙碌而广大无际的想象力几乎以无穷的样式在那张白纸上描绘了的庞大蓄积是从何处得来的呢? 它从哪里获有全部的推理材料和知识? 对此我可以一句话答复说,它们都是从经验来的,一切知识都是建立在经验上的,归根结底源于经验的。"②

---

① 丹波尔,《科学史》,商务印书馆(1975),第 270 页。
② 洛克,《人类理解论》,商务印书馆(1983),第 68 页。

洛克认为，人们是通过两条途径获得经验、形成观念的，即感觉和反省。"感觉的对象是观念的一个来源"，它是外部事物作用于人的感官产生的。由于外物性质不同，它们作用于人的感官就产生了不同的感觉，如黄、白、冷、热、软、硬、苦、甜以及一切所谓可感物等的观念。"心理活动是观念的另一个来源"，它是从人的心理活动，即人心在反省自己内面的活动时所得到的，可以称为"内感"，如知觉、思想、怀疑、信仰、推论、爱憎、意欲等。洛克坚信，人类的全部知识完全来自对外、对内的感觉。他把人的整个认识比作一个暗室，把内外两种感觉比作暗室的"窗子"，只有它们才能"把光明透进来"，"从外面把外界事物的可见的肖像或观念传达进来"。①既然所有的观念都是从经验来的，因此显然我们的任何知识都不能先于经验。所以他说，知觉作用是"走向认识的第一步和第一阶段，是认识的全部材料的入口"。

关于感觉观念和外物的关系，洛克吸收了当时科学发展所提供的材料以及一些哲学家和科学家(如伽利略)所提出的关于事物性质的学说，做了系统的概括。他把能作用于感官、在人心中产生感觉观念的那种外界能力称为物体的"性质"，并区分为"第一性质"和"第二性质"。第一性质指物体的体积、形状、广延、数目、运动、静止等可以用数量关系表示的性质；它们是物体固有的、不可分离的，所以也可称为物体的"原始性质"，由这些性质所产生的观念是与原型在形态上"契合"的映像。第二性质是指物体具有的能使人产生颜色、声音、气味、滋味等感觉的能力。这种能力也是客观的，但却是依附于物体的第一性质的从属的性质，因而可称为"次性质"或"派生的性质"；而人们相应的色、声、味等感觉却是主观的，如果没有意识的存在物去知觉它们，它们就不存在于外界。这种性质在人心中所产生的观念，同产生它们的这种能力在形态上"不相似"，外物本身中并没有含有与这些观念相似的东西，所以这种观念不是映像。洛克这种"两种性质"的学说，把客观物体及其能力作为感觉经验产生的客观物质基础和源泉，深

① 洛克，《人类理解论》，商务印书馆(1983)，第129页。

刻地说明了感觉的本性,从而为经验主义认识论奠定了自然科学的基础。

在探讨感觉经验如何构成我们的知识的问题时,洛克提出了两种观念的学说,即认为有的观念是"简单的",有的观念是"复杂的"。所谓简单观念就是外部事物的各种性质刺激人们的感官在人心中所产生的各种"单纯不杂"的观念,如红、甜、苦、软等,它们是基本的、不能再分的观念,是一切知识的原始材料,是构成人类知识大厦的"砖石"。复杂观念则是由若干个简单观念通过人心的活动所合成的观念。人的心灵虽然只能被动地接受简单观念,虽然不能创造和消灭简单观念,但却可以"施用自己的力量,利用简单观念为材料、为基础,以构成其他观念"。①心灵可以能动地对简单观念"加以连合,或加以并列,或完全分开",从而无限地超过感觉和反省所提供的那些简单观念,组合成复杂观念,进而构成人类的各种知识,包括对于事物的感性认识和理性认识。洛克还认为,简单观念是外物能力的结果,二者总是对应的、相契合的,因而简单观念大都是真实的观念,不易陷入虚妄和错误;而复杂观念则有可能陷入虚妄。他说,任何不能追溯到简单的感觉和反省的观念的信仰,都不得看作客观事实的知识。洛克从观念和知识的这种关系,给知识做出了这样的定义:"所谓知识不是别的,只是人心对任何观念间的联络和契合,或矛盾和相违而生的一种知觉,知识只成立于这种知觉。"②

知识的范围问题,是洛克企图解决的一个主要问题。在考察了知识的获取途径及确实性之后,他得出结论说,人们知识的范围是很有限的,事物本体的真相是我们不能认识的。因为我们所有的知识不能超过我们所有的观念之外,不能超过我们对我们的观念彼此之间或我们的观念与外界现象之间符合还是不符合的知觉。他说:"我们分明看到,我们知识的范围不但达不到一切实际的事物,而且甚至亦达不到我们观念的范围。我们的知识限于我们的观念,而且在范围

---

① 洛克,《人类理解论》,商务印书馆(1983),第 130 页。
② 洛克,《人类理解论》,商务印书馆(1983),第 515 页。

和完美方面,都不能超过我们的观念。"①这就是说,既然人类知识的源泉仅仅是感觉观念,又因为我们绝不可能肯定感觉观念在多大程度上表示外部客体,所以只能对人类的知识做出十分克制的评价。洛克承认物体或实体的实在性,但又认为对它们的"真正本质"一无所知,只知道它们是某些可被感知的第一性质的集合,但绝对不可能达到对其内部实在本质的认识。例如就物理学来说,它宣称是研究物体的本质客观的性质的,而这个任务是人类的理智所永远无法胜任的。他说:"只就我们所观察到的各种事物而言,我们虽然看到它们的作用是有规则的,而且我们虽然可以断言,它们是依照它们的法则进行的,可是这个法则究竟是什么,那是我们所不知道的。"②这种思想的最终结果,导致洛克对建立关于自然物体和宇宙的完备科学的否定,他说:"我相信,我们完全没有此种能力,因此,我敢断言,我们如果妄想来追求它,那只有白费心力罢了。"③

我们看到,洛克的认识论体系,包含了不断适应科学发展的各种需要的可能性。他关于知识的范围和限制的论述,阻止了人们把已经获得的科学真理绝对化,阻止任何盲信和由此产生的偏狭,鼓励人们按照严格经验的精神进行科学探索。但他关于实体是事物性质的支托,而这种支托本身又是不可知的论述,又为后来的不可知论提供了重要的思想来源。

2. 贝克莱的唯心主义感觉经验论

在洛克的经验论中,作为我们关于外部客观知识的基础的感觉观念,是具有双重性的。一方面,它们是直接经验,另一方面,它们被认为是表示事物的性质,但这些外部事物及其性质并不是观念。能否肯定感觉观念所提供的是实在事物的真实知识呢?洛克并没有解决这个问题,甚至最终还承认我们无法知道实体的"真正本质"。洛克经验哲学中的这一缺口,很快就被贝克莱和休谟抓住并做了发展。

---

① 洛克,《人类理解论》,商务印书馆(1983),第 515 页。
② 洛克,《人类理解论》,商务印书馆(1983),第 551 页。
③ 洛克,《人类理解论》,商务印书馆(1983),第 552 页。

乔治·贝克莱(George Berkeley，1684—1753)是爱尔兰克罗因(Cloyne)地区的主教，是欧洲近代主观唯心主义哲学的典型代表。在《人类知识原理》(1710)一书中，集中论述了他的本体论和认识论观点。

贝克莱也推崇经验，承认知识起源于感觉经验。但他却把观念看作认识的对象，把感觉说成是唯一真实的存在。

贝克莱生活在近代自然科学，特别是经典力学取得重要发展以及唯物主义经验论和机械论在英国有广泛影响的时代，所以他承认新的知识和新知识所描绘的世界情景的真实性；但他又深切意识到唯物主义和机械论哲学对宗教神学的危险性以及对社会公众思想的影响，所以便利用了洛克哲学中的矛盾，实际上提出了这样的问题：这种真实的知识所说的"世界"究竟是什么？贝克莱认为唯一可能的答案是，这是感官向我们揭示的世界，而且也只有靠了我们的感官才使这个世界成为实在的。他说："人们只要稍一观察人类知识的对象，他们就会看到，这些现象就是观念。"[①]洛克以为相信现象后面存在着一个实在的物质世界，是根据我们对物质性质的知识得出的合理的推论，虽然我们无法知道它的真正本质；但贝克莱则根本否认那个未知世界的实在性，而认为实在只存在于思想里，主观感觉才是唯一真实的存在。他说"观念的产生，并不必要假设外界的事物"，"对象和感觉是同一个东西"。所谓的物，只是观念的复合。一些观念经常联合在一起，就构成某一事物，人们就用一个名称来标记它们，如苹果、石头、树木等，它们都是各种观念的复合。贝克莱由此提出了"存在就是被感知"这个他的哲学体系中最重要的命题。

贝克莱利用和改造了洛克提出的两种性质的学说，否定机械唯物论的物质学说。他说，洛克以为心灵对第一性质所获得的观念，是外在事物的摹本与肖像，这是自相矛盾的。因为，观念只能与观念相似，而观念又只能在心灵中存在，不能在心灵之外存在，洛克把第一性质看作心灵之外的存在当然是悖理的。贝

---

① 贝克莱，《人类知识原理》，商务印书馆(1973)，第20页。

克莱特别抓住洛克所说的第二性质对人们主观感觉的依赖,把物体的第二性质与人的观念等同起来,说它们只在心灵中存在。但由于物体的颜色、声音、味道和物体的形状、体积等第一性质是不可分割的,那么就应该承认第一性质也是在心灵中存在的,是主观的。他说:

> "所谓广延、形象和运动,离开一切别的可感性质,都是不可想象的。因此,这些别的性质是在什么地方存在的,则原始性质也一定是在什么地方存在的,就是说,它们只是在心中存在的,并不能在别的地方存在。"[1]

贝克莱还以感觉的相对性否定物质的客观存在,他举例说,同一物体在一只手感觉为冷,在另一只手感觉为热;甜的东西对患热症病的人来说则成为苦的东西。所以他说这些感觉都只在人的心中存在。

贝克莱认为,在科学上,承认物质的客观存在,是产生"怀疑主义"的根源。"因为只要人们认为真实的事物存在于心灵以外,并且认为他们的知识只有在符合于真实的事物时,才是真实的,那么,他们就不能确定,他们能有任何真实的知识;因为,我们如何能知道被感知的事物符合于那些不被感知的事物或在心灵以外存在的事物呢?"[2]"任何事物的广延、形状或运动真实地和绝对地或本身是什么,我们也不可能知道;我们所能知道的,只是它们与我们感官间的比例或关系。事物仍旧,而我们的观念变化着;并且它们中间究竟哪一些观念,甚至是否有任何观念,是代表真实存在于事物中的真正性质的,这也不是我们所能决定的。"[3]贝克莱概括说:"整个这种怀疑主义源于我们假设了事物与观念之间的差异,假设了前者在心灵以外或不被感知而存在。"[4]因此他说,只要取消了事物与观念之间的差别,承认事物就是观念,观念之外没有不可感知的事物,我们的知识就有了确实性,一切怀疑也就消除了。

贝克莱特别结合物理学和数学指出,在这两门学科中首先碰到的一个问题

---

① 贝克莱,《人类知识原理》,商务印书馆(1973),第24页。
②③④ 北京大学哲学系外国哲学史教研室编译,《西方哲学原著选读》(上卷),商务印书馆(1983),第515—516页。

就是事物感性性质的原因是什么。有些哲学家企图以事物内部"神秘的性质"解释各种现象,近代机械论者则以机械的原因如看不见的粒子的形状、运动和重量等解释各种可感知的现象,即都以存在于事物内部的"事物的本性"作为现象的原因。但贝克莱认为,这些解释是不能成立的,因为人的感官不能认识"事物的本性",只有精神才是感觉观念的原因。但是,如果说一切都不过是感觉观念,是主观精神的产物,那么为什么会存在着科学所揭示出的稳定的自然规律呢?贝克莱用全知、全善、全能的上帝的创造来做解释。他说,上帝依据一定原则或确定的方法在我们心中刺激起感觉观念,这些规则或方法就是所谓"自然规律"。所以在观念之间有一定的秩序,某一些感觉观念会引起另一些确定的感觉观念。自然规律是上帝意志的体现,由于上帝的动作是一律的,因而自然规律也具有普遍性。自然哲学家们通过对广泛现象的研究,"可以发现自然作品中的相似、谐和同符合,并且可以解译各种特殊的结果,那就是说,把它们还原于普遍的法则。这些法则之成立,是由于我们见到各种自然结果产生时,有一种相似性和一致性,它们是很使人快意,并加以追求的,因为它们可以扩大我们的眼界,使我们可以超过眼前切近的事物,关于在很远的时间、地点可能已经发生的事,做很可靠的推想,并把它们预言出来。"[1]这就是说,自然哲学家们正是通过对上帝用以安排观念的规则的研究而掌握自然规律,并运用这种普遍的规律对自然现象做出解释和预测。

自然哲学家们是如何认识这些自然规律的呢?贝克莱指出,是通过观察、实验和研究自然史而实现的,但他强调说:"不过这些实验和观察所以能有利于人类,所以能使我们得到普遍的结论,那并不是各种事物的固定的性质(或关系)的结果。乃是上帝在管理世界时所本的仁慈心肠的结果。"[2]这样,贝克莱就既承认了全部自然科学结论的意义和可靠性,承认了自然科学研究方法的必要性,又承认了上帝的创造作用,调和了科学和宗教的关系。

[1][2]　贝克莱,《人类知识原理》,商务印书馆(1973),第 68—69 页。

贝克莱的哲学是英国经验论发展从唯物主义转向唯心主义的一个重大转折点,并对近现代科学哲学的发展产生了很大的影响。它的一个直接产物,就是休谟的不可知论。

3. 休谟经验主义的怀疑论

大卫·休谟(David Hume, 1711—1776)是近代哲学不可知论的创始者。

同贝克莱一样,休谟是一个经验论者、感觉论者,认为感性知觉是我们认识的唯一对象。他把知觉分为观念和印象,前者是比较微弱和不生动的知觉,后者是较生动的知觉。"在理智中没有任何东西不是已经先存于感觉中的"这个公式,就是他的经验论原则。他断言,人的心灵无论怎样驰骋远翔,终究不能超出感性经验的范围。他说:

> "虽然我们的思想似乎具有这样无边无际的自由,如果我们加以比较切实的考察,则将发现它实际上是限制在一个狭隘的范围之内;人的精神所具有的创造力量,不外乎是将感官和经验提供我们的材料加以联系、置换、扩大或缩小而已。……简言之,所有的思想原料,如果不是来自我们的外部感觉,就是来自我们的内部感觉。心灵和意志只是将这些原料加以混合,加以组合而已。"①

在把人的认识内容归为知觉之后,就提出了认识的来源问题。在认识论的这一基本问题上,休谟表现出了与贝克莱的分歧。对什么东西引起感觉这个问题,休谟采取了怀疑论的立场,说"它们的终极原因——在我看来,是人类理性所完全不能解释的",对心灵和物质的实在性一概加以否定。他认为,这个问题只能由经验来解决,可是,因为我们无论如何也不能超出经验的范围,所以我们也就没有关于知觉同客体关系的任何经验;同样,为了证明感觉的真实性而"乞灵于上帝",也是根本不可能的,它也超出了经验的范围。所以,对这个问题,人们只能采取"存疑"的态度。洛克和科学家们认为感觉的源泉是客观的物质世界,

---

① 休谟,《人类理解研究》(*An Enquiry concerning Human Understanding*),商务印书馆(1972),第21页。

贝克莱认为外部世界就是自己的感觉,而休谟把经验论贯彻到底,把感觉之外是否有什么东西的问题干脆取消了。

在休谟看来,人们之所以会相信外部物质实体和内部精神实体的存在,是由于"观念的联想"所产生的虚构。他把观念的联想分为三类:在空间和时间上关联的联想,相似和对照的联想以及因果的联想。在这三类联想的基础上产生了实验科学、数学和理论科学的知识领域。他认为,数学就是关于"观念联系"的知识,它是凭"思想作用"发现出来的,是一种纯粹理性的知识、分析的知识,只用抽象推理即可得到的知识,不需要考察实在的具体事物;而各门实证科学和经验科学则是关于"实际事情"的知识,它们归根结底都来自经验,既不靠逻辑推演来产生,也不靠逻辑证明来判定其确实性,因而不是先验的、自明的,只有靠经验、靠感觉印象来判定其真伪。

但超出我们感官的直接感知和记忆以外的关于实际事情的间接经验知识又是如何得到的呢? 休谟认为那似乎是由"因果关系"推得的。但我们关于因果关系的知识,即因果观念又是如何取得的? 它的本性又是什么呢? 在这个问题上,休谟重新掀起了无休无止的争论。

休谟认为,因果观念在任何情况下都不可能凭借理性从事物的可感性质中先验地推导出来。因为原因和结果是两回事,单用理性来分析原因,无论如何也分析不出结果来。这就是说因果律既非自明之理,也不能用逻辑证明,只能在观察和经验的基础上得出来;"离了观察和经验的帮助,那我们便不能妄来决定任何一件事情,妄来推论任何原因或结果"。洛克曾提出,自然界存在着客观的因果关系,事物中有一种秘密的"能力和原则"在起作用,从而产生出某种结果;人们凭借经验就可以发现这种"能力"和因果关系。但休谟认为我们只能感知可感的性质,既不能感知那种秘密的"能力",也不能从可感的性质中推论出原因和结果来。休谟由此把因果关系归结为人们观念之间的一种联系,即"观念的习惯性联想"。当乙现象伴随着甲现象而出现的这种结合恒常地多次反复出现,人们就自然而然地形成一种习惯性联想,说甲是乙的原因,乙是甲的结果,每当甲出现时,就会期待并相信乙的出现,因果观念就是这样来的。所以,在休谟看来,因果联系的基础只是一种主观的信念,心理的习惯,并不表示甲乙之间有某种必然的关联。

由此产生了著名的"归纳法问题"或"休谟问题"。人们总认为因果观念是从归纳推理中推论出来的,休谟却向那些要用归纳方法从经验事实中证明普遍原则的经验派指出,他们由于只能通过感官经验获得认识,也就不可能越过习惯的预期,用归纳法推出普遍性的定律来。因为事物总是会变化的,过去如此,现在如此,将来未必如此,怎么能保证相似的原因一定会产生相似的结果而不是相异或相反的结果呢?归纳推理正是以"将来定和过去相契"这一假定为根据的,如果说因果观念又以归纳推理为基础,这就是循环论证。是不是可以把事物变化的规律性作为归纳推理的合理性的根据呢?休谟认为这也是不可能的,因为规律也是经常在变化的,不能保证规律在将来依然有效。这样,关于归纳法的有效性的问题,就成为休谟十分困惑而无法解决的问题。

所以在休谟看来,人们根据习惯所做出的预测,只能是或然性的,一切科学理论中,特别是经验科学中的论断,都不过是程度不同的概然判断而已。通过理性推论,不但不能证明科学知识的确定性,反而会导致怀疑论。所以休谟主张,在日常生活和科学研究中,为了避免武断和片面性,必须采取"某种程度的怀疑、谨慎和谦恭";同时,还应该明确人类理解(知性)能力的本性和界限,人类不应超出自己的自然本能和经验以外,去追求那些力所不及的"形而上学"问题。

休谟以他这种比较彻底的经验论立场,批判经院哲学,批判旧的形而上学,批判唯理论,同时也批判他以前的经验论,把以往哲学中的独断论弱点以及经验论和唯理论的片面性,都暴露出来;同时也把经验论推向不可知论,结束了西方近代传统的经验论,而为西方现代各派经验论提供了理论前提。

4. 康德"批判哲学"的不可知论

在休谟的怀疑论和莱布尼茨唯心主义辩证论的影响下,德国的伊曼努尔·

康德(Immanuel Kant，1724—1804)发展了他的有划时代革命作用的批判哲学。正如他自己所说，休谟的怀疑论，特别是对因果性概念的批判，把他"从独断论的迷梦中唤醒过来"。他把唯物主义观点和莱布尼茨的唯理论唯心主义观点一概称为"独断论"加以拒绝。

康德在他的批判哲学的最主要的著作《纯粹理性批判》(*Kritik der reinen Vernunft*，1781)中，阐述了他的认识论思想。康德宣布，哲学的基本任务就是批判地研究人的认识能力，确定认识的方式和限度。在弄清了这些问题之后，才能开始认识。

康德承认，在意识之外存在着客观世界，即刺激我们的感觉器官的"自在之物"或"物自体"；但他认为"物自体"是不可认识的，"它们本身究竟是怎样的，我们毫无所知，我们只知道它们的现象，即它们作用于我们的感官而在我们心中产生的表象"。这就是说，客观实在作用于我们的感官而引起的感觉并不是它们的映像，人们认识的只是现象或表象，它们是属于主观的、人的认识可以达到的"此岸世界"；"物自体"本身则是人的认识能力所不可达到的"彼岸世界"，是超验的、绝对不可认识的世界。所以，在康德看来，感性知觉到的实在乃是某种在主体与"自在之物"之间的中间派生物；意识只反映它所创造的东西，即现象世界，或者说，认识对象是由主体的认识能力、创造活动造成的。从这个意义上说，人的认识能力乃是自然界以及支配自然过程的自然规律存在的必要条件。康德把科学知识局限于用牛顿所制定的数学物理方法所得到的知识，但他指出这种知识是关于外观的知识，并不是关于实在的知识；科学世界只是感官所揭示出来的现象的世界，不一定是终极的实在的世界。

康德完全接受了休谟关于因果性原理只是人的本能的观点，而且进一步认为，作为科学和哲学基础的一切其他原则都是这样的，所以不能希望用经验去证明普遍原则，这使康德又从唯理论者莱布尼茨那里接受了"思想普遍地制定立法"、即先验思想的确实性的观点。他由此提出了在人的意识中具有某些制约着一切知识的先验的、先天的原理的学说。

　　康德把人的认识能力分为三种形式或三个阶段,即感性直观,分析的理智("悟性")和理性。在说明认识的第一个阶段时,康德建立了关于空间和时间的"先天的直观形式"的理论。康德指出,感性知觉的一切事物都存在于时间和空间之中,但由于我们并不知道"物自体"的本来面貌,所以不能断定感性知觉的对象是不是存在于时间和空间之中,那只是我们的感觉活动产生的。他认为,空间和时间之所以是一切被知觉的经验对象的普遍的和必然的条件,只是因为它们是人的感性所固有的知觉手段,是人的认识能力的主观形式;因此康德推断空间和时间是先天的、先于经验的、任何可能的经验的条件,可以称为"先天的直观形式",人正是借助于自己这种先天形式的精神装置,把"物自体"作用于感官所产生的感性素材安排在空间和时间中,从感觉的混乱状态中理出秩序来。这就是说,人必须通过感性直观的先天形式去感知事物,感知的结果却赋予了感知对象彼此"并列"和"先后相随"的空间性和时间性,这正是意识的能动性的结果。

　　在论述认识的"理智"阶段时,康德提出了"先验分析论"的理论。康德指出,理智是较高的认识能力,人们"借助感性感觉到对象,而借助理智则对它们加以思维",[1]即用某些基本的和最初的概念或范畴,把感性所获得的材料加以排比和分类,使之系统化和条理化,具有一定的规律性。关于科学思维范畴的问题,是康德提出的最重要的问题之一。他认为,科学思维范畴的合理性问题,是与自然科学的存在权利联系在一起的,否定了科学思维范畴的普遍性,就否定了自然科学原理的普遍意义,也就否定了自然科学的可能性。康德认为,理智有 12 个范畴,其中包括量、质、因果性、必然性这些范畴。但是,人们关于这些范畴的普遍性的信念是以什么为基础的呢? 根据康德关于"物自体"和现象分立的理论,它们当然不属于客观世界;又因为感性知觉只能获得个别对象的特征,而范畴、一般概念则属于一切感性知觉的对象,所以思维范畴也不可能获自经验,不以感

---

① 康德,《纯粹理性批判》,生活・读书・新知三联书店(1957),第 44 页。

性知觉为基础。康德认为,范畴不是现实的反映,而只能是"理智中先天赋有的"。这就是说,科学思维范畴之所以是普遍的和必然的,就因为它们是人类理智内部固有的先验的或"先天的思维形式",是一切经验的先天条件,因而也就是自然界本身可能性的条件。这样,在康德看来,科学所描绘的自然界并不是客观存在的,而是由人的认识能力构成的;当人通过理智这些先天形式去整理感性材料时,也就把必然性、因果性这些普遍原则加到现象上去了。所以,真正的科学认识不是由客体决定的,而是由主体决定的,人成了自然的立法者。

在关于认识的第三阶段,即纯粹理性阶段的论述中,康德提出了他的"先验辩证论"的理论。他说,感性和理智的认识只涉及经验、现象,而达不到本质。当理性企图超出经验和现象的范围而达到对本质的认识时,它就不可避免地陷于自相矛盾,即陷于两个相互矛盾的命题(正题和反题),它们每一个都可以做出严正的逻辑证明。康德把这种矛盾称为"二律背反"。例如,当要求认识经验之外独立存在的世界时,就会产生四个基本问题:(1)世界在空间和时间上是有限的还是无限的?(2)世界上每一个复合实体都是由单一不可分的部分构成的,还是没有单一的东西,一切都是复杂的和可分的?(3)世界上存在着自由,还是一切都由绝对的必然性所支配?(4)有没有绝对必然的存在者作为世界的最初原因?康德认为,既然人的理性在要求超出经验去认识客观世界的本质时立即就会产生"二律背反",这就表明客观世界、"物自体"是人的认识根本达不到的,表明人的认识是有限度的,理性无力认识世界本身。这样,康德就从关于感性、悟性和理性的分析中,论证了人的认识能力的限度,得出了不可知论的结论,断言客观世界本身是不可认识的。

康德的哲学客观上给了旧形而上学以毁灭性的打击,揭开了德国哲学革命的序幕,为德国古典哲学奠定了基础。

第二节 18 世纪法国启蒙运动和机械唯物论的发展

18 世纪法国在准备和实现资产阶级革命的运动中所涌现出来的许多启蒙

思想家和唯物主义者,比他们的前辈更彻底地贯彻了唯物主义、无神论的路线。特别是以编纂出版卷帙浩繁的"百科全书"而集结形成的"百科全书派",他们总结吸收了当时数学、物理学、天文学、化学和生物学等方面的最新成果,把反对封建世界观、反对宗教神学的思想,勇敢地贯彻到人类知识的一切方面。由于力学仍然是这一时期发展得最完善的学科,还由于法国数理学家们在这一时期力学的发展上处于中心和带头的地位,这又使他们对一切现象的解释都贯穿了力学的观点,使法国唯物主义思想带上了浓厚的机械论的、形而上学的特色。

1. 启蒙运动的先驱伏尔泰

伏尔泰(Voltaire, 1694—1778)是 18 世纪上半叶法国启蒙运动的首领,在哲学、历史、文学和自然科学方面都发表了大量的著作。1725 年,因受到贵族和王家的迫害而流亡英国三年,对英国的民主制度和文化产生了强烈的好感。回国后以通讯的形式介绍了英国的政治、宗教、科学和哲学,其中包括对牛顿《原理》的介绍,大力向法国知识界宣扬了牛顿的万有引力理论。他的这一工作对法国科学界最终摆脱笛卡儿力学体系的束缚,并在 18 世纪中后期极其辉煌地推进经典力学的发展,有巨大的直接的作用。

在哲学上,伏尔泰继承了洛克和英国自然神论的思想,认为感觉经验是认识的来源,而感觉经验则来自客观实在。他写道:"毫无疑问我们的最初的观念乃是我们的感觉。我们一点一点从刺激我们感官的东西得到一些复杂的观念,我们的记忆力保存下这些知觉;然后我们把它们放在一些一般观念项下加以整理,于是通过我们所具有的这种组合和整理的唯一能力,我们的各种观念就产生出人的全部广阔的知识来。"他认为,没有经验的帮助,什么都不能认识,否认知识源于经验,就是否认常识。他坚持"真正存在着外界事物"的论点,嘲笑否认事物的客观存在的哲学家们是在"怀疑一些最明白的东西"。他问道:"如果并没有外界对象,如果是我的想象力造成一切,为什么我在碰到火的时候被烧痛,而在梦中以为碰到火的时候并不被烧痛。"不过,他对认识物质的本质的可能性,仍有一定的怀疑。

伏尔泰驳斥了封建神学的思想体系,否定了教会关于启示、关于宗教高于理性和关于信教是人的天性的说法。他认为关于神的有无的问题,应当借助理性来解决;而对自然界的研究,则应依靠对自然界的经验认识,依靠不受宗教干预的科学来进行。按照他的自然神论的观点,应当把神理解为自然界的能力,是自然界本身所固有的作用的原则。因此,神和整个自然界是不可分离的。伏尔泰承认自然界中的必然性和规律性,但在拥护决定论的同时,却反对顽固的宿命论思想。

2.“百科全书派”的唯物主义观

从 18 世纪中叶起,“百科全书派”占据了法国唯物主义思想阵地的中心地位。它的代表人物有狄德罗(D. Diderot,1713—1784)、拉美特利(J. O. de la Mettrie,1709—1751)、爱尔维修(C. A. Helvetius,1715—1771)、霍尔巴赫(P. H. T. d'Holbach,1723—1789)。其他一些进步的思想家如伏尔泰、达兰贝尔等,也参加了百科全书的撰写工作。他们继承了 17 世纪英国和法国的唯物主义哲学,并把它发展成为机械唯物主义最完善的形式。18 世纪的法国唯物主义有两个派别,一派源于笛卡儿,一派源于洛克。从笛卡儿的物理学发展起来的机械唯物主义,对法国自然科学的发展有很大的影响,其主要代表人物是拉美特利;源于洛克的一派则构成法国文化的要素,主要代表人物是爱尔维修。

这些思想家们都公开宣布自己的唯物主义思想。他们认为自然、物质是永恒的、唯一的实在,既不能被创造,也不能被消灭;除了物质的自然界以外,不存在超自然的“理性实体”;意识是从物质的自然界中派生出来的。狄德罗强调说,我们“不应当放弃一个存在的、可以说明一切的原因,提出另一个不可理解的、与结果的联系更难理解的、造成无数困难而解决不了任何困难的原因。”①即应当把物质实体作为自然界一切事物和现象的原因,而不应把超物质的精神实体作为普遍原因。霍尔巴赫还在肯定自然和物质的统一性的基础上探讨了物质的定

---

① 　北京大学哲学系外国哲学史教研室编,《十八世纪法国哲学》,商务印书馆(1963),第 371 页。

义,他提出:"物质一般地就是以任何一种方式刺激我们感官的东西;我们归之于各种不同物质的那些特性,是以物质在我们内部所造成的不同的印象或变化为基础的。"①不过他们的物质观都带有机械论的特色,都把物质理解为具有广延性、不可入性、形状、引力、惰性等机械力学特性的物体的总和。狄德罗还把不可分的、不同性质的、具有内在活动力和感受性的分子看作物质的基元。

肯定物质与运动不可分,物质有内在的内动性,这是他们超过当时自然科学水平的一个卓越的观点。坚持这一观点就根本不需要在物质世界之外去寻找推动世界、使物质发生运动变化的原因。狄德罗反驳了关于物质是不活动的和没有力的观点,指出"物体就其本身说来,就其固有性质的本性说来,不管就它的分子看,还是就它的整体看,都是充满着活动和力的"。②他以一切物体都互相吸引,物体的一切微粒都互相吸引,一切都在以移动和激动为根据,说明"分子赋有一种适合其本性的性质,本身就是一种活动力"。③每个分子都包含着内在的无穷无尽的力,这种力是天赋的、不变的、永恒的和不可毁灭的,它是物质自己运动的泉源,从这里产生出宇宙中的运动或普遍的骚动。他说:"一个原子推动世界,没有更真实的了;其真实程度和原子为世界推动相等;因为原子有它本身的力,这个力不能不产生结果。"④霍尔巴赫还从运动的永恒性否定了绝对静止的存在,他说:"宇宙间一切都在运动。自然的本质就是活动;如果我们仔细观察自然的各个部分,我们就会看到没有一部分是绝对静止的;那些看来好像缺乏运动的部分,事实上只不过是处在一种相对的或表面的静止中;它们是在经历着一种非常细微、非常不显著的运动,轻微到我们觉察不出它们的变化。我们以为静止的一切事物,实际上并没有片刻停留在同一状态;一切存在物只是继续不断地以或快或慢速度在产生、壮大、衰退和消亡。"⑤霍尔巴赫深信自然界的一切都处在不断的运动之中,"如果不活动,那就不复成其为自然;如果其中没有运动,那就什

①　霍尔巴赫,《自然的体系》(*Système de la nature*)(上卷),商务印书馆(1964),第35页。
②③④　北京大学哲学史教研室编,《西方哲学原著选读》(下卷),商务印书馆(1983),第128—130页。
⑤　北京大学哲学史教研室编,《西方哲学原著选读》(下卷),商务印书馆(1983),第213—214页。

么都不能产生,什么都不能保存,什么都不能活动了。所以自然的观念必然包含
着运动的观念。"①霍尔巴赫还指出,自然的运动是从它自身获得的,"因为自然
就是大全,在它之外是什么也不能存在的。我们要说,运动乃是一种必然从物质
的本质中产生出来的存在方式;物质是凭它自己固有的能力而活动的;它的各种
运动是由于它内部蕴涵的那些力造成的;它的各种运动及其所造成的各种现象
之所以千变万化,乃是由于那些原来存在于种种原始物质中的特性、性质、组合
的多种多样,而自然就是它们的总汇。"②霍尔巴赫已经认识到运动是物质的存
在方式,而且实质上也接触到了运动形式的多样性。

这些唯物主义思想家在承认自然界和自然规律的客观性的同时,也坚决捍
卫了与神学目的论相对立的决定论的立场。霍尔巴赫认为,自然界的一切运动
变化都遵循着一些不变的和必然的法则,即原因和结果的必然联系,"宇宙本
身不过是一条原因的结果的无穷锁链",③"必然性就是原因和它的结果二者
之间绝不会错的和不变的联系"。④一切原因都要产生结果,任何结果都不能
没有原因,离结果最远的原因是通过一系列中介原因而活动的,由这些中介原
因就可以追到最初的原因。所以霍尔巴赫断言,无论自然界或人类社会,都是
按照不变的和必然的法则进行活动的,"每一件事物都只能以一种特殊的方
式活动和运动,也就是说,它的运动只能服从一些依它的固有本质、依它的固
有组合、依它的固有本性,总之依它的固有能力和推动它的物体的能力为转移
的法则。"

法国唯物主义者把宇宙看作一具遵从牛顿力学规律的大机器,人的身体和
灵魂也由于机械的必然性而成为这个机器的一部分。因而断言,人的有机生命
乃至心理活动都完全遵守着自然界的必然规律。伏尔泰在《愚昧的哲学家》中写
道:"如果全部自然界,一切行星,都要服从永恒的定律,而有一个小动物,五尺来

---

① 北京大学哲学史教研室编,《西方哲学原著选读》(下卷),商务印书馆(1983),第 215 页。
② 北京大学哲学史教研室编,《西方哲学原著选读》(下卷),商务印书馆(1983),第 215—216 页。
③ 霍尔巴赫,《自然的体系》(上卷),商务印书馆(1964),第 51 页。
④ 霍尔巴赫,《自然的体系》(上卷),商务印书馆(1964),第 50 页。

高,却可以不把这些定律放在眼中,完全任性地为所欲为,那就太奇怪了。"

不过,他们在坚持必然性的同时,大都完全排斥了偶然性,认为偶然性只是主观的范畴,客观上是不存在的。霍尔巴赫说,人和人类的命运,每时每刻都系于一些难以觉察的原因和一些我们瞧不起的微弱的动力;而这些原因是"必然要起作用的,是遵照确定的规则的"。"正是这样的一些动力,正是这些如此软弱的弹簧,在自然的手中,按照必然的自然规律,就足以推动我们的宇宙。"

从这种彻底的唯物主义出发,直接做出了彻底的无神论的结论。他们认为世界是自身存在的,根本没有什么"创造主",不存在什么物质世界之外的精神实体。霍尔巴赫在《袖珍神学》一书中不无嘲弄地给神学下了个定义:神学是"意义深刻的、神的学说,它使我们习惯于思考我们所不理解的东西,而丢掉我们所完全理解的东西的清楚观念"。他分析了宗教的起源和本质,指出人往往是在无知、恐惧和灾难中引出他们关于神的一些最初的观念,这就是宗教的主要支柱。他揭露说神学家们所描绘的超自然的上帝,都是根据可感觉的对象而想象出来的虚构物;不是神创造了人,而是人创造了神,神的特征不过是人的特征和能力的夸大和扩大而已。同样,宗教神学所宣扬的神怪和奇迹,都不过是人们不熟悉,或对其活动方式和真实原因缺乏认识的东西。所以他告诫人们,"绝不能把自然的奥秘归之于'超自然'的原因,不要用神灵等毫无意义的字眼去代替我们所不知道的原因。宁愿自认我们是无知的,而不要在错误中沉沦下去"。[1]

3. 唯物主义的认识论

法国唯物主义者们从唯物主义的立场发展了洛克的感觉经验论。他们认为认识必须从感觉开始,而感觉是客观存在的物质世界作用于人们的感官的结果,所以他们坚持客观世界是完全可以认识的。他们批判了洛克关于第二性质的主观性的观点,认为物质的所有性质都是客观的。他们还克服了洛克关于认识有

---

[1] 全增嘏主编,《西方哲学史》(上册),上海人民出版社(1983),第745—746页。

感觉和内省双重来源的不彻底性，认为一切心智能力和理论思维，都是在感觉的基础上产生的，除了对外物的感觉之外，认识不可能有其他来源。

不过，爱尔维修把感觉的可靠性和作用夸大了，只承认肉体感受性这一种认识能力，把认识的一切都归结为感觉，把人的思维活动也归结为感觉的组合，认为感觉和思维只有量的差别而没有性质的不同。狄德罗则认为，思维虽然是在感觉的基础上产生的，但与感觉有质的差异。他提出了物质普遍具有感受性的假设，把感受性分为"迟钝的感受性"和"活跃的感受性"两种，前者是无机物具有的，后者是有机物具有的。但他指出"有感觉的生物究竟还不就是有思想的生物"，不过前者是可以过渡到后者的。

霍尔巴赫的认识论则是同他的唯物主义自然观紧密地联系着的。他认为事物作用于感官所引起的感觉在心灵中的变形，就成为思想、反思、记忆、想象、判断、愿望和行动，真理就是思想和物的符合，认识真理就是研究自然界。

法国唯物主义思想家们都表达了对科学的热爱与信任。爱尔维修在《关于爱知识的书简》里，就无情地抨击蒙昧主义，极力推崇科学。他写道："知识哟！只要和你在一起，人甚至在枷锁下也是自由的。只要和你在一起，人甚至在逆运打击下也是幸福的。"拉美特利也十分强调哲学与科学的密切联系，指出，"凡是并非从自然界本身得来的东西，凡是并非事物的现象、原因、结果，并非研究事物的科学的东西，总之，都与哲学无关"。霍尔巴赫则尖锐指出："人们的一切错误都是物理学方面的错误；只有在疏忽大意、没有追问自然、求教于自然的法则、求援于经验的帮助的时候，人们才犯错误。"所以他呼吁，人不要到世界之外去寻求能为他提供幸福的东西，"希望他研究这个自然，领会他的法则，观察他的能力以及它的不变的活动方式；希望他能把他的发现用来增进自己的幸福；希望他无言地顺从这些任何事物都无法逃脱的法则……"他对通过经验去揭示自然界的奥秘充满信心，他说：

　　"凡以经验为向导去研究自然的人，就能单独地猜透自然的秘密，并且能逐渐揭露出自然为酝酿一些最宏伟的现象所使用的种种原因之往往不为人所见的网络；由于经验的帮助，我们往往发现在我们以前许多世纪所不知道的关于自然的一些新的性质和新的活动方式。在我们祖先看来是神奇的、灵迹的、超自然的结果的东西，今天对于我们却变成了能认识它们的机制和原因的一些单纯而自然的结果了⋯⋯我们的后代，如果遵守并且修正我们和我们先辈们所创造的那些经验，就还会走得更远，而且会发现完全为我们眼睛所没有看到的一些原因和结果。也许有一天，人类联合起来的努力终于会深入到自然的殿堂，发现它直到现在似乎一直拒绝我们一切探求的许多神秘。"

他们根据唯物主义的认识论，对科学认识方法进行了探讨。狄德罗在他的《论解释自然》(De l'interprétation de la nature)中，对认识的经验环节和理性环节的联系，做了很有价值的阐述。他认为对自然的研究"有三种主要方法：对自然的观察、思考和实验。观察搜集事实，思考把它们组合起来，实验则证实组合的结果。对自然的观察应该专注，思考应该深刻，实验则应该精确。"他特别强调了经验与理性的结合，实验与思考的结合，因为"理智有其偏见，感觉有其不定性，记忆有其限制，想象有其朦胧处，工具有其不完善处。现象无限，原因隐蔽，形式也说不定变化无常。我们面对着这样多的障碍，有我们自己身上固有的，也有自然从外面加给我们的，而我们只有一种迂缓的实验，一种狭隘的思考。这就是哲学企图用来推动世界的两根杠杆。"他指出，有些人有很多工具而观念很少，另一些人则有很多观念而没有工具，前者缺少目标，后者则易陷于思辨。为了对付自然的抵抗和追求真理的利益，这两个方面应该联合起来，使存在于理智中的意见与存在于外界的事物联系起来，把许多观察、实验和推理连成一条不断的锁链，以获得坚实可靠的认识。他说："研究哲学的真正的方式，过去和将来都是应用理智于理智，应用理智及实验于感觉，应用感觉于自然，应用自然于工具的探求，应用工具于技术的研究及完善化，这些技术将被掷给人民，好教人民尊敬哲学。"他已意识到了理性、感性和实践活动的结合对于发展科学认识的重要意义。狄德罗还对实验方法和猜测、假设的方法做了相当深刻的论述，这些无疑都是对当时自然科学中发展起来的科学方法的深刻总结,它又反过来促进了当时自然科学的深入发展。

4. 机械论和形而上学的特点

18 世纪法国唯物主义的历史局限性,主要在于它的形而上学、机械论的特点,这是有其历史原因的。一个原因在于 18 世纪科学的一个特点是力图以力学规律概括和解释它所研究的各种自然现象。科学家们坚信力学规律是可以打开各个科学领域大门的万能钥匙,所以力学的概念、规律和方法被直接或稍加改变形式地引用到其他各门学科中,力学的理论体系成了各门学科仿效的模板。"运动"只被看作空间位置的变更,甚至高级的运动形态也被归结为机械运动,即把各种不同的现象都说成是特殊实体的纯机械结构和运动的结果。拉美特利把人、动物和植物进行了比较,断言人和动物甚至植物都是大体相似的。他说:"人体是一架会自己发动自己的机器,一架永动机的活生生的模型。体温推动它,食料支持它。"[①]由于人具有理性,因此人"比最完善的动物再多几个齿轮,再多几条弹簧,脑子和心脏的距离成比例地更接近一些,因此所接受的血液更充足一些,于是那个理性就产生。"[②]在论证了思维是人脑的机能之后,他说:"让我们勇敢地做出结论:人是一架机器;在整个宇宙里只存在着一个实体,只是它的形式有各种变化。"[③]他就是这样机械地回答了哲学的基本问题。霍尔巴赫认为自然界的一切现象以及人们的生活,都服从于三个规律:机械的因果性规律,惯性的规律,引力与斥力的规律。

形而上学、机械论特点的另一个原因是,虽然当时的科学已由力学和天文学进入到物理学的各个部门以及化学、植物学、动物学和地质学的全面发展时期,但大多数科学部门还处在把自然界分解为各个部分加以研究的阶段。考察各种自然过程的区别,按照事物的同一和差异进行分类,成为当时进行科学研究、为

---

① 拉美特利,《人是机器》(*L'homme-machine*),商务印书馆(1979),第 20 页。
② 拉美特利,《人是机器》(*L'homme-machine*),商务印书馆(1979),第 52 页。
③ 拉美特利,《人是机器》(*L'homme-machine*),商务印书馆(1979),第 73 页。

各门自然科学学科奠定基础的必要手段。这种以分析为主的方法,要求对事物进行逐个的、分门别类的、一个部分一个部分的研究,要求在一定程度上把事物当作固定不变的东西去研究,要求在一定条件下把事物与周围环境隔离开来孤立地加以研究。这个方法对于当时自然科学的发展是完全必要和适宜的,对于推进科学认识的发展起了应有的历史作用;但是它也不可避免地固化了科学家们形而上学的思想方法,孤立地、静止地看待事物,把事物和过程的个别方面绝对化,形成一种形而上学的理论思维模式。在这种理论状况的影响下,哲学家们也产生了一种形而上学的自然观。

当然,在哲学思想和自然观上,这种机械论和形而上学的性质,并不是18世纪法国唯物主义派所独具的,而是当时西方世界各国思想界和科学界的普遍状况,这正是当时科学发展水平和历史条件限制的普遍反映。

不过,自然界是辩证法的试金石,事物发展变化的辩证性质总是要从各个方面显示出来,并被理论思维所反映。18世纪初,牛顿在《光学》的"疑问"中关于光和实物的作用和转化的猜想,18世纪中叶富兰克林关于天电和摩擦电的同一性的证明,18世纪末伦福德和戴维关于运动尚热的转化的论述以及化学中氧化说取代燃素说、生物学上渐成论压倒预成论、地质学上火成说与水成说中的演化观点等,都程度不同地揭示了各个自然领域中的联系、转化和演变。康德-拉普拉斯关于太阳系演化的星云假说,更把包括地球在内的整个太阳系说成是自然物质演化进程中某一历史阶段上的生成物,在僵化的形而上学自然观上打开了一个缺口。狄德罗在量和质的结合上对千差万别的自然现象的解释以及他关于物种的变异和进化的思想,包含了可贵的辩证法因素。……这些闪光的思想在当时虽然尚属罕见,还不能引起形而上学自然观的根本变革,但却是积极的、新生的东西。随着自然科学的进步和自然界辩证性质日益充分的揭示,它终将刷掉18世纪以法国为代表的唯物主义思想中那些形而上学、机械论的瑕疵,为自然科学提供出更加符合它的发展需要的思维工具。

第三节 科学与宗教

1. 中世纪的理性主义与科学

前面谈到,古代的巫术、神话和宗教中,曾经包含了原科学的概念框架,对科学的起源起到了一个方面的作用。在以"神学大一统"为时代标志的中世纪,科学是神学的婢女,科学和其他一切知识,都被包括在神学体系内,它的生存和发展都要依附于神学的母体,这无疑使科学的发展受到极大的束缚和扭曲。

不过,中世纪的基督教为了理性地论证上帝的存在与伟大,也需要以自然秩序和宇宙的和谐充当上帝创世的计划性的重要论据,于是自然知识也就成了证明教义与圣经的材料。因此,认识自然秩序,获得关于自然的某些知识,被看作认识上帝和理解教义的必要途径。在这个限度内,基督教是鼓励人们去研究自然的。经院哲学学说这种彻底的唯理论以及对自然秩序的肯定,造成了产生近代科学的学术气氛,为近代自然科学特别是近代物理学的诞生,做了精神上的准备。

当然,近代科学从本质上讲是诉诸无情的事实的,即奠基于对自然界物体和过程本身的观察与实验,而不管这些事实是否与某种理性体系相符合。从这个意义上讲,近代科学是对经院哲学这种唯理论的反抗。但是正如英国哲学家和数学家怀特海(A.N.Whitehead, 1861—1947)在《现代科学的起源》一文中所说:"我们如果没有一种本能的信念,相信事物之中存在着一定的秩序,尤其是相信自然界中存在着秩序,那么,现代科学就不可能存在。"①而经院哲学的唯理论,正为现代科学运动准备了这个信念:它认为每一细微的事物都可以用完全肯定的方式和它的前提联系起来,并且联系的方式也体现了一般原则。没有这个信念,科学家的惊人的工作就完全没有希望了。这个本能信念活生生地存在于推

---

① 怀特海,《科学与近代世界》,商务印书馆(1989),第 4 页。

动进行各种研究的想象力之中,它说:"有一个秘密存在,而且这个秘密是可以揭穿的。"[1]他明确指出,欧洲思想的这种倾向的唯一来源,即"中世纪对神的理性的坚定信念"。[2]

2. 天主教与科学

16世纪,随着"宗教改革"运动的兴起,西方基督教发生了分裂,同时近代自然科学也蓬蓬勃勃地发展起来了。罗马天主教日益变得保守,对自由思想和新兴的实验科学完全持反对态度。新教各派对新兴科学的态度却并不统一,但总的来说新教的伦理与当时正在兴起的资本主义精神和科学精神颇为相似。所以在天主教国家和新教国家,科学的命运也出现明显的差别。

天主教在意大利、法国、西班牙和德意志南部有较大的势力。罗马教堂还设有异端裁判所对自由思想和新科学学说采取严厉的镇压措施。天主教会与近代自然科学的不相容,更本质地表现出近代自然科学的发展与宗教神学之间的尖锐对立。因为,科学的发展除了要运用理性法则、具有自然秩序的本能信念,还需要对自然简单事物本身具有积极的态度,即必须面对无情而不以人意为转移的事实。从根本上说,科学所追求的是关于客观事物和过程的真实知识;为了获得这种知识,就要通过合乎自然的途径,即通过观察和变革自然过程,并正确运用理性思维才可实现的。与此相反,宗教却鼓吹对于超世和超自然力的信仰,鼓吹对教义和古代权威的盲从,把信仰置于实践经验和理性之上。也正因为如此,科学比宗教更容易发生变化。任何科学理论,都会随着人类认识的发展经常地受到修正、补充,甚至会遭到抛弃;但宗教教义却很难发生明显的变革。宗教与科学的目标和气质上的这种本质差异,决定了二者之间的冲突是经常发生的。

1600年意大利哲学家布鲁诺在罗马鲜花广场上的殉难,通常被认为是开近代科学先河的标志。不过怀特海认为,布鲁诺受难的原因并不是因为科学,而是

---

[1][2] 怀特海,《科学与近代世界》,商务印书馆(1989),第13页。

因为"自由构思的玄想"。①布鲁诺对哥白尼学说的支持固然是与教义相抵触的，但他以"怀疑原则"来反对教会权威和神学教条，坚持只应承认以经验和理性得到的科学真理，坚持宇宙是物质的、统一的和无限的，认为太阳系之外还存在无数世界的思想，对教会关于宇宙有限、人类中心、地球中心的教义的危险是比哥白尼学说大的。虽然这些思想还只是一些思辨的东西，还不能算作是科学结论，但也遭到了教会更加残酷的迫害。

伽利略先在 1616 年受到异端裁判所的秘密审讯，后来又在 1633 年被公开判罪，则确实是由于他对哥白尼学说的宣传是以天文观察的确凿结果为依据的，丝毫不带有假说或思辨的意味。它毫不含糊地是科学摧毁宗教教义的一次挑战，这当然是罗马教廷所不容许的。其结果是"异端审判所如愿以偿结束了意大利的科学，科学在意大利经几个世纪未复活"。②不过，即使是在这一科学与宗教对立的典型事件中，怀特海还是看到了另一方面的东西。他说，经院哲学的长期统治所形成的"寻求严格的论点，并在找到之后坚持这种论点的可贵习惯"还是深深地种在欧洲人的心中了。"伽利略得益于亚里士多德的地方比我们在他那部《关于两大世界体系的对话》中所看到的要多一些。他那条理清晰和分析入微的头脑，便是从亚里士多德那里学来的。"③

3. 清教主义与科学

新教伦理对新兴科学发展的积极作用，体现在受加尔文教派影响的国家，包括英国和它的清教徒，荷兰和它的加尔文教派，法国和它的胡格诺教徒以及属于加尔文教派的詹森教派的教徒，主要表现在英国的清教主义上。美国科学社会学家罗伯特·默顿（Robert K. Merton）在他的《十七世纪英国的科学、技术与社会》（1938）一书中认为，清教伦理中以下几个主要因素对自然科学的发展产生了促进作用：(1)刻苦和勤奋的生活原则；(2)理性主义和经验主义的结合。

---

① 怀特海，《科学与近代世界》，商务印书馆(1989)，第 1 页。
② 罗素，《西方哲学史》(下卷)，商务印书馆(1982)，第 54 页。
③ 怀特海，《科学与近代世界》，商务印书馆(1989)，第 12 页。

3.1 刻苦勤奋的入世精神

清教主义反对游手好闲和遁世隐修,而赞扬刻苦和勤奋地进行劳作。他们认为多睡贪玩,或由于过多的闲暇而屈服于五花八门的诱惑,都是上帝所憎恶的;人作为一种社会性的动物,必须像蜜蜂靠劳动填满蜂房那样,为社会福利做出力所能及的善事。正是上帝召唤人们去恪尽职守地从事劳动,"为了上帝的光荣,在你们的(神召)职业中要刻苦勤奋,一时一刻也不要游手好闲,要用你们的神赋理智从事劳动。"①清教主义一反旧教义中讲求内向反省、离群索居地进行静修的做法,提倡一种"入世的禁欲主义"(innerweltlich askese),要求人们参与世事,以有成效的劳动,承担皈依上帝的义务。英国罗彻斯特主教斯普拉特(Thomas Sprat, 1635—1713)写道:"真正的宗教绝不强迫他的所有信仰者们完全退出这个世界,或者(当他们在这个世上时)在良心上规避一切风俗习惯,或无邪的尘世乐趣;也许没有任何人能比过着最实际的生活,从事着最世俗的事业的那些人们,更能给人类带来益处,而这样做是对上帝更好的服务,或更有效地传道感化。"②所以清教主义认为,以其职业行善是比进行默祷更为重要的;特别是那些其职业工作有着更大的必需性、紧迫性和义务性(如地方官员、医生、律师等)的人,应当少做默祷而更多地举善。这表明,在清教主义思想中,功利主义不再让位于宗教的沉思了。

3.2 理性主义与经验主义的结合

清教主义极力颂扬理性,认为理性可以限制盲目崇拜的恶习,帮助人欣赏上帝的杰作从而使人能更充分地颂扬上帝;未经"理性权衡"过的信仰只能是一种梦幻,算不上真正的信仰。"上帝在灌输信仰时'的确以理性为前提,并且在运用信仰时'运用理性"。所以理性和信仰二者是不矛盾的。从这点出发,清教主义无意用《圣经》取代理性以及任何一门科学,因为科学是有效的赞颂上帝的手段。这使清教主义对科学研究和科学教育采取积极的态度。他们特别重视数学和物

---

① R.Baxter, Christian Directory, Vol.II, pp.196—197.
② R.Baxter, Christian Directory, Vol.I, p.171.

理学,因为数学有十分基本和广泛的用途,物理学则被认为是"从上帝的作品中研究上帝"的学科。由于数学代表着理性的一面,物理学代表着经验的一面,所以清教主义倡导的是理性主义和经验主义的结合;而由于强调对自然事物真实状态和过程的研究,实际上把经验主义放到首位,而把理性主义放到了辅助经验主义的从属地位。这种既把理性主义与经验主义结合起来,又强调经验主义的态度,正是近代自然科学初期发展所需要的精神气质。

清教主义的这种信念使他们把对"空洞无物的逍遥派"哲学的蔑视和对用事实取代幻想的"机械知识"的推崇结合起来,用主动的操作取代被动的神启,以实用的功利置换不结果的默祷,对新兴实验科学采取了热忱支持的态度。

必须承认,17 世纪的西欧,宗教毕竟是一种最强大的社会力量。清教伦理中前述这些因素的显化和发展,以一种新的价值观念给予科学以积极的评价;这不仅使科学的发展得到了一种强有力的保护,而且把信仰者的兴趣引导到科学的方向上,有力地促进了新兴自然科学的发展。

在 1935 年发表的一份研究报告①中,斯廷森指出,在皇家学会 1663 年的首批会员中,宗教倾向可查的 68 名会员中,有 42 位肯定是清教徒,占总数的62%,而清教徒在英国总人口中只占相对少数。这个情况在英国之外的新教国家,也同样存在。在 1873 年的一个研究报告②中指出,巴黎科学院从 1666 年建立以来的两个世纪中,92 个外国当选为该科学院的成员中,71 个是新教教徒,只有 16 个是天主教徒;而在法国之外的人口中,天主教徒与新教徒各为一亿零七百万与六千八百万。这两个人数比例的情况,也从一个侧面反映出新教与天主教对近代自然科学发展的不同作用。

4. 科学终究要挣脱宗教

始终不应忘记的是,包括清教在内的新教对新兴科学的赞许,绝不表明宗教

---

① Dean D.Stimson, Puritanism and the new Philosophy in 17th Century England, Bulletin of the Institude of the History of Medicine, III, 1935, pp.321—334.

② 斯蒂芬·F.梅森,《自然科学史》,第 162 页。

伦理与科学气质的本质一致。默顿指出:"把清教对科学的亲善简单地描绘成对该时代的理智环境的一种'适应'将是莫大的错误。"①清教伦理之所以客观上推动了近代科学的初期发展,只是因为在他们的价值体系中,认为在那个特定的时代实验研究有利于加强他们的不同于旧基督教的神学教条,有利于"颂扬上帝",科学被认为是通向宗教目标的一种手段,这是他们为科学的发展所规定的严格界限;他们不会容许任何势力——包括科学在内——破坏他们的神学基础。所以,随着时间的推移,清教对科学的支持,跟科学的发展所需要的支持相比,就显得愈来愈微不足道了。实际上,清教未能清醒地预见到他们所宣扬的伦理观念的全部社会后果。具有无限生命力的科学,愈来愈挣脱了宗教为它划定的边界,它不仅不再依赖于宗教的核准和保护,而且逐渐成长壮大到在人类文化发展中占有足以与宗教相抗衡的地位,并代替宗教充当各种观点的"最高仲裁者",成为一种价值尺度。科学探究的步子也一步步地深入到原来被宗教视为"禁区"的领域,对宗教显示出愈来愈大的威胁。这种趋势,在18世纪中叶以后,表现得愈来愈清楚了,特别表现在17世纪在英国的清教主义气氛中建立起来的牛顿力学对18世纪法国启蒙运动的巨大影响。

当然,在法国科学界,也有一个从神学目的论向无神论的急剧转变过程。当时法国的数理物理学家们所确立的目标,是要发现一些更广泛的概念和比牛顿运动定律更普遍、更基本的定律,以便在新形式原理的基础上统一力学公式。法国数理物理学家们在这个雄心极大的事业上获得了一系列令人难以置信的智慧上的成就。尤以1787年拉格朗日(J.L.Lagrange,1736—1813)发表的《分析力学》(Mécanique analytique)为其光辉代表,为这个时代赢得了"数学分析胜利的时代"的美称。莫泊丢(P.L.M.Maupertuis,1698—1759)、达兰贝尔、拉格朗日、拉普拉斯等人在这一事业中都做出了杰出的贡献。在莫泊丢提出把"最小作用原理"作为关于运动过程的最普遍的自然定律时,还带有明显的神学色彩,认为

① R.Merton,《十七世纪英国的科学、技术与社会》,第143页。

这个原理的真实性是建筑在形而上学的、神学的基础上的。他的出发点是：一个物质粒子在任何一段时间内所经历的全部路程，必然实现一种可以无愧于上帝意旨的完美状态。他在 1750 年写了这样一段话："我们的原理非常好地符合于我们关于物质所应具有的表象，它使世界完全适应于造物主威力无穷的欲望，它是这个威力的最高明的运用的必然结局。"①这表明，莫泊丢把"最小作用原理"看作具有人性和理性的上帝对自然过程精心安排的结果，是上帝"造物之巧"的体现。但是这个思想在法国思想界那种革命的气氛中没有占领多大的市场。1769 年"百科全书派"的达兰贝尔在致拉格朗日的信中，就严厉地批判了莫泊丢及持莫泊丢同样观点的欧勒所表现出来的与神学、形而上学的孽缘，把欧勒称作"伟大的解析学家，拙劣的哲学家"，并感叹说"上天不能使人两全其美"。

拉格朗日在一个更宽广的基础上提出了同一个问题，他以达兰贝尔原理为媒介，结合他自己的虚功原理，发展了质点系动力学的一般理论，建立了有惊人的完美形式的拉格朗日方程，并在此基础上得出了最小作用原理的一般表达式。正是拉格朗日把这个原理看作纯粹的物理学原理，并且更为普遍地确立了这个原理。在"分析力学"建立过程中这个观点上的转变，正是神学与科学的关系变化的一个缩影。

在天文学领域里，拉普拉斯论证了太阳系内行星运动的稳定性，并以星云假说说明了太阳系的产生和演化后，"上帝的第一推动"也被从科学中排除出去，从而连上帝作为一个"钟表匠"的地位也被取消了。据说当喜欢用话诘难人的拿破仑拿到拉普拉斯的巨著《天体力学》时问道："拉普拉斯先生，有人告诉我在你这部讨论宇宙体系的大作里，竟然没有找到它的创造者。"平时十分圆滑并善于逢迎的拉普拉斯这一次却率直地回答，"我用不着那个假设！"这一石破天惊之语，无疑是科学与神学决裂的檄文。这个结果，当然是包括清教在内的新教所始料不及的，这正是在新兴的近代科学的猛烈冲击下的 18 世纪所发生的情形。

---

①　广重彻，《物理学史》，上海教育出版社(1986)，第115 页。

怀特海从哲学角度对这个时代的特征做了如下的概括:

"当时的哲学家根本不是哲学家。他们是一批头脑清晰、思想敏锐的天才。他们把17世纪的一些科学抽象概念用来分析广漠无边的宇宙。在当时极感兴趣的那一类观念中,他们所获得的胜利是极其辉煌的。凡属不合他们那套体系的东西都一概置之不理,加以嘲笑,或表示不信任。他们极恨哥特式的建筑,这就表明他们对模糊不清的透视是不表同情的。那时是理性的世纪,是健康、豪迈、纯正的理性占统治地位的世纪。"①

5. 双重真理论

在科学的进攻下,教会也逐渐改变了17世纪中叶以前对科学的严酷态度。适应于资产阶级对科学和宗教的双重需要,"双重真理论"的观点得以流行。弗兰西斯·培根早就认为真理既来自感觉经验,同时也来自信仰和神启,科学与宗教应当互不干涉。约翰·洛克也试图把信仰和理性调和起来,为科学与宗教的并存提出一个解决办法:科学只处理可被感觉经验认识的东西,宗教则处理那些不能为科学实践所证明的东西,它们各有自己的范围。17世纪的重要科学家都既笃信自己的科学,也保留着自己的神学信仰。到了18世纪,贝克莱从唯心主义的角度发展了洛克等人的观点,承认科学的结果是有效的和有用的,但认为科学的能力是有限的,它所处理的只是人的感觉的秩序,而不是什么物质世界的客观法则;科学之外的以"神的启示"为基础的"超验的真理",则是宗教处理的范围。因此他宣称,科学和宗教是可以和谐共处的。

这种观点,在很长的时间里都对自然科学家们发生着影响,他们既追求科学真理,又保留着宗教信仰。甚至到20世纪,这种观点也还有它的市场。1932年,怀特海在"宗教与科学"的演讲里,继续宣扬这种观点。他说:"从某种意义上来讲,宗教与科学之间的冲突只是一种无伤大雅的事……我们必须记住,宗教和科学所处理的事情性质各不相同。科学所从事的是观察某些控制物理现象的一

---

① 怀特海,《科学与近代世界》,商务印书馆(1989),第57页。

般条件,而宗教则完全沉浸于道德与美学价值的玄想中。一方面拥有的是引力定律,另一方面拥有的则是神性的美的玄想。"①他认为,这种冲突和矛盾并不是一种灾难,而是一种幸运。他引用圣经马太福音中的一句话"容这两样一齐长,等着收割"说,对不同意见必须做最大限度的容忍。他希望宗教要跟上科学知识的进步不断修改它的思想的表现形式,以促进宗教的发展。这是在现代科学迅猛发展的情况下,企图为宗教保留一块神学"玄想"的地盘的心声的流露。

罗素在谈到科学和宗教两种不同的威信时,说了一段很有见地的话:

> "科学的威信是近代大多数哲学家承认的;由于它不是统治威信,而是理智上的威信,所以是一种和教会威信大不相同的东西。否认它的人并不遭到什么惩罚;承认它的人也绝不为从现实利益出发的任何道理所左右。它在本质上求理性裁断,全凭这点制胜。并且,这是一种片段不全的威信;不像天主教的那套教义,设下一个完备的体系,概括人间道德、人类的希望以及宇宙的过去和未来的历史。它只对当时似乎已由科学判明的事情表示意见,这在无知的茫茫大海中只不过是个小岛。另外还有一点与教会威信不同:教会威信宣称自己的论断绝对确实,万年更改不了;科学的论断却是在盖然性的基础上,按尝试的方式提出来的,认为随时难免要修正。这使人产生一种和中世纪教义学者的心理气质截然不同的心理气质。"②

科学和宗教教义的这些根本性的差异,决定了在它们两者的长期冲突中,科学总是会不断扩大它的地盘,而宗教则必然步步退缩的。

---

① 怀特海,《科学与近代世界》,商务印书馆(1989),第176—177页。
② 罗素,《西方哲学史》(下卷),商务印书馆(1982),第4页。

第6章

物理学的新综合

第一节　自然现象联系和转化的普遍发现

1. 发现联系和转化的"网络"

18 世纪末到 19 世纪前半叶,包括物理学在内的整个自然科学进入到一个蓬勃发展的新时期。随着研究范围的不断扩大,自然科学上完成的一系列重大发现,日益揭示出各种自然现象之间的普遍联系和相互转化,这成为这一时期自然科学发展的一个显著特征。

在各种自然现象的联系和转化中,机械运动和热运动的联系和转化是十分普遍的,所以在实践中早已被古人了解。史前时期的人类已经掌握了火钻法、火锯法、火犁法等用摩擦获得人造火的技法。17—18 世纪热力机(蒸汽机)的发明与改进,又把热转化为机械运动,从而使这个转化过程完成了循环。但是在"热质说"思想的影响下,人们并没有从中领悟出机械运动和热之间的相互转化。1798—1799 年伦福德的钻炮实验和戴维的冰块摩擦实验为机械运动向热的转化提供了实验证明,戴维在 1812 年更明确地认识到,"各种不同类型的运动是可以不断相互转化的,既然如此,就不存在任何特殊的运动形式";"热现象的直接原因是运动,它的转化定律和运动转化定律一样,同样是正确的"。①不过,他们的工作并没有摧毁热质说的基础,直到半个世纪之后,他们的工作才受到重视,

---

① H.Davy, Elements of Chemical Philosophy, p.94.参看 F.卡约里,《物理学史》,内蒙古人民出版社(1982),第 196 页。

并且正是以机械运动和热的转化为能量转化与守恒原理的提出奠定了重要的实验基础。

一个历史的巧合是,为 19 世纪相继涌现出来的关于自然现象的联系与转化的一系列发现创造条件的一个前导性发现,恰恰出现在新世纪的第一年,这就是 1800 年出现的伏打电堆。这个发明本身就是化学运动转化为电运动的一个证据。虽然伏打(A.Volta, 1745—1827)本人坚持以不同金属的"接触"来说明这一装置中电推动力的来源,但有不少科学家(特别是在法国和英国)当时就已认识到了伏打电是电池内部化学反应的转化物,电流的获得是以化学亲和力的丧失为代价的。[①]无论如何,伏打电堆的发明使人们第一次得到了比较强的稳定持续电流,引发了电化学、电磁联系等一系列重大发现,加深了人们对光、热、电、磁、化学变化以及机械运动之间关系的认识,而伏打电池中的转换过程只不过是整个转化链条上的第一环。

通以电流的导线很快就灼热起来,这是在伏打电堆发明之后人们立即就发现了的。1805 年,里特(J.W.Ritter, 1776—1810)用实验演示了用上百对金属板做成的电池使铁丝迅速灼热的现象。戴维则注意到了接通和断开电路时有电火花产生。1809 年,他用两千对金属板做成一个很大的电堆,使强电流通过两根炭棒得到耀眼的弧光。他还发现电流通过细的铂丝时也会激发出微弱的光亮,而铂丝则在空气中被很快烧掉。

在伏打电堆发明的当年,英国的尼科尔逊(W.Nicholson, 1753—1815)和卡里斯尔(A.Carlisle, 1768—1840)就将连接电极的导线浸入水中,在二极上分别析出了氢和氧。戴维也从同一年开始了关于电解的定量研究,并由此认识到电流会消除化学亲和力,使复杂的化合物解离成简单的成分。1834 年法拉第(M.Faraday, 1791—1867)得到了电解中的电化学当量定理。这样,电与化学之间的能量转换就完成了循环。

---

① 申先甲、张锡鑫、祁有龙,《物理学史简编》,山东教育出版社(1985),第 538—542 页。

1820 年后,一系列更为惊人的能量转换过程接二连三地发现出来。

关于电与磁之间的相互联系和转化的发现,是 19 世纪前半叶最重大的物理学成就之一,它为电磁场理论的建立奠定了最重要的基础。自从 1600 年英国科学家吉尔伯特(W.Gilbert, 1540—1603)指出了电现象与磁现象的区别,断言二者是截然无关的两种基本现象以后,在二百年来的时间里人们都把这两种现象看作相互独立的。到 18 世纪末,库仑还持有这一观点。1820 年 4 月,丹麦物理学家奥斯特(H.C.Oersted, 1777—1851)发现了电流的磁效应,才揭示了电与磁的内在联系。他的发现启发了不少人去寻找这一现象的逆效应,即磁向电的转换,终于在 1831 年由法拉第发现了电磁感应现象,于是电与磁之间的相互转化实现了循环。

古人早就发现了摩擦生电的现象。从 17 世纪以来,人们根据这一现象制造出了摩擦起电机以获得大量的静电荷;而静电荷之间的作用力又可使物体发生运动,这是机械运动和电之间的相互转化。奥斯特的发现表明,电流产生了磁,磁又产生了动能,可以使磁针发生转动。受到这一发现的启发,法拉第于 1821 年将小磁针放在载流导线附近,发现小磁针的磁极受到电流的作用后有绕电流做圆运动的倾向,由此制成了一种"电磁旋转器"。这样,机械运动和电运动之间的联系与转化通过多种途径实现了循环。

关于热和电之间的转化,首先由德国物理学家塞贝克(T.J.Seebeck, 1770—1831)揭示出来[1]。为了验证关于电流的磁性的某种猜想,塞贝克用铜导线和铋导线连成一个闭合回路,把一个金属结握在手中使两个金属结之间出现了温度差,结果发现导线上出现了电流,因为旁边的小磁针偏转了。他又通过冷却另一个金属结获得了同样的效应,而且发现,二结之间的温度差越大,产生电流的效应就越强。13 年后,巴黎的珀尔帖(J.C.A.Peltier, 1785—1845)惊人地实现了这个转换过程的逆效应:电流既可以生热,也可以制冷。在由铜导线和锑导线连

---

[1]　T.J.Seebeck, Magnetische Polarisation der Metalle und Erze durch Temperatur—Differenz.

成的回路上,当电流由锑流向铜时,铜锑结点加热了 10 ℃;而在电流由铜流向锑时结点上则冷却了 5 ℃。这样,热和电之间的转化也完成了循环。1840 年焦耳、1842 年楞次都定量地研究了电流通过导线时生热的现象,即电流的热效应,得到了著名的焦耳—楞次定律。

1800 年,天文学家赫谢尔(F.W.Herschel,1738—1822)发现了太阳的红外光[1]。因为当他在连续的太阳色谱的各个部分放上温度计时,发现在红光之外的部分温度最高,他由此认为,太阳的热是由服从反射定律和折射定律的"射线"引起的,这个观点很长时间得不到物理学界的赞同。但是梅隆尼(M.Melloni,1798—1854)利用更加精密的测温仪器温差放大器进行研究的结果表明,热辐射确实具有不同的种类,热射线的多样性正如可见光线的多样性一样。他在 1834 年指出:"对视觉器官而言,光仅仅是一系列能被感知的热的状态,反之也一样,不发亮的热辐射可以证明是不可见的光辐射。"[2]1846 年,他在维苏威山上用一个直径为 1 米的多区域光带透镜和温差电堆及电流计,从月光中得到了微弱的热的状态。他的工作弥合了关于大自然中两个被人们认为是显然分离的方面的基本联系。

拉瓦锡(A.L.Lavoisier,1743—1794)和拉普拉斯早已了解到化学反应的热现象的重要性。他们证明了反应过程中所放出的热量等于它的逆效应中所吸收的热量。李比希(J.Liebig,1803—1873)对发酵和腐烂过程中热的来源做了深入的探讨。1840 年,彼得堡科学院的亥斯(G.H.Hess,1802—1850)提出了关于化学反应中释放热量的重要定律:在一组物质转变为另一组物质的化学反应中,不管反应过程是分几步完成的,释放的总热量是恒定的。拉瓦锡还曾证明动物发出的热量和动物呼出的二氧化碳的量之比,大致等于烛焰产生的热和二氧化碳的量之比。李比希则由此认识到,动物的体热和动物进行活动的能量,可能都来自食物的化学能。

---

[1]　F.W.Herschel, Phil. Trans., (1880), p.255.
[2]　F.卡约里,《物理学史》,第 176 页。

此外,1801年里特在发现了太阳光谱中的紫外线之后,研究了紫外线的化学作用。特别是涅普斯(J.N.Niepce, 1765—1833)于1827年发明的摄影术经他的助手达格尔(L.J.M.Daguerre, 1789—1851)改进之后于1839年创造的"达格尔照相法",更是轰动一时,揭示了光的化学作用,1839年,法国的E.A.贝克勒尔(E.A.Becquerel)发现光照射稀酸液中的金属板极极能够改变电池的电动势;1845年法拉第发现强磁场使光的偏振面发生旋转。这些现象从许多侧面表现出了不同运动形式之间的联系和转化。

日益增多的关于各种现象之间相互联系和转化的事实,使人们逐渐把探索的目光转向从彼此分离的事物中去发现前此未知的相互联系。比利时著名物理学家、"耗散结构"理论的创立者I.普里戈金(Ilya Prigogine, 1917—2003)在他与斯唐热(Isabelle Stengers)合写的《从混沌到有序》中概括说:

"19世纪初是以前所未有的实验活动为特征的。物理学家认识到,运动不仅是引起空间中物体相对位置的变化而已。在实验室中识别出来的许多新过程渐渐组成了一个网络,最终把所有这些物理学新领域与另一些更加传统的分支比如力学联系起来……新效应的一个完整网络渐渐被揭露出来。科学的视野以一种前所未有的速度在扩展。"①

这样,在19世纪40年代前后,欧洲科学思想中已普遍蕴涵一种气质,促使那些敏感的科学家以一种联系的观点去观察自然。正如玛利·萨玛维尔(M.Sommerville)在1834年出版的著名的通俗著作《论物理科学的联系》的前言里所说:

"现代科学的进步,特别是在最近五年内,是很显著的,表现在它倾向于……把(科学的)那些有关的分支联系起来……(以至今天)存在这样一个统一的结合物,如果不懂得其他一些分支,就不能精通某一分支。"②

大约到了19世纪30年代,物理学迅速地动摇了从17—18世纪形而上学的

① I.普里戈金,斯唐热,《从混沌到有序》,上海译文出版社(1987),第147—148页。
② 托马斯·库恩,《必要的张力》,福建人民出版社(1981),第75页。

土壤里孕育出来的种种"力"和"无重流质"等概念的基础。各种自然力相互联系和转化的新看法,自觉或不自觉地渗透到科学家们的思想中。1834 年法拉第在题为"化学亲和力、电、热、磁以及物质的其他动力的联系"的讲演里说道:"我们不能说(这些力中的)任何一种都是其他各种力的原因,我们只能说,它们都有联系,而且是由于一个共同的原因。"他还用九个演示实验说明"任何一种(力)从另一种中产生,或者彼此转化"。①化学家摩尔(C.F.Mohr,1806—1879)在 1837 年的《论热的本质》中也提出:"除已知的 54 个化学元素外,在事物的本性中还有一个因素,那就是力。它在不同的环境中可以表现为运动、化学亲和力、内聚力、电、光、热和磁,而且从这些形式的任何一种,都可以引发出所有其他的形式。"②英国物理学家格罗夫(W.R.Grove,1811—1896)在 1843 年所做的《论各种物理力的联系》的讲演中,也明确指出:"我在本文力图确立的论点就是,各种不同的、不能称量的因素……即热、光、电、磁、化学亲和力和运动……其中(任何一种)作为一种力,都能产生或转化为其他(那些)因素;因此,热可以通过介质或不通过介质而生电,电可以生热,其他亦然。"③

2. 自然界广泛联系的哲学折射

自然科学上这一富有特色的发展趋势,在哲学上被极为敏感地反映出来。哲学家甚至先于科学家在这种趋势刚刚露出苗头时,已经开始谱写大自然广泛联系的奏鸣曲。

这种哲学思潮的典型代表,就是流行于 18 世纪末到 19 世纪初的有机体论的德国"自然哲学"。这种"自然哲学"以有机体作为他们的宇宙科学的基本隐喻,试图寻找一种能解释一切自然现象的统一原理。他们把整个宇宙看作某一根本性的力的历史发展的产物,因而自然界的各种力都可以从根本上看作同一个东西。

---

① 托马斯·库恩,《必要的张力》,福建人民出版社(1981),第 79 页。
② C.F.Mohr, Zeit. F.Phys, 5(1837), p.442.
③ W.R.Grove, On the Correlation of Physical Forces, London(1846), p.8.

2.1 黑格尔的"自然哲学"体系以及科学与哲学的分离

德国古典哲学最伟大的代表黑格尔(G.W.F.Hegel, 1770—1831)认为在自然界和人类社会出现以前,就存在着一种精神本原——"宇宙精神"("绝对精神"),它是能动的,不断发展的。它在自我发展的过程中经历了逻辑阶段、自然阶段和精神阶段;与此相适应,黑格尔的哲学体系也就由逻辑学、自然哲学和精神哲学三个基本部分组成。在他看来,自然界是绝对精神"外化"或派生出来的,是"理念"的外在或他在的存在,因此他的自然哲学就是研究自然界中的观念的科学,通过这种研究以求达到思维与存在、主观与客观、精神与自然的矛盾统一。由此建立了他包罗万象的被他视为"科学的科学"的自然哲学体系。

黑格尔把辩证法从外部注入自然,以"概念的变化"来代替自然在时间上的发展,认为"自然必须看成许多阶段构成的体系,其中一个阶段必然从另一个阶段产生,并且后一阶段是它所从出的前一阶段的真理"。①他把自然分为三大阶段,即力学、物理学和有机学三个阶段。在对这三个发展阶段的具体讨论中,黑格尔提出了时间、空间与物质运动不可分,物质与运动不可分,热来自物体内部的振动,电与磁的相互转化,光的连续性与间断性的统一,动物的各个部分之间的有机联系等一系列合理的思想。

黑格尔对当时已有的自然科学成果是熟悉的,因而他对自然科学的概括和分类比起当时的唯物主义者合在一起还更加富有成果。但他不可避免地带有矫揉造作、用幻想谬误代替事实、用先验的方法构造科学成果的弊病。这些缺陷掩盖了其合理的思想,一度造成了科学和哲学的分离。物理学家赫姆霍兹在1862年曾回忆这种"分离"的状况时写道:

"近年来有人指责自然哲学,说它逐渐远离由共同的语文和历史研究联系起来的其他科学,而自辟蹊径。其实这种对抗很久以来就明朗化了,据我

① 王树人、李凤鸣编,《西方著名哲学家评传》(第六卷),山东人民出版社(1984),第264页。

看来,这主要是在黑格尔派哲学的影响下发展起来的,至少是在黑格尔派哲学的衬托下,才更加明显起来。18世纪末,康德哲学盛行的时候,这种分裂局面从未有所闻。相反地,康德哲学的基础,与物理科学的基础正复相同⋯⋯"

赫姆霍兹接着分析了黑格尔的"同一性哲学"的假说,他说:"根据这一假说,人的心灵,即使没有外界经验的引导,似乎也能够揣度造物者的思想,并通过它自己的内部活动,重新发现这些思想,'同一性哲学'就是从这一观点出发,用先验的方法构造其他科学的成果。"

赫姆霍兹对此评论说:

"本来自然界的事实才是检验的标准。我们敢说黑格尔的哲学正是在这一点上完全崩溃的。他的自然体系,至少在自然哲学家的眼里,乃是绝对的狂妄。和他同时代的有名的科学家,没有一个人拥护他的主张。因此,黑格尔自己觉得,在物理科学的领域里为他的哲学争得像他的哲学在其他领域中十分爽快地赢得的认可,是十分重要的。于是,他就异常猛烈而尖刻地对自然哲学家,特别是牛顿,大肆进行攻击,因为牛顿是物理研究的第一个和最伟大的代表。哲学家指责科学家眼界窄狭;科学家反唇相讥,说哲学家发疯了。其结果,科学家开始在某种程度上强调要在自己的工作中扫除一切哲学影响,其中有些科学家,包括最敏锐的科学家,甚至对整个哲学都加以非难,不但说哲学无用,而且说哲学是有害的梦幻。这样一来,我们必须承认,不但黑格尔体系要使一切其他学术都服从自己的非分妄想遭到唾弃,而且,哲学的正当要求,即对于认识来源的批判和智力的功能的定义,也没有人加以注意了。"[1]

这种分离,对于科学和哲学来说,都是不幸的,当然也是不可能持久的。特别幸运的是,由于另一位哲学家的工作,德国的"自然哲学"依然发挥了它对当时

[1] W.C.丹皮尔,《科学史》,商务印书馆(1975),第392—393页。

科学思想发展的积极影响。

2.2 谢林"自然哲学"的天才科学预见

弗里德里希·谢林(Friedrich Wilhelm Joseph Schelling, 1775—1854)在大学时期就系统进修了物理学、化学和医学,后来研究了数学和康德的自然哲学。1797 年出版了他的《自然哲学观念》。1798 年出版了《论世界灵魂》,1799 年又完成了《自然哲学体系初步纲要》,并在大学里系统讲授自然哲学,他的自然哲学著作得到了歌德(J. W. Von Goethe, 1749—1832)和一些自然科学家的肯定,并深受大学生们的欢迎。

青年哲学家谢林从伽伐尼、伏打、库仑的电学理论,李希滕伯(G. F. Lichtenberg, 1742—1799)的化学理论和沃尔夫(C. F. Wolff, 1734—1794)、哈勒(A. von Haller, 1708—1777)的生物学理论中汲取营养,充实和改造自己的哲学。他非常注意当时自然科学中关于各种过程的联系和转化的发现,并力图沿着泛神论的途径概括这些自然科学成就,揭示各种自然现象的统一性,用思维的方法描绘出一幅自然界发展的图画。他用"绝对的统一性"这种神秘的联系来代替自然与人之间的现实的联系,让自然与人都从这个神秘的本原中产生出来。他认识到发展是由矛盾推动的,矛盾是运动的源泉。他从阳电与阴电的发现得出结论说"原始的二元性"、对立力量的统一构成一切自然过程的观念、本质,说"贯穿在整个自然界里的正是一种普遍的二元对立,而我们在宇宙里发现的只不过是那一原始对立流传下来的一些后代,宇宙本身就存在于它们中间"。[1]"那个原始对立必须被假定为是从普遍的同一产生出来的"。[2]这样,整个自然界的发展过程就被归结为两种力量的矛盾不断解决又不断产生的过程,它由低级到高级地经历了质料、无机物和有机物三个主要阶段。"正是同一个普遍的二元对立,从磁的两极性开始,经过电的现象,变为化学的异质性,并最后在有机自然界

---

[1] 谢林,《先验唯心论体系》,商务印书馆(1977),第 148 页。

[2] F. W. J. Schelling, Sämtliche Werke. Hg. von K. F. A. Schelling. 14Bde. Stuttgart Augsburg, 1856—1861.《谢林全集》,德文本,第 3 卷,第 250 页。

表现出来".①

在最低级的质料阶段,谢林和康德一样,认为斥力是自然界的第一种基本力,引力是阻滞斥力的另一种基本力。但他不满足于康德单纯用力学解释天体起源的机械论观点,而把宇宙看作具有精神活动的有机整体,存在于扩张与聚集的交替变化之中。对于无机物,谢林认为磁是正力与负力的统一,电是两种对立的力在不同物体上的分布,化学过程则是两种对立的力重新得到的统一,它通过氧化和脱氧而过渡到有机物。在这些带有臆测性质的论断里,包含了谢林关于磁、电和化学过程相互联系和相互转化的有价值的思想。实际上,在 1799 年出版的《自然哲学体系初步纲要》的"导言"里,他就明确提出:"磁的、电的、化学的最后甚至有机的现象都会被编织成一个大综合体……它伸延到整个大自然。""毫无疑问,只有一种力量以其各种不同的形式,出现在光、电等现象中。"②1800年,在伏打电堆发明之后,他更进一步把流电看作无机界和有机界"两个自然的真正的边缘现象"。③

谢林和他的追随者的"自然哲学"学说,在 19 世纪前 30 年内,在德国及其邻近地区的大学里占据支配地位,对当时的科学思想产生了深刻的影响。虽然这种"自然哲学"是用理想的、幻想的联系来填补实际上的空白,但也说出了一些天才的思想,包含了一些有见识的、合理的东西,预测到了许多未来的发现。它所包含的一些谬见和空想,并不比当时经验主义的自然科学家的非哲学思考中包含得更多。这种哲学和自然科学家们的发现一起,一一否定了燃素、热质、光粒子、电流质、磁流质等种种"无重流质",推动了关于种种自然现象之间联系的确立,推动了 19 世纪物理学理论的重大综合和突破。

实际上,在 19 世纪初,创立符合于自然科学发展已达到的水平的新的、辩证的思维方法的任务,已经提出来了。但当时的唯物主义者都不可能完成这一任

---

① F. W. J. Schelling, Sämtliche Werke. Hg. von K. F. A. Schelling. 14Bde. Stuttgart Augsburg, 1856—1861.《谢林全集》,德文本,第 3 卷,第 258 页。

②③ 托马斯·库恩,《必要的张力》,福建人民出版社(1981),第 97 页。

务,因为他们几乎毫无例外的受到机械论和形而上学思想的严重束缚;而广大的自然科学家们尽管不断做出证实辩证法和驳倒形而上学的发现,但在思想上却沿袭了17—18世纪形成的形而上学思维方式,因而不仅不能正确理解他们所做出的发现的辩证意义,甚至还力图把这些发现硬塞到旧的形而上学的框架中去。因此,这个任务只好落到像康德、黑格尔和谢林这些具有自然演化观点、提出了辩证法规律和范畴的德国古典哲学家们的身上。虽然他们的学说中的合理内核被掩盖在矫揉造作、扭曲颠倒的外衣之下,但19世纪中叶前后自然科学和物理学上所取得的重大进展,正是循着这种反映了自然界的辩证性质的思想路线展开的。

第二节 能量转化与守恒定律的确立

1. 能量守恒思想产生的时代因素

能量转化与守恒定律的确立,以定量的形式揭示了机械位移、热、电、磁、光、化学乃至生命运动等各种运动形式之间的联系和统一,描绘出一幅自然界广泛联系的壮丽画面。这是牛顿力学建立之后物理学又一次伟大的综合。它和生物进化论、细胞学说一起,被称为19世纪中叶的"三大发现"。

1.1 殊途同归:从"联系""转化"到寻求转化当量

能量守恒定律是在18世纪末到19世纪前40年关于自然界各种现象之间联系和转化的普遍发现的基础上被概括和确立起来的。对任何一种能量转换过程的探讨,都可能以不同的途径达到能量守恒的概念,以不同的方式促进这一具有极大普遍性的基本原理的确立。历史表明,从1830年到1854年间,就有许多国家和地区的至少12位以上的科学家,从不同的专业途径出发,在不同的认识深度和广度上,获得了能量守恒的概念或原理。这些先驱者包括萨迪·卡诺、摩尔、马尔克·塞贯、法拉第、迈尔、柯尔丁、焦耳、格罗夫、李比希、卡尔·霍尔兹曼、赫姆霍兹、赫因。

美国科学哲学家托马斯·库恩(Thomas S.Kuhn)在《能量守恒作为同时发现的一例》中指出:"能量守恒正是科学家们在 19 世纪前 40 年间在实验室先后发现的各种能量转化过程的理论概括。每个实验室发现的能量转化过程,在理论上相应于能量的一种转化形式。……总之,正是由于 19 世纪的一些新发现使得整个科学的那些以前彼此分离的部分结成一个联系网络,因此这些部分既可以被单独掌握,或从整体上去掌握,可以采取多样的方式,而仍然导致相同的最后结果。我想,这正是为什么他们能以如此不同的许多途径,去投入先驱者的研究。更重要的是,这说明为什么先驱者的研究尽管其出发点各不相同,他们最后还是汇集于一个共同的结果。"[1]

在上节中我们已经指出,法拉第、摩尔、格罗夫等已经从大量自然现象的联系中得到了各种自然力的普遍的可转化性的概念。但是,"转化"概念还并不等同于"守恒"概念,仅凭能量转化现象还不能让科学家们达到能量守恒定律的发现。只有在确定了各种自然力之间相互转化的当量关系,并且使这种当量具有统一的定量表达时,能量守恒定律才能被确立起来。因为如果不存在这个统一的当量,那么只要适当地选择不同的转化过程加以组合,就会创造出动力,人类长期追求的"永动机"的梦想就会被实现。这种认识,终于被能量守恒定律的发现者们领悟了。1840 年,法拉第在《电学实验研究》(*Experimental Researches in Electricity*)第二卷第 130 节中谈到可以通过多种过程使能量形式发生各种变化时强调说:"然而在任何情况下……都不会纯粹地创造能量,即不会凭空创造能量而不相应地消耗某些东西去支持它。"[2]格罗夫在 1843 年也指出,如果(机械)运动确实可以转变为热或电,那么就必须肯定"当我们收集那些已被消耗和改变的力并加以恢复时,应能重新产生初始运动,即以同样速度去作用于同样物质的初始运动。其他力引起的物质变化亦复如此。"[3]他特别强调指出:"关于各种物理力相互联系的一个有待解决的重大问题,就是要确定它们的当量,或确

---

[1] 托马斯·库恩,《必要的张力》,福建人民出版社(1981),第 76 页。
[2][3] 托马斯·库恩,《必要的张力》,福建人民出版社(1981),第 80 页。

定它们与某一标准的可量度的关系。"①各种物理力与"某一标准的可量度的关系",正是严格的、定量的能量守恒定律最终得以完全确立的一个重要跳板,而这个可度量的"标准",正是长期以来从对机械运动的研究中逐渐形成起来的。

1.2 基本概念的准备:从"活力"到"功"

能量守恒定律的前史表明,使转化过程定量化的模式在近代自然科学发展的初期,是以一个动力学定理的形式出现的,一直被称为"活力守恒"原理。早在17世纪初,伽利略已经发现了摆球的等高性,并且提出了"等末速原理";惠更斯在1669年关于弹性碰撞的研究中,提出了 mv^2 这个量,并得出在完全弹性碰撞中 $\sum m_i v_i^2$ 这个量在碰撞前后不变的结论。1673年他又在关于摆的研究中证明了靠重力运动的物体系的公共重心不可能高于运动之初的重心位置;他还由此做出了用力学的方法不可能造出永动机的结论。17世纪末,在莱布尼兹掀起的与笛卡儿学派关于"运动的量度"的争论中,把 mv^2 称为"活力",而且断言,宇宙中真正守恒的量正是活力。到了18世纪初,在约翰·伯努利(Johann Bernoulli,1667—1748)的著作里,就一再谈到"活力守恒"。他指出,活力在表面上消失时,必是转变成另一形式了,比如在非完全弹性碰撞中,物体不能完全恢复原状,部分活力被保存在压缩体内了。到18世纪中叶后,欧勒已经认识到,在有心力作用下从一个定点开始运动的质点,在它通过任意途径到达离辏力中心有同样距离的任何位置时,其活力都是相等的。到19世纪初,"作为成熟的知识建立了如下的命题:在一个彼此有向心力作用的质点系统内,活力仅仅取决于系统的位形和依赖于位形的力函数。"②

"活力守恒"原理在力学的发展中起过独特的作用,它实际上是能量守恒的一个特殊情况。前述这些论断虽然还不能算作是对机械能守恒定律的确切表述,却为后来能量守恒原理的确立,特别是对赫姆霍兹、迈尔能量守恒思想的形

---

① 托马斯·库恩,《必要的张力》,福建人民出版社(1981),第80—81页。
② 劳厄,《物理学史》,商务印书馆(1978),第79页。

成有很大的帮助。

不过，"活力"在 18 世纪是被当作一个形而上学的概念使用的，活力守恒最初也是围绕在宇宙里到底是什么量表征出运动的守恒性这个形而上学的问题被理解的，所以 mv^2 还没有被人们看作物理学的一个基本的定量单位。在实际的力学问题和关于机械效能的讨论中，人们更多的是采用力与路程的乘积这个更具有力学直观性的物理量。不过在早期的力学研究中，由于是与活力守恒的直觉认识联系在一起的，人们更多注意的是物体的竖直位移。在伽利略、惠更斯关于落体、斜面和摆球运动的理论中，物体的速度都单值地与一定的高度变化相联系。莱布尼茨也是把与重量和高度的乘积等值的运动作为基本量来考察运动的量度"活力"的。1738 年，丹尼尔·伯努利(Daniel Bernoulli, 1700—1782)在对他所提出的"伯努利方程"进行说明时指出，活力守恒就是"实际的下降等于潜在的上升"。直到 1743 年，达兰贝尔在《动力学论》中才超脱出竖直位移，提出一个含有"功"的胚胎性概念的较普遍的公式，说作用于一个物体系的力将会增加其活力 $\sum m_i u_i^2$，其中 u_i 是质量为 m_i 的物体在该力作用下沿着力的方向运动所可能获得的速度；但达兰贝尔还没有赋予力乘距离以更一般的意义，也没有为他规定名称。

1782 年，L.卡诺(Lazare Carnot, 1753—1823)在《略论一般机器》中才把力乘距离称为"潜活力""活性力矩"，并写道："我称为活性力矩的那种量，在机器运转理论中起着很大的作用。因为一般说来，正是这个量人们必须尽可能予以节省，以便从一个作用(即一个能源)中导引出一切为它所能发生的(机械)效应。"[1]这使这个量在动力学理论中具有了新的重要性。但是，直到 1820 年前后，当这个新的动力学观点在法国出版的一系列有关机械技术理论的著作和论文中得到更为充分的阐明时，"功"才逐渐成为一个独立的重要概念。特别是在分析机器的运转中，功的概念是被作为一个基本参数看待的，显示出了它的重要性。法国工程师萨迪·卡诺用增加的重量与升高的高度的乘积来评价机器的功

---

① 托马斯·库恩，《必要的张力》，福建人民出版社(1981)，第 86 页，注 45。

效,他把这个乘积称为"作用矩";法国数学家蒙日(Comte de P.Monge, 1746—1818)把功称为"动力效应"。法国物理学家科里奥利(G.G.Coriolis, 1792—1843)在《对机器效率的计算》(1829)一书中,坚决主张活力应表示为$\frac{1}{2}mv^2$,因为这样一来,它在数值上就会等于它所能做的功*,这就是现在所说的动能。科里奥利多次用了"功"这个词。法国工程师彭塞利(Jean Victor Poncelet, 1788—1867)可能是受到科里奥利的影响,在1829年的《工程机械学导论》中,明确地推荐了"功"这一术语,定其单位为千克•米,并明确地形成了机械运动中的能量守恒原理:功的代数和的二倍等于活力的和;任何时候都不能从无中产生功或活力,功或活力也不能转化为无,而只能组成无。……总之,这一时期许多人用力和距离的乘积作为衡量发动机功率大小的标准。这样,"功"这一概念就由于19世纪初科学家们对机械效率的重视而被引入了物理学。

"功"这一概念及其测量单位的确定,活力被重新定义为$\frac{1}{2}mv^2$,这就为改造"活力守恒定律"——用所做的功等于所产生的动能来表示守恒定律——创造了条件;而只有经过这样的改造,活力守恒才能为运动转化过程的定量化研究提供明确的观念模型;"功"的概念的形成,也找到了各种物理力与"某一标准的可量度的关系",使最终定量地编织出各种物理力相互转化的网络得以实现。

从概念的准备来说,"能"和"势函数"的概念,也是从力学的研究中首先形成的。1717年,约翰•伯努利在叙述虚位移原理时,已经用"能量"这个词来表示虚功。后来托马斯•杨在1807年出版的《自然哲学和机械技艺讲义》中建议将mv^2称为能量[①]。不过,他所提出的能量概念,在很长的时间里很少引起人们的

---

* 1847年,赫姆霍兹在《论力的守恒》中对功与活力的关系独立地做出了清晰的数学论证。他指出,举高一个重物需要做功mgh,而物体在落下时得到速度$v=\sqrt{2gh}$,它以这个速度也可上升到同一高度h。计算可知$A=mgh=\frac{1}{2}mv^2$。因此"以$\frac{1}{2}mv^2$这个量来表示活力的量,这样一来,它就变得和功的大小的量度一样了"。他说这一改变"在将来会给我们带来非常重要的益处"。

① T.Young, Course of Lectures on Natural philosophy and the Mechanical Arts, Vol.1, London (1807), pp.78—79.

注意。直到 19 世纪 40 年代,人们还是用"力"的概念来表示能量。

"力函数"或"势函数",是动力学中的另一个重要概念。1738 年,D.伯努利在《流体动力学》中建议用"位势提高"来代替"活力"概念,认为这可以使一些哲学家(科学家)更易于接受;因此他引入了"势函数"这一术语,并指出可以用势函数导出力。1755 年,欧勒在关于流体力学的研究中,引进"速度势"函数 S,从而将理想流体的分速度 u、v、w 分别表示为

$$u = \frac{\partial S}{\partial x}, \; v = \frac{\partial S}{\partial y}, \; w = \frac{\partial S}{\partial z}$$

由此得出了"欧勒方程":

$$\frac{\partial^2 S}{\partial x^2} + \frac{\partial^2 S}{\partial y^2} + \frac{\partial^2 S}{\partial z^2} = 0$$

它表示不可压缩流体的连续性运动中的物质守恒。

1777 年,法国数学家和物理学家拉格朗日(J.L.Lagrange,1736—1813)把引力的研究提高到数学分析的高度,指出空间任一点上万有引力的分量可以简单地用某个函数 V 的微商的负值表示,即

$$f_i = -\frac{\partial V}{\partial x_i}$$

1782 年,他又证明函数 V 满足下述方程:

$$\frac{\partial^2 V}{\partial x^2} + \frac{\partial^2 V}{\partial y^2} + \frac{\partial^2 V}{\partial z^2} = 0$$

后来,拉普拉斯把上式表为

$$\nabla^2 V = 0$$

1813 年,泊松根据库仑力和万有引力都与距离的平方成反比的数学相似性,把上述方程推广到静电学中,并给出它一个更一般的形式

$$\nabla^2 V = -4\pi\rho$$

ρ为"荷"的密度。

1828年,英国数学家格林(G.Green, 1793—1841)明确提出"势"的概念,指出泊松所说的 V 就是势函数。1834 年英国物理学家哈密顿(W.R.Hamilton, 1805—1865)也引进了"力函数"("功函数")以表示只与相互作用着的粒子的位置有关的力。他还把现在说的"势能"称为"张力之和",而把动能称为"活力之和"。到了 40 年代,由于德国数学家和物理学家高斯(C.F.Gauss, 1777—1855)的工作,"势"这个新函数才得到了普遍的应用。

1.3 工程技术因素:动力和机械效率的研究

从"功"的概念的提出中,已经可以看出动力机械的研究对于能量守恒原理的确立是有重要作用的。由于生产技术的发展,特别是蒸汽机的普遍使用,使人们日益关心动力及机械效率的问题。"功"的概念就是科学家(特别是工程师)从对机械效率的研究中形成和提出的对能量守恒定律的确立有决定性作用的物理量。

根据库恩的统计,在使能量转化过程定量化方面获得部分或完全成功的九个科学家中,除迈尔和赫姆霍兹外的其他七人,都受过蒸汽机工程师的教育,或当时正在从事蒸汽机的设计工作;在各自独立地计算出热功当量数值的六个科学家中,除迈尔外其他五人(S.卡诺、M.塞贯、K.霍尔兹曼、焦耳、赫因)当时都正在从事设计蒸汽机,或者原来受过这种训练。"功"就是这些科学家们在进行计算时必须使用的一个基本物理量。

另一方面,对机械效率问题的关注,也促进了重视应用力学的传统,正如 18 世纪到 19 世纪初期法国的情形那样。在这一传统的影响下,人们早就开始了对水力、风力和蒸汽力所推动的机器的动力传递和转化过程的思考,逐步产生了把机器看作可以把贮存在燃料或瀑布中的力转化为能吊起重物的机械力的装置。D.伯努利在 1738 年就说过,他相信"如果藏在一立方英尺煤中的活力能被发挥出来,并用于开动机器,其功效会大于八或十个人做一天的工作"。[1]L.卡诺也指

---

① D.伯努利,《流体动力学》,第 231 页;转引自《必要的张力》,第 90 页。

出："关于推动一座磨子的问题(无论是靠水力、风力或畜力的推动)……就是这样一个问题,即如何消耗这些作用力所做的功的尽可能最大的部分。"①科里奥利也认为水、风、蒸汽和牲畜是"功"的来源,而机器则是把功变为有用的形式并传递给重物的装置。所以,发动机本身就很容易使人们认识到它是一种能量转换装置,并把人们导向转化过程这一概念。多少燃料能做多少功,多高的落差和多少水量能推动多大的水磨,用电池开动的电动机效率如何……这些问题本身就蕴涵着转化过程的概念,也必然迫使动力机的设计者做出定量的回答。即使粗糙的计算,也会使工程师们逐渐意识到存在着一个一定的转化系数,并且使他们认识到永动机是不可能实现的。所以,动力机械工程方面的探讨,的确对抽象的能量守恒原理的诞生起到了重要的促进作用。

具体来说,法国工程师萨迪·卡诺就是从对热机效率的研究中达到能量守恒思想的。他最早是从热质守恒的观点开始自己的研究工作的。但从他被保存下来的笔记以及他的著作的手稿中可以看出,在他写《关于火的动力的思考》的著作时,已经意识到了作为他理论的出发点热质模型的缺陷和不确实,虽然他坚信他所得出的关于热机效率的结论是正确的。在原来的手稿中有这么一段话:

"我们提出去确定的这个基本定律对于我们似乎已是无疑的了。……我们现在将应用上述这个理论思想去审查现在为了实现热的动力而提出的不同方法。"

但在印行的文本中他却把这段内容改为:

"我们提出去确定的这个基本定律对于我们来说,为了使之无疑,似乎需要一些新的检验。它是建立在今天所理解的热的理论的基础之上的,应该说这个基础似乎不是完全无疑的。新的实验将能对这个问题做出判决。同时,我们可以把上述的理论思想看作正确的,应用它去审查现在为了实现热的动力而提出的不同方法。"②

---

① L.卡诺,《平衡和运动的基本原理》,巴黎(1803),第 258 页。
② S.R.威尔特、M.裴利普编,《现代物理学进展》,湖南教育出版社(1890),第 47 页。

这个改动表明,早在 1824 年,他对当时流行的"热的理论基础"已经产生了怀疑;在 1830 年前后,他便转向了热的运动说,并探察到了热和功的等当性。在笔记中他写道,"热不是别的什么东西,而是动力,或者可以说,它是改变了形式的运动";"热是一种运动。物体的一小部分中的动力如果消灭了,必然同时产生与消灭的动力的量严格成比例的热量,相反,热消灭时,就会在某一地方产生动力。人们可以由此提出一个普遍的命题:动力是自然界的一个不变量,准确地说,它既不能创造,也不能消灭。"[1]卡诺甚至从气体的定容比热与定压比热的差算出了大致正确的热功当量的数值 370 千克米/千卡。这是十分明确的能量转化与守恒定律的表述。不过,卡诺于 1832 年死于霍乱,这个笔记是为他刚刚写出而尚未来得及发表的一篇论文做准备而写下的。根据当时的习俗,死者的遗物都要被焚烧。直到 1878 年,他的未被焚烧的这束 23 页的手稿才被发现,这些见解才被公布,这时能量守恒原理早已确立了。

法国工程师马尔克·塞贯是从蒸汽机效率的计算中得出热和运动相互转换的概念的。他认识到,在机械动力和热之间有一种既定的不变关系联系着。他还试图测量锅炉直接供给的热和在蒸汽机的冷凝器里放掉的热的差值。他的研究结果发表在 1839 年的《铁路的影响和建造艺术》中。

德国蒸汽机工程师 K.霍尔兹曼虽然相信热质说,但也相信在压缩气体过程中所做的功必然引起气体中等量的热的增加。在 1845 年出版的《论气体和蒸气的热量和弹性》中,他公布了据此计算出来的热功当量值。

法国工程师赫因在测量各种机器润滑剂的效果时,惊奇地发现,在涂有润滑剂的两个机械面的"间接摩擦"中"所引起的热量增加的绝对值,直接地和一致地正比于这种摩擦所吸收的功"。[2]他得出这个比值近似等于 0.002 7,相当于热功当量值 370 千克米/千卡。在 1854 年发表的《关于间接摩擦所引起的主要现象的研究,关于决定用于润滑机器的物质的机械值的各种方法的研究》以及《略论

---

① 广重彻:《物理学史》,第 201 页。
② 托马斯·库恩:《必要的张力》,第 68 页注。

间接摩擦生热的规律》的论文中公布了他的独立发现。他甚至还从对一个纺织厂的热机全部输入的热量和全部输出的功的比较中,得出了内能等价地转变为机械功的结论。

焦耳与李比希开始时就是把电动机的效能与蒸汽机的效能进行比较,提出了在消耗一定量的锌片和煤的情况下,这两种机器分别能把多重的物体吊起多高的距离。提高发动机的效率是他们研究活动的实际目的。

可见,蒸汽机的广泛使用所形成的工程技术因素,对于能量原理的发现是有直接作用的。这是社会物质生产和工程技术的发展促进科学进步的一个有说服力的例证。

1.4 哲学:思维跳跃的阶梯

像能量守恒定律这样具有高度概括性的普遍原理,如果没有比较明确的哲学思想背景,是很难从个别事实的发现和具体技术经验的积累中建立起来的。18世纪末到19世纪初流行的"自然哲学",正好为这一需要提供了适宜的哲学性的理性思维。正如库恩指出的那样,"在柯尔丁、赫姆霍兹、李比希、迈尔、摩尔和塞贯那里,一个关于奠基性的形而上学力不灭的观念,看来先于科学研究而存在,而且与科学研究几乎没有什么直接联系。粗浅地说,这些先驱者仿佛先有了一个能够变成能量守恒的观念,过了一些时候才去为此寻找证据。"[1]一个明显的表现是,这些人在做出能量守恒的叙述时,都存在着概念上的脱节和跳跃现象。如摩尔从维护热的运动说突然就跳到这样的结论:大自然中存在的只是一种力,它在数量上是不变的。柯尔丁和赫姆霍兹在他们做学生或刚刚毕业的时候,就已经有了守恒的观念。"像这样一些思想跳跃现象一再发生,说明能量守恒定律的许多发现者深受一种预见所影响,即事先就认为有一种不可毁灭的力量深蔽在一切自然现象的根底。"[2]

这样的"预见",正是当时流行的"自然哲学"的要旨。实际上,在独立地发现

---

[1] 托马斯·库恩,《必要的张力》,福建人民出版社(1981),第93—94页。
[2] 托马斯·库恩,《必要的张力》,福建人民出版社(1981),第95页。

能量守恒原理的先驱者中,就有五个是德国人;丹麦的柯尔丁是深受康德哲学思想影响的奥斯特的学生的门徒;而赫因则自学过"自然哲学"著作,而且在他的论文中,还直接引用过康德的著作。这个事实表明了德国思想传统的深刻影响。

2. 能量原理"奏鸣曲"中的三个最强音

在这些时代因素的作用下,从不同的途径获得能量守恒原理的天才人物中,迈尔、焦耳和赫姆霍兹更是声誉卓著的佼佼者。他们分别从哲学性的理性思维、与机械效率的探讨相联系的物理实验以及在力学基础上进行的理论论证的途径,为这一普遍原理的建立,做出了富有成效的奠基性贡献。

2.1 从自然哲学走到伟大定律面前的人

德国青年医生罗伯特·迈尔(R.Mayer, 1814—1878)是从生理学入手,通过哲学的思考和对经验事实的概括而走上发现能量守恒原理的道路的。1840年,他在一艘船上做随船医生时发现,从患肺炎的船员静脉血管中抽出的血就像动脉血那样鲜红;他还听船员们讲暴风雨后海水比较热,这些现象引起了迈尔的思考。在拉瓦锡燃烧理论的启发下,他想到在热带高温的情况下,人体只需吸收食物中较小的热量就够了,食物的氧化过程的减弱,使静脉血中留下了较多的氧,血的颜色就比在欧洲地区的鲜红一些。迈尔由此认识到了氧耗与能耗之间的平衡关系,即机体的热消耗和所完成的体力劳动之和,必然与体内食物的营养品的氧化取得平衡。寒冷地区的人体热的消耗较多,能供给体力劳动(肌肉机械运动)的部分就较少;热带地区则相反。他还由此推论说懒人较勤快的人的静脉血会更红一些。他还想到,雨滴降落时所获得的活力也会产生热,从而使海水升温。迈尔由这些现象直接得出了机械能、热和化学能都可以相互转化,在现象背后存在着一种"力"的不可毁灭性的量的关系结论,而且对这一概念可能的重要性产生了深刻的印象。

迈尔的结论无疑是一个巨大的飞跃。但是,从他所谈论的这样普通的个别现象,到如此重大的普遍结论,在认识的阶梯上无疑存在着一个惊人的"跳跃"。普里戈金在解释迈尔和其他几位德国学者这种思想的跳跃时说:"德国哲学传统向他们灌输了一种和实证主义立场完全不同的概念,他们全都毫不犹豫地得出结论:整个自然界,自然界的每一个细部,都服从一个原理——守恒原理。"[1]迈尔发现能量守恒定律的过程,正是他的哲学信念和科学思想不断深化和扩展的过程。

　　1840 年 9 月末航行结束后,迈尔在一封给朋友的信中将化学中的"物质"与物理学上的"力"相类比,提出化学上把物质的不可毁灭性看作一个基本规律,应该把同样的基本规律应用到力上,力同物质一样,也是不可毁灭的。1841 年 6 月,他根据这种思考整理出一篇论文《关于力的量和质的测定》(*Ueber die quantitative und qualititative Bestimmung der Kräfte*)寄给波根道夫(J.C.Poggendorff)主编的《物理和化学年鉴》。具有经验主义思想的波根道夫以该文引入了思辨的内容和缺少精确的实验根据而拒绝发表。因为当时好不容易才摆脱了"自然哲学"陷于空论的影响的德国学术界产生了另一种倾向,即否定思想上、理论上的成果的思潮。后来迈尔又重新撰写了《论无机界的各种力》(*Bemerkungen über die Kräfte der un-belebten Natur*),被一向注意各种自然力之间的关系的李比希发表于他所主编的《化学和药学年刊》的 1842 年 5 月号上。

　　在这篇论文中,迈尔一开始就提出了"力"是什么以及各种力怎样互相联系的问题,并"试图给力以相当于物质那样明确的意义"。然后,迈尔把自然界必然遵循因果规律的信念作为他探索无机界各种自然力之间关系的出发点,以"无不生有,有不变无"和"原因与结果相等"这些哲学观念为根据,对物理、化学过程中力的守恒问题做了一般性的论述。迈尔把"力"看作"原因",指出:"力是原因,所以原因等于结果的原则是完全适用的。如果原因 c 产生结果 e,那么 c=e;如果 e 又是另一结果 f 的原因,则 e=f;依此类推则可得到 c=e=f=⋯=c"。[2]迈尔进而概括了原因的两种特性。首先,"正如等式性质表明的那样,在原因和结果这条长链中,任何一个环节或者一个环节的一个部分都永远不会变为零。这就

①　伊·普里戈金,斯唐热,《从混沌到有序》,上海译文出版社(1987),第 152 页。
②　W.F.Magle, A Source Book in Physics, Shanghai, Hongmans(1935), p.197.

是一切原因的第一特性,可以称为不可毁灭性。"①其次,"如果已知的原因 c 产生了与它相等的结果 e,那么 c 就不再存在了,它变成了 e;如果 c 在产生了 e 之后仍然全部或部分地保存着,那么这剩余下来的原因必然还会产生相应的另一些结果。这样一来,c 的总结果就会大于 e,这是与 c＝e 的假设相矛盾的。因此,既然 c 变成了 e, e 又变成了 f,等等,我们必须把这些量看作同一对象的不同表现形式。这种能够采取不同形式的能力,是一切原因的第二个重要特性。"②把这两个重要特性结合起来,就可得出"原因是(在数量上)不灭的和(在质上)可变换的存在物"。③

为了从这个讨论导向"力的守恒"结论,迈尔把"力"和"物质"做类比,提出了自然界存在着两类不可相互转变的原因的说法:"第一类包括具有可称量性和不可入性这两种性质的原因,即各种物质;第二类则是不具有上述性质的原因,这就是力。由于它缺乏前一类原因的特性,因此又可称为不可称量的原函。"④迈尔由此得出:"力是不灭的、可转换的、不可称量的存在物。"⑤他是把化学上研究的"物质"和物理学上研究的"力"类比为两类原因,从化学上表示物质不灭性的"质量守恒定律"得出"力的守恒与转换"的上述表述的。他说:"如果因是物质,果也是物质;如果因是力,果也是力。"⑥

迈尔具体应用这个原理,得出了"落力和运动,都是作为因果相关的力——可以相互变换的力——两者都是同一存在物的两种不同形式"。⑦他指出,寻求落力与运动力之间的公式是力学的重要任务。在联系实际"经验"所做的进一步扩展中,他又得出了落力、运动力和热互为"当量"的结论。

在这篇论文的最后,迈尔卓有远见地提出了确定热的机械当量的必要性:"要得到以落力与运动为一方,以热为另一方二者之间的公式,必须解答相当于某一给定的运动或落力的量的热量究竟多大。比如说,我们必须证实把某一已

---

① W.F.Magie, A Source Book in Physics, Shanghai, Hongmans(1935), p.197.
②③④⑤⑥ W.F.Magie, A Source Book in Physics, p.198.
⑦ W.F.Magie, A Source Book in Physics, p.199.

知重物提升多么高才能使其落力把等重的水的温度从 0 ℃升高到 1 ℃。"①迈尔根据当时已知的气体比热的数据直接得出,因为空气的定压比热与定容比热的比为 1.421,所以把一定重量的水从 0 ℃加温到 1 ℃与等重的物体从 365 米高度落下的热功相等。②即 1 千卡＝365 千克米。这样,迈尔便在物理学史上第一个给出了热功当量的值。

各种自然现象都统一于"力"的这一自然界的统一性思想,始终是迈尔进行科学探索的航标。这个思想引导他将"力的守恒原理"扩展到无机界、有机界乃至整个宇宙。在 1845 年自费出版的《论与有机运动相联系的新陈代谢》(*Die organische Bewegung in ihrem Zusammenhang mit dem stoffwechsel*)中,从广度和深度上大大发展了前一篇论文中的基本思想,一开始就把力的守恒和转化定律说成是支配宇宙的普遍规律。接着就将研究的物质运动形态从机械运动和热推广到电、磁和化学作用。他仍从"力是原因","因等于果"以及"无不生有,有不变无"等哲学性范畴出发,具体考察了无机界的五种基本自然力,即下落力、运动力、热力、电磁力和化学力。迈尔充分利用了当时已经发现的关于各种自然现象之间相互联系的大量实验事实,对这五种力之间的 25 种相互转换的过程做了全面的阐述。在关于"热"的论述中,迈尔还具体计算了热功当量,将第一篇论文中给出的值 365 千克米/千卡改为 367 千克米/千卡。他还通过这些研究,做出了否定"热质"和其他"无重流质"的结论。

这篇论文中最杰出的思想是把力的守恒推广到有机界,用化学作用解释生物能的来源,探索无机界与有机界的统一。他从人们的一些基本生活经验,即太阳辐射是地面上用之不尽的能源出发,正确地指出,正是布满地球表面的植物,时时在完成着吸收太阳"光力"并把它转变成另一种力(化学张力)的任务。他用大量观察事实说明,一种植物的生长和排出的物质,其总量等于它所吸收的物质,所以在植物中只发生物质的转变而不发生物质的创造;与此相同,在植物中

---

①② 　W.F.Magie, A Source Book in Physics, p.204.

也只能发生力的转化,而不发生力的创生。这样,迈尔就用化学作用解释了生物能的来源,找到了"化学和植物生理学之间的桥梁"。进而,迈尔又探讨了植物和动物之间的联系,他说,植物在生长过程中所积累起来的自然力通过动物吞食植物界的可燃物质而被动物所据有;这些可燃物质与氧气的结合,一部分成为动物热的唯一来源,另一部分则通过肌肉转变为机械效应,形成动物生活的功效。他断言,如果把一个动物在一定时间内所提供的全部机械力通过摩擦等方法使之变成热,并把它与同一时间内动物产生的体热加在一起,那么它必与同一时间内动物体内化学过程产生的热量相等。可见,动物吃进的食物和吸入的氧气中所包含的化学力,是动物的运动和体热的源泉。所以,"在生命过程中,力像物质一样,只能发生转化,而不会发生任何创造"。这样,迈尔就否定了生命力的说法,在物理学、化学和生理学之间,架起一座长桥,完成了无机界与有机界的统一。

自然界的高度统一性的思想,还推动迈尔把力的守恒原理扩展到整个宇宙。在 1848 年出版的《论天体力学》(*Beiträge zur Dynamik des Himmels in populärer Darstellungen*)中,他试图对太阳热的起源提出解释。由地面上重物下落而生热的现象,使迈尔想到无数陨石和小行星以很高的速度落向太阳所转化的热量是太阳的热源。他说这种机械过程使化学作用黯然失色,因为这种过程产生的热量将比太阳中氢的燃烧产生的热量大 7 000～15 000 倍。迈尔据此算出太阳处在 2 750 万摄氏度到 5 500 万摄氏度的高温状态。虽然迈尔的假说和计算并不正确,但他以热功当量为杠杆,用能量守恒定律解释和描绘包括生物和太阳在内的整个宇宙的宏大构思,无疑给予科学发展更深刻的启示。

2.2 用系统实验给定律奠定坚实基础的第一人

迈尔从自然哲学走到了一个伟大的定律的面前,焦耳(J.P.Joule,1818—1889)则从实验哲学的道路为这一伟大定律奠定了坚实的实验基础,或者说他把迈尔的思辨式的研究纲领通过实验证明转化成为一个真正的物理学定律。

1837 年,当 19 岁的焦耳开始他的研究工作时,他所关心的是如何去改进电动机的设计,以提高它的功效。虽然当时这些早期的机器还只是像小孩玩具一样的小东西,焦耳却预料到它们终将代替蒸汽机而成为未来最好的动力机。改进电动机设计的工作虽然不顺利,却使焦耳注意到了电机和电路中的发热现象。他想到这和机器中的摩擦生热一样,都是动力损失的来源,这促使他转而对电池产生的电热的热效应进行定量的研究,从而接触到了化学能、电能和热能的转化问题。1840 年 12 月所得到的关于电流"焦耳热"的定律无疑对焦耳是一个极大的鼓舞。他由此发现,隐藏在神秘的自然界中的任何复杂的转化关系都可以通过实验揭示出来,并确定下定量的关系。

从 1841 年到 1843 年 1 月,焦耳通过一系列实验,试图获得热能与化学能的当量关系,但很难得出明确的结论。但他认识到伏打电流只是起到一种传递、安排和转换化学力的宏观作用,既不能由此说明热不是一种物质,也不能表明热是一种分子的振动。因为电流既可能将假想的"热质"从电池中传输出来,也可能由于它改变了导线中原子的相对位置或使原子振动而产生热。

困难逼使焦耳终于想到,可以不去考虑无法测量的电池中的化学能与热能之间的转换关系。当时人们已经知道了可以有多种途径产生电流,因此焦耳想到,可以不利用电池产生的电流,而利用机械方法产生的感应电流。在 1843 年 8 月宣读的《论磁电的热效应和热的机械值》中他写道:"当我们不把热看作一种实物,而是看作一种振动状态时,没有理由认为它为什么不能由一种单纯的机械性质的作用所引起,例如像一个线圈在一永磁体的磁极前转动的那种作用。"于是他设计了一个简易的发电机,其电枢插在一个盛有水的密闭容器中,让电枢在一对固定的电磁体的二极间高速旋转而使水升温。这个实验除证明了感应电流也可以产生热外,还证明了热质观念的错误。因为电路是完全封闭的,水温的升高完全是机械运动转化为电,电又转化为热所致,不存在热质从电路的这一部分传输到另一部分的可能性。加上焦耳早年受到道尔顿原子论思想的熏陶,再回想到伦福德的摩擦生热实验,更使他深刻认识到热是物质粒子振动的宏观表现。焦耳立即从这个实验领悟到热和机械功的相互转化,因此"探求热和失去或得到的机械功之间是否有一个恒定的比值,就成了十分有意义的课题"。焦耳通过计算水中热量增加和带动电枢转动所耗去的机械功得到了他的第一个热功当量值。这篇论文被看作焦耳第一次开始关于能量转化关系的研究。

此后，焦耳通过强迫水通过活塞上的细孔生热，在水或水银中使两个固体表面摩擦生热，把空气在汽缸中压缩生热，让高压气体慢慢逸出而使汽缸变冷，以及用浆轮搅动液体升温等一系列实验，对热功当量值进行了精确的测定，使他的工作在定量方面达到了确凿无疑的地步。焦耳从一个单独的问题出发，一步一步地追溯到那些 19 世纪初以来新发现的一系列联系因素，"纲举目张"地在令人困惑的众多转化现象中揭示出了一个统一的因素，从而为贯穿物理、化学和生物系统的各种各样的变化过程找到一个统一的解释提供了一个指导性原则。

在这些实验的基础上，焦耳进行了哲学和理论等方面的思考。1847 年，他的思想实现了一个升华，"他把化学、热学、电学、磁学和生物学之间的联系看作一种'转换'。假设有'某种东西'在数量上保持不变，同时它却在性质上发生了变化，这就是转换的思想，这种思想把原来在机械运动中发生的事情推广了……"[1]在这年 5 月所发表的题为《论物质、活力和热》的文章中，焦耳表达了对能量转换与守恒原理的这一信念：

"……自然现象，不管是机械的、化学的或是有生命的，几乎完全包括在通过空间的吸引、活力和热的相互变化之中。这就是宇宙中维持着的秩序——没有任何毁灭，未曾有任何损失；不管整部机器怎样复杂，他照常润滑而又和谐地工作。虽然有如伊扎基尔（Ezekiel）的奇观，'轮中有轮'，而且每样东西似乎很复杂和包容在显然混乱不堪的和几乎是无穷无尽的原因、效应的变化、转变及安排的错综局面里，但那最完整的规律却坚持着——这一切全都为上帝的意志所掌握的原则。"[2]

---

[1] I.普里戈金，斯唐热，《从混沌到有序》，上海译文出版社(1987)，第 150 页。
[2] 李醒民、宋德生、王身立主编，《思想领域中最高的音乐神韵》，湖南科学技术出版社(1988)，第 71 页。

2.3　以理论物理学的模式对定律做出数学论证的第一人

运用数学方法概括机械能守恒定律,第一次给出能量守恒定律的数学表达式,进而证明自然界的各种过程都遵从这个基本定律的,是德国学者赫姆霍兹(H. von Helmholtz, 1821—1894)。他的工作完全是以理论物理的模式展开的,因而被认为是能量守恒定律的第一个最严谨、最全面的论证,在物理学界的影响也远比迈尔和焦耳为大。

和迈尔一样,赫姆霍兹也是由动物热现象开始,进而追溯到能量守恒的普遍原理的。赫姆霍兹 1842 年毕业于柏林皇家医学院,当了五年军医后在几个大学担任生理、解剖和物理学教授。他和当时的物理学家一样,带有明显的机械论特点;他所属的生理力学学派,极力反对在当时生理学中流行的"生命力论",主张用化学力或食物的燃烧热解释生物活力的来源。他以彻底的机械简约论的思想,相信所有的生理过程都可以简化为物理学的,也就是力学的过程,他希望能在物理学的基础上重建生理学。

在 1847 年 7 月所宣读的《论力的守恒》(*Ueber die Erhaltung der Kraft*)的长篇论文中,赫姆霍兹提出了能量守恒定律的哲学基础、数学公式和实验根据,并把它演绎到物理学的各个分支。在这篇影响深远的著名论著中,赫姆霍兹提出:

"自然科学的问题首先在于寻找一些规律,以便把种种特定的自然过程归因于某些一般规则,并从这些一般的规则中推演出来。……我们相信这种研究是对的,因为我们确信自然界中的各种变化都一定有某个充分的原因。我们从现象推得的近似原因,它本身可能是可变的,也可能是不变的。如果是前者,上述的信念就会促使我们去追寻能够解释这种变化的原因。直到最后找到不可变的最终原因,而这个不可变的最终原因在外界条件相同的各种情形下一定能产生同样的不变的效果。因此,理论自然科学的最终目标就是去发现自然现象的终极的、不再变化的原因。"[①]

---

① 威·弗·马吉编,《物理学原著选读》,商务印书馆(1986),第 228—229 页。

赫姆霍兹先验地相信,自然界应当存在一种"不变的"或守恒的"最终实体",也就是说,在各种自然变化的背后有一个与因果律相一致的基本的不变量。

那么,这个终极实体是什么呢?赫姆霍兹指出自然科学是"按照两种抽象过程来看待外界现象的"。首先是把外界现象当作"单纯的存在",即物质,而"物质本身是静穆的、没有作用的存在",它只能参与有关空间的变化,即运动。但由于它既不能对我们的感官发生作用,也不能对其他部分的物质发生作用,因此纯粹的物质"只会等于无"。只当物质对我们的感官发生作用的时候,我们才能知道它的存在,因此"当我们说到不同种类的物质时,我们所指的是作用的不同,即物质的力的不同"。[①]"当我们把物质与力的概念应用于自然时,物质与力二者从来不能分开"。[②]那种只承认物质的真实存在而不相信力的真实性的看法是错误的,"物质本身不能被人察觉到,它只能通过它的力才能被人察觉到"。[③]既然我们的问题是去追索自然现象的不变的终极原因,"必先找出不可变的力"。[④]但对于物质系统来说,唯一可能的变化就是空间位置的变化,所以具体地说,"自然现象必须追索到仅由空间条件决定的、具有不变运动力的物质粒子运动"。[⑤]可以看出,赫姆霍兹认为一切自然现象都可以归结为力学过程,并据此展开了他关于"力的守恒"的讨论。

在论文开头的"导言"部分,赫姆霍兹提出了两个公理,作为推导机械能守恒定律,进而演绎出能量守恒(即他所说的"力的守恒")定律的出发点。他说:

"本文中包含的各种命题的推导,可以以下列两个公理之一为根据:或者从不可能借助于自然物体的任何组合而获得无限量做功的力;或者假定自然界中的一切作用都可以归结为引力和斥力,而这种力的强度唯一决定于施力的质点间的距离。"[⑥]

赫姆霍兹论证说,运动是在两个物体相对位置的变动中发生的,因此,产生

①② 威·弗·马吉编,《物理学原著选读》,商务印书馆(1986),第229页。
③④⑤ 威·弗·马吉编,《物理学原著选读》,商务印书馆(1986),第230页。
⑥ 威·弗·马吉编,《物理学原著选读》,商务印书馆(1986),第228页。

运动的力只能是两个物体之间的相互作用,它是"两个物体变更其相对位置的努力"。[1]"就空间来说,一质点与另一质点的关系,只能指其相隔的距离。所以,质点互施的运动力,只能在使其距离发生变更时起到作用,这就是说,它要么是吸引,要么是排斥"。[2]这样,赫姆霍兹就把物理科学的任务归结为把自然现象追索到其强度仅由距离决定的引力和斥力,"一旦将自然现象还原到简单力的工作完成并且证明这是我们对现象所能做的唯一的还原工作,那么,这门学科的任务也就完成了。"[3]这里清楚地表现出赫姆霍兹所受到的康德自然哲学关于"基本力"观念的影响。这种发生在物质连线方向上的"中心力",被赫姆霍兹看作"最简单的基本力"。

在具体建立能量守恒定律的数学方程时,赫姆霍兹首先从永动机的不可能,确定了力学中的"活力守恒原理"的表示式。他指出,做出或耗掉的功的量可以用把一个质量为 m 的重物体提升高度 h 来表示,即 mgh;而为了使物体竖直升高到 h,需要速度 $v=\sqrt{2gh}$,当物体从这一高度落下时也获得同样的速度,因而可得到

$$\frac{1}{2}mv^2=mgh$$

他把活力守恒原理表述为:"如果任意数量的质点只在相互作用的力或指向固定中心的力的作用下运动,只要所有质点相互之间以及相对于那个固定中心具有相同的位置,则不论它们在各个时间间隔中经过什么途径或速度如何,一切活力的总和都是相同的。"[4]

为了把这个原理推广到活力变化以及任意方向的作用力 ϕ 从位移 r 运动到 R 做功的情形,他根据牛顿定律推导出

$$\frac{1}{2}mQ^2-\frac{1}{2}mq^2=\int_r^R\phi dr$$

[1][2]　威·弗·马吉编,《物理学原著选读》,商务印书馆(1986),第 230 页。

[3]　威·弗·马吉编,《物理学原著选读》,商务印书馆(1986),第 231 页。

[4]　威·弗·马吉编,《物理学原著选读》,商务印书馆(1986),第 232 页。

式中 Q 和 q 分别表示质量为 m 的质点在 R 和 r 的速度。他把 $\int_r^R \phi\, dr$ 称为在 r 和 R 之间的"张力和"(sum of the tension),因而把这个原理表述为"一个质点在中心力作用下运动时,其活力的增加等于使其距离发生相应变化的张力的总和"。他把这个结果推广到质点系,从而得到了更普遍的"力的守恒定律"。赫姆霍兹根据这些论证,概括出以下三点结论:

"(1)当自然界中的物体在既与时间无关、又与速度无关的吸力和斥力的作用下时,系统中的活力和张力的总和是始终不变的;因此,可以获得的最大功是确定的和有限的。"

"(2)相反,如果自然界的物体间作用着与时间和速度有关的力,或者作用力的方向与连接两个物体的直线不相吻合,例如转动力,在这种情况下,力或者会无限地消失掉,或者会变成无穷大。"

"(3)在中心力作用下保持平衡的系统,系统的各个外力和各个内力也一定平衡;如果假定系统内的各个物体相对位置保持不变,则整个系统只有在外界物体的作用下才能运动,这样的刚性系统绝不能凭借内力的作用而运动。但是,如果除中心力外还存在着另外的力,那么自然物体就不需要任何外界物体的参与,而能自动地运动起来。"[1]

从赫姆霍兹关于力的守恒定律的论证和表述以及他所做出的三点结论,都可以看出他所讨论的"力的守恒定律"属于机械能守恒的范畴。这是在当时物理知识水平的具体状况下所能做出的最完美的数学论证了。只有通过演绎、归纳和类比,把它推广到物理学的各个领域中之后,才能成为普遍的能量守恒定律。

在论文的以后几个部分里,赫姆霍兹以力的守恒原理的"应用"把它扩展到了六个方面,即:

(1)在引力作用下的运动,如天体的轨道运动,重物的下落和上升;

(2)用不可压缩的固体或液体传递的运动,如由简单机械传递和改变的

① 威·弗·马吉编,《物理学原著选读》,商务印书馆(1986),第233页。

运动;

(3) 理想弹性固体和液体的运动,包括声波和光波的强度随距离的递减,光的折射和偏振,光的干涉中明暗条纹只是能量的重新分布等;

(4) "热的力当量",如焦耳的实验结果,非弹性碰撞和摩擦生热过程中机械力向热的转化,化学反应中化学亲和力产生活力继而转化为热量等。在赫姆霍兹之前,活力守恒原理已经被推广到引力、波动及弹性碰撞等不产生热效应的范围。而热由于被看作一种物质,因而成为推广能量守恒原理的一个严重障碍;像非弹性碰撞这种简单现象也被看作与活力守恒矛盾的。赫姆霍兹充分意识到了克服这个障碍的重要性,他指出在非弹性碰撞中"力"并无损失,只是把部分"张力"转化成热了。他根据焦耳的实验批判了热质说,断言热是微观粒子的运动。他说:"热的数量可以通过机械力使之增加,因而热现象不可能以某种物质的存在为条件而推论出来,而只能由已知的有质物体的变化和运动中,或者从无质物体如电或以太的变化和运动中推论出来。所以,现在被称为热的量的那种东西,一部分是指热运动活力的量,另一部分是指原子之间张力的量,这些张力在原子的排列发生变化时能够引起热运动。前一部分相当于被称为自由热的东西,后一部分相当于被称为潜热的部分。"[①]

(5) 电过程的力当量。关于静电,根据库仑定律讨论了静电场中势能转变为动能而产生的热量问题;关于动电,用楞次定律和焦耳定律说明了导线中电流转化为热的问题,用欧姆定律和焦耳定律说明了电池中化学热和电流与电阻的关系问题。他还讨论了热电偶中热量与电流强度的关系。

(6) 磁和电磁现象的力当量。对于磁作用,用磁库仑定律说明磁力作用下活力的增加遵从力的守恒原理。对于电磁现象,如磁体在电流的影响下运动,获得的活力必定是由电流所耗的张力提供的。而关于电磁感应现象,他指出楞次定律正是电磁现象符合力的守恒定律的一个具体表现。

---

① 申先甲、张锡鑫、祁有龙,《物理学史简编》,山东教育出版社(1985),第458页。

在论文的最后部分,赫姆霍兹像迈尔一样指出了力的守恒定律应用于生物现象的可能性。虽然当时对这一领域的研究还不能运用数学定量的方法,但他还是简短地指出了植物的生长主要是化学过程,其活力的来源是光,其"化学张力"在植物燃烧时可转化为热量;动物的体热和机械力来自食物的化学反应,这些营养物燃烧时可以产生与动物体发出的同样多的热量。不过,赫姆霍兹当时并不知道迈尔和柯尔丁等人的工作,他的这部分论述较迈尔1845年的相应论述要逊色一些。

通过对这些物理、化学和生物现象的分析,赫姆霍兹几乎概括了当时自然科学各个领域中的重要成果,论述了力的守恒原理的普遍正确性。他在结束自己的讨论时说:"从上述内容可以证明,这一定律与自然科学中任何一个已知现象都不矛盾,而大量的现象倒很明显地证实了它。"他坚信,"这个定律的完全证实将是不远的将来物理学家们的基本任务之一。"

我们看到,赫姆霍兹虽然试图建立普遍的能量守恒原理,但他把自然现象归结为粒子间的引力和斥力,然后由中心力的保守性推广论述而找到与因果律相一致的终极原因——普遍的能量守恒定律。这种机械简约方法具有先验的性质,即使做了一些当时可能的最好的数学计算,他的推广性的论述仍然包含有明显的自然哲学思辨的色彩。在他看来,能量守恒原理不过是所有科学赖以建立的一个普遍先验条件——各种自然变化的背后有一个基本的不变量——在物理学中的体现。这当然是当时科学水平的局限性的必然。克劳修斯(R. E. Clausius, 1822—1888)在1853年针对赫姆霍兹的论文中指出,"中心力"的条件在物理学上是可能的,但在数学上并无这种必要,况且它的普遍性尚待证明,不能先验地予以认定。但赫姆霍兹却极力否认自己是一个先验论者,而宣称他是一个经验主义者;他极力避免自然哲学的先验思维模式,而代之以经验主义的科学归纳方法。实际上,在《论力的守恒》的开头他就写道:"本文的主要内容主要是对物理学讲的,所以我认为最好是避开形而上学的考虑,用纯粹物理前提的形式来提出有关课题的基本原理,然后展开这些原理所导致的种种结果并以之和物理学各个分支的已有经验进行比较。"①

在赫姆霍兹 70 岁寿辰时所发表的自传式演说中,他强调他的能量守恒定律是在归纳永动机不可能的事实基础上建立起来的。他说在他大学生活的最后一年,当他认识到了当时流行的"生命力论"赋予了一个生物体以永动机的性质时,他便提出了这样的问题:如果永动机是不可能的话,那么在自然界的不同的力之间应该存在着什么样的关系呢? 而且,这些关系实际上是否真正存在呢? 这个思考可以看作他探索力的守恒定律的开始。而在 1881 年他给《论力的守恒》所加的注解中,他也强调说:"这个定律像关于真实世界中所有知识一样,已经归纳地建立起来了。在许许多多试图建造永动机的希望破灭之后,永动机的不可能性已成为一种长期归纳的结果。"②

不过,永动机不可能制成的这一事实,虽然在赫姆霍兹时代已得到普遍的承认,许多人甚至很早就达到了这个结论,但并没有因此而归纳出能量守恒定律。普朗克曾经指出,即使永动机的不可能性的意义不亚于能量守恒定律,但对后一原理的确立也只是解决了一半问题。这就是说,长期经验事实的归纳也只能证明永动机不可能造成,这在发现能量守恒定律中只完成了一半任务,另一半任务则要依靠非经验性的哲学思考和科学的演绎才能完成。实际上,像能量守恒这样的基本原理,本身就是一个具有极大普遍性的经验性定律,是只能通过对大量实验现象的高度概括才能建立起来的;根据任何局部领域的实验事实所进行的归纳和数学推理都是难以达到的。赫姆霍兹可以说是尽了最大的努力了,正如他在 1854 年发表的《自然力的相互作用》的论文中回顾到 1847 年他工作时说,当时"我竭力地确定不同自然过程之间的一切关系"。③同样无可怀疑地是,在进行这一工作时,他也得到了"自然哲学"思想的助益。不管赫姆霍兹等人在口头上是否承认,我们毕竟从建立能量守恒定律的伟大先驱们的身上看到了哲

---

① 威·弗·马吉编,《物理学原著选读》,商务印书馆(1986),第 228 页。
② 李醒民、宋德生、王身立主编,《思想领域中最高的音乐神韵》,第 75 页。
③ E.L.Youmans, The Correlation and Conservation of Forces, D.Appleton & Co., (1867) p.24.

学——至少是认识论这个哲学中最接近于理论自然科学的部门——对自然科学发展的深刻影响。必要的哲学素养,使他们能够比那些局限在某一专业领域的研究者们具有更广阔的视野和更深邃的目光,因而也更容易实现向这一普遍原理的飞跃。

3. 伟大的运动基本定律

19 世纪 40 年代前后,不同国家的许多科学家,通过不同的专业途径,都证实了能量守恒原理的这一自然规律,生动地表明了科学的发展受到社会生产发展的外部因素和科学认识内在逻辑发展规律的制约。

"能量"这个概念,虽然早已被提出,但并没有被科学界立即接受,这恐怕只能从早期的研究工作(还主要是局限于机械运动的范围)来解释。在机械运动的范围内,无论是"活力守恒原理"还是更广义的"机械能守恒定律",都是可以从牛顿运动定律推导出来的,原则上并没有告诉人们由牛顿运动定律所不能得出的东西,因此人们还不能清楚地理解"活力守恒"或"机械能守恒"的真实本质,也认识不到"能"的概念的重要意义。只有在大量自然现象的联系与转化被充分揭示出来,从研究保守力系的问题扩展到非保守力系的问题,而且发现这后一领域中的转化过程是更为普遍的现象之后,"力"的概念的局限性和引入"能"的概念的必要性才充分显示出来。1853 年,W.汤姆逊给予能量概念一个准确的定义:

> "我们把给定状态中的物质系统的能量表示为:当它从这个给定状态无论以什么方式过渡到任意一个固定的零态时在系统外所产生的用机械功单位来量度的各种作用的总和。"[1]

格拉斯哥大学力学教授兰金(W.J.M.Rankine, 1820—1872)把这个原理表述为"能量守恒定律"。到了 1860 年前后,能量守恒定律才得到普遍承认。"它很快就成为全部自然科学的基石。从此以后,特别是在物理学中,每一种新的理论首先要检查它是否跟能量守恒原理相符合。"[2]

---

[1][2]　劳厄,《物理学史》,商务印书馆(1978),第83页。

劳厄指出:"物理学的任务是要发现普遍的自然规律,而且又因为这样的规律性的最简单的形式之一是它表示了某种物理量的不变性,所以对于守恒量的寻求不仅是合理的而且也是极为重要的研究方向。在物理学中也要经常指出这种方向。"[1]在自然事物的发展变化过程中,对于一定的物质系统来说,在一定的条件下,某些具有普遍的可加性的量保持不变,这本身就是自然事物变化的一种规律;它表明了自然事物的相互联系和相互制约,表明了自然事物的变化必然遵从某些限制。凡是这种类型的规律,都具有较大的普遍性,所以是更为重要的。这种表明运动的某种不变性的规律,使我们有可能根据系统在某时刻的状态去做出一系列其他时刻关于系统状态的结论。

能量守恒定律是 19 世纪物理学上最重要的发现之一。一方面,它把各种自然现象用定量的规律联系起来,以一个统一的公共量度"能量"说明了不同的运动形式在相互转化过程中的量的共同性,指出了机械运动、热运动、电磁运动和化学运动等,都不过是同一的运动在不同条件下的各种特殊形式,它们在一定条件下都可以相互转化而不发生量上的任何损耗。另一方面,它还从质上表明了一种运动形式转化为它种运动形式的无限可能性,表明运动形式相互转化的能力也是不灭的,是物质本身所固有的。这样,能量转化与守恒定律就第一次在空前广阔的领域里把自然界各种运动形式联系了起来,以近乎系统的形式描绘出一幅自然界联系的清晰图画,为理论自然科学的发展,提供了一个坚实的基础。

第三节　热运动统计本质的探讨

对于物理思想发展史来说,19 世纪是一个很重要的时期。它不仅仅使人类梦寐以求的自然界的统一在相当广泛的领域里得到了实现,而且在 19 世纪后半叶,将统计思想引入了物理学,从而向牛顿力学的决定论思想做了首次的冲击。

---

[1]　劳厄,《物理学史》,商务印书馆(1978),第 81 页。

虽然这次冲击和挑战,并不是物理学家们自觉进行的,但由于统计思想的引入,使原来几乎是固若金汤的牛顿力学理论体系上出现了罅缝。到了20世纪,这些罅缝终于引起了物理思想的一场彻底革命。

劳厄(M.T.F.von Laue,1879—1960)曾正确地指出过:"和气体运动论一道,一个新观点即概率考虑在物理学中出现了。……熵和概率之间的联系是物理学的最深刻的思想之一。"①

劳厄这么说是有原因的。由于人类一种本能的期望,再加上牛顿力学在各个分支中所取得的成就鼓舞了人们,使得因果决定论从18世纪开始,成为统治人们的一种思维方式,到了19世纪,这种思维方式更成为鲜明的时代特征。我们前面已经引述过的拉普拉斯那段一再被后世引用的名言,足以使我们明白什么是因果决定论。但是,最令人深思的是拉普拉斯的这段话恰恰出现在1812年他的一本被认为对统计理论有重大贡献的关于"概率论"的论著中。在这本论著中,拉普拉斯在研究了掷骰子这类赌博性游戏后,似乎颇受启发,于是说:"非常值得注意的是,与游戏中机遇有关的科学知识,将会成为人类知识中一门重要的学科。"②从这段话中我们可以看出,拉普拉斯对统计方法是颇有研究的。事实上,拉普拉斯和他同时代的泊松(S.D.Poisson,1781—1840)、高斯(C.F.Gauss,1777—1855)深入地研究过一些复杂的事件和过程,不论它们是偶然的或者是决定论的,都只有用统计方法研究更为方便。特别值得提出的是,19世纪作为数学分支的统计理论得出了一个颇有应用价值的误差率,或称正常分布律(normal distribution law)。按照这一规律,某种数值如果在一定的平均值附近不规则地改变,那么,表示偏离平均值的频率的误差曲线,将呈现出我们现在十分熟悉的钟形曲线,在平均值附近有一个尖山峰般的峰顶,左右两边急剧下滑。数学家们发现,这种分布律可以广泛地应用于社会学、生物学问题中。

---

① 劳厄,《物理学史》,商务印书馆(1978),第94页。着重号为本书作者所加。

② R.S.de Laplace, Philosophical Essay on Probabilities, trans. by F.W.Truscott and F.L.Emory, New York, 2nd ed., 1917, p.195.

但是,至少在 19 世纪前半叶,统计方法是不许可用于研究物理现象的,因为我们用到统计规律时,一般都是对被统计的对象认识不完备的缘故。正是由于这种不完备,我们才需要借助统计这种"非确定"的数学方法来弥补。但物理现象是可以完全精确确定的,因而概率这些统计的方法,是不准插足物理规律之中的。到了 19 世纪中叶,这时热的分子运动说已占了上风,包括我们下面将提到的几位著名物理学家中的几位仍然确信,用原子间简单的作用力来解释自然界包括热现象在内的所有物理现象,是完全可能的。他们坚持认为,热力学规律应该在原子论和牛顿力学的基础上唯一地被推导出来。即使到 19 世纪末,统计规律已经在物理学中显示出它的力量,物理学家们仍认为它们只不过是权宜之计。因果决定论的幻觉不仅在 19 世纪控制着物理学家们的思维模式,就是在 20 世纪末,这种幻觉不是一而再,再而三地想改头换面地控制我们吗?

1. 沟通热学和力学的初步尝试

尽管因果决定论阻碍着统计思想进入物理领域,但统计方法的思想仍然逐渐渗进了物理学。统计的方法首先从热学找到了突破口。这是不奇怪的,因为统计的对象必须是大量的个体组成的系统,而热学到了 19 世纪初,热质说日渐没落,热的分子运动理论几经浮沉之后,终于得到了越来越多的物理学家的承认。正是分子运动论的复活,为统计思想进入物理学找到了入口之处。

1.1 18 世纪分子运动论的发端

随着牛顿力学的辉煌胜利,人们自然不太满意热学与力学似乎没有关联的状况。热学中的一些基本量如热量、温度、压强等,都是直接从实验中可以测量的量,它们似乎没有什么力学属性。力学中的概念如力、质量、加速度等,在热学中似乎也没有使用的价值。这种状况对于当时的物理学家和哲学家来说,是无法容忍的。在统一性思想的召唤下,人们试图在热学和力学的基本概念之间,架设一座由力学思想构筑的桥梁。分子运动论为这座桥梁的架设提供了充分的可能性。

由气体诸定律的提出,我们可以知道,分子运动论的基本概念在 17 世纪下半叶就已经产生了,而且也可以用它定性地解释一些热现象。但由于18世纪后半叶到19世纪初,热质说风行一时,从而延缓了分子运动论的顺利发展,使这一时期许多具有创造性的思想,湮没在错误的思潮之中。

最早从热是一种运动的观点得出一种定量关系式的很可能是瑞士数学家赫尔曼(Jacob Hermann, 1678—1733)。1716年,他在一篇文章中指出,所谓热,"是由物体的密度和该物体所含粒子的杂乱运动的平方以复杂的比例关系构成"。他还提出了一个压强公式:

$$p = kp\bar{v}^2$$

式中 p 为压强,$\bar{v}$ 为粒子的平均速率,亦即赫尔曼所说的"杂乱运动",ρ 是物体密度,k 为由物体特性决定的常数。[①]

1727年,与赫尔曼十分熟悉的另一位瑞士数学家欧勒(L.Euler, 1707—1783)指出,"热是物体的最细小的粒子的某种运动"。他还在笛卡儿涡漩学说的基础上,创造性地把空气想象成众多旋转的球形分子组成。如果假定这些旋转的球形分子具有相同的线速度,则在任一给定温度的情形下可导出如下方程:

$$p = \frac{1}{3}\rho v^2$$

由 $p \propto \rho$,欧勒首次用力学量解释了玻意耳定律,并根据玻意耳的实验数据推算出球形空气分子的速率大约为477米/秒。[②]

虽然一般认为,欧勒是第一位真正接近气体动理论的科学家,但赫尔曼的"杂乱运动"概念和 $\bar{v}^2$,就统计思想来说,比欧勒要更接近真理。

在他们之后,瑞士数学家、物理学家丹尼尔·伯努利(D.Bernoulli, 1700—1772)对分子运动论做出了重要贡献。他坚持认为,热是物体微小粒子激烈的运

---

① 关于 J.Hermann 的有关工作,可参考 W.E.K.Middleton 译的文章,载于 Brit.J.Hist.Sci., z(1965), p.247。

② L.Euler, Dissertatio physica de Sono(Basel, 1727);还可见 Stephen G.Brush, The Kind of Motion We Call Motion, Vol.1, North-Holland Pub.Co., 1976, p.150。

动,而且从物质分子结构假设出发,他首次给出了玻意耳-马略特定律的理论说明。1738 年,D.伯努利的名著《流体动力学》(*Hydrodynamica*, *Sive de viribus et motibus fluidorum commentarii*)在法国斯特拉斯堡出版。这本著作,一般公推为气体动理论最早的先驱。在第 10 章"弹性流体"中,专门讨论了气体动理论。D.伯努利先假定气体分子沿各个方向自由地运动,然后根据胡克在 1678 年提出的气体压力源于气体分子与器壁碰撞的思想,提出分子运动量的变化产生压力这一具有远见卓识的崭新构想。根据以上构想,他从数学上导出了玻意耳实验定律。[①]从 D.伯努利数学推导过程中,人们还可以发现,他在当时就已经注意到玻意耳定律在一定的条件下应给予修正,后来当范德瓦尔斯(J.D.van der Woals, 1837—1923)认识到这一点时,已经是 150 年之后的事了。

D.伯努利卓越的物理思想,由于热质说很快地占据支配地位,因而根本没有人注意。即使是赞成热的运动说的物理学家们,也都把热运动看成是物质粒子的振动,谁也没有 D.伯努利那种超人的想象力,把压力想象为在空间做杂乱无章运动的分子与容器壁碰撞时的冲力。结果,D.伯努利的思想被物理学家们忽视了近一个世纪。

在 18 世纪对分子运动论进行研究的人中,我们还应该提到俄国的伟大学者罗蒙诺索夫(М.В.Ломоносов, 1711—1765)。

罗蒙诺索夫认为一切物体都是由包含一定数量"元素"(原子)的微粒组成的,这种物质观使他合乎自然地认为热的本质是物体微粒的运动。1746 年,他在论文《关于热和冷的原因》中,列举了许多事实证明热是由摩擦引起的,例如"燧石和钢铁相撞,则火花飞起,铁片打锻时,用强力频繁捶击,便赤热起来",由这些明显事实,他于是说:"由此看来,很明显地热量的充分根源在于运动。"[②]

1748 年,罗蒙诺索夫在论文《试拟建立空气弹力理论》中,进一步发展了他的热的粒子运动说,使他有资格被认为热的分子运动论创始人之一。在文中他

---

① 　D.伯努利,《气体动理论》,《物理学原著选读》,商务印书馆(1986),第 262—266 页。
② 　A.K.季米赖库夫,《俄国物理学史纲》(上册),中国科学图书仪器公司(1954),第 10 页。

写道:"很明显地,空气的个别原子在不可觉察的短时间内和其他邻接的原子相碰撞,就呈现着混乱交错的状态,有些互相接触着,另一些互相推开后又和其他更邻接的原子碰撞,碰撞后又复推开,这样,就使原子散布四方,不断地互相推斥,呈现出极频繁交互撞击的状态。"①由这段话我们可以清楚地看出,罗蒙诺索夫比一般物理学家早一百多年就比较深刻地认识到,分子热运动是一种"混乱交错"的、"极频繁交互撞击"的运动。在当时的思潮中,尤其是在科学水平相对落后的俄国,罗蒙诺索夫能提出这样的理论,实在难能可贵。

由于几乎相同的原因,罗蒙诺索夫的观点,没有受到人们的重视。而且在一个世纪之后,他的同胞、一位莫斯科大学教授还洋洋得意地引用国外的种种"证据",鄙薄罗蒙诺索夫的观点,说他的热的分子运动说只具有历史趣味。

可见,一种与时尚观点不合的深刻思想,不论它多么具有真理性,想获得公众的承认,是如何困难;对于那些科学水平相对落后的国家来说,这种难度就更会成倍地增加。

1.2 19世纪上半叶气体动理论的复兴

气体动理论的命运,与热本质观点紧密相关;反过来,气体动理论自身发展顺利与否(如能否得到实验的证实),对热本质的观点又有决定性作用。

18世纪几位对热的分子运动论提出过真知灼见的人,虽然在今天颇令人惊叹,但在当时由于根本不可能从实验证实物体的分子和原子结构,因而不仅当时没有引起人们重视,即使到19世纪上半叶,在分子运动论再度复活时,也很少有人想到他们。后继者们在新的情况下,几乎是重新开始他们先辈们已经开始的艰难的探索。

进入19世纪后,最早对气体动理论感兴趣的很可能是英国的赫拉伯斯(J. Herapath,1790—1868)。赫拉伯斯是铁路工程师,他也是那种典型的英国业余科学家。非常有意思的是,他是因为研究月球运动而对热现象发生了兴趣。这

---

① 着重号为本书作者所加。

倒使人想起钱得拉萨卡讲的一句颇令人回味的话:"事实上,能被称为'基础'定律的首例源于天文学。"①

赫拉伯斯十分关心月球运动的理论值与观测值之间的误差,他设想,这种误差也许起因于超距作用的重力。如果重力不是超距作用,而是依赖于弹性以太的作用,那么,由于以太温度的变化,以太的密度将会变化,由此,重力当然也会发生变化。地球与太阳之间这么长的距离,其间以太温度必然会有显著变化,因而地球对月球的引力作用也当然会出现变化。由这种猜想,他对热的本质及其遵循的数学规则有了兴趣。

很可能由于当时流行的观点,即气体粒子间存在斥力,无法使他得到满意的结果,于是他转向了气体动理论,认为气体是一面相互碰撞、一面飞旋的粒子的集合体。根据这一假设,他可以解释气压的成因,并对绝热过程中温度的变化、溶解、扩散、相变等做出了定量分析和解释。他还认为气体的温度由平均动量来决定,导出 $PV \propto T^2$。

赫拉伯斯在 1816 年向英国皇家学会递交了关于分子运动论的论文,但由于戴维(H.Davy, 1778—1829)等权威的反对,认为他的论文思辨性太强,缺乏实验根据,因而拒绝刊登在学会杂志上。但到 1821 年,赫拉伯斯终于使他的文章登出来了。②1847 年,赫拉伯斯在《数学物理学或自然哲学的数学原理》③一书中,进一步阐述了气体动理论的思想。正是这一本书引起了焦耳的注意,并促使他将热的运动本质的研究推向更深入、更具体的阶段。

但分子运动论的命运在 19 世纪上半叶并没有因为赫拉伯斯 1821 年论文的刊登而有什么好转。24 年后,当英国另一位科学家瓦特斯顿(J.J.Waterston,

---

① S.Chandrasekhar, Truth and Beauty, Chicago U.Press, 1987, p.3.

② J.Herapath, A Mathematical Inquiry into the Causes, Laws, and Principal Phehomena of Heat, Gases, Gravitation, etc. Annals of philosophy, 1(1821). 有关赫拉伯斯的情形, 还可参阅:Mendoza: A Critical Examination of Herapath's Dynamical Theory of Gases. British Journal for the History of Science, 8(1975), pp.155—165.

③ J.Herapath, Mathematical Physics; or the Mathematical Principles of Natural philosophy, 1847.

1811—1883)将自己有关分子运动论的论文《论处于运动状态的自由和完全弹性分子组成的介质物理学》(*On the Physics of Media that are Composed of Free and Perfect Elastic Molecules in a State of Motion*)递交给英国皇家学会时,皇家学会也拒绝了瓦特斯顿的论文。

瓦特斯顿用一种假想的模型进行定量研究。在他的假想模型中,气体是由同样大小的完全弹性粒子组成,将这种假想的介质置入有完全弹性壁的容器内,气体粒子在其中自由地运动,他之所以选取这样的模型,是因为他与当时所有科学家一样,认为空间充满了以太,因而在实际情形中,所谓气体分子的自由运动是不可能的。

在上述理想模型的考察中,瓦特斯顿得出了一些结论,例如气体的(绝对)温度与速度平方成正比;混合气体中不同比重气体分子的 mv^2 的平均值,对所有分子都应该相同等。这后面的一条结论,与日后的能均分定理有相似之处,把它看作能均分定理最早的思想萌芽,似乎是恰当的。他还求出了气体定压比热和定容比热之比(当然这些气体多数是由双原子分子组成)。

瓦特斯顿的论文于 1845 年递交给《哲学会刊》后,初审倒是令人鼓舞的。负责初审的是牛津大学几何学教授鲍威尔,他高度评价了瓦特斯顿的才华。但负责终审的天文学教授卢伯克给瓦特斯顿的文章判了死刑,他的评语是:"这篇文章除了胡说没有任何东西,甚至在皇家学会上宣读也是不恰当的。"幸运的是在卢伯克教授的评语下达之前,瓦特斯顿已经于 1846 年 3 月在皇家学会上宣读了。但反响似乎等于零。皇家学会是照例不退稿的,于是瓦特斯顿的论文就只有在皇家学会档案室的灰尘中长眠了。直到 1891 年,瑞利(J.W.S.Rayleigh,1842—1919)才在尘埃中发现了它,并将它于 1893 年公之于世。[1]

1851 年,瓦特斯顿在英国科学促进会的会议上,又一次阐述了自己继续在

---

[1]　J.J.Waterston, Phil.Trans.Roy.Soc., 183A(1893), 5—77.关于 Rayleigh 发现 Waterston 文章一事,可参见 S.G.Brush, Rayleigh's discovery of Waterston's paper., The kind of Motion We Call Heat, vol. 1, pp.156—159。

分子运动论方面研究的新成果。这篇论文的摘要曾刊登在该会的报告文集中。后来,苏格兰的工程师和物理学家兰金(W.J.M.Rankine,1820—1872)曾在自己的论著中介绍过瓦特斯顿这篇文章的要点。[1]

上面我们曾提到过,赫拉伯斯的著作《数学物理学》曾引起了焦耳的注意。该著作 1847 年出版后的第二年,焦耳在赫拉伯斯的分子运动论思想的启发下,在曼彻斯特文学科学协会的会议上宣读了他自己关于气体动理论的论文《论热和弹性流体的构成》(*Some Remarks on Heat*, *and the Constitution of Elastic Fluids*)。1851 年,该会会刊登载了这篇论文。[2]在这篇论文里,焦耳借用赫拉伯斯设计的理想模型,计算了在容器壁上产生一个大气压时,气体分子应具有的速度,并利用这个值算出气体的比热。

但不幸的是焦耳计算的比热值与实测值不一致,因此焦耳怀疑赫拉伯斯的模型有问题,他猜想气体分子也许不做直线运动,如赫拉伯斯和瓦特斯顿猜想的那样,而是做回转运动。但对回转运动模型的计算他不清楚,于是他寄期望于将来的测量和计算。事实上,焦耳这儿碰到的是热学中一个最令人头疼的难题,直到日后量子理论出现才给出了合理解释,但当时人们以此表示对焦耳理论的不信任。再加之他的文章登在那份当时属二流的杂志上,所以影响也很小,对气体动理论的复活没起什么作用。几乎没有人注意到焦耳的文章。

对复活分子运动论起到重大作用的是德国物理家克伦尼希(A.K.Krönig,1822—1879)。这主要是以下几方面原因:一是他提出了以前气体动理论不曾猜想到的许多新概念,自他提出后,气体动理论才开始沿着这些新概念迅猛发展;二是他当时是学术界的权威,柏林高等工业大学的著名教授,《物理学进展》(*Fortschritte der physik*)的主编;三是由于以上两方面原因,他的理论立即受到克劳修斯(R.J.E.Clausius,1822—1888)和麦克斯韦的注意,并由他们做出了

[1]　W.J.M.Rankine, Trans. R.S.Edinburgh, 20(1853)565;还可见 E.E.Daab, Isis, 61(1970)105.

[2]　J.P.Joule, Mem.Lit. and Phil.Soc.Manchester(2), 9(1851)107;还可参阅 Joule's Scientific Papers, vol.1, pp.290—297.

决定性的贡献,使分子运动论得以真正创立。

1856 年,克伦尼希在德国著名杂志《物理化学年刊》上发表了题为《气体理论的特征》(*Grundzüge einer Theorie der Gase*)的论文。[①]在这篇论文里,克伦尼希"为了支持(气体分子)的动力学模型,首次求助于概率"。[②]

因为概率的引入是物理思想史上一件重大事件,这儿我们不妨多说几句。赫拉伯斯和瓦特斯顿都曾为他们各自的气体分子动力模型感到苦恼,因为他们觉得他们的模型不合乎实际气体的情形,脱离现实。赫拉伯斯假定气体分子虽然不断进行弹性碰撞,但它们不会分裂,它们是绝对刚性的,但同时又是完全弹性的,因为赫拉伯斯假定它们之间的碰撞是完全弹性的。瓦特斯顿为了避开刚性、软性的矛盾,认为必须用一种理想介质代替实际气体。可以看出,他们对于各自的模型都不满意,其根本原因是分子运动的不规则性。他们在传统物理思想支配下,想处理这种不规则性是根本不可能的。自然界在呼唤着新的思想。

克伦尼希在研究分子运动论时,同样也遇到了分子运动不规则的困难。或者这样说更恰当:他深刻认识到了分子运动的不规则性是已有的气体分子动力模型的严重障碍,而以前的物理学家也许模糊感觉到这点,却没有深刻地认识到这种不规则性的重要作用,既然没有认识到,想避开它是不可能的。

克伦尼希也假定气体分子是具有完全弹性的小球,他还假定它们机会均等地沿互成直角的三个方向运动。在文中克伦尼希写道:"假想有一个匣子由绝对弹性材料制成,里面盛有许多由绝对弹性材料制成的小球。在静止时,这些小球仅占匣子极小一部分空间。当我们猛摇匣子时,小球会运动起来;当小球急速运动突然停止摇匣子时,小球将继续运动。在小球之间和小球与匣壁之间每次碰撞后,小球的运动方向和速率均将发生变化。"克伦尼希认为,容器中的气体分子的运动,就如匣中小球运动一样。和焦耳对气体分子是否做直线运

---

① A.K.Krönig. Ann. d. Phys and Chem. 99(1856), pp.315—322.

② T.M.Porter. The Rise of Statistical Thinking 1820—1900, Princeton U.Press. 1986. p.115.

动表示疑惑不一样,克伦尼希认为气体的分子不是在某个平衡位置附近做振动,而是恒速地做直线运动,直到碰上另一个分子或匣壁。他还假定,两个互不接触的气体分子之间,不会产生什么相互排斥的力,这与当时传统的观点是很不一样的。

建立了这样一个动力学模型之后,他接着便提出了一个非常惊人的、深刻的思想:至于容器壁与气体原子的关系,我们知道即使是最平滑的壁,其表面也应该是凸凹不平的。所以,所有气体分子的运动方向是完全不规则的*,要计算它们也是不可能的。正是对于这种不规则性有了清醒的认识,接下去他才提到了概率:"但是,按照概率理论的定律*,它们也不是完全没有规律的,我们可以用完全的规律性替代完全的不规则性。"

克伦尼希试图用概率理论来消除分子运动的"完全不规则性"。他认为,气体分子与容器壁的碰撞,跟小球与匣子壁的碰撞虽有近似之处,但也存在根本性差别,那就是气体分子数量极大。但是,用概率理论观之,也可以把两种情形看成一样的。

从物理思想史的角度如何评价克伦尼希的功绩,恐怕不是没有争论的。许多研究者似乎过分强调克伦尼希没有实际将概率计算引入物理学,而且强调他只是把分子运动的不规则性还原为相互垂直的三个方向上的规则性,以及克伦尼希没有应用概率的理论意义等。的确,这些问题是事实,但这种看法恐怕有点片面。

普朗克(M.Planck, 1858—1947)曾深有感触地说过:"在科学史中,一个新概念从来都不会是一开头就以其完整的最后形式出现,像古希腊神话中雅典娜一下子从宙斯的头里跳出来那样。"[①]他之所以这样说,是因为他深知提出一种新思想、一个新概念,是多么困难。

＊　这儿和下面引文的着重号为本书作者所加。

①　W.Heisenberg, Development of Concepts in the History of Quantum Theory. The physicist's Conception of Nature, D.Reidel Pub.Co., 1973, p.264.

虽然克伦尼希没有具体利用概率理论做出运算,对概率理论在物理学中的重要性也认识不足,但他那段相当果断的话,"按照概率理论的定律……我们可以用完全的规律性替代完全的不规则性",难道不像一道明亮的闪电,照亮了气体动理论前进的方向吗?

布拉什(Stephen G.Brush)认为克伦尼希 1856 年的论文是气体动理论的开篇之作,应该说这种评价是可以为人们接受的。

2. 统计方法步入物理学的殿堂

克伦尼希的论文发表后的一年,在德国引起了强烈反响。原来对分子运动论颇感兴趣的克劳修斯受到克伦尼希的影响,于 1857 年发表了分子运动论奠基性论文。接着在 1859 年,麦克斯韦又研究了分子速度分布,将分子运动论大大向前推进了一步。于是,统计方法终于在力学中扎了根,气体动理论的基本思想因之也大致上确立了。

2.1 克劳修斯的研究纲领

克劳修斯早在 1850 年就以《论热的动力和由此而导出的热学定律》为题的论文[①],提出了自己对分子运动论的看法。在文章中他写道:"热不是物质,而是包含在物体最小成分的运动之中。"他还指出,如果我们接受热功当量原理,就必须相应地改变热理论的基础概念及其全部数学。特别应该注意的是,他在文章中还指出,不应当全盘抛弃卡诺定理,而应该以另一种原理为基础,把卡诺的基本论点和热功当量原理结合起来。

但由于没有引入统计思想,加上其他一些理论问题尚待解决,他的宏大的抱负在当时无法实现。到 1857 年,情况迅速发生了变化。这是因为克劳修斯见到了克伦尼希 1856 年的论文,克伦尼希引入统计的思想,使克劳修斯受到启发,并决心在具体运算中发展这种崭新的思想。

---

① R.Clausius:Über die bewegende Kraft der Wärme. Ann.d.Phys.und Chem., 79(1850)368.

　　1857 年,克劳修斯发表了他的重要论文《论我们称之为热的运动》①,这是一篇堪称分子运动论奠基性的论文。他在文中指出:"今后我们把气体看成理想气体,也就是说我们完全略去由非理想气体状态所产生的不规则性。这样,在决定气压时,可以和克伦尼希一样,引入某种单纯性来代替(气体分子)实际运动的严密考察。"

　　由这一段话,可以清楚看到克劳修斯的确是受到克伦尼希论文的启发。全篇论文约有三分之二的篇幅定性地说明了气体动理论的根本思想;剩下的部分讨论了玻意耳等气体定理的推导和气体的比热。

　　对于"理想气体",他在文中第一次提供了一个直观的力学模型。他做了三个假定:(1)实际上被气体分子所占据的空间,与气体占据的整个空间相比较,可以忽略不计;(2)分子间每次碰撞所需时间,与两次碰撞相隔的时间相比,可以认为是在无限小的时间内进行的;(3)分子之间的作用是微不足道的。根据这些假定,求出了气体施予器壁的压力,并导出理想气体的状态方程式。但这些假定和推算,与以前的研究者相比没什么令人瞩目的新思想。克劳修斯论文的精髓之处,是他随克伦尼希之后,把统计思想引入了物理学,并且第一次将它们作为分子运动论建立定量计算的前提。我们知道,清晰明确的统计思想是建立定量分子运动论的前提,因为只有统计方法才能为个别分子的力学运动与物质可观测到的客观热现象之间建立联系。

　　克劳修斯在论文中写道:

　　"实际上,并不需要分子和弹性球一样具有完全光滑的表面,以使它们服从通常的弹性碰撞定律。也就是说,气体分子与器壁发生碰撞时,入射气体分子的速度和入射角与反射气体分子的速度和反射角,一般说并不相等。但是,根据概率定律,我们可以假定在某一个范围内,例如 60° 和 61° 之间,

---

　　①　R.Clausius, Ann. d. Phys. and Chem., 100(1857), pp.353—380;英译文:The Nature of the Motion which we call Heat. in S.Brush, ed., Kinetic Theory, vol.1, Pergamon Press, pp.111—134.

有和入射分子同样多的分子,由于与器壁碰撞的结果,具有相同范围的反射角,因而就总体而论,分子的速度不会因碰撞而发生变化。如果我们假定反射分子的速度与角度与入射分子的一样,那么最终将没有因碰撞而发生什么差异。"[①]

克劳修斯的统计思想还表现在他对压强所做出的解释,他在文中写道:

"由于分子质量很小,每一次个别碰撞的作用是非常不显著的。但是,在单位时间内,甚至在所观察的最小面积之上的碰撞次数也非常之多,因此,我们的感觉造成了虚假的印象,认为壁所获得的压力并不是由于多次碰撞,而是由于一种从内向外的恒定作用力的影响,这个力就是我们说的压力的力。"

由统计思想和冲量定理,他得出压强与分子平均动能 $\bar{\varepsilon}_k$ 成正比,即:

$$p = \frac{2}{3} n \bar{\varepsilon}_k.$$

再与理想气体的状态方程相比较,他得出了热学基本量温度的力学定义:

$$\bar{\varepsilon}_k = \frac{3}{2} kT$$

这肯定使克劳修斯大为振奋。因为我们知道,为了解决大量微粒运动中出现的困难,克劳修斯同意引进统计平均的思想,以代替对单个分子运动的描述,但克劳修斯毕竟是一个终生拥护力学图景的学者,根据这一图景,力学定律是万能的,一切物理现象都肯定可以用力学定律加以描述。现在,他终于能用力学量来定义一个热学基本概念,这能不使他振奋吗?

无论是他那个时代的主思潮,还是克劳修斯本人的想法,都只能允许他走到这儿为止,再想进一步用概率思想动摇力学图景那是绝不可能的。所以,克劳修斯可以同意概率思想作为一个概念和一种方法,可能起着非常重要的作用,但为

---

① S.Brush, ed., Kinetic Theory, vol.1, p.126.

了充分描述分子的行为,必须建立在概率思想上且不同于力学前定律,他是不能同意的。我们可以用他在文章中的一段话来证明这一点,他写道:"当然,个别分子的速度实际上是千差万别的,但在计算时可以赋予所有分子一定的平均速度。……为了得到相同的压力,必须这样选择平均速度,使得所有分子的活力在平均速度下就像实际速度时一样。"他还多次指出"所有分子都以统计平均的速度运动","可以认为……每一个分子都以相同的、在一定条件下不变的速度运动",以及"可以认为,在碰撞反射回来之后,平均说来,分子具有它们在碰撞前相同的动能,而在碰撞反射回来的分子中,运动的总方向,以及和器壁间的关系,与碰撞前的分子完全一样"。显然,在这样一种思想支配下,想为分子运动论提供坚实的理论基础尚不可能。

事实上,克劳修斯在思想上具有一定的保守性,他的目的是"在这种情况下,可以把运动分子看作一个点",从而可以用力学定律对它们做出充分的描述。

克劳修斯 1857 年的论文,主要研究的是气体分子与器壁间的碰撞,还没有触及分子间的碰撞,因而势必引起人们的疑虑:既然气体分子以高速做自由的直线运动(据克劳修斯的计算,氢分子在 0 ℃时的速度为 1 844 米/秒),那么为什么在屋子的一个角落里放置一瓶香水,当盖子一打开时,别的角落并不会立即闻到宜人的香味呢? 抽烟人头上的烟雾为什么缓慢而不是迅速散开呢? 事实上,荷兰气象学家布斯-巴洛特(C.H.D.Buys-Ballot, 1817—1890)就提出了这样的责难。在 1858 年 2 月号的《物理学纪事》(*Annals der Physiks*)上布斯-巴洛特问道:"如果硫化氢或氯气在房间的一角由瓶中放出,需好几分钟才能在房间的另一角闻到,可是分子在 1 秒钟内早该在该房间里飞好几个来回了。"

为了回答这一个显而易见的问题,克劳修斯在 1858 年题为《关于气体分子的平均自由路程》论文中,提出了一个重要的概念:平均自由程。[①] 当时他称为"平均路程",现在我们改称为平均自由程。克劳修斯选择这么一个概念,作为表

---

① 　R.Clausius, Ann.d.Phys.und Chem., 105(1858), pp.239—258,英译文:The Mean Lengths of the Paths Described by the Separate Molecules of Gaseous Bodies. Kinetic Theory, vol.1, pp.135—147.

示分子运动的基本参数,以批驳反对意见。

在这篇比 1857 年更为重要的论文中,为批驳反对者的意见,他设想分子之间存在着近距作用力。当两个气体分子接近时,开始是吸引力在起作用,这种力在一定的距离范围内十分明显,它还随分子间距离缩小而增大;但当这些分子非常接近时,将出现一种相互排斥的力。这样,在比某一平均距离 ρ 稍大时,分子运动路径将会发生弯曲,而在比 ρ 的距离小一些时,分子间将发生相互间的排斥。这也就是说,当气体分子发生相互间碰撞时,其重心之间的距离不会小于 ρ。克劳修斯将 ρ 称为分子的"作用球半径",故分子作用范围是以分子重心为圆心,以 ρ 为半径的圆球。

现假定所研究的分子在运动,而其他分子统统静止;还假定分子间的平均距离为 λ。克劳修斯计算了所研究分子在垂直于它前进方向的厚度为 x 的空间里,它不碰到其他分子作用圈而"自由"通过的概率是

$$W = e^{-\pi \rho 2 x / \lambda^3}$$

再假定在相同运动方向上共有 N 个分子,则在 $x \to x + dx$ 层内,与静止分子作用球相撞的数目将是

$$Ne^{-\pi \rho 2(x+dx)/\lambda^3} \sim Ne^{-\pi \rho 2 x/\lambda^3} \left(1 - \frac{\pi \rho^2}{\lambda^3} - dx\right)$$

因此我们将得到不发生碰撞而行进的路程的平均值为

$$l' = \frac{1}{N}\int_0^\infty Ne^{-\pi \rho 2 x/\lambda^3} \cdot \frac{\pi \rho^2}{\lambda^3} x dx = \frac{\lambda^3}{\pi \rho^2},$$

如果所有分子都运动,平均自由程为 l' 的 3/4:

$$l = \frac{3}{4} \cdot \frac{\lambda^3}{\pi \rho^2}.$$

将上式稍加变化可得:

$$\frac{l}{\rho} = \frac{\lambda^3}{\frac{4}{3}\pi\rho^3} = \frac{n\lambda^3}{n \cdot \frac{4}{3}\pi\rho^3}(n \text{ 为气体分子总数})$$

这样,l 和 ρ 之比等于气体整个体积 $n\lambda^3$ 和分子本身所占的总体积之比。克劳修斯估计这个比值是 1 000∶1,这样他可以推测,因为 ρ 很小,故平均自由程 l 也应该很小。由于平均自由程是一个很小的量,因此气体分子即使做高速自由运动,由于频繁的碰撞,也不会使布斯-巴洛特的疑问成为一个无法解释的困难。

从物理思想史的角度观之,克劳修斯的这篇文章有相当重要的价值。可以认为,至少有两条值得重视和讨论的。一是克劳修斯的论文显示出,气体动理论可以独立于热力学而进行自身的研究。在 19 世纪 50 年代,真正关注于气体动理论的人是不多的,而在这不多的人中,大约没有人不把气体动理论视为热力学中的一部分。但克劳修斯虽说是不无顾忌地但毕竟在只涉及 ρ、λ 和 l 等几何量而不涉及与热有关的诸量的情况下,研究了气体动理论,而且还得出一个只在气体动理论中才有意义的物理量——平均自由程,这的确有着重要意义。我们可以说,从思想史的角度看,气体动理论至此才有资格把自己作为一个与物理学其他领域相独立的分支加以研究。二是克劳修斯大胆地将概率思想引入物理学及其计算之中。我们知道,概率应用的对象必定是大量而无序的,而克劳修斯恰好是第一个清醒地认识到气体分子正好是数量极大而又非常无序的。当别的物理学家对这种量大而又无序的运动抱有疑虑和恐惧的态度时,克劳修斯却并不为此担心。他曾对抱有这种疑虑和恐惧的人说:"如果我们想做出真正可靠的结论,我们根本用不着害怕因不规则运动带给我们的麻烦。"[1]这是因为克劳修斯相信,概率不但在计算方面十分有效,而且在描述气体的物理行为方面也是非常有效的一种概念。与克伦尼希不同的是,克伦尼希认识到了气体运动的不规则性,为了消除这一困难,他首次设想用概率来消除这一困难;但克劳修斯由于对

---

[1] R.Clausias. On the Conduction of Heat by Gases. Phil. Mag., 23(1862), pp.417—435;512—534;p.419.

这种不规则性的程度在量上有了初步估计,所以肯定了概率在分子运动论中的重要性,而且把它作为一个强有力的武器加以应用。

但是,克劳修斯并没在物理思想上充分发展概率思想。这不奇怪,因为克劳修斯对物理世界仍然持一种力学图景,在他思想深处仍然坚持认为,力学定律将支配宇宙中一切现象。在 1862 年《论气体热传导》一文中,他把不规则运动分为两类;一种在平均计算时可以消去,因而可以忽略不计;另一种是不可消去的,因而必须考虑,例如宏观温度梯度等。虽然"正常变量"(normal variation)在"考察热传导时最为重要",但是,"为了得到真实的运动,还必须考虑到偶然性差别"。[①]这些思想很了不起,它本可以把克劳修斯引入更深刻的发现中去,但他的自然观不允许他再走下去。他承认了偶然性(在那个时代,偶然性被视为无知的代名词)之后,又立即声明:"因此,我们在导出一般公式时,可以完全舍去偶然性差别。只是在做数量计算时才需要考虑它们……速度和取决于速度的一些量,实际上有着不同的数值。"

因此我们可以说,克劳修斯的研究结论确为以力学为基础的分子运动论开创了极富希望的前景,而且他的成果具有重大的方法论价值;与此同时我们也应指出,他对微观过程和宏观过程之间本质上的差异,仍缺乏清醒的认识。所以,在 1857 年的论文中他说:"在研究大量分子的总体效应时,个别碰撞的偏差可以忽略不计,并且可以认为分子的直线运动遵循一般的弹性定律。"也正因为同样的原因,他只满足于按某平均速率来计算气体分子无规则的运动,而没有考虑分子速率的分布。在导出平均自由程 l 时,他也没有(也不可能)对系数 3/4 从概率思想找出根据,只是将它生硬地纳入最后结果中。

要想打破牛顿力学框架为人类制造的梦幻——简单的、决定论的世界,物理学家们还需要更深刻的思想认识和更锐利的武器! 克劳修斯只不过在此后漫长而艰难的道路中,走出了开头的几步。当然,这几步是不容易迈出去的。

---

① R.Clausius, Phil. Mag., 23(1862), p.422.

2.2　麦克斯韦的概率分布

1859 年克劳修斯的文章发表后,立即受到麦克斯韦的重视。在深入研究了这篇文章之后,麦劳斯韦对克劳修斯的"所有分子速度相等"这一假设表示怀疑。他认为,应当考虑这样一个事实,即任何速度(从 $0 \rightarrow \infty$)都不能被认为是优先的或者被禁止的。所有的速度都将以一定的概率出现,在一定的条件下呈现一种稳定的速度分布。计算物理量的平均数值时,必须考虑到这种分布,这种分布是由一个特殊的"分布函数"(distribution function)来描述。麦克斯韦的这一崭新的思想,在他 1859 年 9 月提交给英国科学促进会的著名论文《气体动力理论的说明》(*Illustations of the Dynamical Theory of Gases*)中做了明确的阐述。[①]

麦克斯韦对概率理论的兴趣是由他的老师、爱丁堡大学教授福布斯(E. Foorbes, 1815—1854)引起的。福布斯在 1848 年对牧师米歇尔(John Michell)于 1767 年关于双星存在的统计论证,重新做了审查,从此,麦克斯韦对统计理论发生了强烈兴趣。此后,仔细阅读了拉普拉斯和布尔(George Boole, 1815—1864)的统计学著作。他肯定还读过剑桥大学数学家赫谢尔(John Herschel, 1792—1871)于 1850 年 6 月发表在《爱丁堡评论》(*Edinburgh Review*)上很长一篇述评,[②]介绍比利时天文学家凯特里(Lambert A.J.Quetelet, 1796—1874)的文章《应用于伦理学和社会科学的概率论》。赫谢尔的述评涉及的范围极广,有社会学问题,有气象问题,还有动植物生命的周期现象等。据不少研究者研究的结果,他们之所以肯定麦克斯韦读过赫谢尔的文章,是因为赫谢尔"对适用于二维随机分布的最小二乘方定律,具体地给出了一个通俗的推导,根据是假定沿不同轴的概率为彼此独立的。这同麦克斯韦的推导如出一辙,十分惊人"。[③]

在发表《气体动力理论的说明》以前,从 1855 年起始,麦克斯韦就曾经试图用概率理论来研究土星的卫星环问题,这时他就已经注意到大量物体在相互碰

---

① J.C.Maxwell, Phil. Mag., 19(1860), 19—32; 20(1860), 21—37; The Scientific Papers of James Clerk Maxwell, vol.1, pp.377—409.

② J.Herschel, Quetelet on Probabilities. Edinburgh Rev., 92(1850), pp.1—57.

③ C.W.F.埃弗里特,《麦克斯韦》,上海翻译出版公司(1987),第 74 页。

撞时的运动问题,但因为涉及的问题太复杂,他当时尚无法解决。正当他在 1859 年 4 月想匆匆完成土星卫环的论文时,他读到了克劳修斯的论文。他的兴趣立即转向了分子运动理论。

根据赫谢尔 1850 年论文中的误差理论,麦克斯韦认为应该将高斯的误差分布应用于速度分布上。我们知道,高斯的误差分布公式是

$$p(x) = \frac{1}{\sqrt{2\pi}} e^{-\frac{(x-a)^2}{2\sigma^2}}, \tag{1}$$

式中 x 是连续的随机变量,$p(x)$ 是概率密度,其出现范围是在 $x \rightarrow x + dx$ 间,a 是 x 的平均值 $\bar{x}$,σ 是变量的标准误差 $\sqrt{\overline{\Delta x^2}}$。

根据相同的思想,麦克斯韦假定分子速度在三个轴上的分量为 v_x,v_y 和 v_z。于是,速度在 $v_x \longrightarrow v_x + dv_x$,$v_y \longrightarrow v_y + dv_y$ 和 $v_z \longrightarrow v_z + dv_z$ 之间的分子数目

$$dN = Nf(v_x)f(v_y)f(v_z)dv_x \cdot dv_y \cdot dv_z \tag{2}$$

假定理想气体处于平衡态,因而空间分布是均匀的,故分布函数 $f(v_x)$,$f(v_y)$ 和 $f(v_z)$ 与位置 $\vec{r}$ 无关;又因为轴是任意的,空间是各向同性的,速度分布函数应与速度方向无关,故 dN 只依赖于分子速率,其中 $v^2 = v_x^2 + v_y^2 + v_z^2$,分布亦将必须满足如下函数关系

$$f(v^2) = f(v_x^2 + v_y^2 + v_z^2) = f(v_x^2) \cdot f(v_y)^2 \cdot f(v_z)^2 \tag{3}$$

由 N 是有限的这一事实,可以证明,沿给定方向的速度具有的分布函数,在形上与误差理论的钟形"正态分布"相同:

$$f(v^2) = \frac{1}{a^3\sqrt{\pi}} e^{-\frac{v^2}{a^2}} \tag{4}$$

式中 a 是具有速度量纲的常数。这样,在 $v \rightarrow v + dv$ 之间速率的粒子的数目将是

$$dN = \frac{4N}{a^3\sqrt{\pi}} v^2 e^{-\frac{v^2}{a^2}} dv。 \qquad (5)$$

利用(4)给出的分布函数,麦克斯韦立即得出平均速率

$$\bar{v} = \frac{2a}{\sqrt{\pi}} \qquad (6)$$

和速度平方的平均值

$$\overline{v^2} = \frac{3}{2} a^2 \qquad (7)$$

显然,$\overline{v^2} > \bar{v}^2$,麦克斯韦在论文中指出,"这是理应如此的"。

在论文的结论里麦克斯韦写道:"由此可见,分子间的速度分布所遵循的规律,也就是'最小二乘法'理论中各次观察之间误差分布所依据的规律,即符合高斯的统计规律。速度的范围从 0 到 ∞,但是具有很大速度的粒子数非常少。"

借助于分布函数,麦克斯韦算出了克劳修斯提出的平均自由程。我们知道,克劳修斯只是估计了平均自由程的数量值很小,但他并没有给出一个具体的值。麦克斯韦则进了一步,他根据分布函数和内摩擦系数方程,得出了平均自由程

$$l = \frac{1}{447\,000}(即\ 5.68 \times 10^{-6}\ 厘米)$$

这个值在数量级上是正确的。更可贵的是,他还指出:"每个分子 1 秒钟内经历的碰撞次数为 8 077 200 000 次。"

引进碰撞次数的明确数量概念,对于气体动理论的顺利发展,是具有原则意义的,所以我们不能低估了麦克斯韦这一计算的重要价值。

麦克斯韦引进速度分布函数,在物理思想史上具有重大意义。麦克斯韦传记作者埃弗里特(C.W.F.Everitt)曾正确地指出,方程(5)的导出"标志着物理学

新纪元的开始。用统计方法分析物理学与社会科学的观察报告由来已久,但麦克斯韦这种用统计函数描述真实物理过程的观念却是非凡的新奇观念"。[1]

事实上,我们从物理思想的发展可以看出,统计方法用来描述物理现象,不仅引进了解释气体现象的原则上的新的方法,而且由于分布函数概念本身已经使力学定律的普适性受到挑战,因而似乎是牢不可破的拉普拉斯的决定论受到了第一次冲击。经典科学,简单、被动、缺乏活力的神话科学,即将成为过去,它没有被外界各种敌对势力(如宗教、哲学等)扼杀,但它即将被自身的发展灭亡。

麦克斯韦 1859 年的论文,也存在着一些问题。他在导出分布函数时,曾做了一个假定,即气体分子速度的三个分量 v_x、v_y 和 v_z 的分布在统计上是独立的。这个假定是不严格的,连他自己也在后来承认,"这一假定也许不大可靠"。[2]而且,整个推导也给人一种奇怪的感觉:麦克斯韦没有考虑分子与分子间的碰撞。显然,麦克斯韦的思想,完全没有摆脱赫谢尔 1850 年文章的影响。

正因为这一原因,麦克斯韦的文章一发表,立即受到克劳修斯的批评,其他许多物理学家对此也表示怀疑。这个问题直到 1866 年才由麦克斯韦本人解决。这一点放在后面再讲,这儿先叙述一下 1859 年论文的另一重要成果。麦克斯韦这篇论文的目的之一是讨论输运现象,他利用气体分子速度分布律和平均自由程的理论,发现黏滞系数 μ 的关系式为

$$\mu = \frac{1}{3}\rho l \bar{v}$$

式中 ρ 是密度,l 是平均自由程,$\bar{v}$ 是分子平均速率。由于 l 与 ρ 成反比,因而可以得出一个惊人的结论:"黏滞系数与密度(或压强无关),随绝对温度的升高而增大。"这一结论与常识似乎完全相悖。麦克斯韦曾在论文宣读之前的 1859 年 5 月 30 日与斯托克斯(G.G.Stokes,1819—1903)在信中讨论过这一异乎寻常的结果。麦克斯韦的意见是:虽然分子数目随密度增加而增加,但每一分子越过平

① C.W.F.埃弗里特,《麦克斯韦》,上海翻译出版公司(1987),第 73 页。
② W.D.Niven. ed. Scientific Papers of James Clerk Maxwell. vol.II, Cambridge. 1890, p.43.

均距离所携带的动量却随着密度增加而减小。[①]

1861 年,梅耶(O. E. Meyer, 1834—1909)用实验证实了这一理论预言。1866 年,麦克斯韦和他夫人又亲自做了气体黏滞性随压强改变的实验,结果表明在一定温度下,尽管压强在 0.5 英尺(15.24 厘米)水银柱到 30 英尺(914.4 厘米)水银柱之间变化,气体黏滞系数不依赖于密度(压强),仍然保持常数。

麦克斯韦的物理思想,由于 μ 不取决于气体分子密度这一"极为惊人"的结论而广为传播。瑞利(J. W. S. Rayleigh, 1842—1919)曾指出:"在整个科学领域里,没有任何发现能比发现气体黏滞性在任何密度下均不改变更加美好和更加有意义的了。"而且,这一预见被实验的证实,为分子运动理论提供了有力的证据,这对于打破传统物理思想,传播和发展分子运动论也起了重要作用。

现在再转向 1866 年麦克斯韦的论文。1866 年下半年,麦克斯韦向英国皇家学会提交了一篇新的、更重要的论文《论气体动力学理论》(*On the Dynamical Theory of Gases*)[②]。

在这篇论文里,麦克斯韦对输运过程提出了更加普遍的理论。他根据与分子碰撞直接联系在一起的新思想(即微观过程的主要特征不在于分子在碰撞前走过的距离,而是碰撞参数),制订了新的研究方法(即要找到"体积元内所有某种分子速度"的某些"函数"的平均值),结果他再次导出 1859 年论文中给出的速度分布函数。由于这次推导没有像上次那样先做出假设,所以可以肯定 1859 年论文的结论是正确的,而且具有普遍性。麦克斯韦还论证了这一分布函数不仅是可能的分布函数,而且是唯一的分布函数:任何速度分布最终都将收敛到同一形式之中。

从麦克斯韦这两篇重要论文(以及其他论文)中可以清晰地看出,他与克劳修斯在物理思想上有原则上的不同:克劳修斯侧重研究的对象仍然是个别分子

①　J. Lamor, ed., Memoir and Scientific Correspondence of Sir. G. G. Stokes, II. London, 1910, p.10.

②　J. C. Maxwell, Phil. Trans. Roy. Soc, 157(1867), 46; Scientific Papers, vol. II. pp.26—78.

的机械运动,而麦克斯韦则充分认识到统计方法的重要性,统计方法的研究的对象不是个体,而是物体在每一组内的概率数。1877 年,麦克斯韦在给沃森(H. W. Watson)的著作《论气体动理论》(*Treatise on the Kinetic Theory of Gases*)①写的书评中,麦克斯韦对他采用的研究方法做了比较清楚的说明。他指出,研究复杂的对象时,一般有两种方法,一种是以力学定律为基础的严格的动力学方法;一种是以类似于统计人口增减的统计方法。研究气体分子运动的情形,应该采取统计的方法。对于这一方法,他做了如下描述:

"我们把物体系统按它们的位置、速度或其他特性分组。我们的注意力不是在于物体本身,而是在于任一时刻内属于某一组物体的数目,这个数目当然会因为物体进入或离开这个组而发生变化。我们应当研究的是发生这种变化的条件,并按照动力学方法跟踪这些物体。但是,过程一结束,即物体一旦进入和离开了这个组,我们就停止跟踪它。如果它重新出现,我们把它算作一个新的物体,这就像博览会的旋转门计算入场观众那样,不管他们做过什么和将做什么,也不管他们先前是否曾经通过这个旋转门。"

麦克斯韦对于统计方法的认识,以及他对于他所研究的对象——大量分子组成的气体在本质上深刻的认识,反映在他所有有关分子运动论的著作中。在《热的理论》(*Theory of Heat*, 1871)一书中,他首次利用了后来被称为"麦克斯韦妖"(Maxwell's demon)的"妖精"("它的才能如此突出以至可以在每个分子的行程中追踪每个分子"),以说明热力学第二定律的统计性质。1871 年以前,麦克斯韦在 1867 年 12 月 11 日给泰特(P. G. Tait, 1831—1901)的信中就曾指出:"热力学第二定律只适用于由大量分子组成的系统,而不适用于个别分子。"②

麦克斯韦不仅仅是重视统计方法,他还试图使他根据克劳修斯思想而发展

---

① H. W. Watson, Treatise on the Kinetic Theory of Gases, Oxford, 1876; znd ed, 1893.

② M. Goldman, The Demon in the Aether, The Story of James Clerk Maxwell, Paul Harris Pub, 1983, p.123.

的分子运动论,完全摆脱使用力学模型的特征。麦克斯韦力图使他的物理思想得到认可和推广,他的思想的中心点就是:描述分子运动与牛顿力学的描述宏观客体是不一样的,这儿需要新的物理思想和方法。描述分子运动,除了力学定律还必须应用统计规律,而且在这种情形下,统计规律是更重要的。

美国理论物理学家吉布斯(J.W.Gibbs,1839—1903)十分清楚麦克斯韦的物理思想,他曾不无风趣地说:"读克劳修斯的著作,我们好像在读力学;读麦克斯韦和玻尔兹曼的许多极有价值的著作,我们可以说在读概率论。无疑,麦克斯韦和玻尔兹曼提出了研究分子物理学问题的更一般的方法,使得他们在某些情况下得到了更加满意和圆满的答案,甚至对于那些初看起来无须如此广泛考察的问题也是一样。"[1]

在麦克斯韦之后,奥地利物理学家玻尔兹曼(L.E.Boltzmann,1844—1906)对分子运动论做出了决定性贡献。由于他的努力,分子运动论作为一门独立的学科,终于基本完成。为了更清楚了解玻尔兹曼的物理思想的精髓,我们将先回顾一段重要的物理思想发展史。

3. 概率与不可逆性

玻尔兹曼最伟大的贡献就在于他把概率理论用来解释熵增大原理,即热力学第二定律。正是由于这一伟大贡献,自然界不可逆的物理本质才终于被揭示,并由此而显示出统计思想强大的生命力,独立的统计力学也因而最终被建立起来。下面我们将用一小节来阐述一个重要的物理概念"熵"和一个重要的物理思想"熵增大"是如何进入物理学的。

3.1　熵和熵增大的起源

熵概念的起源应追溯到法国物理学家卡诺(N.L.S.Carnot,1796—1832)的工作。

卡诺由于希望在提高蒸汽发动机的效率方面得到一个普遍的理论判断标

---

[1]　Martin J.Klein, The physics of J.Willard Gibbs in His Time. Physics Today, vol.43, 9(1990), p.47.

准,因而对热机做了深入的研究工作。1824 年,他发表了他唯一的一本著作《关于火的动力考察》①。在这本著作里,卡诺提出了卡诺循环和卡诺定理。

卡诺理论的新颖之处,就在于他将热机对外做功和做完功后返回原状的过程作为一个完整的过程来考虑,即作为一个循环(cycle)来考察。在考察时,卡诺遵循两个原理:一是热质守恒,二是永动机不可能制出。卡诺在文章中指出,在热从高温物体流向低温物体的过程中,必然能够产生动力(向外做功);如果热流动时不对外做功,则明显是一种损失。他写道:"凡是存在温差的地方,都可以产生动力。反之,凡是能够消耗这个力的地方就能够形成温度差,就可能破坏热质的平衡。物体的冲击、摩擦,难道不是可用来将温度提高到环境温度的一种手段吗……水蒸气是获得这种力的一种手段。不过,它并非唯一的手段,自然界的一切物质都可以用于这个目的。"

对于完全可逆的卡诺循环而言,不论是何种工作物质,卡诺确立了一个基本定理:同量热质的移动,产生同量的动力(做的功)。其动力(做功)的数量仅由高温物体和体温物体的温度差决定。他打了一个十分形象的比喻:"我们可以恰当地把热的动力和一个瀑布的动力相比。瀑布的动力依赖于它的高度和水量,热的动力依赖于所用的热质的量和我们称为热质下落高度,即交换热质的物体之间的温度差。"

卡诺的理论,不仅在实践上为热机的设计指出了方向,在物理思想史上,更重要的则是它包含着极重要的物理思想,成为热力学和统计力学的胚芽。他差不多已经探究到问题的关键,即已触及势力学过程的不可逆性,启发后来的物理学家对热力学第二定律做出正确的叙述。但他是以热质说作为他理论的基石的。不过卡诺在上述论文中已预先声明,作为基础的热质说并非牢靠和不可动摇。事实上人们从后来才发现的卡诺的笔记上知道,他在 1824 年之后,很快抛

① S.Carnot, Roflexions sur la puissance motrice du feu et sur les machines à propres devolpper cette puissance, Paris, 1824.英译本:E.Mendoza, ed, Reflections on the Motive Power of Fire, Dover Pub, 1960, pp.1—59.

弃了热质说并转向热的运动说。卡诺的工作深刻地影响了威廉·汤姆逊(William Thomson，1824—1907)和克劳修斯。

从卡诺的笔记中看出，卡诺一方面接受了热的运动说，一方面又感到有些为难。因为，如果采纳了热的运动说以后，热机理论似乎出现了难以解释的困难。按照卡诺的理论，为了从热产生动力(做功)，需要有高温和低温物体，这与实践是相符合的；但根据热的运动说，只要有热源，就应该可以使热转换为动力(做的功)。但卡诺从经验中知道，热转变为动力(做的功)是有限制的，在热机循环的研究中，卡诺更清楚地认识到这一点了。热的运动说似乎不能保证这种限制。正是这种对限制的需要，呼唤着新的物理思想。

克劳修斯和 W.汤姆逊特别敏锐地感到了这种需要。首先是克劳修斯(1850)[1]，其后是 W.汤姆逊(1851)[2]迈出了关键的一步，他们两人各自独立地改进了卡诺处理问题的方法，使他们的研究方法可以描述非循环过程。之所以说这是"关键的一步"，因为要想解决卡诺感到的困难，人们需要在热力学中引入一个与能量紧密相关的状态变量。

在 1850 年的文章中，克劳修斯以热的运动说为基础，引进了一个表示热转化的方程：

$$dQ = dU + ApdV$$

式中 A 即热功当量，dU 为内能微元。对于 U，克劳修斯可以证明它是一个状态变量，仅依赖于比容 V 和温度 t。但有 15 年的时间，克劳修斯对它的物理意义并不清楚。他认为 dU 有两层含义：一是表示可感热量(sensible heat)的变化，二是表示对系统做功的大小。直到 1865 年，克劳修斯才同意 W.汤姆逊和赫姆霍兹的意见，称为内能(internal energy)。

① R.Clausius, Ann. d. Phys. und Chem, 79(1850)；英译文：Mendoza, ed, Reflections on the Motive Power of Fire, pp.107—152.
② W.Thomson, On the Dynamical Theory of Heat., Trans. Roy. Soc. Edinburgh, 20(1851), 261.

1854年,克劳修斯在长篇论文《热的机械理论的第二原理的另一形式》中①,提出了与以后称为熵(entropy)有关的思想。这篇文章在物理思想的发展史中,是至关重要的。在文章中,克劳修斯仍然利用卡诺的热机理论进行分析,但做了一些修改,并以此进一步发展他在1850年一文中即已提出的热的"变换理论"。克劳修斯指出,热量有两种变换(transformation)方式,一是"热传递变换"(transmission trasformation),即热量从高温物体传向低温物体;另一种是"热转换变换"(conversion transformation),即热量可以转化为功。在这两种变换中,克劳修斯发现它们都有两个可能的方向,即"自然方向"和"非自然方向"。所谓自然方向(natural direction)指的是变换可以自发地进行,无须外界施加影响;而非自然方向(unnatural direction)则需外界施加影响,不能由自身独立自发地进行。进一步的研究,克劳修斯发现卡诺(和 W.汤姆逊)感到苦恼的问题,即卡诺热机理论与热运动说的基本原理相互矛盾的问题,如果抛弃热质说还是可以得到解决的,但似乎要加一个限制,即不消耗一些力(做的功)或引起其他一些变化,想把热从低温物体传向高温物体是不可能的。他的原话是:

"如果我们现在假定有两种物质,其中一种能够比另一种在转移一定量的热量中产生更多的功,或用另一种等价的说法是,要产生一定量的功只需从 A 转移更少的热量到 B。这样,我们可以交替应用这两种物质,用前一种物质通过上述过程来产生功,用另一种物质在相反的过程中耗去这些功。到过程末尾,两种物体都回到它们的原始状态,而产生的功正好和耗费的功两相抵消。根据我们以前的理论,热量既不会增加,也不会减少。这样,唯一的变化将是热的分布。由于从 B 到 A 要比从 A 到 B 转移更多的热量,所以如果继续下去,将会使全部的热量从 B 转到 A。交替重复这两个过程,就有可能不消耗力或产生任何其他变化就把任意多的热量随心所欲地从冷物体转到热物体上,而这与热的其他表现是不相符合的。因为,在其他情形下热

---

① R.Clausius, Ann. d. Phys. und Chem, 93(1854), pp.481—506.

总是表现出使温差趋向于减小,热总是从热的物体传向冷一些的物体。"

克劳修斯这儿讲述的显然就是热力学第二定律,但在1850年的文章中他并没有明确地说明这一点。不过,我们可以看到,正是克劳修斯首先在修改卡诺定理的过程中,将其上升为物理学中的一个重要定律。到1854年的论文中,他才明确表述了热力学第二定律:"在与之相关联的外界没有发生变化的同时,热量不能从冷的物体传到热的物体。"后他又将其简化表述为:"热量不会自动地从冷的物体传到热的物体。"

这儿还应该提到 W.汤姆逊的研究工作。在克劳修斯1850年的论文中,他考察的对象是所谓"永久气体",即现今我们所说的理想气体,而 W.汤姆逊在1851年的论文中,将热力学第二定律推广到可以适用于任何物质系统形式。不过汤姆逊的表述更加明确,他指出:

"热的全部动力理论建立在分别由焦耳、卡诺和克劳修斯所提出的下述两个命题的基础之上。

"命题 I(焦耳):不管用什么方法从纯粹的热源产生或由纯热效应损失等量的机械效应,都会有等量的热消失或产生出来。

"命题 II(卡诺和克劳修斯):如果有一台机器逆向工作时,它的各部分物理、机械作用也全部逆向,则它从一定量的热产生的机械效应,和任何具有同温条件下热源与冷凝器的热动力机一样。"

为证明命题 II,汤姆逊提出了一条普遍原理,即热力学第二定律的另一表述方式:"通过使用无生命的物质机构,让某物体冷却到比它周围最低温的物体温度还要低,在此情形下是不可能产生机械效应的。"

W.汤姆逊还注意到,他提出的原理和克劳修斯作为基础的原理是等价的。他在文中写道:"克劳修斯证明所依据的原理是,一台自动机如不借助外界作用,不可能把热从低温物体传到高温物体。很容易证明,这一原理虽在表述形式上与我的表述不同,但它们是互为因果的。每个证明的推理过程都与卡诺定理严格类似。"

到1852年,汤姆逊在论文《论自然界中机械能散逸的普遍倾向》(*On a*

Universal Tendency in Nature to the Dissipation of Mechanical Energy)[1]中,他更加详细论述了热不可能全部转化为机械功以及力学效应的损失总是无法避免这一重要原理。他进一步指出,在多数情形下,能量的转换只在一个方向上发生,能量具有逐渐逸散的普遍倾向。虽然能量并未减少、消失,但是其有用性却有减少的趋势。汤姆逊还指出,在有用性方面,热能最糟糕,因为在所有自然过程中,总有一部分能量转换为热能而逸散了。这种有效能量的逸散(或损失)的倾向,正好是热力学第二定律的思想基础。如果说在 1854 年以前,无论是 W.汤姆逊还是克劳修斯并未意识到他们已经开始了科学史上最了不起的一种探索,还并不完全明白他们自身研究工作的重要性,但我们已经可以公正地说,他们已充分具备了触及熵的概念和熵的重要物理思想。

1854 年,克劳修斯通过他的两种变换,开始"着手建立一种定量的变换理论,他的目的是在他的可逆循环中以及其他可逆过程中确立'等价量'(equivalence value),以便使这个等价量既适合于热传递变换,又适用于热转化变换。他的目的是期望这个等价量以某种新的自然定律的形式来表述平衡的条件,或者说表述他称为的'补偿'(compensation)。"[2]

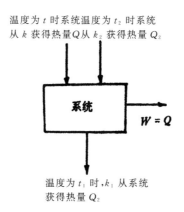

图 6-1 图示一个克劳修斯循环的效应,在温度 t 和 t_2 时,系统从热源 K 和 K_2 获得热量 Q 和 Q_2;温度 t_1 时,热源 K_1 从系统获得热量 Q_2。热量 Q 转换为功 W。

---

① W.Thomson, Proc. Roy. Soc. Edinburgy, 1852.

② W.H.Cropper, Rudolf Clausius and the Road to Entropy. Am. J. phys, Vol.54, Dec.1986, pp.1868—1074.

如果我们考虑热机循环,我们知道当某些热量"转化"为功的同时($Q[t] \rightarrow W$),另外一些热量从高温"传递"到低温($Q_2[t_2] \rightarrow Q_2[t_1]$)。当克劳修斯假定他的循环是可逆时,则在不引起外界条件发生变化的情况下,它可以逆向进行,即($W \rightarrow Q[t]$)和($Q_2[t_1] \rightarrow Q_2[t_2]$)。在这种意下,这两种情形是等价的。克劳修斯期望找到的是等价量。

克劳修斯假定一种变换的等价量与所传递的热量成正比,则在他的循环中($W \rightarrow Q[t]$)转化的等价量为 $Qf(t)$,($Q_2[t_2] \rightarrow Q_1[t_1]$)热量传递的等价量为 $QF(t_1, t_2)$。其中 $f(t)$ 和 $F(t_1, t_2)$ 是所测温度的函数。对于相反方向,克劳修斯假定量大小相等,符号当然应相反,即:

$$F(t_2, t_1) = -F(t_1, t_2)$$

由等价量的定义我们可得到

$$F(t_2, t_1)Q_2 - f(t_1)Q = 0$$

上式为平衡或补偿的基本条件。

我们还可从另外一个角度看这一循环,即在温度 t_1 时热($Q + Q_2$)一次全部变成功;在温度 t_2 时,只有热 Q_2 由功产生,由等价量定义我们又可得到

$$-(Q + Q_2)f(t_1) + Q_2 f(t_2) = 0,$$

将上两式相减则可得

$$F(t_2, t_1) = f(t_2) - f(t_1)。$$

克劳修斯又定义 $f(t) = \dfrac{1}{T}$,T 为"温度的未知函数",这样,等价量可约化为 Q/T 和 $Q(1/T_2 - 1/T_1)$。

接着,克劳修斯用 N 代表这个等价量遍及任意封闭过程求和,得:

$$N = \int \frac{dQ}{T}$$

这样,克劳修斯终于找到一个数学式子来表达可逆循环过程,因为他证明,对所有可逆循环过程

$$\int \frac{dQ}{T} = 0$$

如果 N>0,克劳修斯称为"非补偿"变换。这样的变换非常多,克劳修斯当时就提到了热传导、摩擦生热等,其本质按他说都是当"力在做机械功时,并非克服相等的抵抗力,而是产生了一个可察觉的外部运动……其活力后来均变为热"。

显然,在这篇文章中,克劳修斯实际上已经引入了现在称为熵的物理量,但他在那时对于必须引入一个新的状态量,似乎还缺乏信心。这可能有多方面原因,但以下两点也许值得特别重视:一是他和以前的许多学者一样,在分析不可逆过程时,只考虑到伴有热产生的过程,还没有扩展到其他各种类型的不可逆过程,这样,作为一个表征普适量的态函数似乎不够成熟;另一原因是他对另一个重要的状态量内能 U 一直缺乏明确的认识,事实上他一直到 1865 年才承认汤姆逊的意见,将 U 看作内能。附带还应指出的是,他那时还没有采用 W.汤姆逊和焦耳于 1854 年提出的绝对温标,因而变换等价量 N 的推导也是不严格的。

11 年之后,克劳修斯将熵理论做了进一步推进,完成了普遍化、规范化的任务。

1865 年,克劳修斯在题为《论热的机械理论中的一些基本方程的几种方便形式》的论文里[①],他明确表示,他的理论应以两个状态函数为中心,其中一个是内能 U,另一个是在以前的文章中曾经将其基本特征描述过而在本文中正式赋予名称的"熵"(entropy)。在本文中,他明确表示要用绝对温标 T 表示温度,并为这个态函数选择了一个字母 S(这似乎并没有什么特殊的缘由),并用微分形式表示为:

---

① R.Clausius, Ann. d. Phys. und Chem;125(1865),353—400.英译文:On Several Convenient Forms of the Fundamental Equations of the Mechanical Theory of Heat., in The Mechanical Theory of Heat, trans. by T.A.Hirst(van Voorst, 1867), pp.327—376.

$$dS = \frac{dQ}{T}$$

为了计算变换等价量(transformation equivalence),人们均采用这个量的积分形式,克劳修斯在文章中写道,另一个态函数与热力学第二定律有关:

它包含在方程式

$$\int \frac{dQ}{T} = 0$$

中。这即是说,如果每当物体的变化从任意的某个初态开始,连续地经过任意其他状态又回到其初始状态时,积分

$$\int \frac{dQ}{T} = 0$$

那么在积分号里的式子 dQ/T 必然是某一个量的全微分,而且它只与物体当前的状态有关,而与它到达这个状态的途径无关。我们用 S 表示这个量,我们规定

$$dS = \frac{dQ}{T}$$

也可以这样说,如果我们假定一个物体从某一选定的初始状态(用 S_0 表示)到达目前所处的状态(用 S 表示)是一可逆过程,这一过程可用上述方程积分表示

$$S = S_0 + \int \frac{dQ}{T}$$

如果联系初态和末态的过程是不可逆的话,那么熵 S 又该如何计算呢?这显然是一个更关键的问题,因为所有实际上的物理过程和化学过程都具有某种程度上的不可逆。克劳修斯巧妙地利用了具有状态 1 和状态 2 的某一循环过程(1 和 2 之间有两个过程,一个是可逆的,另一个是不可逆的)解决了这一最复杂和最微妙的问题。

在循环过程中如果从 1→2 是不可逆过程,然后从 2→1 沿可逆途径返回,完

成一个循环,那么,其热变换的等价量 N 的值将是

$$N = -\int_1^2 \frac{dQ}{T} - \int_{2(r)}^1 \frac{dQ}{T} = -\int_1^2 \frac{dQ}{T} + \int_{1(r)}^2 \frac{dQ}{T}$$

式中积分号下标 (r) 表示过程是可逆的,没有这一下标则表示过程不可逆。由可逆过程的熵值可得到

$$N = -\int_1^2 \frac{dQ}{T} + S(2) - S(1)$$

即:

$$S(2) - S(1) = \int_1^2 \frac{dQ}{T} + N$$

对于可逆过程 $N=0$,不可逆过程 $N>0$。由此可知,积分 $\int \dfrac{dQ}{T}$ 是关键。对于可逆过程,这一积分等于熵变化:

$$S(2) - S(1) = \int_1^2 \frac{dQ}{T} \quad 或 \quad dS = \frac{dQ}{T}$$

对于不可逆过程则

$$S(2) - S(1) > \int_1^2 \frac{dQ}{T} \quad 或 \quad dS > \frac{dQ}{T}$$

这样,克劳修斯就完成了过程的数学分析,用数学公式表述了热力学第二定律。即熵值的变化指出了过程的方向。在绝热过程中,$dQ=0$,因而 $dS>0$,这说明这一过程只能向熵增加的方向进行;换一种说法,那就是在孤立体系中熵趋于极大值。

熵和熵增大的提出,导致了一场物理学概念上的革命,所以在物理思想史上,它们理应占据极重要的地位。因为在此之前,物理学的定律绝大多数是不关心时间的方向的,单向时间的流动这一概念很少引起物理学家们的重视。因此,I.普里戈金(I.Prigogine,1917—2003)称在此之前的物理学只是一种"存在的物

理学"，而现代物理学家们已经开始重视强调时间方向的"演化的物理学"。从这一意义上来说，我们怎样强调克劳修斯对物理思想发展的贡献，也是不过分的。印度物理学家 M.达塔(M.Dutta)在《熵的一百年》一文中指出："……第二定律指出了热力学变化的方向，这样，它在自然哲学上就具有了独特的重要性。"[①]克鲁伯教授更高度评价了克劳修斯"关键"的贡献，他在《克劳修斯与通向熵之路》一文中写道：

"我们可以……充分评价他在热力学于 1824—1875 年清晰发展过程中所占的地位：从卡诺到克劳修斯，然后到克劳修斯伟大的继承者 W.吉布斯。在这条道路上，克劳修斯的作用是具有关键性的。他知道如何精确地阐明和重建卡诺的理论，并进一步表示自己的结论，从而为另一个天才吉布斯所用。这些最辉煌的理论(the grandest theories)不仅自身做了极重要的贡献，而且还促使其他伟大理论的产生。克劳修斯的成就是极为罕见的。"[②]

3.2　玻尔兹曼：熵增大和概率

1865 年，克劳修斯用熵概念表述了热力学第二定律

$$dS \geqslant \frac{dQ}{T}$$

之后，自然过程的不可逆性(实质上时间的方向性)提到了物理学的议事日程上了。在此之前的物理学，无论是力学规律还是磁学规律均是可逆的，即支配它们的规律时间具有反演对称性。但所有由它们组成的实际规律又是不可逆的，不具有时间反演对称性，这肯定会使物理学家们感到迷茫：宏观世界的不可逆性到底从何而来？

其实这个问题早就让物理学家感到为难。例如牛顿在他晚年的著作《光学》中[③]，就曾表示过这种忧虑："由于……固体的微弱弹性，失掉运动就远比获得运

---

① M.Dutta, A Hundred Years of Entropy. Phys. Today, Jan.1968, pp.75—79.
② W.H.Cropper, Am. J.Phys, Vol.54, Dec.1986, p.1073.
③ I.Newton, Opticks, 4th, London, 1730; New York: Dover Pubs, 1952, p.398.

动来得容易得多。这样,运动将总处于衰减之中。因为绝对坚硬的物体和柔软得没有弹性的物体相撞,彼此将不弹回,不可入性将使它们只能停止不再运动。如果两个等同的物体在真空中相撞,那么它们将遵循运动规律停止在它们相撞之处,并失去它们的全部运动,保持静止……""运动将会减少,因此,我们将会发现宇宙中的各种运动总是减少的。"

他甚至在 W. 汤姆逊和克劳修斯一百多年前就看出了他们二位 1852 年前后提出的"热寂说"(heat death)。牛顿在《光学》一书的疑问 31(Problems 31)中描述了后人在一百年后描述的可怕的宇宙毁灭景象:"地球、其他行星、彗星和太阳这些物体,以及它们上面所有的一切,均将冷却和凝冻,变为非活性的物体。并且,所有腐烂、生长、繁殖和所有生命现象,均将停止;所有的行星、彗星将不再能留在它们的轨道上运动。"

牛顿在建立自己力学体系之初,就意识到它的体系不能解释非弹性碰撞过程(实际上就是牵涉到热交换的过程)的不可逆性与宇宙稳定性的矛盾。为了解决这一矛盾,牛顿提出了"主动原理和补偿运动"的物理思想。他指出:"所以,有一种按照主动原理保持和补偿运动的必要性,这就是重力的原因。行星和彗星由这个原理保持在轨道上,降落时物体获得大的运动,由发酵的原因,动物的心脏和血液保持永恒的运动和热量。地球内的部分持续的生热,某些部分变得很热……太阳保持剧热并可见,以其光使万物变热。除去归之于这些主动原理,我们在宇宙间遇到的运动很少。"

从牛顿的这段话似乎可以看出,虽然它带有过分强烈的思辨性,但他在设法超脱机械论的局限性,希望用非机械论的解释摆脱纯力学带来的困难。但毕竟在他那种时代,当能量、能量守恒定律以及各动运动形态均未出笼时,他的设想是很难有什么积极成果的。他肯定会意识到这点,所以他只好求助于上帝的存在,希望上帝给以支援。他在同一书中又指出:"上帝既是宇宙的创造者,又是宇宙的持续保持者""没有他的治理和监督,就会一事无成。说宇宙是一架大机器,无须神的干预即可以运转下去,就如同一个时钟不需要钟表匠的帮助而继续运转那样,这种观念实际上是以把上帝说成是超凡的神灵为借口,想把天意和上帝对现实的统治排除掉"。

在物理学方面,由于欧勒(L.Euler, 1707—1783)、拉格朗日(J.L.Lagrange, 1736—1813)、拉普拉斯(P.S.de Laplace, 1749—1827)和泊松等一批数学家从数学分析方面发展了力学,他们证明,我们的太阳系中所有的变动都是周期性的,这种变动不仅在某一有限范围内进行,而且其增强或减弱的变化是周期性的。因此,他们得出一个结论,太阳系具有一种稳定性,而且在无限长的时期里,这种稳定性是永远不会改变的。拉普拉斯等一批科学家从物理思想中排除了上帝,这当然是一个了不起的进步,但他们由此忽视了牛顿对于不可逆过程的担心,并想彻底抛弃这种忧虑,宣布太阳系(乃至整个宇宙)将永远稳定,应该说也是物理思想史上的一次后退。

3.2.1 1866—1875 年玻尔兹曼的工作和 H 定律的提出

由以上简单介绍的这段历史可以知道,当 1865 年克劳修斯揭示了自然过程的不可逆性这一曾在历史上争论过的问题之后,势必引起当时一流物理学家们的重视。正好在克劳修斯 1865 年论文发表后的一年,玻尔兹曼(L. E. Boltzmann, 1844—1906)从维也纳大学毕业,他立即抓住了这个引起科学界非常关注的问题,并由此开创了他在物理学科中的光辉探索。

苏联物理学家传记作者戈林(Г.М.Голин)在介绍玻尔兹曼时,开篇第一段话就是:"19 世纪最伟大的物理学家之一玻尔兹曼的名字是与在物理现象研究中引入概率统计法一事联系在一起的。这种研究方法的兴起标志着科学发展史上一个新的、极为重要的阶段。玻尔兹曼对古典物理有很多贡献,古典物理实质上是由他最后完成的。但劳厄指出,如果没有玻尔兹曼的贡献,现代物理也是不可想象的。"[1]

维也纳大学理论物理研究所教授弗赖姆(D.Flamm)在题为《路德维希·玻

---

① 戈林,《著名物理学家传略》,安徽科学技术出版社(1984),第 88 页。

尔兹曼和他的科学的影响》一文中,高度评价了玻尔兹曼的贡献。他写道:"这位伟大的奥地利科学家不仅是统计力学的奠基者,而且他还是一位极有天赋的实验家。他具有开拓性的思想影响了整个物理学。玻尔兹曼对阿尔伯特·爱因斯坦有很大的影响,按爱因斯坦自己说,他的第一篇论文就是利用玻尔兹曼关于分子涨落(molecular fluctuations)的假说,以证实原子的存在和某些原子的大小。当麦克斯·普朗克不得不利用玻尔兹曼的方法推导他著名的辐射定律时,他把扫罗变成了保罗。事实上,早在1872年他就已经使用过分立能级的概念。……但玻尔兹曼生活的悲剧,使他没有能够亲自体验他物理思想取得光辉胜利时的喜悦。"[1]

本节我们只侧重于玻尔兹曼对统计力学方面的贡献,其他方面的贡献一般不涉及。

1866年2月6日,年仅22岁的玻尔兹曼向维也纳大学宣读了他的博士论文,题目是《力学在热力学第二定律中的地位和作用》(*Ueber die mechanische Bedeutung der zweiten Hauptsatzes der Wärmetheorie*)。[2]在这篇论文中,他试图对热力学第二定律做出纯力学的证明。这时,玻尔兹曼尚未明确意识到热力学和力学本质上的不同处。这是当时所有物理学家的通病,从"热的力学理论"(mechanical theory of heat)这一名称,就不难明白这一点。玻尔兹曼把物体每一个原子的温度定义为其动能对时间的平均值,接着他提出一个假设,原子运动的轨道是闭合的,在一个周期(t_2-t_1)后,原子将回复到初始位置和速度,于是他得到原子的绝对温度 T 为:

$$T=\frac{\int_{t_1}^{t_2}\frac{1}{2}mv^2\cdot dt}{t_2-t_1}$$

[1] D.Flamm, Ludwig Boltzmann and His Influence on Science., Stud. Hist. Phil. Sci., Vol.14, NO.4, 1983, p.255.
[2] L.Boltzmann, Wiener Berichte, 53(1866), pp.195—220.

式中 m 为原子的质量, v 为其速度。根据 T 的表达式,再将熵的表示与力学的最小作用原理直接联系起来,他得到了一个熵的对应量:

$$\int \frac{dQ}{T} = 2 \sum \ln \int_{t_1}^{t_2} \frac{mv^2}{2} dt$$

这样,熵的力学表达式倒是得出来了,但这种处理是很难令人信服的,尤其是假定原子(当然广而推之可以是系统)的运动是周期性的,经过一个周期 $(t_2 - t_1)$ 就精确恢复原来的位形,是无法令人接受的。

在此之后,由于麦克斯韦发表了分子速度分布律,玻尔兹曼对分布律又大感兴趣,同时觉得麦克斯韦的推导尚有许多不能令人满意之处,于是他于 1868 年,在专文中研究了气体分子的速度分布律。他的论文题目是《运动质点活力平衡的研究》①。在这篇论文里,玻尔兹曼提出了许多重要的物理思想,所以从物理思想发展历史的角度观之,我们不能忽视这篇论文承上启下的重要作用。

首先,他明确指出,研究分子运动论必须引进统计学,并由此证明,麦克斯韦的气体分子速度分布律不仅是系统达到平衡后唯一的分布,而且还证明,不仅单原子气体分子遵循这一分布律,而且多原子乃至凡可以用质点系看待的分子体系在平衡态时,都遵循麦克斯韦的分布律。除此而外,他还将麦克斯韦的分布律推广到分子处于势场 V 的作用下系统分子速度的分布。

其次,采用近独立子系的相空间来处理数目大于 10^{19} 个微观粒子系统的问题,其肇始亦与此文有密切关系。我们知道,采用这种独立子系的相空间(后称 μ 空间)来讨论问题,是统计物理思想史上具有决定性的一步。处理如此巨大数量粒子的系统,如何剔除无用的信息而同时保留对本质问题不可缺少的信息,这历来是物理学家的重大而又令人头疼的任务之一。玻尔兹曼的这一研究成果,可以说奠定了现代十分热门的一个学科分支——非平衡统计力学的基础。

1872 年,玻尔兹曼在上述几篇文章的基础上,写出了更重要的一篇论文,题目是

①　L.Boltzmann, Studien üeber das Gleichgewicht der lebendigen Kräf zwischen bewegten materiellen punkten. Wiener Berichte, 70(1868).

《气体分子热平衡问题的进一步研究》(*Weitere Studien über das Wärmegleichgewicht unter Gasmolekülen*)。[①]在这篇文章里,玻尔兹曼指出,他在 4 年前的文章里,虽然指出了麦克斯韦的分布是唯一的,但并没有严格证明这一点,现在,他认为他可以解决这个问题;除此之外,他还认为他能够导出熵增大的公式。

玻尔兹曼还是从麦克斯韦分布律出发,但他局限自己从能量分布进行考虑。他首先考虑具有给定能量 x 的分子数目由于碰撞而发生变化的变化率,在做了一系列讨论之后,玻尔兹曼得到了一个分布函数 $f(x, t)$ 对时间偏导的表达式:

$$\frac{\partial f(x, t)}{\partial t} = \int_0^\infty \int_0^{x+x'} \left[\frac{f(\xi, t)f(x+x'-\xi, t)}{\sqrt{\xi}\sqrt{x+x'-\xi}} - \frac{f(x, t)f(x', t)}{\sqrt{x}\sqrt{x'}} \right] \cdot$$

$$\left[\sqrt{xx'}\psi(x, x', \xi)dx'd\xi \right]。$$

当 $\frac{\partial f(x, t)}{\partial t} \rightarrow 0$,就可以得到麦克斯韦的分布。这也就是说,系统的分子速度如果按麦克斯韦分布律分布时,系统将处于稳定状态。如果系统状态开始不按麦克斯韦分布律分布,那么,随着时间的推移,系统必将趋于麦克斯韦的分布。

为了进一步说明这一点,玻尔兹曼引入了一个辅助量 E,

$$E = \int_0^\infty f(x, t) \left\{ \ln\left[\frac{f(x, t)}{\sqrt{x}} - 1 \right] \right\} dx$$

他证明,E 绝不会随时间增大,必定向最小值趋近,以后即保持恒定不变。玻尔兹曼指出,依据这个定理(即以后 H 定理的初始形式)可以严格证明,$f(x, t)$ 的最终值就将是麦克斯韦的分布函数。而且,E 与以前克劳修斯的

$$\int \frac{dQ}{T}$$

的表达式除系数外,完全是一致的。因此,玻尔兹曼认为熵增大的解析证明也被

---

① L.Boltzmann, Wiener Berichte, 66(1872), pp.275—380;英译本:Kinetic Theory, vol.2, Irreversible Processes, Pergamon Press, 1967, pp.88—175.

他同时得到了。

后来,玻尔兹曼在 1875 年的文章中,提出了著名的"H 定理",即按照玻尔兹曼的研究,初始的分布 $f(x_0, t_0)$ 将唯一地由于分子碰撞而导致分布 $f(x, t)$,以保证

$$\frac{dH}{dt} \leqslant 0$$

这个定理在当时被称为玻尔兹曼最小定理,它指明了过程的不可逆性(即方向性)和平衡态的存在。

正当玻尔兹曼自以为通过 1866—1875 年的研究,已经解决了热力学第二定律等气体动理论时,他的决定论思想受到了严重挑战。

3.2.2　可逆佯谬与概率的决定性作用

1876 年,奥地利物理学家和化学家、奥地利科学院院士洛喜密脱(J.J.Loschmidt, 1821—1895)撰文,对玻尔兹曼的文章提出了尖锐的批判。[1]在洛喜密脱之前,W.汤姆逊也曾经提出过类似的批判。[2]

洛喜密脱对气体动理论的发展做出过重要贡献。1865 年,他率先计算出气体分子的直径,并算出在标准状况下 1 立方厘米中包含的气体分子数目(洛喜密脱数)。这一次他针对玻尔兹曼的文章,向气体分子运动理论提出了尖锐的质疑。后来的事实证明,玻尔兹曼以及许多物理学家正是通过解决洛喜密脱的质疑,才开始认清,在对热力学做分子运动论的解释时,从概率上理解完全非力学要素具有本质上的重要性。

洛喜密脱提出的疑问是这样的:牛顿定律对时间的反演是对称的,而玻尔兹曼的函数却违反时间反演对称性。这就是说,大量气体分子组成的系统,其宏观实际过程是不可逆的,不具有时间反演对称性,用 $-t$ 代替 t,过程不能重合。但是,构成体系的分子服从的都是可逆的牛顿方程、拉格朗日方程或哈密顿方程。

---

① 　J. Loschmidt, Wiener Berichte, 73(1876).

② 　W. Thomson, Proc. Roy. Soc. Edinburgh, 8(1874).

在这些方程中,以$-t$代替t,方程是不变的,即它们都具有时间反演对称性。也就是说,分子微观运动是可逆的,而由微观运动构成的宏观运动又不可逆,这显然是不可思议的。

如果牛顿力学的正确性是不可怀疑的,那么分子运动应该可以使系统熵减小(即H增大)。这是不难想象的,因为正如洛喜密脱所指出的那样,即使从任意初始状态出发达到了平衡态,也没有任何理由能保证系统始终保持这种平衡。在一个极短的时间内,系统保持这种平衡态是有可能,但长时间保持这种平衡态是不合情理的,因为一旦在某一瞬间每个分子的速度都反向了(这种速度反演是牛顿力学所允许的),那么原来熵增大的全过程就将反其道而行之,结果相应的运动会使熵减小,破坏了那短暂的平衡态,又最终回到初始状态上去。这就是有名的"可逆佯谬"(reversing paradox)。

W.汤姆逊在1874年的文章中曾形象地描述过"可逆佯谬",他在文中写道:"假如宇宙中物质的每一个粒子的运动在任意瞬间全部可以倒过来,那么自然过程以后将永远地反过来进行。在瀑布下面飞溅的泡沫应该重新合并起来并回到水中;热运动应该重新聚集它们的能量,并把水一滴一滴地抛上瀑布,形成一个上升的闭合水柱。由于同固体摩擦而产生的,并且由于传导以及辐射给吸收体而耗散了的热量,应该再次回到接触的地方,并且使运动物体反过来对抗它曾服从过的那个力。泥土将会重新变为石头,而石头一定会重新聚集为山峰(这些石头本来就是从这个山峰崩裂下来的)。并且假如生命的唯物论假设是正确的话,活着的动物应该倒过来生长,已经知道未来,但没有对过去的记忆,并重新变为胎儿。但是,生命的实际现象远远超过了人类的知识水平,因此,把生命现象想象为可逆的,并且推测由此而产生的后果是完全无益的。"

W.汤姆逊和洛喜密脱虽然提出了可逆佯谬,但他们两人并不认为分子运动论将因此而陷入灭顶之灾。W.汤姆逊甚至也像玻尔兹曼一样,试图用统计中概率的概念来说明为什么在宏观上观察不到上述的种种可逆过程。这大约与他们两人都是原子论的支持者不无关系。但他们二人大约都没有料到,要解决他们两人提出的佯谬,竟是那么艰难。

当洛喜密脱一提出可逆佯谬时,玻尔兹曼立即明白这一批评的重要性,在第二年(即 1877 年)1 月 11 日发表的论文中,①他对可逆佯谬做出了初步回答。他认为要想认识分子的运动,从而了解物体随时间的发展而经历的状态,重要的是必须知道这些分子的初始条件,正是在这一点上,被人们忽略了。玻尔兹曼在文中写道:"洛喜密脱的命题仅表示存在有导致似乎绝不会存在的状态的初始条件,而并不排除大量初始条件都会导致的均匀分布。"由于均匀分布数比非均匀分布数多得多,因此导致均匀分布的初始状态数也多得多。因此,"很清楚,从某种初始状态开始,经过一定时间以后,发生的任何个别均匀状态是与发生特定的非均匀状态一样,几乎是不可能的。这正如接龙游戏一样,出现每一个别的号码牌和刚好出现 1、2、3、4、5 的号码牌一样,几乎是不可能的。因为均匀状态比非均匀状态多得多,所以出现的概率就大,从而在时间的进程中,不均匀也会变得均匀了。我们甚至可能从不同状态数目的关系中计算出它们的概率,从而可能导出一种计算热平衡的有趣的方法。"

在这篇文章中,玻尔兹曼首次表述了一个重要的物理思想:每个微观态,不管它是否处于均匀的宏观分布中,都具有相同的概率,但重要的是相对于某一宏观状态的分布数。对某些初始条件颇不寻常的过程来说,熵可能会减小(即 H 值增大),但是使熵增加(H 值减小)的初始状态却有无限多种。对此,玻尔兹曼写道:"(热力学)第二定律是关于概率的定律,所以它的结论不能靠一条动力学方程(来检验)。"

1877 年 10 月,玻尔兹曼又写了一篇题为《论热力学第二定律与概率的关系或热平衡定律》的论文,②在这篇论文中他将上篇文章中的物理思想做了更详细和更具体的阐述。他在文中写道:

---

①　L. Boltzmann, Bemerkungen über einige Probleme der mechanischen Wärmetheorie. Wiener Berichte, 75(1877), pp.62—100.

②　L. Boltzmann, Wiener Bericht, 76(1977), pp.373—435.

"我们深信,我们能从研究系统中各种可能状态的概率去计算热平衡状态。在大部分情况下,初始状态是可几性很少的状态。但从初始状态开始,这体系将逐渐走向可几性较多的状态,直到最后进入最可几的状态,那就是热的平衡。如果我们把这种计算应用于(热力学)第二定律,我们就能将普遍所谓熵的那种量等同于实际状态的概率。"

"我们的主要目的不是仅仅停留在热平衡状态,而是在于研究第二定律和概率论定理间的关系。"

接着,玻尔兹曼开始了推算。如果我们运用概率进行计算,分子的速度显然只能取一些分立的数值,而不能取无限多的数值。这对于彻底的原子论的信奉者玻尔兹曼来说,用这种方式处理实在是极其自然的事情,丝毫也不会引起困难。推算的结果,玻尔兹曼得到了熵与分子位形数目的关系式,即把熵和热力学状态的概率 W 联系起来了:

$$S = k \ln W$$

式中 k 是自然界中的普适常数之一,后来被称为"玻尔兹曼常数"。但这儿应指出的是,这个著名公式在玻尔兹曼 1877 年的论文中,并未给出如此简明的形式,原式复杂得多。但物理思想在原式中已经具备,即在孤立系统中,熵增加对应于向最可几状态的过渡。熵减小的过程并非不可能,只是概率太小。上面给出的简明对数公式,是普朗克于 1900 年给出的。[①]普朗克在文中还指出:"从方程 $S = k \ln \overline{W}$,我们当然就可以通过熵而在绝对意义上决定概率 $\overline{W}$。我们把这样决定的量 $\overline{W}$ 称为'热力学概率',以便与'数学概率'相区别,它们两者可以成比例,但不相等。因为数学概率是一个分数,而热力学概率正如我们已经看到的,总是一个整数。"

这样,热力学第二定律的微观解释以及联系宏观和微观的方程 $S = k \ln W$ 就

① M. Planck, Entropie und Temperatur strahlender Wärme. Ann. d. Phys., (4), 1(1900), pp.719—737.

基本定型。这种解释所赖以建立的物理思想(即概率可以用来解释物理现象),是物理思想发展史中具有突破性的重要意义,因为正是这一崭新的思想,终于在20 世纪使统治物理思想近三个世纪之久的机械决定论全面崩溃。概率将偶然性引入了物理学,而偶然性与机械决定论是水火不容的。因为玻尔兹曼的解释指出,个别粒子的运动具有偶然性,但大量分子组成的系统的运动又具有必然性,即从概率小的状态向最可几状态过渡是必然的。当然,到了最可几的平衡态后,也并非绝对不再发生变化,事实上系统仍可以按照概率的大小发生偏离平衡态的涨落。对此,玻尔兹曼曾说过:"我们可以明确得到,对于每一种状态的分布,即使它是很不可能的,出现的概率极小,但仍然是非零的。"

但人们仍有怀疑,毕竟机械决定论是一种根深蒂固的先入之见。针对这种种疑虑,玻尔兹曼在他的名著《气体理论讲义》[①]一书中指出:"尽管气体理论中使用概率论这一点并不能直接从运动方程中推导出来,但是采用概率之后得出的结果和实验事实一致,我们就应当承认它的价值。"

玻尔兹曼将概率引入到热力学第二定律,是物理思想史上最伟大的成果之一。1977 年诺贝尔化学奖得主普里戈金曾准确地评述了玻尔兹曼的这一贡献。他在《从混沌到有序》一书中写道:

"但是,玻尔兹曼……不仅描述平衡态,而且描述达到平衡态(即达到麦克斯韦分布)的演变过程。他想发现与熵增大相对应的分子机制,即驱使系统从任意一种速度分布走向平衡态的机制。

"玻尔兹曼独到地在分子群体的层次上而不是在个别轨道的层次上探讨物理演变的问题。他感到这实际上相当于在完成达尔文的宏伟事业,不过这一次是在物理学上:在生物进化背后的推动力——自然选择——不能对某个个体,而只能对一个大的群体来加以确定。所以这是一个统计的概念。

"……

---

① L. Boltzmann, Vorlesungen Über Gastheorie, Leipzig, 1896—1898;英译本 Lectures on Gas Theory, California U. Press, 1964.

　　"但是，我们认为玻尔兹曼的成就最伟大，是从纯概念的角度来看的：可逆现象与不可逆现象之间的差别（如我们已经看到的，它是第二定律的基础）现在已转到微观层次。速度分布的变化中由于自由运动而引起的那一部分与可逆部分相对应，由于碰撞而引起的那一部分则与不可逆部分相对应。对玻尔兹曼来说，这是熵的微观解释的关键。一个分子演变的原理产生了！很容易理解这个发明对跟在玻尔兹曼之后的物理学家们（包括普朗克、爱因斯坦和薛定谔）产生了多么大的吸引力。

　　"玻尔兹曼的突破是通向过程物理学的决定性一步。在玻尔兹曼方程中决定时间演变的不再是与力的类型有关的哈密顿量；反之，现在与过程相联系的函数（例如散射截面）将产生运动。"[①]

　　的确，玻尔兹曼的物理思想及方法获得了惊人的成功，在物理学的历史上留下了最光辉的篇章。普朗克发现量子论就是玻尔兹曼物理思想的一个成果。薛定谔曾表示他对玻尔兹曼的敬佩，他在1929年曾经说过："他（指玻尔兹曼）的思想可视为我在科学上的初恋，过去没有、今后也不会再有别的东西能使我这样欣喜若狂。"

3.2.3　循环佯谬

　　虽然玻尔兹曼取得了令人瞩目的成就，但我们还远不能说他已经解决了不可逆性的问题，更不能说玻尔兹曼已经把熵约化成动力学推述了。事实上，物理学一般都是把动力学描述作为最本质、最基础的描述接受下来的，而把热力学第二定律看作某种近似过程附加在动力学理论上的，甚至有些物理学家还认为热力学第二定律有某种主观的拟人因素。例如玻恩（M. Born, 1882—1970, 1954年诺贝尔物理学奖得主）就曾说过："不可逆性是把无知明显引入到（动力学）定律中去的结果。"要使玻尔兹曼的方程和动力学描述相容，并使大家接受，谈何容易！

　　[①]　I.普里戈金、斯唐热，《从混沌到有序》，上海译文出版社（1987），第292—294页。着重号为本书作者所加。

19 世纪末,世界科学界的权威数学家、物理学家彭加勒(J. H. Poincarè, 1854—1912)在他的《热力学讲义》一书中,[1]相当详尽地讨论过热力学第二定律和经典力学的关系,但是他连玻尔兹曼的名字都不愿提一下,这就充分说明了人们当时的态度。彭加勒和当时大部分物理学家一样,认为热力学和动力学是不相容的。彭加勒曾于 1889 年和 1890 年两次撰文,证明热力学第二定律的动力学解释是不存在的。[2]他认为,不可逆性是来自唯象的或主观的假定;因而热力学与动力学在他看来是不相容的。

1890 年,彭加勒证明了一个著名的定理:再现定理(recurrence theorem)。他证明,一个哈密顿系统,在某些时刻相继经历了 P_1, P_2, $\cdots P_n$ 这一系列状态后,在不论多长但总归是有限的时间以后,几乎总是可以任意接近地回到它的初始状态。这一定理的直接结果是:不可能建立一个时间单调的动力学状态函数,亦即不可能建立一个具有统计力学中熵性质的函数。这样,经典力学与统计热力学当然就不相容了。对彭加勒来说,热力学的微观基础更像是从一些或然的假设中推导出来的,而不是从动力学中推导出来的。他还想用他的循环定理解决热寂,他写道:"一个只受力学定律支配的有限世界总会通过非常接近其初态的状态。另一方面,根据公认的实验定律(假如我们认为它们绝对真实,并且假如我们愿意把它们的结论推向极端的话),宇宙就会趋向一个确定的末态,而且再也不脱离这个状态。在这个末态中,某种死亡将来临,一切物体将静止在相同的温度。""分子运动可以使宇宙从这个矛盾中解脱出来。根据分子运动论,世界首先趋向这样一个状态,这个状态会停留很长的时间而没有变化。这是与经验一致的。但是它不会永远保持这种状态……它仅仅是在一个极长的时间内停留在这个状态,分子数越多,停留的时间就越长。这个状态不是宇宙死亡的末日,而是一种睡眠,在数百万世纪后,世界还会从这个状态中复苏过来。""根据这个理论,要看到热量从冷物体传到热物体,并不需要具有麦克斯韦那样敏锐的视力、智力和敏捷,而只要有点耐性就够了。"

---

①　J. H. Poincaré, Leçons de thermodynamique.

②　H. Poincaré, Comptes Rendus, 108(1889); Acta. Math., 13(1890).

彭加勒的想法很明确,只要经历足够长但又是有限的时间(例如 10^6 年),每个哈密顿力学系统在某个时刻总会返回到它原先的状态的,所有的状态都会再现。这样,热力学第二定律就可以被违反。彭加勒的这种态度,意大利两位物理学家西科蒂(G. Ciccotti)和法拉里(G. Ferrari)曾做过恰当的评述,他们在《彭加勒是量子理论的先驱吗?》一文中写道:"概率和动力学之间的关系对他是一个难题,但他肯定,一个力学系统的或然性行为只能反映该系统的部分动力学性质。再者,彭加勒似乎认为统计力学太复杂,因而没有经典力学那么可靠。如果必须改变什么的话,经典力学的定律肯定优于统计力学的定律。"[①]

1895 年,普朗克年轻的助手赛密洛(E. Zermelo, 1871—1923)根据彭加勒的再现定理,提出了"再现佯谬"(recurrence paradox,也有人译为"循环佯谬")。[②]赛密诺认为热力学第二定律的力学证明是不可能的,因为任何力学系统只要听其自便,它最终一定会无限接近地回到它开始的组态。因此,赛密诺在文中写道:"在这样一个系统里,不可逆过程是根本不可能的,因为没有一个状态变量的单值连续函数(例如熵)能连续增加;如果增加了一个有限量,那么当它回到初始状态时,就一定有一个相应的减少。"这就是,赛密诺与彭加勒一样,认为经过足够长但又有限的时间,即在有限的彭加勒循环时间 t_p 之后,系统总会"再现"其初始状态,而使熵减小[H→H(o)]。因而不可逆过程、H 定理(熵增大定律)、时间方向性都只是暂时的现象,赛密诺的结论是玻尔兹曼的 H 定理所阐明的不可逆性,必定带有某种根本性的错误。

赛密诺与奥地利物理学家马赫(E. Mach, 1838—1916)一样,认为科学理论应该不依赖于假设存在着不能证实的事物(如原子)。他提出再现佯谬的主要目的就是用以反对原子、分子理论。赛密诺认为:①热力学第二定律是一个绝对正确的定律,因为它与所有实验是一致的;但是,②分子运动论却承认存

---

①　G. Ciccotti and G. Ferrari, Was Poincaré a herald of quantum theory?, Eur.J.Phys., 4(1983), pp.110—116; p.115.

②　E. Zermelo, Ann.d.Phys., (3)57(1896)485.

在着违背第二定律的可能性(由于大的涨落);因此,③分子运动论一定是错误的。

玻尔兹曼立即对赛密诺的挑战做了回答。他的第一次回答还颇有点风趣,他在文章中写道:"(赛密诺)的论文只是表明,我的成功的工作还没有被人们了解。但不论怎么说,这篇论文使我十分高兴,因为它是第一个证据,表明我的工作终于在德国引起了注意。我一再强调……麦克斯韦的速度分布律不是一个通常的力学定律,我们不能仅靠运动方程推出它。"①接着,他又写道:"彭加勒的定理……显然是正确的,但把它应用到热的理论上去就不对了。"因为,热力学第二定律不是一个绝对规律,而是一个统计规律。第二定律指出,回复到熵减小的情况只有极少极少的可能性。玻尔兹曼还用具体的例子计算出这种回复的可能性,例如在理论上在宇宙如果要发生熵的显著降低,其时间间隔约为 $10^{10^{10}}$ 年,这个时间要比人类经验到的时间长得太多太多,我们几乎用不着去考虑这种可能性。

总之,归根到底,玻尔兹曼在他的第一次回答中,认为再现佯谬是可以通过概率的分析给予回答的。他认为再现佯谬不但未能反驳他的熵增大原理,而且在某种程度上似乎还证实了他提出的原理。但这些佯谬的提出和激烈的争论,使玻尔兹曼更深入地认识到概率理论对于物理学的重要性了。在《气体理论讲义》中,玻尔兹曼进一步把熵增大原理推广到一切物质形态上,使其具有更加普遍的价值。他写道:"控制固态和液态中原子运动的概率定理,与在气态中的情形在本质上是一样的,所以计算与熵对应的函数 H,在原理上并无困难,只是在数学上的困难一定会比较大一些的。"②

但玻尔兹曼深刻的物理思想在 19 世纪后期实证主义大潮席卷物理学界之时,可以说是举步维艰。实证主义者们宣称,他们要把科学从类似原子、分子这类"有害的假说"中解放出来。他们认为这些假说既不直接来自经验,又推不出

① L. Boltzmann, Ann.d.Phys., 57(1896)773.
② L. Boltzmann, Lecturs on Gas Theory, California U Press, 1964, p.444.

可由实验直接检验的结论,应在扫荡之列。与此同时,还有一股势力强大的所谓机械学派,他们认为只有动力学理论才是唯一可靠的理论,其他所有理论只有能还原为力学定律,才能被认为是正确的理论。正如弗兰克(P. Frank, 1884—1960)所说:"19世纪末期,许多新的物理现象不断被发现,这些现象用牛顿力学的原理来解释只能含糊其词。新的理论于是产生了,这些理论不一定是由牛顿力学推衍出来的,不过为了解释新的物理现象只好暂时接受它们。这是不是自然的真知识,或者只是一种'数学描述',像中世纪的哥白尼系统一样。这些疑团没法解决,因为人们相信唯有归宗于牛顿力学方才有了解自然的可能,而且其中也包含了哲学上的证明。"

到了19世纪最后20年左右,人们对这种机械观的批评愈来愈明显,其中玻尔兹曼就是立场比较鲜明的一位。为了捍卫他的气体分子运动理论,他势必要反对这种机械的自然观和哲学观,否则他的理论就无立足之地。

1900年10月,玻尔兹曼指出,尽管力学的解释对科学的影响极大,其成就自然也不可能轻估,但"说也奇怪,物理学却在其最主要的领域里即理论物理中,失去了某些基础"。[①]1904年,在他的《力学讲义》(*Vorlesungen über die Principe der Mechanik*)第二卷中,他对许多物理学中的新发现持积极欢迎态度。他写道:"我原以为数百年甚至数千年之后才能发生的事情,其中一半在7年之内已经发生。"对此,他感到特别欢欣,他抑制不住自己高兴的心情称:"自然的非力学解释,其希望之光不是来自唯能论或现象论,而是来自原子理论和现代电子理论。"

但玻尔兹曼毕竟是在传统物理学熏陶下成长的人,和任何伟大的物理学家一样,他不可能跨越他无法跨越的许多习惯成自然的认识、方法和心理状态。玻尔兹曼起初信心十足,认为他可以通过动力学系统朝高概率状态的演化来确定不可逆的问题(即时间的单向性),但在回答彭加勒和赛密诺提出的再现佯谬时,

---

① A. I. Miller, Imagery in Scientific Thought: Creating 20th-Century Physics, Birkhauser, 1984, p.84.

他滑向了唯心主义,把时间的单方向流动视为一种约定,一种幻觉。[①]不过,这个问题已不是 19 世纪物理思想应该讨论的。在下面一章,我们还会再次碰到这个至今仍让人们困惑的难题。

4. 吉布斯的统计力学

吉布斯(J. W. Gibbs, 1839—1903)是美国出现的第一位闻名世界的理论物理学家。1902 年,他在专著《统计力学基本原理》一书中[②],创立了系综(ensemble)统计方法,从而将热学的唯象的和分子运动论的两个基本方面统一到一个有机整体之中,完成了经典物理学的又一次伟大的综合。经典物理学的三大支柱,也因此而宣告最终完成。

4.1　吉布斯的热力学三部曲

1873 年,吉布斯发表了他的第一篇研究论文,题目是《流体热力学的图解方法》(*Graphical Methods in the Thermodynamics of Fluids*),在这篇文章中,他引入了各种不同平面的温-熵图(temperature-entropy diagram),创立了几何热力学。他在文章中指出,虽然用几何方法描述热力学的特性已经在"普遍使用"而且"富有成效",但由于这种几何方法的描述限制在坐标轴是体积和压力的图解中,因而尚不足以充分显示"热力学特性的多样性和普遍性"。吉布斯认为,坐标轴不能仅限于习惯上常用的物理量,应该扩大其选择范围。他想找到"一种普遍的图解法,以明确显示出流体不可逆过程的所有热力学特性"。这些话显然意味着他将在新的领域上进行开拓。

吉布斯对于克劳修斯提出的熵十分重视,他根据熵的特性提出了他自己命名的"流体热力学的基本方程":

$$dU = TdS - pdV$$

① K. Popper,《玻尔兹曼与时间之矢》,《无穷的探索——思想自传》,福建人民出版社(1986),第 164—171 页。

② J. W. Gibbs, Elementary Principles in Statistical Mechanic, devloped with special reference to the rational foundation of thermodynamics, Yale U. Press, New Haven, 1902.

式中 T 为温度，p 为压强，V 为体积，U 为内能以及 S 为熵。M.克莱因曾高度评价了这一方程，他在《吉布斯时代的物理学》一文中指出："在 1873 年，这绝不是发展热力学的标准方法。即使是克劳修斯，他在 1850 年做出对热力学第二定律的描述，1854 年引入熵概念和 1865 年赋予这一概念以具有特征性的名称，但他也从来没有在他的热力学说明中给熵以中心地位。克劳修斯和克劳修斯时代的热力学是研究热和功的相互作用。而吉布斯却从热力学基础，剔除了热和功，用态函数（能和熵）取而代之。这样，热力学就成为平衡态的物质特性理论。"[①]

正因为他重视熵这一新提出不久的重要的物理量，他才提出了用温-熵图的几何方法描述流体热力学的特性。他认为，温-熵图的优点在于"使热力学第二定律显得更加突出，并给予它一个极清晰的基本表述"。除此而外，温-熵图还能够表示出某种物质的汽、液、固三相共存的状态。

同年，在第一篇论文发表后不久，吉布斯又发表了第二篇题为《用表面描述物质的热力学性质的几何方法》(*A Method of Geometrical Representation of the Thermodynamic Properties of Substances by Means of Surface*) 的论文。在这篇论文中，吉布斯把他的热力学几何方法由二维扩充到三维，用微分几何的方法解决了纯净物质不同相的共存和临界现象的问题。吉布斯的三维热力学表面代表着物质平衡态的基本热力学方程，它们的坐标轴是熵、体积和内能。

吉布斯还证明，处于平衡态的同一物质其两相不仅具有相同的 T 和 P，而且两相的 U、S 和 V（单位质量的体积）须满足以下方程：

$$U_2 - U_1 = T(S_2 - S_1) - P(V_2 - V_1)$$

（下标 1 和 2 表示两个相）。

麦克斯韦读了吉布斯的两篇论文后，非常欣赏吉布斯提出的几何方法，并纠正了自己以前的一些错误看法。在给英国皇后学院数学教授泰特(P. G. Tait,

---

① M. Klein, The Physics of J. Willard Gibbs in His Time. Physics Today, Sept. 1990, p.40.

1830—1901)的信中,曾谈到这一点。[1]吉布斯的热力学表面更使麦克斯韦兴奋异常,他还亲手制作了三个模型,以显示水的热力学表面(即今日所谓水的立体相图),并把其中的一个送给了吉布斯。

在一次伦敦化学协会召开的会议上,麦克斯韦还专门向与会者介绍了吉布斯处理热力学的几何方法。他指出,吉布斯的方法是一个"异常简单和非常令人满意的方法,只用一个模型就可以描述物质不同状态间的关系"。他还特别强调,利用热力学表面的模型,"我和其他人长期力图解决的难题,可能立即就被它解决了"。[2]在 1875 年再版的《热的理论》(*Theory of Heat*)中,麦克斯韦专门用了一章的篇幅,介绍和讨论了吉布斯的成就。

1875—1878 年,被称为"吉布斯热力学三部曲"的第三篇也是最重要的一篇热力学论文《论复相物质的平衡》(*On the Equilibrium of Heterogeneous Subtances*)分两次发表了。这篇长达 321 页的论文的发表,被认为是科学思想史上一件非常重要的事,因为它奠定了化学热力学的基础。

在这篇论文中,吉布斯用纯分析的方法精确地解决非均匀物质的平衡及其稳定问题。他用一个简单、统一的方法把热力学领域扩大到可以解决化学、弹性、电磁和电化学等现象。整个研究工作的基本思想,吉布斯在论文中做了说明,他在文中写道:"在任何孤立的物质系统中,在伴随其他变化条件下,从熵总体在增大就可以自然地推出:当系统的熵到达极大值的时候,系统将处于平衡态。虽然这个原理绝不会从科学家的注意中逃脱,但是它的重要性好像还没有受到足够的重视。作为热力学平衡的普遍理论的基础,这一原理的研究还太少。"

吉布斯正是沿着熵增大原理的方向,做了深入辟里的研究。他对平衡态的判据做了一个更普遍、更简练的表述,他写道:"任何孤立系统处于平衡态的充要条件是,不改变其能量的条件下,系统状态在任何可能的变化中其熵要么为零,

---

① 　J. C. Maxwell, letter to P. G. Tait, 1 Dec. 1873, in C. G. Knott, Life and Scientific Work of Peter Guthrie Tait, Gambridge U. Press, 1911, p.115.

② 　B. Jaffe, Men of Science in America, New York: Simon & Schuster, 1944, p.312.

要么为负值。"

为了计算出这个普遍判据的结果,吉布斯一开始就引入了化学势,通过 φ 函数(自由能),χ 函数(焓)和 ξ 函数(吉布斯自由能)的引进,构成了独特的热力势方法。只要找到热力势,再通过他提出的非均匀系统的热力学基本方程,就可以得到系统的全部热力学性质。

根据多元系统的复相平衡条件,吉布斯在讨论多元复相系平衡时,提出了约束独立参量数目的公式:

$$f = \kappa + 2 - \varphi$$

这个公式称为吉布斯相律(Gibbs phase rule)。式中 f 为多元复相系的自由度数,即物理条件数目,这个数目在到达平衡态之前就已经确定了,如温度、压力、浓度等物理条件;φ 为相数,即任何物质系统能被机械地分开的部分的数目,如水、冰、水汽混合物,其相数 $\varphi = 3$;κ 为组元数,即构成系统组元的数目,例如在水、冰和水汽混合系统中,水是唯一的组元,极其 κ 为1。

这样,由吉布斯相律可知,多元复相系的自由度数为组元数减去相数加2。根据相律,一个由冰、水和水汽组成的物质系统处于平衡态时(即不会有冰再溶于水,也不再有水汽凝结为水),这时

$$f = 1 + 2 - 3 = 0$$

由于系统的自由度数为零,那么任何物理条件(如温度、压强或浓度等)均不能改变,否则系统的平衡将被破坏,必有一相消失。所以,这个系统只能处在一个唯一的 T、P 条件下才能保持三相的平衡。

相律一经提出,立即引起了著名的荷兰物理学家范德瓦尔斯(J.D. van der Waals,1837—1923)的高度重视,并立即把它用于自己从事的气体平衡的研究之中。他还向他的研究生介绍了吉布斯的研究成果,其中有一位研究生罗泽布姆(B.R.Roozeboom,1854—1907)把吉布斯公式用于钢合金的研究,使钢合金的成分更为精确。

吉布斯的热力学三部曲还引起了欧洲各国科学界的高度重视。德国著名化学家奥斯特瓦尔德(W.Ostwald, 1853—1932)高度评价了吉布斯的贡献,并于1891 年将吉布斯的三部曲译为德文,于 1892 年以《热力学研究》为书名,在莱比锡出版。法国物理学家吕查德里(H.L.Le Chatelier, 1850—1936)认为,吉布斯的贡献足以与拉瓦锡(A.L.Lavoisier, 1743—1794)的贡献相媲美。他还将《论复相物质的平衡》的第一部分译成法文,于 1899 年在巴黎出版。

美国理论物理学家、加州理工学院教授爱泼斯坦(P.S.Epstein, 1883—1966)曾经指出:"吉布斯大大地扩展和挖掘了热力学方法的潜力,他是第一个认识到热力学方法在解决化学问题方面是一个多么强有力的工具。……我们在这儿看到的是科学史上一种几乎是空前的现象,一位年轻的学者,他发现了科学中一个全新的分支,并且将它研究到了十分完美的地步。这预示理论化学四分之一世纪的进展。"[1]

4.2　系综概念溯源

吉布斯在使热力学发展成为一门体系严密、应用方便的理论之后,立即关注统计力学。吉布斯之所以如此,是因为热力学是唯象的宏观理论,热力学函数的形式要通过实验才能测定,而不能由热力学理论自身确定,对此,他是无法满意的。由于吉布斯确信物质的分子结构理论是正确的,因此在他研究热力学第二定律时,就萌发了用力学术语说明热力学和用力学定律和统计方法来阐述热力学规律的愿望。

吉布斯的统计思想的产生,与他试图说明热力学第二定律的本质有密切关系。在吉布斯著作中,1876 年就出现了用统计方法研究热力学第二定律的倾向。他指出,由于分子运动,混合了的气体在原则上可以自动分离,这对应于熵减小。虽然这种分离未见能成为事实,但不能排除这种过程出现的可能性。"换一句话说,"吉布斯在文章中写道:"无补偿的熵减小的不可能性,似乎应该改为

---

① B. Jaffe, J. Willard Gibbs, America in the New World of Chemistry. Men of Science in America, New York: Simon and Schuster, 1944, p.315.

不可几性。"[1]

1884 年,在美国费城召开的会议上,很少参加外地会议的吉布斯提交了一篇题为《论统计力学的基本公式及其在天文学和热力学中的应用》(*On the Fundamental Formula of Statistica Mechanics with Applications to Astronomy and Thermodynamics*)。从该文摘要中可以看出,吉布斯在仔细研究了麦克斯韦和玻尔兹曼的文章后,他认为有必要创立一个值得命名的新学科,使之从气体运动论的有限内涵中分离出来。这门新学科吉布斯首次命名为"统计力学"(Statistical Mechanics),它根据力学定律处理任意复杂的物体,但用统计的方法研究它们。

此后,吉布斯一直在潜心研究被他命名的新学科,1888 年前后,吉布斯在耶鲁大学做过许多有关这方面的演讲,其演讲题目有《从概率理论对热力学原理的先验演绎推导》(*On the Apriori Deduction of Thermodynamics Principles from the Theory of Probabilities*)、《理论热力学》(*Theoretical Thermodynamics*)以及《动力学和热力学》(*Dynamics and Thermodynamics*)等。吉布斯对统计力学深邃的认识,由于他"很少说他正在做的事情,除非它们实际上已达到最后的完备形式",因此一般不太容易为当时的人知道。直到 1892 年,吉布斯大约认为自己的研究结果已经达到可以整理并写成专著的地步,因而在这年给瑞利的信中他写道:"直到现在,我才准备从一个特定的观点,更精确地说是从'统计力学'的观点发表一些有关热力学方面的著作,主要目的想阐明统计力学在热力学中的应用——因此同麦克斯韦和玻尔兹曼的工作一致。我不知道,是不是能够提供什么特别的新东西;但是,如果我的选择能够使这个课题得到一个比较简明的看法,我将感到满足。"[2]

1901 年夏末,他终于完成了他的巨著《统计力学的基本原理》,并于 1902 年

---

① J. W. Gibbs, The Collected Works of J. Willard Gibbs, vol.I, Yal. U. Press, 1948, p.167.

② M. Klein, Physics Today, Sept. 1990, p.47.

正式出版。

　　吉布斯的统计力学的基础是系综理论。系综(ensemble)是一个了不起的物理思想,在经典统计物理最终建成的过程中,它起了关键性的作用。这个术语是吉布斯首先提出的,不过这一思想并非源于他。据吉布斯的意见,最早阐述这种思想的是玻尔兹曼。吉布斯在他的统计力学专著的序言中写道:"关于大量体系及其在相中的分布,以及这种分布随时间的推移而持续下去或是发生变化,也许是玻尔兹曼首先在他 1871 年的《多原子气体分子行为的定律同雅可比的尾乘子原理之间的关系》一文中做了明确的考察。"[①]玻尔兹曼在 1871 年的论文中,在讨论多原子分子组成的气体热平衡时,首先引入近独立子系的相空间,提出可以考虑用相平均代替时间平均。玻尔兹曼这些崭新的思想,在统计物理思想的发展史上起到了决定性的作用。

　　统计物理研究的对象是数目大得惊人的原子、分子,在这种研究对象面前,最紧要的任务是如何在大量无用的信息中选出真正有用的信息,使问题的处理得以简化、实用。玻尔兹曼正是在这个方向上率先做出了有益的探讨。1877年,玻尔兹曼采用了一种特殊的系综(后来称为微正则系综)统计方法,即不考虑碰撞过程的复杂细节,而直接统计可能有的粒子组态。

　　后来,麦克斯韦发展了玻尔兹曼的思想,在 1879 年题为《论玻尔兹曼的质点系能量平均分布定理》的论文中[②],麦克斯韦不采用时间平均,直接用相平均来处理问题,将玻尔兹曼的设想更向前推进了一大步。麦克斯韦在文中写道:

　　　　"我发现不考虑由质点组成的一个体系,而考虑除运动初始条件外在其他一切方面都相似的大量的体系,这样做是十分方便的。我们把注意力放在某一给定时刻处于某一相的这些体系的数目,而这个相又由给定限度内的诸变量规定。"

---

　　①　J. W. Gibbs, The Collected Works of J. Willard Gibbs, Vol.II, Yale U. Press, 1948, pp.vii—viii.

　　②　J. C. Maxwell, On Boltzmann's Theorem of the Average Distribution of Energy in a System of Material Points. Trans. Cambr. Phil. Soc., 12(1879), 547; The Scientific Papers of J. Clerk Maxwell, vol.II, New York, 1952, pp.713—741.

"在统计研究方法中,我们不在体系运动期间跟踪它,而是把注意力盯着某一特殊的相,并弄清楚这个体系是否处于那个相,何时进入和何时离开该相。"

"我们考虑的是具有性质完全一样,总能量相等但 n 个坐标和(n—1)个动量各自不同,并以此开始运动的许多体系,并考察某一给定时刻处于某一位相(a, b)的体系的数目。"

从上面引用的几段话中可以明显看出,麦克斯韦虽然没有提出"系综"这个名称,而把自己的方法称为"统计探究"(statistical investgation),但他的思想与今日统计力学中的系综思想是十分接近的。事实上,吉布斯就曾将自己的统计力学的思想归功于麦克斯韦的启发性研究。吉布斯曾明确指出:

"我们可以想象大量的体系,它们的本性相同而在给定时刻的位形与速度不同,这种差别不但是无限小,而且还可以包括位形与速度的一切可能的组合。于是我们可以这样考虑问题:不跟踪某一特殊体系通过它相继发生的位形,而是去确定某一时刻的位形与速度分布已给定时,所有这些体系在任一要求时刻将如何分布在各种不同的可能的位形与速度之中。探究这一问题的基本方程会给出处于各个无限小的位形与速度范围内的体系数目的改变比例。……麦克斯韦把这样的探究称为统计探究。"①

遗憾的是在论文发表的同一年,麦克斯韦因患肠癌去世,使他没来得及更深入、全面地发展系综理论。这一艰巨任务直到 23 年之后才由吉布斯完成。

4.3 统计力学的基本原理

吉布斯研究的目标是用统计力学的方法为已在经验上确立的热力学给出合理的基础,这个目标与玻尔兹曼的目标并无二致,但他们达到同一目标采取的方法就大不相同了。玻尔兹曼试图通过力学方法处理气体分子的具体构造以导出其热力学行为,然而吉布斯却认为,玻尔兹曼的这种处理方法过分依赖于(分子)

---

① J. W. Gibbs, The Collected Works of J. Willard Gibbs, vol.II, pp.vii—viii.

假设,因而不赞成这种处理方法。他在《统计力学的基本原理》一书序言中写道:"如果我们放弃编造物质(分子)结构假说的种种企图,把统计的研究当作合理力学的一个分支,我们就可以避免最严重的困难了。"他提出用研究大量的、完全一样的、互相独立的系统的集合在某一时刻的行为去代替研究一个系统的统计分布函数,这种"大量的完全一样的互相独立的系统的集合"被称为"统计系综"。所谓"完全一样"指的是这些系统是由同种物质构成的有相同的自由度数及相同的哈密顿量,还有相同的外界环境。

事实上,在 19 世纪 90 年代有两个迫切的难题等待人们解决:一是能均分定理的失效;二是玻尔兹曼对不可逆的统计解释师为含糊,并遇到许多困难。吉布斯充分认识到第一个困难已严重威胁到整个热力学的地位,而他也像麦克斯韦等许多物理学家一样,无法解决这一难题。他在序言中写道:"这种困难阻止作者试图解释自然的奥秘,迫使他满足于推导一些同统计力学分支相关的、比较明显的命题这一最适度的目标。"也就是,吉布斯放弃"试图用物质构成作为假说的框架",避开了这一困难。对于第二个困难,吉布斯既然将自己著书的目的定为给热力学提供合理的基础(rational foundation),他当然无法避开不可逆性起源的问题。他同样没有采取玻尔兹曼那种以分子碰撞机制为基础的动力学方法,而是把不可逆性作为相空间的混合过程来处理。M.克莱因指出,在论述不可逆过程的第七章,"那谨慎的表述以及缺乏方程,意味着他也许不满意他对不可逆性的分析"。克莱因还发现,吉布斯笔记本中有好几处提出这样一些问题,如:"一个系统不处于平衡态时,它的熵是什么?"克莱因猜测:也许正是因为不能确定这个以及相关的一些问题,使吉布斯延迟出版他在 1892 年就开始写的手稿。如果不是要求他为耶鲁大学成立 200 周年系列丛书写一本书,他很可能还不打算出版他的统计力学专著。①

如果说在放弃物质结构假设这方面吉布斯多少受到麦克斯韦的启示(麦克

————————

① M. Klein, Physics Today, Sept. 1990, p.48.

斯韦在1879年的文章中放弃了他以往一贯喜欢建立分子具体模型的做法,并指出,不做任何有关体系本性的假设,因为这些假设也许会限制我们结果的普遍性),那么在相空间方面吉布斯则做出了重大的创新。

玻尔兹曼和麦克斯韦采用的相空间是 μ 空间,这种空间是近独立子系的相空间,只能描述相互作用微弱而近似独立的粒子组成的体系(其能量不变),一个相点只能描述一个粒子的相。而吉布斯采用的相空间是系统相空间,这种空间可以描述相互作用强的粒子组成的体系,一个相点可以描述整个体系的相。后来,吉布斯的相空间被称为 Γ 空间。

有了 Γ 空间,吉布斯就可以对体系在相空间中的状态变化规律做普遍的动力学方法处理(以广义坐标和广义动量来描述体系中的分子,用相空间描述体系的状态),并应用统计方法求出表示系综在相空间中状态分布的概率密度函数。据此,吉布斯推出相密度守恒原理:

$$\dot{D} + \sum_{n=1}^{n} \left(\frac{\partial D}{\partial p_i} \dot{p}_i + \frac{\partial D}{\partial p_i} \dot{q}_i \right) = 0$$

这个方程是吉布斯统计力学中的基本方程,它是麦克斯韦论文中完全没有出现过的新内容。有了这个基本方程(有人将它喻为量子力学中的狄拉克方程),一个系综在任何时候的相密度(density-in-phase)都可以被唯一地确定下来,从而相概率(probability-in-phase)也被唯一地确定了下来。

在上面列出的基本方程中,第一项 $\dot{D}$ $\left(\text{即} \frac{\partial D}{2t} \right)$ 表示在 Γ 空间中同一地点相密度随时间的变化;第二项 $\sum_{i=1}^{n} \left(\frac{\partial D}{\partial p_i} \dot{p}_i + \frac{\partial D}{\partial q_i} \dot{q}_i \right)$ 代表相密度随 Γ 空间中不同地点的变化。两项之和为零,代表相密度在运动过程中是守恒的。

对于玻尔兹曼和麦克斯韦来说,他们研究的系综只处理能量、粒子数和体积都不变的体系,这种系综现在称为微正则系综。在微正则系综里,相密度将不显含时间,即 $\dot{D} = 0$,故由基本方程可以得到

$$\sum_{i=1}^{n}\left(\frac{\partial D}{\partial p_i}\dot{p}_i+\frac{\partial D}{\partial q_i}\dot{q}_i\right)=0$$

这表明,相密度不随时间变化时,沿一条相轨迹其相密度应保持不变。那么,对于保守力学系统,显然是所有相轨迹均应在与系统能量值相应的等能面上。

微正则系综是一种极特殊的情况,吉布斯研究的是更普遍的系综——正则系综(canonical ensemble),它是由与外界具有能量交换的大量体系组成。后来,吉布斯进一步提出巨正则系综(grand ensemble),这种系综是开放体系组成,其粒子数、能量和体积均可变化。正则系综最适于求物质处于平衡态时的宏观性质,而巨正则系综则可以用到化学反应中去。

吉布斯通过对这三种系综的研究,并利用统计平均、统计涨落和统计相似的方法,终于建立起逻辑上一致的而且与热力学经验规律一致的理论体系。

吉布斯的统计力学出版后,至少在十年内没有得到人们的重视,这是由于人们还没有充分了解这一理论的美和微妙之处。直到 1911 年荷兰物理学家埃伦菲斯特(P. Ehrenfest, 1880—1933)和他夫人撰文阐述了统计力学的基本概念,并指明统计力学在逻辑自洽方面取得了显著成绩之后,[①]人们才逐渐认识到统计力学的伟大价值。

吉布斯的系综理论,不仅巧妙地避开了考察物质结构的困难,不仅简洁明快,而且还如苏联理论物理学家朗道(Л. Д. Ландау, 1908—1968)所说,它"适用于任何宏观物体最彻底、最完整的形式"。所以,当物质结构具有量子本性时,虽然麦克斯韦-玻尔兹曼统计不再适用了,但吉布斯的系综理论的框架仍然可以继续有效,只不过将哈密顿量改成算符就行了。

美籍奥地利物理学家哈斯(Arthur E. Haas, 1884—1941)曾高度评价了吉布斯的伟大贡献,他认为吉布斯的《统计力学的基本原理》一书,"是一座坐落在物理学史的 19 世纪与 20 世纪分界线上的纪念碑"。[②]

---

① P. and T. Ehrenfest, Encyklopädie der ma the matischen Wissensch-aften, IV. Nr.32(1911).

② B. Jaffe, Men of Science in America, New York: Simon and Schuster, 1944, p.327.

当 19 世纪结束之时,拉普拉斯那句多少被人们忽视了的话:"与游戏中机遇有关的科学知识,将会成为人类知识中一门重要的学科",不仅得到了人们的承认,而且由这种思想发展出来的理论(最完美的体系是统计力学),一定大大出乎拉普拉斯的预想。因为统计力学理论在物理思想上引发了一场全新的变革。统计力学出现的是一种全新的规律——统计规律,它与力学规律是不同的,统计力学规律基本方程得出的是关于概率分布的因果律,而不是力学中严格的因果律。它不描述某一事件一定发生或者一定不发生,而只是说以一定的概率发生。

这种概率分布的因果律改变的不仅是物理学,而且也将在 20 世纪向哲学发起冲击。19 世纪的物理思想在整个物理思想史上的重要性,不仅在于它集 17、18 世纪物理思想之伟大成果而完成了几个壮丽的统一(能量守恒定律、电磁理论和统计理论),也许更重要的是 19 世纪物理思想体系中暴露的困难,它们像星星之火,最终引起物理领域燎原的革命之烈火。

第四节　电磁场理论的建立

继能量守恒原理的确立之后,19 世纪物理学上实现的第二个重大综合,是 60 年代建立的经典电磁场理论。这个综合的实现过程,一直伴随着超距作用观点与媒递作用观点的对立,最终导致场物理学的诞生。丹麦物理学家奥斯特(H. C. Oersted, 1777—1851)1820 年关于电流的磁效应的发现,为这个综合的实现迈出了有划时代意义的第一步。

1. 电流磁效应的发现

1.1　电磁联系现象的早期探索

自从吉尔伯特断言电和磁是两种截然不同的现象以来,电和磁的分立性一直成为物理学家们的一个潜在认识。人们除知道电和磁的作用都有吸引和排斥,而且都遵从平方反比关系外,更多的是看到它们之间的不同之处。例如,电荷可以从一个物体传到另一个物体,而磁荷似乎永远固着于磁极上。库仑根据这类事实断言,电流体和磁流体是两种完全不同的实体,它们不可能相互转化。在他的这一观点影响下,绝大多数物理学家不再期望电和磁之间会存在什么联系。安培(A. M. Ampère, 1775—1836)在 1802 年宣称,他愿意去"证明电和磁是相互独立的两种不同的实体";托马斯·杨也在 1807 年的《自然哲学讲义》中写道:"没有任何理由去设想电与磁之间存在任何直接的联系。"直到 1819 年,毕奥(J. B. Biot, 1774—1862)还坚持说磁作用和电作用之间的独立性"不允许我们设想磁与电具有相同的本质"。

但是实际上,电和磁之间相互联系的现象早就引起了人们的重视。我国东汉时期的王充在《论衡》中就提出了"顿牟掇芥,磁石引针",已经把电和磁的吸引现象联系在一起加以叙述。在近代早期,人们又注意到电和磁都是隔着看起来什么也没有的空间而发生力的作用的。18 世纪 30 年代,有人描述过雷电使刀、叉、钢针磁化的现象;1751 年,富兰克林也发现了用莱顿瓶放电的方法可以使钢针磁化或退磁。当时关于闪电改变钢铁物件磁性的报道时有所见,这不能不引起人们的思考。1774 年,巴伐利亚电学研究院提出一个有奖征文题目"电力和磁力是否存在着实际的和物理的相似性"。磁力和电力都遵从平方反比关系的发现和伏打电堆的发明,进一步刺激了上述关系的探索。

1802 年,意大利的罗迈诺西(G. D. Romagnosi, 1761—1835)试图用实验找出伏打电堆对磁针的影响,但由于设想的只是电堆的二极与磁体的二极之间的类似性以及电堆与磁体之间的静力作用,因而并没有意识到他所观察到的现象正是电流的磁效应。1805 年,德国的哈切特(J.N.P.Hachetle)和笛索米斯(C. B. Desormes)用一根绝缘绳将伏打电堆悬挂起来,试图观察它在地磁作用下的取向,没有得出实验结果。戴维在这一时期也观察到磁铁能够吸引或排斥电极炭棒之间的弧光,并使弧光平动地旋转。这些早期实验虽然都未能得出重要的成果,却摸索到了一个正确的研究方向。

1.2 奥斯特"电冲突"概念的提出

1820 年初,丹麦物理学家奥斯特关于电流磁效应的重新发现,使电磁学的研究进入到一个迅速发展的时期。

早在大学时期，奥斯特就受到康德批判哲学的深刻影响。在 1799 年的博士论文《论外部自然的基本的形而上学范畴》中，阐述了康德哲学思想对科学的指导作用。1801 年到 1803 年他在德国和法国旅游时，又深入地研究了德国的自然哲学，并结识了坚信化学现象、电流和磁之间有相互联系的德国青年化学家里特(J.W.Ritter, 1776—1810)，还参加过里特为寻找这种联系而进行的一些实验。康德关于"基本力"可以转化为其他各种具体形式的力的观点，谢林关于自然力的统一这种"美而伟大的思想"以及里特的实验探索，都影响了奥斯特早就形成的自然界各种现象相互联系的观点，并激励他去探索电与磁的联系。1803 年奥斯特说过："我们的物理学将不再是关于运动、热、空气、光、电、磁以及我们所知道的任何其他现象的零散的罗列，我们将把整个宇宙容纳在一个体系中。"[1]在伏打电池发明的推动下，奥斯特开始了电化学的研究，1812 年他发表了《关于化学力和电力的同一性的研究》(*Recherches sur l'identité des forces chimiques et électriques*)，总结了他关于电、伽伐尼电流、磁、光、热及化学亲和力的研究成果，表明他已经将自然力的统一的思想运用到物理学和化学的研究中去了。

关于电和磁的研究，奥斯特一开始就比他同时代的研究者具有更深远的目光。他认为康德的观点明确指出了，科学不仅仅是自然的再发现，科学家的任务也不仅仅是记录实验事实和进行数学概括；在对自然现象的认识中，人的思想要把一定的"规则"施加到感性知觉上。他认为康德所提出的"基本力"的概念，就是一种指导科学研究的"规则"。正是由于具有这种明确的指导思想，虽然当时多数科学家已经不再关心电池同磁体之间的相互作用问题，奥斯特仍然没有放弃寻找电和磁之间关系的努力，他从富兰克林关于莱顿瓶放电使钢针磁化的发现中受到很大启发，认识到电向磁的转化是完全可能的，问题只在于找到实现这

---

[1]　R. C. Stauffer, Isis, Vol.48(1957), p.33.

种转化的具体条件。在1812年出版的著作中,他就从电流流经直径较小的导线时导线会生热的现象推测,如果通电导线的直径再小一些,就有可能发出光来;当导线的直径进一步缩小到一定程度时,电流或许就会产生磁效应,这就是他关于电流纵向磁效应的设想。他指出,"我们应该检验电是否以其最隐蔽的方式对磁体有所影响"。寻找这两大自然力联系的思想,一直萦绕在他的脑际。

由于教学任务繁重,特别是由于错误地设想电流的磁效应是纵向的,他的猜想一直未能实现。1819年冬到1820年春,他在为一批已具有相当的物理学基础的学者们讲授关于电学、伽伐尼电流和磁学的课程时,才有充分的时间来深入考虑电和磁的联系,并使他原来的"对电和磁力的同一性的信念越发澄清起来"。他从许多人沿着电流的方向寻找磁效应都未获成功的事实中受到启示,抛弃了1812年的设想,猜测到如果电流能够产生磁效应的话,这种效应很可能像电流通过导线时产生的热和光那样向四周散射,是一种侧(横)向作用,所以应当把磁针放在载流导线的上下左右来观察。

1820年4月,奥斯特安排了这样一个实验:用一个小的伽伐尼电池,让电流通过直径很小的铂丝,铂丝下放置一个封闭在玻璃罩中的小磁针,这个实验由于一个意外事故未能在课前进行,而在当晚的课堂上,他突然感到实验有很大成功的把握,于是就把导线与磁针都沿磁子午线方向平行放置好,毫不犹豫地接通了电源,果然小磁针向垂直于导线的方向偏转过去。这个现象虽然没有给听众留下什么深刻的印象,却使奥斯特激动万分,伟大的发现就这样得到了。通过三个月六十多个实验的深入研究,终于在1820年7月21日以《关于磁体周围电冲突的实验》(*Experimenta circa effectum conflictus electrici in acum magneticam*)为题,发表了他极为简短的实验报告,叙述了他在友人参与下得出的实验结果。

奥斯特在实验中发现,使用不同种类的金属导体,如铂、金、银、黄铜、铁、铅丝、锡或水银,通电后都能使磁针偏转,只有程度上的差别,将玻璃、金属、木头、水、树脂、陶器、琥珀和石块等非磁性物质置于导线和磁针之间,效应不受影响;

甚至将磁针封入盛水的铜盆中,效应也无改变。但若用黄铜针代替磁针,电流则不会对铜针产生扰动。奥斯特把导体中及其周围空间发生的这种效应称为"电冲突"(electric conflict),得出结论说:"电冲突只能对磁性粒子起作用。所有非磁性体看来都能让这种电冲突通过,但磁性物质或磁性粒子则阻抗这种电冲突通过,因而它们就为冲突所产生的冲力带动而发生运动。"①

"电冲突"是奥斯特为解释电流的磁效应而创造的一个概念,它源于电与光、热的类比。奥斯特认为,电流可以辐射出一种力,这种力碰到非磁性物质时可以顺利通过而不显示出它的作用;但当遇到磁性物质时则会由于受到阻抗而发生相互作用。奥斯特别指出,"电冲突不是封闭在导体里面的,而是同时扩散到周围空间"。观察还表明,"这种冲突呈现为圆形,否则就不可能解释这种情形:当连接的导线的一段放在磁极的下面时,磁极被推向东方;而当置于磁极上面时,它则被推向西方。其原因是,只有圆才具有这样的性质,其相反部分的运动具有相反的方向。此外,沿着导线长度方向连续前进的圆形运动必然形成蜗线或螺旋线。"②

奥斯特的发现与牛顿力学的基本原理是尖锐矛盾的。因为在牛顿力学里,自然界的力只能是作用于物体连线上的吸引或排斥,即直接推拉性质的"中心力",而奥斯特所发现的却是一种"旋转力"。他所说的"螺旋线",实际上就是关于磁的横向效应或电流所引起的涡流磁场的直观描述。他关于这种效应扩散到很大空间范围的看法,正是后来发展起来的"场"思想的开端。电流磁效应的发现,也打破了电与磁无关性的传统信条,猛然打开了电磁联系这个科学中长期被闭锁着的黑暗领域的大门,为物理学的一个新的重大综合的实现,开辟出一条广阔的探索道路。

1.3 奥斯特发现的连锁反应

奥斯特新发现的消息首先传到德国和瑞士,被邀赴日内瓦访问的阿拉果(D.

①② 威·弗·马吉编,《物理学原著选读》,商务印书馆(1986),第460—461页。

F. J. Arago, 1786—1853)立即携带这一新闻返回法国,在 1820 年 9 月 4 日法国科学院的例会上宣读了奥斯特的论文,9 月 11 日又做了实验演示,使一直囿于库仑关于电与磁毫无联系观点的法国物理学家们大为震惊。安培、阿拉果、毕奥、萨伐尔(F.Savart, 1791—1841)等人都对此做出迅速反应,全力以赴地投入了这一课题的研究。

在 9 月 18 日、9 月 25 日和 10 月 9 日的例会上,安培接连报告了他的重要实验发现,为磁性的本质是电的运动提供了确实证据。

安培从重复奥斯特的实验中总结出了著名的右手定则。他根据奥斯特的发现想到,既然电流具有磁性作用,那么两根载流导线的磁力之间是否也会发生相互作用? 他用实验证实了这一猜想。由于环绕载流导线的磁力是闭合成环形的,设想把导线绕成螺旋状时合力的情形,对几何学家安培来说是不困难的,这使他由电流的磁效应现象直接跳跃到用螺旋形回路集中磁的作用;螺旋管的每个螺旋线圈都能产生磁体的作用,因而通电的螺旋管就像永久磁体一样发生作用。他用实验证实了二通电螺旋管之间的吸引和排斥。从圆形电流产生磁性的观念出发,安培认为磁体二极之间的差别仅仅在于一个极在圆形电流的左侧,另一个极在右侧。

同安培一起进行研究的阿拉果发现,载流导线能吸引铁屑,钢针通过电流则被磁化。在安培的建议下,他做了用通电螺旋管使其中的钢针磁化的实验。

在 10 月 30 日的会议上,毕奥和萨伐尔报告了他们发现的直线电流对磁针作用的定律,这个作用正比于电流的强度,反比于它们之间的距离,作用力的方向则垂直于磁针到导线的连线。拉普拉斯假设了电流的作用可以看作各个电流元单独作用的总和,于是把这个定律表示为微分形式。

德国的情形要逊色一些。施威格(J.S.C.Schweigger, 1779—1857)和波根道夫在 1820 年利用奥斯特的发现制成了电流计。他们将小磁针放在用导线绕了几圈的圆环当中,这就是后来被称为"伽伐尼电流倍增器"的电流检测器。

在英国,当时的皇家学会会长沃拉斯顿(W.H.Wollaston, 1766—1828)在获知奥斯特的发现之后,提出了"电磁转动"的设想,认为通电螺旋管会使附近的导线绕它的轴旋转,他的实验没有成功。从 1821 年才开始进行电磁学研究的法拉第,为奥斯特的发现所吸引,决心深入挖掘电磁效应的新内容。通过实验他发现,电磁效应并不仅仅表现在电流把磁针推向垂直方向,还能使磁针的一极围绕电流旋转,他由此提出了"电磁转动"的设计,制造了一个既令载流导线绕磁体旋转,又使磁棒绕载流导体旋转的装置。这个实验的成功把法拉第推向了电磁学研究的前沿。

奥斯特的发现,很自然地启发了人们从相反的方向寻找由磁的作用获得电流的效应。安培和菲涅尔从电流的磁化效应想到,线圈中的电流引起了铁粒子中的电流。如果真是这样的话,那么作为它的反作用,可以期望磁铁中粒子的电流也能够使绕在磁铁上的线圈中产生电流。他们分别在 1820 年和 1821 年所做的一些实验实际上产生了电流,但因他们预期的是由静止的磁铁或稳定的电流来产生电流,所以不能对实验中出现的与他们的预期不同的效应做出正确的解释,也无意去做进一步的研究。

深受英格兰科学方法论中"对称思维"传统影响的法拉第,很自然地把电和磁看作一对和谐的对称现象。1822 年他推想,既然电流能产生磁,磁也应该能够产生电;进而根据 1821 年安培提出的磁就是电流的观点,"电生磁,磁生电"这组对称的效应就可以归结为"电生电",即电流感生电流的效应。这种思考,引导法拉第开始了电磁感应现象的探索。终于在 1831 年 8 月 29 日,观察到了预期的第一个效应。通过进一步的多组实验研究,法拉第基本明确了产生电磁感应现象的必要条件:一是磁场;二是磁体相对于闭合导线的运动(在"伏打感应"中则是电流的接通和关闭)。1831 年 11 月 24 日,法拉第在伦敦皇家学会上宣读了他的四篇论文,提出了"电紧张态"(electro-tonic state)和"磁力线"(line of magnetic force)两个新概念,总结了电磁感应定律,从而实现了他多年来的梦想,用磁的运动产生电流。这一发现和奥斯特效应一起,完成了电与磁的对称性转化。

2. "电学中的牛顿"和超距论电动力学的创立

2.1　拉普拉斯的"简约纲领"与安培定律的提出

安培为了解释奥斯特效应,把磁的本质归结为电流,认为所有电磁作用都是电流与电流的作用。他把这种作用力称为"电动力"。为了把当时已发现的电磁作用定律综合成一个系统的理论体系,安培像牛顿把质量分解为无数质点那样,把电流设想为无数电流元的集合,认为只要找到电流元之间相互作用力的关系式,就可以通过数学方法推导出所有电磁现象的定量结果。

安培的这个思想,是与 18 世纪末至 19 世纪初在法国十分流行的库仑、泊松等人关于电学与磁学的超距观点的数学理论以及拉普拉斯提出的关于物理学研究的"简约纲领"相一致的。[①]拉普拉斯在为法国科学院制订的一个内容广泛的物理学研究纲领中,把一切物理现象都简化为粒子之间吸引力和排斥力所产生的效应。如天体的运动是组成天体的粒子之间的引力的总和所产生的效应。经过这种简化,分析数学的方法就很容易被运用于物理学。拉普拉斯要求物理学家们既要用实验检验吸引力和排斥力的概念,又要用分析数学的语言来表达物理学理论。这种具有哲学美的简约方法,把法国的物理学研究引上实验与数学密切结合的正确道路,把 19 世纪初的法国物理学推到世界领先的地位。

在这个"简约纲领"的思想影响下,安培十分欣赏牛顿把一切质体的运动都归结为万有引力的效应的这种高度简化的方法,从一开始就决心严格地参照牛顿力学的全套方法处理电磁现象。他在 1827 年出版的《直接由实验导出的电动力学的数学理论》(*Mémoire sur la théorie mathématique des phénomènes électrodynamique, uniquement déduite de l'expérience*)中,对他所用的这种方法做了说明:

　　"首先观察事实,尽可能地变换条件以精确的测量来实现这一步,以便推导出以经验为唯一基础的一般定律,并独立于所有关于产生现象的力的

---

① 宋德生、李国栋,《电磁学发展史》,广西人民出版社(1987),第 150 页。

性质的假说来推导这些力的数学值,也就是获得表示它们的公式。这就是牛顿所走过的道路,也是对物理学做出重大贡献的法兰西学术界近年普遍遵循的途径。同样,它也引导着我全力投入到电动力学现象的研究中。"[1]

他所说的"牛顿所走过的道路",即从观察运动现象入手,通过精确的实验研究以找到关于力的规律,然后再以这些力的规律对有关自然现象做出解释和预测。牛顿的这种方法完全被安培所吸收,他实际上是想仿照力学的理论结构来建立电磁理论体系。所以他认为最核心的概念应该是与质点相对应的实体"电流元"以及它们之间超距作用的有心力,他把这种理论称为"电动力学"。

安培和他的法国前辈一样,坚持二元电流体的观点,认为电流是由两种电流体沿相反方向运动构成的。为了实现他把磁归结为电流,以运动的电流体或电流之间的电动力的作用来统一解释所有的电磁现象,从1820年10月开始,花了几年的时间,全力去寻找"电流元"之间的作用力公式。能不能找到一个已有的力学公式,将它做适当修改而推广应用到电流元之间的电动力的情形呢? 早在半个世纪之前,卡文迪什在研究静电力的作用时已经这样做了。卡文迪什首先假定了电荷之间的静电力与距离的 n 次方成反比,即 $f \propto 1/r^n$,然后通过理论的分析和实验的检验,最后又回到了牛顿的引力公式上。现在安培也准备运用这套方法去构筑电动力学的理论大厦。

不过,与牛顿把万物都划分成一颗颗体积可以忽略的、具有力性质的质点不同,电流元是不独立存在的,因而也不可能对这种设想的实体的作用力进行直接地实验测定,而只能对有限长载流导线,在"电流元"假设的基础上,通过理论分析得出一些可供实际检测的结论,尽可能变换条件地去进行测量,然后再用这些实验结果去确证或修改原来的假设,直至建立起能与观察结果相符合的基本定律。实际上,牛顿也不是由直接的实验测量确定万有引力定律的,而主要是根据对开普勒所发现的天体运动定律的具体分析概括出引力的平方反比关系的。这

---

① 宋德生,《安培和他在科学上的贡献》,《自然》杂志,1984年第4期。

样,安培就以高超的数学才能和实验技巧设计了四个天才的"示零实验"(null experiment)。所谓"示零实验"是指两个电流同时作用于第三个电流而产生平衡的效果,或者两个电流不发生某种力的作用,从而揭示出两个电流之间相互作用力的某种特性。

第一个"示零实验"是"在一根固定的导体中,先让电流在一个方向通过,然后在相反方向通过,它们对方向和距离都保持不变的物体所产生的吸引力与排斥力绝对值相等"。[①]在实验时安培是用一个"无定向秤"检验一个通电对折导线的作用力,得到了零结果,从而证明了电流反向时它所产生的作用也反向。这个结果使安培排除了电流产生的吸引力与排斥力不相等的可能性,简化了数学表示方法,可以用一个公式统一表示两种力。于是他假设两个电流元 ids 和 $i'ds'$ 的相互作用力遵从 $\rho\dfrac{ii'dsds'}{r^n}$,$r$ 表示连接两个电流元中点的直线距离,ρ 是决定于两个电流元与 r 的夹角 θ、θ' 和二电流元与 r 所构成的两个平面间的夹角 ω 的函数,n 为一待定常数。他对此写道:"我相信我所探讨的表达式中的力同样是按距离(平方)倒数规律作用的;为了更一般化起见,我就假设这个力按距离的 n 次幂的倒数变化。"[②]

对于相互平行且与连线相垂直的两个电流元,公式将取最简单的形式 $\dfrac{ii'dsds'}{r^n}$,那么是不是可以将电流元的作用简化为两两平行的简单情形,即电流元的作用是否像一般矢量一样,可以在坐标轴上做投影处理呢? 为了解决这个问题,安培做了第二个"示零实验":同样用无定向秤检验一个通电对折导线的作用,对折导线的一边是直的,返回的一边则绕成螺旋线或任意波折线,实验同样得出零结果。这就证明了直导线电流与波状导线电流产生的电动力相等,表明电流元的作用具有矢量性质。

但是,在对电流元的电动力进行坐标投影分解时,除两两平行的部分外,还

---

①② 宋德生、李国栋,《电磁学发展史》,广西人民出版社(1987),第 161—162 页。

有两两垂直的部分,这些互相垂直的电流元之间是否存在电动力呢?安培用第三个"示零实验",回答了这个问题:在两个通电的水银槽上放置一段与水银有良好接触的弧形导体,导体与一个可绕固定端旋转的绝缘柄连接,以保证弧形导体不发生横向移动。用其他通电线圈在附近对弧形导体产生作用,结果载流弧形导体并不沿电流方向运动,从而表明作用于电流元上的电动力只存在于垂直方向上,因而可以不必考虑两两垂直的电流元的作用。

最后,为了唯一地根据实验结果来确定 n 值,安培进行了第四个"示零实验":将三个单匝圆形线圈 A、B、C 摆开,使它们的圆心位于同一直线上,两头的线圈 A 和 C 固定,中间的线圈 B 可动;线圈的长度 L 之比与 AB、BC 间距之比相等,即 $L_A:L_B=L_B:L_C=m$ 及 $AB:BC=m$。则当给三个线圈通以大小相等、方向相同的电流后,中间的线圈 B 并不运动,表明两端的线圈 A 与 C 对 B 的电动力的合力为零。这个结果说明各个电流的长度和相互距离增加同样倍数时,电动力不变。从这个结果不难得出 $n=2$。

这样,安培就从这四个"示零实验"得出了二电流元相互作用的电动力公式

$$f=\frac{i\cdot i'\cdot ds\cdot ds'}{r^2}[\sin\theta\cdot\sin\theta'\cdot\cos\omega+k\cos\theta\cdot\cos\theta']$$

k 为一常数。直到 1827 年,安培才通过数学推导得出 $k=\frac{1}{2}$。这就是著名的安培定律,它是一个类似于质点引力公式的、建立在超距作用基础上的电动力的平方反比关系式。

2.2 分子电流假说

一系列的成功和探索工作,更加增强了安培否定磁的独立存在,用电动力代替所有电磁作用的思想。实际上,二载流导线之间存在的不寻常的吸引和排斥现象,就已经使他产生了磁只是电的诸多特性的一个方面的认识,产生了从这个方向为已经发现的电磁现象寻找一个本体解释的意图。他在当时的那篇论文中写道:"磁现象唯一地由电来决定,而且一根磁铁的两个极除它们相对于构成这

根磁铁的电流位置外,没有任何差别,磁南极在这些电流的右边,而磁北极在它们的左边。"[1]这可以看作安培的磁体宏观电流的假设。他类比于伏打电池中不同金属的接触产生电流而设想,磁体中铁分子的接触将会产生电流,因而一个磁棒可以看作一连串伏打电堆,它们产生了环绕磁棒的轴做同心圆运动的电流。菲涅尔很快指出这个假说不能成立,因为铁不是电流质的良导体,那种电流的存在将使磁棒生热,而实际上磁棒并不自发产生高于环境的温度。但是,如果磁体中不存在电流,安培的整个理论将会失去本体论的基础。不久菲涅尔在一封短信中提出了摆脱困难的办法:如果将磁体的宏观电流改变为环绕每个分子的电流,这些分子电流的规则排列将会形成所需要的宏观同心电流的效应。安培立即采纳了这个建议,在 1821 年 1 月提出了著名的分子电流假说。根据这个假说,电流不再是铁分子简单接触的结果,而是渗透在分子球中的以太在一定条件下发生分解,产生出正负两种电流体,它们从分子的一侧流出,从另一侧流入,形成微型电螺管;当这些电螺管在外界定向磁力或电力的作用下呈规则排列时,就会叠加形成绕外力方向回旋的电流而显出宏观磁性;永磁体的分子电螺管本来就是规则排列的,因此有天然的磁性。

安培虽然没有对他的分子电流和分子模型做出进一步的说明,但他对他的假说是非常认真的。他认为这个假说不仅能够用于说明宏观磁现象,而且还可以用于解释化学化合和化学亲和力,也就是说他把这个假说看作一种新的物质理论的基础。

安培的理论不是没有受到异议的,关于磁的本质是电的运动的观点,当时被多数物理学家拒绝。塞贝克就认为磁是更本质的东西,电流则是磁力作用的结果。同样,安培关于电动力作用的基本公式,也因为实验上无法分离出独立的"电流元"这种实体而受到责难。麦克斯韦后来就指出:"由于关于非闭合电流的相互作用的实验还没有,因此我们还不能说关于电路的两个电流元的相互作用

---

① 　宋德生、李国栋,《电磁学发展史》,广西人民出版社(1987),第 166 页。

定律是完全建立在实验的基础上的。"①另外,就安培公式本身而言,虽然在形式上也与距离的平方成反比,但只有在经过积分之后才能解释有限长电流的相互作用,而这种相互作用则与距离的一次方成反比。这就反映出安培定律与万有引力定律的根本差异。不过,在安培看来,"电流元"之间的相互作用只是一个数学模型,只要能够利用这个模型对所有的电磁现象提出解释,就说明它是正确的,而由它得到的公式也就"永远是事实的真实的描述"。

麦克斯韦把安培称为"电学中的牛顿"赞誉说:

"安培借以建立电流之间机械作用定律的实验研究,是科学上最辉煌的成就之一。

"整个的理论和实验看来似乎是从这位'电学中的牛顿'的头脑中跳出来的并且已经成熟和完全装备完了的,它在形式上是完整的,在准确性方面是无懈可击的,并且它汇总成为一个必将永远是电动力学的基本公式的关系式,由之可以导出一切现象。"②

2.3 德国电动力学派的建树

安培的超距电动力学理论在 18 世纪 40 年代被德国物理学家 W.韦伯(W. Weber,1804—1890)和诺伊曼(F.E.Neumann,1798—1895)继承和发展。

安培的电动力学在用超距有心力的作用来说明当时已知的电磁现象上,是相当出色的。但在法国科学家们的一系列发现,特别是在英国的法拉第 1831 年发现电磁感应现象之后,仅依赖于粒子之间的距离的中心力来做出统一的解释是远远不够了。例如,安培的理论是在电流元已经存在的情况下来描写它们之间的相互作用的,而电磁感应现象中首先要说明的是电流元本身是如何产生的。为了解决这些问题,1846 年韦伯补充和发展了安培的理论,提出了一个"电的力学的一般法则",把库仑的静电力、安培的电动力和法拉第的电磁感应力统一于

---

① 宋德生、李国栋,《电磁学发展史》,广西人民出版社(1987),第 170 页。
② J. C. Maxwell, A Treatise on Electricity and Magnetism, (1873), 3rd ed., Clarendon Press, London, Vol.2(1902), pp.162.

一个公式中,使他的理论能够包括所有这些方面的现象①。韦伯采纳了费竭纳
(G. T. Fechner, 1801—1887)于 1845 年提出的假设,把电流看作由数量相等的
正负两种电荷在同一导线上沿相反方向以同一速度运动构成的,各电流元的电
流强度与电荷 e 同速度 v 的乘积成正比。于是他指出,两个电荷之间沿它们的
连线方向的作用力不仅取决于它们之间的距离,而且还与它们的相对速度和相
对加速度有关,这个力遵从公式

$$f = \frac{ee'}{r^2}\left[1 - \frac{1}{c^2}\left(\frac{dr}{dt}\right)^2 + \frac{2r}{c^2}\cdot\frac{d^2 r}{dt^2}\right]$$

e 和 e' 是两个电荷的电量,r 为它们之间的距离,c 是电量的电磁单位和静电单
位的比值。显然,该式的第一项就是库仑静电力,第二、三项与电荷的速度和加
速度有关,综合体现了安培电动力和电磁感应力。例如,对于两根平行载流直导
线来说,如果电流方向相同,二导线中的正电流体以相同的速度沿同方向运动,
它们的相对速度为零,因而只显示静电斥力;二导线中的负电流体的情况也是如
此,只有静电斥力。但是,二导线中符号相反的电流体之间则是互相吸引的。这
样,两组排斥力与两组吸引力正好抵消。剩下的只有二导线中不同符号的电流体
的相对运动所形成的相互吸引力,这是与安培公式所得结果完全一致的安培力。

关于电磁感应现象,韦伯指出,当两个电流元相对运动时,运动电流元中的
电荷除沿导线运动外,还随导线运动。后一种运动使被感电荷受到附加作用力,
这就是感应电动势的根源。具体来说,当考虑初级电流的正负电荷作用于次级
电路中一个静止电荷上的力时,上述公式中的第一、二项将因初级电荷正负的不
同而取相反的符号互相抵消;但公式中的第三项将会随初级电荷正负的不同而
同时改变加速度的符号,总的效应则会相加而不会抵消;另外,次级电路中符号
相反的电荷受力的方向也相反,因而变化的初级电流在次级电路中就感应出

① W. Weber, Elektrodynamische Maassbestimmungen, Abhandl. bei bogründung d. könt sächs. Ges. d. Wiss., (1846), ss, 211—378.

电流。

另外,韦伯的法则还包含了电流是运动的电荷的假定。特别是由于它包含了两个电荷的相对运动速度和加速度的因素,实际上已经突破了经典力学的中心力概念,韦伯却仍然把他的理论建立在超距观点的基础之上。不过,由于韦伯理论引入了依赖于速度和加速度的力,很早就被认为是违反能量守恒定律的。赫姆霍兹与韦伯因此展开了一场长达数十年的争论。这场争论的效果是在降低了韦伯理论的威信,为麦克斯韦的电磁理论被欧洲大陆物理学家所接受创造了有利的局面。

诺伊曼在 1845—1848 年也在超距作用力的基础上运用安培的电动力学,发展了电磁感应理论,第一次给这个定律确定了数学形式。[①]

考虑两个载流线圈 l' 和 l,l' 为施感(初级)电流线圈,l 为被感(次级)电流线圈。当施感电流线圈运动时,二载流线圈间的相互作用势能将发生变化。诺伊曼将安培的分子电流假说推广到宏观载流线圈的情况,假定被感电流线圈中的感应电动势 ε 与二线圈相互作用势能的变化率成正比。根据楞次定律加一负号,于是

$$\varepsilon = -\int \frac{\partial \boldsymbol{A}}{\partial t} \cdot \mathrm{d}\boldsymbol{l}$$

$\mathrm{d}\boldsymbol{l}$ 为被感电流的线元,积分沿被感电流回路 l 进行。式中 $\boldsymbol{A}$ 为诺伊曼引进的一个电流的位置函数,其定义为

$$\boldsymbol{A} = i'\int_{l'} \frac{\mathrm{d}\boldsymbol{l}'}{r}$$

$i'\mathrm{d}\boldsymbol{l}'$ 是施感电流与线元,r 是 $\mathrm{d}\boldsymbol{l}'$ 与 $\mathrm{d}\boldsymbol{l}$ 之间的距离,积分沿施感电流回路 l' 进行,$\boldsymbol{A}$ 称为电动力学势(electro-dynamical potential)。不难看出,诺伊曼的感生

---

① F. E. Neumann, Die mathematischen Gesetze der inducirten elektrischen ströme, Abhandl. Berl. Akad. Wiss., (1845), S. I; Ueber ein allgemeines principder mathematischen Theorie inducirtes elektrischen Ströme, Ibid., (1848), S.1.

电动势公式完全是法拉第电磁感应定律的数学概括。不过,诺伊曼是一个超距论者,他完全没有场的概念,他力求使电磁现象按力学模式理论化。所以他所提出的矢量势 **A** 表示的是超距力学性的一种势,就像静电势或静磁势一样。不同之处只在于 **A** 是一种具有方向性的矢势,而不是标势。

这样,由安培首创的大陆派超距电动力学理论,就由于韦伯和诺伊曼等人的发展而更加完善了。

3. 近距作用论的产生

3.1　法拉第近距作用思想的哲学背景

奥斯特的发现,让欧洲大陆有了精美数学形式的超距论电动力学的发展;而在英国,却以物理直观的形式,发展起了近距作用的场论思想,孕育出物理学观念和理论的一场重大革命。这个理论是由学徒出身的物理学家法拉第首先创立的。

法拉第是一个富有哲学思想的人。对于他的电学研究来说,他确实通过奥斯特、戴维等人吸收了康德的思想。康德在 1787 年出版的《纯粹理性批判》和 1786 年出版的《自然科学的形而上学原理》中,批判了牛顿的绝对空间理论,并阐述了他把物质归结为"纯力"的"动力论"观点。他认为牛顿的绝对空间是经验观察不能达到的空间,是空虚的空间,是精神错乱的结果。他坚持说自然科学所处理的空间应该是充实的空间,是充满力的空间;力是连续的和根本的,物体是由力构成的。"我们只有通过空间的力知道这个空间的物质";"物质充满空间,不是由于它的纯粹存在而是由于它的特殊活力"。[①]他还进一步认为所有的物质都是由充满空间的吸引力和排斥力组成的,二者不同程度的冲突形成了可观察的不同物质。

法拉第所接受的另一哲学观点,是意大利哲学家波斯科维奇(R.Boscovitch, 1711—1787)在 1758 年出版的《自然哲学理论》中提出的"点原子"思想。波斯科

---

① 　L.P.Williams, Michael Faraday, Chapman and Hall, London(1965), p.61.

维奇认为牛顿的万有引力理论不能解释弹性体在碰撞后分开的事实。于是他根据连续性原理、物体的不可入性和较远距离上起作用的万有引力定律,提出了他新的物质观。他认为物质是由无限小的、不可再分、不能扩张的点原子组成的;点原子本身与其说是物质粒子,还不如说是非物质的力的中心或力源,相隔一定距离的点原子之间通过存在于它们周围的这种力而发生相互作用。不可入性要求它们在相距很近时产生极大的斥力,万有引力定律又要求它们在相距较远时呈现引力;而根据连续性原理,在上述两种距离之间则交替呈现引力与斥力的变化。①因而,在波斯科维奇的理论中,物质就是由点原子和充满力的空间构成的,他用这个图景取代了牛顿的物质和真空的理论。

受到康德和波斯科维奇哲学思想影响的法拉第,在他刚刚踏入科学的大门时,就开始了对物质和力的问题的思考。早在 1816 年,他就提出了凝聚力、化学亲和力、引力与电力"都是一致的"这种猜想,表明他已有了自然力的统一性的观念。1818 年在对波斯科维奇的理论的说明中,他又写道:"反复思考的印象是,粒子只是力的中心,一种力或多种力组成了物质,所以粒子和物质粒子是一样的。"②

奥斯特效应和电磁转动效应的发现,在法拉第场思想的形成上,产生了最重要的直接影响。1821 年法拉第写道:"我发现通常小磁针被导线的排斥和吸引只是一种假象,磁针的运动不是吸引也不是排斥,也不是任何引力和斥力的结果,而是由于导线中的力的结果,这种力并不吸引或排斥磁极,而是使磁极绕着一个闭合的圆周运动。"③在法拉第看来,这种圆周力也是非常简单和优美的,而且能够用于电磁现象的解释。这里已经表现出法拉第对安培的超距直线作用的中心力理论的怀疑。

3.2 电感应原理和"场"的初步思想

1831 年 11 月和 1832 年 1 月,法拉第相应于他所发现的"伏打电感应"和

---

① Joseph Agassi, Faraday as a Natural Philosopher, Chicago(1971), pp.80—81.

② R.A.R. Tricker, The Contributions of Faraday and Maxwell to EIectrical Science Oxford and London, New York(1966), p.90.

③ N.J.Nersessian, Faraday to Einstein, Dordrecht(1984), p.40.

"磁电感应"现象,提出了"电紧张态"和"磁力线"两个新概念。法拉第认为,"电紧张态"是由电流或磁体产生的存在于物体和空间中的张力状态,这种状态的出现、变化和消失,都会使处于这种状态中的导体感应出电流来。他说:"一旦导线受到伏打电流或磁的感应,它就显出一种特殊状态,因为它阻止其中电流的形成。……物质的这种电条件至今还没有被认识,然而即使它不是对绝大多数电流产生的现象,至少也可以对许多这些现象产生非常重要的影响。"①

"磁力线"则是法拉第为了对磁体和螺线管之间的相对运动产生感生电流的现象进行解释而提出的一个概念。但是他很快就把这个概念扩大到伏打电感应的情况,认为电流的变化也会引起磁力线的变化,因而磁力线也就成了对"电紧张态"做定量描绘的一个工具。磁力线的多寡表示这种状态的强弱,磁力线数量的变化表示这种状态的变化,这就为感生电流找到了一种量度方法。这样,法拉第就通过磁力线概念把"伏打电感应"和"磁电感应"统一起来,用"切割磁力线产生电流"对电磁感应定律做出了物理的概括和解释。虽然这时法拉第还仅仅是把磁力线作为一种分析工具,还没有完全确定下磁力线的实体性,但这个概念的提出却成为他发展自己的力场理论的立足点。

1832 年,法拉第通过对电磁感应过程实验现象的思考,意识到了磁力线的传播是需要时间的。在 1832 年 3 月 8 日的日记里,他从运动导线穿过恒定均匀磁场时也能产生出感应电流的现象想到,这种效应只能是由于导线一侧与另一侧紧张状态的程度不同引起的,这就意味着产生紧张状态的力或磁力线的传播是需要时间的。②或者说,从载流导线向四周散发出来的力线只能以有限的速度向空间传播,而不可能是瞬时的。法拉第还想到,磁力的传播类似于水波或声波的传递方式。在 1832 年 3 月 12 日所写的一封要求皇家学会收藏在档案馆里的信中,法拉第提出了关于电和磁的波动传播性和非瞬时性的"新观点"。这种关于力线及电磁作用过程的非瞬时传播的思想,是对超距作用观点的进一步否定。

①　H.Bence Jones, The Life and Letters of Faraday, Vol.II, p.7.
②　Thomas Martin(ed.), Faraday's Diary, London(1932), Vol.I, p.424.

在这封信中,法拉第还假设电压感应(即静电感应)也像磁力线一样是一个渐进的传播过程。两个星期之后,他就引入了"电力线"的概念,设想电力也像磁力一样是通过力线传播的。

1833年,法拉第在关于"不同来源的电的同一性"的研究中,考察了伏打电、摩擦电、电磁感应电和动物电的化学效应,发现它们都能使水、酸、碱和盐的水溶液分解。这不仅使法拉第得到了著名的电解定律,更重要的是获得了一个对超距作用提出严重挑战的革命性的新观念。因为利用伏打电池所进行的大量电解实验,使电化学家们产生了这样的认识:伏打电池的正极和负极像中心力(引力与斥力)的两个"力心"那样起作用,这个力超距地作用在溶液中的分子上,并把分子中不同"极"性的成分"扯离"开来。但法拉第却发现,让摩擦所得的静电荷流过碘化钾溶液浸湿的吸水纸时也能产生电化分解,而且电解只发生在电荷通过的路径上。他惊奇地想到这时并不存在伏打电池的两个"极",也无法确定静电荷电流的"极性"的地点;而且以"极性"为中心的超距作用又怎么会只作用在电流流过的路径上呢?法拉第由此认识到,电解并不是由于电解质分子受到来自两极的超距力作用的结果,而是当电流通过时,由于电的张力的作用,电解质的分子内部的化学亲和力发生变化,使得分子中的不同成分在不同方向上受到不同的作用,因而使分子呈现一种极化状态并随之分解开来;每种成分又和邻近分子中的另一成分重新结合,电流的电张力所激发的化学亲和力决定着这种分解和结合的方向。通过电解质中相邻分子之间产生的一连串的分解、复合和沿着电流的通路连续传递极化的过程,不同的成分则沿相反方向递次移动,最后在端点处被析出。这里并没有什么以电极为中心的超距作用,而只有由电流引起的相邻分子之间的力的传递过程。也就是说,电解的根本原因在于粒子所在位置上的电流作用。

法拉第的这种认识,通过1837年所进行的静电感应的研究更加明确起来,并进一步理解了感应现象的本质。

在证明了各种来源的电的同一性之后,电到底是什么的问题就经常引起法拉第的思考。尽管以前很多人都认为电是一种独立于物质的、具有某种能量的无重流体或粒子，但法拉第却相信电和物质是不可能分开的，它不可能以一种无重流体或粒子的形式独立出现，而只能以物质的能量或力的形式表现出来。这种思考使他意识到爱皮奴斯、卡文迪什、泊松等人以超距直线作用观点所提出的静电感应理论是不正确的，他却从电解实验中观察到了证明相反观点的证据，即普通电感应实际上是"邻接粒子之间一种极化作用而不是物质或粒子在可感知距离上的作用"。[①]在 1837 年 11 月宣读的《论感应》中公布了他以"邻接作用"为基础的静电感应理论。

他的研究是从"冰块感应实验"入手的。他说："当我发现固态电解质不能发生电解而液态电解质却很容易发生时，我感到我已发现了说明感应作用以及其他许多与感应有关的现象的窗口。"[②]他在一块冰的两边贴上铂箔，铂箔上焊上电极。接上电源后冰块就像莱顿瓶一样充电并呈感应状态，但没有电流通过。当冰融化成水时则有电流通过，感应程度也显著降低，因为这时水开始被电解，一部分被极化的水分子被电力裂为两半，从而使由极化粒子连成的电感应力线有所削弱。法拉第由此认为，电化分解实际上是两个过程，电感应极化是第一步，粒子的分解是第二步。"电解的整个效应好像是粒子转变成特殊或极化状态的过程，这使我理解到通常的感应现象在任何情况下都是邻接粒子的作用。而且远距离的电作用如果不通过中间媒质的影响是绝不会发生的。"[③]

法拉第根据这种新的电感应理论，对静电感应过程做出了这样的描绘：在电机或电池的激发下，荷电体物质的粒子处于高度极化状态，使周围与它们相邻接的一层介质极化，这些极化的粒子又使与它们紧邻的粒子极化，于是极化力就从一个粒子"邻接"地传到下一个粒子，以至形成一条极化粒子曲线，这就是电感应力线，它一直延伸下去直到遇到另一金属为止。[④]所以，在法拉第看来，感应是由

① M.Faraday, Experimental Researches in Electricity, Bernard Quaritch, London, Vol.I(1839), Art.1165.

②③ M.Faraday, Experimental Researches in Electricity, Vol.I(1839). Art.1164.

④ M.Faraday, Experimental Researches in Electricity(以下简写为 ERE), Vol.I(1839), Art.1165.

力产生的。他说:"我把感应看作物质粒子的一种作用,每个粒子在自身上产生两个恰好相等的力。"①如果用伏打电池激发感应,产生感应的根源就是化学力;如果用电机激发感应,产生感应的根源就是机械力。当这些力停止时,感应也随之消失。所以,用力产生感应,用力维持感应。

在法拉第看来,极化力的传递也就是电的传递,因而脱离开物质的电荷的传输的观念,也被法拉第抛弃了。他还进一步用所谓"法拉第笼"(Faraday's cage)的实验否定了"绝对电荷"的存在。他用铜丝和锡箔造了一座边长为 12 英尺(约3.66 米)的立方形屏蔽室,在一壁上通入一根 6 英尺(约 1.83 米)长的玻璃管,4英尺(约 1.22 米)在内 2 英尺(约 0.61 米)在外。将一根与发电机相连的导线通过玻璃管到达屏蔽室里面的空气。开动发电机可以使室内空气进入高度带电状态,室的金属壳外部都带上强大的电,而且有电火花产生。但是当充电停止时,这些现象也立即停止,屏蔽室内的空气及室的外壁都不再带电,"全部效应只是一种感应效应",②"没有获得绝对带电的任何迹象"。③法拉第由此得出了绝对电荷不存在的结论:"非导体也好,导体也好,迄今还没有绝对而单独地带过传递给它们的单一性的电。"④他认为,"电荷"只不过是一种"力"的表现;通常所说的感应使金属带电的现象,只是金属中的物质粒子受到感应后呈现的极化状态。但由于金属粒子极化后的张力较小,感应传到金属后就停止发展,因而金属成为感应极化力线的终结点。同样,绝缘介质也不能绝对充电,只能由于感应相对带电。因而绝缘与导电也不存在本质的区别,都属于电感应现象,只有程度的差别。他说:"如果感应力继续不减,就是完全绝缘的情况……如果相邻粒子一经产生极化状态就具有传递它们的能力,那么就产生导电,电张力就降低。……从这一点来说,绝缘体就是粒子能够保留其被极化的状态的物体,导体则是那些粒子不能永久保持极化状态的物体。"⑤所以,在法拉第看来,绝缘体就是其粒子不

---

① M.Faraday, Experimental Researches in Electricity(以下简写为 ERE), Vol.I(1839), Art.1168.
②③ M.Faraday, ERE, Vol.I, Art.1173, Art.1174.
④ M.Faraday, ERE, Vol.I. Art.1174.
⑤ M.Faraday, ERE, Vol.I, Art.1338.

仅能传递电力而且能维持其极化状态的物体;导体则是其粒子只能传递电力但不能维持其极化状态的物体。这就从粒子对电的抗力、即对电感应张力的维持能力统一了导体和绝缘体。

既然静电感应过程是以介质粒子之间的极化力为基础的,因此电力不仅与荷电体上的电量以及电荷之间的距离有关,而且也应该与它们中间的介质有关。根据这个猜想,法拉第设计了测定介质电容率的实验,即在同心球状电容器的极板之间分别填入不同的绝缘物质,然后测出在相同电位差的条件下能贮存多少电量,结果发现不同物质所贮存的电量不相等。他把有介质时的贮电量与真空状态时的贮电量的比值叫作该介质的介电常数。这个结果表明,感应与受感应影响的物质之间存在着某种特殊关系,感应的确是相邻粒子间的作用过程。

另外,法拉第还用实验证明,电感应作用是沿着曲线传播的。他在带电的绝缘体旁边放上金属球或金属板,用电位计测定感应力线的分布情况,表明感应是通过金属周围相邻的空气粒子发生的,并不是来自电荷的直接作用。这种力不像引力那样使粒子沿着直线相互作用,反而“更类似于一系列磁针形成的力线”。①

这样,法拉第在证实了电感应作用是通过中间介质,并且是沿着弯曲路径起作用的事实之后,就完全否定了超距作用观点。不过在《论感应》中,法拉第虽然否定了超距力,即两粒子在“可感知距离”上的作用,却并未否定“短程力”,即“不可感知距离”(insensible distance)上的作用。因为他把感应力解释为粒子的极化张力,而在粒子之间的距离(即“不可感知距离”)上又是如何进行作用的呢?特别是由于真空中并不存在什么“极化粒子”,法拉第对难以证实的奇特物质“以太”也抱有怀疑,因而关于真空中的作用问题也还没有解决。后来法拉第曾引用了波斯科维奇的“点原子”或“力原子”理论,使这个困难有所缓解。因为按照这个理论,“(点)中心周围的力给这些(点)中心以物质原子的性质;当许多(点)中心被它们的联合力结成一块时,这些力又给这个质量每一部分以物质的性

---

① M.Faradya, ERE, Vol.I, Art.1231.

质"。[1]于是物质粒子也就是力原子,完全连续的物质所存在的空间也就成了"力网"所充满的空间,任何一个粒子也就可以通过这个"力网"与相邻的其他粒子发生非超距的"接触"作用了。但是,由于当时还未能从实验上完全证实电感应力线的实体性质,所以一贯重视事实的法拉第也未能明晰肯定地表达出"电场"的概念。

3.3 法拉第力线的实体性思想的确立

在从 1845 年开始的一系列磁感应现象的研究中,法拉第逐步证实了力线的实体性质,他的场理论才最终确立起来。

在自然力的统一的思想指导下,1822 年法拉第就试图寻找光与电、磁的关系。尽管他在光、电关系的研究中一直未获成功,但在光与磁的关系上却得到了一个突破性的进展。1845 年 9 月,他将一对磁极夹在重玻璃棒的两端,使一束偏振光沿磁力线方向穿过玻璃棒,结果发现偏振光在玻璃棒中旋转起来,通过棒后偏振面转过一个角度。这就是今天被称为"法拉第效应"的磁致旋光效应。实验表明,所有的透明介质都能产生磁光效应,偏振光旋转的角度与光线所通过的介质的长度成正比,与磁力线密度成正比。他还由此联想到,把玻璃棒插到通电螺线管中也会产生同样的效应,他用实验证实了这个想法;而且还发现,偏振面旋转的方向总与电流的方向相同。法拉第形象地把这个现象比喻为光线"照亮"了磁力线和"电力被照明",就是说我们可以从光偏振面的旋转情况判明磁力线的方向以及螺线管中电流的方向。他写道:"'磁力线照明'这句话被我理解为磁力线发光的意思。……使用一束光,我们就能够用肉眼辨明通过物体的磁力线的方向;通过改变光线和它对眼睛的光学效应,我们就可以看见磁力线的经线,正如我们能够看见被光照亮的玻璃丝或其他透明丝线的纹路一样。"[2]在法拉第看来,布满空间的磁力线是客观存在的实体,磁致旋光现象就是这种实体对光的反作用,人们可以据此判断出它的方向和经线。"电力被照明"这句话也表示肯

---

① M.Faraday, ERE, Bernard Quaritch, London, Vol.II(1844), p.291.

② M.Faraday, ERE, Bernard Quaritch, London, Vol.III(1855), Art.2227, Note 2.

定了电力线的实体性。

1845 年 12 月 6 日,法拉第又宣布发现了"抗磁体"。他用线把玻璃棒等条形物体悬挂在强磁场中,发现它们总是先转到横向位置,然后又受到磁极的排挤磁场强度高的地方移到磁场强度低的地方。他还发现所有的物质都对磁性起反应,而且绝大多数物质都属于抗磁体;少数物质像铁一样被吸引,在二磁极之间取沿磁力线的方位,他把这些物质称为"顺磁体"。法拉第不仅证明了抗磁体比顺磁体和铁磁体物质更普遍、更基本,而且意识到对抗磁体的研究会使磁学理论发生革命性的变化。早在 1838 年法拉第以近距作用观点建立电介质理论时,他就已经想到磁性作用也是通过中间物质的作用而传递的。现在,抗磁性的普遍发现,为这个猜想提供了证据。实际上,抗磁性的发现对于磁作用来说,成了发展近距作用理论的一个转机。

按照超距论的观点,抗磁体与顺磁体的区别就在于它们的粒子受到磁场感应时所产生的"磁性"和"磁极"正相反。但是法拉第通过实验发现,抗磁体的性质不能简单地用被磁极"排斥"来做出说明。1846 年 8 月,他通过实验发现,抗磁体的运动不能使螺线管产生感应电流,因而对抗磁体的"磁性"和"极性"假设产生了怀疑。1848 年关于铋晶体极性的研究,使他对抗磁体的认识发生了重要转变。他发现,铋晶体在均匀磁场中有两个平衡位置,它们正好差 180°,极性力显然不具有这种性质。因而他认为,抗磁体晶体不存在"极性"而只有"轴性"。他说:"也许可以假设磁力线在某种程度上与光线、热线等力线类似,(磁力线)可能在通过物体时遇到困难,而且因此会受到物体的影响,正如光受到影响一样。……晶体在磁场中使其晶轴平行于磁力线的位置,可能是无阻力或阻力最小的位置。"[1]"无阻力或阻力最小的位置"是指磁力线最容易通过的方向,这表明法拉第正在酝酿着以"磁通"概念对物体的磁性进行解释。

1850 年,法拉第形成了空间具有磁性,即磁力线实际上是存在于空间内部

① M.Faraday, ERE, Vol.III, Art.2591.

的观点。1851年在《磁的传导能力》中就提出了物质的导磁性原理,认为不同的物质有不同的磁导率,顺磁体的磁导率较高,能让空间较多的磁力线通过,所以要向磁力线稠密的区域移动;抗磁体的磁导率较低,阻止磁力线的通过,因而会排斥磁力线,向磁力线密度较小的区域移动。

在同年写成的《论磁力线》中,法拉第肯定了磁力线是真实存在的实体,它可以独立于磁体而存在,它们不论传播多么远都不会减损、破坏、消失或变为潜在的形式;磁力线不是由磁体产生的,而只能为磁体所收拢。磁力线经过磁体进入空间,又返回磁体,形成闭合的曲线。所以,在空间和磁体中磁力线的数目相等。因此,"磁极"也是不存在的,磁体的所有作用都是由磁力线引起的,而不是由磁极间的超距作用引起的;磁极性只是相对的,而不是绝对的,只不过表示有限的力线的相对端或相对边表现出来的相反的作用。①法拉第由此也指出了电力线和磁力线的区别:前者是有源的、非闭合的力线,因而也是有极性的,决定于介质的极化状态;后者则是无源的、闭合的力线,因而也是非极性的,代表"纯空间"的一种基本力的属性。

这样,基于力的邻接传递和物体影响力线状态以及力线存在的实体性而形成的法拉第的物理场的思想,便明确地确立起来。在1855年所发表的《论磁哲学的一些观点》②中论述了力线实体性的四个标志:力线的分布可以被物质所改变;力线可以独立于物体而存在;力线具有传递力的能力;力线的传播经历时间过程。在1857年发表的《论力的守恒》中,法拉第把"热力线"、"光线"、"重力线"、"电力线"和"磁力线"都列入空间力场的范围,指出力或场是独立于物体的另一种物质形态,物体的运动都是场作用的结果。这就彻底否定了超距作用和中心力的假设。同时由于在法拉第的理论中,不管有没有物质,整个空间都被具有实体性的力线或力场所充满,因而力线完全可以取代以太的作用,以太也就失去了存在的前提。何况在法拉第看来,他的力线已经得到了实验的检验,而以太

① M.Faraday, ERE, Vol.III, Art.3113, 3116, 3154.
② M.Faraday, Phil. Mag., q(1855), pp.81—113.

概念尽管早就提出来了,但却并未得到实验的验证。实际上早在 1846 年法拉第在皇家学院发表的即席演讲《关于射线振动的思考》中,他就已经提出猜测说,即使为了说明光的传播而提出振动,那也可以把它归结为"力线的振动"。他说"我的观点是要排除以太,而并不是排除振动"。[①]

4. 麦克斯韦电磁场理论的创立

4.1　W. 汤姆逊关于电磁场的类比研究

法拉第虽然有高超的实验技巧和丰富的想象力,而且提出了"力线"和"场"这样深刻而伟大的思想,但由于数学能力的限制,所以未能把他的成果用数学术语概括为精确的定量理论,他的形象直观的表述也被科学界看作缺乏理论的严谨性。只有 W. 汤姆逊(开尔文)对它表示赞赏,并以理论物理学家的身份,对法拉第的理论进行了类比研究和数学概括,有力地支持了法拉第通过力线表达出来的近距作用观点,为麦克斯韦(J.C.Maxwell, 1831—1879)电磁学数学理论的研究提供了方向性和方法论的启示。

1842 年,汤姆逊在《论均匀固体中热的均匀运动和它与电的数学理论的联系》[②]一文中,分析了热在均匀介质中的传递与法拉第电感应力在电介质中的传递两种现象的类似性,指出两种现象中热源与电荷、等温面与等势面、热流分布与电力分布的对应性,热从温度高的地方流到温度低的地方,电力从高电位经介质传到低电位。通过这种类比,汤姆逊认为法拉第的电力线与热流线的性质是类似的,因而就可以借助傅立叶的热分析方法和拉普拉斯的引力势概念,将法拉第的静电感应理论与泊松等人的静电势理论结合起来,开拓了热与电的数学理论的对比研究。

1846 年,汤姆逊研究了电现象与弹性现象的相似性,指出表示弹性位移的矢量的分布可与静电体系的电力分布相比拟。1847 年,他又在不可压缩流体的

---

① 　M.Faraday, ERE, Vol.III, pp.447—452.

② 　W.Thomson, On the Iniform Motion of Homogeneous Solid Bodies and Its Connection with the Mathematical Theory of Electricity, Cambridge Mathematical Journal, 3(1842), pp.71—84.

流线连续性基础上,论述了电磁现象和流体力学现象的类似性。在 1851 年发表的《磁的数学理论》[①]中,给出了磁场的定义,并把磁场强度 $\boldsymbol{H}$ 与具有通量意义的 $\boldsymbol{B}$ 区别开来,还得到了 $\boldsymbol{B}=\mu\boldsymbol{H}$ 的关系;1853 年,他又得到了静磁场能量密度公式 $\dfrac{\mu \boldsymbol{H}^2}{8\pi}$。1856 年,汤姆逊根据光的偏振面的磁致旋转效应,认为磁具有旋转的性质。结合 1858 年赫姆霍兹关于涡旋运动的研究,流体力学的许多定理和研究方法就可以被移植到电学的研究中。这些工作,为麦克斯韦建立电磁场理论提供了重要的启迪。

麦克斯韦在着手研究电磁学时,听从了汤姆逊的忠告,深入钻研了法拉第的三卷论文集《电学实验研究》。原来就对安培和韦伯等这些“数学家”们的理论抱有怀疑的麦克斯韦立即就被法拉第深刻的物理学思想所吸引,意识到法拉第的“力线”和“场”的概念正是建立新的物理理论的重要基础。正如他在 1873 年出版的电磁场理论的经典著作《电磁通论》的“前言”里所概括的那样:

> “法拉第心目中看到的是贯穿整个空间的力线,而数学家们在那里看到的只是超距吸引力的中心;法拉第看到的是媒质,而数学家们在那里除了看到距离还是距离;法拉第认为现象是发生在媒质内的真实作用,而数学家们则只满足于发现作用于电流体上的超距作用力。”[②]

虽然他也看到了法拉第定性表述的弱点,但是他说:“当我开始研究法拉第时,我发觉他考虑现象的方法也是数学的,尽管没有以通常的数学符号的形式来表示;我还发现,它们完全可以用一般的数学形式表示出来,而且可以和专业数学家的方法相媲美。”[③]于是他抱着给法拉第的这些观念“提供数学方法基础”的愿望,决心把法拉第的天才思想以清晰准确的数学形式表示出来。

---

① W.Thomson, A Mathematical Theory of Magnetism, phil. Trans., 141(1851), pp.243—285.

②③ J.C. Maxwell, A Treatise on Electricity and Magnetism, (1873), 3rd ed., Clarendon, London, Vol.1(1904), p.ix.

4.2　法拉第力线的数学表达

1855—1856 年,麦克斯韦发表了电磁学的第一篇论文《论法拉第力线》(*On Faradacy's Lines of Forces*),他希望用数学语言把法拉第学说的精髓"力线"思想精确地做出描述。论文的开头麦克斯韦评论了当时电磁学的研究状况,指出虽然已经建立了许多实验定律和数学理论,但还没有揭示出各种电磁现象之间的联系,因而是不利于思考和理论的发展的。他认为必须把已有的研究成果"简化概括成一种思维易于领会的形式"。

在这篇论文的第一部分,麦克斯韦把 W. 汤姆逊富有成效地运用的类比方法发展成为研究法拉第力线的出发点。他对这种方法写道:

"为了不运用物理理论而得到物理思想,我们就应当熟悉物理类比的存在。所谓物理类比,我认为是一种科学定律与另一种科学定律之间的部分相似性,它使得这两种科学可以互相说明。这样,所有数学的科学都是建立在物理定律和数的定律的关系上,因而精密科学的目的就是要把自然问题简化为通过数的运算来确定各个量。"①

麦克斯韦指出,表示不可压缩流体运动的流线可以为静电场的力线提供类比对象,即可以找到静电场的势方程和热流方程之间的数学相似性。

考虑一块各向同性的无限大的均匀介质,在介质中镶嵌一个流体源(有质流体源或无质流体的热源)。根据不可压缩流体的性质,在距流体源为 r 处的任意一点的流体压力为

$$P(r) = \frac{kQ}{4\pi r}$$

Q 为单位时间通过包围流体源的任意封闭曲面的总流量,k 为与介质性质有关的系数。麦克斯韦认为,电学中的势 $V(r)$、流体力学中的压力 $P(r)$ 和热力学中的温度 $T(r)$ 具有某种类似性,因为电、流体和热分别都趋向于从势、压力和温

---

① J.C.Maxwell, The Scientific Papers of James Clerk Maxwell, W.D.Niven(ed.), Paris, Vol.I (1927), p.156.

度较高的地方流到较低的地方。因而就可以把上述力学公式搬入静电场,以 Q 表示总的电通量,以势 $V(r)$ 代替 $P(r)$,根据电场强度的定义得到

$$\boldsymbol{E}=-\boldsymbol{\nabla} V(r)=-\boldsymbol{\nabla} P(r)=\frac{kQ}{4\pi r^3}\boldsymbol{r}$$

如果以 $D=Q/4\pi r^2$ 表示球面单位面积上的电通量,就可以得到

$$\boldsymbol{E}=k\boldsymbol{D}$$

对于磁场和电流,同样也可以得到类似的公式 $\boldsymbol{H}=\dfrac{1}{\mu}\boldsymbol{B}$ 和 $\boldsymbol{E}=\rho \boldsymbol{j}$。

麦克斯韦从这些关系中看出有两类不同性质的矢量,他分别称之为"量"(quantites)和"强度"(intensities),后来改为"通量"(fluxes)和"力"(forces)。对于静电场,$\boldsymbol{D}$ 属于"量",$\boldsymbol{E}$ 属于"强度";对于磁场,$\boldsymbol{B}$ 属于"量",$\boldsymbol{H}$ 属于"强度";对于电流,电流密度 $\boldsymbol{j}$ 属于"量",电动力 $\boldsymbol{E}$ 属于"强度"。这两类矢量之间存在着线性关系。麦克斯韦的论述不仅使电现象和磁现象的描述中两类矢量的区分变得非常明晰,而且也得到了物理场的清晰图像。从空间的"通量"来显示"力",表明只当存在着"通量"时才能产生"作用"。

在论文的第二部分,麦克斯韦发展了一种电磁过程的新的理论,为他尔后建立电磁场理论奠定了基础。麦克斯韦试图为法拉第提出的"电紧张态"找到一个数学表述。他指出,在电磁感应现象中,感生电动势起源于磁或电流"状态"的变化,这种"状态"就是法拉第所说的"电紧张态",但是在法拉第那里,这个概念"还没有作为数学研究的课题"。他强调说:"电紧张状态是电磁场的运动性质,它具有确定的量,数学家应当把它作为一个物理真理接受下来,从它出发得出可以用实验检验的定律。"但是,如何去寻找这样一个函数呢?他再次使用了类比方法,从电紧张状态的变化产生电磁感应现象想到这与力学中动量的变化产生力是很类似的,因而电紧张态也具有力学中的"动量"的特征,他把它称为"电磁场动量"。于是类比于力学中 $\boldsymbol{F}=\dfrac{\mathrm{d}\boldsymbol{P}}{\mathrm{d}t}$,而把电磁感应定律表示为 $\boldsymbol{E}=-\dfrac{\mathrm{d}\boldsymbol{A}}{\mathrm{d}t}$,$\boldsymbol{E}$ 是感

生电场强度,具有力的特征,**A** 便是"电磁场动量"。麦克斯韦很快辨明,**A** 就是诺伊曼所定义的"电动力学势"。不过在诺伊曼的理论中 **A** 不具有场的性质,而且只是运算中的一个辅助量,没有明确的物理意义。而在麦克斯韦这里,**A** 是个场量,而且是表征电磁场运动性质的一个最基本的量。从这个基本量出发,麦克斯韦重新概括了已经发现的六个电磁学基本定律,用现在通常的表示方法表示出来,即

(1) 闭合环路中矢势的线积分等于穿过该闭合环路所围成的曲面上的磁通量,即

$$\oint \boldsymbol{A} \cdot \mathrm{d}\boldsymbol{l} = \phi$$

(2) 磁感应强度等于磁场强度与磁导率的乘积,即

$$\boldsymbol{B} = \mu \boldsymbol{H}$$

(3) 闭合环路中磁场强度的线积分等于穿过该环路所围成的曲面上的电流,即

$$\oint \boldsymbol{H} \cdot \mathrm{d}\boldsymbol{l} = \sum I$$

(4) 导体中的电流密度与电场强度成正比,即

$$\boldsymbol{j} = \sigma \boldsymbol{E}$$

(5) 电磁系统的总能量与电路中的电流和感应所生的磁通的乘积成正比,即

$$W = \oint \boldsymbol{j} \cdot \boldsymbol{A} \mathrm{d}l$$

(6) 磁场变化所引起的电场强度等于矢势对时间的导数的负值,即

$$\boldsymbol{E} = -\partial \boldsymbol{A}/\partial t$$

可以看出,矢量函数 **A** 的提出为确立普遍的磁作用、电磁感应以及闭合电

流之间相互作用的方程式提供了一个基本物理量。方程(2)和(4)表示了强度与通量之间的线性关系;方程(1)和(3)表示出矢量场中力(强度)的环路积分不再是力,而是一个通量;方程(6)表示导体任意基元上的电动力用该基元上电紧张强度的变化率量度。这就使电磁感应现象的物理意义变得十分明晰了:通过曲面的磁力线数的变化,决定了周界上的电动力,从而引起感应电动势。

4.3 "以太涡旋模型"和"位移电流"

在第一篇论文发表后不久,麦克斯韦就认识到对于各种力线的类比,只能对各种物理现象的共性做出几何学的抽象,它很容易掩盖起电磁场的特殊性质。例如,根据伯努利方程,流线最密的地方压力最小;而根据法拉第的假设,磁力线有纵向收缩和横向扩张的趋势,因而磁力线最密的地方胁强最大。麦克斯韦还从电解质的运动认识到电的运动是平移运动,而从光偏振面的磁致旋转现象认识到磁的运动好像是介质中分子的旋转运动。因此,电磁现象有别于流体力学现象,电与磁也各有其特殊的性质。所以,麦克斯韦开始从物理的角度,而不是单纯从数学的角度去研究法拉第的力线。

在1861—1862年发表的第二篇电磁学论文《论物理力线》(*On Physical Lines of Force*)[1]中,麦克斯韦取得了对电磁现象认识的决定性突破,为最终创立电磁场理论奠定了基础。他写道:"在这篇论文中,我的目的是从研究某一种媒质的张力和运动的某些状态的力学效果,来澄清在这方面(磁力线)的思考,并把这些结果与观察到的电磁现象加以比较。"也就是说,他希望从某种媒质的结构以及它所产生的张力和运动,来说明观察到的电磁现象。

麦克斯韦从1856年W.汤姆逊关于磁具有旋转的性质的思想中受到启发,借用了"分子涡旋"(molecular vortices)概念,将磁旋转假设从普通的介质引申到以太,结构了一个场的力学模型——"电磁以太模型":充满空间的媒质在磁作用下具有旋转的性质,即规则地排列着许多分子涡旋(在真空中则是涡旋以太);

---

[1]　J.C.Maxwell, The Scientific Papers of James Clerk Maxwell, Vol.I, pp.451—525.

它们以磁力线为轴形成涡旋管,涡旋管转动的角速度正比于磁场的强度 **H**,涡旋媒质的密度正比于媒质的磁导率 μ。

在论文的第一部分"应用于磁现象的分子涡旋理论"中,法拉第关于力线的应力性质得到了很好的说明:涡旋管旋转的离心效应,使管在横向扩张,同时产生纵向收缩。因此磁力线在纵向表现为张力,即异性磁极的吸引;在横向表现为压力,即同性磁极的排斥。

在论文的第二部分"应用于电流的分子涡旋理论"中,揭示了电场变化与磁场变化之间的关系。这里首先要解决模型的一个缺陷:相互紧密邻接的涡旋管的表面是沿相反方向运动的,因而必然会互相妨碍对方的运动。所以麦克斯韦设想相邻涡旋管之间充填着一层起惰轮(idle wheels)或滚珠轴承作用的微小粒子。它们是些远比涡旋的线度小、质量可以忽略的带电粒子。粒子和涡旋的作用是切向的,粒子可以滚动,但没有滑动;在均匀恒定磁场、即各个涡旋管转动速度相同的情况下,这些粒子只绕自身的轴自转,但当二侧涡旋管转速不同时,粒子的中心则以二侧涡旋管边缘运动的差异情况而运动。

对于非均匀磁场,即随位置不同磁力的强度不同,因而涡旋管的转速也不同的情况,涡旋管间的粒子则发生移动。根据涡旋理论可以计算出,单位时间通过单位面积的粒子数、即涡旋的流量 **j** 与涡旋管旋转的切线速度 **H** 的旋度 curl **H** 成正比,即

$$j = \frac{1}{4\pi} \nabla \times H$$

这就是涡旋的运动方程。此处 **j** 对应于电流,**H** 对应于磁场,所以方程即电磁场的运动方程,它说明电粒子的运动必然伴随分子的磁涡旋运动,这也就是电流产生磁力线的类比机制。

对于磁场随时间变化的情况,麦克斯韦计算出涡旋运动引起的媒质中的能量密度为 $\mu H^2/8\pi$。涡旋运动的能量变化(因 *H* 变化)必然受到来自粒子层切向运动的力(亦即涡旋管与粒子的相互作用力),这个力 **E** 满足关系

$$\nabla \times \boldsymbol{E} = -\mu \frac{\partial \boldsymbol{H}}{\partial t}$$

这就是涡旋的动力学方程。其中 $\partial \boldsymbol{H}/\partial t$ 是涡旋的速度变化率，$\boldsymbol{E}$ 为作用于粒子层的力。由于 μ、$\boldsymbol{H}$ 分别为磁导率和磁场强度，因而上式即为电磁场的动力学方程。它说明磁介质中不稳定的磁涡旋运动，势必引起电的运动，这种电运动也是涡旋的。由于 $\pi\boldsymbol{H} = \boldsymbol{B} = \mathrm{curl}\,\boldsymbol{A}$，所以上式可变为

$$\boldsymbol{E} = -\frac{\partial \boldsymbol{A}}{\partial t}$$

$\boldsymbol{E}$ 对应于该点上的感应电动势，它表示了"电紧张态"的变化率，所以这正是电磁感应现象的类比机制。从麦克斯韦的以太涡旋管模型来看，这实际上是说明无论是由于磁场的变化还是由于电流的变化，都会引起涡旋管转动速度的不均匀变化，从而推动涡旋管之间粒子层的定向移动，这就产生了感生电流。利用这个模型，麦克斯韦还有效地说明了电流或磁体运动以及导体运动时的感应现象。

在论文的第三部分"应用于静电的分子涡旋理论"中，麦克斯韦把他的涡旋模型类比推广到静电现象。由于这时 $\boldsymbol{H} = 0$，所以媒质由具有弹性的静止的涡旋管和荷电粒子层组成。当粒子层受到电力 $\boldsymbol{E}$ 作用而发生位移时，就给涡旋管以切向力使之发生形变，形变的涡旋管则因内部产生弹性张力而对粒子施以大小相等、方向相反的作用力。当引起粒子这种"电位移"的力 $\boldsymbol{E}$ 与弹性力平衡时，粒子处于静止状态，粒子的位移量与外力成正比

$$\boldsymbol{E} = k\boldsymbol{D}$$

这样，带电体之间的力便可归结为弹性形变在媒质中贮存的势能，而磁力则归结为贮存的转动能。

麦克斯韦由此迈出了决定性的一步，引出了一个惊人的假设：对于受到电力作用的绝缘介质，它的粒子将处于极化状态，虽然它的粒子不能做自由运动，但电力对整个电介质的影响是引起电在一定方向上的一个总位移 $\boldsymbol{D}$，它意味着荷

电粒子的弹性移动,这已经非常接近于电流概念了。"这种电位移还不是电流,因为当它达到一个确定的值时,就会保持不变。然而它却是电流的开始,它的变化可以随着位移的增减而构成正负方向的电流。"[①]这就是说,电位移对时间的微商$\partial \mathbf{D}/\partial t$也一定具有和电流相同的作用,这就是成为麦克斯韦理论的重要特征的"位移电流"假设。于是,先前得出的电流与磁力线的关系,也可以存在于绝缘体,甚至也可能存在于充满以太的真空中了,于是就可得出

$$\nabla \times \mathbf{H} = 4\pi \mathbf{j} + \frac{1}{c^2} \frac{\partial \mathbf{D}}{\partial t}$$

这样,在媒质中某一点产生的电粒子的振动,就以涡旋磁力线的形式在媒质中扩展开去。麦克斯韦对媒质的性质做了适当的假设,计算出了扰动的传播速度v。因为对于横向振动,波速为

$$v = \sqrt{k/\rho} ,$$

k、ρ分别表示媒质的弹性模量和密度。麦克斯韦把电磁场看作动力学介质,计算出介质的密度为$4\pi\mu$,而电磁场介质的弹性模量可由$\mathbf{E} = k\mathbf{D}$给出。由于$D = Q/4\pi r^2$, $E = c^2 Q/r^2$,因此$k = 4\pi c^2$。 于是介质中电磁扰动的传播速度为

$$v = \sqrt{4\pi c^2/4\pi\mu} = c/\sqrt{\mu} 。$$

真空条件下$\mu = 1$,故$v = c$。 而由$E = c^2 Q/r^2$可知,c是电量的电磁单位与静电单位的比值。1856 年,科尔劳施(R.Kohlrausch)和韦伯测得这个比值为3.11×10^8 米/秒,与裴索(A.Fizeau)于 1849 年测得的光速值 3.15×10^8 米/秒极为接近,麦克斯韦认为这绝不是偶然的一致,于是他大胆地断言:"我们不可避免地得出结论,光是产生电磁现象的同一媒质的横向波动。"

不难看出,在这篇论文中,麦克斯韦利用他所构造的电磁以太力学模型,不仅说明了法拉第磁力线的应力性质,还建立了全部主要电磁现象之间的联系;特

---

① 威·弗·马吉编,《物理学原著选读》,商务印书馆(1986),第 554 页。

别是从这个模型中产生出来的"位移电流"和"电磁扰动传播"的概念,更是迈向电磁场理论的重要阶梯。这个模型充分体现出了麦克斯韦丰富的想象力和明确彻底的近距作用观点。但是,麦克斯韦也清醒地认识到这个模型的暂时性质,他仅仅把它看作一个"力学上可以想象和便于研究的、适宜于揭示已知电磁现象之间真实的力学联系"的模型。所以,在理论的进一步发展中,麦克斯韦便放弃了这个模型。

4.4 麦克斯韦的电磁场方程组

1864—1865 年,麦克斯韦发表了著名的论文《电磁场的动力学理论》(*A Dynamical Theory of Electromagnetic Field*)。他完全去掉了关于媒质结构的假设,只以几个基本的实验事实为基础,以场论的观点对自己的理论进行了重建。

在引言中,麦克斯韦首先评论了韦伯和诺伊曼超距作用电磁理论的成就和在作用机制方面存在的困难,赞赏这种理论是"极其巧妙"、应用范围"特别广泛"和"极有权威性的";但指出在他们的理论中"两物体间起作用的力被认为是只与两个物体自身情况以及它们之间的相对位置有关的东西,而根本不考虑它们周围的媒质",即认为"粒子可以在某个距离上发生引力或斥力的相互作用"。[①]麦克斯韦表示他不能把这种理论"看作最终的定论",而他"宁肯寻求对事实的另一种解释,即把这种事实看作由周围媒质以及物体的激扰所产生出来的作用。这样,我们就不必假设超距作用力的存在即可说明远距离物体之间的作用了"。[②]因而麦克斯韦写道,

> "我所提出的理论可以称为电磁场理论,因为它必须涉及带电体和磁性物体周围的空间;它也可以叫作动力学的理论,因为它假定在该空间存在着正在运动的物质,从而才产生了我们所观察到的电磁现象。"[③]

他指出,"电磁场就是包含和围绕着处于电磁状态的物体的那一部分空

---

①②③ 威·弗·马吉编,《物理学原著选读》,商务印书馆(1986),第550—551页。

间"。①注意到电磁场既可存在于普通物体中,也可以存在于真空中,因而对于电磁现象也要像对于光和热那样,应该肯定是以同样的以太作为媒质的。"我们有理由相信,这种以太媒质可以弥散于空间并渗入物体",它以很高的然而并非无限的速度将运动从一个部分传到另一部分;"这种媒质的各个部分之间是相互关联的,某一部分的运动有赖于其他部分的运动;同时由于运动的传递不是瞬时的,而需要占用时间,因而这种关联便形成一种弹性作用。"②

从这些引述可以看出,麦克斯韦的电磁场理论是试图从具有力学性质的媒质的状态变化来理解电磁作用,是建立在动力学基础之上的,这就揭示了电磁场的物质性和运动性。

麦克斯韦假定,这种动力学以太有一定的密度,并由于电流和磁所引起的各部分的运动而存在着两种不同形式的能量。它的动能 $\frac{1}{8\pi}\mu H^2$ 体现着磁的性质,它的势能 $\frac{1}{2}\boldsymbol{E}\cdot\boldsymbol{D}$ 体现着电的性质。结合着关于电磁感应的讨论,麦克斯韦再次论述了描述电紧张态的量 $\boldsymbol{A}$,通过力学现象与电磁现象的类比,找到了对应的量和形式相同的数学公式,指出:"我称为电磁动量的量是与法拉第所说的电路的电紧张状态相同的量。它的各种变化显示了电动力的作用,正好像动量的变化显示了机械力的作用一样。"

在论文的第三部分,麦克斯韦直接根据电磁学实验事实和普遍原理,给出了电磁场的普遍方程组,这些方程表示:

"(A) 电位移、真传导和由两者构成的总电流之间的关系。

(B) 磁力线和由感应定律导出的电路感应系数之间的关系。

(C) 按照电磁单位制算出的电流强度和它的磁效应之间的关系。

(D) 由物体在场中的运动、场本身的变化以及场的一部分到另一部分的电势变化所得出的物体的电动力值。

---

① ②　威·弗·马吉编,《物理学原著选读》,商务印书馆(1986),第 551—552 页。

（E）电位移和产生它的电动力之间的关系。

（F）电流和产生它的电动力之间的关系。

（G）任一点上自由电荷数与其附近电位移之间的关系。

（H）自由电荷的增减与其附近电流之间的关系。

这里总共有 20 个方程，包括 20 个变量。"①

根据这些方程，麦克斯韦广泛地讨论了各种电磁现象，如场对运动载流导体、磁体以及带电体的机械作用力，静电效应的测量，电容器的静电容，电介质的介电常数；特别是从他的方程组直接推导出磁干扰传播的波动方程，证明了磁扰动的横波性质，并再次证明了这个传播速度就等于韦伯实验中的速度，它表示一个电磁单位所含的静电单位数。他写道："这个速度与光的速度如此接近，因而我们有充分理由得出结论说，光本身（包括热辐射和其他辐射）是一种电磁扰动，它按照电磁定律以波的形式通过电磁场传播。"②

1873 年，麦克斯韦出版了《电磁通论》这部巨著，更彻底地应用拉格朗日方程的动力学理论，对电磁场理论做了全面、系统和严密的论述，以场作为基本概念使接触作用思想在物理学中深深地扎下了根，引起了物理学理论基础的根本性变革；这部著作的出版，继牛顿的《原理》之后，在物理学发展史上树立了又一座伟大的丰碑。

5. 麦克斯韦理论的发展

德国物理学家赫兹（H.Hertz，1857—1894）于 1886—1888 年以实验证实了电磁波的存在以后，麦克斯韦的电磁场理论才取得了决定性的胜利，麦克斯韦也被人们公认为是"自牛顿以后世界上最伟大的数学物理学家"。

19 世纪初光的波动说的复兴，为光以太学说的发展带来了新的生机。③在发展电磁场理论时，麦克斯韦又提出了"电磁以太学说"，把具有力学性质的以太

---

① 威·弗·马吉编，《物理学原著选读》，商务印书馆（1986），第 556—557 页。

② 威·弗·马吉编，《物理学原著选读》，商务印书馆（1986），第 558 页。

③ 申先甲、张锡鑫、祁有龙，《物理学史简编》，山东教育出版社（1985），第 391—393 页。

媒质看作光和电磁现象的共同载体。赫兹关于电磁波存在的实验的成功,更被人们理解为是彻底证实以太媒质存在的决定性实验。这样,以太和原子便被并列为宇宙组成的基本要素。于是,在赫兹实验之后,一些物理学家就纷纷提出各种各样的以太力学模型,试图以以太的某种力学结构,导出观察到的电磁现象。这些模型虽然不乏精巧之处,但大都具有一些令人难以理解的奇特性质,而且没有一个能够一以贯之地对各种物理现象做出首尾一致的正确解释。所以到了1900 年前后,人们便渐渐认识到不能把以太理解为具有普通物质一般特性那样的东西,于是以太的力学理论便很快衰落下去,麦克斯韦理论所引进的电磁以太被逐渐看作宇宙中的基本实体。

麦克斯韦理论形式的完备性问题,也引起了人们的讨论。他在 1864 年提出的电磁场方程组中,场量除了有 **E**、**H**、**D**、**B** 之外,还包括了矢量势 **A** 和静电势 ψ,他的第四个方程即"电动力方程"就是

$$E = \mu [v \times H] - \frac{\partial A}{\partial t} - \mathrm{gard}\, \psi$$

这个公式表明,矢量势 **A** 是在时间中变化的,而标量势 ψ 的传播似乎却是不需要时间的。所以在他的理论中,虽然矢量势 **A** 满足波动方程,它的变化是以有限的速度传播的,而标量势 ψ 却是服从泊松方程的,它的变化是瞬时传播的。这样,公式就出现前后矛盾,存在着不相协调的地方。或者说,在麦克斯韦的场理论中,包含有超距作用论的痕迹;而且在这个理论体系中,**E**、**H** 等与 **A**、ψ 的地位也是不等同的,这带来了混乱。鉴于这种情况,赫兹在 1884 年,亥维赛(Oliver Heaviside, 1850—1925)在 1885 年,分别对麦克斯韦方程组进行了简化,得到了与现在教科书上所写的十分相近的四个较为对称的矢量方程式。

1884 年,赫兹在《论麦克斯韦电磁学基本方程组与对立的电磁学基本方程组之间的关系》(*On the Relations between Maxwell's Fundamental Electromagnetic Equations and the Fundamental Equations of the Opposing Electromagnetic*)一文中指出,麦克斯韦与力学中的动量概念进行类比而提出的"场论"

概念"电磁场动量"与诺伊曼超距论的"源论"概念矢量势 A 是等价的;不过诺伊曼的矢量势只是"电流"的函数。赫兹设想,如果麦克斯韦的电磁场理论与"源"的性质无关,那么从对称性的角度考虑,无妨也可以提出一个"磁流"的矢量势;如果能够从这两种矢量势推导出麦克斯韦方程组,那就可以把"场论"与"源论"统一起来。于是赫兹仿照诺伊曼的方法,仿照"电流密度"概念引入了"磁流密度"概念,定义了一个形式上与"电矢势"A 相似的"磁矢势"A_m,[①]通过数学推导并消除公式中出现的两个矢量势,便得到了四个方程

$$\frac{1}{c}\frac{\mathrm{d}\boldsymbol{H}}{\mathrm{d}t} = -\boldsymbol{\nabla}\times\boldsymbol{E}$$

$$\boldsymbol{\nabla}\cdot\boldsymbol{H} = 0$$

$$\frac{1}{c}\frac{\mathrm{d}\boldsymbol{E}}{\mathrm{d}t} = \boldsymbol{\nabla}\times\boldsymbol{H}$$

$$\boldsymbol{\nabla}\cdot\boldsymbol{E} = 0$$

这四个方程比起麦克斯韦的八个方程来,形式上更为简洁,也更加突出了电与磁的对称性;这个结果还从"源论"的角度证明了电磁场的电动力学性质与"源"无关,因而更加显示出"场论"观点的正确性。

亥维赛对电与磁之间的对称性抱有坚定的信念,他希望通过对麦克斯韦方程组的修改,清晰地反映出这种对称性。这就要求把麦克斯韦引入的电磁场动量 A 从方程组中消去;这样剩下的便只是基本的场量电场强度 E 和磁场强度 H,以及与他们呈线性关系的电位移矢量 D 和磁感应强度 B。1885 年他引进了旋度 curl、散度 div、梯度 grad 等符号和用黑体字母表示矢量的方法,根据对称性考虑得出了两个完全对称的散度方程[②]

$$\mathrm{div}\,\boldsymbol{D} = 0$$

$$\mathrm{div}\,\boldsymbol{B} = 0$$

---

① 宋德生、李国栋,《电磁学发展史》,广西人民出版社(1987),第 323—324 页。

② O.Heaviside, Electrical Papers, Macmillan, London, Vol.1(1892), pp.429—449.

在麦克斯韦方程组中,两个旋度方程是不对称的,因为在磁场强度的旋度方程中存在一个传导电流项 j。为此亥维赛在电场强度的旋度方程中也加进了一个磁流项 j_m。于是两个旋度方程便可写为

$$-\mathrm{curl}\, \boldsymbol{E} = \boldsymbol{j}_m + \frac{\partial \boldsymbol{B}}{\partial t}$$

$$\mathrm{curl}\, \boldsymbol{H} = \boldsymbol{j}_e + \frac{\partial \boldsymbol{D}}{\partial t}$$

引入"磁导流"(magnetic conduction current)纯粹是一种形式化的东西,就连亥维赛本人对它的存在也抱怀疑态度,他也没有认真讨论消去矢量势 $\boldsymbol{A}$ 这件事的重大意义。但亥维赛的工作,却把纷繁杂多的电磁学量简化为电力和磁力,并在整个电磁学领域里显示了电和磁的二重性,使所有的方程对称起来。

赫兹对亥维赛的工作给予了高度的评价,在他 1890 年的论文《静止物体的电动力学基本方程组》(*Uber die Grundg Leichungen der Elektrodynamik für ruhende körper*)中,批评了麦克斯韦理论中超距作用论的残余,诸如"电势"概念的混乱以及力 $\boldsymbol{E}$ 的存在引起媒质中的电位移 $\boldsymbol{D}$ 等。赫兹认为,$\boldsymbol{E} = 4\pi c^2 \boldsymbol{D}$ 这个关系只当事先假定在媒质之外存在着独立的力 $\boldsymbol{E}$ 才能成立,而这是背离近距作用观点的;因为事实上,$\boldsymbol{E}$ 本身应该是表示媒质的某种状态的东西。赫兹认为,法拉第和麦克斯韦等人的工作,都是建立在对以太构造的某些推测的基础之上的,这是缺乏根据的。因此他认为最好是把麦克斯韦方程式本身作为理论的出发点,正如他后来所说:"所谓麦克斯韦理论就是麦克斯韦的一组方程式。"[1]这样,他便在他 1884 年工作的基础上,吸收了亥维赛的思想,把 $\boldsymbol{E}$ 和 $\boldsymbol{H}$ 作为基本量,把它们的两个散度方程和两个旋度方程作为公理规定为四个基本关系式。这样,麦克斯韦方程组的最简单的微分对偶形式基本上便确定下来;麦克斯韦理论完美的对称性质——电场和磁场的对称性,空间和时间的对称性——在美学上也充分显示了出来。

---

[1]　广重彻,《物理学史》,上海教育出版社(1986),第 282 页。

第7章

现代物理学革命的序幕

第一节　实验的突破与理论的危机

1. 震撼经典物理学基础的新发现

19世纪末,经典物理学获得了全面的发展,形成了以经典力学、电磁场理论和经典统计力学为三大支柱的理论体系。这一理论体系,可以说已经达到了相当完整、系统和成熟的地步,因而有一种乐观主义的情绪认为,物理学已经充分掌握了理解整个自然界的原理和方法。相当多的物理学家深信,已经发现的物理定律是适合于任何情况的,是永远不变的;此后的工作,无非是把以不变原子的概念为基础的物质力学理论,同以充满连续弹性介质为基础的以太理论结合起来。这后一步工作一旦完成(他们也深信不疑它必将迅速完成),那物理学将无事可干,剩下的只需将物理常数的测量往小数点后面移几位。

正当人们沉湎于乐观主义气氛中时,物理学的发展却与乐观的愿望恰好相反,在19世纪末到20世纪初一段不太长的时间里,由于一系列实验中的新发现,一场激烈的科学革命迅速爆发,并以极快的速度渗透到物理学各种最基本的思想和原理之中。

1881年是十分重要的一年,这年8月,美国《科学》杂志发表了年轻的美国物理学家迈克尔逊(A.A.Michelson,1852—1931)的文章。[①]文章中迈克尔逊声

[①]　A.A.Michelson, Am. J.Sci., 22(1881)120.

称,他根据麦克斯韦死前不久所表达的想法,首次用实验证实:"静止以太的假设被证明是不正确的,必然的结论是这个假设是错误的。"关于这一实验的影响,我们后面还会提及。

接着,1895 年德国慕尼黑大学教授伦琴(W.K.Röntgen, 1845—1923)发现 X 射线,1896 年法国物理学家贝克勒尔(H.A.Becquerel, 1852—1908)发现放射性,1897 年英国卡文迪许实验室主任汤姆逊(J.J.Thomson, 1856—1940)发现电子……这一系列发现,严重地冲击着经典物理学传统的物理思想。物理学面临严重的危机。

到了 20 世纪,科学革命终于爆发。这场革命是以物理学革命为首的一场规模巨大并极其深入的一场思想、技术革命,它相当深刻地改变了人类的自然观,特别是物理学中的基本思想。

在 20 世纪上半个世纪,物理学进展的速度,使人们有极深刻的印象:1900 年普朗克(M. Planck, 1858—1947)提出作用量子;1905 年爱因斯坦(A. Einstein, 1879—1955)发表狭义相对论;1911 年卢瑟福(E.Rutherford, 1871—1937)发现原子有核结构;1912 年劳厄(M.T.F.von Laue, 1879—1960)完成 X 射线在晶体上的衍射实验,证实了晶体结构的存在;1913 年玻尔(N.Bohr, 1885—1962)提出量子轨道和对氢原子光谱的解释;1916 年爱因斯坦发表广义相对论;1917 年卢瑟福第一次实现核的人工嬗变;1922 年玻尔提出元素周期表的结构法则;1924—1926 年间,德布罗意(L.V.de Broglie, 1892—1986)、海森堡(W.Heisenberg, 1901—1976)、薛定谔(E.Schrödinger, 1887—1961)和玻恩(M. Born, 1882—1970)建立量子力学;1928 年狄拉克(P.A.M.Divac, 1902—1984)提出相对论性量子力学;1932 年查德威克(J.Chadwick, 1891—1974)发现中子;1938 年哈恩(O.Hahn, 1879—1968)等人发现原子核裂变,以及 1936—1947 年汤川秀树(H.Yukawas, 1907—1981)发现介子等等。这一系列新的发现,剧烈地动摇了经典物理学中的时空观、物质观、测量观和因果观,并因而引起了革命性的变化。与此同时,由于研究领域进入宇观、微观和高速领域,研究的思想方法观也必然发生重大变化。对于这些变化,本篇将作一些较深入的研究。

除了高速、微宇观问题以外,在 20 世纪上半叶,人们忽略了宏观物理领域,以为这个领域已经没有什么问题,以至于在这个领域里,经典物理思想长期未被触动。直到 20 世纪 60 年代以后,随着系统论、耗散结构、协同学及混沌等理论的兴起,宏观低速领域的一场革命才终于被人们发动起来,而且成为目前最热门的领域之一。可以预料,60 年代以后兴起、深入的这场物理革命,将进一步使物理学思想发生深刻变化。

为了深入了解上述物理学思想的革命性变化,我们必须退回到 20 世纪初,了解当时的一些情形。

到 19 世纪后叶,与经典物理学取得辉煌成就的同时,物理学家发现几乎在所有物理领域里,都碰到了严重的困难,连素以保守著称的英国著名科学界元老开尔文,也不得不在 1900 年 4 月 27 日在英国皇家学会的演讲中承认:"动力学理论断言热和光都是运动的方式,可是现在,这种理论的优美性和明晰性被两朵'乌云'遮蔽得黯然失色了。第一朵'乌云'是随着光的波动理论而开始出现的,菲涅耳和扬马斯·杨研究过这个理论,它包括这样一个问题,地球如何通过本质上是光以太这样的弹性固体而运动呢? 第二朵'乌云'是麦克斯韦-玻尔兹曼关于能量均分的学说。"①

第一朵"乌云"涉及的是力学、电磁理论中最基本的物理思想问题,第二朵"乌云"涉及的则是气体分子运动理论。下面我们首先简略介绍这两方面的困难,然后再讨论世纪之交三大发现引出的新困难。

2. 第一朵"乌云"

经典力学的相对性原理认为,所谓绝对静止和绝对匀速运动实际上是不存在的,对物理学来说可测量的(因而也是有物理意义的)唯一运动,是一个观测者相对于另一个观测者的相对运动。牛顿本人充分意识到,由他对惯性下的定义,

---

① Kelvin, Nineteenth century clouds over the dynamical theory of heat and light, Phil. Mag., (6)2 (July, 1901), pp.1—40.

他的力学理论将不能缺少"绝对空间"和"绝对运动",这对于运动的相对性来说无疑是一个佯谬,但他没有办法解决这一困难,他只得乞求"神学的方式"解决这一困难。对牛顿来说,只要在上帝的意识里能够区分静止和运动就足够了,这也就是说,牛顿(只能)满足于上帝提供的绝对空间。后来,由于经典力学所取得的巨大成就,以及"恒"星提供了一个"固定的"(实际上是基本上可以满足经典力学要求的)参照系,于是经典力学的神学基础或者说绝对参照系问题,被人们忽略了。

前面已经提到,马赫在1883年已尖锐地批判过绝对运动的观点。他指出,牛顿的这一观点"与他所提出的只研究实在的事实的意图相矛盾"。因为"绝对空间"和"绝对运动""只不过是纯思维的产物,纯理智的构造,它们不可能产生于经验之中。我们所有的力学原理……都是与物体的相对位置和相对运动有关的实验知识。……任何人都没有理由把这些原理推广到超越经验的范围。事实上,这种推广是毫无意义的,因为没有一个人具有必要的知识去利用它。"[1]可惜马赫的卓越的思想,由于涉及经典物理学最基础的概念,大大超越了当时物理学家们的思想,因而"还没有成为物理学家的公共财富"(爱因斯坦语)。当时,几乎所有物理学家都相信,由于麦克斯韦理论的辉煌成功,电磁波的载体以太,就是物化了的绝对空间。既然是物化了的绝对空间,当然就可以通过精密的实验测定出绝对运动。主要由于这一原因,马赫对牛顿力学的批判没有引起重视。直到1887年,迈克尔逊-莫雷实验再次否定了以太相对于地球的运动以后,物理学家才大梦初醒,认识到了问题的严重性。洛伦兹忧虑重重地说:"我现在不知道怎样才能摆脱这个矛盾,不过我仍然相信,如果我们不得不抛弃菲涅耳的理论(即地球运动时不带动以太的实验证明——本书作者注)……我们就根本不会有一个合适的理论了。"他甚至怀着侥幸的心理问道:"在迈克尔逊先生的实验中,迄今还会有一些仍被看漏的地方吗?"瑞利则认为迈克尔逊的实验结果"真正令人扫兴"。开尔文更忧心忡忡地说:"在我看来,第一朵'乌云'恐怕是非常浓厚

---

[1]　E. Mach, Die Mechanik in Ihrer Entwicklung, Historisch-kritisch Dargestellt. Leipzig: Brockhaus(1883).

的呢。"

　　物理学家们如此看重实验的批判,而不喜欢马赫基于认识论的立场对牛顿力学基础的批判,这反映了当时物理学家对哲学的厌恶心情。其实,没有实验对以太的否定,我们照样可以看出经典物理学基础中的严重矛盾。

　　按照经典力学,一个观测者如果以光速运动,在原则上是允许的。因为,这位观测者无论受到多么小的外力,只要时间足够长,他最后必然因为具有加速度而达到光速。这时观测者如果观察光波,光的波动就完全消失了! 可是,麦克斯韦方程并没有给出这种可能性。因此,可能有两种原因造成上述佯谬:①麦克斯韦方程错了;②具体的观测者不可能以光速运动。但这两种原因,从经典物理学的观点来看都是荒谬的。关于这一矛盾的进一步分析,我们留到狭义相对论的建立一节中再讨论。

3. 第二朵"乌云"

　　第二朵"乌云"涉及的是经典物理学另一支柱热力学和分子运动论,不过开尔文指的主要是黑体辐射研究中所出现的严重困难。1895 年,当德国实验物理学家维恩(M.C.Wien, 1866—1938)和卢梅尔(O.R.Lummer, 1860—1925)提出了可供实验测量的绝对黑体模型后,物理学家终于有了定量研究黑体辐射规律的手段了。1899 年,卢梅尔正式宣布,维恩在 1896 年建立的辐射分布律在长波部分,即光谱的红外区域,系统地低于实验值;只是在短波、低温时,理论值才与实验值相符合。1900 年 10 月,德国著名实验物理学家鲁本斯(H.Rubens, 1865—1922)进一步证实,当波长很长和温度很高时,维恩辐射分布律的理论值与实验值显著不同。

　　1900 年 6 月,英国物理学家瑞利批评了维恩辐射分布律的思想基础,认为它"只不过是猜测而已",而且"相当难以接受"。[1]瑞利为什么会这样批评维恩呢? 这是因为维恩在推导他的分布律时,他假定黑体腔里的热辐射(即电磁波)

---

① Phil. Mag., (5) 49, pp.98—118.(Jun. 1900).

和气体分子类似,服从麦克斯韦气体分子速度分布律,而且每一"分子"所发射的辐射波长仅是它运动的函数。正是利用了这种在当时是惊人的设想,他才得到他的分布律。何以"惊人"呢?因为维恩把分子运动规律用到电磁波里,这在当时显然是离经叛道的。当时正是麦克斯韦电磁波理论获得辉煌胜利的时候,而维恩却用类似牛顿光粒子理论来处理电磁现象,当然会被物理学家们认为是开倒车的行为。当我们知道物理学家们经历了多么艰难的路程,才最终承认波粒二象性时,我们就完全可以想象到,当实验结果证明维恩的分布律有错误时,物理学家们一定会有一种欣然快慰之情;我们也完全可以理解为什么劳厄说维恩已经"到达了量子论的门槛"。[①]

　　瑞利在批评维恩分布律的同时,提出了一个新的辐射分布律。他假定辐射空腔里的电磁辐射形成一切可能的驻波,再根据经典的能均分定律,每一驻波平均具有能量 kT(k 为玻尔兹曼常数),这样就导出了一个分布律。后来,另一位英国物理学家琼斯(J.H.Jeans, 1877—1946)于 1905 年沿瑞利的思路,严格导出了与瑞利分布公式类似的分布公式,但去掉了瑞利公式中人为加上去的一个负指数项。这个公式因而被称为瑞利–琼斯公式。[②]

　　从经典理论来看,这个公式有无懈可击的逻辑严密性,而且在维恩分布公式所不适应的低频(长波)部分,瑞利–琼斯公式的理论值与实验一致。但是,这个公式有一个致命的缺点,在高频(短波)部分理论值与实验值有很大分歧,而且辐射能量密度趋向无限大,公式是发散的(见图 7-1)。这一困难同样使物理学家们感到非常困扰。后来荷兰著

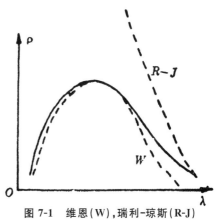

图 7-1　维恩(W),瑞利–琼斯(R-J)
分布公式理论值与实验值(实线)的比较

①　劳厄,《物理学史》,商务印书馆(1978),第 119 页。
②　J.Jeans, A Comparison between Two Theories of Radiation, Nature 72(1905), pp.293—294.

名物理学家埃伦菲斯特(P.Ehrenfest，1880—1933)把这一代表经典物理学的严重困难称为"紫外灾难"(ultra-violet catastrophe)。①

　　紫外灾难引起的震惊当然是相当大的,但开尔文的第二朵"乌云"还不能认为只是针对黑体辐射研究带来的困难,实际上这朵乌云针对的是分子运动论的基础。这有开尔文的话作证,他断言,双原子或多原子气体比热理论计算值"与观察的明显偏离绝对足以否认玻尔兹曼-麦克斯韦学说"。他还颇为灰心丧气地说,"实际不存在玻尔兹曼-麦克斯韦学说与气体比热真实情况相符的可能性",因而"达到所期望的结果的最简单的途径就是否认这一结论"。②

　　无论是气体比热理论使人"迷惑不解"的困难,还是紫外灾难和以太理论中"真正令人扫兴"的结果,无一不震撼着经典物理学的基础。但是,绝大部分物理学家并没有清醒地认识到这一点,他们多半希望在经典物理学框架里做点修修补补的工作,就可以使困难冰消雪化。例如,洛伦兹在 1909 年的《电子论》一书末尾还极力设法在不触动经典物理基础的前提下,调和力学和电磁理论间的矛盾,恋恋不舍以太的理论。他写道:"以太是具有能量和振动的电磁场的载体,我不能不认为它具有某种程度的实在性,不管它与普通物质的差别有多大。"③

　　随着世纪之交物理学中一些伟大的新发现,不仅未能使老的困难得到解决,相反地出现了更多用经典物理理论根本无法解释的新困难。

第二节　世纪之交物理学家心态面面观

　　在 19 世纪末和 20 世纪之初的年代里,一方面经典物理学在三个方面取得了更大成就,另一方面又由于经典物理学在基本概念和理论方面,日益暴露出严重的混乱、矛盾,引起一次又一次的危机,因而当时的物理学家对待经典物理学

① Martin J.Klein, Paul Ehrenfest, Vol.1, North-Holland(1985), pp.235—238, p.241, pp.249—250.
② Phil. Mag. (6) 2(July, 1901), pp.1—40.
③ H.A.Lorentz, Theory of Electrons, Leipzig(1909).(注:着重号为本书作者所加)。

的态度也是十分复杂的,有的盲目乐观,有的悲观失望,当然也有人承认困难,但同时立意进取。就是同一个人,在不同时期的态度也很不相同。所以,我们不能用某一类人某个时期的看法代替所有人的一贯看法,那样将使我们误入歧途,对历史做出不公正的评价。也许英国物理学家洛奇(O.J.Lodge,1851—1940)在1889 年的讲话,正确地表达了物理学家当时的矛盾心情,他在讲话中说:"当前的物理学正处于一个令人惊异的活跃时期,每月、每周甚至每天都有进展。过去的发现犹如一长串彼此无关的涟漪,而今天它们似乎已经汇成一个巨浪,在巨浪的顶峰上,人们开始看到某种宏大的概括。日益炽烈的焦虑,有时简直令人痛苦。人们觉得自己像一个小孩,长时期在一个已成废物的风琴上胡乱弹奏着琴键。突然,琴箱里一种看不见的力量,奏出了有生命的曲子。现在,他惊奇地发现,手指的触摸竟能诱发出与思想相呼应的音节。他犹豫了,一半是因为高兴,一半是因为害怕,他害怕现在几乎立即可以弹出的和声,会震聋自己的耳朵。"①

1. 盲目乐观的观点

洛奇的话应该说是一种比较理智的乐观,虽然夹杂着一分担心(甚至"害怕");而另外有一些物理学家则对经典物理学的全貌缺乏分析,表现出一种过分的也可以说是盲目的乐观情绪。这方面最著名的例子是普朗克的老师约里(P.J.G.von Jolly,1809—1884)对普朗克说的一段话。1924 年 12 月,普朗克在慕尼黑做的一次公开讲演中回忆道:"当我开始研究物理学和我可敬的老师约里对我讲述我学习的条件和前景时,他向我描述了物理学是一门高度发展的、几乎是尽善尽美的科学。现在,在能量守恒定律的发现给物理学戴上桂冠之后,这门科学看来很接近于采取最终稳定的形式。也许,在某个角落里还有一粒尘屑或一个小气泡,对它们可以去进行研究和分类,但是,作为一个完整的体系,那是建立得足够牢固的;而理论物理学正在明显地接近于如几何学在数百年中所已具有的那样完善的程度。"②因而约里建议普朗克不要研究已经"完善"了的物理学,

---

①　Jerry B.Marion ed., A Universe of physics, John Wiley & Sons(1970), p.107.

②　弗·赫尔内克,《原子时代的先驱者》,科学技术文献出版社(1981),第 113 页。

以免浪费大好的青春年华。后来,到1878年普朗克想把热力学问题作为自己博士论文的研究课题时,约里又一次以同样的理由劝阻普朗克,认为热力学已发现的一些原理,已经完成了热力学的理论构架,再没有什么可以研究的。普朗克又一次没有听从约里的劝告。他回答约里教授说,他并不想做出什么发现,只不过想了解或者深化已经建立的理论基础。①

我们还可以举一个著名物理学家的例子,说明这种盲目乐观的情绪并非个别现象。1888年,迈克尔逊在克里夫兰召开的一次会议上说:"无论如何,可以肯定,光学比较重要的事实和定律,以及光学应用比较有名的途径,现在已经了如指掌了,光学未来研究和发展的动因已经荡然无存了。"1894年,他更进一步把这种盲目乐观情绪扩展到了整个物理学领域,他宣称:"虽然任何时候也不能担保,物理学的未来不会隐藏比过去更使人惊讶的奇迹,但是似乎十分可能,绝大多数重要的基本原理已经牢固地确立起来了;下一步的发展看来主要在于把这些原理认真地应用到我们所注意的种种现象中去。正是在这里,测量科学显示出了它的重要性——定量的结果比定性的工作更为重要。一位杰出的物理学家指出,未来的物理学真理将不得不在小数点后第六位去寻找。"②

2. 新发现引起的悲观论调

1887年迈克尔逊-莫雷实验的否定结果对于当时所有物理学家来说,都感到极度的迷惘。连当时世界物理学界的头面人物洛伦兹也肯定没有料到,日后物理学日新月异的急剧发展,竟是那样出乎他的意料之外,以致他悲叹地说,如果他早死几年就好了,就不会遇到那么多麻烦!1887年"以太漂移"实验的否定结果,只不过是物理学即将爆发的革命的先声。

1895年到1905年,真正是物理学革命前夕最激动人心的十年。美国理论物理学家佩斯(A. Braham Pais)对此曾有过中肯的描述:"1895年到1905年,诸如X射线(1896)、塞曼效应和放射性(1896)、电子(1897)、红外光谱学

---

①　J.L.Heilbron, The Dilemmas of An Upright Man, California U.Press, (1986), p.10.
②　李醒民,《激动人心的年代》,四川人民出版社,第13—14页。

扩展到 3 μm—60 μm 区域等一系列新的实验发现,为物理学开辟了新的前景。在整个物理学历史上,还从来没有一个过渡时期像这十年一样,发展迅猛,令人意外,而且战线拉得如此之长。量子论(1900)和相对论(1905)的诞生,标志着一个新时代的开始,在这个新时代里,物理学中最根本的理论基础必须加以修正。"

在这些新发现以前,人们坚信原子是物质的最小粒子,不能再分割。但是,X 射线、放射性和电子的发现充分说明,元素可以放射出某种东西,原子也是有结构的,是可以分割的。能量守恒定律被认为是物理学的桂冠,但镭放射的能量是如此之巨大,与人们经过几个世纪所获得的认识极为矛盾。当时一位有名的理论物理学家大惑不解地问瑞利:"如果这些发现是真的,那么能量守恒定律将会遭到破坏。"还有,相对论否定了时间和空间的绝对性,量子论否定了运动的连续性等等。总之,一向被看作天经地义、永恒不变的经典物理学原理,几乎没有一个不受到怀疑和重新审查的。

正是由于发展的"迅猛"和"令人意外",有一部分物理学家跟不上发展的形势,加之经典物理学高度完善的神话的破灭,于是有一部分物理学家对整个物理学发展的前途失去了信心。悲观失望的情绪,在相当不小的范围内漫延。

悲观的论调各式各样,有人认为"科学破产"了;有人声称"没有任何东西值得我们信任了";等等。有一种悲观情绪也许漫延得最广泛,腐蚀力也最大。这种论调认为类似 X 射线这些新发现,很明显不能用经典物理理论解释,因而这些问题"我们永远无法知道"。这是一种"不可知论"的翻版,这种不可知论,成了当时非常时髦的流行语,科学失败主义者把它作为口头禅,到处宣扬,以炫耀他们思想之"深邃"。不可知论再稍微向下滑一点,就转变成更严重而且富有破坏性的"科学破产论"。它使人们对整个理性科学思想失望。法国科学哲学家雷伊(Abel Rey)的描述,能确证这一点。他在 1907 年出版的《现代物理学家的物理学理论》一书中说:"传统的机械论的破产,确切些说,它所受到的批判,造成了如下的论点,科学也破产了。人们根据不可能原封不动地保持传统机械论这一点,断定不可能有科学。""物理学失去一切教育价值;物理学所代表的实证科学的精神成为虚伪的危险的精神。"

3. 在批判中前进

除了上述悲观失望和盲目乐观两种走极端的情绪以外,还有一批科学家虽然也夹杂着忧心忡忡的思想包袱,但是却渴望建立物理学的新秩序,而且他们相信只有对经典物理学的基本概念和基本原理做出合理的批判以后,才有可能继续发展物理学。雷伊把持这种态度的一批科学家称为"批判学派",是合乎情理的,因为他们的共同特点是把怀疑和批判视为科学进步的基本保障之一,而对那些视经典物理学基本原理神圣不可侵犯和种种墨守成规的陋习,持强烈反对态度。

马赫、奥斯特瓦尔德、彭加勒、迪昂以及英国数学家毕尔生(K.Pearson, 1857—1936)等人,大致上可划归批判学派。我们以这几个人为例,对这一学派的基本观点做一简要介绍。

马赫很早就对力学的基础进行了勇敢的批判。他在《发展的力学》一书中,剖析了牛顿力学中心内容之一的质点的惯性运动;批判了牛顿引入的绝对空间和时间的概念;此外,对惯性的起因、惯性力的实质和惯性系的地位,也做了深刻的论述。众所周知,这种罕见的批判精神深深地激励过年轻的爱因斯坦。

彭加勒大约是最早意识到物理学危机及其严重性的科学家之一。在《科学的价值》一书中,彭加勒在第八章"数学物理学现在的危机"专门论述了数学物理学危机的具体表现,其中包括迈克尔逊、考夫曼(W.Kaufmann, 1871—1947)等人的实验以及镭不断放出能量等与经典理论相违背的事实。彭加勒指出:"不仅能量守恒定律成问题,而且所有其他的原理也同样遭到危险,正如在它们相继接受审查时我们将要看到的那样。"[1]彭加勒问道:"我们处在第二次危机的前夜吗? 我们赖以建设一切的这些原理本身也要崩溃吗?"[2]对于危机的存在,彭加

---

[1][2] 彭加勒,《科学的价值》,光明日报出版社(1988),第290、307—308页。

勒是肯定的,但他反对一切都将"崩溃"的错误看法。在同一本书第九章"数学物理学的未来"中他指出,对待当前的危机不必悲观,更"没有必要由此得出结论说,科学只能够编织珀涅罗珀之网,它只能以短命的结构出现,这种结构不久便不得不被它自己的双手从头到尾拆毁。"①他对物理学的未来持乐观态度,他声称"我们还要构造一种全新的力学,我们只不过是成功地瞥见到它,在这种力学中,惯性随速度而增加,光速会变为不可逾越的极限。"②对于旧力学不能采取虚无主义的态度全部抛弃,"通常的比较简单的力学可能依然是一级近似,因为它对不太大的速度还是正确的,以致在新的动力学中还可以找到旧的动力学。……倘若决定完全排除它们,就会使人们失去宝贵的武器。"③对于这种新旧力学间的关系,彭加勒打了一个极生动的比喻,他说:"这正像蜕皮的动物一样,撑破它的过于狭小的外壳,换上新的外壳;在新表皮之下,人们将能辨认出有机体保留下来的本质特性。"④

英国数学家、生物统计学基础的奠基人毕尔生也曾逐一审查过经典力学的基本概念和基本原理,并对其中一些最根本的观念进行了批判。在《科学规范》一书中,他指出"科学最致命的症候就是在科学统治集团中,那些墨守成规的人把对他们成果的怀疑和批判视为异端邪说,而且加以排斥。"⑤他希望人们要正确对待怀疑和批判:"怀疑和批判的优势不应该看成是绝望和没落的征兆;应该说,它是进步的保障之一。"

我们这儿不可能一一列举批判学派的观点,但总的来说,他们都对经典物理学和机械的自然观进行了不同程度的批判,而且这些批判对于冲破经典物理学传统的禁锢、指明前进的方向和对新物理学的建设,都做出了不可磨灭的贡献。爱因斯坦曾经称颂马赫的一些批判"卓越地表达了那些当时还没有成为物理学家的公共财富的思想";普朗克曾高度评价过彭加勒,说"彭加勒被证明是有青春

---

①②③④　彭加勒,《科学的价值》,光明日报出版社(1988),第 290、307—308 页。
⑤　K.Pearson, The Grammar of Science, 1st ed., London：Adam and Charles Black(1892).

活力的、有批判力的和多产的"。爱因斯坦在 1905 年以前，与奥林匹亚科学院的朋友们在一起，认真读过彭加勒的《科学与假设》一书，他承认"休谟、彭加勒和马赫的著作对我的发展有一定的影响"[①]，爱因斯坦的朋友索洛文（M. Solovine，1875—1958）在回忆他们共同阅读《科学与假设》时说："（这本）书给我们留下了很深的印象，使我们一连几个星期都兴奋得无法自制。"

当然，所有批判学派的主将都有过不同的失误，例如马赫、奥斯特瓦尔德反对过原子、分子的理论；在哲学上他们有些严重的错误观点；在某些方面显得保守等等。但是，在当时那么严峻的形势下探索物理学的出路，人们又怎么可能完全不失足呢？何况当实验事实证明他们在某些方面错了以后，他们大都能迅速承认错误，并为新胜利而欢呼！

---

① A.Einstein, Letters à Maurice Solovine, Paris：Gauthier-Villars(1956)，p.VIII.

第 8 章

20 世纪物理学时空观的突破

19 世纪末叶,经典物理学自身的危机,由于世纪之交一系列新发现和新理论而急剧加深。这一系列新的实验现象的发现和新理论的创立,改变了经典物理学的一些最基本的概念和思想,特别是时空观、物质观、测量观、因果观和研究的思想方法观。由于这些最基本的概念和思想的变革,又进一步导致了人类自然观和哲学思想的深刻变化,并且为人类高度文明开辟了新的前景。

第一节 狭义相对论的建立和绝对时空观的破灭

1922 年 12 月爱因斯坦在日本京都发表过一次演说,题目是《我是如何创造相对论理论的》。在这次演说中,爱因斯坦回忆了 1905 年他的思想变化的根本原因。1905 年前很长一段时间里,他一直思考着一个很困难的问题:他相信麦克斯韦的方程是正确的,它还告诉我们光速是不变的。但是,光速不变性与经典力学上的速度相加规则又直接发生冲突。为什么会发生冲突呢?他"毫无结果地思考了几乎一年时间",他发现这个问题"是一个根本就不容易解决的难题"。但后来终于奇迹般地解决了,爱因斯坦在演讲中这样说道:

"没想到在伯尔尼的一个朋友帮了我的忙。有一天,天气真是美极了,我去访问他,我和他开始了谈话。'最近有一个很困难的问题,我无法解释。今天我来就是想就这个问题与你论战一番。'我和他讨论了许久,突然,我知道问题的症结了。第二天,我又去找他,还没有向他问候我就急忙地对他说:'谢谢你,困难的问题已经完全解决了。'我解决的正是时间这个概念。时间这个概念本来是不能给一个绝对的定义的,但是在时间和信号速度之间有着不可分割的关系。有了这个新的概念,前面所说的困难就全部迎刃而解。五个星期之后,狭义相对论就完成了。"[1]

由爱因斯坦的这段回忆,我们就足可以看出时间这一最基本的概念,对物理学理论的建立和发展起着多么重要的作用!

1. 经典时空观引起的佯谬

如果对狭义相对论的产生做一番仔细的考察,就可以发现它几乎是直接从麦克斯韦电磁场理论脱胎而来的。爱因斯坦自己曾说过:"直接引导我提出狭义相对论的,是由于我深信,物体在磁场中运动所感生的电动势,不过是一种电场罢了。"这句话指的是这样一种情形,如果磁铁运动而导线静止,则由于磁铁的运动产生了电场 $E=\dfrac{\partial A}{\partial t}$,而且 rot $A=B$, E 可以驱使导线上的电子流动而产生感应电流;现在如果反过来,让磁铁静止而导线运动,则这时导线上产生的电流,按洛伦兹理论将是由于导线上的电子受了一个 $V\times B$ 的电动势,而不是前种情形所说的电场了。如果把这种情形与力学中运动都是相对的情形相比较,就明显暴露出麦克斯韦方程组的不对称性。爱因斯坦认为这种不对称性是颇值得怀疑的,因为它破坏了物理学中的统一和内在的和谐。在 1905 年 9 月发表的第一篇相对论的文章中,爱因斯坦开头的第一句话就指出了这一点,他说:"大家知道,麦克斯韦电动力学——像现在通常为人们所理解的那样——应用到运动的物体上时,就要引起一些不对称,而这种不对称似乎不是现象所固有的。比如设想一个磁体同一个导体之间的电动力的相互作用。在这里,可观察到的现象只同导体和磁体的相对运动有关,可是按通常的看法,在这两个物体之中,究竟是这个在运动,还是那个在运动,都是截然不同的两回事。"[2]

[1] A.Einstein, How can I created the theory of relativity. Phys. Today, Aug(1982), p.45.
[2] 《爱因斯坦文集》(第二卷),商务印书馆(1977),第83页。

爱因斯坦这儿所指出的"不对称",实际上起因于麦克斯韦电磁理论中少不了的静止的以太。我们知道,由麦克斯韦方程组可以推出,在真空中电磁波传播的速度是:

$$c = \frac{1}{\sqrt{\varepsilon_0 \mu_0}},$$

即光在真空中传播的速度,这是一个常数。物理学家当然会进一步追问:这个速度是相对于哪一个参照系而言呢? 麦克斯韦意识到这个问题的严重性,但他没有明确做出回答。但从他把以太看成是电磁波的载体,电磁现象是以太的运动表现看来,麦克斯韦是把以太作为测出光速 c 的参照系的。后来,以洛伦兹为首的一些物理学家们则明确承认:麦克斯韦方程组仅仅对绝对静止以太参照系才能成立;对其他参照系麦克斯韦方程组都不成立。这样,牛顿力学中少不了的绝对空间在电磁理论中找到了物质基础,具有了"合法"的地位。

但爱因斯坦认为绝对静止的以太是一个错误的概念,它破坏了物理学中的对称性和统一性。因为,如果有了绝对静止的以太,那么人们显然就可以利用电磁现象来判断惯性系的绝对运动状态。这样,在牛顿力学中作为基础的相对性原理,在麦克斯韦-洛伦兹电动力学中就不再有效。爱因斯坦认为这种不对称和不统一的现象,一定不是"现象所固有的",也即是说问题一定出在概念和理论的错误之中。

苏联科学史家、科学哲学家库兹涅佐夫(Б.Г.Кузнецов, 1903—1984)在他的名著《爱因斯坦——生·死·不朽》一书中指出:"建立和谐是爱因斯坦的'超个人的'的渴望,它支配着爱因斯坦的全部生活和全部创作。这一次,以太概念使建立和谐的任务发生困难。照普朗克的说法,以太是'古典科学在灾难中孕育的孩子',它成了同时性概念的支撑点,把四维的'古典理想'肢解为一个独立的时间(时间流充溢全部空间并且不依赖于空间的量度)的一个独立的空间(事件在无持续的瞬间时期间内、在零时间内发生于空间中)的支撑点。……如果以太不存在,而光速不依赖于运动,那么所有这些都将改变。"[1]

---

[1]　Б.Г.库兹涅佐夫,《爱因斯坦——生·死·不朽》,商务印书馆(1988),第 125 页。

但几乎所有物理学家都相信绝对静止以太的存在,而且它早已确定无疑地进入了经典的物理理论结构之中。后来,由于所有以太漂移实验均告失败,从而使寻找一个绝对参照系的希望,一再成为泡影。经典物理学于是陷入了严重困难之中。

在克服困难的历程中,洛伦兹和彭加勒做出了重大贡献。洛伦兹于 1904 年 5 月,在《速度小于光速系统中的电磁现象》[①]一文中,提出了著名的"洛伦兹变换"。利用这组时空变换法则,麦克斯韦方程组在任何惯性参照系里均保持不变,这就解释了为什么在各级效应内都观测不到以太漂移现象。

在洛伦兹的理论中,以太的绝对地位仍然保留了下来,但他去掉了以前加在以太身上几乎所有的力学性质,只保留了唯一的一个力学性质:静止,即以太不参与任何运动。这样,在洛伦兹理论中,经典力学中的相对性原理在电磁现象中到底成立还是不成立,仍然是含糊不清的。从根本上看,既然没有否定以太,那么经典相对性原理的普遍性就实际上没有得到承认。正是由于这一原因,他忽略了更深刻物理思想的变革。在洛伦兹变换里出现了两个时间:t 和 t',但他忽视了 t' 的重大物理意义。他在 1915 年出版的《电子论》一书的第二版中坦率地承认了这一点,他在书中写道:"我(在发现狭义相对论中)失败的主要原因,是我固守一种思想:即只有变量 t 才能被看作真正的时间,而我的局域时(my local time)充其量也只能看作一个辅助的数学量。"[②]

洛伦兹的研究很早就引起了彭加勒的注意。1895 年,彭加勒就曾在高度评价了洛伦兹的研究成果的同时,批评他的理论总是忙于提出新的假定以应付新的事实。彭加勒认为,应该从某些基本假定出发,提出在任何情况下都能证明电磁现象与坐标系无关的理论。正是这一批评,促使洛伦兹于 1904 年提出了时空变换的关系。

彭加勒对普遍的相对性原理早就有比较深刻的看法。1898 年在《时间的度

① H.A.Lorentz, Proc. K. Ak. Amsterdam, 6(1904) p.809.
② H.A.Lorentz, Theory of Electrons, 2nd ed., Leipzig, Teubner(1915), p.321.

量》(la Mesure du Temps)一文中,他指出:"绝对空间是没有的,我们理解的不过是相对运动而已。"他还明确地说:"除了物体的相对位移以外,我不相信更严密的观察将会使其他东西明显起来。"①

彭加勒还提出了用交换光信号确定异地同时性的实验方法,为此他指出:光应具有不变的速度,而且各向同性。他还说:"绝对时间是没有的,所谓两个历时相等的说法,只是一种毫无意义的断言。""不仅我们没有两个相等的时间的直觉,而且我们也对两地所发生的两事件的同时性也没有直觉。"②

由此可见,彭加勒比洛伦兹的认识更深刻,他已经走到了相对论的边缘。1904 年 9 月,在美国圣路易斯召开的国际艺术与科学大会的发言中,彭加勒正式提出了普遍的相对性原理。他说:"根据这个原理,无论是对于固定的观察者还是对于做匀速运动的观察者,物理定律应该是相同的,因此,没有任何实验方法用来识别我们自身是否处在匀速运动之中。"③彭加勒正在向狭义相对论走去,但是,他突然犹豫不前了,因为他接着说:"遗憾的是(这个推论)还不够充分,complementary hypotheses are necessary* ;人们应该假设,运动着的物体在它们的运动方向上受到均匀的收缩。"④我们知道,在狭义相对论里,运动着的物体在运动方向的收缩是爱因斯坦的两个基本假设的结果,而彭加勒却认为它应该是一个独立的假设。由此可知,彭加勒的前脚已经跨进了相对论的门槛,但由于与洛伦兹一样背着沉重的经验主义的包袱,那后脚一直黏在经典物理学的泥浆里拔不起来。而且,直到爱因斯坦的狭义相对论正式提出后 4 年,即 1909 年,彭加勒的那只后脚还没有拔起来! 1909 年 4 月,彭加勒在哥丁根的演讲中仍然坚持说,在新力学中需要三个假设作为其理论基础。前两个与爱因斯坦的光速恒定和广义的相对性原理是一样的,但他强调指出:"我们仍然需要建立第三个假

①②　H.Poincaré, Rev. Metaphys. Morale, 6(1898), p.1.
③④　H.Poincaré, Bull. Sci. Math., 28(1904), p.302.
＊　中译文为:还需要辅助的假设。

设……一个做平移运动的物体在其位移方向上将发生变形……"①这说明,彭加勒直到 1909 年还不了解狭义相对论的基本特性,即他不明白棒的收缩是爱因斯坦的两个基本假设(亦即彭加勒三个假设中的前两个)的自然结果。这其中的原因,大约是与彭加勒只注重或强调动力学,而不相信诸如棒的收缩这类效应竟会是运动学效应有关。这从彭加勒 1906 年和 1908 年的两篇文章中可以看出一些端倪。②

但从动力学观点来看,彭加勒的想象力是惊人的。在 1909 年 9 月的演讲中,他指出也许不久就会建成一种全新的力学,在这个力学体系里,光速是不可逾越的极限,惯性将不会保持不变,而是随速度增加而增加的。但他又急忙表示了他的犹豫的心情:"我要急于说明的是,我们目前尚未达到预想的地步,还没有证明(旧原理)不会出现胜利的曙光……"

在爱因斯坦之前,彭加勒是最接近发现相对论的科学家,在数学分析方面他甚至走在了爱因斯坦的前面,提出了四维时空连续统,得出了在洛伦兹变换下的不变量——四维时空间隔。③爱因斯坦虽然一生很少提及彭加勒的功绩(这是一件值得研究的多少有点奇怪的事),但在他去世前两个月,他对彭加勒终于做出了公正的评价。在他给塞利希(C.Seelig, 1894—1962)的信中他写道:"毫无疑问,要是我们从回顾中去看狭义相对论的发展的话,那么他在 1905 年已经到了发现的成熟阶段。洛伦兹已经注意到,为了分析麦克斯韦方程,那些后来以他的名字而闻名的变换是重要的;彭加勒在有关方面甚至更深入钻研了一步。"④

2. 狭义相对论创建的思路

下面我们转向爱因斯坦的工作了。这里需要着重讨论的是在爱因斯坦发现电磁理论内在的不对称性后,他沿着一条什么样的思路,提出狭义相对论的两个

---

① A.Pais, Subtle is the Lord …, pp.167—168.
② H.Poincaré, Rend. Circ. Mat. Palermo, 21(1906), p.129; Rev. Gén. Sci. 19(1908). p.386.
③ H.Poincaré, Compt. Rend, 140(1905), p.1504.
④ A.Einstein, letter to C.Seelig. Feb.19(1955); See Carl Seelig, Albret Einstein, Zürich: Europa Verlag(1960), p.114.

基本假设。

　　德国物理学家玻恩说过:"科学的另一个共同特征是相对化原则。"他还指出爱因斯坦创建狭义相对论时,"遵循了科学研究中的两个原则:客观化和相对化"。①

　　纵观物理学发展的历史,我们可以说物理学的历史就是相对性认识逐渐深化的历史,原来许多被认为是绝对的东西,在认识深化的过程中,逐渐显示出其相对性的本质。我们甚至可以这样说,人类对自然乃至社会和人类自身认识的历史,在某种程度上就是不断从"人为的绝对"框架中解放出来的历史。爱因斯坦正是沿着这一条宽阔的思想路线创建了相对论。

　　伽利略相对性原理告诉我们,在惯性系中发生的任何一种现象都无法判断惯性系本身的绝对运动状态。这也就是说,在一个惯性系中能看到的任何现象,在另一个惯性系中必定也能无任何差别地看到。所有惯性系都是平权的、等价的;不可能存在一个优越的惯性系,以它作为标准来判断其他惯性系是绝对静止或绝对运动。这一原理的建立,是物理思想史上一个重要的突破。但这个在力学中普遍成立的原理,在麦克斯韦的电磁场理论里不再有效了,因为物理学家们普遍同意,存在着一种"绝对静止的以太",麦克斯韦方程组正是以这种以太作为绝对参照系的。

　　在迈克尔逊-莫雷实验以前,几乎没有人认真考虑过这种极不协调的现象。迈克尔逊-莫雷实验以后,洛伦兹的理论实际上已经可以导出普遍成立的相对性原理,因为根据洛伦兹变换,一个观察者即使用电磁实验也无法判断惯性系统的绝对运动状态,那么,无限个惯性系统的人都可以宣称自己对以太是静止的,这也就无异于说,以太是根本不存在的。但是,要洛伦兹承认这一点实在是太困难了,即使是爱因斯坦,在开始时他也没有怀疑以太的存在,只是在许多人寻找以太风实验失败后,他才得出结论,"如果我们承认迈克尔逊的零结果是事实,那么

①　M.Born, Introduction, Einstein's Theory of Relativity(1921).

地球相对于'以太'运动的想法就是错的。这是引导我们走向狭义相对论的最早想法。从那以后,我认识到,虽然地球在环绕太阳运动,但地球的运动不能由任何光学实验检测出来"。[1]

经过深入考虑之后,爱因斯坦认识到只有把相对性原理提高到"主导原则"上来考虑,才能解决前面提到过的种种不对称性问题。爱因斯坦指出:

> "诸如此类的例子,以及企图证实地球相对于'光媒质'运动实验的失败,引起了一种猜想:绝对静止这概念,不仅在力学中,而且在电动力学中也不符合现象的特性,倒是应当认为,凡是对力学方程适用的一切坐标系,对于上述电动力学和光学定律也一样适用,对于第一级微量来说,这是已经证明了的。我们要把这个猜想(它的内容以后就称为'相对性原理')提升为公设。"[2]

他还指出,相对性原理是"对自然规律的一条限制性原理,它可以同不存在永动机这样一条作为热力学基础的限制性原理相比拟"。[3]

扩展相对性原理的适用范围,应该说是 20 世纪物理学发展历程中一条极重要的指导思想,受益的不仅仅是相对论,量子力学的发展同样也受到这一重要思想的指引。下面我们将讨论的是爱因斯坦如何利用普遍的相对性原理来处理光速不变原理,并从而建立一个更高层次的统一理论。

相对性原理从力学领域中扩大到电学领域以后,绝对静止的以太自然就被否定了。人们又一次从自己制造的一种绝对概念的束缚中解放出来。但由此又产生了一个严重的困难:既然麦克斯韦方程在所有惯性系都成立,那么光速就只能对所有惯性参照系都不变,是一个常数。但这又与有深远影响的速度合成法则相矛盾。由于这一矛盾涉及经典物理某些传统思想观念,所以要解决这一矛盾就确非易事了。爱因斯坦自己也承认:"为什么这两个概念相互矛盾呢?我知道,这个难题的确不容易解决。我花了将近一年时间徒劳地试图修改洛伦兹的

---

① A.Einstein, Phys. Today, Aug.(1982), p.45.

② 《爱因斯坦文集》(第二卷),第 83—84 页。

③ 《爱因斯坦文集》(第一卷),第 20 页。

想法,希望解决这个问题。"①爱因斯坦试图修改什么以及如何修改,他没有明说,但从上下文我们可以猜测,他多半是想利用一些数学技巧之类的办法,期望在"修改"后,能保证速度合成法则仍然有效。

在"徒劳"了一年之后,爱因斯坦终于领悟到问题原来出在一个最不容易被人怀疑的基本思想观念,即同时性的问题上。经典力学中的速度合成法则是以同时性的绝对性($\Delta t = \Delta t'$)为基础的。爱因斯坦说:"分析时间这个概念不能绝对定义,时间与信号速度之间有不可分的联系。使用这个新概念,我第一次完满地解决了整个问题。"他还指出:"只要时间的绝对性或同时性的绝对性这条公理不知不觉地留在潜意识里,那么任何想要令人满意地澄清这个悖论的尝试,都是注定要失败的。"②

由于肯定了同时性在不同惯性参照系里是相对的,爱因斯坦才得以抛弃经典力学的速度合成法则,相信光速不变是一条基本原理,与相对性原理一起作为新力学的理论基础。这两条原理如果从经典物理思想来看,是无法相容的,但事实上在本质上是相容的。对此爱因斯坦说:"粗浅的直觉考察似乎表明,同一支光线对于一切惯性系不能都以同一速度 c 运动的。L 原理(即光速不变原理——引者注)似乎同狭义相对性原理相矛盾。可是,结果弄清楚了,这矛盾只是表面上的,它本质上是由于对时间的绝对性的成见,或者说得确切些,是由于对分隔开的事件的同时性的绝对性有成见。"③

有了这两个基本原理,再假定时间和空间是均匀的,爱因斯坦便轻而易举地得到不同惯性系时空的变换关系以及由此而引出的一些运动学和动力学上的种种效应。狭义相对论就这样脱颖而出了。

3. 狭义相对论引出的物理学新思想

空间和时间的相对性和统一性,是狭义相对论的核心思想。在牛顿的绝对

①　A.Einstein, Phys. Today, Aug,(1982), p.45.
②　《爱因斯坦文集》(第一卷),第 24 页。
③　《爱因斯坦文集》(第一卷),第 457 页。

时空观里,空间和时间不仅具有绝对的意义,而且它们还是相互独立和互不相干的。但是,狭义相对论则从数学关系上精确地揭示了空间和时间在本质上的统一性,所谓孤立的空间和孤立的时间在自然界是根本不存在的。后来,爱因斯坦这一新的时空观由他大学时的数学老师明可夫斯基(H.Minkowski, 1864—1909)做了重大发展。1907年11月5日,明可夫斯基在德国哥丁根数学会议上做了题为《相对性原理》的演讲,他将爱因斯坦的时空理论用四维非欧几里得空间做了极优美的描述。在经典力学里,空间变量 x、y、z 与时间变量 t 是毫无关系的,而明可夫斯基在通常的三个空间坐标以外,又引进了第四个坐标,他用 $x_4 = ict$ 表示(x、y、z 则用 x_1、x_2 和 x_3 表示),$i = \sqrt{-1}$,c 为光速。这样,物理事件的发生及其变化规律,就可以在这个抽象的四维空间里用几何图形表示。在明可夫斯基的四维空间里,时间不再独立于空间之外,而且也不再存在它们各自独立的不变性,不变的只能是两者的结合体,即所谓的"时空间隔"。用他的数学语言说,即洛伦兹变换等同于一个赝转动,对于这样的转动,

$$x_1^2 + x_2^2 + x_3^2 + x_4^2 = \text{constant}$$

报告后不久,明可夫斯基即将这些内容写成了一篇详尽的论文。[1]

1908年9月,在德国科伦(Cologne)召开的德国自然科学家大会上,明可夫斯基做了题为《空间和时间》的演讲,进一步论述了四维时空结构。演讲一开始他就开门见山地说:"我要向你们介绍的空间和时间观念,是从实验物理的土壤中生长起来的,而这正是它们的力量所在。它们是带有根本性的变革的。从今以后,空间和时间本身都消失在阴影之中了,只有两者的一种统一体才仍然是一种独立的实在。"[2]从此人们才明晰地知道,自然界的每一真实事件,都只能在四维时空连续区做出全面的描述。

相对论不仅引起了时空观的巨大变革,而且由于它的一些重要推论,使一些

---

① H.Minkowski, Goett. Nachr, (1908), p.53.

② H.Minkowski, Phys. Zeit, 10(1909), 104.

传统的物理思想发生了重大突破性进展。

首先,相对论动力学揭示了物质和运动的内在联系,指出在高速运动中,物体的质量明显与运动速度有关,即

$$m = \frac{m_0}{\sqrt{1 - (v^2/c^2)}},$$

式中 m_0 是物体相对于观察者静止时的质量,称之为静质量;m 是物体相对于观察者以速率 v 运动时所测得的质量,称之为观测质量或相对论性质量。这个公式说明,惯性质量在牛顿力学中虽然是一个常数,但在相对论力学中却并非一个常数,而是一个决定于速度的量! 这的确颇令人困惑不解:一个运动的物体在运动时肯定不会增加"有形的"可称量物质,如果质量果真增加了,则质量就不可能是"物质量的量度"了。这样,质量守恒定律岂不再也不严格成立了吗? 这个问题是必须考虑的。

其次,相对论力学可推出一个著名的公式

$$E = mc^2,$$

它说明,一个物体只要它的能量增加,其质量亦将成比例地增加。

在经典力学中,质量和能量之间是相互独立的、没有关系的,但在相对论力学里,能量和质量只不过是物体力学性质的两个不同方面而已。这样,在相对论里质量这一概念的外延就被大大地扩展了。爱因斯坦指出:"如果有一物体以辐射形式放出能量 ΔE,那么它的质量就要减少 $\Delta E/c^2$。至于物体所失去的能量是否恰好变成辐射能,在这里显然是无关紧要的,于是我们被引到了这样一个更加普遍的结论上来,物体的质量是它所含能量的量度。"[①]他还指出:"这个结果有着特殊的理论重要性,因为在这个结果中,物理体系的惯性质量和能量以同一种东西的姿态出现……我们无论如何也不可能明确地区分体系的'真实'质量和

① 《爱因斯坦文集》(第二卷),第118页。

'表观'质量。把任何惯性质量理解为能量的一种储藏,看来要自然得多。"①这样,原来在经典力学中彼此独立的质量守恒和能量守恒定律结合起来,成了统一的"质能守恒定律",它充分反映了物质和运动的统一性。

最后,相对论力学还得出动量守恒和能量守恒定律的统一这个重要的结论,从而揭示了两种运动量度(动量和能量)的统一。对此,爱因斯坦自己曾这样总结说:"狭义相对论导致了对空间和时间物理概念的清楚理解,并且由此认识到运动着的量杆和时钟的行为。它在原则上取消了绝对同时性的概念,从而取消了牛顿所理解的那个即时超距作用概念。它指出,在处理同光速相比不是小到可忽略的运动时,运动定律必须加以怎样的修正。它导致了麦克斯韦电磁方程的形式上的澄清;特别是导致了对电场和磁场本质上的同一性的理解。它把动量守恒和能量守恒定律统一成一条定律,并且指出了质量和能量的等效性。"②

在结束狭义相对论这一节时,我们应该指出一点,虽然狭义相对论的时空观突破了经典时空观中时间和空间是绝对的、彼此独立的这一传统的观点,但它的时空观的内容仍然贫乏得可怜,因为在狭义相对论里,时空仍然只不过是物质运动的框架而已,时空自身并没有参与到运动中去。马赫首先对此表示不满,并认为时空与物质之间存在着相互作用。不过,真正把这种相互作用描述出来的,那是下面将讨论的爱因斯坦的广义相对论了。

第二节　广义相对论的建立

当爱因斯坦提出狭义相对论后两年,这时绝大部分物理学家还根本没有理解新理论所带来的物理学思想的重大革命,少部分优秀物理学家还正在努力全面理解、消化新的理论时,爱因斯坦却远远超过了他同时代的物理学家们,发现

---

① 《爱因斯坦文集》(第二卷),第 184 页。
② 《爱因斯坦文集》(第一卷),第 458 页。

了新的疑难,认为狭义相对论需要进一步向前发展。为了说明他超越于同时代物理学家们的程度,我们可以举一个有趣的例子。普朗克是最早认识到狭义相对论重要价值、并以他的威望最先向物理学界推荐狭义相对论的著名物理学家,可就是连他也十分不理解爱因斯坦为什么又忙于建立广义相对论,他曾经问道:"现在一切都能明明白白地解释了,你为什么又忙着干其他问题呢?"[①]1913 年春,普朗克甚至劝告爱因斯坦说:"作为一个年长的朋友,我必须劝告你不要再搞它了,因为首先你不会成功,即使成功了,也绝不会有人相信你的。"[②]

仅仅由此一点,我们大约就可以预想到,广义相对论势必会给物理学最基础的一些概念带来更深刻的变革。

1."引力疑难"

爱因斯坦对狭义相对论的不满意,总的说来有两方面原因。

一是狭义相对论与牛顿的引力公式和引力势方程不相容。1905 年,爱因斯坦证明了麦克斯韦电磁场方程组的洛伦兹协变性以后,想把引力现象也纳入到狭义相对论的理论体系中去。[③]为了做到这一步,首先应该做的是必须用场的表达式来描述引力现象,因为狭义相对论既然否定了绝对同时性的观念,那么引力的超距作用当然势必彻底抛弃。

开始,爱因斯坦认为寻找一个描述引力场变化的结构定律也许并不难,他曾在 1946 年的《自述》中谈到他开始的设想:"下述纲领看来是自然的,总的物理场是由一个标量场(引力场)和一个矢量场(电磁场)组成的;以后的认识也许最终还有必要引进更加复杂的场;但是开始时人们还不需要为此担心。"[④]电磁场是满足洛伦兹协变性的,问题只在于建立一个满足洛伦兹协变的引力场。

然而,当爱因斯坦打算实现这一纲领时,他立即发现"在狭义相对论的框子

---

①　L.Infeld, Albert Einstein, His Work and His Influences on Our World Charles Scribner(1950), p.47.

②　E.G.Straus, letter to A. Pais, October(1979).

③　《爱因斯坦文集》(第一卷),第 28 页。

④　《爱因斯坦文集》(第一卷),第 28—29 页。

里,是不可能有令人满意的引力理论的"。①因为这儿有一个"引力疑难"。在引力场中,由力学规律可知:

$$m_g \boldsymbol{g} = \frac{d m_i \boldsymbol{v}}{dt} = \frac{d m_i}{dt} \cdot \boldsymbol{v} + m_i \boldsymbol{a}$$

式中 m_g 和 m_i 分别代表引力质量和惯性质量。对上式再改变一下形式可得

$$\boldsymbol{a} = \frac{m_g}{m_i} \cdot \boldsymbol{g} - \frac{\boldsymbol{v}}{m_i} \cdot \frac{d m_i}{dt} = \frac{m_g}{m_i} \cdot \boldsymbol{g} - \frac{\boldsymbol{v}}{E} \cdot \frac{dE}{dt} \circ$$

上式变换中用到狭义相对论的质能公式 $E = m_i c^2$。然后根据精确实验告知我们的关系式

$$m_i = m_g,$$

以及 $\dfrac{dE}{dt} \neq 0$(物体在引力场中下落时,由于引力做功,故 E 不断变化),我们可以得到:

$$\boldsymbol{a} = \boldsymbol{a}(t) \neq \boldsymbol{g}$$

但是,这与引力场中物体具有同一加速度这一具有普遍意义的经验事实是相矛盾的。

第二方面的原因是狭义相对论与牛顿力学一样,"有一个固有的认识论上的缺点"②,那就是这两者均把惯性系放在一个特殊优越的地位,这显然也是一种内在的不对性。1933 年,爱因斯坦在英国格拉斯哥大学做题为《广义相对论的来源》(*Origins of the General Theory of Relativity*)的演讲中明确指出了这一点,他说:

"当我通过狭义相对论得到了一切所谓惯性系对于表示自然规律的等效性时(1905 年),就自然地引起了这样的问题:坐标系有没有更进一步的

---

① 《爱因斯坦文集》(第一卷),第 28—29 页。
② 《爱因斯坦文集》(第二卷),第 280 页。

等效性呢？换个提法：如果速度概念只能有相对的意义，难道我们应当固执着把加速度当作一个绝对的概念吗？从纯粹的运动学观点来看，无论如何不会怀疑一切运动的相对性；但是在物理学上说起来，惯性系似乎占有一种特选的地位，它使得一切依照别种方式运动的坐标系的使用都显得别扭。"①

把相对性原理作为对自然规律的一个"限制性原理"，是影响 20 世纪自然科学发展的一个重要思想，它不仅深刻影响了物理学此后的发展、渗透到各个学科之中，而且也给哲学认识论和真理观带来了深远的影响。然而首先把相对性原理作为一个限制性原理，作为探索新理论的重要武器，那就是爱因斯坦。继狭义相对论把相对性原理做了重要推广之后（即一切惯性系对于描述物理规律来说都是平权的），爱因斯坦进一步思考：是不是可以做进一步的推广，把相对性原理从惯性系推广到一切参照系里去呢？爱因斯坦在 1907 年就已经想到了这个问题，他说："迄今为止，我们只把相对性原理，即认为自然规律同参照系的状态无关这一假设应用对**非加速**参照系。是否可以设想，相对性原理对于相互做加速运动的参照系也仍然成立。"②

2. 两个基本原理的提出

基于上述新的困难和不满，爱因斯坦于 1907 年的文章里，就已经提到了作为广义相对论基础的两个基本原理：广义相对性原理和等效原理。

关于广义相对性原理的提出我们这儿不再多谈，而等效原理的提出，作为一个令人惊诧的思维过程，是应该稍微详细探讨一下的。

爱因斯坦在研究引力问题时，特别重视引力质量与惯性质量相等这一两百年来就为人熟知但又未知其所以然的事实。他曾这样说过："在引力场中一切物体都具有同一加速度。这条定律也可以表述为惯性质量同引力质量相等的定律。它当时就使我认识到它的全部重要性。我为它的存在感到极为惊奇，并猜

①　《爱因斯坦文集》（第一卷），第 319 页。
②　A.Einstein, Jahrb. Rad., Elektr. 4(1907), pp.411—462.

想其中必定有一把可以更加深入地了解惯性和引力的钥匙。"[1]

的确,在物理学发展的历史上,我们常常可以看到,一个普适常数的发现常常与重大的物理学理论的创建紧密相关,例如:光速 c 的发现与狭义相对论、普朗克常数 h 的发现与量子论等等,都有密切关系, m_i/m_g＝普适常数这一事实,使爱因斯坦坚信,这是一个"准确的自然规律,它应当在理论物理的原理中找到它自身的反映"。[2]

1907 年,爱因斯坦已经认识到,惯性质量和引力质量相等的原理,完全可以用另一种新的物理概念来表述,即在均匀引力场里的一切物体的运动,和下述情形下的运动等价,即不存在引力场,但物体处于一个匀加速系统并在惯性力作用下运动。这也就是说,引力的本性就在于引力能在某种参考系(如爱因斯坦电梯)中局部地消除,这就是等效原理(equivalence principle)。不过在 1907 年,他只称它为"假设"(assumption),并指出"这个假设把相对性原理扩展到参照系做均匀加速平移运动的情况"。[3]直到 1912 年,他才把它正式称为等效原理,并将它进一步推广到非匀加速运动中去。[4]

爱因斯坦曾生动地回忆过等效原理产生的过程:"1907 年的某一天,我正在伯尔尼专利局的一张椅子上坐着,一个突破性的想法突然袭上心头,如果一个人自由落下,他将不会感到自己的重量。我不禁大吃一惊,这个极简单的思想给了我深刻难忘的印象,并把我引向引力理论。"[5]沿着这条思路想下去,他认识到,"正如电磁感应激发出电场一样,引力场也只不过是一种相对的存在。因此对一个从房顶自由下落的观察者来说,在他下落时(至少在他紧邻的四周)不存在引力场。假如这下落的人松开某种物体,则它们相对于这个下落者将保持静止或匀速运动状态,且与它们的特殊理化性质无关(空气阻力忽略不计)。因此,这位

① 《爱因斯坦文集》(第一卷),第 320 页。

② 《爱因斯坦文集》(第二卷),第 224 页。

③ 《爱因斯坦文集》(第二卷),第 199 页。

④ A.Einstein, Ann. d. Phys.(Leipzig), 38(1912), p.365.

⑤ A.Einstein, Phys. Today, Aug, (1982), p.47.

下落者有理由认为他所处的状态是'静止'的。这样,在同一引力场中一切物体下落都有相同的加速度这一非常难以理解的定律,立即有了深刻的物理意义。也就是说,即使只有一个物体在引力场中下落得与其他物体不一样,那么下落者将可以借助它辨明他正在下落。但如果不存在这样的物体——正如经验从极高的精度证实的那样——那么下落者就没有客观根据可以辨明自己是在一个引力场中下落。相反,他倒是有权利把它的状态看成是静止的,而他周围并不存在与引力有关的场。"[1]

更令爱因斯坦高兴的是,等效原理为使相对性原理扩展到非惯性系提供了可能性。在上面引的文章中,爱因斯坦接着指出:"因此,由经验得出的这一事实,即自由下落的加速度与材料无关,是把相对论扩展到相互做非匀速运动坐标系的一个强有力的证据。"[2]也就是说,一般情形下根本不可能通过力学实验,来发现参照系(如爱因斯坦电梯)本身的运动,即绝对运动。不仅不能发现绝对速度,连绝对加速度也不能发现。"我们不可能说什么参照系的绝对加速度,正像狭义相对论不允许我们谈论一个参照系的绝对速度一样。"[3]

由于爱因斯坦在 1907 年 12 月 4 日的文章中首次提出了广义相对论的两个基本假设,并分析了由此引出的若干结论,故人们通常将这篇文章看成是广义相对论的创始起点。但广义相对论的最终建成,却在八年之后的 1915 年 11 月 25 日。

3. 广义相对论引起时空观的新突破

如果从 1907 年 12 月 4 日算起,广义相对论从提出到最终大功告成,前后共花了八年时间。为什么要这么长的时间呢? 究其根源,仍然是时空最基本的一些概念使爱因斯坦感到"困惑",正如同时性的绝对性长时期阻碍过他创建狭义相对论一样。爱因斯坦曾谈到困难产生的原因,他说:"其主要原因在于,要使人

---

[1][2]　A.Pais, Subtle is the Lord ..., Oxford U. Press(1983), p.178.

[3]　A.Einstein, Ann. d. Phys., (Leipzig), 35(1911), p.898.

们从坐标必须具有直接的度规意义这一观念中解放出来,可不是那么容易的。"①1912 年 7 月,爱因斯坦在布拉格工作期间写的一篇论文中,有下面一段不寻常的话:"……对时-空变换的简单物理解释一定会失去,而且目前尚不知道一般时-空变换方程会是什么样的形式。我请求所有的物理学家全力以赴解决这个重要问题!"②A.佩斯曾引用过这句话,句中的黑点也是佩斯加上去的。引用了这句话后,佩斯还做了评论,他指出:"请注意句尾的惊叹号。爱因斯坦的著作中有多少惊叹号我不大清楚,但我知道他很少使用这个标点符号。"③1933 年,爱因斯坦也谈到过当时的困难:"……我看出,接受了等效原理所要求的非线性变换,对于坐标的简单物理解释,是致命的。那就是说,不能再要求,坐标差应当表示那些用理想标尺或理想时钟所测得的直接量度结果。我被这一点知识大大困惑住了,因为它使我花了很长时间才看清坐标在物理学中的意义究竟是什么。"④

在广义相对论最终建成之前,物理学中的坐标是"必须具有直接的度规意义"的。空间坐标差与可量度的空间间隔对应,静止时钟上的读数差(亦即时间坐标差)与可量度的时间间隔相对应,它们都是可观测量。这种可直接量度的时空观是奠基在下述传统观念之上的:空间是欧几里得几何学的空间;时间是均匀流逝的时间。也就是说,狭义相对论有一个默认的假定:时空是"平直"的,只有在一个平直空间中,我们才能建立一组正交坐标系。狭义相对论虽然否定了与观测者无关的绝对时空观,但它承认在同一参照系里有统一的时间、空间的测量标准。即在狭义相对论中,同一惯性系内各个钟可以对准"同步",可以有不变的刚性尺,因此其时空将是均匀的和各向同性的。

但在广义相对论讨论的非惯性系中,例如一个旋转的圆盘,在中心轴处的观察者看来,就不存在静止的刚性尺和同步的钟,因为尺子会收缩、钟会变慢,而且

---

① 《爱因斯坦文集》(第一卷),第 30 页。

②③ A.Pais, Sabtle is the Lord ..., p.211.

④ 《爱因斯坦文集》(第一卷),第 321 页。

圆盘上不同的点其收缩和变慢的程度不一样。时空失去了均匀性和各向同性，也即是失去了刚性而具有柔性结构，从而其坐标差也就失去了直接量度的物理意义。坐标失去了直接量度性后，就只剩下"时空连续区"这一概念具有可观察性质，而坐标也只起记录物理事件的时空连续区的作用。

明确了这一长期使他感到"困惑"的问题以后，爱因斯坦就仔细研究了明可夫斯基关于四维时空的数学表示式，从中获得重要启发，最后终于得到了在一般情形下，两相邻事件的四维间隔应该是

$$ds^2 = \sum_{\mu=1}^{4} \sum_{\nu=1}^{4} g_{\mu\nu} dx_{\mu} dx_{\nu},$$

式中 $g_{\mu\nu}$ 是四维度规张量，各点的 $g_{\mu\nu}$ 决定各该点的时空性质。研究 $g_{\mu\nu}$ 的数学性质和物理意义，就成了解决引力问题，建立更普遍的广义相对论的关键与起点。

广义相对论建成后，时空观又有了许多新的重大突破，其中最重要的是物质、运动与时间、空间不再是分离、彼此无关的了，它们已经不可分割地紧密联系在一起了。物质及其运动决定了时空的性质，反过来，时空性质又决定了物质的运动。时空是物质存在的基本形式，绝不可能存在脱离物质的时空，也绝不可能存在脱离时空的物质。爱因斯坦曾一再阐述上述观点，1952 年他指出："我想说明，空间—时间未必能看作可以脱离物质世界的真实客体而独立存在的东西。并不是物体存在于**空间**中，而是这些物体具有**空间广延性**。这样看来，关于'一无所有的空间'的概念就失去了意义。"[1]

当 $g_{\mu\nu}$ 成为对角张量而不存在交叉项时，上面 ds^2 的等式就可以简化为狭义相对论中的四维间隔的表达式：

$$ds^2 = -(dx_1^2 + dx_2^2 + dx_3^2 + dx_4^2)$$

式中 $x_4^2 = ict$。这时的情形相当于质量分布非常非常稀薄，引力场极为微弱的极

---

[1]　爱因斯坦，《狭义与广义相对论浅说》，上海科学技术出版社(1964)，第十五版说明。

限情形。

但是,当物质密度稍大而不能忽略其存在时,$g_{\mu\nu}$将不再是对角张量,则时空将发生弯曲,其曲率是由物质的分布和运动来制约的。光线通过强引力场时出现的可观测的弯曲,就是时空弯曲的一种表现。这时短程线就不再是直线,三角形三内角和也不等于180°。而且,随着时空的弯曲,时空不再是均匀和各向同性了。那么,以此为基础的能量、动量和角动量守恒都有了问题。

在广义相对论里,四维时空被视为一个黎曼空间,其几何性质决定于度规$g_{\mu\nu}$的数学性质,引力场的出现被认为是时空弯曲造成的结果。引力场被几何化了。但我们应特别注意到,爱因斯坦在使引力场几何化的同时,他从未忘记几何与经验以及几何与物质运动紧密相关的这一基本观点。作为一个非常重要的物理思想,他首次指出时空度规必然依赖自然界的物理过程。他指出:"一无所有的空间,亦即没有场的空间,是不存在的。空时是不能独立存在的。只能作为场的结构性质而存在。"①

第三节　时间的方向性

由于相对论的建立,时空观在20世纪有了重大突破,这是人们共知的。可是,普里戈金在1986年7月的一次演讲中,却用了一个多少有点令人迷惑的题目:《时间的再发现》。大约普里戈金已经想到这一点,所以他在演讲一开始就说:"我的报告选择'时间的再发现'为题目可能引起人们的惊奇,因为许多人都认为时间是早已被人们发现了。"②的确,当人们好不容易才弄懂了引力场的出现是时空弯曲造成的结果,以及时空度规必然依赖自然界的物理过程这些石破天惊的新概念时,却又来了个"时间的再发现",大约不少人的的确确会感到"惊奇"的。普里戈金接着解释说:"实际上对时间这个概念的理解人们在最近10年

---

① 爱因斯坦,《狭义与广义相对论浅说》,第121页。
② I.普里戈金,《科学》杂志,19卷4期,第244页。

或 20 年中已经有了重大的变化;完全可以说,时间是又一次被发现了。"①

那么,所谓"又一次被发现"具体是指什么样的物理内容呢?普里戈金明确地指出说:"我们已开始破译著名的热力学第二定律所传达出来的深刻的信息。无处不在的,或称为万有的时间箭头,即时间对称性破缺,正是第二定律的核心,正是从这里再度发现时间。"②

为了深刻理解这一再发现,我们先讨论一下"再发现"以前有关时间箭头的认识。

1. 时间之箭的历史回顾

在前面讨论经典物理的特征时,我们已经初步接触到这个问题。牛顿力学所支配的自然界,只有变化,没有进化;只有时间的均匀流逝,但没有时间的箭头。但牛顿曾对时间没有箭头的观点,表示过忧虑。在研究非弹性碰撞时,牛顿指出,由于在非弹性碰撞中,物体很容易失去"运动",因此他担心,如果没有"一些积极的本源保持并弥补这些运动",那么一切运动都将停止下来。

很明显,牛顿已经看出他所建立的力学定律不能对自然过程的不可逆性做出满意的答复。但是,他认为这并非力学定律自身有什么毛病,相反,他倒是高兴地认为,这一矛盾提供了上帝存在的依据:"上帝既是宇宙的创造者,又是宇宙的持续保持者。"

牛顿的办法是把不可逆过程,尽力排除在科学范围之外。我们会惊奇地发现,牛顿的办法直到 20 世纪仍然是物理学家常用的办法。美国化学家刘易斯(G.N.Lewis, 1875—1946)曾做过绝妙的总结:"我们将看到,物理学家在几乎所有的地方都把单向时间的使用排除在他们的科学之外,他们好像知道这种思想和物理学的理想不同,引入了一种拟人论的因素。尽管如此,在某些重要的场合曾经求助于单方向的时间和单方向的因果性,不过,正如我们将要说明的那样,

---

①② I.普里戈金,《科学》杂志,39 卷 4 期,第 243 页。

它们总是在支持某种错误的学说。"①刘易斯说的是实际情况,就连立志要当"物质进化的达尔文"的玻尔兹曼,也未能不蹈覆辙。

玻尔兹曼很早就被进化论的思想所吸引,他曾经说过:"如果有人问我,我们应该给这个世纪起个什么名字,我将毫不犹豫地回答:是达尔文世纪。"为此,他立志要把熵的力学解释严格推导出来,即找到熵增加原理的微观解释;他使用的方法也与生物进化论的方法相同。我们知道,自然选择是对一个大的群体而言的,是一个统计的概念;玻尔兹曼成功之处也在于他从分子群体的角度去探讨可逆与不可逆现象间的差别。开始,玻尔兹曼认为自己已经成功地从动力学角度确定了熵增大的机制,亦即确定了"热力学的时间之矢",但由于彭加勒、普朗克的助手赛密诺(E.Zermelo)等人的批评,后来玻尔兹曼陷入了主观唯心主义。普里戈金曾指出,在强大的反对势力面前,当然也因为自身认识的不完备,玻尔兹曼"放弃了证明有一个客观的时间之矢的打算,而引入了另外一种思想,这种思想在某种意义上把熵增大定律约化成一种同义反复。后来他认为时间之矢不过是一种约定,是我们(或许是所有活着的生物)把它引到一个在过去与未来之间没有客观差别的世界中来。"②

普里戈金的评论是正确的,这有玻尔兹曼自己的话为证。1897年他在回答赛密诺的挑战时曾经这样说:"在整个宇宙中,时间的两个方向是不能区分的,就好像在空间中不能区分上或下一样。但是,恰似在地球表面的某个地方我们可以把指向地心的方向称为'下'那样,一个发现自己在某一时期处在这样一个'世界'内活着的有机体,可以把时间的'方向'定义为从小概率态走向大概率态(前者称为'过去',后者称为'未来')。"③

可见,玻尔兹曼后期也力图将时间的不可逆"排除在他们的科学之外",将它

---

① I.普里戈金,斯唐热:《从混沌到有序》,上海译文出版社(1987),第283页。
② I.普里戈金,斯唐热:《从混沌到有序》,上海译文出版社(1987),第306页。
③ L.Boltzmann, Wied. Ann. 60(1897).

"贬为一种幻觉"①。

其他一些当时著名的物理学家,对时间的不可逆性也大都持否定的态度。普朗克明确表示"在主要的问题上,我赞同赛密诺的意见"。②爱因斯坦则在这方面因袭了莱布尼兹的决定论观点,像玻尔兹曼后期一样,"竟认为具有不可逆的时间只是人类的幻觉"③。爱因斯坦创建的相对论,就是开始于强调没有时间方向性的几何理论。1917 年,当他用广义相对论的观点来讨论宇宙模型时,他提出的就是一个没有时间方向的、静态的宇宙模型。虽然后来由于苏联天体物理学家弗里德曼(A.Friedmann,1888—1925)和比利时天体物理学家勒梅特(G. Le Maitre,1894—1966)对爱因斯坦的静态宇宙模型提出批评后,爱因斯坦承认自己犯了平生最大的一个错误,但据勒梅特说,当他后来希望与爱因斯坦讨论使宇宙初态更精确的可能性时,爱因斯坦却表示对此没有任何兴趣。

总之,在"时间的再发现"之前,大多数科学家都认为。反映了时间不可逆性的热力学第二定律只是一种近似的结果,或者说是一种幻觉。1954 年诺贝尔物理学奖得主玻恩的名言"不可逆性是无知进入物理学基本定律的结果",集中反映了这种态度。

2. 时间之箭的再发现

虽然从牛顿、莱布尼兹一直到爱因斯坦的相对论和普朗克、玻尔、海森堡、薛定谔、玻恩等人创建的量子力学,都认为时间根本不存在什么箭头,它可以取正值也可以取负值,时间是精确对称的,由现在可以无歧义地知道过去和预测未来;虽然热力学的第二定律和由广义相对论得到的膨胀的宇宙模型,曾经向时间可逆性提出过挑战,但连它们的创立者都或者对时间的方向性不感兴趣,或者认为是无知的原因,因而时间方向性问题,一直没有受到物理学界高度的重视。

但是,我们的日常生活给我们的启示,却明明白白告诉我们时间是不对称

---

① 波普尔,《无穷的探索》,福建人民出版社(1987),第 166 页。
② T.Kuhn, Black Body Theory and the Quantum Discontinuity, Oxford U.Press(1973), p.27.
③ 《科学》杂志,39 卷 4 期,第 243 页。

的,是不可逆的,时间是有箭头的。例如我们可以记忆过去,却不能记忆未来,对于未来我们至多只能做一些或然的预测;再例如每个人都日渐衰老、人类生存环境日益恶化等等,都告诉我们时间是遵循着一定的方向流逝的。尤其是 19 世纪诞生的达尔文生物进化论,更确凿无疑地说明时间是有箭头的,(生物进化的)过程是不可逆的,生物的结构、组织越来越复杂、精致,功能越来越完善。生物界处处都在告诉我们:物种是在进化着,而绝非一劳永逸,千古不变。

物理学家们也许是出于孤傲(物理学是自然科学的基础呀,它发展得最完善呀,其他学科的发展有赖于物理学的进步呀,等等),也许是出于保守、短视,总是对物理学在探测仪器上以及思想方法上武装了生物学而沾沾自喜、经常宣扬,但对于生物进化论的观念已深深渗入到物理学的各个领域、各个层次,却几乎视而不见,或者至少说没有高度重视,因而直到 20 世纪 60 年代前后,仍然只强调"存在的物理学",而不重视"演化的物理学"。

美国数学家、逻辑学家派尔斯(C. S. Peirce, 1839—1914)早就惊奇地指出过,既然生物学已经被进化论的思想武装起来了,为什么物理学还排斥进化论的思想,自认为是一门静态的科学呢?他认为物理学家的想法是错误的,物理世界也应该是处于进化之中。我们前面已经说过,玻尔兹曼也试图以建立物理进化论为己任,但中途受阻。普里戈金指出,我们正是在他们的中断处,重新对时间进行探索。这就是时间(箭头)的再发现的指谓。

有三个重大的事实告诉我们,时间的不可逆性已经无法使物理学家们对此再保持沉默,更不能用什么"幻觉"、"无知"等错误的说法进行搪塞。

第一个事实是基本粒子的不稳定性。基本粒子长期以来就被看作"基本的",意即经久不变的。它们不生不灭,只有存在,而无历史。但目前,时间之箭已经深入到基本粒子的研究之中了。

例如大统一理论(GUT)中有一个理论上的推论:质子是不稳定的,它会衰变。同样,中子也会发生类似的衰变。理论预测,核子(即质子、中子的统称)衰变后成为轻子和介子,例如:质子可以在衰变后产生正电子和中性 π 介子;中子衰变后可产生电子和带正电的 π 介子。除此之外,还可能有许多不同的衰变方式。

质子衰变是一个极其缓慢的过程,大统一理论预言它的寿命是 10^{31}—10^{32} 年。现在,质子衰变已经不纯是一个理论上的结论,而且在实验上也是可以实现的。目前正在进行的粒子物理最重要的实验之一,就是质子衰变实验。全世界已有十几个实验组在做这个实验,其中包括在美国犹他州的银矿中、欧洲阿尔卑斯山隧道中、印度南部的柯拉金矿中以及日本神冈的锌矿中等做实验的小组。1982 年 9 月,柯拉金矿中的实验组宣布,他们小组在两年的测量中,发现六个可能是质子衰变的事例。他们得出质子的寿命是 7×10^{30} 年。

虽然一般认为,这一结果还是初步的,还需做更多的实验以便互相比较,但可解释为质子衰变的事例还在逐年增加。

第二个事实是现代宇宙学演化观念的发展。现在已经有越来越多的观测,根本无法用静止的宇宙观来解释,例如:1929 年美国天文学家哈勃(E.P. Hubble,1889—1953)发现星系谱线红移的哈勃定律[①];1965 年美国贝尔电话公司的彭齐亚斯(A.A.Penzias)和威尔逊(R.W.Wilson)发现充满宇宙的 3k 微波背景辐射[②]以及星系氦丰度约为 30%、星系分子中有出乎意料多的氘等。

以上观测,如果用膨胀的宇宙观,尤其是大爆炸宇宙学来解释,是比较成功的。在现有的几种宇宙模型中,大爆炸模型也是比较广为人们接受的一种,因为它能说明比较多的观测事实,而且它的一些重要预言先后被观测证实。因而,它是比较受重视和正在比较迅速发展中的一个宇宙学说。

膨胀的宇宙,是一个进化的、有历史的宇宙。在这种宇宙学说里,时间是不可逆的。

第三个事实是非平衡系统中一致性和相干性(即时空上不同事物之间的协

---

①　E.P. Hubble, Relation between Distance and Radial Velocity among Extra-Golactic Nebulae. Proc. Nat. Acad. Sci., 15(1929), pp.168—173.

②　A.A.Penzias, R.W.Wilson, Science, 156(1967), pp.1100—1101.

调性与协同性)的发现。以前,物理学只热衷于讨论平衡结构,对非平衡态却不感兴趣,认为非平衡态就意味着杂乱无章。但时到今日,看法已经大变。现在已趋向于认为平衡结构中原子或分子处于固定的位置和不变的状态,且不参与任何宏观动力学过程,因此它是一种静止的"死"的结构;相反,人们已认识到,非平衡态中的结构才会向人们展现瑰丽的奇姿。当体系处于远离平衡态时,体系有可能产生自组织现象,即自发地产生时空有序结构。例如众所周知的贝纳特花纹,就是最简单的例子之一。在金属盘子里装上一些液体,然后在盘子下面加热,当加热到某一临界值时,液体上下层的对流并不是无规则的,而是非常有序,并根据金属盘子的形状和其他实验条件,形成特定的美丽花纹。这种花纹图样的形成,要求数以亿计的分子遥相呼应,相互协同合作。这就是所谓的"相干性"(coherence)。

现在人们已经可以说,非平衡态不仅是宏观有序之源,而且是唯一的宏观有序之源。1967年,普里戈金把那些在非平衡条件下通过能量耗散过程产生和维持时空有序的结构,称之为"耗散结构"(dissipative structure)。

此后,人们对不可逆过程和有序—无序问题的认识,有了一个重大突破:不可逆过程在有序的形成过程中,可以起到积极作用,而不像以前认识的那样,只是一个破坏、有害的东西。事实上,自然界各种时空有序结构,甚至包括万物之灵的人类,都是通过不可逆过程才产生和维持的。时间这一最根本的概念,正是在这儿又一次被人们重新认识和重新发现。

3. 霍金的三种时间之箭和它们的方向

当代著名的宇宙论和相对论学者、剑桥大学应用数学和理论物理系的霍金(S.W.Hawking, 1942—2018)教授在1988年他的新著《时间简史》(*A Brief History of Time*)一书中指出:"……一些区分过去与将来的事件,给出了时间的方向。至少有三种不同的时间之箭。一是热力学时间之箭,时间的方向在无序性或熵增加的方向上;一是心理学时间之箭,时间的方向在我们感觉到时间是流向过去,我们只记得过去,而不记得将来;最后是宇宙学时间之箭,宇宙是膨胀的而不是收缩的,这就是该时间的方向。"①

霍金说的是"至少有三种不同的时间之箭",不是说"只有"三种。事实上,我国学者就曾经提出"至少存在四种时间方向箭头"②,除了霍金的三种以外,他们还加上了一个"电磁学的时间方向箭头"。按照他们的意见,有三种时间概念:原子时间、生物时间和宇宙时间。他们认为,原子时间没有时间箭头;生物时间具有热力学、心理学和电磁学三种方向的箭头;宇宙时间的方向箭头称为宇宙学时间箭头。

既然有了几种时间方向的箭头,人们理所当然地要问:这些时间方向箭头之间有些什么样的内在联系? 哪一种时间方向的箭头最基本? 这些问题曾长期使科学家们感到迷惘,并为此争论不休。

霍金深入地研究了这个问题,并提出了独到的看法。由于本书篇幅所限,我们在这里只能简要地谈一下他的结论。霍金指出:"……在无限宇宙及弱人择原理(weak anthropic principle)的条件下……三支箭的方向都相同……我要告诉大家的是,心理学之箭是由热力学之箭决定的,这两支箭必然总是指向同一方向。如果宇宙是无限的,我们将看到存在着明确定义的热力学和宇宙学时间之箭,但在整个宇宙历史长河中,它们将不指向同一方向。但我必须指出,仅当它们确实指向同一方向时,才有适合于有智慧的人类发展的条件。人们只有在这个条件下才会问这样的问题:为什么无序的增加和宇宙的膨胀在同一时间方向呢?"③

霍金还做过论证,在有限无边的宇宙模型中,热力学、心理学和电磁学的时间方向的箭头,均隐含于宇宙学的时间方向箭头之中。

虽然在时间之箭的探索中,我们已经取得了一些进展,但这一问题还远没被完全解决,有关它的争论也仍然十分激烈。1970 年在英国加的夫举行的一次国

---

① S.W.Hawking. A Brief History of Time. Bantam Books.(1988), p.145. 本小节以后引用霍金教授的话,均出自本书。

② 吴忠超、许明贤,《时间的含义》,《科学》杂志,41 卷 2 期,第 117 页。

③ S.W.Hawking, A Brief History of Time, p.145.

际热力学会议上,曾专门讨论过时间箭头的问题。当时主持人戴维斯(P.C.W. Davies)开了一个玩笑:"判断一个题材重要与否,一个大致而现成的办法是看关于这个题材所写下的胡说八道的数量如何(笑声)。把这一条准则用到时间的不对称性上时,它的重要性就显得比不上宗教,但是超过了信息论(笑声)。"距1970年20年后的今天,虽然"胡说八道"的成分也许少了一些,但猜测仍然占极大比例,难怪这方面的专家也常常叹息说,世界上最难使之"屈服"的东西莫过于时空了!

第四节 微观和宇观中的时间和空间

这一节之所以把微观和宇观中的时空问题放在一起论述,这是因为要想解释时间在微观层次中的问题,我们将不能不涉及现代宇宙学的新结论;反过来,宇宙学的研究又与分子、原子、核、基本粒子等微观层次的研究成果息息相关。

在这两个远离宏观层次的领域里,有许多时空方面的新发现,但这些新发现还都只是处于萌芽阶段,没有形成完整、自洽的理论;而且,由于它们非常新奇,与日常生活中形成的时空观迥然不同,所以它们往往很难让人们接受。

与相对论几乎同时发展起来的量子论,其开始研究的目的本来并不涉及时空问题,它只研究原子、分子中发现的新现象。但是,谁也没想到的是它竟然给经典时空观带来了灾难性的后果。海森堡于1927年发现的测不准关系是量子力学中一条普遍的规律,他在《原子核物理学》一书中是这样描述测不准关系的:"有两个参数,最小微粒的位置和速度,这两个参数决定性地确定这种最微小微粒的运动。任何时候也不可能同时准确地了解这两个参数。任何时候也不可能同时了解微粒位于何处,它以多大的速度和向哪个方向运动。如果进行实验,而实验精确地表明微粒在特定的时间内所处的位置,那么运动即遭破坏,以致以后不可能重新找到该微粒。反之,在精确地测出速度时,位置的图像却完全模糊不清。"[1]他还指出:"这个测不准关系($\Delta x \Delta p_x \geqslant h$)标明粒子图景能够应用的限度。使'位置'和'速度'这些字眼在越出这个方程所给定的准确度时,就和使用意义未确定的字眼一样毫无意义。"[2]

测不准关系说明,任何物体的运动具有一种根本性的不确定性,以致我们在原则上不可能精确地确定物体的运动轨道;但是,广义相对论却又告诉我们,原则上说,只有知道了钟的运动轨道,时间的测量才有意义。如果承认量子理论和相对论是正确的,那我们就会得出一个令人惊诧的结论:原则上说,时间是不能测量的。从伽利略奠定近代物理基础以来,人们就十分清楚一个在原则上不能进行(直接或间接)测量的量,是没有物理意义的,是不应该进入物理学的。这样一来,时间在物理学中存在的根基(即它的可测性),被量子理论动摇了。不过从量子引力理论计算的定量结果来看,只要我们的时间的精度不要求达到 10^{-43} 秒以上,这个量子理论引起的灾难大可不必担心,因为目前世界上最好的"钟",其精度最多也只能达到 10^{-23} 秒。

10^{-43} 秒这一数据从何而来?看来它一定有相当程度的重要性。为了进一步阐明宇观、微观中的时空问题,我们不仅要谈到 10^{-43} 秒的由来,我们还将一般地讨论一下现代宇宙学中有关时空问题研究的现状。

宇宙的膨胀运动,现在已经被许多实际观测证实,也基本上为现代科学家接受。我们都知道,在广义相对论的宇宙解中,有膨胀解,所以宇宙做膨胀运动的观点,首先是由广义相对论宇宙学所预言的。在膨胀的宇宙模型中,美籍物理学家伽莫夫(G.Gamow,1904—1968)的"大爆炸模型"[3]比较成功。这一模型主要内容是说,早期的宇宙膨胀起源于高温高密度的"原始火球"的大爆炸。"原始火球"里的物质都是基本粒子,由于粒子间的相互作用,原始火球便发生爆炸,向四周均匀地膨胀。之所以说大爆炸模型比较成功,是因为它可以比较成功地解释

---

① F.赫尔内克,《原子时代的先驱者》,科学技术文献出版社(1981),第 257 页。

② W.Heisenberg. The Physical Principles of Quantum Theory. Chicago U. Press(1930), p.15.

③ G.Gamow, E.Teller: On the Origin of the Great Nebulae, Phys. Rev, (2) Bd, 55(1939), pp. 654—657.

以下观测事实:1965 年由美国贝尔电话实验室的彭齐亚斯和威尔逊发现的 3K
黑体辐射;铀、陨石和地球的年龄以及宇宙膨胀假设的开始时间;根据观测和光
谱分析所确定的元素丰度曲线等。虽然伽莫夫理论也存在着一些严重困难,但
由于上述原因,它得到了越来越多的学者的支持,其具体内容也不断地得到充实
和发展,尤其是核反应的深入研究,为大爆炸理论增添了不少色彩。可以说,大
爆炸理论是微观和宇观研究最精彩的结合产物。

膨胀的宇宙模型给时间和空间带来了许多难以解释的新问题,最棘手的是所
谓"宇宙奇性"问题。所谓"奇性",就是宇宙的坍缩状态,也就是宇宙有一个时期,其
时空曲率成为无限,我们常说的宇宙年龄就是从宇宙奇性到今天所经历过的时间。

我们知道,奇性是物理学的禁区,哪儿出现了奇性,哪儿就一定出现了严重
的问题,物理学家必须尽快、尽全力摆脱奇性。因为,奇性出现的地方,因果链条
会中断,以致我们根本无法做动力学研究了。

为了解决这一问题,有些科学家认为广义相对论的宇宙解不止一个,我们可
以选择其他的解,这样也许可以避免宇宙坍缩了。但到了 20 世纪 70 年代,人们
发现宇宙坍缩是不可避免的,它由广义相对论所描述的引力本性所决定。宇宙
学家只好审查理论本身的问题,因为别无选择。

现在宇宙学中比较热衷的观点是,当年玻尔用量子论使原子免于坍塌,那么
宇宙如果想免于坍缩,大约也可以通过改造经典引力理论,将量子引力理论用来
研究宇宙学。于是,各种各样的量子引力学如雨后春笋般地应运而生。

虽然量子宇宙学还存在着许多困难,而且可以说还根本不存在一个自洽的
量子引力理论,但人们已经初步知道这个理论的一些重要特征。其中最重要的
特征又是有关时空观念的重大变革:在量子引力理论中,时间和空间的概念在应
用时是有界限的,其界限分别是普朗克时间 t_p 和普朗克长度 l_p:

$$t_p = \left(\frac{hG}{c^5}\right)^{\frac{1}{2}} \approx 10^{-44} \text{ 秒},$$

$$l_p = \left(\frac{hG}{c^3}\right)^{\frac{1}{2}} \approx 10^{-33} \text{ 厘米}。$$

上两式中的 G 是引力常数,h 是普朗克常数,c 为光速。这就是说,我们无论怎样,也不可能测量小于 t_p 的时间和小于 l_p 的长度。

那么,小于 t_p 和 l_p 的"时空"又是怎么一回事情呢? 那儿就是"没有时间、没有空间"的世界了吗? 还有,既然有了界限,似乎就可以谈"起源"、"开端"这些问题,进一步又可以问"在此以前"的许多问题。

面对这些有关时间、空间(以及物质产生)的问题,目前尚没有一个成熟的、公认的和为实验或观测所证实了的量子引力理论。其困难之多,难度之大,是难以想象的。

但科学家们永远不会在困难面前止步,正如美国物理学家温伯格(S.Weinberg)所说:"人们是不会满足于神和巨人的故事的,也不会把他们的思想囿于日常生活的琐事里;他们制造了望远镜、加速器和人造卫星,并且在书桌前着迷地推敲他们得到的数据的意义。了解宇宙的努力是那些为数甚少的事情之一,这些事情使人类的生命从喜剧的水平提高一点,而赋予它一些悲剧的韵味。"[1]

---

[1]　温伯格,《最初三分钟》,科学出版社(1981),第 120 页。

第 9 章

20 世纪物理学中的物质观

纵观物理学思想发展史可以看出,它的发展总是与人们对物质层次结构认识的深化紧密相关的。每当物理学的研究领域跨进一个新的物质层次时,物理学中的概念、理论、结构等等,都将随之发生一次革命性的变化。不仅如此,物理学的思想、思想方法、研究方法甚至哲学基础,都会发生与之相应的改变。

19 世纪末和 20 世纪初,随着一系列新的实验发现,人们对于物质的认识发生了深刻的变化,这主要表现在人们对物质深层结构的认识和对场这种物质形态的重大突破性研究。

第一节 物质的原子结构和原子的深层结构

19 世纪中期,在所谓"经典近代原子理论"中,包括物理和化学两个方面。大约从 1810—1860 年的 50 年间,自然科学家们大都使用这种理论。

物理学家所说的原子,主要是指一些非弹性粒子(或惯性质点),其特点是有各种各样的吸引—排斥力。例如,19 世纪中期有一本非常流行的物理教科书,书中有这样一段话:"原子、吸引、排斥和惯性,这四个词能解释大部分自然现象的普遍真理。"麦克斯韦也说过:"物质的这一细微部分作为整体来回运动,它们在各种扰动中都不分离。"

化学家心目中的原子观念,在 19 世纪中叶实质上就是道尔顿(J. Dalton, 1766—1844)的原子论,即原子是化学上不可分的微粒,它们具有不同的重量。

1860—1895 年关于原子是否存在的争论,又趋激烈。一方面尽管原子假说能够做出某些十分精确的预言,但另一方面也有许多原子假说无法解释的实验反证。也许更严重的是,原子假说要求实体有某种亚结构,但持原子理论的科学家们,却拿不出一个能让大家满意的实验证明。这种两难的局面,使许多科学家无所适从,以致彭加勒用一种"中立性假说"来对待原子假说。他说,分子运动论既不能认为是正确的,也不能认为是错的;而且今后能否继续使用这一假说,也是一个悬而未决的问题。

1895 年以后,这种两难局面逐渐改观,原子理论逐步取得了胜利。

1. 原子论取得最终胜利

19 世纪末,由于热化学唯能论取得相当的成功,当时有一批科学家如奥斯特瓦尔德、赫尔姆、迪昂等人认为,要从实验上证实原子的存在是完全不可能的,而且认为原子假说已经失去做出精确预言的作用,较之热力学成功的研究和所得出的定律,原子假说是没有前途的,因而他们试图从唯能论的基础上,重建物理学和化学的诸定律。这种否定原子假说的思想在当时影响颇大。例如荷兰著名物理化学家、1901 年诺贝尔化学奖得主范特霍夫(J. H. van't Hoff, 1852—1911)曾写信给阿累尼乌斯(S. A. Arrhenius, 1859—1927)说:"我们应该承认,尽管运动学理论在数学方面花费了很大精力,但至今收效甚微。我以为,这一理论也许应当用它的效果来加以衡量。"[1]普朗克对这一评价表示赞成,认为原子论和分子运动论正将人们引向毫无收效的方向上去。

1895 年以后,由于一系列新的实验发现(如阴极射线、放射性、电子、光电效应、塞曼效应等)和一些新理论的先后出现(如量子论、原子模型等),重新激发了人们对原子假说的兴趣:原子究竟是什么? 它具有什么样的性质? 这个研究课题(还包括其他一些有关问题)成了 20 世纪物理研究的主旋律。

1897 年,J.J.汤姆逊(J.J.Thomson, 1856—1940)在成功地使阴极射线在电

---

[1]　M.J.尼耶,《19 世纪关于原子的争论与两种"中立性假说"的两难推论》,《自然科学哲学问题丛刊》(1980),第 4 期。

场和磁场中偏转后写道:"由于阴极射线是带负电荷的,并在电场作用下发生偏转,就好像它们是带电的物体,并且它们对磁力的反应,与沿阴极射线传播方向运动的带有负电的物体对磁力的反应完全一样,这使我们不得不得出结论,阴极射线实际上是携带负电荷的物质粒子。这就提出了一个问题,这些粒子是什么? 它们是原子、分子还是分离成更细小状态的物质? 为了给这个问题的答案提供一些线索,我进行了一系列测量,测量了这些粒子的质量与它们所带的电荷量的比值。"[1]

一贯坚持承认原子假说的英国物理学家,现在不仅可以理直气壮地谈论原子,而且开始谈论比原子还深一个层次的"原始原子"(即后来称为电子的"微粒")了! 1936 年,J.J.汤姆逊曾在回忆中谈及当时的情形:"……在阴极射线中,物质处于一种新态,即物质在其中比在普通气态中被分割得更细的态。在这一新态中,所有物质,亦即由像氢、氧等不同起源衍生出的物质,完全是同一种物质,这种物质是构成化学元素的材料。最初,极少有人相信存在这些比原子更小的物体。一位著名的物理学家在听了我(1897 年)在皇家学会的演讲之后很久,告诉我说他当时认为我是在'愚弄他们'(pulling their legs)。"[2]

但是,真正"结束关于分子是否真实存在的长期争论",从而有助于完全相信原子是真实的,还得归功于法国物理学家佩兰(J.B.Perrin,1870—1942)的实验。1908 年,他用藤黄乳浊液证实了几个关于布朗运动的方程,测定了一个极重要的物理常数——阿伏伽德罗常数,即物质的克数等于其分子量时所含的分子数。1926 年,佩兰由于"为原子概念做出的贡献"而荣获诺贝尔物理学奖。[3]

到了 1911 年,对于大多数科学家来说,原子真实性的争论已基本结束。即使原来持激烈反对态度的奥斯特瓦尔德,在 1908 年也承认,新近的实验(包括佩兰的实验以及阴极射线、放射性等等)使得"极谨慎的科学家,也谈论起充满空间

① J.J.Thomson, Cathode Rays, Phil.Mag., 44(1897), p.295.
② J.J.Thomson, Recollections and Reflections, Bell & Sons, London(1936), p.341.
③ 《诺贝尔奖获得者演讲集:物理学》(第二卷),科学出版社(1984),第 114 页。

的物质原子结构的证据"。科学家们普遍承认,这些确凿的实验,成功地证实了原子和分子的存在。

1911 年,第一次索尔维会议召开了,它的中心议题是辐射和量子。会议主席洛伦兹不仅谈到了原子,而且直截了当地谈到"汤姆逊提出的原子模型"的优点。显然,原子是否存在的问题,已经不再需要讨论了。

2. 原子结构的模型

当科学家们在努力开辟物质具有原子结构这一研究领域时,已经有物理学家在研究原子的结构了。其中最值得研究的是 J.J.汤姆逊的原子结构模型。

当电子的存在已成定论后,J.J.汤姆逊进一步指出:电子是普遍存在的,是构成所有物质的一种成分。接着,他立即开始考虑原子的结构了。在 1897 年 8 月发表的《阴极射线》一文中,他已经谈到"如果我们把一个化学原子看作大量的原始原子的聚集"这样的问题了,并且认为这个问题"令人感到极大兴趣"[1]。1899 年,他第一次提出正电原子球的设想。在《低压气体中离子质量研究》一文中写道:"虽然单个粒子的行为如同一个负离子,但当它们集合于一个中性的原子中时,负电在外观上将被抵消,因为由这些粒子所分布的空间就好像有一个与这些粒子的负电的总和正好相等的正电。"[2]

后来,J.J.汤姆逊设想,原子好比是一个带正电的球,电子则嵌在这正电球中,这就是著名的"正电果子冻模型"(Positive jelly model),也有人称为"葡萄干布丁模型"(plum pudding model)。

开始汤姆逊错误地认为电子提供原子的绝大部分重量,这样,原子量为 A 的原子中,电子数 n 应大约为 1 000 A。后来通过实验他才知道自己的想法不对,并正确指出原子的质量绝大部分集中在正电的分布中。这样,n 大致为 2 A,而不是 1 000 A。这是原子结构理论的第一次重大进展。[3]电子则均匀分布于连

---

①　J.J.Thomson, Cathode Rays, Phil.Mag., 44(1897).

②　J.J.Thomson, Phil.Mag., 44(1897), p.293.

③　J.L.Heilbron, Rutherford-Bohr atom, Am.J.Phys., 49(Mar.1981), p.224.

续分布的正电荷之中。他还根据水面上漂浮许多磁体是以一个磁体为中心的环状排列这一实验,设想在他的原子模型中,电子也呈环状或球壳状排列。他还进一步设想,电荷上述的稳定排列相当于化学性质不活泼的元素;不太稳定的排列则相当于较活泼的元素。显然,J.J.汤姆逊试图用电子的这种排列方式,解释元素化学性质呈周期变化的规律。[1]

当汤姆逊的原子受到激发后,电子(由于质量极小)开始振动,而质量大的正电荷仍静止不动。我们所观察到的光谱可能就是电子的振动造成,而且汤姆逊还设想,电子不同的组态将相应于不同的谱线,从而为原子的构造给出了某种信息。更令人赞叹的是,J.J.汤姆逊根据原子光谱测出正电荷占据的空间为 10^{-8} 厘米左右,这与分子运动论估算的尺寸符合得很好。

虽然这一模型遇到许多困难,例如无法解释光谱的细节等等,但是在原子物理学思想发展史上,它是第一个可以通过实验和计算使之精确化的原子模型。沿着这一方向研究下去是很有前途的。

在结束讨论 J.J.汤姆逊的原子模型之前,我们应指出汤姆逊和他的许多同时代人,在物理思想上有一个共同特点,那就是在讨论原子模型时都没有越出经典理论的范围。他们认定原子内部粒子之间的相互作用,主要是由麦克斯韦方程描述的电力,而由牛顿方程决定的引力与电力相比,是可以忽略不计的。他们试图将已知的与新发现的经验事实,完全用经典的概念和规则把它们组合起来,以便获得能满足更多经验事实的原子结构模式。我们很快发现,这种物理思想即将受到彻底的批判。

这种批判,部分来自另一种原子结构模型——卢瑟福的有核模型。

最早提出核模型的大约算佩兰了。1901 年 2 月 16 日,佩兰在巴黎大学的一次学术会议上提出了"原子的核-行星结构"。25 年之后,佩兰在他的诺贝尔演讲中曾回忆过这一件事,他说:"我相信,我是第一个提出原子结构像太阳系这

---

[1]　J.J.Thomson, Electricity and Matter, New York:Scribner(1904), p.108.

一假设的人。'行星'——电子——环绕着正的'太阳'旋转,中心对于电子的引力被惯性力抵消(1901 年)。但是我从未试图、甚至没有想过用什么方法去证实这个概念。"[1]

两年多以后,日本物理学家长冈半太郎于 1903 年 12 月 5 日在东京数学物理学会上谈到了他的原子模型的设想——土星型原子。长冈半太郎(H. Nagaoka,1865—1950)的模型也是一种有核模型,在这个模型里电子分布在一个环上,形式与土星环相似;正电则缩成小球状位于环的中心。环的线度即原子的线度。[2]但后来由于这一模型遇到困难,例如稳定性等问题,长岗没有坚持土星型原子的合理性。

以上所有这些模型,由于都不是基于电荷实际分布的直接信息上建立的,因而它们实质上只是一些"作业模型"。至于原子真实的结构,还几乎没有物理学家认真对待。大家都认为汤姆逊的模型比较合适,有时也认为它比较接近于真实。上面我们曾提及,在 1911 年召开的第一届索尔维会议上,当时物理界公认的权威洛伦兹就谈到汤姆逊模型的种种优点。

但正在这时,卢瑟福的助手盖革(H. Geiger, 1882—1945)和马斯顿(E.Marsden, 1889—1970)却出人意外地首次从实验中获得了正电荷在原子中分布的直接信息,也就是说获得了原子结构的信息。

卢瑟福多年潜心于研究 α 粒子,他深刻认识到用各种粒子去轰击很薄的物质层时,从粒子的偏离情况可以获得该物质结构的信息。1911 年他曾说过:"……仔细研究这种偏离特性,将可以得到原子结构的某种概念,这种结构当然应该能够解释观察到的效应。事实上,快速带电粒子在物质原子上的散射,乃是解决这个问题最有希望的方法之一。"[3]

卢瑟福把 α 粒子在金属表面散射的研究,交给他的两个助手盖革和马斯

---

① 《诺贝尔奖获得者演讲集:物理学》(第二卷),科学出版社(1984),第 138 页。

② H.Nagaoka, Proc.Tokyo Math.Phys.Soc., 2(1903), pp.92, 129, 140.

③ E.Rutherford, The Scattering of α and β Particles by Matter and the Structure of the Atom., Phil.Mag., 21(1911).

顿。他们将镭辐射源发出的α粒子射向很薄很薄的金箔,然后通过闪烁法确定α粒子散射的方向。1909 年 5 月,他们惊诧地发现:"轰击金属箔的α粒子有一小部分改变了方向,甚至有极少数再度出现在入射面的同侧"。①卢瑟福知道这个结果后,非常惊讶,他曾说:"这是我平生遇到的最难以相信的事情,这就好像当你用一枚 15 吋的炮弹射向一张薄纸,结果炮弹竟然弹回来击中了你。"②

接着,卢瑟福花了一年多时间来研究这一令人极度惊异的结果。到 1910 年底,卢瑟福相信自己弄明白了。据盖革回忆说,1910 年底或 1911 年初,"有一天,他兴致极高地冲进了我的房间,告诉我他现在知道原子是什么样子了,也弄明白了大角散射(strong scatterings)意味着什么。"③他认为,原子具有一个小而重的、带正电荷的核,核周围有一些带负电的电子绕它旋转,像一个微型太阳系一样。如果核与α粒子之间的斥力遵从平方反比律,则可以从数学上精确计算各种角度散射的概率。

1911 年 5 月,卢瑟福将他的有核原子模型正式发表于《哲学杂志》上。④

至此,原子的基本结构确立了,物理思想史上一项革命性的发现也基本宣告完成。显然,这是科学史上划时代的事件之一,它为整个物理学和化学开辟了新的前景。

卢瑟福的重大发现,很快就受到人们的重视,并给予了高度评价。居里夫人在 1913 年就指出:"卢瑟福是一位在世的人,他有希望给人类以不可估量的贡献……重大的发展可能即将发生,与此相比,镭的发现只不过是一个序曲而已。"⑤1932 年的 2 月,玻尔在一篇文章中对卢瑟福的原子模型评价说:"我清楚

① H.Geiger and E.Marsden, Proc.Roy.Soc., A82(1909), p.495.
② E.N. da C.Andrade, Ruther ford and the Nature of the Atom, New York: Doubleday, (1964), p.111.
③ H.Geiger, in Collected Papers of Ruther ford, Vol.2, New York: Interscience, (1963), p.295.
④ E.Rutherford, Phil.Mag., 21(1911), p.669.
⑤ A.S.Eve, Rutherford, Cambridge, (1939), p.224; tittle page.

地记得,这一切就好像发生在昨天一样。1912 年春天,原子核的存在已经得到了普遍的承认,卢瑟福的学生们以空前高涨的热情议论着整个物理学和化学的新前景。"①同年 9 月 15 日,在哥本哈根的一次演讲中,玻尔又一次提到卢瑟福原子模型,他说:"以原子核这一发现为王冠性的成就,它已经引起了物理学和化学上从未料想到的巨大发展。"②英国著名天文学家爱丁顿(A. S. Eddington,1882—1944)做出的评价更高:"1911 年,卢瑟福提出的物质观,是自德谟克利特时代以来变化最大的一种新观念。"③

　　人们如此高度评价卢瑟福的发现,是因为他的发现从根本上改变了旧的物质观。首先,它彻底改变了旧原子论的框架,即原子是不可分和不变的旧观念,这对于物质观和自然观具有划时代的革命意义。其次,对于物质性质的分类给出了简便而又精确的方法,对此,玻尔曾详细做过解释,他指出:"……我们清楚地意识到,由于原子的正电荷集中在一个几乎是无限小的体积内,这就有可能使物质性质的分类大为简化。事实上,由于正电荷集中在一个几乎是无限小的体积内,这就使完全由核电荷和核质量所决定的原子的性质,与同它的内部结构直接有关的性质明确区分开了。"④他还进一步指出:"卢瑟福的原子模型给我们提出的任务,使人回想起哲学家们古老的幻想,对自然法则的解释变成仅仅是对数字的研究。"⑤

　　但是,卢瑟福的原子模型有一个致命的缺陷:它是直接从经典的麦克斯韦理论和牛顿力学理论推演出来的。由于这一缺陷,卢瑟福的模型是不稳定的,尤其是在电学稳定性上难以自洽。电学稳定性指的是电子在绕核转动时,因电磁辐射所引起的能量递减,最终将会引起原子的"坍塌"。但现实的自然界中,原子并没有坍塌。

---

① 　N.Bohr, J.Chem.Soc., Feb.(1932), p.349,着重号为本书作者所加。

② 　A.S.Eve, Rutherford, Cambridge, (1939), p.224; tittle page.

③④ 　S.Eve, Rutherford. Cambridge, (1939), title page, p.361.

⑤ 　N.Bohr, J.Chem.Soc., Feb.(1932), p.349.

1911 年,卢瑟福认为:"在现阶段考虑这种原子的稳定性问题,是没有意义的。"[1]出乎他意料之外的是到了 1912—1913 年,这种考虑不仅是必要的,而且具有重大意义,它直接推进了量子物理学的迅速发展。

3. 核结构

历史是不会完全重复的。人类认识物质是否有原子结构,花费了约两千多年的时间,但人类进一步向下一个层次的探索,几乎开始于人们刚刚承认原子有核模型的同时。而且,从开始提出核本身也有结构,到正确认识到核的"质子-中子"(p-n)模型,前后只有 21 年时间。如果把玛丽亚·梅耶(M. G. Mayer,1906—1972)于 1950 年提出核粒子的壳层结构算在内,也只有 38 年时间。

核有结构这个结论似乎是很自然的事情,因为到了 1913 年,物理学界已经普遍承认 α 粒子在放射之前就是一个独立的粒子存在于核内。但是,从 β 衰变得出核里有电子,就稍微麻烦一点,这主要是因为 β 射线中粒子的速度谱是连续的,人们不能很快断定它到底是来自核,还是来自核外的分布电子。到 1912 年 8 月,卢瑟福还没有弄清楚这一点,因为他那时还在一篇文章中说,"中心核的不稳定性和分布电子的不稳定性"可以这样区别:"前者导致了 α 粒子的发射,后者导致了 β 和 γ 射线的出现……"[2]

卢瑟福的观点遭到荷兰哥塞尔(Gorssel)的一位律师兼业余科学家范顿布鲁克(A. Van den Broek, 1870—1926)的反对。他在 1912 年底写成而发表于 1913 年初的一篇文章中指出,原子核主要由 α 粒子和电子组成。[3]这是核结构假说第一次以书面形式做出的明确阐述。1919 年初,卢瑟福发现了 H-粒子(H-Particle),即后来通称的质子。有了质子,核结构就进一步被简化为质子-电子模型(p-e 模型),这不仅为实验"证实",而且非常符合简单性的审美要求。

---

① E. Rutherford, Phil. Mag., 21(1911).

② E. Rutherford, The Origin of β and γ Rays from Radioactive Substances. Phil. Mag., 24(1912), pp.453—462.

③ A. Van den Broek, Intra-atomic Charge. Nature, 92(1913), p.373.

这种"由来已久的对于自然界的简单、秩序和对称的笃信",正是当时一种"主要思想倾向"[1]。

到 20 世纪 20 年代末,p-e 模型已为整个物理学界接受,并以常规科学的姿态进入了标准教科书中。但 p-e 模型在取得普遍承认的同时,却又暴露出一系列深刻的危机,如核磁矩、核电子能量、核自旋、核统计以及克莱因佯谬等等,都是当时核的 p-e 模型无法解释的。面对这些困难,物理学家做了极其艰苦的努力,以求消除它们。五花八门的设计,各种各样的方案,现在当然不必一一列举,这儿我们只选几种主要的方案做简略介绍。玻尔在 1932 年初在论文中指出,只有放弃能量和动量守恒的普适性,才可能解决 p-e 模型以及其他一些困难[2];泡利坚决反对玻尔的方案,他认为只有通过引入一种新粒子(即后来的中微子),才可能一劳永逸地解决所存在的困难;苏联物理学家多夫曼(J.G.Dorfmann,1898—1974)认为,摆脱困境有三种选择,其中一种是"原子核里根本就没有电子存在"。[3]但这些方案,都未能令人信服。

1932 年查德威克(J.Chadwick,1891—1974)发现了中子,应该说为解决 p-e 模型的困难带来福音,因为苏联物理学家伊万年柯(Д.Д.Иваненко)在中子发现后不久,就立即在法国《通报》上发表详尽论文,证明原子核可以由质子和作为基本粒子的中子组成,则 p-e 模型引起的困难可望全部解决。[4]但由于质量亏损和 β 衰变引起的问题,使大部分科学家包括查得威克本人以及居里夫人、玻尔、佩兰等著名科学家,都认为中子并不是一个基本粒子,而是由电子和质子组成的复合粒子。不承认中子是一个基本粒子,因而即使中子在核内,p-e 模型引起困难,将仍如玻尔所说:"使得在解决核结构困难这一点上,完全没有进展。"[5]

---

① V.Mukherji and S.K.Roy, Particles Physics since 1930: A History of Evolving notions of Nature's Simplicity and Uniformity. Am.J.Phys., Dec.(1982), p.1101.

② N.Bohr, J.Chem.Soc., (1932), pp.349—384.

③ J.Dorfmann, Zeit.Phys., 62(1930), pp.90—94.

④ Д.Иваненко, Compt.Rend., 195(1932), pp.439—441.

⑤ R.H.Stuewer, The Nuclear Electron Hypothesis, in Otto Hahn and the Rise of Nuclear Physics, D.Reidel Pub.Company, (1983), p.47.

到 1934 年 9 月,由于质量亏损和 β 衰变两方面的问题先后被顺利解决,质子-电子模型终于被扬弃。同年 10 月在伦敦召开的国际物理学会议上,中子是基本粒子的思想和原子核的质子-中子模型(即 p-n 模型),终于得到物理学界的公认,22 年的争论亦到此宣告结束。

此后,人们对于核结构的进一步研究有日益增加的兴趣。但在十几年的时间里,人们对于原子核本身的规律仍然知道的不多。当时许多科学家对化学元素的稳定性同核内中子数之间的关系感到迷惑不解。当中子(或质子)数为 2(氦)、8(氧)和 20(钙)等数目时,元素具有格外的稳定性。当时有些科学家对这种无法解释的数字没有兴趣,但有一位美籍德国女科学家梅耶夫人却对这些数字表示极大的兴趣,并给它们(即 2、8、20、28、50、82 和 126)取了一个多少有点可笑的名字"幻数"(magic number)。她相信这些幻数应该有合理的物理解释。

1949 年前后,梅耶夫人(与詹森各自独立地)提出了核的壳层模型。这个模型认为核子(即中子和质子)在核里像电子在核外的一些壳层上绕核运动一样,也在按壳层排列的轨道上运动。这个模型的关键思想是核子的自旋方向与它绕核中心旋转方向相同或相反时,核子的能量是不同的。每个核子的自旋角动量和轨道角动量之间存在极强的耦合,且这两个矢量趋向于平行。由于这一模型能正确预言幻数,受到物理学家们的重视。1950 年 4 月,梅耶夫人正式发表了自己的理论。[①]5 年之后,梅耶夫人与德国物理学家詹森(J.H.D.Jensen, 1907—1973)合著的《核子壳型结构基本理论》正式出版。[②]1963 年,他们二人因为这一发现获得了诺贝尔物理学奖。

4. 核裂变和核聚变

我们知道,物理学家们想要揭示原子核的结构,就必须将原子核打破,看看

---

① M.G.Mayer, Nuclear Configurations in the Spin-Orbit Coupling Model. Phys.Rev., Series 2, 78 (Apr.1, 1950), pp.16—23.

② M.G.Mayer and J.H.D.Jesen, Elementary Theory of Nuclear Shell Structure, New York: Wiley (1955).

打破后会产生一些什么东西。这种意义上的核裂变最早是由卢瑟福在 1917 年 11 月实现的。

卢瑟福对核结构的复杂性以及核可以发生分裂早就有了一定认识。1905 年,他就认为 α 射线是由核里发射出的;1912 年 9 月,他已经明白,原子核由于放射出 α 粒子而分裂了;1914 年,由于范顿布鲁克和玻尔的批评,卢瑟福已认识到 β 射线也来自核内,即核因为放射出 β 粒子而发生了改变。但这些核分裂都是天然发生的,还没有进入人工打破原子核的领域。到 1914 年,由于马斯顿的发现,人类步入了一个崭新的科学研究领域,即人工实现元素转变。

纵观人类历史,持续时间最长、卷入人数最多和最令人发狂的(前)科学研究,大约非炼金术莫属了! 人类想实现元素的人工转变(将贱金属改变为贵金属是其主要表现形式),大约与文明史一样古老。但直到 1914 年,帷幕才终于慢慢拉开。

1914 年初,马斯顿在卢瑟福的鼓励和指导下,在让 α 粒子与氢原子做碰撞时,发现了少量反常射程的"氢粒子",其射程远大于理论计算值。[1]卢瑟福立即认识到这一发现的重大意义,并最终导致 1917 年 11 月他证实氮原子被 α 粒子轰击后发生了分裂,并放出氢核。1919 年 4 月,在《α 粒子与氢原子碰撞》一文中,他做出了如下结论:"由迄今取得的结果,难以避免的结论是,α 粒子与氮原子碰撞产生的长射程原子不是氮原子,而可能是氢原子,即质量为 1 的原子。如果确是这种情况,我们就必然得出这样的结论:氮原子在与快速 α 粒子在近距离碰撞中产生的强力作用下,发生了分裂。并且,所释放出来的氢原子是氮原子核的一个组成部分……总之,这些结果表明,如果能得到类似能量的 α 粒子(或类似的粒子)进行实验,我们有希望打碎许多较轻原子的核结构。"[2]

在漫长的人类历史上,科学家们终于用人工打破了原子核,并为元素的人工

---

[1]　E.Marsden, Phil.Mag., Series 6, 30(1915), p.243.

[2]　E.Rutherford, Collision of α Particles with Light Atoms IV. An Anomalous Effect in Nitrogen. Phil.Mag., Series 6, 37(1919), p.581.

嬗变和合成开辟了道路。炼金术士几千年来梦寐以求的愿望,终于变成了现实。这在科学思想史上以及物质观的认识过程中,是一个了不起的划时代贡献。正如玻尔 1922 年在他的诺贝尔演讲中所指出的那样,"卢瑟福用 α 粒子轰击原子核使之分裂的实验⋯⋯确实可说是开辟了自然哲学的新纪元,因为它第一次实现了把一种元素变为另一种元素的人工转变。"[1]

到 1934 年后,由于查德威克发现的中子和约里奥–居里夫妇(F.Joliot-Curie,1900—1958;I.Joliot-Curie,1897—1956)发现的人工放射,为人工改变原子核创造了比以前更有利的条件,因而此后几年中,核分裂的研究又发生了巨大进展。

1934 年初,当约里奥–居里夫妇宣布他们发现了人工放射性现象后,[2]费米(E.Fermi,1901—1954)有了一个巧妙的想法,他认为约里奥他们在实验中用 α 粒子轰击铝靶,每次得用上百万个 α 粒子才能获得一次成功机会,概率实在太小。其原因当然很易于了解,因为 α 粒子带正电,铝核与 α 粒子间的静电排斥力会阻碍 α 粒子接近铝核。费米想,如果用 1932 年查德威克发现的中子来轰击铝核,由于中子不带电,那么它击中的机会肯定会大多了,因而改变原子核的可能性也应该大一些。后来的实验证明,费米的猜测是十分符合实际的。

在几个月的时间里,费米研究小组用慢中子把凡能找到的元素,从轻到重逐个轰击,结果发现每一种元素在受到慢中子轰击后,都改变了原来的核性质,成为有放射性的原子核。在这一系列实验中,他们总结出一条普遍的规律:中子轰击核后产生放射性核的品种,由原来元素的同位素数目决定。某元素只有一种同位素的话,则中子轰击后只产生一种有放射性的核;如有两种同位素的话就产生两种有放射性的核。对此,费米的解释是:中子进入原子核后被核吸收,于是该元素变成原子量大一个单位的同位素,但这个新核不稳定,核中的某个中子将放出一个 β 粒子而变成质子。这样,新原子核的原子序数比原来的核提高了一

---

① 《诺贝尔奖获得者演讲集:物理学》(第二卷),科学出版社(1984 年),第 7 页。

② I.Curie and F.Joliot, Comptes Rendus, Nature, 133(1934), p.201.

位,质量也大出一个质子的质量。

当费米研究小组用中子轰击元素周期表中最后一个元素铀(92 号元素)时,出现了违反上述新发现的普遍规则。开始,他们设想如果按上述规则,铀吸收一个中子后放出一个 β 粒子,就会得到原子序数为 93 的"超铀元素"。如果真是这样,那人类将会因此而制出第一个在自然界还没见到过的 93 号元素,这将是何等令人激动的事情! 但好事多磨,铀本来只有两种同位素(235 和 238,同位素 234 太少,可以不计),但中子轰击后却找到了两种以上的放射性产物。费米还发现其中至少有一种放射性产物并不是靠近铀的已知元素。费米无法确定自己是否真的制出了 93 号元素,因而他在 5 月份投给《科学研究》杂志的文章中,①没有急于宣布自己已经发现了一种新元素,他只是谨慎地叙述有哪些迹象表明已经产生了新元素。

费米的发现,引起了许多科学家的兴趣,不少物理学家和化学家投入到这一研究中,其中包括德国著名的化学家 Q.哈恩、物理学家梅特纳(L.Meitner,1878—1968),法国物理学家、放射化学家伊伦娜·居里和萨维奇(P.Savic)等人。

1938 年底,哈恩在居里和萨维奇实验②的启发下,经过系统的化学测定,证明中子轰击铀后的神秘产物是钡(第 56 号元素),其原子量是 137 多一点。我们知道铀的原子量稍多于 238,这就是说中子轰击铀的产物钡的原子量只比铀的一半多一点。哈恩是欧洲当时最优秀的分析化学家之一,他可以确信自己在化学上没有错,但在物理上能否说得过去他却毫无把握。12 月 22 日,他宣布:"作为化学家,我们可以肯定新产生的元素是钡(第 56 号元素)、镧(第 57 号元素)、铈(第 58 号元素)等,而不是镭(第 88 号元素)、锕(第 89 号元素)、钍(第 90 号元素)等。但是作为与原子核物理有密切联系的放射化学家我们还不能迈出违反

　　① E.Fermi, Ric.Scient. 5(1934), p.283; in E.Ferm, Collected Papers, Vol.1, p.645.

　　② S.P.Weart, The Discovery of Fission and a Nuclear Physics Paradigm. in Otto Hahn and the Rise of Nuclear Physics, D.Reidel Pub.co., (1983), p.107.

了原子物理的已知规律的一步。"①

物理解释很快由物理学家梅特纳和弗里士(O.R.Frisch，1904—1979)完成，他们利用玻尔的核液滴模型从物理概念上，为铀、钍核受中子轰击后分裂成大小差不多的两个碎片这一新现象给出了清晰合理的解释。他们还借用生物中细胞分裂的概念，为这一新现象取名为"核裂变"(nuclear fission)。

在物理思想史上，核裂变并没有什么了不起的突破，正如威尔特(S.P.Weart)所说，"如果没有出现核武器和反应堆，恐怕没有几个人会研究裂变发现的历史。"②的确，正是由于它的应用价值大大改变了我们生活在其中的世界，人们对于核裂变的发现过程将会保持永不衰减的兴趣。几个世纪以后，也许还会有人给它涂上种种神秘的色彩。不过，有一件事情也许是很有意义的。正由于核裂变并非什么重大思想突破，所以，有人可能会问：为什么费米研究小组没有发现核裂变？作为当时研究小组成员之一的E.塞格雷曾不无遗憾地回答："一般说来，人们只对自己有思想准备的东西能认识，如同我们在 X 射线、中子和正电子的例子中所看到的那样。"③

与核裂变相反的过程核聚变(nuclear fusion)过程，其研究几乎与核分裂的研究同步。早在 1919 年，阿斯顿在实验中就发现，氦-4 的质量比组成氦核的 4 个氢原子质量之和，大约要小 1%。④根据爱因斯坦在狭义相对论中提出的质能公式，其质量差恰好与 4 个氢核聚合成一个氦-4 时释放的能量。卢瑟福在当时也做出证明，轻原子核相碰撞可以发生核反应；天文学家们甚至设想，恒星的能量也许正是核聚变反应时释放出来的。1929 年，物理学家阿特金森(R.Atkinson)和豪特曼斯(F.Houtermans)从理论上论证了氢原子在几千万度高温下聚变为氦的可能性，并认为在太阳上发生的过程正是这种聚变反应。⑤

---

① O.Hahn, A Scientific Autobiography, tr. W.Ley, New York: Scribner(1968), p.57.

② S.P.Weart, Otto Hahn and the Rise of Naclear Physics, p.92.

③ E.塞格雷，《从 X 射线到夸克》，上海科学技术文献出版社(1984)，第 231 页。

④ F.W.Marsden, Phil.Mag., 38(1919), p.707.

⑤ R.Atkinson and F.Houtermans, Z.Phys., 54(1929), p.656.

1934年,澳大利亚物理学家奥利芬特(M.L.E.Oliphant)发现了第一个 D-D 核反应[1];8 年之后,美国的施莱伯(Schreiber)等人首次发现 D-T 核反应。此后核聚变的可能性以及各种聚变装置的发明等方面研究,日益受到重视,但直到 1988 年才基本上由实验证明核聚变的科学可行性。据一般估计,今后几年大约可以实现热核点火,如果成功,那肯定会在科学史上留下光辉的一页。

5. 基本粒子和粒子结构

罗马哲学家和诗人卢克莱修(Lucritius,约公元前 99—公元前 55)两千多年前说过一句话:"所有我们观察到的我们周围的东西和我们自己,可能都只是一种永恒物质的暂时的形式。"有人认为,这是"人类最伟大的思想之一"。[2]

从卢克莱修的时代至今,人们一再傲慢地声称,"永恒物质"(用现代物理术语也许就相当于基本粒子)已经找到,但事实却总是嘲弄这样声称的人。永恒物质并不永恒,基本粒子并不基本,物质的结构似乎总可以不断向更深层开掘。现在物理学家聪明多了,谁也不再轻易宣称"基本"、"永恒"的物质已被发现。

1930 年以前,物理学界对物质结构已经有了一个非常明确的看法:(1)只有质子和电子是物质的基本结构单位(即"基本粒子");(2)这两种基本粒子都具有质量和电荷。这种物质结构思想使物理学家们感到高兴、满足和放心,因为它使自然界的秩序显得简单、对称而又和谐。

但是,这种物质的基本构成的观点,很快使物理学家们陷入了进退维谷的困境。

1914 年,查德威克在研究 β 衰变时,发现两桩难以解释的结果,一是衰变放射出的电子具有一种宽阔的连续能谱,二是衰变后的能量比衰变前少了一点。

为了摆脱这一困境,玻尔提出了一个惊人的意见,他认为只有放弃单一过程中的能量守恒原理,我们才可能得到一个有前途的、自洽的原子理论。在 1930

---

[1]　M.L.Oliphant et al., Proc.Roy.Soc., 144(1934), p.692.

[2]　S.D.Drell, Phys.Today, June(1978), p.23.

年的法拉第讲座上,玻尔说:"在原子理论的现阶段……无论是经验上还是理论上,我们可以说是没有争论的了。在β衰变的情形中,为了维护能量守恒原理,导致了实验解释上困难的处境……原子核的存在及其稳定性,也许会迫使我们放弃能量守恒的观念。"[①]

玻尔的意见受到泡利的强烈反对。为了拯救能量守恒定律的普适性,泡利于1930年12月提出可能存在一种"具有和γ量子大致相同的或大10倍穿透能力"的一种中性粒子。[②]泡利的建议一提出,立即受到包括玻尔在内的大多数物理学家反对。因为物理学家们在那时坚信:只有带有电荷和质量的质子和电子才是物质构造的基元,而泡利提出的粒子(后来被称为中微子,neutrino)既无质量又不荷电,这与当时的自然观和物质观都完全不相容,再加上实证主义观点的影响,因而都不愿意在理论上承认这种"没有观测到的粒子"。我们知道,使物理学家感到困惑的无质量属性,直到1956年才得到理论上的解释。[③]由此可以想见,在1930年要物理学家承认中微子,是多么困难。

查德威克的遭遇稍微好一些,1932年他提出中子的设想时,虽然也遭到大家反对,但中子毕竟有质量。但自然观的简单性信念是如此之顽强,以致连查德威克本人都开始认为中子只能是电子和质子组成的一种复合粒子,致使前面谈到过的核 p-e 模型之谜,又延续了差不多两年!可见,要改变人们思想中的旧框框是多么艰难。事实上,爱丁顿拒绝承认中微子假说和基本粒子无电荷性的强硬态度,一直坚持到1938年,他在1939年出的《自然科学的哲学》一书中写道:"可以说我是不相信中微子的……我认为,实验物理学家不会有足够的智谋制造出中微子来。如果他们成功了的话,甚至也许在发展其工业应用上也成功了的话,我料想我将不得不相信,尽管我可能会觉得他们干得不十分正大光明。"[④]而

---

①　N.Bohr, J.Chem.Soc., 349(1932).

②　W.Pauli, Collected Scientific Papers. Vol.2, New York：Interscience(1964), p.1313.

③　A.Salam, Nuovo Cimento, 5(1957), p.299；T.D.Lee and C.N.Yang, Phys.Rev., 105(1957), p.1671.

④　A.Eddington, The Philosophy of Physical Science, London：Cambridge U.Press(1939), p.112.

玻尔在 1924 年玻特(W.W.Bothe, 1891—1957)和盖革从实验上证实在单个基本粒子的康普顿过程中,能量守恒定律是严格生效后的八年,即 1932 年,又一次宁肯牺牲能量守恒定律的普适性,以拒绝承认泡利的中微子。在此同时或之后,狄拉克提出正电子和汤川秀树提出介子,差不多都经历了相同的风波,最后在实验面前人们才不得不承认这些粒子的存在。

到了 20 世纪 30 年代后期,人们才广泛承认有些基本粒子可以不带电荷。到 40 年代末,物理学家们已经有胆量预言,π 介子将出现在两个已观察到的荷电态以外的另一种中性态中。[1]这显然是大大前进了一步。但另外一个根深蒂固的思想,却直到 20 世纪 50 年代才被发现是可疑的,那就是基本粒子是绝对不会再有结构的粒子。"基本粒子并不基本",现在是尽人皆知的道理,但在西方哲学体系里却是一个比较新的思想,产生的年代并不久远。

1949 年夏天,杨振宁博士和费米在分析 π 介子实验时,认为 π 介子可能是核子和反核子的复合体。[2]正如 A.佩斯所说,这种想法在当时十分新奇。[3]为什么呢?因为自从 1935 年汤川秀树提出介子作为传递核力的粒子以来,π 介子就一直被认为是最基本的粒子。第二年的 4 月,美国加州大学伯克利分校的斯坦伯格(J.Steinberger)、潘诺夫斯基(W.K.H.Panofsky)和斯特勒(J.Steller)用实验证实了 π 介子不是基本粒子,他们观察到 π 介子的电磁衰变:[4]

$$\pi \longrightarrow e + v$$

基本粒子不基本的思想,应该说以此为缘起。

到了 50 年代,由以霍夫斯塔特(R.Hofstadter)为首的研究小组,在斯坦福大学汉森实验室用 1 京伏直线电子加速器(即 SLAC)上做高能电子对核和核子散射实验时,他们发现核和核子并非如卢瑟福做 α 粒子散射实验时所设想的那

---

[1]　V.Mukherji and S.K.Roy, Am.J.Phys., Dec.(1982), p.1101.

[2]　E.Fermi and C.N.Yang, Phys.Rev., 76(1949), p.1739.

[3]　A.Pais, Inward Bound, New York: Oxford U.Press(1986), p.495.

[4]　J.Steinberger, W.K.H.Panofsky, and J.Steller Phys.Rev., 78(1950), p.802.

样,是集中的点结构,相反,核和核子有大小和形状。1954 年,霍夫斯塔特由实验测出,质子的大小大约是 $0.74\pm0.24\times10^{-16}$ 厘米,这个值与原先的估计基本相符。过了三年,霍夫斯塔特进一步确定了核子的结构。[①]

我们知道,从古希腊的德谟克利特到英国工业革命时的道尔顿,从 20 世纪初的卢瑟福直到 50 年代的量子场论,人们一直笃信物质是由不可分的和点结构模型的基本粒子组成。正是在西方这种哲学思想和点状、无结构的量子场论指导下,美国实验物理学家阿尔瓦雷斯(L. W. Alvarez)在 1960 年发现的大量共振态(即短寿命的不稳定粒子),都被看作新的基本粒子。基本粒子的"基本"性,严重困扰着当时的物理学界。正是在这种困扰的情形下,霍夫斯塔特的发现,不仅从根本上动摇了正统的量子场论,而且也改变了西方几千年来自然哲学所笃信不疑的基本思想。正如霍夫斯塔特本人所说:"……在某种意义上说……这一发现改变了人们对原子构成的传统看法,并且提出了这样一个问题,与我们已知、验证、研究了的粒子相比,是否还有更小的粒子在另一层次上存在。"[②]

霍夫斯塔特关于基本粒子并不基本,它们仍然有结构的这一重要结论,于 20 世纪 60 年代前后,无论在实验和在理论方面,都有重大影响,引起了一系列新的反响。在实验方面,实验物理学家们对深度非弹性散射和粒子对撞动力学研究兴趣大增,并做出了一系列新发现;在理论方面,人们除了对阿尔瓦雷斯的共振态是否为基本粒子做出重新理解外,霍夫斯塔特的结论与 1964 年出现的"夸克"(Quark)理论,肯定有关联的。

在 20 世纪 50 年代前后,由于在宇宙线和高能加速器中发现了许多新的不稳定粒子,后来其数量竟达到一百多种,情况相当混乱,因而许多物理学家都认为这一百多种粒子似乎应该由更基本的粒子组成。正是在这些实验和理论新发

---

① R. Hofstadter, High-Energy Electron Scattering and the Charge Distributions of Selected Nuclei. Phys. Rev., 101(1956), pp.1131—1142.

② 维克多·奥辛廷斯基,《未来启示录》,上海译文出版社(1988),第 39 页。

现的影响下,加州理工学院的盖尔曼(M.Gell-mann,
1929—2019)[1]和茨魏格(G.Zweig)[2]于 1964 年提出,
强子*由更简单的粒子——夸克组成。在夸克模式
里,中子和质子由三个夸克组成,介子则仅含两个夸
克(一个夸克与一个反夸克)的束缚态。

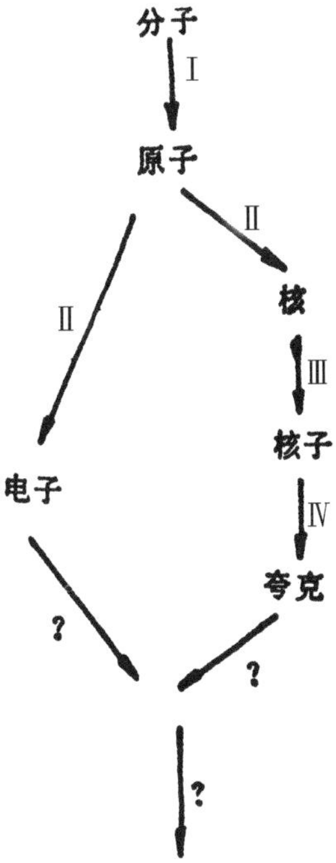

根据目前实验和理论来判断,夸克只能三个一组
或由一对正、反夸克结合在一起,已是一条确定无疑
的规则,这中间一定有一条重要线索可以揭示夸克间
相互作用的本质。但目前仍有许多疑团没有解开,例
如,为什么不存在两个夸克或四个夸克的团块? 为什
么看不到自由夸克?

在物质结构问题上,人类已经发现了四个层次的
在粒子(如左图 9-1 所示)。虽然夸克还有许多未解之
谜,但物理学界认为,由 PETRA 和其他存贮环的探测

图 9-1

器中所得出的结果,与量子色动力学(QCD)理论完全符合;而且在喷注(jet)中,
夸克已间接地被"看见"了,因而它几乎已经被认为是一种实在的粒子了。

下面的问题是:轻子(Lepton,包括电子、μ 子和中微子,它们不参与强相互
作用)和夸克是否还有更深一层的结构? 对于轻子,实验物理学家已经做过一些
实验,但未获得任何证据说明它有亚结构。对于夸克,连自由夸克都没见过,当
然还谈不上击破它了。1974 年,麻省理工学院的几位物理学家提出了一个大胆
的假说,认为夸克被囚禁在一个有限体积的口袋里,不准夸克穿出口袋。[3]使人

_____

①　M.Gell-mann, Phys.Lett., 8(1964), p.214.

②　G.Zweig, CERN Preprints 8182/Th 401, Jan.1964, unpublished, but repr. in D.B.Lichtenberg
and S.P.Rosen, Developments in the Quark Theories of Hadrons, Vol.1, Hadronic press, Nonamtum,
Mass.(1980), p.22.

＊　强子(Hadron),乃参加强相互作用的粒子,分成重子(Baryon,如质子、中子)和介子(Meson)
两类。

③　A.Chodos, R.L.Jaffe, C.B.Thirn and V.Weisskopf, Phys.Rev., D₉(1974), p.3471.

们惊诧的是,这么一个简单的模型竟然第一次给出了轻强子的质量谱的绝对值,而且与实验值比较吻合;这个模型还可以计算出质子等粒子的磁矩、电荷均方根半径及轴矢流耦合常数等等。如果夸克真的永久禁闭在口袋里,那物理学家在物质结构的探索道路上,岂不走到了尽头? 但谁也不敢这么说,而且从下面轻子和夸克排列的表来看,它们的"电荷和性质有着周期性变化,很像一个元素周期表,而且轻子共 6 种,夸克有三色,共 3×6=18 种。这么多种粒子能够排成一个周期表形式,是不是反映了夸克和轻子有更深一层次的内部结构呢?"①

电 荷	0	−e	2/3e	−1/3e
第一周期	v_e	e	u	d
第二周期	v_μ	μ	c	s
第三周期	v_τ	τ	t	b

霍夫斯塔特曾说过:"我们认作基本自然单元的粒子链或许没有'终点'。它不是自然物质本身的问题,而是研究人员所用的工具的发展问题。这里的'工具',不仅仅指物理技术,而且也包括智力工具,即新的观念、假设、问题和怀疑。"②

就目前的"工具"发展,我们关于下一层次的结构还缺乏最起码的信息,以致我们目前还根本无法具体判断下一个层次是什么样子。

6. 反物质

我们之所以把反物质(antimatter)单列为一小节,是因为反物质这一概念在物理学中有着特殊的重要性。海森堡曾经指出:"……反物质的发现恐怕是 20 世纪物理学中所有巨大跃进中的最大跃进。这是一个无比重要的发现,因为它把我们关于物质的整个图景改变了。"③他甚至于还说:"对于 20 世纪本质上崭新的物理图像的建立来说,是普朗克发现作用量子的贡献大,还是狄拉克发现反

① 汪容,《粒子物理的过去、现在和未来》,《百科知识》,1989 年第 6 期,第 41—42 页。
② 维克多·奥辛廷斯基,《未来启示录》,上海译文出版社(1988),第 39 页。
③ W.海森堡,《物理学和哲学》,商务印书馆(1984),第 183 页。着重号为本书作者所加。

物质的贡献大,是一个可以争论的问题。"

20 世纪 20 年代末,大部分非相对论性量子现象已经分析得差不多了,下一步似乎应该将量子理论和相对论统一起来。当时,实际上已经有一个相对论性的波动方程,即克莱因-戈登方程,而且大多数物理学家对这一方程十分满意,连玻尔也认为克莱因-戈登方程"已经解决了"相对论性的电子理论。[1]但狄拉克认为对克莱因-戈登方程表示满意是没有道理的,其原因有两条,一是狄拉克认为相对论性的波动方程应该保持对 $\frac{\partial}{\partial t}$ 的线性形式,但克莱因-戈登方程中有对时间的二阶偏导数 $\frac{\partial^2}{\partial t^2}$,即:

$$\left(\frac{1}{c^2}\frac{\partial^2}{\partial t^2}-\frac{\partial^2}{\partial x_1^2}-\frac{\partial}{\partial x_2^2}-\frac{\partial}{\partial x_3^2}+\frac{m^2c^2}{h}\right)\Psi=0;$$

二是克莱因-戈登方程可以得出负概率,狄拉克认为,为了解释某种行为的概率,它总应该是正的,负概率不符合狄拉克对量子力学的物理诠释。狄拉克曾在《反物质预言》一文中回忆说:"在当时,大多数物理学家满意于这一克莱因-戈登方程的工作……而我则并不满意它,由于它违背了薛定谔理论的基本概念,违背了变换理论。没有办法像变换薛定谔理论中原有 Ψ 那样,把这里的 Ψ 变到相应的其他力学量。也没有任何一般的方法来得到某正定量,以使其可被解释为概率。当时在与其他物理学家磋商中,我惊奇地看到他们在接受克莱因-戈登理论上处于何等满足的状况,而他们并不感到存在着这样的苦恼,即人们实际上正在违背着我曾解释给你的那一极为漂亮而有效的动力学基本原理。我对上述状况极不满意,并且我集中于研究它,感到应该能够找到某一变更的波动方程,使其既适合于一般变换理论又适合于相对论。"[2]

1928 年元月,狄拉克用四行四列矩阵代替泡利的两行两列 σ 矩阵后,成功

①　History of Twentieth Century Physics, New York：Academic Press(1977), p.109.
②　P.A.M.狄拉克,《反物质的预言》,《科学与哲学》,1980 年第 3 辑,第 42—43 页。

地把非相对论性的薛定谔方程推广于相对论情况,得到了著名的狄拉克方程。[①] 这一方程立即带来了四项伟大的胜利:(1)电子的自旋是狄拉克方程的自然推论,而不像薛定谔方程需要人为地加上去(狄拉克说:"这是一个未曾料到的额外收获,当时我并没有想到得出一个有关电子自旋的理论。"[②]);(2)电子的磁矩值可以直接从方程得到;(3)应用到氢原子时,方程能够自动得到氢光谱精细结构的索末菲公式;(4)可以计算出光和相对论性电子的相互作用。这四项胜利表明,狄拉克方程将量子力学中原来各自独立的主要实验事实,统一到一个具有相对论性不变的框架里。

但是,在取得这些巨大成功的同时,也出现了一个严重的困难,这就是负能态之谜。由狄拉克方程可以得出,电子应当有四个内部状态,于是其能级应该是非相对论性解的四倍。薛定谔方程引入自旋后,能级只变成二倍,但这是人为引入的,显得十分不自然。狄拉克方程改变了这种不自然的状况,自旋是方程的一个自然推论。但是,还有两个状态意味着什么呢?经过苦苦思索后,狄拉克认为这种状态数加倍的原因是因为存在负能量。负能量概念的产生,在物理学思想史上是一件非常有趣而又令人深思的事件。根据相对论中能量与动量之间的联系式

$$E^2 = c^2 p^2 + m^2 c^2$$

可以得到:

$$E = \pm \sqrt{c^2 p^2 + m^2 c^2}$$

在经典物理学中,负值肯定会被认为是增根而舍去。最开始,狄拉克也认为 E 的负值应该排除,但到 1928 年 6 月,他有了新的看法。他认为在量子力学中不能将负值作为增根删去,相应于负的能量值的解应当具有物理意义。这样,每一

① P.A.M.Dirac, Proc.Roy.Soc. A 117(1928), p.610; A 118(1928), p.351.

② P.A.M.Dirac, Naturwissenschaftliche Rundschau, vol.30, 12(1977).

个自旋方向都有 E 的两种解,粒子总共就有 $2×2＝4$ 个内部状态。[①]可是,说电子具有负能状态,这不仅过分离奇,而且会引出很多佯谬。

首先,由于负能级没有下限存在,原子结构的稳定性成了问题。因为根据量子力学原理,力学量可以从一个值不经中间值而跳到另一值。这样,一个处于正能态的粒子就可以无限制地向更低能级跳跃,好像在无底的深渊里不断地往下落,原子就不可能稳定。这显然与事实不相符合。其次,有了负能态的电子,其行为将无法解释。对一般电子,当它与其他粒子相撞并损失能量后,它可以跃迁到负能级并不断加速,直到它的速度等于光速。这与相对论又发生了冲突。

这些佯谬引起了严重的困难,其困难的程度可由海森堡的一句话看出端倪,他说:"直到那时(1928 年),我有这样一种印象,在量子论中,我们已经回到了避难所,回到了避风港中。狄拉克的论文又一次把我们抛到了海里。"[②]他甚至对泡利说:"现代物理学最令人悲哀的一章就是而且仍然是狄拉克的理论。"[③]

到 1929 年 12 月,经过一年多的艰难探索,狄拉克提出了一种新的真空理论,即所谓"空穴理论"(hole theory)来防止电子的灾难性加速。在狄拉克提出新理论之前,真空被视为极其简单的基态,是纯粹的一无所有的虚空,具有高度的对称性。即使是非相对论量子力学,也是这样看待真空的。但按狄拉克的理论,真空并非纯粹地"虚无",而是所有电子负能态的"空穴"都被电子填满,形成一种所谓"负能态的电子海洋",而与此同时,正能态的能级都是空着的。这也就是说,真空是负能态填满而正能态真空的状态,是能量最低状态。[④]

为什么这种真空理论能解决电子的灾难性加速呢? 由泡利不相容原理可知,每一确定的电子状态只能容纳一个电子,那么,负能态的空穴既然已被电子填满,那么正能态的电子理所当然就不能再往负能区域跃迁,这就保住了原子的稳定性。

---

①　P.A.M.Dirac, Phys.Zeitschr., 29(1928), p.561, 712.

②③　A.Pais, Inward Bound, New York: Oxford U.Press(1986), p.347, 348.

④　P.A.M.Dirac, Proc.Roy Soc., Nature 126(1930) p.605.

在负能态的海洋中,如果有一个电子受到激发而跃迁到正能级,这一过程可以看成是正能态电子从正能级跃到负能级的反过程,因而负能电子从"真空"跃入到正能级后在负能级上留下的空穴,就相当于一个具正能量的电子。这个空穴就是反物质概念的原型。空穴的行为就像一个有正能量的带正电的粒子。

作为物理学一种概念,一种思想,反物质早在 1898 年就曾由英国科学家舒斯特(A.Schuster,1851—1934)大胆地做过预言。他认为既然物质是由带正、负两类电荷组成,那么物质也应该有正反两种。他甚至预言在宇宙空间可能存在着反物质组成的恒星和星云。[①]但舒斯特的预言没有精密的科学论证,仅是一种臆测;而狄拉克的预言则有很大不同,它有严格的理论推导。

但是,有谁见过这种几乎完全由数学推出的反粒子呢?而且由于物理思想上的原因,狄拉克本人也给这个"有正能量和正电荷的粒子"罩上了一层不祥的阴影,这就更使得预言中的反粒子显得神秘而不可信。绝大多数著名的物理学家都对狄拉克的理论持怀疑态度。虽然大家都承认狄拉克用纯数学的方法对电子自旋和磁矩的解释非常成功,是一个辉煌的成果,但负能量海洋是狄拉克理论中的糟粕,泡利曾经指出:"任何一个有这样一种缺陷的理论,即使与经验相符,也纯属偶然。"[②]

本来,狄拉克从理论上认为,由正、负能量应完全对称的观点出发,他预言中的反粒子应该具有与电子相同的质量。但当时物理学家们确信自然界里只有质子和电子两种基本粒子,带正电的是质子,带负电的是电子,自然界不会再有什么其他基本粒子。既然狄拉克预言的反粒子是带正电的,那就只能是质子。狄拉克囿于传统观点束缚,不得不认为:"在电子的分布中,具有负能量的空穴就是质子。当具有正能量的电子落入空穴并填满它时,我们应当观察到电子和质子将同时消失,并伴随着辐射的释放。"[③]但空穴的质量比电子大将近 2 000 倍这一

---

① A.Schuster, Nature, 58(1898), p.367.

② D.F.Moyer, The Origins of Dirac Electron, Am.J.Phys., 49(1981), p.1055.

③ History of Twentieth Century Physics, New York:Academic Press(1677). p.144.

事实,总使人感到这事有些蹊跷。狄拉克也感到忧心忡忡,在同一篇文章中他说:"只要忽略相互作用,在电子和质子间人们就可以看到一种完全的对称;人们可以把质子看成是真实的粒子,把电子看成是在负能质子分布中的空穴。然而,在考虑到电子间的相互作用时,这一对称就被破坏了。"对于非常强调数学美的狄拉克来说,这一对称的破坏本可促使他做出新的选择,但他缺乏勇气。一直到别人提出了批评,他才最终决定突破传统框架的束缚。

首先是美国物理学家奥本海默(J.R.Oppenheimer, 1904—1967)提出批评。1930 年 2 月,奥本海默著文指出,如果质子是电子的反粒子,那么普通的电子就应当落入到这个空穴中,结果由于电子与质子的湮灭(annihilation)而只留下光,整个原子将不稳定。[1]接着,1930 年 4 月,苏联物理学家塔姆(I.E.Tamm, 1895—1971)独立地得出了与奥本海默相同的结论,他指出:"这一结果是狄拉克质子理论的基本困难所在。"[2]到 1930 年 11 月,原来支持空穴就是质子这一观点的德国数学家韦尔(H.Weyl, 1885—1955)也采取了新立场,他指出:"不论最初这一观点有多么大的吸引力,但如不引入其他深刻修正的话,它肯定是站不住脚的。"[3]韦尔还担心这一困难会像"乌云滚动到一处而形成量子物理中的一个新危机"。

1931 年 5 月,狄拉克接受了批评,"硬着头皮"说:"如果存在一个空穴的话,它将是一种实验物理尚不知道的新粒子,它具有与电子相同的质量和相反的电荷。"[4]狄拉克最初将这个预言中的新粒子叫"反电子"(antielectron),后来安德逊(C.D, Anderson)称它为"正电子"(positron)。

1932 年 8 月,美国物理学家安德逊在宇宙线中发现了正电子;9 月,他在《科

---

① J.R.Oppenheimer, Phys.Rev., 35(1930), p.562.
② I.Tamm, Zeit.f.Phys., 52(1930), p.853.
③ H.Weyl, The Theory of Groups and Quantum Mechanics, Tr. by H.P.Robertson, New York: Dover, Ind edn., pp.263—264, preface.
④ P.A.M.Dirac, Proc.Roy.Soc., A 133(1931), p.60.

学》杂志上公布了这一发现。[1]这一发现具有极重大的意义,它证实了狄拉克的真空理论和反物质概念,人类对物质世界的认识,至此又完成了一次大的飞跃。除了真空被证明实际上是一种充满物质实体的存在形式以外,1933 年,英国物理学家布莱克特(P.M.S.Blackett, 1897—1974)和意大利物理学家奥卡里尼(G.D.S.Occhialini)也于 1933 年在实验中证实了正反电子对的产生与湮灭。[2]这样,基本粒子也失去了原来的不朽性和基本性,并为物质存在的实物形式和辐射形式的相互转换提供了一种具体机制。

正电子被发现后,科学家们又猜想质子的反粒子反质子(antiproton)也应该存在。到 1955 年 10 月,美国物理学家赛格雷和张伯伦在 62 亿电子伏的加速器中,终于找到了反质子。[3]

接着,人们又先后发现了中子、介子、超子等其他粒子的反粒子,甚至还发现了反氘核、反氦核。由于大量反物质的存在,于是有一些天文学家和天体物理学家提出了一个有趣的设想:宇宙空间有可能存在着反物质,说不定还有由反物质组成的天体。这个想法最早是由瑞典物理学家克莱因(O.Klein, 1894—1977)和阿尔文(H.O.Alfvén, 1908—1995)提出来的。[4]开始这仅是一个有趣的猜想,但到 1978 年已有报道,说在银河系中心区域观测到大量正电子存在的证据,这预示银河系很可能真有反物质存在。

关于物质的原子结构以及原子的深层结构,从 1895 年至今,从层次观点看来,可说在 20 世纪经历了三个阶段:第一个阶段以 X 射线、放射线、电子等发现为契机,使人们认识到,原子也并非绝对不变的,人们的理论和实践开始深入到了原子的内部;由于认识领域、层次的深入,它又深刻影响了人们的物质观、运动观、时空观和因果观,也深深影响了人们的思想方法。第二个阶段主要是以质

① C.D.Anderson, Science, 76(1932), p.238.

② P.M.S.Blackett and G.D.S.Occhialini, Proc.Roy.Soc., A 139(1933), p.363.

③ O.Chamberlain, E.Segré, C.E.Wiegand, and T, Ypsilantis, Phys.Rev., 100(1955), p.947.

④ H.O.Alfrén, Kosmologie und Antimaterie—Über Eutstehung des Weltalls, Frankfurt(1969), p.36.

子、中子的发现为契机，人们进一步认识到核也是有结构的，层次又向深处突破了。这一阶段在理论上还伴随着量子力学的建立。由于研究对象进入了核内层次，从而使得直观性几乎彻底丧失，数学的抽象作用越来越显得重要，而且主体在认识自然世界的过程中，能动性大大增强。由此，给思想方法上也带来了更多的变革。第三个阶段是以基本粒子数量激增为契机，促使人们想到基本粒子的结构问题。这一阶段目前还处在艰苦探索的时期，一切尚未最后定论。但可以肯定的结论至少有两点：一是基本粒子肯定是有结构的；二是所有的粒子没有一种是永恒不变的，在一定的条件下，都能产生和消灭。物质本身是不生不灭的，但其具体存在形式在一定条件下都能产生、消灭和相互转化，而且还可以肯定的是，对基本粒子结构的更进一步研究，会引起人类思想和实践更伟大的突破。

第二节　场——物质的另一种基本形态

场(field)的概念是在一个多世纪前引入物理学的，这是自牛顿时代以来物理思想史上一次最重要的突破。当然，这一概念产生的渊源，可以追溯到几千年来人类对事物和现象本质认识的发展，这些认识涉及世界最根本的基础。

到 20 世纪后，由于对物质结构和运动研究的逐步深入，人们才认识到：场和实物粒子一样，是物质存在的一种基本形式。而且，诸如电子、光子、中微子等物质的基本组成部分，都可被认为是场的体现。

场的概念已被证明是非常成功的，它不仅回答了许多老的问题，而且还提出并完成了许多新的问题。场论的研究，已是今天物理学研究最活跃的前沿。物理学家们在 20 世纪不仅已经放弃了试图把整个物理学建筑在实物(与场并存的另一种实在)的概念之上，而且早就试图"放弃纯实物的概念而建立起纯粹是场的物理学"。①但这一目标至今尚未实现，仍在艰难的探索之中。本节就是讨论

---

① 爱因斯坦，L.英费尔德，《物理学的进化》，第 179 页。

20世纪物理学在这方面的研究过程。

1. 爱因斯坦的相对论和统一场论

在第九章中我们讲过,在电磁场理论建立之前,处理物体间相互作用的流行理论是"拉普拉斯的简约纲领",即自然界的一切力均可简化为粒子间的吸引力或排斥力,力的方向在两点状粒子间的联线上,而且是一种超距作用力。到19世纪20年代以后,由于电和磁的研究,拉普拉斯的"纲领"才受到挑战。

在奥斯特关于电流的磁效应的论文中,已经提出了可以扩充到导线周围空间的"电冲突"的概念,实际上指的是存在于电流周围的一种环形力,这个观点,实际上是电磁场思想的开端。安培却坚决反对这种观点,而且成功地把奥斯特的发现纳入拉普拉斯的简约纲领中,并建立了超距论的电动力学。法拉第从康德的哲学中认识到空间对于物理过程的重要性,找到了批判超距作用的根据,把超距作用者只注视于"源"的目光,扩展到"源"四周的空间,提出了"电紧张状态"的观念,进而引入了电力线的图像,用以描述这种电致紧张状态和其他电磁现象。爱因斯坦把法拉第关于场的思想看作"牛顿时代以来物理学的基础所经历的最深刻的变化"。①

W.汤姆逊对静电力与热流场所做的类比研究,使场理论跨出了极重要的一步。因为它一方面为电磁场理论研究提供了有效的数学方法,另一方面在物理思想上也提供了把电作用看作像热现象在连续介质中依次传递那样的过程的暗示。麦克斯韦在这个基础上,抓住了法拉第的力线这一核心思想,明确形成"场"这一概念,创立了完整的经典电磁场理论。麦克斯韦的理论,在物质观方面引起了一次重要的变革,爱因斯坦曾对此做出过高度评价,他指出:"撇开麦克斯韦的一生工作在物理学的各个重要部门中所产生的个别重要结果不谈,而集中注意于他在我们关于物理实在的本性的概念中所造成的变革,我们可以说,在麦克斯韦以前,人们以为,物理实在(就它应当代表自然界中的事件而论)是质点,质点

---

① 《爱因斯坦文集》(第一卷),第356页。

的变化完全是由那些服从全微分方程的运动所组成的。在麦克斯韦以后,他们则认为,物理实在是由连续的场来代表的,它服从偏微分方程,不能对它做机械论的解释。实在概念的这一变革,是物理学自牛顿以来的一次最深刻和最富有成效的变革,但同时必须承认,这个纲领还远没有完全实现。"①

在麦克斯韦之后,洛伦兹对场的理论做出了重要贡献。麦克斯韦的场是无源场,他从来不讨论电磁场是如何产生的。赫姆霍兹曾评论过这一点:"在麦克斯韦的理论中,除了说电荷是一个符号的代表物之外,你如果问他电荷是什么,他也答不出来。"洛伦兹在他的电子论中,指出电子的运动既是一切电磁场的根源,又是物质和电磁场相联系的桥梁。在研究、完善电子论的过程中,洛伦兹对以太(场)做了极重要的改进、简化。他指出,以太和物质虽然在电磁学上相互关联,但它们是互相独立的。他还认为,以太只不过是电磁场的载体,不能极化,只有有重物质才能极化,而麦克斯韦理论则认为极化是在以太中发生的。而且,由于在麦克斯韦理论中,以太的复杂性质常常引起互相矛盾的结果,因而洛伦兹认为,几乎所有强加在以太身上的力学性质(如惯性、密度、弹性等)都是多余的,应该坚决抛弃。到最后,洛伦兹的以太只剩下了一个力学性质——静止。虽然这个静止的以太似乎使人们又回到了牛顿的绝对空间,但这儿却有一个重要的不同:现在空间有了场。因此,洛伦兹简化了的以太实际上是清除了场与机械论的千丝万缕的联系,这标志着场的理论有了重要进展。

对洛伦兹的"决定性的简化",爱因斯坦曾指出:"他把他的贯彻一致、毫不犹豫的研究建筑在如下的假说上——电磁场的处所是空虚空间。在那里只有一个电的和一个磁的场矢量。这种场是由原子论性的电荷产生的,而场反过来以有质动力作用在电荷上。电磁场同有重物质之间的唯一关系发生于基元电荷是固着在原子论性的物质粒子上这一事实。对于这种物质粒子,牛顿运动定律是成立的。根据这个简化了的基础,洛伦兹建立起一个关于当时已知的一切电磁现

———
① 《爱因斯坦文集》(第一卷),第294—295页。

象,包括动体的电动力学现象的完备理论。像这项工作那样的一致、明晰和美丽,在经验科学里是极少达到的。"①

在洛伦兹之后,对场论做出决定性贡献的是爱因斯坦。正是爱因斯坦把"场概念从场必须有一个机械载体与之相联系的假定中解放出来"的,而且正如爱因斯坦自己所说,"这在物理思想发展中是在心理方面最令人感兴趣的事件之一"。②

我们知道,麦克斯韦的电磁场理论彻底地改变了物理学的基本概念,以逐点连续变化的场代替了牛顿力学分立的质点,他使人们清楚看到,用场描述电磁过程比起用质点力学的处理方法优越得多。

场与质点在概念基础上虽然大不相同,但是麦克斯韦以及洛伦兹对于场的概念都没有做出正确的解释。他们都理所当然地把电磁场解释为一种特殊的机械媒质——"以太"的状态,并且总是把这种状态解释为机械性状态。

洛伦兹虽然因为抛弃了强加在以太上的各种力学性质,仅保留其静止这一唯一力学性质,但他最终仍然舍不得将以太是电磁场的载体这个机械观念抛弃。爱因斯坦则从理论的对称性这一认识论的角度出发,认为应该将洛伦兹的静止以太也取消。

前面我们在狭义相对论的建立一节,已经详细介绍过爱因斯坦成功地证明,以太并不存在。机械以太的最终被否定,对场的理论进一步发展有极为重大意义。对此,爱因斯坦曾经做过中肯的总结,他指出:

"狭义相对论揭示了一切惯性系的物理等效性,因而也就证明了关于静止的以太的假设是不能成立的。因此必须放弃将电磁场看作物质载体的一种状态的观点。这样,场就成为物理描述中不能再分解的基本概念,正如在牛顿的理论中物质概念不能再分解一样。"③

---

① 《爱因斯坦文集》(第一卷),第576页。
② 爱因斯坦,《狭义与广义相对论浅说》,上海科学技术出版社(1964),第115页。
③ 爱因斯坦,《狭义与广义相对论浅说》,上海科学技术出版社(1964),第117页。

1907 年,爱因斯坦在《相对性原理及其结论》一文中,非常明确地宣称:

　　"电磁场……它本身就是存在物,它和有重物质是同一类东西,而且它也带有惯性的特征。"①

爱因斯坦对电磁场概念的彻底革新,有着双重的重大意义,一方面对牛顿传统的时空观做了根本性的改造,另一方面对经典的物质观带来了革命性的突破,整个理论物理在此后的发展,几乎都源于这些基本概念的变革。

到了广义相对论,场的理论又有了更进一步的深化。爱因斯坦通过场方程证实,"一无所有的空间,亦即没有场的空间,是不存在的。空时是不能独立存在的,只能作为场的结论性质而存在。"而且,爱因斯坦还证明,空间的曲率由引力场决定:反过来,也可以用弯曲的空间来描述引力场的结构。更不可思议的是他还指出,引力相互作用的实质是起因于场的结构。这儿用到的是一种物理学家普遍生疏的空间——黎曼几何决定的空间。

既然黎曼几何在描述引力场方面取得了惊人的成功,那么,存不存在一种新的几何学既描述电磁场又可描述引力场,从而把这两种不同的相互作用统一到一个统一的场里呢? 爱因斯坦在研究引力理论时,用的是"引力场的几何化"的方法,在紧接着寻求统一场论时,无论是爱因斯坦还是希尔伯特(D. Hilbert,1863—1943)、韦尔,也仍然是希望从几何化的思想角度来建立统一场论,所以人们常将这种设想称为"几何统一场论"。杨振宁教授曾经指出:"广义相对论是一种场论,这个奇异的创造也深刻地影响了爱因斯坦自己,他强调指出,我们应当在它的基础上建立物理理论。"②我们似乎可以把杨振宁教授的话稍作推广,即广义相对论"这个奇异的创造"还"深刻地影响了"除爱因斯坦以外的许多著名数学家和物理学家。

在广义相对论基础上想把引力场与电磁场统一起来的第一次尝试是希尔伯特做出的。1915 年 11 月 20 日在德国哥丁根皇家科学协会会议的报告中,希尔

---

① 《爱因斯坦文集》(第二卷),第 151 页。
② 杨振宁,《几何与物理》,《陕西物理》,1982 年第 2 期,第 7 页。

伯特提出了第一个统一场论。①希尔伯特曾经似乎多少有点桀骜不驯地说："物理学对物理学家来说是太困难啦。"②言下之意,只有数学家才能重建物理学的秩序。他不仅这么说,而且真的在物理领域里干起来了。他采用在数学研究中他推崇的公理化演绎法,从抽象的数学理论(微分几何、群论和变分计算)来建立统一场理论。他认为,一切物质必须还原为电磁场,但电磁场又不是第一性的,它应该是从引力以及几何学推演的必然结果。这是一个典型的数学家的方案,它既不重视实验和经验,也不重视物理解释问题以及作为出发点的概念和基础的实际证明。

1918 年,韦尔提出了一个统一场论的方案。③这一方案依据对四维黎曼几何的某种推广(增加一个几何量,用以描述电磁场),建立包含电磁场在内的统一场论。韦尔的理论虽然受到了爱因斯坦(和泡利)的批评,④但其理论上的深刻性和数学上的完美,尤其与广义相对论的联系,给予理论物理学家们以极深刻的印象。

1921 年后,统一场论的新方案如雨后春笋般地出现,除了韦尔的方案以外,还有爱丁顿的仿射统一场论,⑤卡坦(E.J.Cartan, 1869—1951)的非黎曼几何方案,⑥还有颇受爱因斯坦青睐的卡鲁扎(T.Kaluza, 1885—1954)的把时空扩展到五维流形以达到统一的方案⑦等。

也正是在这一时期,爱因斯坦开始集中精力研究几何统一场论。1922 年 1月,他写下了关于统一场论的第一篇论文。⑧从此,他走上了终生为之奋斗的、艰苦而又孤独的探索宇宙统一的道路。

---

① NTM—Schriftner. Geseh. Natuiwiss. Technik. Med., 21(1984) 2, pp.23—33.
② C.瑞德,《希尔伯特》,上海科学技术出版社(1982),第 159 页。
③ Sitzungsberichte. Preussiche. Akademie der Wissenschaften(PAW), (1918), p.465.
④ A.Einstein, Letter to H.Weyl. June 6(1922).
⑤ A.S.Eddington. Proc.Roy.Soc. 99(1921) p.104.
⑥ E.J.Cartan. Ann.Ec.Norm. 40(1923), 325; 41(1924) p.1.
⑦ T.Kaluza. PAW. (1921), p.966.
⑧ A.Einstein and J.Grommer, Scripta Jerusalem Univ.1, NO.7(1922).

爱因斯坦的传记作者弗兰克(P.Frank，1884—1966)曾经正确地分析过爱因斯坦走向统一场论的思想原因，他在 *Einstein，His Life and Time*① 一书第 9 章第 6 节"统一场论"中写道：

"在广义相对论里，他用引力场来处理引力，所有物质均产生一种引力场，这种场作用在其他的物质上而产生一种力使之运动。爱因斯坦用弯曲空间的方法来描述这种力，同样的类似情形在带电粒子中也存在，它们彼此之间有力相互作用，这理所当然地也可以看成是电荷产生了一个电磁场，其他带电粒子通过电磁场而受到作用力。爱因斯坦认为，这两种场应该完全相当，因而他就进而设想建立一个'统一场'的理论，把引力场理论扩大以包容电磁场现象。他还相信，用这种方法可以得到一个比玻尔理论更好的光子理论，可以不借助于观察结果就可推导出有关物理定律。广义相对论成功地运用了几何学，因此他自然地想在四维时空里发展他的统一场论。"

爱因斯坦自己也曾清楚地谈过自己的动机。1953 年，他在为他 74 岁诞辰举行的记者招待会上说过："广义相对论刚一完成，也就是 1916 年，出现了一个新问题，广义相对论极其自然地得出了引力场论，但是没有得到一个可以包容任何一种场的相对性理论。从那时到今天，我尽力寻找引力理论的最自然的相对论性概括，希望这个概括性的理论是一个场的普遍理论。"②

1925 年夏季，爱因斯坦公开报道了他的第一个统一场论。③开始，他对这个理论颇有信心，他在文章的开头说："经过最后这两年不断地探索，我相信我现在已经找到了真实的答案(I now belive I have found the true solution)。"但过了不久他就发现自己开始过分乐观了，在 9 月 18 日给埃伦菲斯特的信中他写道："今年夏天我写了一篇极富消遣性的(a very beguiling paper)引力-电学文章……但我现在十分怀疑它是否正确(but now I doubt again very much

① P.Frank, Einstein, His Life and Time, New York: knopf(1947).
② C.Seeling, Albert Einstein. Zürich: Europa Verlag(1954), pp.250—251.
③ A.Einstein, PAW, (1925), p.414.

whether it is true)。"①到了 1927 年,他明确承认自己走错了路,他在一篇文章中写道:"由于数次失败,现在我相信这条路(韦尔——→爱丁顿——→爱因斯坦)是不会让我们接近真理的。"②

1929 年,他的研究似乎有了转机。1 月份他发表了论文《关于统一场论》,③在文章的一开头,他信心十足地声称:"如果我们认为四维连续区除了具有黎曼度规,还具有'远平行性'(Fern parallelismus),那么我们就可以得到引力和电的统一理论……我成功地找到了一个令人满意的推导场方程的方法……"世界又一次轰动了,上百名记者向他轮番轰炸似地采访,以致他不得不出门躲避。伦敦商店的橱窗里张贴他的论文,尽管没有人能懂得文章写些什么,却围满了人在那儿读,报纸上是大标题"爱因斯坦接近伟大的发现"……但不久爱因斯坦就发现自己又是"瞎忙了一阵"。尽管如此,他在 1929 年仍然坚持认为他"毫无疑问"地走在正确的路上。但其他物理学家,包括爱因斯坦最好的朋友爱丁顿、韦尔都不同意他的看法,爱因斯坦自己也承认,"几乎所有的同事都尖酸刻薄地反对这一理论"。④泡利以他特有的坦率指出,爱因斯坦的设想是虚妄的,并且辛辣地说:"(爱因斯坦)永不逊色的创造力和他从事(统一理论)的顽强决心,使他近几年来平均每年向我们提出理论。有一段时间,作者总是认为他当时的理论是'确定无疑的解',这一点在心理学上是十分有趣的。"⑤

1930 年,爱因斯坦又发表了《物理场的统一理论》等 4 篇文章,但都没有取得什么实质性的进展。此后,在统一场论探索的道路上,再没有给他带来成功的喜悦,相反,却几乎是一次又一次失败的打击。直到 1955 年去世,他的统一场论都没有获得成功。玻恩曾惋惜地说:"我们当中许多人都认为,这是一出悲剧——对于他来说,他在孤独中探索自己的道路,而对于我们来说,我们失去了

---

① A.Einstein, letter to P.Ehrenfest, sept.18(1925).

② A.Einstein, Math.Ann, 97(1927) p.99.

③ A.Einstein, PAW(1929), pp.2—7,中译文见《爱因斯坦文集》(第二卷),第 428—435 页。

④ A.Einstein, letter to W.Mayer, Jan.L(1930).

⑤ W.Pauli, Nature, 20(1932), p.186; Collected Papers, Vol.2, p.1399.

我们的领袖和旗帜。"①

失败对于科学家来说是一个严峻而又痛苦的考验,这对爱因斯坦当然也不能例外。但几经思考之后,他并不认为自己被禁锢在虚假的偏见里。1952 年,在为《狭义与广义相对论浅说》一书第 15 版增加的附录五里,他写道:

> "在过去几十年中……探索……的共同点是将物理实在看成是个场,而且是作为引力场推广出来的一个场,因而这个场的场定律是纯引力场定律的一种推广。……目下的问题主要是这里所设想的这种场论究竟能否达到其本身的目标。也就是说,这样的场论能否用场来透彻地描述物理实在,包括四维空间在内。目前这一代的物理学家对这个问题倾向于做否定的回答。……我认为,我们现有的实际知识还不能做出如此深远的理论否定,在相对论性场论的道路上,我们不应半途而废。"②

爱因斯坦的话具有一种理论物理的基本结构所应具有的洞察力,这在今天看来是十分清楚的。但不可否认的是,毕竟有 20 多年人们对统一场论冷漠了,人们对它的期望值几乎降低到零。这一事实显然值得深思。

如果我们对各种不同的几何统一场模型做一个总的概括,则它们共同特点有五点:(1)宇宙中存在一种"统一场",电磁场和引力场都是这统一场的特殊情况;(2)这个统一场与时空结构密切相关,因而可以通过创建新的几何学方法来建立统一场论;(3)建立统一场论不必考虑量子效应,后者应该可以从统一场理论中逻辑地导出;(4)对称性是建立统一场论的基本方法;(5)统一场的方程应该是非线性的。

从几何统一场论的共同特征可以看出,这一理论的实质是想用几何学与物理学统一起来的方法来完成物理学的一次革命;另一方面,我们也多少可以看出它失败的一些原因。

---

① 舒炜光,《爱因斯坦问答》,辽宁人民出版社(1983),第 297 页。
② 爱因斯坦,《狭义与广义相对浅说》,上海科学技术出版社(1964),第 121—122 页。

　　首先,爱因斯坦只知道自然界的两种相互作用:电磁场和引力场相互作用。因而,在他的设想中,只要这两种相互作用能汇合在一起,则统一场论将宣告最终胜利。但我们现在知道,自然界的相互作用目前知道的已有四种,除了电磁和引力相互作用外,还有原子核里的强相互作用和弱相互作用。一个正确的统一场论当然必须包括这四种相互作用,而且正是爱因斯坦不熟悉的两种相互作用把原子核中的基本粒子结合在一起,并使化学元素的嬗变成为可能。1959 年,海森堡在他的论文《对爱因斯坦统一场论纲要的意见》中,在分析爱因斯坦的统一场论未获成功的原因时,就把各种新粒子和场的不断发现作为第一位原因。海森堡在文章中写道:"这个气势宏伟的尝试似乎一开始就注定要失败。在爱因斯坦致力于统一场论问题的那段时间里,新的基本粒子不断被发现,而与此同时也发现了与之相应的新的场。其结果,对于实现爱因斯坦的纲领来说,还不具备牢固的实验基础,爱因斯坦的努力也就没产生什么令人信服的成果。"[1]

　　其次,爱因斯坦对那个时代正蓬勃发展的量子力学一直采取不合作的态度。1933 年 6 月 10 日在英国牛津大学斯宾塞(H.Spencer)讲座的演讲中他说,玻恩的概率诠释"只能给以暂时的重要性。我仍然相信可能有一种实在的模型,那就是说,相信有这样一种理论,它所表示的事物本身,而不仅是它们出现的概率"。[2]1938 年,他在给索洛文(M.Solovine, 1875—1958)的信中写道:"我正在几个年轻人的支持之下搞一个饶有兴趣的理论,我希望它有助于克服对概率的现代迷信和对物理学中的实在概念的疏远态度……"[3]1944 年,他在给缪萨姆(Hans Mühsam, 1876—1957)的信中仍然坚持认为:"不用统计的方法在原则上是可能的,我总认为统计方法是一个糟糕的出路……"[4]这儿所说的"糟糕",是爱因斯坦不赞成把量子力学的统计诠释作为最终规律看待,他相信有更深刻的非统计性的规律存在。后来对弱电统一场论做出重要贡献的格拉肖(S.L.

---

① 　Б.Г.库兹涅佐夫,《爱因斯坦——生·死·不朽》,第 346 页。

② 　《爱因斯坦文集》(第一卷),第 317—318 页。

③ 　A.Einstein, Letters to Maurice Solovine, Paris: Gauthier-Villars, (1956), p.75.

④ 　A.Einstein, letter to H.Mühsam(1944).

Glashow),对爱因斯坦的这种不合作态度也曾惋惜地说:"爱因斯坦还有另一个关键性的疏忽,他从未充分接受他应部分尽责的量子理论。爱因斯坦说,上帝是不掷骰子的,但我们现在确信上帝是掷骰子的。"①

最后,几何统一场论虽然深刻地反映了数学与物理学相互作用的一种新形式,给理论物理学家带来了巨大的启迪,但是,它过分强调数学结构而忘记了物理概念,也低估了实验和经验方面产生的危险和困难。爱因斯坦曾经说过:"我坚信,我们能够用纯粹数学的构造来发现概念以及把这些概念联系起来的定律。"②对于这种偏向,狄拉克曾提出过中肯的意见,他说:"数学是特别适合于处理任何种类的抽象概念的工具,在这个领域里,它的力量是没有限制的。正因为这个缘故,关于新物理学的书如果不是纯粹描写实验工作的,就必须基本上是数学性的。虽然如此……人们应当学会在自己的思想中能不参考数学形式而掌握住物理概念。"③在他去世前不久,狄拉克又一次重申了这一观点:"……我感到,如果我们只是应用数学规则,就完全不能有明确的物理概念,这不是物理学家所能感到满意的。"④

几何统一场论在探索中取得的教训是值得我们深思的。

2. 量子场论和量子统一场论

爱因斯坦的统一场论的追求,虽然有值得吸取的教训,但是到了 20 世纪 70 年代,许多物理学家(包括曾叹息爱因斯坦研究统一场论是一场悲剧的玻恩)又惊讶地发现,现代物理学正沿着爱因斯坦指出的统一场论方向前进。1979 年第 21 期美国《科学新闻》上登载过一篇文章,该文是为纪念爱因斯坦一百周年诞辰写的。文章中有段话写道:"现在有希望了。统一场论正在风靡一时,这是量子场论(不是爱因斯坦研究的那种)……它们表现了解决问题和提供爱因斯坦所希望的宏伟的统一的可能。"

---

①　S.L.Glashow, Grand Unification, Tomorrow Physics. New Scientits, 18, sept.(1980), p.870.
②　《爱因斯坦文集》(第一卷),第 316 页。
③　P.A.M.狄拉克,《量子力学原理》,科学出版社(1965),第 7 页。
④　《夸克》,上海翻译出版公司(1987),中译本序,第 3 页。

　　这一切似乎太具有戏剧性了！原来,统一场论的进一步发展,恰恰是由于受爱因斯坦轻视的量子力学迅速发展的结果。量子力学的迅猛发展,对几何统一场论来说,既是一个沉重的打击,但也是一种巨大的促进。一方面,强弱相互作用的发现,使统一场论由统一电磁、引力两个相互作用,增加到要统一四个相互作用,这就使得原来已经困难重重的几何统一场论更加窘迫;另一方面,量子力学的发展,又不得不求助于统一场论的建立。这也就是,虽然困难越来越大,但需要却越来越迫切。为了弄清楚这方面的来龙去脉,我们先简略介绍一下量子场论的兴起。

　　我们知道,相对论建立后,人们可以用它来处理高速、宏观的物理现象,20世纪初叶发展起来的量子力学则可用来处理低速、微观范围内的物理现象。但是,对于高速、微观的物理现象——即高能基本粒子的现象,以上两种理论都不能起作用。于是,历时半个多世纪的量子力学和狭义相对论的综合,即相对论性量子力学(或称量子场论),便由此应运而生。

　　高速、微观物理现象的主要特征除了高速和微观外,还有一个更重要特征是粒子的产生和湮灭。关于这一重要特征,这儿应该指出的是:在20世纪30年代以前,物理学家总认为粒子(如电子和质子等)是不生不灭的。到了20世纪30年代以后,人们在狄拉克预言第一个反粒子后不久,不仅证实了第一个反粒子(正电子)的存在,而且还发现了一个绝妙的过程:在宇宙射线中能量很高的光子和物体相互作用时,可转化为一对电子和正电子,而当正电子和电子相遇时,它们又会湮灭而转化为光子。[①]时至今日,在已发现的数以百计的粒子中,没有一种是永恒不变的,在一定条件下都能产生和湮灭。从物质观来看,这一现象有重要意义:在微观过程中,产生和湮灭是其普遍特征,这说明物质本身不生不灭,但其存在形态却没有一种是不生不灭的,在一定的条件下,它们都可以产生、湮灭和相互转化,而且是两种不同的物质形态粒子和场(量子)之间的相互转化!

　　这种产生和湮灭的过程,是一个自由度数目在变化的过程,无论是经典(力

---

① P. M. S. Blackett and G. P. S. Occhialini, Proc. Roy. Soc. A139(1933) p.363.

学或电磁学)理论和量子力学理论,都不能描述这一过程。量子场论的任务,就不仅应该反映高速、微观,还必须能反映微观世界的产生和湮灭过程。

在宏观世界里,场和粒子之间存在一条截然分明的分界线,但在微观世界里,德布罗意(L. de Broglie, 1892—1987)指出,物质具有二象性,在一定条件下物质表现为连续形态(场),在另一条件下又可表现为不连续形态(粒子)。[①]例如,光既可看成是光子,又可看成是电磁场。不仅光如此,而且所有粒子都可以看成有一种连续形态的场与之相对应。现在,为了使理论既能满足相对论要求(洛伦兹协变性),又满足高能微观粒子数可变(产生、湮灭),在承认每个粒子对应一个场的基础上,还必须进一步将场量子化。

1927 年 2 月到 4 月,在"进一步发展海森堡和薛定谔的量子力学过程中",狄拉克"采取一种叫二次量子化的方法"[②],把电磁场量子化了,从而得到了电磁场的粒子性,并建立了一种完备的量子辐射理论。[③]在这一理论中,光子是可以产生和湮灭的。狄拉克的理论现在被认为是量子电动力学(QED)的基础和量子场论的萌芽。量子电动力学的创立,使电磁场的波粒二象性得到很好的解释。

完整的量子电动力学只有在 1928 年约当(P. Jordan)和维格纳(E. P. Wigner)建立了费米子场的量子化方案后,才有可能建立。

1928 年,约当和维格纳提出了适合于费米子集合的另一种二次量子化方法。[④]他们的思想是通过一些古典类比,再应用狄拉克的二次量子化方法,就从电磁场得到了电子。其他粒子也可以通过相应的场进行这种量子化而获得。在约当和维格纳的理论中,物质的基本形态是场,每一种物质相应于一种场。场有各种不同的状态,能量最低的状态被称为真空,这时一个粒子也没有,所以真空并非没有物质。当场被激发时,它就处于能量较高的状态中,从而产生了粒子;反之,

---

① L. de Broglie, Comptes Rendus, 177(1923).

② P. A. M. Dirac, The Origin of Quantum Field Theory, The Birth of Particle Physics, New York: Cambridge U. Press(1988), p.48.

③ P. A. M. Dirac, Proc. Roy. Soc. 114(1927), p.243.

④ P. Jordan and E. P. Wigner, Zeit Phys, 47(1928), p.631.

粒子就湮灭了。这也就是说,量子场论从理论上预言了所有的物质,均可像光子那样产生和湮灭。1932年以后,这一预言被实验逐步证实,量子场论的正确性亦因此而得到确认。因为,其他任何理论是无法解释粒子的产生和湮灭的。

量子场论要成为一个完整的理论,除了上述将各粒子相应的场量子化以外,还必须解决它们之间的相互作用。经典场论里,粒子间的相互作用被看作通过场来传递的;在量子场论里,场已被量子化,因而粒子之间的相互作用必然是传递场量子。例如,电磁相互作用就是通过交换电磁场量子——光子而实现的。具体地说,量子场论指出,粒子间的相互作用是以产生和湮灭粒子的形式而表现出来的。为了将这种相互作用过程中所涉及的物理过程形象表示出来,量子场论用费曼图(Feynman diagram)表示。

相互作用有了完整的方案,量子场论似乎大功告成,但实际上情况并非那么令人放心,因为有一个严重的困难存在。这个困难就是在考虑相互作用后,如果仅做低级近似计算时,常常与实验符合得很好,但当我们做进一步精确计算时,得到结果却是无穷大! 显然,量子场论又要经受一场严重考验。

通过长期研究,直到20世纪40年代末,美国物理学家施温格(J.S.Schwinger, 1918—1994)、费曼(R.P.Feynman, 1918—1988)和许多其他理论物理学家才提出了重整化(renormalization)方案,以解决无限大的困难。所谓重整化,就是将理论中出现的无穷大(的质量和电荷)的理论值,用实验中观测到的(质量和电荷的)有限数值代替。这样一来,理论的结果就不再是无穷大而变成有限的了。经过重整化后,量子电动力学中电子的相互作用,其理论值与实验值精确得几乎令人惊奇,达到10^{-10}! 既然重整化方法这样有效,所以在其背后很可能有着某种重要的和正确的东西。但是,也有许多著名物理学家对重整化取得的成就不以为然,例如费曼就打趣地说重整化不过是"把无限大盖在地毯下面"[①];狄拉克在1980年更忧心忡忡地指出:"无穷大……至今仍是一个根本性的困难,

---

① В. И.雷德尼克,《场》,科学普及出版社(1981),第146页。

还没有得到解决。……我们应该承认,我们关于电子和电磁场相互作用的理论中有一些根本性的错误,我是指,力学有毛病,或者相互作用力有毛病。……我对这个问题研究了许多年。我感到只有在有人能够想出……新数学时,才会得到真正正确的答案。人们今天用的那种数学中有严重的局限性。"[1]但是,在"新数学"尚未得到之时,物理学家们只能先用重整化的方法来克服困难,尽管它绝不是药到病除的灵丹妙药。

量子场论虽然遇到困难,但它的重要意义是众所公认的。量子场论告诉我们,粒子和场量子之间可以相互转化,有一种粒子就有一种场,粒子是场的激发态:电子是电子场的激发态,光子是电磁场的激发态,介子是介子场的激发态。而且,描述不同的粒子要用不同的场论。当基本粒子在 50 年代已增加到 40 多种时,物理学家显然不能满意这种穷于应付的局面,他们理所当然地想用一种统一的场论来描述日益增多的粒子。另一方面,物理学家们还希望通过统一的场论彻底摆脱无穷大的困难。于是,继爱因斯坦的(几何)统一场论之后。(量子)统一场论又一次获得了新的动力,开始了一个为时不长的中兴时期。

历史是不可能完全重复的。物理学家已经确信,爱因斯坦想从几何统一场论自动导出量子力学是完全不可能的。量子效应是微观世界的根本效应,不是宏观理论的次级效应。因而,在统一场论的中兴时期,物理学家认为应该从量子力学的角度去建立新的统一场论。这里以海森堡的量子场论为例,大致叙述这一中兴的始末。

1953 年,海森堡就提出了一种量子统一场论,打算用统一的"自旋场"把各种基本粒子和它们的相互作用都囊括进去。1957 年以后,由于杨振宁和李政道否定了弱相互作用中的宇称守恒[2],物理学家们对于对称性原理发生了异乎寻常的兴趣,于是海森堡进一步想,是不是可以利用对称性把统一场论一

---

[1]　P. A. M. Dirac, The Origin of Quantum Field Theory, The Birth of Particle Physics, p.53.
[2]　T. D. Lee and C. N. Yang, Phys. Rev., 104(1956), p.254.

举彻底解决呢？1957年的下半年,他提出了一个"世界方程式",认为用这一方程可以解决所有物理学问题。开始,泡利与海森堡合作,劲头十足,进展似乎也十分顺利,更加之他们在物理界的威望,致使许多人对他们的努力都翘首以待。

1958年初,泡利到美国讲学,他请吴健雄邀几个人,以便通报一下"海森堡和我的理论"。出乎意料的是,原来想在哥伦比亚大学对少数几个人做"秘密演讲",但一下子却来了四百多人,可见大家对他们的合作研究抱多大期望。但遗憾的是等他讲完以后,不仅四百多位听众大失所望,都认为泡利在台上胡说八道,连泡利自己也越讲越觉得这理论不对头。当时有位物理学家听了报告后说:"假如他们这两位像今天这样乱搞的话,也许我们应该回去研究研究,他们在1925年所做的工作是不是也是不对的。"①从那次演讲以后,泡利就再也不相信海森堡的统一场理论了。

但海森堡没有因为泡利中途退出而丧气,他仍然一如既往,紧张地致力于他的统一场论。1958年夏季,海森堡在日内瓦召开的国际高能物理学会上,正式报告了自己的理论。他的理论要点概括起来有以下几点:(1)基本粒子是由一种更基本的无结构的"元物质"(urmaterie)构成。这种元物质有自旋,与它对应的是一种量子化了的统一的自旋场(spinor unified field)。各种基本粒子都是这种场在不同具体情况下的激发态。(2)在物理发展史中,有一个十分值得注意的现象,即一个新的物理理论的出现往往伴随一个新的普适常数的产生,例如相对论力学的建立出现了光速 c,而普朗克常数 h 的确认导致量子力学的建立。海森堡相信自己创建的量子统一场论是量子力学后又一崭新的理论,因而也应该出现一个普适常数。他果然发现了一个,就是所谓"最小长度常数 l_0"。按海森堡的推算, $l_0 = 10^{-13}$ cm,与 l_0 相应的基本时间 $t_0 = l_0/c$。利用 l_0 这一"普适常数",海森堡相信可以建立一个新的统一场论。③量子统一场论的方程与爱因斯

---

① 杨振宁,《几位物理学家的故事》,《物理》,1986年11月,第699—700页。

坦的几何统一场论的方程一样,也是非线性的。

后来,由于负概率和不能自然地推出同位旋、奇异数等重要量子数,海森堡的统一场论遇到的困难就越来越严重,尤其是根据海森堡的理论算出的精细结构常数 $a=1/267$,与实验值 $1/137$ 相差太远。更进一步的研究表明,这一理论根本无法把所有基本粒子和它们的四种相互作用统一起来。于是,一度中兴的统一场论又冷下去了。

统一场论短暂的中兴,虽以失败告终,但它给物理学家留下了有益的启示。量子统一场论与几何统一场论相比较,有共同之处,但也有不同之点。相同之点是两者都坚持认为存在着一种统一的场;都以对称性思想作指导去建立场方程;场方程都是非线性的;等等。不同之处十分重要,量子统一场论是从量子论角度重建统一场,走的是与几何统一场论相反的另一个极端,即只从物质属性角度去统一各种相互作用,而不考虑时空的影响。而爱因斯坦则认为,世界上存在着的任何现象都可以用纯粹的几何学方法去描述。从哲学观点看,物质完全几何化是不大可能的,因为空间只是物质的属性之一,不能把物质的所有其他属性都归结于空间。但爱因斯坦对理论物理的基本结构的洞察力,是不能忽视的,而且它还是当今物理学重大的研究课题。现代物理的发展表明,物理几何化的倾向是有效的,物理理论的进一步发展,虽不能全部归结于几何化,但也不能不考虑几何化思想的合理内容。海森堡的失误大约正基于此。

3. 规范统一场论和大统一理论

量子场论在电磁相互作用上取得了重大进展,在弱相互作用方面出现了困难,最大的困难是不能像电磁作用那样,通过重整化将计算值中的无穷大消除掉,并且还有概率不守恒的困难等。在强相互作用方面,量子场论从来就没有很好建立过。现在人们有理由期望,在规范场理论基础上发展起来的量子色动力学(QCD)能成为描述强相互作用的一个好理论。

20 世纪初,人们只认识到引力和电磁相互作用。由于坐标不变性的处理产生了引力理论,使韦尔受到启发,于是他在 1918 年前后提出了一种新的不变性,即"定域标度变换不变性"①(开始韦尔称为"Masstab 不变性","Masstab"是德文"尺子"的意思。1920 年译成英文时,被译为"Gauge invariance",即"规范不变性")。他希望通过这种新的不变性建立一个包括引力和电磁力的几何模型。

现代物理告诉我们,所谓某种不变性实际上对应着一种对称性,而某个对称性又产生一个守恒定律,这已经是物理学的一个基本原则。1957 年 12 月 11 日杨振宁在接受诺贝尔物理奖的演说中,曾详细谈到这中间的关系。他说:

"一般说来一个对称原理(或者一个相应的不变原理)产生一个守恒定律。……这些守恒定律的重要性虽然早已得到人们的充分了解,但它们同对称定律的密切关系似乎直到 20 世纪才被清楚地认识到。……随着狭义相对论和广义相对论的出现,对称定律获得了新的重要性:它们与动力学定律之间有了更完整而且相互依存的关系,而在经典力学里,从逻辑上来说,对称定律仅仅是动力学定律的推论,动力学定律则仅仅偶然地具备一些对称性。并且在相对论里,对称定律的范畴也大大地丰富了。这包括了由日常经验看来绝不是显而易见的不变性,这些不变性的正确性是由复杂的实验推理出来或加以肯定的。我要强调,这样通过复杂实验发展起来的对称性,观念上既简单又美妙。对物理学家来说,这是一个巨大的鼓舞。……然而,直到量子力学发展起来以后,物理学家的词汇才开始大量使用对称观念。描述物理系统的状态的量子数常常就是表示这系统对称性的量。对称原理在量子力学中所起的作用如此之大,是无法过分强调的。……当人们仔细考虑这过程中的优雅而完美的数学推理,并把它同复杂而意义深远的物理结论加以对照时,一种对于对称定律的威力的敬佩之情便会油然而生。"②

这里引用杨振宁教授这么一大段话是有用意的,这段话告诉我们对称性

① H. Weyl, P. A. W. (1918), P.465; also see letter to A. Einstein, Apr.5(1918).
② 杨振宁,《物理学中的宇称守恒及其他对称定律》,《高能物理》,1986 年第 3 期特刊,第 1—2 页。

思想是统一场论的基本思想。无论是爱因斯坦还是海森堡，都非常重视对称性思想。除此而外，这段话还告诉我们，量子力学对于对称性思想的进一步发展，有极重大影响。因而，像爱因斯坦在建立统一场论时那样忽视量子力学，是注定不会成功的。事实上，此后统一场论的任何进展，都与量子力学的进展紧密相关。

韦尔提出的定域标度变换这一概念中，标度变换是空间时间的函数，他还进一步证明，物理定律具有定域标度变换的不变性，电磁理论就具有这种不变性。韦尔的思想非常巧妙，他把对称性（即不变性）与场联系起来了，但是，他的理论受到了包括泡利和爱因斯坦在内的一些物理学家的批评。爱因斯坦指出，如果韦尔的想法是正确的，那时钟的快慢将与时钟的经历有关，物理定律将因人而异，无规律可循了。[1]爱因斯坦还证明韦尔的理论不能描述电磁作用。对于爱因斯坦的批评，韦尔并不信服，但他又作不出圆满解答，于是只有无可奈何地在给爱因斯坦的信中写道："（你的批评）对我的干扰非常大，当然，由经验证明，人们能相信你的直觉知识。"[2]

10 年之后，由于量子力学的迅速发展，才为韦尔并不信服的诘难创造了解决的条件。1927 年，福克（V.A.Fock，1898—1974）和伦敦（F.London，1900—1954）受到量子力学的启发，认为在量子理论中，韦尔的定域标度变换应该改为"定域相因子变换"[3]。这样，时钟的经历将不会影响时钟的快慢，爱因斯坦的诘难终于获得圆满解决。

由以上历史的发展可以看出，规范场这一名称实际上很不贴切，因为相因子变换属于系统内部变换，这种变换引起的波函数位相变换，并不影响波函数决定的概率，是一种幺正变换（unitary transformation），而原来韦尔所说的标度变换并不具有这种性质。所以，把规范场叫作"相因子场"，其不变性称为"相因子不

① 　A. Einstein, letter to H. Weyl, Apr.15(1918).
② 　H. Weyl. letter to A. Einstein, Dec.10(1918).
③ 　V. Fock, Zeit. Plys., 39(1927), p.226；F. London, Zeit. Phys., 42(1927), p.375.

变性"也许在科学上更合适一些。

米尔斯(R. L. Mills, 1927—1999)曾著文回忆过这段历史,他说:"1927年,F.伦敦指出,与电荷守恒相联系的对称性不是尺度不变性,而是相不变性,即量子理论在波函数的复相的任意变化下的不变性,在其中从时空的一点到另一点相因子能任意变动。"①

但无论是F.伦敦还是V.A.福克,在1927年都还没有形成规范变换(即相因子变换)的概念。规范变换的概念最终还是韦尔于1929年首先提出的。②韦尔指出,物理理论的空间、时间平移不变性导致动量、能量守恒,而电磁场理论的规范不变性,则可导致电流守恒。韦尔的思想对杨振宁有很大的吸引力,杨振宁曾回忆说:"韦尔的理由已成为规范理论中的一组美妙的旋律。当我在做研究生,正在通过研读泡利的文章来学习场论时,韦尔的想法对我有极大的吸引力。当时我做了一系列不成功的努力,试图把规范理论从电磁学推广出去,这种努力最终导致我和米尔斯在1954年合作发展了非阿贝尔规范理论。"③

杨振宁开始是试图把规范不变性推广到其他守恒定律中去。当时守恒定律很多,但只有同位旋(isospin)守恒与电荷守恒有相似之处,因为它们都是反映系统内部对称性的,因而杨振宁首先就把规范变换不变性推广到同位旋守恒定律中去,即将同位旋定域化,并研究由此而产生的一切后果。

1954年,杨振宁和米尔斯发表了《同位旋守恒和一个推广的规范不变性》及《同位旋守恒和同位旋规范不变性》两篇文章,④在文章中他们提出了一种新的场论——非阿贝尔规范场理论(或称杨-米尔斯场论)。从此,规范场的研究进入了一个崭新的阶段。杨-米尔斯理论是一种普遍的规范对称性的数学理论。这一理论的核心就是局域性对称性(local symmetry)原理,它是与整体对称性

① R. L. Mills,《规范场》,《自然》杂志,10卷9期,第565页。
② H. Weyl, Zeit. Phys., 56(1929), p.330.
③ 杨振宁,《韦尔对物理学的贡献》,《自然》杂志,9卷11期,第805—806页。
④ C. N. Yang and R. L. Mills, Phys. Rev., 95(1954): p.631; 96(1954), p.191.

(global symmetry)相对而言的。例如,通过欧拉-拉格朗日变分方程产生非相对论性薛定谔方程的拉格朗日量,在波函数 $\psi(x)$ 的相位变化如下式时将保持不变:

$$\psi(x) \to \psi'(x) = e^{ia}\psi(x)$$

式中 a 为常数。这就是大家熟知的整体规范变换,因为只要 a 选定了,每一时空点(也即整体地)的相位就确定了。而杨振宁和米尔斯的规范场所论证的是局域规范变化,即当局域规范变化满足下面条件

$$\psi(x) \to \psi'(x) = e^{ia(x)}\psi(x)$$

时,其"非局域"相位确定即可避免了。上式中 $a(x)$ 是时空变量 x 的任意函数,不是常数。杨振宁和米尔斯还证明了如何利用这种局域规范场去实现一般的对称群。

　　局域对称性原理认为,自然界中的每一个连续对称性都是局域对称性,也就是说讨论中的物体或物理定律在一个"局域变换"下不变,或者说一系列单独变换下的对称性与坐标有关,而整体对称性则与坐标无关。局域对称性对理论有更严格的条件。保持物理规律在整体变换时并不要求引入新的场,但那些对整体变换能保持不变的规律进行局域变换时,要保持不变就必须引入一个新的矢量场,这种场就称之为杨-米尔斯场,或称非阿贝尔规范场。规范场的量子——规范粒子是一种新的粒子,通过交换这种粒子便引起新的相互作用。杨振宁曾明确提到,非阿贝尔规范场的产生有两条根,"一条根是局域对称性的概念……第二个动机……一旦你有一个守恒的量子数(在电磁学中,是电荷),规范原理允许你以一种唯一的方式写下相互作用。由于除了电荷,还有其他的守恒量子数(例如同位旋),所以问题是'我们可否对同位旋严格地重复相同的过程'。尝试去这样做,就可以得到一般的非阿贝尔场。"[1]

　　杨-米尔斯理论提出后,由于它的表述是从一个非常深刻的物理观点出发,

---

[1]　张美曼,《从麦克斯韦到杨振宁——规范场发展史简论》,《自然》杂志,12 卷 5 期,第 350 页。

加上又有一个非常严格、完美的数学形式,因而立即引起了物理学家们的兴趣。但是,这一理论在规范粒子的质量和理论计算的重整化方面碰到困难。杨振宁曾对规范粒子质量问题做过如下回忆:

"我们的工作没有多久就在 1954 年 2 月份完成了。但是我们发现,我们不能对规范粒子的质量下结论。我们用量纲分析做了一些简单的论证,对于一个纯规范场,理论中没有一个量带有质量量纲。因此规范粒子必须是无质量的,但是我们很快地拒绝了这种推理方式。

"在 2 月下旬,奥本海默请我回普林斯顿几天去做一个关于我们工作的报告……报告刚开始,当我在黑板上写下如下公式:

$$(\partial_u - iEB_u)\psi,$$

泡利就问:'这个场 B_u 的质量是什么?'我说,我们不知道,然后我重新开始我的陈述。但很快,泡利再次问同样的问题。我说了一些话,大意是,这是一个很复杂的问题,我们对它进行了研究,但是没有得到确定的结论。我仍然记得他的巧妙回答:'这不是一个充分的理由。'我被吓了一跳,几分钟的犹豫之后,我决定坐下来,这造成了一个尴尬场面。最后,奥本海默说:'我们应让富兰克继续报告。'* 然后,我重新开始报告,在报告中,泡利没有再问任何问题。

"我不记得报告结束时发生过什么,但在第二天我收到了内容如下的便条:

亲爱的杨:

我很遗憾,你使得我几乎无法在报告之后与你谈话。良好的祝愿。

泡利

2 月 24 日

……

"我们是否应当发表这篇关于规范场的文章,这在我们的思想中不成为一个问题。这个思想是美丽的,应该发表它。但是,规范粒子的质量是什么,我们没

---

* 富兰克是杨振宁的非正式别名。

有可靠的结论,仅有一些不成功的经验说明,非阿贝尔规范场比电磁场复杂得多。从物理的角度看,我们倾向于,带电的规范粒子不能是无质量的。文章的最后一节表露出我们倾向于这种观点,但没有清楚地说出来。这一节比其他几节都难写。"[1]

杨-米尔斯场的规范粒子质量问题在当时的确是一个令人困惑的难题。如果为了使规范场理论满足规范不变性的要求,规范粒子的质量一定要是零,但在实验中除发现光子是质量为零的粒子外,再没有观测到零质量的粒子。而且,相互作用的距离反比于传递量子的质量,零质量显然意味杨-米尔斯场的相互作用应该像电磁场和引力场那样,是长程相互作用。但是,既是长程作用,又为什么没有在任何实验中显示出来? 如果这种规范粒子有质量,那质量又是如何产生的? 而且更严重的是,这个质量会破坏对称群的定域对称性。由于这些原因,杨-米尔斯规范场论在提出后整整十年,一直被认为是一个有趣的但本质上没有什么实际用途的"理论珍品"。当时人们还不知道,正是杨-米尔斯场规范粒子的质量问题,在呼唤着新的物理思想!

20 世纪 60 年代初,物理学家们由超导理论的发展中认识到一种重要的对称破缺(symmetry breaking)方式,即所谓"自发对称破缺"(spontaneous symmetry breaking)。1965 年,希格斯(P. W. Higgs, 1929—　)在研究定域对称性自发破缺时,发现杨-米尔斯场的规范粒子可以在对称性的自发破缺时获得质量。[2]这种获得质量的机制被称为希格斯机制。

在此之后,人们开始尝试用杨-米尔斯场来统一弱相互作用和电磁相互作用。1961 年,美国理论物理学家格拉肖首先提出弱、电相互作用统一理论;[3]1967 年,美国麻省理工学院的教授温柏格和 1968 年在英国伦敦帝国学院任教的巴基斯坦物理学家萨拉姆(A. Salam, 1926—1996),在格拉肖理论的基础上,

---

[1] 《自然》杂志,12 卷 5 期,第 350—351 页。

[2] P. W. Higgs, Phys. Rev. Lett., 12(1964), p.132; Phys. Rev., 145(1966), p.1156.

[3] S. L. Glashaw, Nucl. Phys., 22(1961), p.579.

进一步提出弱相互作用的中间玻色子可以通过希格斯机制获得质量[1][2]。这样,弱电统一理论的基本内容终于建立起来了。此后,这一理论还经过了一个不断发展和完善的过程。

1971年,特何夫特在苏联数学物理学家法捷耶夫(L. Fadeev)和波波夫(V.N.Popov)工作的基础上,用直接计算证明了温伯格-萨拉姆的场论模型是可以重整化的。激动人心的序幕由此拉开。1972年,美籍朝鲜物理学家本杰明·李(Benjamin W. Lee)和法国物理学家金-丘斯汀(J. Zinn-Justin)正式证明,杨-米尔斯场是可以重整化的。这样,杨-米尔斯场论成了一个自洽的理论,建立规范场论的最后一个障碍终于被克服了。

1973年,欧洲粒子研究中心(CERN)的实验室宣布,他们发现了G-W-S理论预言的中性流反应,间接证明了该理论预言的规范粒子($W^{\pm}$和Z^0)中的Z^0。$W^{\pm}$和Z^0中间矢量玻色子就是杨-米尔斯场的场量子。

1979年,瑞典科学院因为格拉肖、温伯格和萨拉姆在统一相互作用研究中的辉煌成绩,决定授予他们三人该年度诺贝尔物理学奖。有意思的是,当时在高能加速器上还并没有直接发现$W^{\pm}$和Z^0粒子,所以格拉肖在获奖后说,诺贝尔奖奖金委员会是在搞赌博。不过,当时绝大部分物理学家已经确信,找到$W^{\pm}$和Z^0粒子只不过是时间的问题。这充分说明,完美的理论会给人们以多么充分的信心!

果然,到1983年上半年,CERN宣布,三种粒子都找到了。至此,弱电统一理论由理论上的猜测终于成为真正反映自然界相互作用本质的理论。而且,人们向统一场论进军的勇气,受到了极大的鼓舞。人们自然会想到,既然利用规范场统一了两种表面上似乎截然不同的相互作用,那么规范场也很有可能把强相互作用统一进去,这种设想中的理论称为"大统一理论"(GUT)。米尔斯曾经预

① S.W.inberg, Phys. Rev. Lett., 19(1967), R.1264.

② A. Salam, in Gauge Theory of Weak and Electtromagnetic Interactions, Ed. C. H. Lai, Singapore: World Scientific(1981), p.188.

言:"如果最终的理论被真正确认的话,那么一定会证明它是一个规范理论。这一点现在看来几乎是无可怀疑的了。"[1]

20 世纪 70 年代末,由于研究强相互作用而发展起来的量子色动力学(QCD),为大统一理论提供了可能性。大统一理论已取得了十分引人注目的进展,它做出了一些预言:新夸克的存在和其基本性质;质子衰变以及宇宙论的某些新观点等。目前,由于这些预言尚未得到实验的证实,所以它还只能看作一种假说。

还有人想把引力相互作用也用规范场论统一起来,这种理论被称为"超统一理论"或"巨统一理论"。

无论是大统一还是超统一,在目前还都只是一种追求中的信念,要把它们变为反映自然界真实本质的理论,争论还很多,要达到目的也非短期可以做到的。1985 年,在纪念韦尔诞生 100 周年大会上,杨振宁教授说:"由于理论和实践的进展,人们现已清楚地认识到,对称性、李群和规范不变性在确定物理世界中的基本力时起着决定性的作用。……虽然在这些进展中我们已取得巨大的成功,然而,我们离大统一还很远……我相信这是由于我们对对称性这个词的含义还未完全理解,而且另外的关键性的概念还未找到。"[2]米尔斯也持同样的见解,1984 年他说:"在最终达到目标以前,还必须至少要有一个或更多个概念上的革命。"[3]格拉肖在 1979 年诺贝尔讲演结尾时说得更明确、更干脆。他说:"我想说一点,干脆些就是相信我们已懂得粒子物理学的未来,未免为时过早。有许多方面,通常的物理图像可能是错误的,或不完整的。有三族粒子的 $SU(3) \times SU(2) \times U(1)$ 的规范理论肯定是个良好的开端,但是不要去全盘接受,而是去干,去扩展,去开发。我们离目的地还远呢。"[4]

---

①　R. Mills,《规范场》,《自然》杂志,10 卷 6 期,第 577 页。
②　杨振宁,《韦尔对物理学的贡献》,《自然》杂志,9 卷 11 期,第 310 页。
③　R. Mills,《自然》杂志,10 卷 8 期,第 577 页。
④　格拉肖,《趋向统一理论——织锦中的几根线头》,《诺贝尔奖金获得者讲演集——70 年代物理学》,知识出版社(1986),第 543—544 页。

第 10 章

20 世纪物理学中的测量观与因果观

　　除了时空观、物质观以外,20 世纪物理学(或广义地说科学)思想中的测量观与因果观,也发生了重要的、革命性的变革。由于这种变革与量子理论的兴起和发展紧密相关,因此我们先应该把量子理论的兴起与发展过程中,各种思想的产生、矛盾、斗争和起伏,做一简略介绍。只有在这样的基础上,我们才能了解20 世纪测量观与因果观的变革和变革的缘由。

第一节　量子理论的兴起和发展

　　前面我们谈到,19 世纪末由于 X 射线、放射性、塞曼效应和电子的发现以及黑体辐射中的紫外灾难、固体比热等问题,经典物理学的上空大有乌云压城城欲摧之势,经典物理学处于深深的危机之中。但也不乏明智的物理学家,他们高瞻远瞩,预言物理学正处于一场伟大革命的前夜。预言很快成了现实,危机的产物之一就是量子理论的产生。

1. 普朗克的辐射理论

　　导致 20 世纪物理学革命的重大问题之一就是黑体辐射问题。黑体辐射问题是在研究物体受热辐射过程中出现的。

　　1860 年,德国著名物理学家基尔霍夫(G. R. Kirchhoff, 1824—1887)提出一个定理,即黑体发射能力

$$J(v, T) = E_v / A_v \tag{1}$$

只取决于频率 ν 和温度 T,与物体构成材料无关。式中 E_ν 表示物体单位时间单位面积发射的能量,A_ν 表示吸收频率 ν 的吸收系数。当 $A_\nu = 1$ 时,物体为理想黑体。基尔霍夫向物理学家呼吁:"当前最重要的任务是找到函数 $J(\nu, T)$。在实验测定方面可能存在巨大困难。但是,我们似乎有理由希望这个函数有一种简单形式,像所有以前我们熟悉的不依赖于个别物体性质的函数那样。"[①]

基尔霍夫大约没有料到,正是黑体辐射的研究孕育出一场物理领域的大革命。之所以在热辐射的研究中爆发这场革命,是完全可以理解的,因为这个研究领域涉及刚建立不久的热力学、统计力学和麦克斯韦的电磁理论,在这些新学科交叉的领域里,理论的不完善性最容易得到暴露。

在这场革命中,迈出第一步的是年过四十的普朗克。普朗克开始研究热辐射是 1896 年。普朗克之所以转向热辐射研究,据他在《科学自传》一书中说,是因为他对黑体辐射中的基尔霍夫定理与物体性质无关这一特点极感兴趣,因为这"代表着某种绝对的东西",而普朗克一直认为,"具有重要意义的是,外部世界乃是一个独立于我们之外的绝对的东西,而追寻适合于这个绝对东西的规律,实乃科学生涯最美妙的使命了。"[②]

1899 年,他受基尔霍夫定律和维恩定律的启发,明白研究黑体辐射问题,只有把电磁学方法和热力学方法结合起来才能解决问题。但是,他不满意维恩公式中引入分子运动论的某些假说,这是因为普朗克在很长一段时期里,都一直怀疑玻尔兹曼的分子运动的观点。同年,他采用赫兹的谐振子与辐射的关系,导出了一个理论公式

$$\rho = \frac{8\pi\nu^2}{C^3} \tag{2}$$

式中 ρ 为辐射能量密度,u 为谐振子平均能量,ν 为谐振子频率,C 为一常数。普朗克采用赫兹的谐振子进行研究,实在是非常高明,一是因为这种振子在经典

①　G. Kirchhoff, Ann. Phys. Chem., 109(1860), p.275.

②　F.赫尔内克,《原子时代的先驱者》,科学技术文献出版社(1981),第 113 页。

物理中研究得极充分;二是这种谐振子是一种最简单的理想模型,用它可以避开他尚不大清楚也不大相信的原子辐射,以便集中注意力于辐射的吸收与发射上。

从方程(2)可以明显看出,只要确定了谐振子在温度 T 时的平均能量 u,普朗克就可以得到能量分布率。由于普朗克当时不仅不熟悉而且明确拒绝导致能均分的统计观点,所以他没有采用众所周知和简单明了的经典统计力学的能均分定律,即 $u=kT$,不然他就会在瑞利之前得到瑞利于 1900 年 6 月得到的辐射公式。[①]

此后,普朗克在致力于给出 u 的表式的研究中,主要从热力学方面进行努力,以期找到谐振子能量和熵之间的适当关系。他认为只有熵才能描述谐振子与辐射能量的这种不可逆性。由热力学第二定律,他得出具有频率 ν 和能量 u 的一个赫兹振子的熵的定义式[②]

$$S=-\frac{U}{a\nu}\ln\frac{U}{e^{b\nu}}。\tag{3}$$

式中 a、b 为常数。由(2)和(3)两式,可以方便地推出维恩公式,普朗克由此十分相信自己推出的辐射公式(2)。他曾说:"我认为,这必然会使我得出这样的结论,即辐射熵的定义,还有维恩的能量分布定律。这两者必定都是通过熵增加原理应用于电磁辐射理论而得出的,因而这条定律有效性的限度……将会与热力学第二定律所受到的完全相同。显然,这使得对这条定律再做一番实验研究显得更极端重要了。"[③]

值得注意的是,(3)式中的 $b=6.888\ 5\times10^{-27}$ 尔格·秒,这就是后来的普朗克常数。普朗克敏锐地感到,a、b 可能是与任何物质无关的普适常数,但由于他未能阐明它们的物理意义,故而未引起人们的重视。

当时,关于辐射分布率有许多半经验半理论的公式,其中最受人们重视的有

---

① A.赫尔曼,《量子论初期史》,商务印书馆(1980),第11—12页。

② M. Planck, Ann. d. Phys., (4)1(1900), p.74.

③ M. Planck, Physikalische Abhandlangen und Vorträge, Vol.3, p.597.

两个。一个是上面提到的维恩于 1896 年提出的公式:

$$\rho = a\nu^3 e^{-\frac{\beta\nu}{T}} \tag{4}$$

还有一个是瑞利(Lord Rayleigh, 1842—1919)于 1900 年 6 月根据经典的能均分理论推出的公式

$$\rho = C_1\nu^2 T \tag{5}$$

瑞利通过这个公式第一次指明,麦克斯韦-玻尔兹曼学说(即能均分定律)可以用于辐射,不过他没有推算式中常数 C_1。这儿应该提一笔的是,普朗克说他在 1900 年 10 月 19 日并不知道瑞利的公式。[①]

1899 年 11 月 3 日,德国实验物理学家卢梅尔在德国物理学会上报告了他和普林塞姆(E. Pringsheim, 1859—1917)的实验结果,该结果指出维恩定律在短波和常温范围内与实验符合极好,但在光谱的红外部分出现了明显的偏差。这说明维恩定律有问题。1900 年 10 月 7 日中午,普朗克的好友、实验物理学家鲁本斯告诉普朗克,他和库尔鲍姆(F. Kurlbaum, 1857—1927)的实验发现,在 ν 比较小的时候,$\rho(\nu, T)$ 正比于 T。

普朗克得知了鲁本斯的实验结果后,他就开始想到,既然维恩公式在短波部分正确,而在长波部分 $\rho(\nu, T)$ 又正比于 T,那么以热力学普遍关系为出发点,并在两个结果之间采用数学上的内插法,也许可以得到一个合适的新公式。果然,他得出了一个新公式:

$$\rho = \frac{C_1\lambda^5}{e^{\frac{C_2}{\lambda T}} - 1} \tag{6}$$

1900 年 10 月 19 日,普朗克在柏林德国物理学会的会议上,以《论维恩光谱定律的完善》专题的报告中,公布了这一公式[②]。当天晚上,鲁本斯就把普朗克新的辐射公式同他所拥有的测量数据进行了仔细的核对,结果他发现,普朗克公

[①] A.赫尔曼,《量子论初期史》,商务印书馆(1980),第 16 页。
[②] M. Planck, Verh. Deutsch. Phys. Ges., 2(1900), p.181.

式与实验数据在任何情形下都非常精确地相符。鲁本斯深信这绝非巧合,普朗克公式里一定孕育着一个重要的真理。第二天早晨,鲁本斯迫不及待地把好消息告诉了普朗克,普朗克大受鼓舞。他深知他的公式原本是根据实验数据得出的一个半经验公式,还不能做出物理上的解释。现在,他决心克服困难,为自己的公式寻求物理理论上的依据。普朗克在诺贝尔讲演中曾回忆过这一段时期的思想活动,他说:"即使这个新的辐射公式竟然能证明是绝对精确的,但是如果把它仅仅看作一个侥幸揣测出来的内插公式,那么它的价值也只是有限的。正是由于这个原因,从它 10 月 19 日被提出之日起,我即致力于找出这个公式的真正物理意义。这个问题使我直接去考虑熵和概率之间的关系,也就是说,把我引到了玻尔兹曼的思想。"①

接着,普朗克紧张地工作了两个月,正如他自己于 1931 年回忆他的思想活动所说:

"……到那时为止,我已经为辐射和物质之间的平衡问题徒劳地奋斗了六年(从 1894 年算起)。我知道这个问题对于物理学是至关重要的;也知道能量在正常光谱中的分布的那个表达式。因此,一个理论上的解释必须不惜任何代价非把它找出不可,不管这代价有多高。我非常清楚,经典物理是不能解决这个问题的。而且,按照它所有能量将最终从物质化为辐射。为了防止这一点,就会需要有一个新的常量来保证能量不会分解。而使人们认识到这一点的唯一途径,是从一个确定的观点出发。摆在我们面前的这个观点,是维持热力学的两条定律。我认为,这两条定律必须在任何情况下都保持成立,至于别的一些,我就准备牺牲我以前对物理定律所抱的任何一个信念。"②

从 1900 年 10 月 19 日到 12 月 24 日,是普朗克一生最紧张、最困难的时刻。经过反复思考,他发现要对自己的公式做出合理的解释,只有承认玻尔兹曼分子

---

① Nobel Lectures, Physics Vol.I, 1918, M. Planck, Amsterdam: Eisevie Pub. Co., (1967).

② M. Planck, letter to R. W. Wood, Oct.7(1931).

运动论的观点,求助于统计的方法。然后,他又以熵和概率之间的关系为契机,做了一个大胆假设:物体在吸收和发射辐射时,能量不按经典物理规定的那样必须是连续的,而是按不连续的、以一个最小能量单元整数倍跳跃式变化的。这个最小的、不可分的能量单元普朗克称为"能量子",其数值大小为 $h\nu$,ν 是辐射频率,h 叫"作用量子",即普朗克常数。

1900 年 10 月 24 日,普朗克以《正常光谱中能量分布的理论》为题,在德国物理学会上宣布了自己大胆的假设。[1]以后,人们即将这个日子定为量子理论的诞生之日。

普朗克的量子理论,在发表后近十年内,一直很少受人注意。这是不难理解的,因为从 17 世纪牛顿力学确立以来,一切自然过程都被理所当然地看成是连续的,法国数学家莱布尼茨曾说过,现在把未来抱在怀中,任何一个给定的状态只能用紧接在其前面的那个状态来解释,如果对于这一点要提出疑问,那么,世界将会呈现许多间隙,而这些间隙就会将这条具有充分理由的普遍原理推翻,结果将迫使我们不得不去乞灵于奇迹或纯粹的机遇来解释自然现象了。[2]他有一句名言:"自然界无跳跃。"麦克斯韦方程的被确认,是连续性思想继微积分的建立后又一次伟大的胜利。所以,人们只愿意使用普朗克的辐射公式

$$\rho = \frac{8\pi\nu^3}{C^3}\frac{1}{e^{h\nu/kT}-1}, \tag{7}$$

却不愿意接受他的量子假设

更令人不安的是普朗克自己。虽说他"不惜任何代价"地提出了在当时最具思想革命的量子理论,但他本人是一个"勉强革命的角色"。在科学自传中承认,开始他根本没有清楚地认识到自己的理论有多么了不起的意义,甚至认为自己的理论"纯粹是一个形式上的假设",他也没有"对它想得很多,而只是想到要不惜任何代价得出一个积极的成果来"。可是后来进一步的研究使他犹豫、畏缩

① M. Planck, Verh. Deutch. Phys. Ges., 2(1900), p.237.
② A.赫尔曼,《量子论初期史》,商务印书馆(1980),第5—6页。

了。1909年,他曾告诫自己和别人,"在将作用量子 h 引入理论时,应当尽可能保守从事,这就是说,除非业已表明绝对必要,否则不要改变现有理论。"这以后,在1910年和1914年,普朗克在量子理论上又做过两次大的后退。直到1915年,玻尔提出的原子模型被人们接受以后,他才放弃了自己徒劳无益的后退行为。对于自己的后退行为,普朗克曾经做过自我评价,他说:

> "企图使基本作用量子与经典物理理论调和起来的这种徒劳无益的打算,我持续了很多年(直到1915年),它使我付出了巨大的精力。我的许多同事认为这近乎是一个悲剧。但是我对此有不同的看法。因为我由此而获得的透彻的启示是更有价值的。我现在知道了这个基本作用量子在物理学中的地位远比我最初所想象的重要得多,并且,承认这一点使我清楚地看到,在处理原子问题时引入一套全新的分析方法和推理方法的必要性。"[①]

2. 爱因斯坦的启发性观点

1905年3月,爱因斯坦在德国《物理学纪事》第17卷上发表了题为《关于光的产生和转化的一个启发性观点》的论文。在这篇论文里,爱因斯坦重点讨论了辐射的基本理论,即物质和辐射相互作用的理论。爱因斯坦并不像当时大多数知名物理学家一样,坚信麦克斯韦电磁波动理论是正确的;相反,他倒是深感麦克斯韦理论的不足,想寻找一种新的辐射理论。这可以由爱因斯坦在文章开篇的一句话看出:"在物理学家关于气体或其他由重物体所形成的理论观念同麦克斯韦关于所谓虚空间中的电磁过程的理论之间,有着深刻的形式上的分歧。"接着他又指出,麦克斯韦的电磁波动理论虽然"在描述纯粹的光学现象时,已被证明是十分卓越的,似乎很难用任何别的理论来代替。但是不应当忘记,光学观测都同时间的平均值有关,而不是同瞬时值有关。而且尽管衍射、反射、色散等,理论完全为实验所证实,但仍可以设想,人们把用连续空间函数进行运算的光的理论应用到光的产生和转化现象上去时,这个理论会导致和经验相矛盾"。[②]

---

① M. Planck, Physikalische Abhandlungen und Vorträge. Vol.2, p.24.

② A. Einstein, Ann. d. Phys., 17(1905), pp.132—148.

　　为了解决这一矛盾,爱因斯坦提出用光的能量在空间不是连续分布的猜想,去解释光致发光以及其他一些有关光的产生和转化的现象。他认为光不仅仅只是像普朗克所说的那样,只是在发射和吸收时才按 $h\nu$ 不连续地进行,而是在空间传播时也是不连续的。他指出,麦克斯韦的波动理论仅仅对时间的平均值有效,而对瞬时的涨落则必需引入量子的概念。

　　爱因斯坦在论文中写道:

　　　　"在我看来,如果假定光的能量不连续地分布于空间的话,那么,我们就可以更好地理解黑体辐射、光致发光、紫外线产生阴极射线以及其他涉及光的发射与转换的现象的各种观测结果。根据这种假设,从一点发出的光线传播时,在不断扩大的空间范围内能量是不连续分布的,而是由一个数目有限的局限于空间的能量量子所组成,它们在运动中并不瓦解,并且只能整个地被吸收或发射。"[①]

他把这些不连续的能量子取名为"光量子"。波动的振幅(即光强)决定于光量子在某点上的数目。不过,这数目只是一种统计上的平均值。

　　爱因斯坦的所谓"启发性观点",就是通过光量子假说断言电磁辐射场具有量子性质,并把光的这种性质推广到光和物质之间的相互作用上。这的确是具有革命性的一步。

　　1906 年,爱因斯坦进一步指出:"普朗克的理论已含蓄地利用了光量子假说。"他还说:"我们必须把以下定理作为普朗克辐射理论的基础:(一个普朗克振子的)能量只能取 $h\nu$ 的整数倍;在发射和吸收中(一个普朗克振子)的能量发生跳跃,其变化大小为 $h\nu$ 的整数倍。"[②]可见,爱因斯坦在 1906 年就已经正确地猜到了普朗克振子的主要特征和行为。这儿应该指出的是,这时爱因斯坦还没有把光量子 $E=h\nu$ 与由相对论得出的动量关系式 $p=h\nu/c$ 并列起来。直到 1916 年,爱因斯坦在研究电磁辐射和分子气体间的热平衡过程中,他才通过分析黑体

---

①　A. Einstein, Ann. d. Phys., 17(1905), pp.132—148.
②　A. Einstein, Ann. d. Phys., 20(1906), p.199.

辐射的统计涨落,把一定的动量与光量子联系起来。[1]对此,佩斯评论说:"的确,如果撇开自旋问题,我们就可以说,爱因斯坦完全从统计力学的研究中,不但抽象了光量子,而且,还抽象了更为一般的光子概念。"[2]不过,光子(photon)这个名词,还是美国物理学家刘易斯(G. N. Lewis, 1875—1964)于 1926 年提出的[3],并沿用至今。

爱因斯坦的光量子理论,极完满地阐明了十几年来人们一直无法用经典电磁场理论解释的光电效应这一难题。尽管如此,爱因斯坦的光量子理论一提出来,立即遭到几乎所有物理学家的反对。普朗克这位首先提出能量子概念并首先支持狭义相对论的杰出物理学家,也认为爱因斯坦"在其思辨中有时可能走得太远了"[4],并一再告诫物理学家们应以"最谨慎的态度"对待光的量子说。

爱因斯坦的假说不能为人们接受是不奇怪的,因为在他的这篇文章中,他首先将波粒二象性的困难展现出来。一方面电磁波动理论取得了巨大成功,另一方面又有许多波动论无法解释的现象。是爱因斯坦首先意识到这二象性的困境,连他本人也不清楚如何摆脱这一困境。除此以外,还有两个原因妨碍人们接受他的假说。一是当时所有有关光电效应的实验都是很粗糙、很原始的。据光电研究的先驱休斯(A. L. Hughes, 1883—1978)说:"关于光电效应,当时的了解还非常原始。光电的真空工作还没有做过,即便做了,也是在非常可怜的条件下做的。事实上,在测定一定电路中足以制止光电流所需的遏止电压方面,也并没有做出什么努力。"[5]休斯还发现,爱因斯坦方程

$$\frac{1}{2}mv^2 = h\nu - P = Ve \tag{8}$$

① A. Einstein, Mitt. Phys. Ges. Zürich, 16(1916), p.47; Zeit. Phys., 18(1917), p.121.

② A. Pais, Subtle is the Lord…, p.410.

③ G. N. Lewis, Nature, 118(1926), p.874.

④ G. Kristen and H. Körber, Physiker über Physiker, Berlin: Aka. Verlag, (1975), p.201.

⑤ E. U. Condon, 60 Years of Quantum Physics, Phys. Today, Oct.(1962).

的曲线的斜率并非普适常数,而是与辐照材料性质有关。[1]美国物理学家密立根(R. A. Millikan, 1808—1953)也说过类似的话。在谈到方程(8)时,他说:"那个时候实际上根本没有任何实验数据能够说明上述电位差与频率 ν 的关系是什么性质的,也不能说明在方程中假设的物理量 h 是不是比普朗克常数 h 更大的一个数……甚至爱因斯坦提出自己的假说之前,这些论点中连一个都没有验证过,而且这个假说的正确性在不久以前还被拉姆威尔无条件否定过。"[2]

另外一个原因是爱因斯坦自己对光量子假说的态度,十分谨慎。很明显的是他的光量子假说和电磁波动图像太矛盾了,他自己也颇为犹豫。在 1911 年第一次索尔维会议上,他曾说过:"我坚持(光量子)概念具有暂时性质,它同已被实验证实了的波动说是无法调和的。"[3]正是由于他的谨慎和担心,劳厄和索末菲还误以为爱因斯坦放弃了光量子理论。1907 年劳厄写信给爱因斯坦说:"你放弃了你的光量子理论,我真是十分高兴!"[4]1912 年,索末菲(A. Sommerfeld, 1868—1951)写道:"像我相信的那样,爱因斯坦现在已敢于不保留他(1905 年)的观点了。"[5]

实际上,爱因斯坦担心的与其说是光量子,倒不如说担心的是波-粒二象性的两难问题。他曾经向他的好友哈比希特(C. Habicht)说,他的这篇文章"讲的是辐射和光的能量特征,是非常革命的"。所谓"非常革命",正表明爱因斯坦意识到了波-粒二象性是多么违背人们的传统信念。塞格雷(E. G. Segrè, 1905—1989)对此曾给予过正确的评价,他指出:"这篇论文是物理学最伟大的著作之一。那个时候,科学家知道光是由电磁波组成的;若说确切无疑,莫过于此了。然而,爱因斯坦却对它产生了怀疑,进而揭示光的双重性质波-粒二象性。这一发现和与其相应的物质的二重性,成了 20 世纪最伟大的成就。牛顿和惠更斯被自然哲学中一

---

①　A. L. Hughes, Trans. Roy. Soc., 212(1912), p.205.

②　R. A. Millikan, Phys. Rev., 7(1916), p.18.

③　A. Einstein, in Pro. of First Solvay Congress, Paris, Gauthier Villars, 1912, p.443.

④　M. von Laue, letter to A. Einstein, Dec.27.(1907).

⑤　A. Sommerfeld, Verh. Ges. Deutsch. Naturf. Arzte.: 83(1912), p.31.

场深刻革命出乎预想地调和了。这场革命表明他们两人都只是部分地正确。"[1]

到1915年,情况变得对光量子假说有利了。因为密立根用精密实验证实了爱因斯坦的方程(8)。开始,密立根并不是想证实这个方程是正确的,恰恰相反,是想证实它是错误的。但到1915年,他在多次努力之后,竟意外地发现他已经用实验证实了方程(8)的每个细节都是有效的,而且他还成功地测定了普朗克常数 h。密立根于1916年撰文宣称:"看来,对爱因斯坦方程的全面而严格的正确性做出绝对有把握的判断还为时过早,不过应该承认,现在的实验比过去的所有实验都更有说服力地证明了它。如果这个方程在所有的情况下都是正确的,那就应该把它看作最基本的和最有希望的物理方程之一,因为它是可以确定所有的短波电磁辐射转换为热能的方程。"[2]但对于光量子假说,密立根仍然认为"看上去是站不住脚的"。

不仅密立根在1916年还不相信光量子假说,实际上那时大部分物理学家没有最终确认光量子假说。海森堡后来回忆说:"正在这时,康普顿的论文出现了,它占据了许多人的心。这篇论文强有力地表明了光量子图景的实在性。"[3]

海森堡所说的论文,即康普顿(A. H. Compton, 1892—1962)于1923年发表的关于"康普顿效应"的论文。[4]康普顿效应的发现一开始就在当时的物理学家中引起了轰动,更有人认为,康普顿效应的发现是物理思想史上的一个转折点。

康普顿从1918年开始研究上述现象。刚开始,他希望用经典理论加以解释,但未获得成功。到1922年,他开始认为经典理论无法解释这种异常散射效应。1923年,他抛弃了经典观点,大胆利用了爱因斯坦的光量子假说,并用以导出表示波长变化 $\Delta\lambda$ 与散射角 θ 关系式:

[1] E.塞格雷,《从X射线到夸克》,上海科学技术文献出版社(1984),第95页。
[2] R. A. Millikan Phys. Kev., 7(1916), p.18.
[3] J. Mehra, The Historical Development of Quantum Theory, Vol.2, New York: Springer-Verlag (1982), p.175(footnote).
[4] A. H. Compton, Phys. Rev., 21(1923), p.207; pp.483—502.

$$\Delta\lambda = \left(\frac{h}{mc}\right)(1-\cos\theta) \tag{9}$$

进一步的实验表明,康普顿的上述公式与实验观测十分相符。由于利用光量子假说解释康普顿效应获得成功,康普顿于是在 1923 年的论文中宣称:"……几乎不再怀疑伦琴射线是一种量子现象了。……验证理论的实验令人信服地表明,辐射量子不仅具有能量,而且是具有一定方向的冲量。"

光子理论由此获得了决定性的胜利。但是,事情并没有因此而结束,无论是爱因斯坦还是康普顿,他们都不会忽视和否定不久前电磁波动理论所取得的光辉胜利,这就迫使人们必须接受一个双重的形象,即光时而是波,时而又是粒子。这种双重现象使人们感到惶惑、不安。爱因斯坦在 1924 年说:"现在有两种光的理论,这两种理论没有任何逻辑联系,但我们却都不得不承认它们,因为它们是 20 年来理论物理学家付出了巨大代价才取得的。"①康普顿在上面提到的论文中则说:"不管怎样,散射问题与反射和干涉是如此紧密地联在一起,对它的研究很可能给干涉现象与量子理论的关系这一难题投入一线光明。"

康普顿期望的"光明",很快就由德布罗意撒向了人间。

3. 玻尔的氢原子理论

量子理论真正的价值是 1913 年才显示出来的。这年的 7 到 11 月,丹麦物理学家玻尔根据卢瑟福的核式原子模型和普朗克的量子理论,发表了题为《原子和分子的结构》的著名三部曲。②他把量子理论引入到原子结构理论中,不仅消除了卢瑟福原子模型所固有的一个致命性弱点,而且还不可逆转地推进了量子理论。

卢瑟福 1911 年提出的核式原子模型虽有 α 粒子大角散射的实验做后盾,但却有一个致命的弱点,那就是从经典物理理论出发,无法解释有核模型的稳定

---

① A. Einstein, Berliner Tageblatt, Apr. 20, (1924).
② N. Bohr, On the Constitution of Atoms and Molecules, Phil. Mag., 26 (1913) pp. 1—25; pp. 476—502; pp. 857—875.

性、同一性和再现性。原子的稳定性包括力学稳定性和电学稳定性两个方面:力学稳定性指的是如果初始条件和势场受到扰动,其轨道仍能保持原来轨道不变(更确切地说是在轨道附近做微振动);电学稳定性指电子在绕核转动时,因电磁辐射所引起的能量递减,最终会引起原子的"坍塌"。原子的再现性是指在特殊条件下,原子运动状态可以改变,但外界条件撤除后,原子可丝毫不变地回复原形;原子的同一性则指无论在哪儿找到的原子,只要是相同电子数的同类原子,总是显示同样的性质。

汤姆逊和剑桥的物理学家们都以力学的不稳定性为由,反对有核原子模型。但玻尔一方面由于他早就认为汤姆逊的原子模型的类比法不精确、矛盾百出,另一方面是他认为力学的不稳性正说明有核模型需要一种非机械力,他在读大学时就曾经想到这一点。[①]主要是基于这两方面的原因,玻尔接受了卢瑟福的有核原子模型,并决心解决这一模型所遇到的困难。他认为,原子属于物质的另一个层次,已知的物理定律也许根本就不适用于这一层次。他还从普朗克、爱因斯坦那儿找到了解决这一层次问题的钥匙。他曾回忆说:"1912年春天,我开始认为卢瑟福原子中的电子,应该受作用量子的支配。"[②]

1912年7月22日,玻尔完成了这方面研究的第一篇论文。这篇论文就是人们后来常说的《曼彻斯特备忘录》(Manchester Memorandum)。这份备忘录和后来发表的三部曲之间有很大差别,它仅仅是一个可贵的初步尝试,希望把量子概念与卢瑟福原子模型结合起来,以解决原子结构的稳定性问题。这时,玻尔尚不熟悉光谱学,所以在文章里没有涉及光谱学的问题。

7月底,玻尔回到哥本哈根。1913年初,发生了一桩对玻尔的研究工作极有启发意义的事情。他的好友汉森(H. M. Hansen,光谱学家)在拜望玻尔时问:原子结构和光谱学中的谱线有什么关系?玻尔不熟悉光谱学,并认为光谱学太复杂,不可能从原子结构的基础上做出解释。汉森没有罢休,他向玻尔详细解释

① J. L. Heilbron, J. J. Thomson and the Bohr Atom, Phys. Today, Apr.(1977).
② R. Moore, Niels Bohr, MIT Press(1985), p.43.

了巴尔末(J. J. Balmer，1825—1898)的发现，[1]以及谁也无法解释巴尔末的经验公式。再加之，这年 2 月份玻尔曾注意到德国物理学家斯塔克(J. Stark，1874—1957)在《原子动力学原理》一书中写过的话："一个光谱的全部谱线是由单独一个电子造成的，是在这电子从一个(几乎)完全分离的状态逐次向势能最小的状态跃迁的过程中辐射出来的。"[2]这里已经有了电子跃迁的思想，并把它与光谱线连到一起了。这样，玻尔才突然领悟到，他可以用他的理论解释长久使人迷惑不解的巴尔末经验公式了！玻尔曾说过："我一看到巴尔末公式，整个情形就一下子弄清楚了。"[3]

此后，他的研究工作进展得十分顺利，到 8 月份，他的三部曲就完成了，并由卢瑟福推荐到《哲学杂志》上发表。在论文里，玻尔提出了现在广为人知的两个假设：定态假设和频率法则假设。玻尔后来曾说："其实，第一个假设着重指出原子的一般稳定性，第二个假设首先指出由粗线组成的光谱的存在。"

三部曲的发表，立即引起了物理学界密切的注意。由于实验不断证实了玻尔的理论，所以它比较迅速地为人们接受。

首先，玻尔的假设能圆满地解释巴尔末氢原子光谱的经验公式，尤其能精确地算出里德堡常数，这使得玻尔的理论获得了最初的信誉。玻尔还根据他的理论，预言有一些新的谱线存在，后来为赖曼(T. Lyman，1874—1954)等人先后发现。

其次，玻尔的理论可以解释元素周期律，并导致新元素铪(Hafuium)的发现。

随后，又有弗兰克-赫兹实验和皮克林氢光谱实验的证实，加强了玻尔的声誉。尤其是后一实验，更使物理学家们折服。当爱因斯坦得知这一实验后果时，瞪大了眼睛说："这可是一个重大成就，玻尔的理论由此可以认为肯定是正

---

[1] J. J. Balmer, Ann. d. Phys., 25(1885), p.80.

[2] A.赫尔曼，《量子论初期史》，商务印书馆(1980)，第 153 页。

[3] R. Moore, Niles Bohr, p.54.

确的。"

到 1923 年前后,物理学家们无不为玻尔理论的成功而十分兴奋。但玻尔觉得人们有些过高评估了他的理论,因而他经常向同行们指出他的研究方法大有问题,应该找到一种更正确的方法。玻尔确有自知之明,他很少被胜利冲昏头脑。他的理论的确有严重缺陷。首先,缺乏自洽性。对电子绕原子核的运动(即角向运动),他用经典力学来处理;对电子轨道半径(即径向运动),他用的是量子条件。这种方法通常被称之为半经典的量子论。其次,理论缺乏完备性,用玻尔的理论可以求出谱线的频率,但谱线的强度、宽度以及偏振等一系列问题又都无法解决,尤其对两个电子以上的原子,更是困难重重。

在结束本小节时,我们还应该特别提到玻尔提出的一个重要物理思想:对应原理(Correspondence principle)。

1913 年,玻尔在三部曲的第二部分和第三部分处理多电子原子和简单分子时曾指出:当量子数很大时,电子跃迁前后绕转频率几乎不变,根据经典规律,这时发射光的频率应当等于绕转额率,且可直接用经典的振幅来计算量子跃迁的强度。这种当量子数很大,使得以普朗克常数 h 表征的分立效应不明显而接近连续极限时,旧的经典规律和新的量子规律之间存在某种对应关系,后来由玻尔发展为对应原理。虽然现在一般都认为对应原理是玻尔于 1918 年正式提出,但其思想萌芽早在 1913 年就已经表现出来了。玻尔的好友罗森菲尔德(L.Rosenfeld, 1904—1974)说过:"对于玻尔在 1913 年发表的划时代的文章,很多人只注意到它成功地算出了里德堡常数,而没有注意到它的精华——对应原理。"

在处理多电子原子光谱时,玻尔经过逐步推广,才将对应原理的思想萌芽发展为一个重要的原理。其发展过程可分为三个阶段:首先是将经典描述和量子跃迁之间的渐近关系限定在简单周期体系中考虑;其次又推测这种关系在多周期体系中也存在;最后,上述形式上的对应关系不但在大量子数的极限下是成立的,而且在任意量子数的情况下也是成立的。这最后一步推广,实际上改变了前两步所述那种关系的本质,从而使这种对应关系在光谱理论中占有重要地位。如果认为只是在某种极限条件下,一种较普遍的理论将"趋于"一种较特殊的理论(通常指经典理论)就是对应原理,那实际上是一种误解,贬低了它的重大意义。[①]

对应原理实际上意味着量子理论能以一定的方式同经典理论一致起来,即"适合"于经典理论。因此,对应原理在两个相互矛盾的理论体系(宏观物理学与微观物理学)之间,建起了一座"桥梁"或一条"通道",向人们指出了进入微观领域的一条可能走得通的道路。埃伦菲斯特在谈到对应原理的历史作用时曾经指出:"玻尔关于对应关系的那些文章的更深远的意义,还在于这些文章使我们能够更接近一种未来的理论。借助于那种理论,我们期望能够克服当我们处理辐射现象时,同时应用经典方法和量子方法时所遇到的那些困难。"[②]

对应原理是一个极重要的物理思想,对量子理论的进一步发展和量子力学(矩阵形式)的建立,起了巨大作用。

4. 波动力学的兴起:德布罗意和薛定谔

玻尔于 1913 年提出的氢原子理论,是旧量子论的最后一次重大进展。到 20 世纪 20 年代初,旧量子论出现了停滞不前的局面,人们开始想到:旧量子论也许已经走到了它的尽头,现在是该考虑建立新力学的时候了。正如德布罗意曾经在回忆中所说:"从一切迹象来看,我们必须着手建立一个新的力学,量子概念应该在其基本公理中就取得自己的位置,而不像旧量子理论那样是附加上去的。"正在这时,一系列新的突破接连破土而出,首先是德布罗意提出物质波理论,接着是海森堡的矩阵力学和薛定谔的波动方程。量子力学以气贯长虹的气势,迅速兴起并向前推进。

1923 年 9 月 10 日,法国科学院的《会议通报》第 177 卷上登出了德布罗意

---

① 戈革,《尼尔斯·玻尔》,上海人民出版社(1985),第 199—202 页。

② Niels Bohr, Collected Works, L. Rosenfeld Ed., North-Holland Pub. Co., Vol.III. p.387.

的第一篇探讨实物粒子波动性的文章《波动和量子》。[①]在这篇不长的文章中，他根据相对论和量子论研究中得出的一个差异，引入了一个"与运动质点相缔结的假想的波"，并用这种波形成的驻波来分析电子绕核旋转的圆周运动，结果自然地得出了玻尔提出的但却又解释不了的量子化条件。他认为，这种驻波就是量子化条件的物理机制。9月24日，他又发表了第二篇文章《光量子、衍射和干涉》。[②]在这篇文章里，他试图回答与实物粒子相缔结的波到底是什么波？这显然是他提出的崭新的物理思想必须回答的问题。他首次引入了"相波"（phase wave），他"把相波看作引导着能量转移的，这样就能使波和量子的综合成为可能"。并且指出："自由质点的新动力学与古典力学（包括爱因斯坦力学）的关系，一如波动光学之于几何光学。通过反复研究可以看出，我们提出的综合似乎是在与17世纪以来动力学和光学的发展的比较中得出的一个逻辑结果。"作为他的新思想的验证，他预言："一束电子穿过非常小的孔，可能会产生衍射现象。这也许可以验证我的观点。"

10月8日，德布罗意接着发表了第三篇文章《量子、气体运动论及费马原理》。[③]在这篇文章里他进一步解释了几何光学和经典力学奇妙的类比。当他把几何光学中的费马原理（即最小光程原理）推广应用到与粒子运动缔结的相波上时，他证明这种粒子的运动也能表述为莫泊丢原理（即最小作用量原理）的形式，于是，"连接几何光学和动力学的两大原理的基本关系，得以完全清晰"。

1924年11月，德布罗意将上面三篇文章进一步整理、加工之后，以《量子理论的研究》为题，作为他的博士论文进行了答辩。

论文一开头就明确指出："考虑到频率和能量的概念之间存在着一个总的关系，我们认为存在着一个其性质有待进一步说明的周期现象。它与每一个孤立的能量块相联系，它与静止质量的关系可用普朗克-爱因斯坦方程表示。这种相

---

① L. de Broglie, Compt. Rend., 177(1923), pp.507—510.
② L. de Broglie, Compt. Rend., 177(1923), pp.548—550.
③ L. do Broglie, Compt. Rend., 177(1923), pp.630—632.

对论理论将所有质点的匀速运动与某种波的传播联系了起来,而这种波的位相在空间中的运动比光还要快。"在论文结束时,他写道:"相位波和周期现象的定义我有意说得比较含糊……所以目前只能把这一理论看作一种形式上的方案,它的物理内容尚未充分确定,因而也是一个还不成熟的学说。"①

德布罗意的理论公布于世之后,并没有引起人们的重视。大多数物理学家包括他的导师朗之万(P. Langevin, 1872—1946)都认为,德布罗意的想法虽然有很高的独创性,但很可能只不过是些转瞬即逝的思想灵感而已。普朗克于1934 年曾回忆当时人们对待德布罗意的理论的态度,他说:"早在 1924 年,路易·德布罗意先生就阐述了他的新思想,即认为在一定能量的、运动着的物质粒子和一定频率的波之间有相似之处。当时这思想是如此之新颖,以至于没有一个人相信它的正确性……这个思想是如此之大胆,以至于我本人,说真的,只能摇头兴叹。我至今记忆犹新,当时洛伦兹先生……对我说:'这些青年人认为抛弃物理学中老的概念简直易如反掌'。"②

不仅老成持重的普朗克、洛伦兹如此,就是思想颇开放的朗之万也认为德布罗意的想象过分大胆,几近荒谬。但他又想到,玻尔的理论也曾被认为极其荒谬,因此说不定德布罗意的论文也会有点什么了不起的东西呢! 正是由于这一想法,他把德布罗意的论文送了一本给爱因斯坦,请他提出看法。出乎意料的是,爱因斯坦非常重视德布罗意的理论,热情地称赞德布罗意"揭开了大幕的一角"。由此,德布罗意的理论受到几位著名物理学家如薛定谔、玻恩和海森堡等人的重视,并由此建立了波动力学;而德布罗意预言的电子衍射,又于 1927 年由戴维逊(C. J. Davisson, 1896—1971)和汤姆逊(G. P. Thomson, 1892—1975)先后通过实验实证。从此,实物波动理论就被人们接受,人们至此才明白,电子等所有基本粒子的不同于常见宏观物体的根本特征,就是他们既有分立的粒子特性,又有连续的波动性。有了这一认识之后,物理学家们逐渐意识到,一门新

① L. de Broglie, Ann. d. phys., 3(1925), p.110.
② F.赫尔内克,《原子时代的先驱者》,第 278 页。

的(量子)力学的模糊轮廓似乎已经若隐若现地开始出现了。1925 年初,玻尔就曾预言,与经典物理做"最后决裂"的日子已经为期不远。海森堡也曾生动描述过当时的情形:"1924 年至 1925 年冬,在原子物理学方面,我们显然进入一个浓云密布,但已透过微光的领域,而且有幸展望令人激动的新远景。"[1]

那么,德布罗意得到物质波理论的思路是怎样的? 这显然是一个十分有意义的问题。大致上说,他的思路有三条:其一是来源于爱因斯坦 1905 年关于光量子的论文以及爱因斯坦后来的一些工作,即光子不仅具有能量,而且还具有动量,这已经使得光具有波粒二象性。但大部分物理学家没有认识到波粒二象性的真实本质,却想尽力消除这种矛盾的、令人困惑的现象。但德布罗意则敏锐注意到了这个矛盾。这与他经常在他哥哥 M.德布罗意(Maurice de Broglie,1875—1960)的 X 射线实验室观察、工作有关。德布罗意曾回忆说:"我哥哥把 X 射线看作一种波和粒子的联合体,但由于他不是一个理论物理学家,所以对此并没有特别明晰的思想。"[2][3]但受他哥哥的影响,使他"经常注意到波和粒子的两重性是不可否认的现实,并认识到其重要意义"。[3]其二,玻尔的量子条件自身直接提示电子具有波动性。这是因为决定定态的量子条件的整数 $n=1, 2, 3\cdots\cdots$ 自然而然地使人想到了波的干涉条件。德布罗意曾经说过:"在电子的量子运动规律中有整数出现,我觉得,这就说明在这些运动中有干涉存在……"[4]其三是康普顿于 1923 年发现的康普顿效应,给他以极大启发。光既是粒子也是波,已被康普顿效应证明是确凿无疑的事实,但许多人对此大惑不解,而德布罗意却由此结合相对论得出:具有一定质量的光子有波动性,为什么电子就不能具有波动性呢? 在他的第一篇论文里,他更进一步从相对论的方法进行分析,结果得到有关粒子运动的悖论,而当他引入一个与运动粒子相缔结的波时,悖论得以消除。德布罗意曾说,这一悖论"曾极大地吸引了我的注意力,通过对此差别的思索,便

---

[1]　W.海森堡,《原子物理学的发展和社会》,中国社会科学出版社(1985),第 69 页。
[2][3]　Archive for the History of Quantum Physics, Interview with L. de Broglie on June 14(1963).
[4]　L. de Broglie, Savants et Decouvertes, Ed. A. Michel, Paris(1951), p.301.

决定了我的整个研究方向。"①

爱因斯坦在看了德布罗意的论文之后,迅即于 1925 年 2 月发表的文章中表示了他对德布罗意论文的看法,他说:"我不相信它仅仅是一个类比,我以后将详细讨论这种解释。"②正是爱因斯坦的态度,引起了薛定谔首次注意到德布罗意的工作。薛定谔在 1926 年 4 月给爱因斯坦的信中说:"如果不是您的第二篇有关气体简并的论文使我注意到德布罗意思想的重要性的话,我的整个工作恐怕还未开始呢。"③

后来,德拜(P. Debye, 1884—1966)听了薛定谔的介绍后,认为德布罗意的想法太幼稚,还说既然是涉及波动性,可是怎么没有波动方程呢?德拜回忆说:"于是,我要求他为大家做一个正式的学术报告。正是在准备报告的过程中,他开始了波动力学的工作。做了报告后仅几个月,他的正式论文就发表出来了。"④

德拜这儿说的"正式论文",就是 1926 年 3 月起在《物理纪事》上连续发表的四篇系列论文。⑤在第一篇题为《作为本征值的量子化》的论文里,薛定谔对于氢原子这一具体对象,利用哈密顿–雅可比方程导出了一个"未知函数 ψ 的本征值方程":

$$\nabla^2 \psi + \frac{2m}{k^2}\left(E + \frac{e^2}{r}\right)\psi = 0。$$

这就是著名的定态薛定谔方程(或称波动方程)。通过解这个方程,人们可以自然地得到玻尔的氢原子能级。薛定谔在论文中写道:"如果考虑到 k 的量纲而令 $k = h/2\pi$ 就可以得到与巴尔末项相对应的大家都熟悉的玻尔能级

$$-E_l = \frac{2\pi^2 me^2}{h^2 l^2},$$

①　L.德布罗意,《非线性波动力学》,上海科学技术出版社(1966),第 5 页。

②　A.Einstein, Berliner Berichte 1925, pp.3—14.

③　Letters on Wave Mechanics, K. Przibram ed., M. J. Klein tr., New York:Phil. Library(1967), p.26.

④　Peter J. Debye—An interview, Science, 145(1964), pp.554—559.

⑤　E. Schrödinger, Ann. d. Phys., 79(1926), pp.361—376; 489—527; 80(1926), pp.437—490; p.81(1926), pp.109—139.

这里 l 是主量子数。……在我看来,本质的东西似乎在量子法则中不再出现神秘莫测的'整数性要求',而是把这个要求,可以这样说,向前更推进了一步,它的根源在于某个空间函数的有限性和单值性。"

薛定谔深信,原子内部的力学应当是波动力学。他想通过所有微观粒子都是"在各个方向上尺度都相当小的波包",消除波粒二象性,最后就可回归到只剩下连续性。他曾经说过:"……运动着的粒子,只不过是形成宇宙物质的波动表面的泡沫。"

薛定谔的波动力学一经公布,立即得到普遍的注意和赞扬,"吸引了整个物理学界",似乎它使人们有希望"完成长期受阻但又不可抑制的期望"。[1]爱因斯坦对它非常"热情",索末菲"欢欣鼓舞",普朗克则说"我在读它时,犹如小孩猜破一个谜语一样"。[2]老一辈的物理学家们感到欣慰自不必说,就是年轻的物理学家也表现出了极大的兴趣。例如当时还很年轻的乌伦贝克就曾经说:"薛定谔理论的出现是一种极大的解脱,现在我们不必再学那些奇怪的矩阵力学了。"

关于海森堡创建的并为大部分物理学家感到难懂的矩阵力学,在下一小节将会涉及,这儿暂时不提它,薛定谔的波动力学之所以受到大部分物理学家的欢迎,主要有两方面原因:一是他使用的方法是大家十分熟悉的经典波动理论的方法,而且这一方法用来解决具体问题,比较简便,又可与实验结果做比较;二是在物理思想上,薛定谔想恢复连续性,这无疑将会使由量子带来的困惑烟消云散。

但是,当时人们不太明白波动方程的物理意义,正如维格纳所说:"人们开始进行计算,但却有些稀里糊涂。"当时人们尤其想弄清楚的是,薛定谔的波究竟代表什么? 有什么样的物理性质。薛定谔提出"波包"(packet wave)说,试图坚持波是唯一的实在,而粒子只不过是一种派生的东西。薛定谔的技巧是高明的,但他的物理诠释却是错误的。所以有人曾挪揄地说:"薛定谔的方程比薛定谔还

① K. K. Darrow. Introduction to Wave-mechanics, The Bell System Technical Journal, 6(1927), pp.653—701.
② M. Planck, The Universe in the Light of Modern Physics, New York:Norton(1981), p.30.

聪明。"

5. 矩阵力学和概率诠释

在薛定谔发表他的波动力学第一篇论文前八个月,海森堡在题为《关于运动学和动力学关系的量子论的重新解释》论文中[①],发表了他的量子力学的另一种方案,即为人们当时非常陌生的矩阵力学(matrix mechanics)方案。

1925 年,当海森堡研究用什么公式能够表示氢原子光谱的谱线强度时,陷入了困境。在困境中,他对在量子理论中一直使用的一些直观概念,例如对原子内部的轨道产生了怀疑。泡利也有同样的疑虑。海森堡想到了爱因斯坦在建立狭义相对论时,曾经强调不允许使用绝对时间这类不可观测量。于是,他提出了一个想法,在待建的量子力学里,也应该去掉所有那些不可观测的量,仅仅使用那些能观测的量,例如辐射的频率和强度这些光学量。他在 1925 年 7 月他的第一篇论文中一开篇就写道:

> "本文试图仅仅根据那些原则上可观察的量之间的关系来建立量子力学理论基础。众所周知,在量子论中用来计算可观察量(例如氢原子能量)的形式法则是可以被严厉批判的,其理由是这些形式法则作为基本要素包含着一些在原则上显然是不可观察量之间的关系。例如包含着电子的位置及绕转周期。因而,这些法则缺乏明显的物理基础……"[②]

当海森堡将玻尔的对应原理加以扩充,并试图来建立一个新力学的数学方案时,他惊奇地发现他建立的是一个连自己也十分陌生的数学方案,其最大特征是两个量的乘积决定于它们相乘的顺序,即 $pq \neq qp$。海森堡对这个新方案感到没有把握,因而在论文的结尾他写道:"利用可观测量之间的关系……去确定量子论论据的方法在原则上是否令人满意,或者说这种方法是否能开辟走向量子力学的道路,这是一个极复杂的物理学问题,它只能通过数学方法的更透彻的研究来解决,这里我们只是十分肤浅地运用了这个方法。"

---

① W. Heisenberg, Zeit. Phys., 33(1925), pp.879—893.
② W. Heisenberg, Zeit. Phys., 33(1925), p.879.

正因为海森堡觉得没把握,所以在论文发表前他曾给他的老师玻恩看,并问他有没有价值发表。玻恩看了稿子以后,立即被海森堡的方法、观点所迷住,正如后来他和约当于 9 月发表的题为《关于量子力学》一文[①]中所说:"……海森堡的理论探讨,其目的在于创立一种和量子理论的基本要求相一致的新的运动学和力学形式,在我们看来,它是具有重大潜在意义的。它表示一种意向,即力图通过提出一种新的合适的概念体系,以代替多少有点人为性质的和有点勉强的习惯概念,从而使一些新发现的事实带上合理性。"玻恩还立即意识到,海森堡的数学方案必须用矩阵代数来解决,而海森堡那时对矩阵还非常陌生。玻恩在论文中对此写道:"但是,正如他本人所指出的那样,他的理论在数学处理方面只是处于开始阶段。他的那些假设,仅被应用于一些简单的例子,尚未发展成为一种普遍的理论……海森堡方法的数学基础是量子论的乘法律,这是由于他巧妙地考虑了对应原理的一些道理后而得到的。我们对他的形式体系所做的改进,正是以矩阵乘法的数学法则为依据。"

开始,玻恩本想找泡利合作,以求搞清楚海森堡论文中的物理思想,但泡利却冷淡而尖刻地回答说:"是呀,我知道你偏爱冗长繁复的形式主义。你只是在用你烦琐无用的数学方法糟蹋海森堡的物理思想。"[②]这使玻恩十分失望,但泡利这次可说错了,因为玻恩和约当的论文用数学的矩阵方法,把海森堡的物理思想做了矩阵力学的表述。

同年 11 月,玻恩、海森堡和约当三人又合作完成了题为《量子力学 Ⅱ》的论文。[③]这篇论文的任务在摘要中做了简要说明:"本文……按海森堡的途径把量子力学推广到任意多个自由度的体系中。完成了对非简单体系及一大类简并体系的微扰理论,并证明了微扰理论和厄米型本征值理论的关系。用由此获得的结果,导出了动量守恒和角动量守恒定律、选择定则和强度公式。最后,还把该

① M. Born and P. Jordan, Zein. Phys., 34(1925), pp.858—888.
② M.玻恩,《在量子力学诞生的日子里》,《科学史译丛》,1986 年第 1 期,第 36 页。
③ M. Born, W. Heisenberg and P. Jordan, Zeit Phys., 35(1926), pp.557—615.

理论用到了黑体空腔的本征振动的统计问题上。"

由于"三人论文"第一次全面阐述了现代量子力学矩阵形式的基础,故从此之后,量子力学才真正成为一个概念上自主和逻辑上自洽的理论体系。但是,在当时物理学家们却很难于接受这种矩阵形式的量子力学,尤其是动力学变量不服从乘法交换律,使人们捉摸不透。而且,海森堡理论中有许多奇特的思想、方法,更令人听而生畏!例如:他蔑视任何图像解释;他从实验中观察到的光谱线的分立性出发,强调非连续性;以及弃绝时空的经典描述(不利用轨道这些原则上不可观察的量);等等。正是由于这些原因,直到 1927 年量子力学已经基本上确立的时候,物理学会的文摘才只用一句话提到海森堡的论文,而在此之前,只字不提。

这种状况当然也不足为奇,科学史上无数事例表明,独创性和可接受性是成反比的,而海森堡独创性之强,可由美国科学史家霍尔顿(G. Holton)在《海森堡、奥本海默与现代物理学的出现》一文中的评语中看得十分清楚:"诚然,居里、卢瑟福、普朗克、爱因斯坦、明可夫斯基、薛定谔、玻尔和玻恩等主要先行者,以及其他一些同代物理学家,都揭示过'革命性'的革新成果,但还是有人认为,尽管他们曾不遗余力,业绩卓著,可在实际上仍很接近经典传统,而且比当今大多数物理学家的内心更接近。即使是玻尔也几乎不能摆脱建立在力学解释基础上的对应原理,他把近代量子论与传统经典观点统一起来的并协观点也未跟经典传统背道而驰,相反却总是企图归并这一传统。在这一转变时期致力于开发新物理学,寻求真正变革的,往往是前辈物理学家的后继者,其中再没有比海森堡更能肩负这一使命的了。因为这位年轻人很少有使人易入歧路并阻止其工作的陈旧观点。"[1]

矩阵力学和波动力学分别由海森堡和薛定谔提出后,有一件事使物理学家们感到非常惊奇,那就是两种如此不同的理论,在数学上竟然完全等价。矩阵力

---

[1]　G.霍尔顿,《自然》杂志,5 卷 7 期,第 595 页。

学用的是代数方法,强调不连续性,基本概念是粒子;而波动力学用的是分析方法,强调连续性,基本概念是波动。更有意思的是它们各自的创建者都不能容忍对方的理论。海森堡说:"我越是考虑薛定谔理论的物理部分,就越是厌恶这种理论。"薛定谔毫不客气地回敬道:"在我看到一种蔑视任何形象化(Anschaulichkeit)的、极为困难的超级代数方法,我要是不感到厌恶,就感到沮丧。"①但不久,薛定谔就在他1926年发表的四篇系列论文中的第二篇中表示,海森堡的方法和他自己的方法"是完全不同的,我还没有找到二者之间的联系,但我抱有明确的希望,它们的进一步发展将不会相互冲突,相反,正由于它们的出发点和方法截然相异,它们可以补充,取长补短。"②到第四篇题为《论海森堡、玻恩、约当的量子力学与薛定谔的量子力学的关系》的论文中,薛定谔就已经可以宣称,本文"将要揭示海森堡的量子力学和我的波动力学之间的极其本质的内在联系。从形式上、数学上看,人们可以说这二者是等价的"。③通过证明,薛定谔指出:"矩阵和本征函数间等价确实存在,而且其逆等价也存在。不仅矩阵可用上述方法由本征函数来构造,而且反过来本征函数也可由矩阵给出的数值来构造。因此,本征函数并不是为'裸体的'矩阵骨骼上披上了一件任意的和特殊的'富有内感的衣服'。"

后来,人们将这两种力学通称为量子力学,而薛定谔方程则作为量子力学的基本方程。

继薛定谔对波函数 ψ 提出诠释而不为人信服后,玻恩又接着提出了波函数 ψ 的一种概率诠释。④玻恩的诠释几乎与薛定谔的第四篇论文同时发表,其论文题目是《论碰撞过程的量子力学》。

虽然玻恩是矩阵力学创始人之一,但他同时对薛定谔的波动力学有非常深

---

① M. Jammer, The Conceptual Development of Quantum Mechanics, McGraw-Hill, N.Y.(1966), p.272.

② E. Schrödinger, Ann. d. Phys., 79(1926), pp.489—527.

③ E. Schrödinger, Ann. d. Phys., 81(1926), pp.109—139.

④ M. Born, Zeit. Phys., 37(1926), pp.863—867.

刻的印象,以至于他宁愿用波动力学而不是矩阵力学的方法来研究碰撞现象。他在论文中指出,"在各种不同的理论形式中,只有薛定谔的形式体系能胜任"对碰撞现象的研究,"正是基于这一点,我倾向于认为它是对量子定律最深刻的描述"。而且,"利用薛定谔形式我成功了"。

但是,薛定谔的波动诠释玻恩认为是靠不住的。薛定谔把他的形式体系诠释为"经典意义下的因果性连续统理论",这是玻恩不能接受的。玻恩在 1926 年 10 月的一篇题为《量子力学中的绝热原理》一文中指出,波动力学的表述方式并不见得非用连续统来诠释,完全可以把它和量子跃迁的描述方式"Verschmelnt"(掺和)起来。[①]这种"掺和"的结果,得出了对 ψ 的概率诠释,即:$|\psi|^2 d\tau$ 量度的是在体积元 $d\tau$ 中发现粒子的概率密度,而这些粒子仍然假定是古典意义下的质点。

玻恩的概率诠释很容易地就克服了薛定谔诠释中遇到的五个困难,再加之原子散射实验的证实,因而也就比较迅速地得到公认。但与此同时,这种诠释又遭到许多著名物理学家如薛定谔、爱因斯坦的反对。爱因斯坦直到去世都坚持认为:"我无论如何都深信上帝不是掷骰子的。"

玻恩之所以能提出概率诠释这一重要物理思想,据他自己说主要是有两方面的原因。一是受到弗兰克(J. Franck, 1882—1964)的碰撞实验所显示的粒子性的影响。玻恩在诺贝尔颁奖会的讲演中曾说:"我的讲习会和弗兰克的讲习会是在哥丁根大学的同一座楼里。弗兰克及其助手们关于电子碰撞(第一类和第二类的)的每一个实验,在我看来都是电子的粒子本性的一个新的证明。"[②]因而他无法接受薛定谔的只强调连续性、排除粒子性前连续统诠释:"在这一点上我无法同意他。"[③]第二方面原因是他受到爱因斯坦对电磁场同光量子之间关系看法的影响。雅默(M. Jammer)对此曾经指出:"玻恩曾一再指出,爱因斯坦把波场看作一种'幻场'(Phantom field),它的波引导光子以下述方式沿轨道运动,即

---

①　M. Born, Dokumente der Naturwissenschaft, Vol.I, pp.93—118.

②③　M. Born, Experiment and Theory in Physics, London: Cambridge U. Press(1943), p.23.

波的振幅的平方(强度)决定了光子出现的概率或光子的密度(在统计上这二者等价)……玻恩的概率诠释实际上是爱因斯坦的幻场对光子之外的粒子的一种合理的推广。"[①]玻恩曾明确地声明,他的诠释基本是爱因斯坦的物理思想。但多少有些令人吃惊的是,爱因斯坦后来又是这种诠释最坚定的反对者。

6. 测不准关系和互补原理

玻恩的概率诠释得到公认后,玻尔仍不满足。他坚持认为有某种最基本、最主要的东西从物理学家们的眼前溜过去了,他们还并没有发现那最有概括性的东西。海森堡也深感不安。1926 年 9 月薛定谔对玻尔研究所访问期间爆发了一场论战,其结果使玻尔和海森堡更加相信,薛定谔的否认粒子性的观念是肯定靠不住的,但同时也使他们感到,有必要进一步弄清楚他们所设想的量子力学同经验资料之间的关系。

矩阵力学是从电子的轨道以及任何一种运动轨迹都不可观测这样一个前提出发的,但是威尔逊云室的照片上,那白色的雾线却显然能让人们精确地追踪电子在时空中的运动,这又怎么解释呢?理论是完美的,实验是高明的,但它们却相互矛盾着。海森堡为此绞尽脑汁,但仍然百思不得其解。

1927 年 2 月的一个晚上,海森堡突然想到一年前与爱因斯坦的一次谈话,爱因斯坦说:"在原则上,试图单靠可观察量来建立理论,那是完全错误的,实际上,恰恰相反,是理论决定我们能观察到的东西。"[②]海森堡立即意识到,这句话是解开困难的钥匙。他试着分析云雾室中径迹的意义,试图弄清楚怎样才能够在新力学的基础上对此类观测做出适当的说明。后来,他发觉非得从修改描述问题的方法着手才行,对此他曾回忆说:"我们常常信口开河地说,云室中的电子径迹一定能观察到,但我们真正观察到的要比它少得多。也许我们只是看到电子所通过的一系列分立的、轮廓模糊的点。事实上,我们在云室中所看到的一个

---

① M. Jammer, The Philosophy of Quantum Mechanics, New York: John Wiley & Sons, Inc. (1974), p.41.

② 《爱因斯坦文集》(第一卷),第 211 页。

团块,仅仅是比电子大得多的单个水滴。因此,正确的提问应该是这样的:量子力学能够说明发现一个电子的事实,电子本身是不是处在大体给定的位置上并以大致给定的速度运动呢? 我们能使这些给定的近似值接近到不至于引起经验上的异议吗?"[①]

接着,海森堡像爱因斯坦当年建立狭义相对论对"同时性"进行一番操作分析(其实质是进行重新解释)一样,对位置和速度也做了一番操作分析(即重新解释)。分析的结果,海森堡发现,正如相对论中如先不引入正确的核对时钟的方法,谈论两个不同地点事件的同时性是毫无意义的一样,在微观领域里谈论一个粒子具有确定的速度和位置,也是毫无意义的。

3 月底,海森堡在论文《关于量子理论运动学与力学的可观测内容》一文中,[②]宣布了著名的"测不准关系"。文章一开篇,海森堡就写道:"如果谁想要阐明'一个物体的位置',例如一个电子的位置这个短语的意义,他就得描述一个能够测量'电子的位置'的实验,否则,这个短语没有任何意义。"对于诸如位置和动量、能量和时间这些正则共轭物理量的测不准关系,他认为,"这种不确定性,正是量子力学中出现统计关系的根本原因。"

测不准关系的发现,引起了哥本哈根学派强烈的反响。泡利认为量子力学的黎明终于来临,他把测不准关系当作整个量子理论的出发点。而肯纳德(E. H. Kennard)在 1927 年 7 月,则在一篇评述性文章中称测不准关系是"新理论的核心"。[③]

但是,玻尔只同意海森堡的结论,却完全不同意这一关系的思想基础,他甚至劝海森堡不要发表这篇论文。于是,在他们两人之间爆发了一场激烈的争论。据海森堡回忆说,当时由于受不了玻尔的压力,他甚至哭起来了。海森堡认为测不准关系告诉了位置和动量、能量和时间这些经典概念在微观层次中的适用界

---

① 　W.海森堡,《原子物理学的发展与社会》,中国社会科学出版社(1985),第 87—88 页。
② 　W. Heisenberg, Zeit. phys., 43(1927), pp.172—198.
③ 　E.H. Kennard, Zeit. phys., 44(1927), pp.326—352.

限,玻尔则认为这一原理并不是告诉我们粒子语言或波动语言的不适用性,而是同时应用它们一方面不可能,另一方面又必须同等应用它们才能对物理现象提供完备的描述;海森堡对粒子的波动性持有片面、轻视的态度,认为测不准的原因皆起于不连续性,而玻尔则认为测不准的原因在于波粒二象性,并认为只有波粒二象性才是整个理论的核心;海森堡认为在相互独立的两种语言中,无论是使用粒子语言和波动语言都可以,而且都可做出最佳描述,只不过要受测不准关系的限制,而玻尔则坚持认为必须兼用两种语言。

玻尔在进一步研究中得出了一个结论:对物理现象的描述,或者是因果性描述,或者是时空描述,它们是互斥的,不可兼得;但对于一种完备的描述来说,这互斥的两方面又都不可缺少。这就是后来逐步发展为互补原理(complementary principle)的最初始的表述。1927 年 9 月 6 日,玻尔以《量子公设和原子论的最近发展》为题,在意大利科摩市召开的国际物理会议上,第一次正式报告了他的互补原理。①他指出:"一方面,正如通常所理解的那样,要定义一个物理体系的态就要求消除一切外来的干扰。然而根据量子假设,这样一来就不会有任何观察。而且重要的是,空间和时间的概念也将不再有直接的意义了。另一方面,如果我们为了使观察成为可能,承认体系和观察器械(不属于体系)之间有某种相互作用,那么,无歧义地定义体系的态自然就不再可能,这样,通常意义下的因果性就不复存在。就这样,量子论的本性就使我们不得不承认时空标示(space-time coordination)和因果要求(causality claim)具有一些互补而又互斥的描述特性,它们分别代表观察的理想化和定义的理想化;而时空标示和因果要求的结合则是经典理论的特征。……量子公设给我们提出了这样一个任务:发展一种'互补性'的理论,该理论的无矛盾性只能通过权衡定义和观察的可能性来加以判断。"

1929 年他进一步指出:"在我看来,相信最终用一些新的概念形式来代替经

---

① N. Bohr, Atomic Theory and the Descripion of Nature, London: Cambridge U. Press(1934), pp.52—91.

典物理学的概念,就可以避开原子论的困难,这可能是一个错误的概念。"①他还说:"一般说来,我们必须准备接受以下事实,同一客体的完备阐述,可能需要用到一些不同的观点,它们否定了一种唯一的描述。"②

玻尔是一位具有哲学气质的物理学家,正如狄拉克所说:"我非常敬重玻尔,他大概是我遇到过的最深邃的思想家。他的思想属于那种我愿称之为哲学性思想的范畴。……我个人侧重的思维方式是在那些可以用方程表示出来的思想上,而玻尔的思想则更具普遍性,而且与数学相去比较远。"③正因为如此,玻尔并没有把他对互补原理的沉思局限在量子物理学或物理学中。1930 年,玻尔在法拉第讲座的演讲中,就开始把互补原理向统计力学推广,他指出:"温度这个概念与物体中的原子行为的精细描述之间,有一种互斥的关系。"④

1932 年 8 月 15 日在哥本哈根举行的国际光疗会议开幕式上,玻尔首次(也是第一人)将互补原理推广到生物学中去。他说:"如果我们想研究某种动物的器官,以及描绘单个原子在生命机能中起什么样的作用,那么我们就非得杀死这个生物。……这样看来,在生物学中,就必须把生命的存在看作一个无法加以说明的基本事实,就如同从经典物理学的观点看来,原子物理学的基础就是由不合理的作用量子与基本粒子的存在联合起来构成的一样。"⑤

1938 年 8 月,在哥本哈根召开的人类学及人种学国际会议上,玻尔又把互补原理推广到研究人类学中去。⑥

随着研究的深入,绝大多数物理学家都接受了互补原理,都承认它是量子力学的正统解释,而且普遍认为,量子力学作为一个完整的体系,至此基本建成。不仅物理学家们接受了互补原理,其他许多科学领域诸如生物学、人类学、心理

①　N.Bohr Atomic. Theopy and the Description of Nature, London Cambridge U. Press(1934), pp.15—16.

②　N.Bohr Atomic. Theopy and the Description of Nature, London Cambridge U. Press(1934), p.96.

③　History of Twentieth Century Physics, ed. C. Weiner, Academic Press(1977), p.134.

④　N. Bohr, repirnted in J. Chem. Soc. (1932), pp.349—383.

⑤　N. Bohr, Light and Life, Nature, 131(1633), pp.421—423, pp.457—459.

⑥　N. Bohr, Natural Philosophy and Human Culture, Nature, 143(1939), pp.268—272.

学、语言学甚至神学的学者们，都承认了互补原理的普遍性。数学家兼哲学家贡瑟特(F. Gonseth)认为，互补原理在一切系统性研究领域中都具有潜在的适用性。[①]

第二节 现代物理学中的测量观

普里戈金在 1986 年 7 月的一次演讲中指出：

"20 世纪物理学的精华就在于我们区别开来，什么是可测量的，什么是不可测量的。例如，相对论承认我们是不可能测量大于光速的运动的。又如量子力学否定了对动量与坐标的同时测量。现在我们承认，我们不能测量一个物理世界中的点的命运，因为物理的点只不过是一个区域，而一个小区域的命运是不可能精确地预测的。"[②]

普里戈金这一段话，充分说明测量作为一种观念，深深影响着物理学的发展。但是，在相对论尤其是量子力学兴起以前，关于测量这一概念似乎并没有引起什么人的注意，而在现代物理学中，尤其是在量子力学中，测量观已经是一个人们一再谈到的题目，而且涉及自然科学哲学中的一些最基本观点。

1. 经典物理和相对论的测量观

可以说，自从人类有了文字记载的历史，就有了测量的技艺，而且，天文学从一开始就依赖于精细的测量。如果没有对角度和时间的精确测量，就不会产生天文学。

但是在近代物理学由伽利略奠定之前，天文学是不够资格称为真正的科学的，它只能算作是一门"技艺"(techne)，并且在大学里多半是由数学老师讲授这门课；而由物理教授讲的所谓"理论"(episteme)，则主要依据亚里士多德的《论

---

① F. Gonseth, Dialectica, 2(1948), pp.413—420；此处转引自 M. Jammer, The Philosophy of Quantum Mechanics, p.88.

② I.普里戈金，《时间的再发现》，《科学》杂志，39 卷 4 期，第 246 页。

天》,这才被认为是真正的科学。所以,在亚里士多德的"理论"里,是根本没有测量的地位的。物理学家们唯一感兴趣的是探讨"为什么",例如:宇宙为什么是我们见到的这种样子而不是另外一种样子? 具体到力学上则是运动的原因:地面附近的物体落向地面的原因,是因为地面附近物体的"天然位置"在地球中心,等等。因此,这个时期的物理学只沉醉于寻找一些逻辑规则。物理学(包括其他自然科学学科)只能从事物的原因来探究事物,这些原因只能靠逻辑推理来获得,而不可能从经验和测量直接得到。正统的自然哲学家坚持认为,由逻辑推理获得的知识才是理论,才是真正的科学;由经验、测量得来的知识,只不过是技艺,是不能登科学殿堂的。不过,亚里士多德并不轻视由经验获得的知识,但他把这种由经验获得的知识和理论(即所谓真正的科学知识)严格分开,认为二者不能相提并论。这样我们就将毫不奇怪,为什么在亚里士多德的《物理学》中根本就没有测量的地位。中世纪的物理学家们偶尔也谈到测量,但只限于抽象地论述测量,他们可以日复一日、年复一年地去争论重物落得快还是轻物落得快,但却从不打算去做一点哪怕是粗糙的测量。在科学界已形成一个传统:科学家只需整天价去争论,测量只留给实践者去干!

到了伽利略,他才首先将物理学研究的范围限定在观测那些可测量的质(即他所谓"第一性的质")上。因为在不可测量的范围里,数学无用武之地。为此,他对亚里士多德最感兴趣的最后因不予考虑,而首先考虑可以用数学处理的时间和空间,动力学由于有了时间和空间这些可测量的量,才有了生存下去和发展的机会。

只允许可以被测量的量(亦即可观察量)进入物理学,是近代物理学得以建立的重要原因之一,也是物理思想史上不可或缺的一次思想革命。因为,可观察量一方面可以在实验中被测量出来,同时它又可以直接进入理论。例如:力学中的时间、坐标,都是实验中可以测量出来的,但同时又是牛顿方程中的可变量。到了 20 世纪初叶,物理学家们已经普遍认为,物理量的可观察性是不言而喻的。如果一个物理量是不可观察的,物理学家就会取消它在物理学中存在的权力。

虽然测量和可观察量对经典物理有如此举足轻重的作用,但人们并没有注意对可观察量、测量的物理意义进行充分研究,这主要是在宏观低速范围里,可观测量被看成是客体的固有性质,即被测客体自身具有的不依赖于观测过程的性质。而测量在经典物理学中,也被看作对被测客体已有属性的一种被动记录。

爱因斯坦建立相对论时,加强了不可观察量不可进入物理学这一观点。事实上,爱因斯坦正是在清除了绝对时间这类不可观察量的基础上,并认真要求人们把时空观念建立在物理测量的基础上,才建立起狭义相对论的。这一点对狭义相对论十分重要。从某种意义上说狭义相对论就是建立在物理测量基础上的理论。爱因斯坦的这种观点,曾深深影响过海森堡的矩阵力学的建立,这在矩阵力学建立一节有过详细的讨论。

可是到 1926 年前后,由于研究进入了微观的层次,爱因斯坦又改变了看法。这年春天,当海森堡向爱因斯坦介绍自己如何根据"一个好的理论必须以直接可观察量为依据"建立起矩阵力学时,爱因斯坦却回答说:"但……这是毫无意义的。……在原则上,试图单靠可观察量来建立理论,那是完全错误的。实际上,恰恰相反,是理论决定我们能够观察到的东西。"[1]爱因斯坦为什么改变了看法呢? 这是因为随着物理学的研究从宏观低速深入到微观高速领域时,爱因斯坦对于测量的复杂性有了深入的认识,测量并不像经典物理学中那么简单地不依赖于观测过程。在同一次谈话中他对海森堡说:"观察是一个十分复杂的过程。观察下的现象在我们的量度装置中产生某些事件。结果,进一步的过程又在这套装置中发生,它们通过复杂的途径最后产生了感觉印象,并帮助我们把这些感受在我们的意识中固定下来。"[2]因此,在新形势下,传统的测量观必须被打破,物理量应分为可观察量和不可观察量两类。而且,随着研究的深入,不可观察量在理论中的地位日益重要。

到了广义相对论,由于等效原理的要求,"对于坐标的简单物理解释,无可避

---

①② 《爱因斯坦文集》(第一卷),第211页。

免的是致命的,就是说,不能再要求坐标差应当表示那些理想标尺或理想时钟所测得的直接量度结果。"①这就是说,在狭义相对论中可直接量度的坐标,到了广义相对论已经没有直接观察的意义了。我们还知道,到了原子领域时,时空坐标又进一步成了不可观察量。而且,所有经典物理学中的可观察量在量子力学中都对应于算符,仅当算符作用到波函数上,才得到可观察的数值。至此,不可观察量作为物理量的地位毋庸置疑。

相对论对传统的测量观还有一个重要突破,即测量的相对性。普里戈金曾指出:"爱因斯坦在建立相对论之时,推翻了物理学过去的伽利略法则(即不考虑人在测量这一事实,把人完全看成是客观的)。爱因斯坦把人在测量这一事实引入物理学中,改变了人们对于'客观性'的看法。"②

相对论明确告诉我们,测量具有相对性。例如,同时性在牛顿力学里是绝对的,但在相对论中是相对的。爱因斯坦在《狭义与广义相对论浅说》一书中指出:"对于铁路路基来说是同时的两个事件……对于火车来说是否也是同时的呢?……回答必然是否定的……对于路基是同时的若干事件,对于火车并不是同时的,反之亦然(同时性的相对性)。"③所谓同时,是以测量为基础的,而测量将取决于观测者的状态和测量手段。这就说明,观察量既有可测性的一面,还有它对于参考系的依赖性的一面,正如爱因斯坦所说:"除非我们讲出关于时间的陈述是相对于哪一个参考物体的,否则关于一个事件的陈述就没有意义。"④

相对论强调用测量来检验同时性的定义,曾被美国物理学家和科学哲学家布里奇曼(P.W. Bridgman,1882—1961)从科学哲学方面推向极端,作为操作主义(Operationism)建立的证据。

2. 量子力学的测量观

随着量量子力学的建立,尤其是海森堡测不准关系的建立,测量的概念、测

---

① 《爱因斯坦文集》(第一卷),第 321 页。
② I.普里戈金,《时间的再发现》,《科学》杂志,39 卷 4 期,第 246 页。
③④ 爱因斯坦,《狭义与广义相对论浅说》,上海科学技术出版社(1964),第 21、22 页。

量程序、测量逻辑……总之是测量观,逐渐引起了科学家和哲学家们的关注,成了一个非常热门的讨论课题。伦敦大学的马克斯威尔(N. Maxwell)指出,要解决测量问题,"就需要发展一种新的完全客观的量子力学方案。"[①]而雅默更认为:"关于量子测量的意见和理论的多种多样以及它们的不断变化,只不过反映了量子力学的诠释本身就有着根本的分歧。建立完全协调一贯的和合适的量子测量理论,同整个量子力学建立一个满意的诠释,说到底就是一回事。只要这二者之中还有一个没解决,另一个也不可能解决。"[②]由此可见测量观对量子力学的重要性了。在量子力学建立以前,除了少数人如赫姆霍兹、赫尔德(O. Hölder)等人似乎认识到测量观在认识论上不那么简单,大家都认为这是一个比较简单、易于解决的问题,因而很少引人注意,就是玻尔,也在相当长的时间里没有重视这个问题。

的确,在经典物理学里,测量观是比较简单的。我们知道,测量一般是指观察或测量的客体(如太阳、电子、光)、观测仪器(如望远镜、计数器、光度计)和观测者(人的感官,但最终是人的意识)之间的相互作用过程。这种相互作用分为两种:相互作用 $I_1 = I_{客 \leftrightarrow 仪}$ 和相互作用 $I_2 = I_{仪 \leftrightarrow 人}$。$I_1$ 是指被观测客体与观测仪器之间的相互作用;I_2 是指观测仪器与人的感官之间的相互作用。由此可见,测量是一个非常复杂的问题,它既牵涉到客体的纯本体论行为和对客体的观测行为,还牵涉到人的认识论问题。

经典物理对复杂的观测做了大大的简化。首先,在 I_1 中,它只强调 $I_{客 \to 仪}$,即客体对仪器的作用,而仪器对客体的作用 $I_{仪 \to 客}$ 则认为数量级远小于 $I_{客 \to 仪}$,故可以忽略不计;其次,对于 I_2,则认为这是一个与物理理论无关的心理物理学问题。这样,在经典物理学中,观测的结果就被看作客体的纯本体论行为,即被测客体自身具有不依赖于观测行为的客观性质,并排除了人的意识或人的干预。

---

① N. Maxwell, A New look at the quantum mechanical problem of measurement, Am. J. phys., 40(1972), pp.1431—1435.

② M. Jammer, The Philosophy of Quantum Mechanics, p.521.

经典物理学的这种简化,是实际情形的理想化。随着量子力学的建立和发展,尤其是测不准关系的建立,这种理想化的方案也即被否定。

首先,由于普朗克常数 h 不是无限小,所以 I_1 中的 $I_{仪 \to 客}$ 很可能与 $I_{客 \to 仪}$ 有相同的数量级,即仪器对客体的作用,不能再忽略不计。被观测前客体与观测仪器处于相互作用之中,我们观测的结果来自这种相互作用。在测量过程中我们干扰了被测现象的行为,因而我们不可能测出被测客体的独有的纯本体论的性质。维勒斯指出:"量子可观测量显示的是客体与观测仪器之间相互作用的性质。因此,它们只能够在观测的相互作用发生时才有数值。在没有相互作用发生时,相互作用的性质(即可观测量)就不可能有数值。所以,量子可观测量只有在观测时才能有数值。"[①]玻尔也说过:"原子物理学佯谬的阐明揭露了下一事实——客体和量具之间的不可避免的相互作用,给谈论原子客体行动不依赖于观察手段的可能性定下一个绝对的限度。"[②]

其次,在量子力学中,由于"通过高功率显微镜所看到的东西……或者各种各样电子放大仪器所觉察到的东西,如果没有理论,就不能理解;它必须加以解释。……在原子领域里如在恒星领域里一样,我们遇到的现象和我们周围事物通常的样子是不像的,只有借助于抽象概念才能描述"。[③]因而,I_2 在量子力学领域里,不能再不予以考虑。科学理论所得出的规律,不可能再像经典物理假定的那样,是绝对地存在于自然界自身之中;仪器与客体的相互作用已经使纯客体的现象成为不可能,因而人的活动与得出的规律有了关联。正如玻尔所说:"在生存的伟大戏剧中,我们自己既是演员又是看客。"[④]

由于量子力学给经典的测量观带来如此巨大的变化,更加之它涉及纯物理理论以外的认识论问题,所以测量观成为现代物理中激烈争论的焦点之一。科学家们认为,如果一个理论描述是完善的,那它当然应该可以描述包括测量过程

①　C.N. Villars, Eur. J. Phys, 5(1985), p.178.
②　卢鹤绂,《哥本哈根学派量子论考释》,复旦大学出版社(1984),第 67 页。
③　M.玻恩,《我们这一代物理学家》,商务印书馆(1979),第 97—98 页。
④　N. Bohr, Atomic Physics and the Description of Nature, Cambridge U. Press(1934), p.19.

的所有自然过程。在这种认识的启发下,各种测量理论应运而生,其中比较引人注意的有冯·诺伊曼(J.von Neumann,1903—1957)、玻姆(D.J.Bohm,1917—1992)、维格纳、玛格瑙(H.Margenau)、埃弗雷特(H.Everett)等人的测量理论。

但正如卢鹤绂教授所指出的那样:"事实上,量子论还没有能给出对观测体系和受观测体系之间联系的恰当描写。因为我们还没有一个关于实际测量工具的现实理论,在微观受观测体系的量子描述和宏观观测体系之间也还没有一个理论上的联系。那个不可逆放大过程显然有待进一步研究。"[1]

量子测量观,是一个远没有结尾的,还需付出巨大努力才能给人以较满意回答的问题。

第三节　现代物理学中的因果观

与测量观直接相关的问题是因果概念的问题。普里戈金在谈到测不准关系带来的一系列深刻影响、变革时,特别提到因果问题。他指出:"海森堡测不准关系必然引起因果概念的修正。"[2]海森堡也因为测不准关系所要求的不可确定性排除了对未来事件做严格的预言的可能性,在 1927 年就宣称:"因为一切实验都遵从量子定律,因而遵从测不准关系,因果律的失效便是量子力学本身的一个确立的结果。"[3]玻尔则反复强调,在量子物理学的测量中,被测客体与观测仪器之间的相互作用构成了观测对象的一个不可分割的部分,因而对于微观客体做客观描述时,就必须把实验条件作为现象的一部分加以说明。玻尔认为,正是由于这种相互作用"引起了最后放弃因果性这一经典概念并激烈地修正我们对于物理实在问题的态度的必要性"。[4]

对于海森堡、玻尔等人主张"放弃因果性"的主张,引起了包括爱因斯坦、薛

---

①　卢鹤绂,《哥本哈根学派量子论考释》,第 65 页。
②　I.普里戈金、斯唐热,《从混沌到有序》,上海译文出版社(1987),第 273 页。
③　W. Heisenberg, Zeit. Phys. 43(1927), p.197.
④　N.玻尔,《原子物理学和人类知识》,商务印书馆(1964),第 66 页。

定谔、朗之万在内的许多物理学家的激烈反对。于是,一场几乎延续至今和尚未彻底解决的争论,迅即在世界范围内展开了。

1. 经典物理和相对论关于因果性的机械描述

因果关系是人类思想史上一个最古老而又常新的论题。一般说来,我们把引起某种现象的现象称之为因,把被某现象引起的现象称之为果。由于因果关系的普遍性,所以在人类认识中占有特殊重要的地位。因果关系是人类经过数百万年实践,抛弃了各种各样神秘的、幻想的联系之后,才确立的一种无可辩驳的确凿的认识论。

在物理学史上,从阿基米德的静力学到伽利略的动力学,都无一例外地用到了因果关系。到了牛顿和拉普拉斯,由于牛顿定律的辉煌成就,使得因果之间的单值、线性的确定关系取代了自然界一切客观的因果联系。因果关系原先覆盖的面积由此变得十分狭小,以至于拉普拉斯妖在已知时刻了解到每个原子的位置和运动,它就能预言出世界的全部未来。当因果关系做这种十分狭义的解释时,我们就称之为"因果关系的机械描述",有的书上称之为"严格的决定论"或简称之"决定论"等等。

20 世纪初叶是物理学由经典时期发展到现代时期的伟大变革年代,时空观、物质观等重大物理学思想都相继发生重大突破,因果关系的机械描述也不例外地受到冲击。但事实表明,它似乎是一个最不容易被摧毁的经典物理学思想,连像爱因斯坦这位彻底变革了经典物理学时空观、物质观的伟人,在经典物理学的最后一个堡垒,即因果关系的机械描述面前,竟然却步了。爱因斯坦的朋友和传记作者佩斯也奇怪:"我又一次对这样一个问题感到不可理解,这位对现代物理的创立做出了无与伦比的贡献的人,为什么对 19 世纪的因果观念还如此留恋不舍呢?"[①]

爱因斯坦的相对论,虽然揭示了因果关系所必需的物理条件(即因果关系的

---

① 　A. Pais, Subtle is the Lord, …, p.5.

可能性被限制在类时过程和类光过程），但在因果关系的可能性范围之内，一切仍然是因袭着因果关系的机械描述。爱因斯坦心目中的因果性，正如他自己所说指的是"如果客体在某一时刻的状态完全是已知的，那么，它们在任何时刻的状态就完全是由自然规律决定的。当我们谈论'因果性'时指的就是这一点。大体上这就是一百年前物理学思想的界限"。①而且，爱因斯坦本来就是按照决定论的观点来创立相对论的，对此玻恩曾经指出："1905 年诞生的狭义相对论……是以牢固确立的古典……自然界因果律（或更确切些讲是决定论）的概念为出发点的……"②

我们已经谈过，在量子力学建立前，因果关系的机械描述曾经受到来自哲学和物理学两方面的挑战。在哲学方面，休谟批判了因果关系的机械描述，还第一次提出"原因的或然性"，他曾强调说："或然性确实是有的，它是因某一方面的机会占优势而产生的。"③承认因果关系的复杂性，把或然性引入因果关系，比以前仅仅从必然性出发看待因果关系，是一种进步和认识的深化。但休谟片面夸大认识的相对性，结果，休谟走向了不可知论。

在物理学方面，人们早就想到，"大尺度的过程是许许多多在小尺度上发生的不规则过程的结果④"。19 世纪后半叶，由于气体动理论的深入研究，统计规律终于以不可阻挡的势头涌进了物理学，并被形式化为统计力学。统计规律的出现具有重大意义，它终于使偶然性堂而皇之地进入了原来由决定论独霸的物理学殿堂。但是，在经典物理学（包括相对论）思想里，概率、偶然性只不过是一种权宜的考虑，对大量粒子行为的统计规律，使用的仍然是经典力学的术语和概念；每个个别的粒子仍然以服从经典因果规律为前提。正如海森堡所说的那样："在这种以牛顿力学为基础的理论……从原理上说，它并没有抛弃决定论。它认为事件的细节完全取决于牛顿力学定律，同时却附加了如下条件：该系统的力学

① 《爱因斯坦文集》（第一卷），第 519 页。
② M.玻恩，《爱因斯坦的相对论》，河北人民出版社（1981），第 2 页。
③ 《十六至十八世纪西欧各国哲学》，第 645、644 页。
④ W.海森堡，《原子物理学和因果律》，《科学和哲学》，1982 年第 2 期，第 129 页。

性质并非完全是已知的。"①不过,我们也应该看到,概率毕竟显示出了自己的力量和独立性,因为无论怎么辩解,如果没有统计规律的帮助,许多物理学领域已经无法由机械的因果关系来描述了!

2. 量子力学关于因果性的概率描述

量子力学产生以前,概率的概念虽然得到了系统的利用,并且如玻恩所说"嵌入"到物理学体系中去了,但普遍的看法仍然是认为统计规律之所以必要,是因为我们不可能用严格的方法来处理大量的粒子,而基本过程如两个原子的碰撞,仍然遵循经典的因果描述。所以,这时起基本作用的仍然是严格的决定论。

但是,量子力学的建立从根本上动摇了人们对因果关系机械描述的信念,迫使人们认识到,"量子定律的发现宣告了严格决定论的结束……这个结果本身具有重大的哲学意义。相对论改变了空间和时间的观念,现在量子论又必须修改康德的另一个范畴——因果性。这些范畴的先验性已经保不住了。……对于因果性,有了一个更普遍的概念,这就是概率的概念。必然性是概率的特殊情况,它的概率是百分之一百。物理学正在变成一门从基础上说是统计性的科学。"②

量子力学之所以使因果观念发生如此巨大的变化,是因为微观粒子本身的属性(即波粒二象性)使得人们不可能知道单个粒子的瞬时状态。而且,由海森堡的测不准关系和冯·诺依曼定律我们知道,在量子力学里,任何一个可观测量的集合中总有某个可观测量无法确定其数值。这样,我们当然就无法像经典物理学所期望的那样,由初始条件去精确地预言此后的情形了,"原则上的不可预测性"以及"本质上的测不准关系",赋予了偶然性、概率与以往极为不同的物理内涵,并最终导致了因果关系的概率描述。

但在 30 年代,事情还不那么简单。那时,在量子力学刚产生之际,物理学家们虽然已经普遍感到因果关系的机械描述已经不适用于微观领域,但对于如何

---

① W.海森堡,《原子物理学和因果律》,《科学与哲学》,1982 年第 2 期,第 131 页。
② M. Born, Proc. Roy. Soc. (Edinburgh), A107(1936).

回答这个事关重大的问题,物理学家们一时感到无所适从。德国哲学家石里克(F. A. M. Schlick, 1882—1936)曾经描述过当时的情况,他说,海森堡对因果性问题的回答(即"因果律的失效是量子力学本身的一个确立的结果")使近代哲学大吃一惊,因为尽管人们从古至今都在讨论这个问题,但对海森堡这种回答的可能性那是连想都没有想过的。[1]

大致上说,对于因果关系的态度在当时可分为两种。一种态度认为在微观领域里应当放弃因果性定律,持这种态度的代表人物是海森堡。海森堡在1930年前后坚持认为,在微观领域里"因果律出了毛病。我们有各种理由认为:没有一种原因是实在的"。[2]他认为"因果性只在有限的范围内才有意义、才能成立","物理学只能限于描述感觉之间的关系"。[3]持这种态度的人,虽然正确地指出因果关系的机械描述在微观领域里是站不住脚的,但由此而否定一般因果法则是错误的。事实上,他们犯错误的原因正是把机械的因果关系做了不适当的普遍外推,没有看到因果关系的复杂性,因而轻率地走向了极端。仍以海森堡为例,1930年12月9日,他在维也纳的一次讲演中把因果规律表述为:"如果在某一时刻知道了一个给定系统的全部数据,那么我们就能准确地预言这个系统在未来的物理行为。"[4]这不正是拉普拉斯的表述吗!? 这就难怪他要抛弃一般的因果关系了!

持另一种态度的人则认为,因果关系的机械描述在微观过程中的不适用性,并不能证明这些过程中就根本不存在因果联系,其代表人物为爱因斯坦、薛定谔等人。爱因斯坦(1928年)认为,"不能否认,放弃严格的因果性在理论物理学领域里获得了重要成就。但是,我应当承认,我的科学本能反对放弃严格的因果性。"[5]1932年6月他在与英国作家墨菲(J. Murphy)的谈话中说:"量子物理学

① M. Schlick, Die Naturwissenschaften, 19(1931), pp.145—162.
② W.海森堡,《原子物理学的发展和社会》,中国社会科学出版社(1985),第129页。
③ M. Jammer, Philosophy of Quantum Mechanics, pp.75—76.
④ W. Heisenberg, Monatshefte fur Math. und Phys., 38(1931), pp.365—372.
⑤ 《爱因斯坦文集》(第一卷),第239页、302—303页。

向我们显示了非常复杂的过程,为了适应这些过程,我们必须进一步扩大和改善我们的因果性概念。"他还明确指出,他完全同意普朗克的立场,即"他承认在目前情况下,因果原理不可能应用到原子物理学的内部过程上去;但他断然反对这样的命题:我们由这种不适用性所得到的结论是,外界实在不存在因果过程"。爱因斯坦、普朗克等人承认一般因果性原则,并承认因果关系的复杂性,不能把机械因果性关系作为唯一的形式,这无疑是十分正确的。

哥本哈根学派在一部分物理学家和绝大部分哲学家的批评下,调整了对因果关系完全否定的态度,逐步认识到将因果性和决定论等同起来是不对的,量子力学并没有抛弃因果性,所谓的偶然性也不是没有原因的。接着,主要是哥本哈根学派中的 M.玻恩,提出了"因果关系的概率描述"。1935 年,在一次报告中玻恩指出:"因此,由波的振幅的平方确定的概率性是完全实在的东西……概率性是物理学的基本概念。统计规律是自然界及其他一切的基本规律。"[1]在《符号与实在性》一文中,他更加明确地指出:"经典物理学的决定论……在量子力学发现后……变得过时了。按照量子力学的统计解释,基本过程并不服从决定论的规律而是服从统计规律。我确信,像绝对的必然性、绝对精确、终极真理等观念都是一些幻影,应当把它们从科学中清除出去。我们可以从体系目前有限的知识,借助某种理论,推演出用概率表述的对于未来情形的推测和期望。从所使用的理论的观点来看,每个概率的陈述或者是正确的,或者是错误的。在我看来,这种思维规则的放宽,是现代科学给我们带来的最大福音。相信只有一种真理而且正好是自己掌握着这个真理,我认为是这世上一切罪恶最深刻的根源。"[2]

因果关系的概率描述并不否认因果关系,只是它认为因果关系不像经典物理学认为的那么简单,只有机械描述(即决定论)一种,而应该有多种描述,其中概率描述是最基本的,决定论只是概率描述的特殊情况。时至今日,概率描述可以说已经得到大部分物理学家的承认。普里戈金明确指出:"和企图通过隐变量

① B.舒科夫,《玻恩对偶然性的论述》,《自然科学哲学问题丛刊》,1984 年第 2 期,第 37—38 页。
② N. Born, Symbol and Reality, Universitas, vol.7, No.4(1966), pp.337—353.

或其他手段去恢复经典正统性的那种思想相反,我们将坚决主张,必须进一步远离对自然的决定论的描述,并采用一种统计的随机描述。"[1]他还坚决地宣称:"我们绝不再从这种大胆的结论上退缩!"[2]1961年诺贝尔物理学奖获得者霍夫斯塔特也说:"我认为随机性与因果律*之间的差别很大。……如果在这两种概念之中必须做出选择的话,我选择玻尔的——也就是同意随机性。更充分的论据论证了这种理论。"[3]

但也不是没有反对的人。爱因斯坦就是一位最坚定的反对者。早在1926年12月12日给玻恩的信中他就明确表示:"量子力学是令人赞叹的,但是有一个内在的声音告诉我,这还不是真正的货色。这个理论有很大的贡献,但是它并不使我们更接近上帝的奥秘一些。无论如何,我不相信上帝是在掷骰子。"[4]1935年3月,爱因斯坦又与罗森(N. Rosen, 1909—1995)、玻多尔斯基(B. Podolsky, 1896—1966)共同提出所谓"EPR佯谬",试图从根本上证明量子力学的概率描述是不完备的,从而进一步设法排除它。1948年,爱因斯坦还坚信:"量子力学的描述,必须被认为是对实在的一种不完备的和间接的描述,有朝一日终究要被一种更加完备和更加直接的描述所代替。"[5]

爱因斯坦等人提出的"EPR佯谬",使玻姆受到启发,于1951年初提出了对量子力学做决定论解释的隐参量理论,试图将波函数描述的统计性质归结为对隐参量(hidden parameter)的缺乏研究。一旦人类的认识达到新的水平,隐参量在原则上是可以被确切知道的。因而,这一理论承认了爱因斯坦关于量子力学是对实在做了不完备描述的观点,把追求对物理实在做更完备的描述作为其研究目标。但另一方面,隐参量理论又采纳了玻尔关于量子现象的整体性观点,承

---

① I.普里戈金、斯唐热,《从混沌到有序》,上海译文出版社(1987),第282页。
② I.普里戈金,《从存在到演化》,上海科学技术出版社(1986),第176页。
③ V.奥辛廷斯基,《未来启示录》,上海译文出版社(1988),第47页。
 * 这儿所说"因果律",应该指的是"因果关系的机械描述",即决定论的因果律——本书作者注。
④ The Born-Einstein Letters, New York: walker(1971), p.90.
⑤ 《爱因斯坦文集》(第一卷),第451页。

认微观粒子对宏观环境的全域相关。

1964 年,西欧原子核研究中心(CERN)的贝尔(J.S. Bell)证明了一个十分重要的定理:任何局域的隐参量理论都不可能概括量子力学的全部统计结果。[①]贝尔定理有十分重要的意义:其一是它首次证明用定域隐参量观点来重新解释量子力学是不可能的;其次是提供了实验方法以判定量子力学到底是否完备。到 1982 年,在已完成的 12 个实验中,有 10 个支持量子力学的概率诠释,基本上否定了决定论的定域实在论的隐参量理论。

但是,爱因斯坦并不热衷于隐参量理论,在他比较喜欢的"统计系综诠释"中,并不要求隐参量作为理论中不可缺少的部分。1952 年 5 月在给玻恩的信中,爱因斯坦写道:"你曾听说玻姆认为——就像德布罗意 25 年前那样——他已经能够用决定论的精神来解释量子理论了吗? 我觉得这办法似乎太廉价了。"1953 年 5 月在给伦宁格(M. Reninger)的信中更明确地写道:"但是我不相信这种理论能站住脚。"[②]

所以,"对隐参量理论的检验并不完全等同于对爱因斯坦观点的检验。对爱因斯坦观点的更深入的研究仍然是十分必要的。"[③]而且,尽管几十年来隐参量理论的研究一直未见成功的理论,目前关于它的研究又进入了低潮,但我们似乎还不能据以断言它已彻底失败。不管怎么说,隐参量的研究曾大大充实了人们对用量子力学来描述物理实在的认识,大大丰富了人们对于因果关系的了解。

20 世纪物理学的发展,使人们不再相信因果关系的机械描述,而宁愿采取因果关系的一种概率描述。但是,我们如何进一步阐明因果关系的基本概念,还需要科学家和哲学家做出更多的努力。在探索因果关系的曲折道路上,我们相信,无论是因果关系的机械的或者概率的描述,都应该只是人类对客观世界存在的因果规律认识过程的中间环节,更深刻的综合还有待于我们的努力。

---

① J.S. Bell, On the Problem of Hidden Variables in Quantu Mechanics Rev. Mod. Phys., 38 (1966), pp.447—452.

② M. Jemmer, Philosophy of Quantum mechanics, p.254, foot note.

③ 陆琰,《EPR 之谜与贝尔定理》,《科学》杂志,37 卷 2 期,第 67 页。

第 11 章

20 世纪物理学中的科学方法观

　　科学理论的发展和方法论的发展是相互促进的,并因此构成了雄伟壮丽的科学发展史。可以说,在西方的科学传统中,科学方法论就是其重要支柱之一。从古希腊的科学家到近代的伽利略、牛顿和爱因斯坦,无一不在创立博大精深的科学理论体系时,又以极大的热忱探讨科学方法论。爱因斯坦曾经指出,科学家应该"积极地关心认识论……进行关于科学目的和方法的讨论……这个课题对于他们是何等重要"。[①]苏联生理学家巴甫洛夫更明确地指出:"科学是随着研究方法所获得的成就前进的。"[②]

　　在物理学发展史中,现代物理学的所有重大突破,无论是相对论还是量子力学,莫不与科学方法的重大突破息息相关。甚至可以说,没有科学方法的突破,现代物理学就不可能产生。当然,反过来说,物理学方法论的突破,也离不开现代物理学理论的进展。而且特别值得我们注意的是,对现代物理学做出过重大贡献的科学家,大多数不仅对科学方法论非常关注,并且往往有独创性的研究。

　　鉴于上述原因,我们认为在 20 世纪物理思想史中,应该探讨物理思想方法方面的一些重大创新,它们理应属于人类思想宝库中的瑰宝之一。

---

① 《爱因斯坦文集》(第一卷),第 83 页。
② 《巴甫洛夫选集》,科学出版社(1955),第 49 页。

第一节　科学理性思想的几点重要发展

1. 唯理论的实在论

杨振宁教授 1979 年在题为《几何与物理》的讲演中,说到过一段非常值得注意的话,他说:"爱因斯坦所做的一个特别重要的结论是对称性起了非常重要的作用,在 1905 年以前,方程是从实验中得到的。而对称性是从方程中得到的,于是——爱因斯坦说——明可夫斯基做了一个重要的贡献。他把事情翻转过来,首先是对称性,然后寻找与此对称性一致的方程。"①

1980 年 1 月,杨振宁教授在上海做的题为《爱因斯坦和二十世纪后半期的物理学》的报告的第四部分"理论物理学的方法"中又特意指出:"爱因斯坦于 1933 年发表的《理论物理学的方法》这篇论文中,有三段发人深思的话:

'理论物理学中的创造性原理存在于数学之中。所以,在某种意义上,我深信纯粹思想可以掌握现实,这正如古人所梦想的。'

'理论物理的公理基础,不可能从经验中抽出来,而必须是由自由想象创造出来。'

'经验告诉我们,经验可以启示我们用哪一种恰当的数学概念,但数学的想法绝不可能从经验里头推演出来。'

……爱因斯坦这些话很重要,也很有道理。"②

杨振宁教授在这两次报告中谈到了一个"很重要"的问题,这就是"理论物理学的方法"。在爱因斯坦之前,科学发现的主要模式被认为是由经验资料归纳出反映自然规律的理论。爱因斯坦本人在早期也曾受到(马赫的)这种经验论的影响。但到了 1905 年尤其是 1917 年建立引力理论以后,他的看法有了根本性的

---

① C.N. Yang, Geometry and Physics, To Fulfill a Vision, Ed. by Y. Neeman, Addison-Wiley Pub. Co. Inc, (1981), p.6.着重号为本书作者所加。

② 杨振宁,《物理教学》(1980),第 1 期,第 4—5 页。

转变。1938 年 1 月 24 日,爱因斯坦在给匈牙利物理学家兰佐斯(C. Lanczos, 1893—1974)的信中说:

"从有点像马赫的那种怀疑的经验论出发,经过引力问题,我转变成为一个信仰唯理论的人,也就是说,成为一个到数学的简单性中去寻求真理的唯一可靠源泉的人。逻辑简单的东西,当然不一定就是物理上真实的东西。但是,物理上真实的东西一定是逻辑上简单的东西,也就是说,它在基础上具有统一性。"①

而关于重视经验的归纳法,爱因斯坦则明确指出:"适用于科学幼年时代的以归纳法为主的方法,正在让位给探索性的演绎法。"②这可以说是 20 世纪理论物理的主要特征。之所以如此,主要原因是当今物理理论离开我们熟悉的宏观世界越来越远,在这些领域里想要像经典物理那样,靠经验来归纳出理论,已经越来越不可能。尤其是在微观领域里,经验资料本身都与测量的手段、环境、方法有关,在这种情形下,如果不说是全部,至少绝大部分的理论物理工作中,用归纳法是行不通的,它们已经缺乏能力描绘微观现象的本质规律了。

我们先以爱因斯坦在创建相对论时所持的唯理论思想说明上述观点。

前面在讲时空观时,我们曾经指出过,爱因斯坦在创建狭义相对论的第一篇论文中,开篇的第一句话就是:"大家知道,麦克斯韦电动力学——像现在通常为人们所理解的那样——应用到运动的物体上时,就要引起一些不对称,而这种不对称似乎不是现象所固有的。"③所谓"不是现象所固有的",实际上指统一性遭到了破坏,而"相信各种自然现象之间存在着的内在的统一性……这种内在的统一性是可以认识的,这是唯理论的最基本信念。"④

在谈到广义相对论的创立时,爱因斯坦在 1933 年《广义相对论的来源》的报告中做了明确的说明,他说:"当我通过狭义相对论得到了一切所谓惯性系对于

---

① 《爱因斯坦文集》(第一卷),第 380 页。
② 《爱因斯坦文集》(第一卷),第 262 页。
③ 《爱因斯坦文集》(第二卷),第 83 页。
④ 许良英,《爱因斯坦的唯理论思想和现代科学》,《自然辩证法通讯》,1984 年第二期,第 12 页。

表示自然规律的等效性(1905 年),就自然地引起了这样的问题:坐标系有没有更进一步的等效性呢? 换个提法,如果速度概念只能有相对的意义,难道我们还应当固执着把加速度当作一个绝对的概念吗? 从纯粹的运动学观点来看,无论如何不会怀疑一切运动的相对性;但是在物理学上说起来,惯性系似乎占有一种特选的地位,它使得一切依照别种方式运动的坐标系的使用都显得很别扭。"①这里仍然是统一性作为他的基本信念。

由于广义相对论的高度抽象,更由于广义相对论的巨大成功,使爱因斯坦明确认识到,概念不是通过从经验归纳形成的。爱因斯坦为了说明自己的观点,他对牛顿的理论体系做了分析。在广义相对论建立以前,两百多年来人们一直相信(包括牛顿自己!)牛顿体系的基本概念和定律都是从经验中归纳出来的,但爱因斯坦的分析表明,这种认识是"虚构"的。由于牛顿力学在实践上取得了辉煌的成就,更使得物理学家们难于发现牛顿的这种"体系的基础的虚构特征"。

广义相对论得到普遍的承认以后,情况才有了根本的转变。爱因斯坦说:"只是由于出现了广义相对论,人们才清楚认识到这种见解的错误。广义相对论表明,人们可以在完全不同于牛顿的基础上,以更加令人满意和更加完备的方式,来考虑范围更广泛的经验事实。"接着,他明确宣称:"要在逻辑上从基本经验推出力学的基本概念和基本假设的任何企图,都是注定要失败的。"②对此,1983年诺贝尔物理学奖获得者钱得拉萨卡在《爱因斯坦和广义相对论:历史和展望》一文中深有感受地写道:"我分享并支持韦尔对广义相对论的评价,它是'抽象思维能力的最伟大典范'……首先应该强调,爱因斯坦用他自己的理论取代牛顿的引力理论,并不是经由产生任何新物理理论的那种常规途径。通常总是这样的情形,物理学中的新理论或旧理论的新发展,起因于与实验发生了明显冲突;于是,物理学家的任务是把与已知事实冲突的那些事实合并成一个和谐的整体,并

---

① 《爱因斯坦文集》(第一卷),第 319 页。
② 《爱因斯坦文集》(第一卷),第 315 页。

从中提炼出新理论的思想。"①这种"通常"的方法,实际上就是指的经验归纳法。但广义相对论建立的方法,钱得拉萨卡明确地指出:"不是用的这种方法。"是什么样的方法呢?钱得拉萨卡认为,"爱因斯坦据以出发的前提是:既然牛顿的理论和他自己的狭义相对论明显冲突,那么牛顿的理论就需要重新表述。"②在《广义相对论的美学基础》一文里,钱得拉萨卡进一步指出:"广义相对论不仅内部是自洽的,而且它和整个物理学原来的适用范围相符,这些足以使人们相信和信赖广义相对论。"③"这表明广义相对论具有坚实的美学基础。"④钱得拉萨卡这儿强调的也是理论内在的和谐、统一等唯理论的要求。

但爱因斯坦的唯理论,不同于历史上任何唯理论。首先,他把唯理论和经验论结合起来,反对排斥经验。他说:"我们的一切思想和概念都是由感觉经验所引起的。"⑤"把经验的态度同演绎的态度截然对立起来,那是错误的。"⑥这样,他就清除了唯理论代表人物斯宾诺莎的极端唯理论中的先验因素,加强了唯理论中的唯物主义精神。其次,爱因斯坦的唯理论反对像马赫那样,把科学认识的对象仅仅局限在感觉经验上。他认为"感官知觉只是间接地提供关于这个外在世界或'物理实在'的信息",因而,"我们就只能用思辨的方法来把握它"。⑦

正是基于这些原因,爱因斯坦的唯理论被人们称为"唯理论的实在论"或"唯理论的唯物论"。

唯理论的实在论在 20 世纪 20 年代以后,受到广大物理学家的高度重视,并在实践中取得了对自然界认识的重大突破。我们可以举狄拉克为例。

---

①② S. Chandrasekhar, Einstein and general relativity: Historical perspectives, Am. J. Phys, Mar. (1979), p.212.

③ S. Chandrasekhar, The Aesthetic base of the general theory of Relativity, Truth and Beauty, Chicago U. Press(1987), p.152.

④ S. Chandrasekhar, The Aesthetic base of the general theory of Relativity, Truth and Beauty, Chicago U. Press(1987), p.161.

⑤ 《爱因斯坦文集》(第一卷),第 245 页。

⑥ 《爱因斯坦文集》(第一卷),第 585 页。

⑦ 《爱因斯坦文集》(第一卷),第 292 页。

狄拉克像杨振宁一样,高度重视爱因斯坦这种"翻转过来"的唯理论的实在论。1979 年 2 月狄拉克在题为《我们为什么相信爱因斯坦理论》的演讲中指出:"我们为什么应该相信这种新理论呢? 提出的理由有两条。其一是它得到实验根据的支持,其二是哲学家认为哲学需要它。……这两条都不是我们信仰爱因斯坦和正确评价他的思想伟大性的真正理由。……爱因斯坦工作的真正重要性在于他把洛伦兹变换作为物理学的基本东西引进物理学,他指出所有不同的洛伦兹参照系都是同样好的,你必须采纳一个新的时空图像,对称地对待所有这些洛伦兹参照系。"谈到广义相对论,狄拉克深信"这个理论的基础比起仅仅取得实验的支持要有力得多"。那么,理论的基础是什么呢? 狄拉克认为那是"理论伟大的美",或者说是"理论本质上的美"。这种"美"是一种科学美,从狄拉克的著作、演讲中可以看出,它指的就是理论所具有的对称性、简单性、和谐及统一等。而且,"这种美必定统治着物理学未来的发展。即使将来出现了与实验不一致的地方,它也是破坏不了的。"①

由此可见,狄拉克深受爱因斯坦唯理论思想的影响,成为一个坚信自然界不同层次的不同形式的物理规律之间存在着统一性的物理学家,并以此指导自己进行科学探索。他之所以能够发现反物质,主要就是因为他特别强调理论在本质上应该具有对称性、统一性。

狄拉克也像爱因斯坦一样,并不轻视实验的重要意义。他认为理论物理学家的工作方法有两种,一种是在实验基础上工作,一种是在数学基础上工作。物理学家采用哪一种方法在很大程度上取决于研究的课题,狄拉克认为,"在物理学的每个被了解得很少的领域中,如果人们不想沉湎于几乎肯定是错误的荒唐的推测的话,就必须固守实验基础。"而在了解得相当多的领域,"随着对一个课题知识的不断增加,依据大量证据去工作时,人们就能越来越多地转向数

---

① P.A.M. Dirac, Why we believe in the Einstein theory, Symmetries in Science, ed. B. Graber, Princeton U. Press(1980), pp.1—11.

学程序……(1)消除前后矛盾,(2)统一以前不系统的理论。"①这种区分也不是绝对的,有时采用哪种方法"也依赖于个人"。

像爱因斯坦、狄拉克和杨振宁这样重视唯理论的实在论的物理学家,在20世纪20年代以后,越来越多,而且还旁及其他科学领域。例如1986年获诺贝尔化学奖的李远哲(1936—　)在获奖那年就说过:"再过20年,很多较简单的体系将不再用实验手段解决而要依靠量子力学的计算。"②理论开始走到实验前面去了,化学家的思维方式和研究方法也正面临物理学在20年代前后的变革和发展的前景。其他自然科学,也势必迟早面临这种变革和发展的前景。

最后应该指出的是,唯理论的实在论作为一种科学方法论,在20世纪初科学界被经验归纳论独霸的环境中很长一段时间里没有被人们重视或承认。这表现在人们在很长一段时间里(甚至在今天的许多教科书里!),把迈克尔逊-莫雷实验当作是狭义相对论创立的基础和出发点。连篇累牍的文章考证、争论一个被认为是"关键性"的问题:爱因斯坦在创立狭义相对论之前,到底知不知道迈克尔逊-莫雷实验? 遗憾的是爱因斯坦自己也拿不准他在1905年以前到底知不知道迈克尔逊-莫雷实验。

其实,迈克尔逊-莫雷实验的零结果,可以用以太论来解释,像G.斐兹杰惹(G. F. Fltzgerald, 1851—1901)和索末菲曾经做过的那样;也可以用狭义相对论来解释。因此,迈克尔逊-莫雷实验既不否定也不肯定光速不变,也就是它与相对论的假设没有什么直接关系。爱因斯坦纯粹是为了解决电磁理论与经典力学理论之间的"不是现象所固有的""不对称";亦即理论自洽性的需要才提出光速不变原理的。

2. 对称性和对称性破缺

韦尔在他的名著《对称性》(*Symmetry*)一书的开篇中,引用了一位诗人威克海姆(Anna Wickham)的诗句③:

---

①　狄拉克,《理论物理学的方法》,《自然科学哲学问题丛刊》,1982年第4期,第45—46页。

②　盛根玉、张志林,《从经验到演绎——现代化学家思维方式的演变与发展》,《科学》杂志,41卷4期,第297页。

③　H. Weyl, Symmetry, Princeton U. Press(1952), p.5.

上帝,您伟大的对称性,

　给了我激人心弦的渴望,

　但忧伤亦同时来临。

啊,为了那已消逝的

　　无谓的时日,

　请给我一个 perfect thing!

诗人不一定是描述物理学家的际遇,但是,物理学家几千年来追求对称性的心情,却在上面几行诗句中惟妙惟肖地刻画了出来。从古希腊的德谟克利特、柏拉图到近代的开普勒、笛卡儿和牛顿,再延续到现代的爱因斯坦、海森堡和狄拉克等人,在他们卓越的科学生涯中,无一不是执着地追求着自然界的对称性,但也同样无一例外地是在他们发现了自然界奇妙而深奥的对称性时,也都惊讶地发现,自然界的对称性并不那么"perfect"(完美)。

关于对称性及其重要意义,我们在前面不同的章节里曾有过详细的讨论,这儿不再赘述。这里主要谈对称性破缺。

虽然人们对于对称破缺早就有了发现,然而在物理学中对于它的正确认识,应该说是始于 20 世纪 60 年代前后。在此之前,物理学思想史的研究告诉我们,物理学家们常常是过分夸大对称性的绝对性,忽视了对称性的相对性和多样性。

爱因斯坦对于对称性思想方法所做的贡献,是众所周知的,但他也曾经忽视了对称性的相对性,夸大了对称性的绝对性,结果造成研究中的失误。在《物理学的进化》一书中,爱因斯坦和英费尔德写道:"我们是否能够建立起一种在所有的坐标系中都有效的名副其实的相对论物理学呢? ……事实上,这是可能的!""我们……可以把自然定律应用到任何一个坐标系中去。于是,在科学早期的托勒密和哥白尼的观点之间的激烈斗争,也就会变成毫无意义了。我们应用任何一个坐标系都一样。'太阳静止,地球在运动',或'太阳在运动,地球静止'这两句话,便只是对两个不同坐标系的两种不同习惯的说法而已。"①爱因斯坦在这

---

① 爱因斯坦、L.英费尔德,《物理学的进化》,上海科学技术出版社(1962),第 156—157 页。

儿犯了一个重大的错误,那就是他把不同坐标系(这儿是太阳和地球)看成是绝对对称的,完全抹杀了两者间客观存在的不对称性,以至于错误地认为哥白尼的科学革命都"毫无意义了"! 正因为这种错误,才出现了所谓"双生子佯谬"(twin paradox)。

类似的错误,狄拉克也犯过。1933 年,他在诺贝尔讲演中说过一段话,这段话现在看来多半也是错误的。在讲演结束时,他说:"如果我们承认正、负电荷之间的完全对称性是宇宙的根本规律,那么,地球上(很可能是整个太阳系)负电子和正质子在数量上占优势应当看作一种偶然现象,对于某些星球来说,情况可能是完全另一个样子,这些星球可能主要是由正电子和负质子构成的。事实上,有可能是每种星球各占一半,这两种星球的光谱完全相同,以至于目前的天文学方法无法区分它们。"①从当今已知的事实来看,狄拉克这种从宇宙大尺度上来看,宇宙是对称的、正反物质各占一半的猜测,极大的可能性是不对的,这一点在下面还会提到。

正由于物理学家们普遍地夸大了对称性的绝对性,所以当杨振宁和李政道于 1956 年 10 月在美国《物理评论》上发表文章指出,一直被奉为金科玉律的宇称守恒在弱相互作用中,可能是不守恒的时候,②包括费曼、泡利、戴逊(F.J. Dyson)等在内的几乎所有物理学家,都不相信自然界会丧失这种对称性。

戴逊曾在《物理学的新事物》一文中,生动地描述过当时大多数物理学家的"蒙昧无知",他写道,杨、李的文章"我一共看了两遍。我说了'这个问题很有趣'一类的话,或许不是这几个字,但意思差不多。可是,我没有想象力,我连下面的话都说不出来:'上帝! 如果这是真的话,那它就为物理学开辟了一个全新的分支。'我认为,当时除了很少数几个人之外,其他物理学家也都和我一样,是毫无想象力的。"③泡利更坦直地说:"我不相信上帝是一个弱的左撇

① 《诺贝尔奖获得者演讲集:物理学》(第二卷),科学出版社(1984),第 280 页。
②③ C.N. Yang and T.D. Lee, Question of Parity Conservation in Weak Interactions, Phys. Rev., 104(1956), pp.254—258.

子,我愿出大价和人打赌⋯⋯我看不出有任何逻辑上的理由认为镜像对称会与相互作用的强弱有关。"[1]从泡利的话中,似乎可以看出他是颇有信心地认定宇称守恒(即时间左右对称)是不会在弱相互作用中丧失的。这不奇怪,因为在 20多年以前,泡利曾用中微子理论奇迹般地拯救过能量、动量和角动量三大守恒定律。

但是,弱相互作用中宇称(用 P 表示)的不守恒很快就由吴健雄(1912—1997)用实验证实。这就不仅为弱相互作用理论的发展扫除了障碍,加深了我们对时空的认识(即时空与物质相互作用形式有关),同时,第一次用严谨的理论和精密的实验向人们展示了对称理论的多样性,即有的对称是完全的,有的对称是不完全的。盲目夸大绝对的对称性第一次受到沉重的打击。吴健雄的实验还同时证明了,在弱相互作用下电荷的共轭变换 C 也不守恒,即正反粒子变换在任何情况下都对称的传统观念,亦被打破。

虽然两个传统上被认为是绝对的对称性被破坏了,但大部分物理学家还没有从本质上认识到对称破缺的重要作用和普遍性,仍然希望 P、C 对称破缺只不过是特例而已。正如杨振宁教授所说:"发现 P 和 C 不守恒以后,为了保全尽可能多的对称性,曾经有人建议让 CP 严格守恒。"[2]这个建议在相当长的一段时间里令人感到欣慰,因为它同所有的实验结果相符合。朗道(Л. Д. Ландау,1908—1968)还将这一组合变换的对称性称之为"CP 对称原理"。

但是,到了 1964 年,克罗宁(J.W. Cronin)和菲奇(V.L. Fitch, 1923—2015)等人合作,发现了罕见的中性 κ 介子衰变,这种衰变证实了在弱相互作用中,CP守恒也不是严格有效的。[3]

"随着 CP 对称性破坏而来的又是什么呢?"维格纳曾在《物理学中对称性破坏》一文中这样问道。他的回答是:"物理工作者们只剩下一个信念,即最后的一

①　M. Gardner, The Fall of Parity, A Universe of Physics, Johe Wiley&Sons, Inc. New York, (1970), pp.234—241.

②　杨振宁,《P, T 和 C 的分立对称性》,《自然》杂志,6 卷 4 期,第 245 页。

③　J. Christenson, J.W. Cronin, V.L. Fitch, R. Turlay, Phys. Rev. Letters, 13(1964), p.138.

面镜子 CPT 镜,是一面忠实的镜子。"①维格纳说的"CPT 镜"即 CPT 联合作用的对称性,也可称之为 CPT 定理。这个定理首先由施温格提出,②而后由泡利严格证明。③泡利证明,任何满足量子力学和相对论的理论,必须永远满足 CPT 联合对称。到 50 年代中期,它被证明是一条极为重要的对称性定理。但是,如果 CPT 对称确实不破缺,即还得牺牲 T 的对称性,即时间反演对称性。

至此,物理学家们对于对称破缺的重要性,有了比较深刻的认识。但更深刻的认识还得益于人们发现了一种十分重要的对称破缺方式:自发对称破缺(spontaneous symmetry breaking)。它的基本思想是这样的:描述规范场与其他场相互作用的方程必须具有规范对称性,但描述现实世界的方程解却没有这种对称性,似乎是规范对称性不需要将自己直接表现出来。这种对称方程的非对称解,或者说是物理状态,表示不出来这种精确的对称性,物理学家称之为自发性对称破缺。

1965 年,希格斯(P.W. Higgs)在研究定域对称性自发破缺时,发现杨-米尔斯场的规范粒子可以在对称性的自发破缺时获得质量。④杨-米尔斯场是杨振宁和米尔斯(R.L. Mills, 1927—1999)于 1954 年提出的一种新的非阿贝尔规范场。⑤从对称性的角度来看,杨-米尔斯的规范理论非常严谨而完美,受到物理学家们的重视,但这个规范场的场粒子却没有质量,无法与现实的自然现象相符,因而被人们冷落了十多年。希格斯发现了自发对称破缺可使规范粒子获得质量的机制(称希格斯机制)以后,人们立即对杨-米尔斯场重新重视起来,并尝试用它来统一弱相互作用和电磁相互作用。

1961 年,美国理论物理学家格拉肖(S.L. Glashaw)首先提出弱、电相互作用

① 《现代物理学参考资料》(第五集),科学出版社(1980),第 102 页。
② J. Schwinger, Phys. Rev., 91(1953), p.713;94(1954), p.1362.
③ W. Pauli, Niels Bohrand the Development of Physics, Pergamon(1955).
④ P.W. Higgs, Phys. Rev. Letters, 12(1961), p.132;Phys. Rev., 145(1966), p.1156.
⑤ C.N. Yang and R.L. Mills, Phys. Rev., 95(1954), p.631;96(1954), p.191.

统一理论;[①]1967 年,美国的温伯格和巴基斯坦的萨拉姆(A. Salam,1926—1996)在格拉肖理论的基础上,进一步提出弱相互作用的中间玻色子可以通过希格斯机制获得质量。[②]这样,弱电统一理论的基本内容终于建立起来了。这一理论卓越之处就是他们三人在物理思想史上,第一次把自发对称破缺的思想,引进了有正确实验结果的场论中。对称破缺作为一种思想方法,在物理学思想史上,第一次显示出了它的真正威力。

弱电统一场论指出,弱相互作用和电磁相互作用之间的差别,是由自发对称破缺引起的。他们认为,除了传递长程电磁相互作用的、静质量为零的光子以外,还有三种自旋为 1 的粒子 W^+、W^- 和 Z°,它们是有质量的矢量玻色子,每一个的质量为 100 GeV(GeV 代表 10 亿电子伏),传递短程的弱相互作用;没有获得质量的就是质量为零的光子。在能量比 100 GeV 大得多的情况下,上述四种粒子表现非常相似,但在一般情形下它们都处于低能状态,这时粒子间的对称性(即性质十分相似)就自发地破缺了,使 W^+、W^- 和 Z° 粒子获得大质量而传递很短力程的力。英国剑桥大学的霍金对这种粒子的自发对称破缺打了一个非常生动的比喻,他说:"在高能时这些粒子的表现十分相似,这种效应与赌盘上的球的行为很相像。在高能时(相当赌盘转得极快),盘上转动的 37 个球的表现就十分相似,它们跟着盘子飞转。但当赌盘转动得逐渐慢下来时,球的能量也减小了,最终落入赌盘上 37 个槽中的一个。这就是说,在低能情形下球存在于 37 种状态之中。如果我们只能观察到处于低能状态下的球,那我们就必然会想到 37 种不同类型的球!"[③]

1979 年,格拉肖、温伯格和萨拉姆因为在统一相互作用的研究中所取得的成绩,共获该年度诺贝尔物理学奖。有意思的是,诺贝尔奖一般是颁发给实验已

---

① S.L. Glashow, Nuclear Physics, 22(1961), p.579.

② S. Weinberg, Phys. Rev. Letters, 19(1967), p.1264; A. Salam, in Elementary Particle Physics, Ed. N.Svartholm, Almqvist and Wiksell(1968).

③ S. Hawking, A Brief History of Time, New York, Bantam Books(1988), pp.71—72.

经证实了的科学理论,但在 1979 年,粒子加速器还不足以达到产生 W^+、W^- 和 Z^0 粒子所需的 100 GeV 能量,因而还没有直接发现它们,所以格拉肖在获奖后开玩笑地说,诺贝尔奖奖金委员会是在搞赌博。不过,当时绝大部分物理学家已经确信,找到这三种新粒子只不过是时间问题。这充分说明,对称破缺作为一种物理思想方法,已经深入人心,并给人们以充分的信心去探索微观世界的奥秘。

1983 年,CERN(欧洲核研究中心)宣布,他们发现了光子的三个伙伴,它们的质量和其他性质正好与理论预言的相符。这样,在 20 世纪 20 年代才被人们了解的弱相互作用,经过 30 多年的研究,竟然被证明它与电磁相互作用有密切关系,并在自发对称破缺的基础上,建立了反映它们之间统一规律的基本理论,这无疑是物理学思想史发展过程中的又一个重要里程碑!

1979 年,温伯格在他的诺贝尔讲演结尾时,讲了一段意义深邃的话,很值得我们注意。他说:

"我认为物理学前途是越来越乐观的。没有什么事情比发现破缺对称性更使我高兴。在《共和国》第七册中,柏拉图描写到一些关在洞穴里,上了镣铐的囚犯,他们只能看到洞外有物体投射到洞壁上的影子。当他们从洞穴释放出来时,一开始眼睛受到强烈刺激,一下子他们会以为,在洞穴里看到的影子比这时候看到的实物更真实。不过到后来他们的视觉清楚了,于是就能够理解到真实世界是多么美妙。我们也在一个这样的洞穴里,为我们所能做的实验的种类所限制。特别是我们只能在比较低的温度下研究物质,在此范围里,对称性往往会自发破缺,因此自然界看起来并不十分简单统一。我们不能走出这个洞穴,但是,长时间地盯住洞壁上的影子做艰苦细致的审度,我们至少能觉察出对称性的形态来。这些对称性尽管是破缺的,但却是支配一切现象的严格的原则,是外部世界的完美性的表现。"[1]

由温伯格这段话我们至少可以得出两个重要的结论。

---

[1] 《诺贝尔奖金获得者讲演集——70 年代物理学》,知识出版社(上海)(1986),第 605—606 页。

一是到了 20 世纪 60 至 70 年代,对称破缺的普遍性和重要性已经得到了物理学家们的确认,他们真正认识到对称破缺和对称性同样普遍存在,其重要性如果不说有过之而无不及,至少也是有几乎对等的地位。原先想通过其他种种途径恢复对称性的设想,例如把"表面上"看来自然规律的不对称性,归咎于原始条件的不对称,等等,到 20 世纪 70 年代以后,基本上停止了。人们认识到,正是对称破缺,自然界才会产生激情,使我们的世界纷陈多致,美不胜收。晶体虽然具有高度的对称性,也给人一种美感,但晶体的对称、有序结构一经形成,就可以在孤立的环境中维持下去,不参与任何宏观的动力学过程,因此人们称它是一种静止的"死"的结构。上述情形正如弗赖(Dagobert Frey)在《论艺术中的对称性问题》(*On the Problem of Symmetry in Art*)一文中所说:"对称意味着静止和束缚,不对称则意味着运动和放松。一个强调秩序、规律,一个强调任意与偶然;一个具有刻板的形式和约束,另一个则具有 life, play and freedom(活力、技巧和自由)。"[1]

可以说,对称破缺在现代自然科学中,是一个比对称更为深刻的概念。对称破缺作为一种思想方法,它的受到重视和成功地应用,对强调简单、对称、平衡的传统科学是一场科学革命,为科学的进一步顺利发展带来了蓬勃的生机。我们可以这样说,现代理论物理学的各个主要部分都是研究自然界中不同层次上究竟有哪些对称,以及这些对称又如何破缺而产生形形色色的结构和过程。

在天体物理学里,现在人们认为宇宙早期正、反物质是对称的,后来由于对称破缺反物质大部分消失了;大爆炸宇宙学认为,大爆炸的最初瞬间的温度高达 10^{28} K,那时是"普天对称"的。当温度降到 10^{23} K 以后,对称性逐渐破缺,四种相互作用逐渐互不相同了。宇宙失去了大部分对称性,只剩下正负电荷的对称性;在基本粒子理论中,原来最难解决的质量起源这一重大问题,现在也常常从对称破缺进行探讨,并取得了一些重大成果;至于热力学,对称破缺在相变中早就表

———————————
[1]　H. Weyl, Symmetry, p.13.

现出来了,但直到 20 世纪后半期,人们才明白,正是由于对称破缺才使系统向有序化、复杂化和组织化方向发展。耗散结构理论的创始人普里戈金曾多次强调对称破缺概念的重要性,他曾说:"我们也可以把耗散结构看成一种对称破缺的结构。"[1]

自组织理论中的自组织、自反馈、自同构、自复制和自催化等五种基本形态,都离不开对称破缺。没有对称破缺,就不可能有信息的产生和交换,更谈不上信息的反馈;没有对称破缺,自组织过程就不能形成现实的结构和功能。现在,正引起人们广泛兴趣的混沌又进一步研究:对称破缺是否仅仅限于时空对称性有规律地减少? 能否破缺倒并不具有明显的对称性,甚至乍看起来是杂乱无章的"有序"状态呢? 目前的研究表明,这种现象在自然界竟然非常普遍。[2]

现在已不仅仅在物理学、天文学等领域里重视对称破缺,在生物学、化学等许多学科中,都已广泛地将对称破缺作为探索自然奥秘的一种重要思想和方法。在生物学中,对称破缺早就受到重视,最近更有大的进展。人们发现生物大分子的旋光性具有不对称性,这种不对称性,或者说对称破缺现在被认为是非生命物质向生命物质飞跃时不可缺少的过程。苏联生物学家维尔纳茨基早就指出过,"活质强烈地表现出左右旋的不对称性",只要是活的,这种不对称性就必然存在。关于对称破缺的原因,维尔纳茨基曾用生物体内原子的不断运动来解释,他认为,"在活生物的对称里……我们应当考虑新的要素——运动,而在晶体的对称中没有运动"。在化学领域里,人们除了认识到化学反应过程中分子轨道对称的重要性,现在更认识到元素的产生和演化过程中,对称破缺是一个更重要的因素。没有对称破缺,就不会产生宇宙中各种各样的元素,当然也不会有什么生物和人类文明了! 法国物理学家彼埃尔·居里(P. Curie, 1859—1906)说得好:"非对称创造了世界。"这句话包含有丰富而深邃的辩证法思想。

由温伯格的那段话,我们还可以看出第二层重要结论,那就是虽然我们已经

---

[1] I.普里戈金,《从存在到演化》,《自然》杂志,3 卷 1 期,第 14 页。
[2] 郝柏林,《自然界中的有序和混沌》,《百科知识》,1984 年第 1 期,第 71 页。

认识到对称破缺的重要意义,自然界只有在对称性的不断破缺中才能进化、发展,但对称破缺的原因和机制,至今仍然是现代科学中的疑难问题。

杨振宁教授在谈到 P、T 和 C 的分立对称性时说过:"但是,分立对称性失效的根本原因今天仍然是未知的。事实上,对于这些失效的潜在的理论基础,看来甚至尚未有人提出任何建议。这样一种理论基础,我相信必定是存在的,因为从根本上说,我们已经知道,物理世界的理论结构绝不会是没有原因的。"[1]

了解这一点是十分重要的,因为尽管我们已经能从一般的思想方法上认识到宇宙中的一切现象和过程中,都存在着对称和非对称的矛盾的统一,以及整个宇宙的进化和人类对于自然的认识是一个对称——不对称——新的更高级的对称⋯⋯这样不断转化和螺旋上升的过程,但是如果我们如不深入了解、分析某些重要过程的对称破缺具体机制、原因,那么,对称性破缺作为一种思想方法,其能力将十分有限。

3. 数学和物理学的关系

自从古希腊的毕达哥拉斯学派强调事物之间的数量关系,提出以"数"为万物始基的宇宙观,世界即数和数的关系构成的和谐关系以来,物理学家对数学在物理学中起的作用,几乎抱有一种类似宗教般的信仰。许多伟大的物理学家如哥白尼、开普勒、麦克斯韦,都是在寻求数学的简单、和谐中,创建了伟大的科学理论。而且,物理学越发展就越是数学化,数学成了物理学的收敛中心。现代物理学发展的历史充分表明,谁要想在物理学领域里取得突破性进展,他就必须掌握新的鲜为人知的数学方法。

例如,在物理思想上有重大突破的相对论,它那远离常识直观的数学抽象,它那四维对称性的数学结构,特别是在变换群作用下物理定律不变的优美结论,深深震撼着每一个物理学家。美国物理学家戴逊曾赞叹地说,"广义相对论是由

---

① 杨振宁,《P, T 和 C 的分立对称性》,《自然》杂志,6 卷 4 期,第 246 页。

于数学的'创造性的飞跃'而建立的物理学理论的一个主要例子"和"最壮观的例子";[①]狄拉克则说:"相对论以前所未有的程度把数学美引入对自然界的描述。"[②]量子力学的发展也同样告诉我们,其决定性的一步也是由于数学想象力的纯理论飞跃。海森堡在创建矩阵力学时,他宁肯放弃建造任何物理模型的打算,而代之以只依靠数学作为先导。虽然海森堡这种放弃任何物理图像的做法,不为大家接受,但人们仍然惊叹于他研究物理方法的这一重要特征。同样地,薛定谔也是用纯数学论证的办法,使他得以建立粒子的波动力学理论。而更令人惊叹的是,这些仅根据一般的数学理论(有时结合一些实验结果)而产生的理论,竟以高度精确性预见了更进一步的实验结果。我们该记得有人曾开玩笑(但也多少带有惊讶心情)地说:"薛定谔方程比薛定谔还聪明!"

在今天,我们如果想理解量子力学和相对论,我们必须懂得四维时空、黎曼几何、希尔伯特空间、纤维丛(连同拓扑复形)等等非常抽象的数学内容,而且这些数学有许多来自一种形式上的逻辑分析,在直观上几乎是不可能掌握的。正因如此,我们就必须更加细心地考察数学在物理学中的作用。

爱因斯坦在1946年写的《自述》一文中,曾这样写道:"……虽然是由于我在数学领域里的直觉能力不够强,以致不能把真正带有根本性的最重要的东西同其余那些多少是可有可无的广博知识可靠地区分开来。此外,我对自然知识的兴趣,无疑地也比较强;而且作为一个学生,我还不清楚,在物理学中,通向更深入的基本知识的道路是同最精密的数学方法联系着的。只是在几年独立的科学研究工作以后,我才逐渐明白了这一点。"[③]的确如此,当明可夫斯基把四维时空引入狭义相对论时,他开始还认为没有必要,甚至认为把他的理论写成张量形式简直是一种画蛇添足之举。他还说过:"自从数学侵入了相对论,我自己都不理

① F. J. Dyson, The Mathematical Sciences(1964).

② P.Dirac, The Relation between Mathematics and Physics, Pro. Roy. Soc(Edinburgy), 59(1939).

③ 《爱因斯坦文集》(第一卷),第7页。

解它了。"①但他很快就明白,这种"侵入"是必不可少的。1916 年,他向明可夫斯基表示感谢,因为他使得狭义相对论向广义相对论的过渡变得容易多了。随着研究的深入进展,爱因斯坦对数学的信任不断增强,他认识到他的思想必须沿着数学方向发展。在挑选助手时,他也开始越来越多地在数学家中挑选。他的一个重要助手沃尔瑟·迈尔(Walther Mayer, 1887—1948)就是奥地利的数学家。大约从 1929 年底,迈尔就与爱因斯坦开始了有成效的合作,直到 1934 年迈尔才重新回到数学领域。在他们合作期间,他们在统一场论方面提出了新的理论。②

　　爱因斯坦对数学的信任,到 1933 年已经达到如此地步,他说:"理论物理学中的创造性原理存在于数学之中。"③爱因斯坦这样说不是没有道理的,这是他的亲身感受。狭义相对论由于数学家明可夫斯基的贡献而变得简单易懂而且加深了其物理内涵,而广义相对论则是由于他在数学家格罗斯曼(H. Grossmann, 1878—1936)帮助下,掌握了 19 世纪 90 年代与黎曼几何相联系的微分不变量的研究引出的张量分析,才成功地建成的。爱因斯坦在黎曼(G. H. B. Riemann, 1826—1866)于 19 世纪 50 年代提出的黎曼空间(把正定的二次型 $ds^2 = \Sigma g_{ij}dx_i dy_j$ 作为 n 维流形中的距离公式,式中 g_{ij} 是坐标 x_i 的函数)里,发现了适合于他的物理思想、他的宇宙论和他的宇宙进化论的框架。黎曼思想的精神实质——物理数学决定度量结构,正是爱因斯坦的广义相对论所需要的。但在 19 世纪,黎曼空间充其量也只不过被看作一种抽象的数学理论。作为一种空间理论,它还受到过当时著名物理学家赫姆霍兹的批评。赫姆霍兹认为黎曼的空间理论是"假设多于事实",而物理学的空间应该"让事实代替假设"。他还说:"我们关于物理空间的知识只能从经验中来,而且只能依赖于用来作为量尺和其

① A.瓦朗坦,《爱因斯坦和他的生活》,世界知识出版社(1989),第 110 页。
② A. Einstein and W.Mayer, PAW, 1931, p.541.
③ 《爱因斯坦文集》(第一卷),第 316 页。

他用途的刚体的存在性。"[1]赫姆霍兹的批评具有代表性,当时许多著名的数学家如埃尔德曼(B. Erdmann)、彭加勒等,都无法理解黎曼空间的曲率竟然可以是曲面内部而不是外部特征,因而都对黎曼几何持批评态度。

正是基于上述原因,爱因斯坦非常重视黎曼对数学与物理学之间关系所做出的贡献。1925 年,爱因斯坦在《非欧几何和物理学》一文中,高度评价了黎曼的功绩。他指出:在几何学同物理学相互关系的思想发展上,黎曼的功绩是两重的。第一,他第一个指出了有限广延的几何空间的可能性。这个思想立即被理解了,并且产生了物理空间是不是有限的问题。第二,黎曼大胆地创立了欧几里得几何或狭义非欧几何都无法相比的更为普遍的几何。这就是他所创立的'黎曼'几何。……根据这种更一般的几何学,空间的度规性质以及在非无限小区域里安排无限个小的不变体的各种可能性,都不是完全由几何公理来决定的。黎曼并没有为这个结论而苦恼,也没有断言自己的体系在物理上是无意义的,他反而得出这样大胆的思想,认为物体的几何关系可能是由各种物理原因,即由各种力决定的。由此,他用纯粹数学推理的方法,得出了几何学同物理学不可分割的思想。70 年后,这个思想实际上体现在那个把几何学同引力论融合成为一个整体的广义相对论中。[2]

那么,从相对论、量子力学、统一场论等的创立过程中,我们对于数学与物理学的关系,到底能得到一些什么新的看法呢?我们认为,从方法论的角度观之,至少有三点是值得研究的。

其一是,"理论物理学的正确基础,应当符合数学里的传统"。[3]

数学方法论形成于古希腊,这是我们早已知道的。毕达哥拉斯在科学方法论方面最重要的贡献,就是他首先提出应该用数学去把握自然的规律性,从而开创了数学方法论。此后,虽然人们日益重视数学对于物理学发展的重要性,但也

---

① 袁小明,《黎曼——现代数学的开拓者》,《自然辩证法通讯》,1989 年第 6 期,第 63 页。
② 《爱因斯坦文集》(第一卷),第 208 页。
③ 杨振宁,《爱因斯坦和二十世纪后半期物理学》,《物理教学》,1980 年第 1 期,第 5 页。

并不是没有人反对把数学引进物理学的。甚至到了 19 世纪还不乏这种反对派。例如 19 世纪德国"实践派"代表人物普法夫(H. Pfaff)在《电磁学》一书中指出："对现象的数学解释和数学模拟,在某些方面毕竟跟物理学知识有所不同。就前者而论,尽管它具有内在的紧凑和逻辑上的一致性,然而它还留下许多现象的重要本质没有能够给予解释。"还有一位实践派代表人物孟克(G. W. Muncke)则更为过激,他甚至说:"自从牛顿和笛卡儿时代以来,数学的价值已经充斥了法国的广大领域,而且正在向德国袭来……如果我们诚心诚意地为着促进科学的发展,并且正确而且全面地考虑目前物理学状态的话,那么我们一时也不能不想到我们更需要的是观察和实验,而不是计算和几何公式。"[1]

到了 20 世纪,人们深切认识到,物理学当然离不开观察和实验,但物理学越来越离不开数学,它不仅要用到很多很多的数学,而且越来越多地用到一些很深奥很复杂甚至物理学家开始并不懂的数学。更令人惊诧的是,凡数学家感到是有意义的数学规则,往往正好就是自然界所选择的规则。这种"巧合"常给人以一种神秘感。最有趣的例子大约应该说是海森堡创建矩阵力学。

开始,海森堡对于 $pq \neq qp$ 感到大惑不解,以为一定是自己的研究在什么地方出了纰漏。后来玻恩告诉他,这正是矩阵代数所要求的。数学要求 $pq \neq qp$!这真是令人惶惑的事情,要知道 $pq \neq qp$ 反映了量子测量的本质!数学家建立的规则正好是自然界需要的规则。更令人惊奇的是,矩阵力学和薛定谔的波动力学从完全不同的物理假设出发,用的又是完全不同的数学方法,但他们在讨论同一课题时,结果却相同。当后来薛定谔证明了这两个理论的等价性以后,希尔伯特感到惬意极了。他惬意些什么?请听康登(E. U. D. Condon, 1902—1974)的回忆:"……(玻恩、海森堡和哥丁根的物理学家们)起初发现矩阵力学时,在掌握和运用矩阵方面自然都遇到了同样的困难。有一次他们跑去请教希尔伯特。希尔伯特对他们说,他唯一用到矩阵的场合就是当它们作为微分方程边值问题

---

[1]　宋德生,《电磁学发展史》,广西人民出版社(1987),第 150—151 页。

特征值的副产品出现的时候。因此,假如他们能够去寻找与这些矩阵有关的微分方程的话,他们也许能做得更多。玻恩等人当时以为希尔伯特是在闲扯,也许他自己也不知所云。看到他们这种莫名其妙的样子,希尔伯特哈哈大笑着指出:他们就是对他不够注意,否则也许半年前就可以发现薛定谔的波动力学了。"[①]

又是自然规则选择了数学家创建的规则,而他们在创建时,根本不知道自然界会不会喜欢这些规则。

正是基于 20 世纪物理学与数学之间显示出了不同于以前的新关系,所以杨振宁才指出:

> "理论物理学的正确基础,应当符合数学里的传统。……可以用两片生长在同一根管茎上的叶子,来形象化地说明数学与物理之间的关系。数学与物理是同命相连的,它们的生命线交接在一起。"[②]

图 11-1　数学与物理的交叠[③]

这个形象化的图,如图 11-1 所示。狄拉克也有与杨振宁相类似的看法,他指出:

> "可能这两门学科最终将统一起来,那时纯粹数学的每个分支都在物理学上有所应用,它在物理学中的重要性与其在数学中重要性成正比。……数学和物理学走向统一的趋向,为物理学家提供了一种有力的新方法来研究他这门学科的基础。"[④]

狄拉克这句话中所说的统一,显然指的是基础上的统一。对此,杨振宁做过很好的说明:"如果认为数学与物理两个学科的交叠非常大的话,也是不对的。它们并非如此(见图 11-1),它们有其各自的目的与特点,它们有性质截然不同的判

① G.瑞德,《希尔伯特》,上海科学技术出版社(1982),第 229 页。
② 杨振宁,《爱因斯坦和二十世纪后半期物理学》,《物理教学》,1980 年第 1 期,第 5 页。
③ C. N. Yang, Geometry and Physics, To Fulfill a Vision, p.10.
④ P. A. M. Dirac, Pro. Roc. Soc. (Edinburgy), 59(1939).

断标准,它们有不同的传统。在基本概念的层次上,它们令人惊异的共用一些概念,即使在这里,每一学科的生命力都是按照各自的脉络行进。"①

在 20 世纪以前,人们认为数学是描述自然界规律的一种工具,这种说法从今天理论物理发展的情形看来,就显得太浅薄了。更正确的看法是数学和物理之间在基础上有着深刻的联系,即杨振宁说的,它们的"生命线交接在一起"。

其二,正是因为数学和物理学的"生命线交接在一起",所以才为我们提供了一种研究物理学的"有力的新方法"。什么样的新方法呢?按照狄拉克的意见那就是"让数学思想引导自己前进"。他在 1980 年题为《量子场论的起源》的报告中,重申了他 1939 年接受 James Scott 奖金的讲演中提出的观点。1939 年他说:"选定了数学分支后,就应该沿着适当的路线开始发展它,同时去寻找一种方式,使它显得很自然地适合于物理解释。"时过 41 年之后,他更明确地说,"理论物理学发展中的一个相当普遍的原则"是"人们应当允许自己沿数学所提示的方向前进。……即使被引入到一个开始完全没想到的领域,也应该继续探讨下去,看这个数学思想到底会把我们引到何处,并会得出什么结果。"狄拉克相信:"It is advisable to allow oneself to be led forward by the mathematical ideas。"②

利用狄拉克所说的方法,在理论物理学中的确取得了惊人的成就。这样的例子是非常多的,如海森堡的矩阵力学、薛定谔的波动力学、狄拉克的(相对论性)电子运动方程、韦尔和杨振宁的规范场理论等,都无可辩驳地证实了这一"相当普遍的原则"。

有意思的是,如果因为自己不熟悉数学引出的思想而改弦易辙,往往会在日后追悔莫及。最著名的例子是薛定谔关于波动方程的研究。1925 年,薛定谔在研究德布罗意物质波时,得出了一个与在电磁场中运动的电子相联系的波的波

---

①　C. N. Yang, Geometry and Physics, To Fulfill a Vision, pp.10—11.
②　P. A. M, Dirac, Origin of quantum field theory, The Birth of Particle Physics, New York: Cambridge U. Press(1986), p.46.

动方程。但当他用来计算氢原子的光谱时,得到的结果与光谱观测值不符合,也得不到氢原子谱线的精细结构。这使他大为失望,怀疑自己在方法上犯了错误,以至于沮丧了几个月。现在已经非常清楚,他用的方法是非常正确的,只是他在电子自旋发现以前,只能用非相对论性方法,即略去与相对论有关的效应,才能得出非相对论性、无自旋的波动方程(即薛定谔方程)。他 1925 年的相对论性的波动方程(其形式和今天所知的 Klein-Gordon 方程相同)其实是本质上更重要的一个方程,但由于"薛定谔缺乏一种敢于发表一个其结果与观察不符的东西的勇气……只能发表与观察结果没有什么直接冲突的东西",①所以只能拱手把无自旋带电粒子的正确方程让给了克莱因和戈登(W. Gordon, 1893—1939)。

最后,对数学美的追求是值得重视和深入研究的。在 20 世纪,数学美成了一个脍炙人口的话题,几乎所有著名的数学家和物理学家都一再提醒人们要高度重视数学美。

罗素(B. Russell, 1872—1970)在 1907 年发表的题为《数学的研究》一文里指出:

> "数学,如果正确地看它,不但拥有真理,而且也具有至高的美,正像雕刻的美,是一种冷而严肃的美,这种美不是投合我们天性的微弱方面,这种美没有绘画或音乐的那些华丽的装饰,它可以纯净到崇高的地步,能够达到严格的只有最伟大的艺术才能显示的那种完满的境地。一种真实的喜悦的精神,一种精神上的发扬,一种觉得高于人的意识(这些是至善的标准)能够在诗里得到,也确能在数学里得到。"②

对于狄拉克来说,数学美被认为是他的科学哲学思想的一个核心概念。他多次声称,"研究工作者,在他致力用数学形式表示自然界时,主要应该追求数学

---

① P. A. M, Dirac, Origin of quantum field theory, The Birth of Particle Physics, New York: Cambridge U. Press(1986), p.44.

② B.罗素,《我的哲学的发展》,商务印书馆(1985),第 193 页。

美。"①"如果物理学方程在数学上不美,那就标志着一种不足,意味着理论有缺陷、需要改进,有时候,数学美比与实验相符更重要。"②在 1981 年题为《美妙的数学》一文中,狄拉克举了两个例子以证明"先单纯追求数学的完美,至于这个研究的应用可以以后再去完成"这种方法是优越的。第一个例子是 4×4 矩阵的研究,开始他"完全没有想到它能对电子给出什么物理结果",只是单纯出于"美妙的数学研究",但后来却由此得出了美妙无比的相对论波动方程。第二个例子是磁单极子的概念。狄拉克说他纯粹是出于希望对精细结构常数 hc/e^2 得到某种解释。结果,"数学上却无可置疑地导致了磁单极子"。虽然现在人们还没有找到磁单极子,但狄拉克坚信:"由于数学的完美性,按照理论的观点人们可以认为磁单极子应当存在。"③

　　韦尔也是非常推崇数学美的一位数学家和物理学家。他曾经对 F. J. 戴逊说:"我的工作总是努力把美和真统一起来,而当我必须在两者之中挑选一个时,I usually chose the beautiful."④当钱得拉萨卡(S. Chandrasekhar, 1910—1995)问戴逊,韦尔能不能用什么例子证明他的观点时,戴逊回答说有以下两个例子可以证明,前一个是韦尔自己提供的,后一个是戴逊注意到的。20 世纪 20 年代,韦尔在《空间,时间和物质》一书中已经提出引力规范理论。对于引力理论,韦尔曾经承认规范理论是不"真"的,但由于它在数学上是那么美,使他舍不得抛弃它。而多年以后,当规范不变性在量子场论中起了重要作用时,韦尔对于数学美的直觉被证实了。另一个例子是早在宇称不守恒被发现前 30 多年,韦尔就发现了中微子两分量相对论波动方程。但由于它违反宇称守恒定律,结果有 30 多年没人理睬它。结果又是韦尔的数学美的直觉占了上风。

　　对于一些人们经常用到的数学,尽管它似乎很管用,如果物理学家觉得它不美,他们也会忧心忡忡。例如,当今理论物理有三种数学理论:场论、S 矩阵理论

①　P. A. M. Dirac, Pro. Roc. Soc. (Edinburgy), 59(1939).

②　A. Salam and E. P. Wingner, ed., Aspects of Quantum Theory, (1972), p.59.

③　P. A. M. Dirac, Inter. J. Theo. Phys., Vol.21(1982), Nos.8/9.

④　S. Chandrasekhor, Truth and Beauty, Chicago U. Press(1987), p.65.

和群论,但戴逊认为:"它们还没有一个算得上是真正的理论。"为什么呢? 因为它们"不能使我感到一个理论应有的美感"。戴逊甚至说,"对它们我不禁想用'架在无知的冰隙上的雪桥'这句话来表示我的失望之感。"[1]

看来,数学美的确是十分重要的了。但是,到底什么是数学美呢? 这可是一个仁者见仁、智者见智的说法不一的问题。我国数学家徐利治提出的数学美的含义,我们觉得比较全面。他指出:"数学美中无疑包含着简单、统一、对称、奇异等内容。但是又不能把数学美单纯地归结为简单、统一、对称和奇异等内容。一般说来,能够被称为'数学美'的对象和方法,应该是具有在极度复杂的事物中揭示出的极度的简单性,在极度离散的事物中概括出的极度的统一性(或和谐性),在极度无序的事物中发现的极度的对称性,在极度平凡的事物中认识到的极度的奇异性。具有简单性、统一性、对称性和奇异性的数学对象与其背景反差越大,则显得越美,越有吸引力。"[2]

数学美作为一种理论标准,它是几千年来数学家们在大量实践活动中结晶出来的精华,具有重要的客观价值。正因为如此,当一个物理学家用数学美的标准衡量自己的工作时,他就会得到指导行动的有力启示。

但是,我们也不能走向极端,片面追求数学美。物理学史上因片面追求数学美而失败的例子,也并不少见。狄拉克在推崇数学美时,就曾指出过:"在建立自然界理论时,数学自身的完美性不是一个充足理由。"我们可以说,对于一个物理理论,数学的美学标准是一个必要条件,但不是充分条件。

第二节 非线性相互作用思想的崛起

从 20 世纪 60 年代开始,非线性相互作用的问题引起了人们的极大兴趣。在做了相当深度的研究之后,人们发觉在我们生活中经常遇到的既不是牛顿式

---

[1] F. J. Dyson, The Mathematical Science, 1964.

[2] 徐利治、王前,《数学与思维》,湖南教育出版社(1990 年),第 109 页。

的决定论所处理的现象,也不是统计物理所假定的完全混乱的现象,这两种现象实际上是自然界的两个极限。我们生活中经常遇到的是这两个极限之间的一个极为广袤的、还远未深入挖掘的领域,在这个领域里,非线性相互作用是主要角色。在人们充分重视了非线性相互作用以后,许多以前意想不到的结果出现了,许多以前认为无法解决的问题现在已经显示出了解决的希望。最有戏剧性的大约是人们现在发现,以前认为完全可以用决定论对待的非常简单的物理系统,在一定参数值的范围内出现了不可预测的行为,即使非常准确地知道其初始条件也仍然不可预测。这类现象被称为"混沌"(chaos),它已是当今的一个时髦研究课题。但混沌现象还有另一面,那就是对于某些非线性的复杂系统,在远离平衡态时,又只需少数参量就可决定其行为。正是由于这种认识上的突破,国际力学学会主席莱特希尔(J. Lighthill)在《最近认识到牛顿力学可预言性的失败》一文中宣称:"我必须以广大的全球力学工作者同行的名义来说,我们愿意集体地道歉,错领普遍的受教育的公众,散布了满足牛顿运动定律的系统的决定论思想,这在 1960 年以后被证明是不正确的。"[①]

现在的情形是,由于非线性问题的研究正以磅礴的气势横跨众多学科,产生了许多日益受到人们重视的新理论如耗散结构理论、协同学理论和混沌学理论,因而势必对科学(包括社会科学)、技术产生重大的影响,有人甚至认为,"人类对低速、宏观现象的认识,已开始出现新的突破","20 世纪下半叶理论自然科学已开始一场新的革命"。[②]这种说法无论今后是否得到承认,但可以肯定地说,非线性现象的研究势必为物理思想方法带来革命性变革。这种变革,既非运动规律或相互作用的改变,也非深入到了一个新的物理层次,而主要是一种哲学观念的突破,即打破方程式决定论的思想。

1. 线性相互作用思想的简单历史回顾

众所周知,线性相互作用比较简单,易于认识,因而在科学发展的早期,人们

---

① 徐京华,《人脑功能的混沌动力学》,《科学》杂志,42 卷 4 期(1990 年),第 268 页。
② 林德宏,《评普利高津的科学思想》,《南京大学学报(社科版)》,1988 年第 2 期,第 152 页。

的认识肯定会先从简单的线性相互作用开始。

1583 年,年轻的医科大学生伽利略在比萨城的一座教堂里做祈祷时发现,一盏从教堂顶部悬挂下来的油灯在来回摆动时,每次的摆幅虽然总比前一次小一些,但每往返摆动一次所用的时间似乎是一样长。这一现象引起了他的好奇心,于是他做了一系列实验,终于发现了单摆的等时性原理,即单摆的摆动幅度不大时,摆动的周期与摆幅大小几乎没有什么关系。我们知道,这一规律可以用一个线性微分方程(其解可以线性叠加)来表示。也就是说,使单摆回复到平衡位置的力和偏角 θ 这两个量之间,有一种线性关系。但我们知道,这种简单而美妙的线性关系,只在 θ 很小(即假定 $\sin\theta \backsimeq \theta$)时才成立,$\theta$ 角大了,相应的微分方程将出现 θ^3、θ^5 等项,这时微分方程将是非线性的了。因此,单摆的等时性(即线性关系)是非线性振动的线性近似。严格说来,真正的线性关系是很难见到的,也可以说没有,但为了追求简单性、避免数学上的麻烦,人们习惯于将非线性问题当作线性近似处理。到后来,人们不仅习惯于如此,而且发展到形成一种错误的并且妨碍物理学发展的思想,即认为线性关系才是物理学追求的目的,而非线性关系则长期被排除在科学研究范围之外。

由于排斥非线性关系的研究,除了严重影响科学技术的发展,还使人们无法在错综复杂的自然现象面前,将辩证思维贯彻下去。线性相互作用的关系受独立性、均匀性和对称性的制约、束缚,所以它只能为人们提供一幅单调、刻板、平衡、静态、存在而不发展的世界图景,正如普里戈金所说:"在一个线性系统里,两个不同因素的组合作用只是每个因素单独作用的简单叠加。"[1]托夫勒说:"传统科学倾向于强调稳定、有序、均匀和平衡。它最关心的是封闭系统和线性关系,其中输入总是产生小的结果。"[2]因而,单凭对线性关系的认识,我们是无法理解纷陈多致的自然现象,无法理解部分与整体、有序与无序、合作与竞争、支配与服从、适应与选择、自组织与他组织、稳定与不稳定、决定性与随机性、必然与偶然、

---

① 尼科里斯、I.普利戈金,《探索复杂性》,四川教育出版社(1986),第 61 页。
② I.普里戈金、斯唐热,《从混沌到有序》,上海译文出版社(1987),第 9 页。

内因与外因、差异与同一以及生命与非生命等自然界呈现出来的丰富而复杂的辩证关系。

很长一段时间以来，人们认为物理学的前沿在高速、微观领域，至于低速的宏观领域似乎已经没有什么研究的价值，一般认为这个领域里已经不可能再取得什么突破性的进展了。但近几十年来，看法有了转变。例如：普利戈金就曾经指出："几年前如果有人问一位物理学家，物理学能使我们解释些什么，哪些问题还悬而未决，那么他会回答说，我们显然还不能确切地认识基本粒子或宇宙进化，但我们对介于这两者之间的事物的认识却是相当令人满意的。今天，正在成长起来的少数派（我们就属于这一派）是不能分享这种乐观主义的，我们只是刚刚开始认识自然的这个层次，即我们所生活的层次。"[①]造成这种转变的根本原因是人们终于认识到：世界是非线性的，正因为它是非线性的，它才是多姿多彩的。线性化是一种理想化的模型，它在简化复杂的自然现象的同时，掩盖了自然界的真面目，使人们无法窥见更本质的自然规律。

2. 非线性相互作用受到重视

海森堡曾经声称：物理现象都是非线性的。这种非线性关系在振动和波的学科里，如机械振动、声学和光学，早就为科学家们发现，但由于两方面的原因使得人们对它的重视远远不够：原因之一是经典科学追求的目标是简单性，"即相信在某个层次上世界是简单的，且为一些时间可逆的基本定律所支配"[②]；原因之二是非线性问题的解决需要极复杂的数学，物理学家们大都希望绕开这种复杂的情形，用线性方法去近似处理。

时至今日，随着科学技术的突飞猛进，人们不仅在振动与波的学科里发现了非线性声学、非线性光学和非线性振动等极有价值的研究领域，而且在许许多多复杂的系统里（如生命起源、脑的功能、气象预报等），都发现非线性关系是至关重要的。

---

①　尼科里斯、I.普利戈金，《探索复杂性》，四川教育出版社(1986)，第 61 页。
②　I.普里戈金、斯唐热，《从混沌到有序》，上海译文出版社(1987)，第 40 页。

美籍奥地利理论生物学家、一般系统论创始人贝塔朗菲(Ludwig von Bertalanffy, 1901—1972)认为,非线性关系应该被视为系统的本质,他曾指出:"我们面对着整体、有组织化、多因素和多过程的相互作用,各种系统(随便你选用哪种词句来表达)等情况,它们在本质上是非加法的。"[1]贝塔朗菲利用"系统思维方式"取代"逻辑思维方式",强调系统各元素间的关系是复杂的动态相互作用关系;系统中的过程不是单向因果的、纯粹决定论的、必然的,而是带有随机性的。他在强调系统中非线性相互作用时,突出了系统的整体性,用"整体大于部分之和"的论断阐明了系统论的基本原则。

耗散结构理论的创始人普里戈金更加重视非线性相互作用关系,他指出:"在非线性系统中,一个微小的因素能导致用它的幅值无法衡量的戏剧性结果。"[2]"在非线性热力学的根基上有着某种惊人的东西。"[3]所谓"戏剧性结果"和"惊人的东西"就是指在非平衡约束与非线性结合时,可以使系统展现多样化性能,实现从混沌到有序、从简单到复杂的过程。普里戈金认为:"非平衡态展现了隐藏于非线性之中的潜力,而它在平衡态或邻近平衡态时保持'潜伏'状态。"[4]这就是说,非线性是一种具有活力的相互作用关系,只有它才能使宇宙熠熠生辉! 这就难怪普里戈金把非线性相互作用看作耗散结构形成的必要条件(当然还必须远离平衡态),他指出:"只有在系统保持'远离平衡'和在系统的不同元素之间存在着'非线性'的机制的条件下,耗散结构才可能出现。"[5]

德国理论物理学家、协同学创始人哈肯(Hermann Haken)也非常强调系统中的非线性相互作用,他认为自组织的协同作用即由非线性关系制约。这不奇怪,因为他的协同学产生的缘由就是受到非线性光学中激光的工作原理的启示。

---

① 贝塔朗菲,《开放系统的模型:超出分子生物学》,《自然科学哲学问题丛刊》,1981 年第 3 期。

② 尼科里斯、I.普利戈金,《探索复杂性》,四川教育出版社(1986),第 61 页。

③ I.普里戈金、斯唐热,《从混沌到有序》,上海译文出版社(1987),第 183 页。

④ 尼科里斯、I.普利戈金,《探索复杂性》,四川教育出版社(1986),第 62 页。

⑤ 湛垦华、沈小峰等,《普利高津与耗散结构理论》,陕西科学技术出版社(1982),第 156 页。

他指出:"制约自组织的方程实际上是非线性的。"①协同学断言系统各部分之间的非线性相互作用产生了不能还原为部分特性的整体新质。

至于混沌理论,由于它所研究的是不可积系统,这时 KAM 定理破坏,系统呈现一种高度不规则的运动状态。这时,系统由于对初始条件的敏感性,呈现出明显的随机性行为,当然已经远远离开了线性关系制约的情形。正是这种混沌以及分维的观点,或习惯上称作非线性动力学的观点,使我们对世界图景的许多基本看法有了彻底的更新。

关于耗散结构、协同学和混沌理论,由于它们给我们对世界的认识带来了巨大改变,我们在下一节还将做稍微详细的介绍。在这一节,我们还应该归纳一下,非线性相互作用有哪些特点?与线性相互作用比较,可以归纳如下:

一是非线性相互作用之间,不再是简单的相加,代之的是一种相干的相互作用。而且,正是由于这种相干作用,系统才会有新质产生的可能性,部分之和才可能大于整体;也正是由于非线性的相干作用,耗散结构、序参量之间的竞争和合作、混沌的内在随机性……才能得以实现。对此,普里戈金曾说:"耗散结构的最令人感兴趣的方面之一就是它们的相干性。"②

二是非线性相互作用在时空中是不均匀的,这也就是说随着时间、空间以及条件的不同,非线性相互作用的方式和效果是可以十分不同的。1900 年法国科学家贝纳德(Bénard)发现的"贝纳德对流花样",是非线性相互作用中时空特征的一个简单和有说服力的证明。在一个金属盘子里盛上一些液体,从盘子下面进行加热。在开始加热以前,系统处于高度对称、均匀的状态,但随着加热和温度上升,开始的时候,热量通过热传导的方式从下向上传送。当温度上升到某一阈值后,突然形成非常有序的对流花纹。花纹的具体结构决定于金属盘子的形状及其他实验条件。

---

① H. Haken, Synergotics, An Introduction, Springes-Verlag(1977);此书有西北大学科研处出版的中译本(1981),第 10 页(本书引文均出自中译本)。

② I.普里戈金、斯唐热,《从混沌到有序》,上海译文出版社(1987),第 216 页。

如果金属盘子是圆形的,上面没有盖板,液体与空气直接接触,上下对流形成的图案是六角形的柱体,如果在盘子上加一盖板,图案就变成许多同心圆环。如果盘子不是圆形而是长方形并且加盖板,对流形成的图案将是许多滚动的圆柱,圆柱的轴线平行于长方形盘子的较短的一边,并且相邻圆柱滚动方向相反;如果继续加热,使液体中温度梯度更加增大,则液体的对流图样会变得更加复杂,从一种有序变为另一种更复杂的有序。当温度梯度大到某一临界值时,液体进一步远离平衡态,进入了非平衡混沌,这时,原来在分子尺度范围内的特征时空,变成为宏观尺度的时空特征。

非线性相互作用的第三个特征是不对称。在线性相互作用里,一切都是对称的、平衡的、可逆的,对称性要求是至高无上的。然而,无论是耗散结构还是协同论,它们赖以建立的基础正是对称性的丧失(即对称性破缺)。只有在对称性破缺的地方,序参量才能在竞争中取得支配地位,耗散结构才会"活"起来,混沌现象才会出现分岔、倍增、随机、敏感等效应。也正是充分重视到对称性破缺的重要性,普里戈金才指出:"我们也可以把耗散结构看成是一种对称破缺的结构。"[①]

了解了非线性相互作用的特征以后,我们才能够更深入地理解耗散结构、协同学和混沌等理论中包含的科学思想。

3. 非线性相互作用在系统方法中的应用

由于人们逐渐认识到非线性相互作用的重大意义,认识到对非线性关系的研究也许会给物理科学、生命科学等带来革命性突破,因而不少优秀科学家拥入了这一研究领域。几十年来,这方面的研究已经取得了令人震惊的成就,其中最令人瞩目的是耗散结构理论、协同学和混沌理论。下面我们将分别对这三个理论从哲学、科学方法论和实际应用等方面,做一些简要介绍。

3.1 耗散结构理论

耗散结构理论是比利时布鲁塞尔学派的领头人普里戈金于 1969 年提出来

---

① I.普里戈金,《从存在到演化》,《自然》杂志,3 卷 1 期(1980 年),第 14 页。

的。"耗散结构"(dissipation structure)是指一个远离平衡态的开放系统(包括自然界和社会的系统),由于这个系统与外界可以交换物质和能量,所以当外界条件变化达到某一阈值时,系统可以从原来的某种无序状态变为一种在时空或功能上的有序状态。耗散结果理论研究的就是这种耗散结构的形成、稳定和演变的原因、过程和应用。

耗散结构理论的产生与热力学的发展有着紧密的关系。热力学第二定律告诉我们,每一个系统总是要从非平衡态趋向于平衡态,从有序向无序退化。表面上看来,大部分物理、化学系统是遵循热力学第二定律的,但是,生物系统却明显表示出向有序化方向进化,在生物系统里,熵不仅没有增大,而且持续向减小熵方向发展。例如生命,它由原始高分子有机聚合体(多肽、多核苷酸等)经过"自组织"形成具有高度有序结构和功能的、有生命活力的多分子体系。这种种现象似乎说明,生物系统不受热力学第二定律制约。在这一矛盾面前,人们逐渐认识到,经典的热力学第二定律由于只涉及可逆的和平衡态的过程,因而无法用以解释生物这种高度有序化的系统。摆在科学家面前的任务不是否定生物系统是一个热力学系统,而是如何把热力学第二定律向非平衡态、非线性关系、不可逆过程推进。

1931 年,非平衡态热力学创始人之一的美籍挪威化学家和物理学家昂萨格(Lars Onsager,1903—1976)证明了不可逆过程热力学的一个基本定理,即动力系数对称性的昂萨格定理,这一定理确立了广义热力学流和势的线性关系。1932 年,昂萨格又确立了非平衡态热力学的一般关系,即著名的昂萨格倒易关系,这些关系主要是对线性的靠近平衡态的区域而言的。倒易关系的提出,标志着人们已经着手于将热力学从平衡态向非平衡态推进,而这关系自身也是不可逆过程热力学的最早结果之一。

1947 年,普里戈金证明,在定态中,当外部参量固定时,热力学系统中熵产生的速度有极小值(普里戈金定理)。在开放系统中,不可逆过程的熵产生趋向于极小值(普里戈金判据)。这是不可逆过程统计热力学方面的第一批研究成果。但由于研究均限于线性区域,所以正如普里戈金自己所说:"情况仍和在平衡态时基本一样。虽然熵产生不为零,但也无法阻止人们把不可逆的变化看作趋向于某个完全可从一般定律推出的态的演变。这个'演化'仍然不可避免地导致任何差别、任何特殊性的消灭。是卡诺呢,还是达尔文呢? 我们……提到过的佯谬依然如故。"[1]

上述不可逆过程热力学又称为线性非平衡热力学,是热力学研究的第二阶段。在此之后,人们把研究进一步推向远离平衡态非线性热力学。1969 年,普里戈金正式提出耗散结构理论[2],一场逐渐被人们认识到的科学革命由此拉开了序幕。

普里戈金的理论为我们描绘了一幅崭新的科学革命的图景,为我们研究自然提供了一套更有效、更合理的思想方法。

首先,普里戈金在物理学思想史上第一次把物理学分为存在的物理学和演化的物理学,而且明确指出,演化物理学是当今研究的重要内容。大概因为他在学物理之前先攻读过历史学和考古学,所以当他一进入物理学领域时,就对于物理学中如此不重视时间感到非常惊奇。他认为,经典科学中没有时间的观点会引起"灾难性的"结果,最终导致破坏人与自然间平等的对话。即便是 20 世纪产生的相对论和量子力学,虽然具有重要的革命意义,但在存在与演化两种思想的选择上,它们仍然强调存在,忽视演化。对此,普里戈金指出:"尽管它们自身相当革命,却仍因袭了牛顿物理学的思想——一个静止的宇宙,即一个存在着的、没有演化的宇宙。"[3]而在当今,我们对自然的看法正在经历着一个根本性的转变:科学正在重新发现时间。"这个转变引出了物质的一个新概念,即'活性'物质的概念。因为物质导出不可逆过程,因为不可逆过程组成了物质。……我们有一种巨大的求知上的激动之感,即我们已开始看到了从存在通向演化的

---

[1] I.普里戈金、斯唐热,《从混沌到有序》,上海译文出版社(1987),第 183 页。

[2] I. Prigogine, Structure, Dissipation and Life, in Theoretical Physics and Biology, (1969).

[3] I.普里戈金,《从存在到演化》,《自然》杂志,3 卷 1 期(1980 年),第 21—22 页。

路。"①耗散结构理论就是演化物理学的一个重要分支。

其二,由于我们已经明白人类所生活的世界是一个不稳定的热力学系统,正是这样一种不稳定性使演化的物理世界充满了随机性和不可逆性。而且,生物学和宇宙学等重要学科正以无可辩驳的成就证实了不可逆、非线性和非平衡过程的建设作用。因此,普里戈金明确声称:"我们必须放弃像'完备知识'一类缠绕西方科学界三百年之久的神话。"②普里戈金认为,所谓"完备知识",以及与之关系密切的简单性,实际上是一种过分简单化的假定,是一种永远追求不到的美丽的幻影和神话。生命系统是自然界最复杂、最有序的物体,其复杂性不言而喻,那么是否可以认为无生命的物质就一定是简单的呢?普里戈金同样认为不能这么看待,他说:"'基本'粒子都显示了如此巨大的复杂性,以致'微观的简单性'这一古老的格言再也不适用了。"③

经典物理(包括量子力学)之所以产生诸如完备、简单的神话,是因为它们只看到自然界对称、可逆、平衡以及线性前一个小的侧面,并试图将这些只在小范围内有效的侧面推广到整个宇宙的所有研究对象和所有研究层次上去。但是,我们面临的自然之所以丰富多彩和具有生命力,正是因为它们不对称、不可逆、不平衡和非线性。普里戈金在《复杂性的起源》一文的结语中断然指出:"复杂性在我们对自然的描述的各个层次上都起着根本作用的认识,引导我们重新考察状态和规律之间'存在'和'演化'之间的关系。经典观点(包括量子力学)中,状态是时间对称的和受具有时间对称性规律支配的。我们则将状态看作时间对称破缺的,受本身就具有这种不对称性的规律的支配。"④

其三,耗散结构理论强调科学是人与自然双方面的对话。玻尔有句名言,说研究自然的科学家在其研究自然的过程中,既是演员又是观众。普里戈金非常

---

① I.普里戈金、斯唐热,《从混沌到有序》,第29—30页。
② I.普里戈金,《复杂性的起源》,《大自然探索》,9卷34期(1990年),第1页。
③ 湛垦华、沈小峰等,《普利高津与耗散结构理论》,陕西科学技术出版社(1982),第142页。
④ I.普里戈金,《复杂性的起源》,《大自然探索》,9卷34期(1990年),第8页。

赞成这种强调观察者作用的思想,他认为我们必须把人与自然之间的相互作用看成是一个有机的整体来进行研究。把自然孤立于人之外,把它看作被动的、只能传递运动而不能产生运动的简单机械,这种神话如今已被科学自身的内部发展所否定。

当人类从千年的梦幻中醒过来以后,人们才终于明白,"自然界不能'从外面'来描述,不能好像是被一个旁观者来描述。描述是一种对话,是一种通信,而这种通信所受到的约束表明我们是被嵌入在物理世界中的宏观存在物。"[1]普里戈金并不否认,经典物理学这种把世界看成是一个从世界之外看到的对象的研究方法,在过去取得了巨大成就,但今天它已达到了其认识的顶点。正如法国哲学家和科学史家科瓦雷(A. Koyré, 1892—1964)所说,我们遇到了"伽利略观点的局限性"。[2]为了突破这种局限性,把科学继续向前推进,我们"必须更好地认识我们的地位,认识我们开始描述物质世界的着眼点。这并不是说,我们必须恢复主观主义的科学观,而是说,在某种意义上,我们必须把认识与生命的特征联系起来。"[3]

除了上面提到的一些重要思想方法以外,耗散结构理论对于人的认识活动从分析到新的综合、从机械决定论到非决定论、从稳定性到不稳定性以及东西文化传统的结合等,都有精湛的分析。有人认为,从科学思想史的角度观之,普里戈金将占有重要地位,可以与爱因斯坦、玻尔相媲美。由于普里戈金引发的这场科学革命还处于正在展开、深入阶段,人们也许还暂时不能完全理解他的思想方法的革命意义,但今后人们在回顾这段历史时,也许将会首先提到普里戈金的名字。

3.2 协同学

"协同学"(synergetics)这个词是哈肯于 1970 年冬季在斯图加特大学演讲中首次提出的。次年,他在与他的合作者格拉哈姆(R. Graham)合写的文章《协

---

[1] I.普里戈金、斯唐热,《从混沌到有序》,上海译文出版社(1987),第 357 页。
[2] A. Koyrè, Etudes Newtoniennes, Pairs: Gallimard, (1968).
[3] I.普里戈金,《从存在到演化》,《自然》杂志,3 卷 1 期(1980 年),第 5 页。

同学:一门协作的学说》中,第一次将协同学的主要概念和思想做出了说明。到 1975 年,协同学的思想和方法日臻完善和成熟。1977 年,协同学的第一本专著《协同学导论》出版,一门新的横断学科初步建成。1983 年哈肯的《高等协同学》问世,[①]它标志协同学具有了坚固的数学基础,其应用范围更加广泛,受到了各界高度重视。1987 年,哈肯又在新著《信息与自组织》[②]中将信息引入协同学,建立了一种用统一观点处理自然科学、社会科学中的复杂系统的崭新方法——协同学宏观方法(或唯象方法)。这本书是协同学和信息论发展过程中的重要里程碑。

协同学是研究复杂系统的一门学科,这些系统可以是物理、化学等无生命物质界的系统,也可以是复杂的生命系统,还可以是企业、社会等属于社会科学的系统。协同学并不探求个别的基本规则,而是研究系统的结构是根据哪些规则形成的,凭借这些规则如何摆脱热力学第二定律限定的困局(即一个万籁俱寂、结构逐渐消失、功能日趋低下的未来的宇宙),还要研究这些规则是特异的,还是在极不相同的结构后面有普适的规则。

经过二十多年的研究,现在发现宏观结构的形成有三条普适的规则:一是子系统的协同作用导致了序参量的产生,而序参量反过来又支配子系统的行为,系统的子系统在序参量的作用下有自我排列、自我组织的能力,但序参量又是在子系统协同作用下才产生的。二是复杂的系统由少数几个序参量主宰,由它们决定结构的产生和新结构的出现。三是当系统处于远离平衡态时,任何微小的涨落都可能会被急剧放大,将系统趋于与新结构相应的态。

与普里戈金的耗散结构理论相比,哈肯认为,"产生空间或时间结构的化学反应模型的研究……被普里戈金和他的合作者进一步推进。在后者的工作中,超熵产生的概念起着主要作用。协同学的这一方法,在几个方面都超过了这些概念。

---

①　H. Haken, Advanced Synergetics, 2nd Corr Print, Springer, (1987)。

②　H. Haken, Information and Self-organization, Springer(1987);此书有中译本,四川教育出版社 1988 年出版。

特别是它研究在非稳定点上所发生的事情,并决定着超过非稳定点的新结构。"①哈肯还多次强调,协同学提供的并不是最后的解答,"而是一种思路",它并不是什么灵丹妙药,它只"对冲突的本质提出新的见解,并指出怎样处理它们"。②

也许正因为协同学主要是一种"方法"和"思路",所以它虽然有大量的数学语言,却处处闪耀着令人赞叹的辩证思想方法观。本书限于篇幅,只能举几个最精彩的例子。

协同学由于很好地阐述了子系统各部分之间的关联、协同,并进而展示了整体结构的产生与演化,所以比其他自组织理论显得更有特色。部分(各子系统)之间的相互作用,使宏观层次上产生了不能用子系统特性说明的新的整体结构。描述整体行为在协同学中用序参量(order parameter),序参量的特性决定了有序结构的类型。序参量不能归结为子系统的微观量,但它又是全部子系统协同作用创建的,序参量一旦形成,就又反过来支配各子系统。那么,到底是序参量(整体作用)在先,还是各部分(子系统)在先?对于这一个古已有之的悖论,哈肯指出:"不能说哪个在先,哪个在后。它们互相作为对方存在的前提条件。"也就是说,部分与整体是在相互作用的过程中协同发展起来的,在自组织过程中形成新的整体结构。这样,协同学就以这种自组织观点妥善地解决了部分与整体的古老难题,显示出辩证的因果关系转化。

我们举一个具体的例子。哈肯在分析激光形成过程时指出,"新产生的波决定着激光的秩序,它扮演着序参量的角色。由于序参量使各个电子以完全相同的节奏一起振荡,从而,个别电子的行动被打上了烙印。我们再次提出,序参量'支配'各个电子,反过来,电子通过它们相同的振荡才产生光波,即产生了序参量。一方面出现序参量,另一方面电子的相干作用使彼此相互制约。在这里我们又见到一个典型的协同学行为。使电子能以同一节奏振荡,须有序参量,

① 《协同学导论》,第253页,着重号系本书作者所加。
② H.哈肯,《协同学——自然成功的奥秘》,上海科学普及出版社(1988),前言,第3页。

即光波;但光波的产生又必须通过电子的相同振荡。看起来似乎必须先创造一个地位较高的力量,然后才能使有序态得以自身维持下去。但情况并非如此。事先就存在着竞争;有着筛选,所有电子都成为某一个波的奴隶。"①由这一段话可以清楚地看到,哈肯如何深刻地利用辩证思想方法观来解决部分与整体这一困难。

协同学还有一个重要贡献是把竞争思想作为沟通无生命世界与生命世界的桥梁。竞争本是生物学中的一个重要思想,但哈肯却巧妙地通过激光等物理现象证实,无生命世界也同样普遍存在着竞争。但协同学中所说的竞争,是合作中的竞争,竞争中的合作,整体结构序参量的形成,是合作与竞争的结果。例如,具有温差的流体,在一定的条件下可以有三个序参量形成的三种流动模式,它们合作形成六角形结构。当温差继续增大时,达到某一临界值,三个序参量可以竞争,最后有一个取胜并主宰系统结构的演化。

对于激光中的竞争他写道:"十分有趣的是,不同的波,开始由电子自发偶然地产生,之后根据竞争原则有所筛选。这里我们看到在偶然与必然之间的协同学的典型竞争。在此,'偶然'由自发的发射表示,而'必然'则与不可抗拒的竞争原则联系在一起。"②

哈肯说的这一段话,不但生动阐明竞争在系统结构演化中有重要作用,而且还谈到序参量的取胜是偶然性与必然性相互作用的过程。哈肯通过协同学事例深刻指出,偶然性并不一定与必然性对立,"在偶然事件以及严格规定的事件之间的差别,开始看来是模糊不清的。虽然两者的界限在哲学意义上是能够严格定义的",但是,"具有决定性意义的是,在初始位置上稍有不准,就会影响事情发展的宏观结果。"③协同学通过不同区域的涨落,明确指出系统结构的演化是由确定性因素和随机性因素两者共同确定的,这样,它就为人们今后探讨偶然性和必然性的辩证关系开辟了新的道路。

---

① H.哈肯,《协同学——自然成功的奥秘》,上海科学普及出版社(1988),第 53—54 页。
②③ H.哈肯,《协同学——自然成功的奥秘》,上海科学普及出版社(1988),第 54、108 页。

协同学还是一门年轻的学科,但它的许多思想方法观已引起了人们广泛的注意。人们有理由期望在不久的将来,利用协同学的一些重要思想方法,弄清了系统之间如何协同合作,并从而产生高层次的具有新质意义的特征。

3.3 混沌

20 世纪 60 年代以来,混沌成了人们极感兴趣的研究课题,现在它已渗入到数学、物理学、化学、宇宙学、生命科学以及脑科学等极为广泛的领域,显示出极大的潜能。

混沌与非线性思想有密切关系。实际上,混沌反映的就是非线性系统的一种自发的无序性或内在随机性(intrinsic stochasticity),这种内在的随机性并非外来随机因素所引起的某种随机响应,而是来源于非线性系统的对初始状态的敏感性。所以说,混沌理论是非线性理论的续篇,是它的一种自然的发展。正如日本一位著名统计物理学家久保亮五所说:"在非平衡非线性研究中,混沌问题揭示了新的一页。"

混沌(Chaos)的思想来源已久,中国古代《易乾凿度》中说:"太易者,未见气也。太初者,气之始也。太始者,形之似也。太素者,质之始也。气似质具而未相离,谓之混沌。"这是说混沌是已有物质性质但尚未进一步分化的一种元气状态。著名诗人屈原在震撼人心的《天问》中问道:①

——请问:关于远古的开头,谁个能够传授?

那时天地未分,能根据什么考究?

那时混混沌沌,谁个能够弄清?

有什么在回旋浮动,如何可以分明?

无底的黑暗生出光明,这样为的何故?

阴阳二气,渗合而生,它们的来历又在何处?

在古希腊,哲学家们认为大千世界就是起始于混沌,世界在本质上是某种从

---

① 郭沫若,《屈原赋今译》。

混沌中产生出来的东西,是某种发展起来的东西,某种逐渐生成的东西。

但到了近代,科学信奉的是决定论,混沌现象被逐出科学的园地。虽然到了 19 世纪中叶,人们认识到分子由于热运动,呈现出一片混乱,克劳修斯还把混沌(即宇宙熵极大的热寂)作为整个宇宙的结局。但是,从那时直到 20 世纪中叶,科学家们没有兴趣研究混沌自身,相反,他们力图避开混沌,致力于研究在微观混沌之上的宏观有序和规律。但令人惊异的混沌现象不理会科学家的蔑视,坚定地步入了科学家研究的视野之内!

19 世纪末,彭加勒在三卷本的《天体力学中的新方法》巨著中,提出了同宿(homoclinic)和异宿(heteroclinic)两种双重渐近解;还分析了双曲点附近存在着无穷精细的栅栏结构,并且"复杂得我甚至不想把它画出来"。这说明他已经意识到在保守系统中存在着混沌解。除此以外,彭加勒还提出过只有非线性系统中才会出现的"分岔"(bifurcation)概念。20 世纪初,彭加勒在研究三体问题时发现,牛顿力学研究的只是极少极少的可积系统,而自然界绝大多数是不可积系统,亦即原则上是不能求出精确解的。三体问题就是无法求出精确解的问题,在一定范围内其解是随机的。这就是说,连一个简单的三体问题也是一种保守系统的混沌,可见混沌现象何等普遍! 因而,它必然会引起科学家的惊异和兴趣。那么,关于混沌现在科学家研究些什么呢?

前面提到的耗散结构、协同学主要是研究系统在开放条件下,在远离平衡态时由于系统内部非线性相互作用,如何从混沌到有序,而现在人们则开始研究系统又如何从有序进入新的混沌,还研究混沌的性质、特点。

近些年来研究,有了许多意想不到的发现,它们不仅有重要应用价值,而且对于思想方法观、哲学观有极重要影响。

首先,混沌理论进一步揭示了有序和无序具有一种对立的统一性。混沌是自然界非常普遍存在的一种现象,但混沌绝不是简单的无序,却更像是一种"不具备周期性和其他明显对称特征的有序态"。[①]这充分说明,有序和无序总是同

---

① 郝柏林,《自然界中的有序和混沌》,《百科知识》,1984 年第 1 期,第 71 页。

时出现的,这很可能是生命产生的规则,也可能是宇宙创生的规则。有序在现在看来,它既是来自混沌,但又可以产生新的混沌;反过来,混沌又来自有序,它又可以产生新的有序。有序,并非绝对地有序,只不过是有序度较高,它的内部仍然会存在着产生混沌的条件、根据;而混沌,也并非绝对、单纯的无序,在它内部包含着有序的因素。混沌——有序——新的混沌——新的有序……周而复始、螺旋式地向前发展,这就是宇宙自身以及各种物质系统演化的方式;人类的认识也多半是经历着相似的过程。我国著名声学专家马大猷曾经用实验证实过这种过程,他在"声学的新进展"一文中说:"20 世纪 80 年代的一个令人兴奋的重要发现是多数非线性系统都可以从'有规律的'转变为'混沌'状态,转变为不可预计的无规过程。最常见的通过周期加倍转为混沌。空化噪声便是一个典型的例子。用强大超声照射水的表面产生出这样的现象,开始时,气泡按超声频率振动,超声加强又产生 2 倍周期(频率为声频一半)的振动,照射再加强又出现 4 倍周期(频率为 1/4),最后频率连成一片,发出无规则的噪声。有规产生无规,有序转变成无序,这是混沌与一般无规的显著不同之处。"[①]

其次,混沌是确定论系统的内在随机性。甚至于在一个经典哈密顿动力学系统中,也存在着混沌!人们通过对非线性系统的研究,发现由决定论所处理的现象和统计物理所假定的完全混乱的现象,都只是自然界中的某种极限,我们日常生活中遇到的却都是这两个极端之间的现象。一方面,只有三个粒子的非巨系统在一定参数下得不到确定的解;另一方面,一些真正的非线性巨系统在一定情形下,却只需少数参量即可决定它们的行为。这种认识上的跃迁,从根本上改变了人们对确定性和随机性的看法。

传统的看法是把系统发展中的随机性归结到外部原因,但混沌学的研究却肯定地告诉我们,由于系统对初始状态具有高度的敏感性,使一些种类的确定性方程得出了不确定的结果。这种行为不是外界干扰引起的,是方程自身所具有

---

① 马大猷,《声学的新进展》,《大自然探索》,1990 年第 3 期,第 11 页。

的,因而称之为"内在的随机性",它与外在的随机行为是不同的。内在的随机性否定了决定论的一条金科玉律,可以用无限精密的测量来确定和区分牛顿方程所描述的运动轨道。现在研究明确证明,无限精密的描述即使在牛顿力学的框架里也是凤毛麟角的稀罕事。我国学者郝柏林说:"只要把有限性作为基本原则,确定论与概率论的人为对立也就会消失。现在还不清楚应当怎样把这种有限性要求表述为新的物理原理,但科学发展已经把问题提上了日程。有序、无序和混沌的研究,也许会导致数理科学中基本观念的又一次革新。"①

我们可以这样说,由于内在随机性的发现,我们将更深刻地了解确定性与随机性的辩证的统一。黑格尔的话"偶然性的东西是必然的,必然性自己规定自己为偶然性",看来将会得到自然科学实践的证明。

总之,从物理思想史角度来看,由于 20 世纪中期以前的所有物理学,过分强调线性物理思想,只研究线性原理现象,对非线性物理现象采取回避、排斥的态度,因而为人为的机械论思想方法观设置了几乎不可逾越的势垒。例如,长期以来科学家就认为,生命系统与非生命系统各自服从截然不同的规律,相互毫无关系;非生命系统通常遵循热力学第二定律,由有序自动地趋向于无序,而绝不会自动地由无序趋向有序;但生命系统恰好相反,能自发地由简单、低级向复杂、高级演化,形成有序的稳定结构。直到 20 世纪 60 年代以后,人们由于充分认识到非线性物理思想的重要性,并通过耗散结构理论、协同学理论及混沌的研究,才逐渐明白了机械论思想方法观正是由于人们把自己限制在线性关系内的结果。普里戈金指出,生命系统都是开放系统,并且处于非线性非平衡态。在这种情形达到某一阈值时,系统(无论生命或非生命)有可能从原来的无序态自动地成为时空有序结构。哈肯的协同学则更进一步指出,各子系统只要在某一定条件下,由于各子系统之间的非线性相互作用,互相协同、合作,就可以自发地产生有序的稳定结构,这就是协同学中的自组织结构。自组织结构的形成,不在于系统是

---

① 郝柏林,《自然界中的有序和混沌》,《百科知识》,1984 年第 1 期,第 72 页。

否处于平衡或非平衡态,也不在于离开平衡态有多远,关键在于非线性作用和协同作用。混沌的内在随机性,更是由于非线性动力学的进展才可能让人们认识到的一种极重要的概念和物理思想。只有非线性系统才具有内在的随机性。

事实上,非线性本身就意味着单因单果可能遭到破坏;意味着规则解和混沌解的相辅相成;意味着复杂性的产生。因此,非线性物理现象的研究,必然给广泛的学科带来新的发展前景。人们完全可以预期,思想方法观的这一突破,很可能为我们迎来新的科学革命,为一种新的哲学观带来重要信息。

第三节　东西方科学思想方法的融合

在相当一部分人看来,20世纪科学突飞猛进的发展,是西方科学思想革命的成果,东方科学思想似乎没起什么作用,因而,以"东西方科学思想方法的融合"作为20世纪物理思想方法观中的一节,可能会引起非议。但我们认为,20世纪物理学的发展,与东西方科学思想方法的交流、融合有相当密切的联系,而且,这种联系随着科学的进一步发展、深化,将显得越来越重要,甚至于不可缺少。我们深信,这一点,将迅速为众多的科学家们认识到。

1. 著名科学家对东西方科学思想方法融合的看法

许多著名科学家早就认识到,科学如果想顺利、迅速地向前发展,就必须在东西方科学思想间进行交流。没有一个头脑健全的人,至今还会认为人类文化仅仅是由某一种文明所组成的。而且,随着20世纪科学向宇观、微观和宏观中的复杂系统中开拓、深化时,科学家们日益认识到这种交流、融合的极端重要性。

我们在前面曾经讲过,当测不准关系提出以后,玻尔和海森堡之间意外地爆发了一场非常激烈的争论。海森堡认为测不准关系告诉了我们,某些共轭物理量(如位置和动量、时间和能量等)的经典概念在微观层次中的适用界限,但玻尔却认为只有用互补性概念才能更好地理解每一组经典概念之间的关系,他认为测不准原理并非说明粒子语言或波动语言的不适用性,而是指出:同时应用它们一方面不可能,另一方面又必须同等应用它们才能为我们提供对于自然的完备的描述。这种互补思想,在中国早就产生和起着重要的作用,我们在中国古代思想家的著作中,很容易找到互补性思想。例如《庄子》中的《内篇·齐物论》中指出:"物无非彼,物无非是。自彼则不见,自是则知之。故曰彼出于是,是亦因彼。彼是方生之说也……是亦彼也,彼亦是也。彼亦一是非,此亦一是非。果且有彼是乎哉?果且无彼是否哉?彼是莫得其偶,谓之道枢。"还有,老子说过:"道可道,非常道。"这些思想与玻尔的互补思想何其相似乃尔!难怪玻尔于 1937 年访问中国时,对于中国对立两极互补的思想感到非常震惊。他多次指出,古代东方智慧与现代西方科学有着深刻的协调性。当他被封为爵士要选盾形纹章的图案时,他选中的是中国的太极图,图案上还附有下述铭文:"对立即互补。"的确,中国古代的太极图表示了一种流变的对称结构,一种动态的互补结构,它们显示出一种内在的、强有力的和无休止的运动。尤其是太极图中的两个圆点,更具有丰富的含义,即每当两种对立的势力中的一方达到它的极盛时期,它内部已孕育着与自己对立那一面的种子。玻尔的选择,真够人深思的了!

我们的第二个例子是日本物理学家汤川秀树的科学思想方法。汤川秀树是东方人,也了解西方科学,由于他并不认为当今和今后古希腊思想是科学思想发展的唯一源泉,并充分重视东方思想家的思想,导致他在基本粒子领域里取得了突破性进展。他在《创造力和直觉》一书中,曾生动地描述中国思想家庄子给他的启发。他写道:

"四五年前,有一天我正在思索基本粒子的问题,当时我突然地想起了庄子的一句话*……

为什么我竟然想到这个寓言呢?

我研究基本粒子已有多年,而且,至今已发现了三十多种不同的基本粒子,每种基本粒子都带来某种谜一样的问题。当发生这种事情的时候,我们不得不

———————————

　　*　即《庄子·内篇·应帝王》中关于儵和忽的故事。

深入一步考虑在这些粒子的背后到底有什么东西。我们想到最基本的物质形式,但是,如果证明物质竟有三十多种的不同形式,那就是很尴尬的;更加可能的是万物中最基本的东西并没有固定的形式,而且和我们今天所知的任何基本粒子都不对应。它可能是有着分化为一切种类基本粒子的可能性,但事实上还未分化的某种东西。用所习用的话来说,这种东西也许就是一种'混沌'。正是当我按这样的思路考虑问题时,我想起了庄子的寓言。

……

而且,最近我又发现了庄子寓言的一种新的魅力。我通过把儵和忽看成某种类似基本粒子的东西而自得其乐。只要它们还在自由地到处乱窜,什么事情也不会发生——直至他们从南到北相遇于混沌之地,这时就会发生像基本粒子碰撞那样的一个事件。按照这一蕴涵着某种二元论的方式来看,就可以把混沌的无序状态看成把基本粒子包裹起来的时间和空间。在我看来,这样一种诠释是可能的。"①

汤川秀树的创造性思想方法,历来受到人们的关注,人们希望在他的科学发现过程中,挖掘出东方思想方法的瑰宝。例如,曾任欧洲核研究中心(CERN)总主任的美国理论物理学家韦斯科夫(V.F.Weisskopf, 1908—2002)曾指出,汤川秀树"受到日本和中国文化传统的影响,特别了解逻辑严密性和直觉及想象在科学以及其他人类活动中的作用之间的差别。逻辑推理与直觉思维的关系,是他经常思考的问题。中国式的思维强调直觉的成分——灵感在科学思维中的重要性。要求世界达到和谐的基本愿望显得是自然哲学的主要源泉之一。"②海森堡对以汤川秀树等物理学家为首的日本物理学界在基本粒子领域里取得的成就,非常重视,认为这其中必有值得研究的并为西方不熟悉的哲学思想。他在《物理学与哲学》一书中写道:"自从第一次世界大战以来,日本科学研究对于理论物理

---

① 汤川秀树,《创造力和直觉——一个物理学家对于东西方的考察》,复旦大学出版社(1987),第49—50页。

② 汤川秀树,《创造和直觉——一个物理学家对于东西方的考察》,复旦大学出版社(1987),第2页。

的巨大贡献可能是一种迹象,它表明在东方传统中的哲学思想与量子力学的哲学本质之间,存在着某种确定的联系。"[1]

在宏观物理领域,当人们摆脱了线性、平衡、可逆等思想的束缚后,他们发现在远离平衡态的非线性领域,原来西方经典的思想方法简直成了妨碍科学前进的桎梏。当他们好不容易寻找到表达复杂现象、混沌现象的语言、思想时,他们惊讶地发现,他们的新语言、新思想在东方几千年以前就出现了,并且有相当自洽的一套体系。于是,科学界对于东方思想的重视日益加强。

耗散结构理论的创始人普里戈金在《从存在到演化》一书中指出:"……现代宇宙学表明,整个宇宙也是在演化的。还有,在物理学的经典概念中,对于观察者所处理的自然界没有任何理论上的限制。我们现在开始看到了这个概念的局限性,而这些局限性又和时间及不可逆性的问题有密切的关系。这个异乎寻常的发展带来了西方科学的基本概念和中国古典的自然观的更紧密的结合。……我相信我们已经走向一个新的综合,一个新的归纳,它将把强调实验及定量表述的西方传统和以'自发的自组织世界'这一观点为中心的中国传统结合起来。"[2]在《从混沌到有序》一书中,普里戈金更鲜明地指出:"因此,中国的思想对于那些想扩大西方科学的范围和意义的哲学家和科学家来说,始终是个启迪的源泉。"[3]他还非常有信心地指出过:"物理科学的整体正在发生深刻的变化,这变化来自对复杂现象的经验的理解,来自对测量过程局限性的更深刻的了解,也来自对经典力学中轨道及量子力学中的波函数概念的局限性的了解。在一定意义上说,我们已从对封闭宇宙——其中现在完全决定未来——的认识,走向对开放宇宙——其中有涨落、有历史的发展——的认识,这将是西方科学和中国文化对整体性、协合性理解的很好结合,这将产生新的自然哲学和自然观。"

---

① W. Heisenberg, Physics and Philosophy; The Revolution in Modern Science, New York: Harper(1958), p.202.

② I.普里戈金,《从存在到演化》,上海科学技术出版社(1986),第 3 页。

③ I.普里戈金、斯唐热,《从混沌到有序》,上海译文出版社(1987),第 1 页。着重号为本书作者所加。

以上这几个例子,大约已经足以说明,东西方科学思想的交流、融合,已是大势所趋,为许多在前沿工作的一流科学家们所重视。

2. 东方科学思想方法的特征以及它与现代科学的关联

东方科学思想方法的特征从总体上看,可以说有两大特征:一是强调整体性,认为天、地、人等自然界的万事万物都有着复杂的内在联系,研究者必须从整体上把握自然界,从整体上来揭示自然界的内在联系;二是主张天人合一、物我一体,即强调人与自然之间的联系、相互作用和统一。这两方面的特征与西方科学思想方法是很不相同的,也正是由于这种重要的差异,决定了东方科学思想方法在现代科学中的重要地位。下面我们对这两方面的特征做进一步的分析。

2.1　强调整体性

东方古代科学思想最重要的特点,也许可以说就是它的本质特征,就是认为宇宙间万事万物和丰富多彩的事件,本质上都是相互关联的,都具有某种本质上的统一性。这也就是说,宇宙间所有现象中显示出的经验,只不过是某种基本统一体的表现。这种自然观可以称之为"有机论自然观",也可以称之为"整体论自然观"。①

有机论自然观把所有事物看成是宇宙整体中相互依赖、相互作用和不可分割的部分,每一个现象都按照一定的等级秩序与每一种别的现象联系着。宇宙则是这些相互联系的整体,没有哪一部分比其他部分更基本,因而每一部分的性质都取决于其他部分的性质。从这种意义上说,我们可以认为每一部分中都包含了其他部分。例如中国古代思想家曾用木、火、土、金、水五种物质来说明世界万事万物的起源和多样性的统一。在战国时代,这种观点进一步发展成为"五行相生相胜"的学说。"相生"即表示相互促进,如木生火、火生土、土生金、金生水、水生木;"相胜"(即"相克")表示互相约束、克制、排斥,如水胜火、火胜金、金胜木、木胜土、土胜水。五行学说的积极部分,对中国的天文、历法、医学以及整个

---

① 宋正海,《中国古代有机论自然观的现代科学价值的发现——从莱布尼茨、白晋到李约瑟》,《自然科学史研究》,6卷3期,第193—202页。

的自然观的发展,起过一定的作用。

从五行学说可以看出,中国古代有机论自然观强调,宇宙间万事万物不仅相互关联,而且所有现象都是变化的、可以转化的,但又是相互动态地联系在一起的。有机论自然观把变化看成是自然界最本质的东西,而由变化产生的结构和对称性只是第二位的东西。《易·系辞下》中说,"穷则变,变则通,通则久",这就是说事物发展到极点就会发生变化,发生变化才能使事物的进一步发展不受阻塞,从而保持久远。这儿,变是第一位的。《庄子·知北游》中说,"臭腐复化为神奇,神奇复化为臭腐",更说明固定不变的事物是没有的。《列子·说符》中说,"理无常是,事无常非",也说明事物是不断发展变化的,永远正确和永远错误的事物都是不存在的。

而西方传统的科学思想方法与有机论自然观强调的思想方法是大不相同的,西方强调自然界是由各部分组成的,提倡用分析、解剖的方法来研究自然界。这种观点,一般称之为机械论自然观。机械论自然观认为,我们认识了自然界的各部分,就会自然而然地获得对整体的认识。著名学者阿尔文·托夫勒曾非常贴切而形象地总括了西方这种观点的特色,他指出:"在当代西方文明中得到最高发展的技巧之一就是拆零,即把问题分解成尽可能小的一些部分。我们非常擅长此技,以致我们竟时常忘记把这些细部重新装到一起。这种技巧也许是在科学中最受过精心磨炼的技巧。在科学中,我们不仅习惯于把问题划分成许多细部,我们还常常用一种有用的技法把这些细部的每一个从其周围环境中孤立出来。这种技法就是我们常说的 'ceteris paribus',即'设其他情况都相同'。这样一来,我们的问题与宇宙其余部分之间的复杂的相互作用,就可以不去过问了。"[①]

这种拆零,或分析、解剖的方法,为现代科学的产生、发展带来了巨大的影响,可以说是极富成果的。但是,随着科学的迅猛发展,当代科学正步入在高度

[①]　I.普里戈金、斯唐热,《从混沌到有序》,上海译文出版社(1987),第 5 页。

分化基础上的综合,科学整体化时代正迅速向我们走来,这时,机械论的自然观就成为科学进一步发展的严重(甚至是灾难性)的桎梏。这种情形正如英国哲学家、数学家怀特海所说:"科学的进展现在已经到了一个转折点。物理学的坚实基础被摧毁了。而生理学则第一次站起来成为一个能起作用的知识体系,它不再是一堆支离破碎的东西了。科学思想的旧基础已经无法为人所理解。……如果科学不愿退化成一堆杂乱无章的特殊假说的话,就必须以哲学为基础,必须对自身的基础进行彻底的批判。"[1]日本著名物理学家、物理学史家广重彻也指出,机械论的自然观在历史上的作用不可忽视,今后在一定的范围内也还是"一种有效的方法",但它是有局限性的人类能力的产物,"打上了各种历史条件的烙印,受到相应的制约,这一事实也不能否认";而且他从东方人特有的思想方法观角度出发,肯定今后一定会产生"新的自然观、接近自然的新方法"。[2]

在这种形势下,即机械论自然观业已陷入困境,从科学发展的必然趋势来看,东方古代的有机论自然观由于较少受西方科学的影响,得到了充分的发展,因而对当今以综合思潮为主的现代科学,的确是灵感的来源,它的潜在的活力必将被现代科学进一步挖掘。这样,一方面东方有机论自然观将会以新的面目出现在人们面前;另一方面,现代科学也将因而使自己发展到一个新的阶段。

上述新的趋势,在系统论、耗散结构理论、协同学以及混沌理论中,已经强烈地显示出来了。因为,在复杂系统和随机系统里,西方的机械论方法已经完全失效,这时东方的整体论方法大显光彩,因此,西方一流的科学家才越来越将他们的视线转向东方。协同学创始人哈肯在知道中国的科学家们对协同学非常感兴趣时,开始颇有点吃惊,后来他才明白:"协同学含有中国基本思维的一些特点。事实上,对自然的整体理解是中国哲学的一个核心部分。在我看来,这一点西方文化中久未获得足够的考虑。直到如今,当科学在研究不断变得更为复杂的过

---

[1] A.N.怀特海,《科学与近代世界》,商务印书馆(1989),第17页。
[2] 广重彻,《物理学史》,求实出版社(1988),第500—501页。

程和系统时,我们才认识到纯粹分析方法的局限性。"①

2.2　天人合一、物我一体

东方传统思想一贯强调"天人合一、物我一体",这与西方传统思想方法也是很不一样的。日本禅学大师铃木大拙(1870—1966)在《禅宗讲座》②一文里,举了一个非常有趣的例子说明东、西方思想方法之不同。有两位诗人,一位是日本伟大诗人芭蕉(1644—1694),一位是曾被封为桂冠诗人的英国诗人坦尼森(A. Tennyson, 1809—1892),他们两人都写过一首观赏小花的诗,铃木大拙认为,从这两首小诗中反映了东西方人思想方法之间的迥异。

芭蕉的诗这样写道:

> 当我细细看,
>
> 荠花正吐艳盛开,
>
> 倚在篱笆旁!

而坦尼森则又是另一种写法,他写道:

> 墙缝里的花儿,
>
> 我把你从缝中拔出;
>
> 连根带花,都握在我的手中,
>
> 小小的花儿——倘若我能理解
>
> 你是什么,——连根带花,一切的一切,
>
> 我就应该知道上帝与人类是什么。

这两位诗人不同之处在于:芭蕉没有摘花,他只是"细细"地看花,他在沉思,他在感受;而坦尼森则拔起了那朵花,并且"连根带花"地"握在我的手中",他把花从它生长的地方拔起来,让它与其不能分离的土地分离开来,他根本不关心花的命运,他只期望自己的好奇心得到满足。铃木大拙认为,这里正体现了东西方

---

① H.哈肯,《协同学——自然成功的奥秘》,上海科学普及出版社(1988),第 ii 页。
② 铃木大拙、E.弗洛姆、R.德马蒂诺,《禅宗与精神分析》,辽宁教育出版社(1988),第 1—91 页。

思想方法之不同:"芭蕉像大多数东方诗人一样,是一位自然诗人。他们是那么热爱自然,以至于感到自己与自然浑然一体,他们体察到了自然脉搏的每一次跳动。而大多数西方人却往往容易把自己与自然分离开来,他们认为,人类除了在满足需要方面之外,没有什么共同之处,自然的存在仅仅是被人类所利用。但对于东方人来说,大自然与自己是非常密切的。"

铃木大拙的例子也许并不一定典型,但他的分析可说入木三分。无独有偶,这位东方人的分析与另一位西方科学家普里戈金的分析,几乎如出一辙。普里戈金承认,西方科学的确取得了伟大的成功,开创了人与自然的一次成功的对话,但是,"这次对话的首要成果就是发现了一个沉默的世界。这就是经典科学的佯谬。它为人们揭示了一个僵死的、被动的自然,其行为就像是一个自动机,一旦给它编好程序,它就按照程序中描述的规则不停地运行下去。在这种意义上,与自然的对话把人从自然界中孤立出来,而不是使人和自然更加密切。人类推理的胜利转变成为一个令人悲伤的真理,似乎科学把它所接触到的一切都贬低了。"①

经典科学(主要是物理学)这种把人和自然界孤立开来的结果,导致了经典的测量理论,即自然界的客体有不依赖于人的观测过程的客观性质。但到了量子力学中,人已无法再扮演独立的客观的观测者了,他已不可避免地卷入到他所观测的世界中去了,并因而影响到被观测物体的行为、状态。美国理论物理学家惠勒(J.A.Wheeler, 1911—2008)把这种观测者的介入看成是量子力学最重要的特点,因此他主张用"参与者"(participator)代替"观测者"(observer)这个词,在《从相对性到不定性》(*From relativity to mutability*)一文中,惠勒写道:"关于量子原理没有比这更加重要的了,它否定了世界可以'坐落在外'的概念,即观测者可以用20厘米厚的玻璃板与外界安全隔开的想法。现在,即使要观测电子这样小的物体,也必须打破这块玻璃。他必须进去。他必须安置他所选定的测

---

① I.普里戈金、斯唐热,《从混沌到有序》,上海译文出版社(1987),第38页。

量装置,还要决定测量的究竟是位置还是动量。要安置仪器测量一个量,会妨碍和不允许他安置测量另一个量的仪器,而且,测量会改变电子的状态。要描述发生了什么事情,就应该用'参与者'这个新词代替'观测者'这个词。在某种特殊的意义上讲,宇宙就是自己的参与者。"①

玻尔很早就认识到这一点,而且他知道所谓"参与者"的思想,在东方早在古代就有了。他曾深有感受地说过,"为了与原子理论的教程做一类比……(我必须转向)这样一些方法论的问题,如来佛与老子这样一些思想家早就遇到了这类问题,就是在存在这幕壮观的戏剧中,如何使我们既是观众又是演员的身份能够协调起来。"②

的确,东方自然观非常强调人与自然的相互关系与统一,认为人是自然的一个部分,天人、物我相互作用,而且遵守共同的规律。中国先哲云:"天地与我共生,万物与我为一。"又云:"天人一物,内外一理,流通贯彻,初无间隔。"这种天人合一、物我一体的思想方法,与西方传统思想方法中强调人与自然的区别,强调人在认识自然时可以而且必须排除人对自然的影响以达到"纯客观"的认识,是多么的不相同!天人合一、物我一体是一种高层次的审美观,它强调的是情、理的交融、和谐、平衡和互补,东方思想家认为:只有在理性和感情的交融统一中,人才会感到真、善、美。

最后,我们应该说明的是,我们挖掘、弘扬东方古代的科学思想,并不是出于一种狭隘的民族主义原因,我们更无意否定西方传统科学思想的长处和为人类带来的巨大成功。我们只是肯定地认为,东西方科学思想是人类精神的互补的、不可或缺的两个方面。它们是不同的,但又是互补的和都是需要的。而且,只有在相互尊重、相互补充的过程中,我们才能更好地、更完整地理解越来越复杂的宇宙。

英国生物学家、科技史家李约瑟(J. Needham,1900—1995)对此曾有过令

---

① J. Mehra ed., The Physicist's Conception of Nature, D. Reidel Pub. Company(1973), p.244.
② N. Bohr, Atomic Physics and Human Knowledge, New York, Wiley(1958), p.20.

人瞩目的分析,我们用他的话作为本节的结束语也许是恰当的。他曾指出:

"早期'现代'自然科学取得伟大胜利之所以可能,是基于机械宇宙论的假定——也许这对于这些胜利是必不可少的——但这样的一个时代注定要到来,在这个时代里,知识的增长使人接受一种更为有机的跟原子唯物论一样的自然主义哲学。这就是达尔文、华莱士、巴斯德、弗洛伊德、施培曼、普朗克和爱因斯坦的时代。当这个时代到来的时候,人们发现有一系列的哲人已经铺平了道路——从怀特海上溯到恩格斯和黑格尔,从黑格尔到莱布尼茨——而这种灵感也许完全不属于欧洲人,也许这种最现代的'欧洲'自然科学的理论基础受到庄周、周敦颐和朱熹这类人物的恩惠,比世人已经认识到的多得多。"

他还进一步指出:

"中国思想,其对欧洲贡献之大,实远逾吾人所知,在通盘检讨之后,恐怕欧洲人从中国得到的助益,可以与西方人士传入十七、十八世纪欧洲科技相媲美。"